SOVIETICA

ABHANDLUNGEN DES OSTEUROPA-INSTITUTS

UNIVERSITÄT FREIBURG/SCHWEIZ

Herausgegeben von

PROF. DR. J. M. BOCHEŃSKI

EINSTEIN
UND DIE SOWJETPHILOSOPHIE

ZWEITER BAND

DR. SIEGFRIED MÜLLER-MARKUS

EINSTEIN UND DIE SOWJETPHILOSOPHIE

KRISIS EINER LEHRE

ZWEITER BAND

Die allgemeine Relativitätstheorie

D. REIDEL PUBLISHING COMPANY / DORDRECHT-HOLLAND

ISBN-13: 978-94-010-3546-0 e-ISBN-13: 978-94-010-3545-3
DOI: 10.1007/978-94-010-3545-3

Softcover reprint of the hardcover 1st edition 1966

MEINER FRAU GEWIDMET

INHALTSVERZEICHNIS

DRITTER ABSCHNITT: DIE ALLGEMEINE RELATIVITÄTSTHEORIE

KAPITEL IV: RAUM, ZEIT UND "MATERIE"

KAPITEL V: KOSMOLOGIE

DRITTER ABSCHNITT

DIE ALLGEMEINE RELATIVITÄTSTHEORIE

EINLEITUNG

Die allgemeine Relativitätstheorie ist ein Gebirge, das unähnlich ihrer Vorläuferin, der speziellen Relativitätstheorie, in einigen hintereinanderfolgenden Eruptionen fast ausschließlich aus dem schöpferischen Denken Einsteins entstand. Wenn die spezielle Relativitätstheorie gewissermaßen die Vorberge darstellt, so die allgemeine eine im Himmel verschwimmende Gruppe erhabener Gipfel. Sie zählt anerkannterweise zu den am schwersten zugänglichen Regionen der Physik. Dennoch blickt auch der Nicht-Fachmann mit Staunen zu ihren Höhen empor, die er zwar nicht zu bezwingen, aber doch aus der Ferne zu schauen vermag. Nicht alle ihre Klüfte und Höhen wurden bisher von den "Einheimischen", den Physikern, durchwandert. Es gibt Partien, die wohl noch keines Menschen Geist durchschritt, Einstein nicht ausgenommen. Das philosophische Denken hat ihr weit weniger Beachtung geschenkt als der speziellen Relativitätstheorie. Und doch rufen ihre Prinzipien und Ergebnisse noch dringender nach einer logischen Analyse, da ihre Sätze von den vorausgesetzten Beobachtungstatsachen durch eine längere Schlußkette entfernt sind als in jeder anderen physikalischen Theorie zuvor.

Wir müssen daher den sowjetischen Gelehrten dankbar sein, daß sie die philosophischen Probleme mutig anpackten.

Seit der dramatischen Wende der offiziellen Sowjetphilosophie gegenüber Einstein 1955 wandten sich die Philosophen und Physiker statt einer unfruchtbaren Polemik einer echten Durchdenkung der Relativitätstheorie zu. Dabei tritt die allgemeine Relativitätstheorie mehr und mehr in den Vordergrund. Freilich spielt sie noch nicht die dominierende Rolle; dies hängt offenbar mit methodischen Schwierigkeiten zusammen, aber sicher nicht nur damit, wie das Referat eines so hervorragenden Mathematikers wie A. D. Aleksandrov auf der Allunionskonferenz 1958 beweist, in dem der allgemeinen Relativitätstheorie explizit nur ein kleiner Raum zukam. Auch der Perspektivplan Baženovs und Sačkovs zur Wiederaufnahme der Diskussion um die Relativitätstheorie nennt das Problem der Raumzeit in der allgemeinen Relativitätstheorie erst an 6. Stelle hinter den experi-

mentellen Grundlagen der speziellen Relativitätstheorie, ihrer logischen Struktur und dem Sinn ihrer Effekte, dem Problem von Masse und Energie und der Kausalität in der speziellen Relativitätstheorie.[1]
Andererseits beschäftigen sich Physiker und Mathematiker immer mehr mit der allgemeinen Relativitätstheorie. 1961 gab D. Ivanenko als Übersetzung einen Sammelband *Neueste Probleme der Gravitation* (488 S.) heraus, im selben Jahr veröffentlichte A. Z. Petrov eine Monographie über *Einsteinsche Räume* (463 S.). Aus dem Titelverzeichnis sieht man, daß seit 1945 insgesamt 77 sowjetische Arbeiten zur allgemeinen Relativitätstheorie erschienen, davon 1959 allein 10.
Ein besonderes Ereignis war die Erste Sowjetische Gravitationskonferenz im Sommer 1961 in Moskau. Hier kam die fast ganze Pleade der sowjetischen Forscher zur allgemeinen Relativitätstheorie zu Wort, ausgenommen seltsamerweise freilich gerade Fock (Fok)* und A. D. Aleksandrov. Unter den 83 Beiträgen finden wir so bedeutende Namen wie Blochincev (Direktor des Vereinigten Kernforschungsinstituts in Dubna), Ambarcumjan (Armenische AN), D. D. Ivanenko (MGU), M. F. Širokov (Flugtechnikum), V. L. Ginzburg (Physik. Institut der AN SSSR), Lifšic (Institut für physik. Probleme der AN SSSR), Ja. A. Zel'manov (MGU), Smorodinskij (Vereinigtes Kernforschungsinstitut Dubna). Andererseits fehlten so bedeutende Namen aus den Ostblockstaaten wie Infeld (Warschau), Jánossy (Budapest), Pachner (ČSR) und Papapetrou (Ostdeutschland). Nach dem Einführungsvortrag von Pontecorvo sollte die Konferenz die Gravitationstheorie aus ihrem rein theoretischen und hypothetischen Stand in eine Phase überführen, in der die experimentelle Prüfung der hypothetischen Lokalisierbarkeit und Übertragbarkeit von Gravitationseffekten durch wellen- oder teilchenartige Phänomene erzielt wird.
Gegenstand der Diskussion waren:

(1) Klassische Gravitationstheorie (d.h. die allgemeine Relativitätstheorie in der Einsteinschen Fassung);
(2) Nicht-Riemannsche Verallgemeinerung der Geometrie;
(3) Quantentheorie der Gravitation und nichtlineare Gleichungen;

* Akademiemitglied Fock, Leningrad, protestierte brieflich gegen die Transskription "Fok", wie sie den hier benutzten Transskriptionsregeln entspricht. Wir werden daher – im Gegensatz zum ersten Band – künftig die ursprünglich nicht-russischen Namen sowjetischer Autoren wie Fock, Friedmann u.a. in jener Fassung schreiben, wie sie auch in der früheren westlichen Literatur benutzt wird, und in Klammern einmalig die andere Transskription angeben.

(4) Experimente;
(5) Kosmologie;
(6) Gravimetrie.

Bezeichnenderweise wurde über ideologische Fragen überhaupt nicht gesprochen; soweit ersichtlich kam keiner der Nur-Philosophen zu Wort.*

Ein weiteres Ereignis war die Herausgabe des Sammelwerks *Einstein und die Entwicklung des physikalisch-mathematischen Denkens* vom Institut für Geschichte von Naturwissenschaft und Technik der AN SSSR 1962. Dort ist auch ein Aufsatz Einsteins veröffentlicht, der seinerzeit für ein nicht erschienenes Werk über die Entwicklung der Ideen Lobačevskijs in der Weltwissenschaft bestimmt war.[2] Der Sammelband enthält u.a. Beiträge von Heisenberg ('Bemerkungen zum Einsteinschen Entwurf einer einheitlichen Feldtheorie'), Infeld ('Einstein und die moderne Physik') und M. Born ('Physik und Relativitätstheorie').**

Freilich leiteten die sowjetischen Denker nicht immer rein wissenschaftliche Anliegen; hinter manchen Argumenten steht das psychologische *Motiv*, die Wahrheit des Diamat durch die neue Theorie noch einmal zu bestätigen. Dies schien umso leichter, als dessen einschlägige Sätze über Raum und Zeit so inhaltsleer sind, daß man darunter mit einiger Mühe fast jede Aussage einer physikalischen Theorie von Raum und Zeit subsumieren kann. In diesem Sinn gilt Ayers Bemerkung zur Teleologie in den *Voprosy filosofii* (1962, 1) auch für die Hypothesen des Diamat über Raum und Zeit: "Wenn eine Hypothese nichts im einzelnen erklärt, dann erklärt sie überhaupt nichts."[3] (Was die Teleologie anlangt, so verkennt Ayer allerdings die Problemstellung).

Fraglos steht etwa hinter der sowjetischen Polemik gegen die Gleichberechtigung des Kopernikanischen mit dem Ptolemäischen Weltsystem ein antikatholisches Motiv, das dreieinhalb Jahrhunderte nach der Verurteilung Giordano Brunos obsolet anmutet, insbesondere wenn man sich den sowjetischen "Prozeß" gegen Einstein auf der Höhe des 20.

* Siehe Maurice A. Garbell: *Theses of the First Soviet Gravitation Conference held in Moscow in the Summer of 1961*, Garbell Aerospace Series No. 9, San Francisco, 1963. Das Werk enthält sowohl die Originalberichte als die *Abstracts*.

** Erst nach Fertigstellung des Manuskripts wurde bekannt, daß im Mai 1964 in Kiev ein Allunions-Symposium über philosophische Probleme der Gravitationstheorie Einsteins und der relativistischen Kosmologie stattfand. S. *Filosofskie problemy teorii tjagotenija Ejnštejna i relativistskoj kosmologii*, Kiev, 1964. Kurzbericht in *VF* 1965, 2, 148–152.

Jahrhunderts vergegenwärtigt. Vergessen wir nicht, daß die Wahrheit des Christentums von der Frage der Weltsysteme überhaupt nicht tangiert wird, wohl aber die Wahrheit einer Doktrin wie der des Diamat, die sich selbst durch ihre These von der "einzig wissenschaftlichen Philosophie" mit ehernen Banden an den Gang der Naturwissenschaft heftet.

Auch tritt bei den eigentlichen Philosophen das Unvermögen, den mathematischen Apparat und die in der Theorie ausgesprochene Grundhaltung zu verstehen, noch deutlicher als in der Diskussion um die spezielle Relativitätstheorie zutage. Andererseits mahnt sie dies zu größerer Vorsicht und wir haben, von Ausnahmen wie N. V. Markov abgesehen*, keine "himmelschreienden Irrtümer auf den Gebieten der Physik und Philosophie", wie sie I. V. Kuznecov und Maksimov hinsichtlich der Effekte der speziellen Relativitätstheorie begingen.

Nur beim kosmologischen Problem verfällt eine Gruppe von Sowjetphilosophen in wahrhaft Leninsche Parteilichkeit. Kein Wunder, wird doch durch die Expansion des Alls die Frage nach einem Schöpfungsbeginn astronomisch sinnvoll. Hier kann die Sowjetphilosophie keine Zugeständnisse machen und ihre Thesen nicht umdeuten oder erweitern; es gibt nur einen Kampf auf Leben und Tod. Hier liegt denn auch eine brennende Wunde des ganzen kommunistischen Welt- und Selbstverständnisses, die wohl keine Interpretation der wissenschaftlichen Beobachtung endgültig zu heilen vermag.

Gerade die Diskussion um die relativistische Kosmologie zeigt den bedeutenden Fortschritt, den das sowjetische Denken seit Stalins Tod nahm, wird doch in aller Offenheit die Möglichkeit eines räumlich und massenmäßig begrenzten Weltalls diskutiert, ja sogar ein zeitlicher Beginn, wenigstens auf Umwegen, irgendwie in den Kreis der Betrachtung einbezogen. Andererseits unternimmt eine Gruppe mathematischer Physiker, beraten von Nobelpreisträger Landau, in letzter Zeit den Versuch, rein mathematisch die zeitliche Singularität eines isotropen und homogenen, expandierenden Modells als vermeidbar darzustellen, indem diese nur aus der Wahl des Koordinatensystems entspringen soll. Hier sind noch ernste Diskussionen zu erwarten, in die hoffentlich auch westliche Autoren eingreifen. Das vorliegende Buch soll dazu eine Anregung bieten.

* Nicht zu verwechseln mit dem Quantentheoretiker M. A. Markov, der eine der bedeutendsten Figuren der sowjetischen Diskussion um die Quantenmechanik darstellt.

Dasselbe gilt für die immer mehr um sich greifende Erörterung der logischen Grundlagen der allgemeinen Relativitätstheorie in der Sowjetwissenschaft. Hier unternahm Fock eine sehr interessante Analyse der Einsteinschen Prinzipien; sie führte ihn zur These, es gäbe überhaupt keine allgemeine Relativität und folglich auch keine allgemeine Relativitätstheorie. Er wird hierin nur von einem geringen Teil seiner sowjetischen Kollegen unterstützt, während eine Reihe anderer, vor allem der an der MGU wirkende theoretische Physiker Širokov, die Einsteinschen Prinzipien verteidigt. Die Diskussion wird auf einem hohen theoretischen Niveau geführt und ist geeignet, ein bisher wenig geklärtes Gebiet aufzuhellen.

Ein weiteres Ereignis ist die Ableitung und Deutung der Relativitätstheorie durch A. D. Aleksandrov auf der Allunionskonferenz über philosophische Probleme der modernen Naturwissenschaft 1958. Man kann den Beitrag ohne Übertreibung als Meilenstein im sowjetischen Denken bezeichnen, leitete er doch eine wesentlich ideologiefreie und eigenwillige, wenn auch antipositivistische Art des Philosophierens über die Physik ein, wie sie seitdem für die fortschrittliche Richtung immer mehr zum Leitbild wird. Von hier aus gesehen hat die Sowjetphilosophie den Brückenschlag zu einem aufgeklärten Diamat gefunden, der – so wollen wir hoffen – angeregt durch die Probleme der Naturwissenschaft eines Tages einer unvoreingenommenen und mutigen Wahrheitssuche weicht.

Wir finden unter den Diskussionspartnern nur wenige der Akteure der Diskussion über die spezielle Relativitätstheorie: I. V. Kuznecov tritt nur noch am Rande auf; Maksimov, Ovčinnikov, Štejnman, Šugajlin, Karpov schieden aus dem Rennen aus. Von den Philosophen äußern sich vornehmlich Sviderskij und Meljuchin (Leningrader Philosophen fortschrittlicher Richtung), Uëmov (Verfasser eines ministeriell genehmigten Lehrbuchs über Logik, 1961), und Novik, einer der progressivsten Gelehrten am Institut für Philosophie (IF) in Moskau. Das Feld wird weitgehend den Physikern überlassen, darunter vor allem Fock, A. D. Aleksandrov, Širokov, Akademiemitglied Naan (der einen kritischen Überblick über die kosmologischen Modelle gibt), dem Astrophysiker Ginzburg, Nobelpreisträger Landau und Ivanenko, dem sowjetischen Vertreter der allgemeinen Gravitonentheorie. Welche Stellung Einstein heute im Bewußtsein der Sowjetgesellschaft einnimmt, zeigt der Schluß aus B. G. Kuznecovs Einstein-Biographie 1963: "Somit ist das wissenschaftliche

Schaffen Einsteins mit der geistigen und materiellen Emanzipation der Menschheit verknüpft. Darin liegt die Unsterblichkeit der schöpferischen Tat. Unsterblich wird auch das Antlitz Einsteins sein, das den Verzicht des Menschen auf alles Persönliche und Alltägliche im Namen der Erkenntnis der Welt als eines geordneten, durch den Kausalzusammenhang geeinten Ganzen demonstriert... Wer Einsteins Werke liest, wird immer von der athletischen Muskulatur des Gedankens (damit wurde einst die intellektuelle Stärke des 'Kapitals' gekennzeichnet) und seiner Vornehmheit überwältigt sein... Erinnern wir uns der Verse von dem Gott, der das Weltgebäude erleuchtete, indem er Newton ins Leben rief, und von dem Teufel, der Einstein sandte, um das All erneut ins Dunkel zu versenken. Ein für allemal die absoluten Seinsgesetze zu erhellen – das übersteigt in der Tat die Möglichkeiten und sogar die Absichten eines Menschen. Auf die Newtonsche Erleuchtung des Alls zu verzichten und damit auf jede Erleuchtung – dies konnte die Inspiration des Teufels sein. Aber überzugehen von dem Licht, das Newton entzündete, zur immer helleren Erleuchtung des Alls, niemals das Bild... für endgültig zu erachten und niemals die Aufhebung der früheren Erleuchtung mit der Versenkung ins Dunkel gleichzusetzen – diese Tat trägt das Siegel einer rein menschlichen Inspiration und des menschlichen Genius. Und dies tat ein Denker, der einer der größten Physiker aller Zeiten war und einer der menschlichsten Menschen seines Geschlechts."*

Es ist mir eine Ehre, den Herrn Professoren Bocheński, Fock und Ludwig für die Durchsicht bzw. die Diskussion von Teilen des Manuskripts zu danken. Ich gewann daraus wertvolle Anregungen; insbesondere gestehe ich, daß mich Akademiemitglied Fock teilweise von seinem Standpunkt überzeugte, wenngleich ich nicht glaube, daß sich Einstein so weitgehend in der Deutung seiner eigenen Theorie irrte, wie dies aus der Fockschen Auffassung hervorgeht. Meinen Dank möchte ich auch meinen Mitarbeitern, den Herrn Diplomphysikern Ade und Hölling für die Durchsicht von Teilen des Manuskripts aussprechen. Herzlichst danke ich meiner lieben Frau für die Korrektur der Fahnen.

Gunten/Thuner See, 13. Mai 1965

* Kuznecov, B. G., *Ejnštejn, izd. 2 oe ispravlennoe i dopolnennoe,* Moskva 1963, str. 395–396.

KAPITEL I

DIE STELLUNG DER ALLGEMEINEN RELATIVITÄTSTHEORIE IN DER SOWJETISCHEN WISSENSCHAFT

I. PROBLEMSTELLUNG

Die allgemeine Relativitätstheorie wurde, soweit bekannt, im Gegensatz zur speziellen von den Sowjetphilosophen in ihrem faktischen Gehalt nie bezweifelt. Nur bei I. V. Kuznecov findet sich eine kritische Bemerkung zu den Feldgleichungen. Niemand hat aber bestritten, daß die Rotverschiebung im Schwerefeld, die Lichtablenkung und Periheldrehung aus der Einsteinschen Theorie erklärt werden können. Dies ist umso seltsamer, als die Schlußkette von den faktischen Voraussetzungen bis zu den Folgesätzen bei dieser Theorie unvergleichlich lang ist. Ihre einzige empirische Voraussetzung ist die numerische Gleichheit von träger und schwerer Masse. Es war ein gedankliches Wagnis ersten Ranges, daraus die Feldgleichungen abzuleiten. Wir werden im nächsten Kapitel sehen, daß gerade die *logische* Ableitung der Theorie in ihrer Einsteinschen Fassung von Fock angezweifelt wird. Hinzu tritt, daß eine eindeutige quantitative Übereinstimmung der vorausgesagten Effekte mit den astronomischen Beobachtungen noch aussteht; erst die Versuche von R. Pound und G. Rebka 1960 brachten mit Hilfe des Mössbauer-Effekts den strengen Nachweis der Rotverschiebung für nahezu monochromatische Gammastrahlen von Fe^{57} im Schwerefeld der Erde. Das Verhältnis des experimentellen Wertes zum theoretischen betrug dabei

$$\frac{\Delta \nu_{\mathrm{exp}}}{\Delta \nu_{\mathrm{theor}}} = +1.05 \pm 0.10$$

also eine nahezu vollständige Übereinstimmung.[1]

Es stellt sich zu Recht die Frage, ob es sich denn überhaupt verlohne, angesichts der noch nicht endgültigen experimentellen Bestätigung die Sätze der Theorie auf ihren ontologischen und logischen Aussagegehalt zu prüfen. Die Sowjetphilosophie unternimmt dazu bedeutende Anstrengungen. Sie schließt sich darin der allgemeinen Überzeugung der theoretischen Physiker an, wonach an der faktischen Wahrheit dieser Theorie kaum zu zweifeln ist. Es scheint jedoch dem Verfasser, daß sie ihr Urteil weitgehend auf eine nicht formulierte *Sympathie* gründet, auf einen vortheoretischen Instinkt für die Größe der Einsteinschen Leistung im Nachweis einer formalen mathematischen Struktur als Verfassung des physikalischen Geschehens. Solche Sympathien gehen jedoch zuweilen in die Irre, wie die Versuche zeigten, die Einsteinsche Gravitationstheorie mit der Elektrodynamik zu vereinigen. Wir tun daher gut, einmal mit aller Nüchternheit die experimentelle Sachlage zu untersuchen.

Der sowjetische Astrophysiker Ginzburg stellte den Stand der Dinge 1956, 1957 und 1962 eingehend dar, unter anderem auch auf der 6. Konferenz über Fragen der Kosmogonie vom 5.–7.6.1957.[2] Ivanenko sagte auf dieser Konferenz weitere Effekte der Theorie voraus.

2. ALLGEMEINE HALTUNG

Viele sowjetische Autoren äußern sich geradezu dithyrambisch über die Leistung Einsteins. Nach Fock sind die Ideen der Gravitationstheorie, nämlich die Einheit von Metrik und Gravitation und die Vereinigung von Raum und Zeit, die großartigsten Errungenschaften des menschlichen Genius.[3]

Ebenso nennt Ginzburg die Theorie "die großartigste wissenschaftliche Errungenschaft, geschaffen vom Genius Albert Einsteins"[4], "eine der grundlegendsten physikalischen Konstruktionen. Neben ihrer allgemein physikalischen und methodischen Bedeutung diene diese Theorie als einzig zuverlässige Grundlage für die theoretische Analyse kosmologischer Probleme".[5] Bezeichnenderweise fordert er daher im Sputnik-Heft der *Uspechi fizičeskich nauk* 1957 (Bd. 63) eine experimentelle Prüfung durch Sputniks, die seiner Meinung nach durchaus möglich ist.*

Ginzburg führt im einzelnen aus: Obwohl die Effekte der Theorie sehr klein sind und ihre direkte Bedeutung für die Astronomie gering ist[6], so darf man dennoch ihren Wert nicht unterschätzen. Sie ist primär eine Theorie des Schwerefeldes. Erst durch sie erhielt das Gebäude der nichtquantentheoretischen Physik einen gewissen Abschluß, da die Newtonsche Theorie der universellen Massenanziehung (unter Annahme einer

* Dem Verfasser sind keine sowjetischen Ergebnisse bekannt.

Fernwirkung) nicht mit den Grundlagen der Feldtheorie und der speziellen Relativitätstheorie im Einklang steht. Die Theorie liefert eine wesentlich tiefere Verallgemeinerung, als es der Übergang von der Elektrostatik zur Elektrodynamik war: Sie erlaubt die Gleichheit schwerer und träger Masse in die Theorie einzubauen, sie verschmilzt Raum und Zeit untrennbar mit der Materie; der Newtonsche metaphysische absolute Raum und die absolute Zeit verschwanden; an die Stelle des "Vakuums" oder des "Raums an sich" tritt das Gravitationsfeld $g_{\mu\nu}$. Alle Körper und alle Felder bestimmen den Charakter des Gravitationsfelds und gleichzeitig die Metrik der Raumzeit. Die Frage nach der Geometrie des realen Raums wird ein physikalisches Problem.

Die Bedeutung der Theorie zeigt sich nach Ginzburg vor allem an drei Punkten:

(a) Der methodische Wert beruht darauf, daß sie eine "sehr vollkommene Feldtheorie" darstellt. Dies zeigt sich an der Möglichkeit, eine große Klasse von Koordinatensystemen zu benutzen, sowie darin, daß die Bewegungsgleichungen der felderzeugenden Massen im Gegensatz zur Elektrodynamik aus den Feldgleichungen selbst hervorgehen.

(b) Die Bedeutung für die Atom-, Kern- und Teilchenphysik beruht unter anderem darauf, daß in der Quantenfeldtheorie der "Quantenradius" des Elektrons sehr viel kleiner als der Gravitationsradius ist (10^{-70} cm gegen 10^{-55} cm); daraus sieht man, daß alle Überlegungen, die das Gravitationsfeld vernachlässigen, in der Theorie der Elementarteilchen nicht stimmen können; andererseits steht das Elektron außer mit dem Gravitationsfeld und dem elektromagnetischen Feld auch mit dem Mesonenfeld in Wechselwirkung; letzteres erzeugt eine wesentlich stärkere Wechselwirkung als die Gravitation, so daß anscheinend die Gravitationseffekte wieder unwesentlich werden. Im allgemeinen ist jedenfalls die Gravitation infolge ihrer Geringfügigkeit gegenüber den anderen Wechselwirkungen in der Atom-, Kern- und Teilchenphysik nicht von unmittelbarer Bedeutung.*

Dagegen sind nach Ginzburg hier die Methoden und der mathematische Apparat der allgemeinen Relativitätstheorie von Interesse. Die Grundprobleme der Elementarteilchen lassen sich nach einer immer allgemeiner anerkannten Auffassung nur durch eine grundsätzliche Revision unserer

* Eine andere Auffassung vertritt Širokov, siehe Kap. II des vorliegenden Buches.

Raum- und Zeitvorstellungen im Bereich mikroskopischer Maßstäbe der Größenordnung 10^{-14} cm und 10^{-25} sec lösen. "Auf welchem Wege hier die Entwicklung weitergehen wird, ist völlig unklar, aber es ist möglich, daß sich mit Hilfe entsprechend verallgemeinerter Methoden der allgemeinen Relativitätstheorie hier Erfolge ergeben werden, da die Raum-Zeit-Vorstellungen in dieser Theorie von allen bisher bekannten am inhaltsreichsten sind."[7]

(c) Für Astronomie und Kosmologie hingegen ist die überragende Bedeutung der allgemeinen Relativitätstheorie nicht mehr anzuzweifeln. Im Weltall spielen ja Gravitationskräfte eine dominierende Rolle. Allerdings sind auch auf der Sonne und den Fixsternen die Gravitationsfelder noch schwach, so daß die relativistischen Effekte verhältnismäßig klein sind; aber in bestimmten Sternmodellen treten aus Neutronen bestehende Zentralgebiete auf, sog. "Neutronenkerne", die einen sehr kleinen Radius aufweisen, so daß das Gravitationsfeld stark wird und eine relativistische Betrachtung verlangt; die Existenz von Neutronenkernen ist freilich noch ungeklärt.

Für große Gebiete ändert sich nach Ginzburg aber die ganze Situation. Wir erhalten heute Informationen über Gebiete von $2 \cdot 10^9$ Lichtjahren Entfernung. Die mittlere Materiedichte in Gebieten, die zahlreiche Nebel enthalten, ist nach den vorhandenen Daten im ganzen beobachteten Teil des Kosmos ungefähr gleich ("kosmologisches Prinzip"); ihr Wert ist $\mu_0 \approx 10^{-28}$ bis 10^{-29} g/cm^3. Das heute zugängliche Gebiet des Kosmos weist damit einen Gravitationsradius* von ungefähr 10^{26} cm auf, d.h. einen Wert, der mit dem Radius $R \approx 10^9$ Lichtjahre $= 10^{27}$ cm vergleichbar wird; hier ist das Gravitationsfeld also nicht mehr schwach.

Neben der homogenen Verteilung der mittleren Massendichte ist die wichtigste Tatsache der Kosmologie die Rotverschiebung der Spektren der außergalaktischen Nebel. Sie wurde bis zum Abstand von 10^9 Licht-

* "Gravitationsradius" heißt der Wert $M = Cm/c^2$. Hier ist M der Gravitationsradius, C die Gravitationskonstante, m die Masse des Zentralkörpers und c die Lichtgeschwindigkeit. Für die Sonne ist $M/r = 2.11 \cdot 10^{-6}$, so daß der Unterschied zwischen der Schwarzschildschen Maßbestimmung

$$ds^2 = \frac{dr^2}{1 - 2M/r} + r^2 (d\vartheta^2 + \sin^2 \vartheta \, d\varphi^2) - c^2 \left(1 - \frac{2M}{r}\right) dt^2$$

und einem Inertialsystem unwesentlich wird.

jahren beobachtet und entspricht dort einer effektiven Geschwindigkeit von $6 \cdot 10^9$ cm/sec, d.h. 20% der Lichtgeschwindigkeit.
Das von uns überschaubare Gebiet des Alls befindet sich also nach Ginzburg in einem ausgesprochen nicht-stationären Zustand. In diesem Zusammenhang muß es als großer Erfolg der allgemeinen Relativitätstheorie gelten, daß ihre Gleichungen bei Annahme eines gleichförmig mit Materie erfüllten Raums ohne irgendwelche Abänderung eine nichtstationäre Lösung verlangen, die bei Deutung der Rotverschiebung als "Flucht" der Spiralnebel mit der Beobachtung im Einklang steht. Auch Nobelpreisträger Igor Tamm meint, daß die Theorie für eine künftige Kosmologie "zweifellos eine entscheidende Rolle" spielen wird.[8]
Es scheint, daß auch die Philosophen die Theorie nie anzweifelten. Kursanov, der 1950 noch durchaus im Fahrwasser Maksimovs war, schrieb damals, die neue relativistische Mechanik liefere ein exakteres Gravitationsgesetz als die klassische Physik und erkläre Lichtablenkung und Periheldrehung.[9] Sviderskij, der unter den Philosophen am stärksten an Raum- und Zeit-Problemen arbeitet, spricht 1958 ausdrücklich von ihrer Bestätigung.[10] Er sieht in den Konsequenzen der Theorie "ein neues Material für die Bestätigung und Konkretisierung der bereits bekannten universalen Eigenschaften und der allgemeinen Natur von Raum und Zeit sowie die Feststellung einiger neuer Eigenschaften dieser Formen."[11]
Optimistischer ist der Physiker Širokov: Die Theorie besitzt nicht nur für die Kosmologie*, sondern auch für die Mikrophysik unübersehbare Anwendungsperspektiven. Eine allgemein kovariante Formulierung der Quantenfeldtheorie führt dabei möglicherweise zur Lösung des Problems von Teilchenmasse und -ladung und beseitigt somit die inneren Widersprüche, die mit den von außen in die Quantenfeldtheorie eingeführten Regularisierungsmethoden zusammenhängen.**[12]

3. VERIFIKATION UND ENTWICKLUNGSPERSPEKTIVEN

Am eingehendsten befaßte sich Ginzburg mit der Prüfung der allgemeinen Relativitätstheorie. 1956 erschien ein entsprechender Beitrag im Sammel-

* Širokov spricht dem sowjetischen Sprachgebrauch folgend von "Kosmogonie", worunter er das Problem der Welt als ganzer begreift.
** Ausführlich s. S. 148f.

werk *Einstein und die moderne Physik*, im wesentlichen abgedruckt in *Uspechi fizičeskich nauk* 1956.[13] Auf der 6. Konferenz über Fragen der Kosmogonie 1957 wurde ein neuer Beitrag Ginzburgs diskutiert (Text liegt leider nicht vor). Im Sammelband *Einstein und die Entwicklung des physikalisch-mathematischen Denkens*, 1962, befaßte er sich nochmals ausführlich mit dem Problem.* Im folgenden wird die Arbeit von 1956 als (I), die von 1962 als (II) bezeichnet.

Nach Ginzburg ist die allgemeine Relativitätstheorie vor allem eine Theorie des Gravitationsfeldes. Sie verhält sich zur Newtonschen Theorie der "Gravitostatik" wie die Elektrodynamik zur Elektrostatik. Die Newtonsche Theorie ging von einer unendlich großen Ausbreitungsgeschwindigkeit der Gravitationsstörungen aus; aus der endlichen Ausbreitungsgeschwindigkeit in der speziellen Relativitätstheorie ergab sich bereits die Suche nach einer Verallgemeinerung der Newtonschen Theorie. Schon hieraus erhellt ihre Bedeutung, ganz abgesehen von ihrem Wert für das Verständnis einzelner physikalischer und astronomischer Phänomene (I).

Nach Ginzburg ergibt sich folgender Stand der Prüfung der Theorie:

(1) *Periheldrehung der Planeten und ihrer Satelliten.*** Für den Merkur beträgt die Periheldrehung theoretisch pro Jahrhundert

$$43''.03 \pm 0''.03$$

Bogensekunden. Der beobachtete Wert ist

$$42''.56 \pm 0''.94 \quad \text{(I und II)}.$$

Dieses Ergebnis befindet sich in "ausgezeichneter Übereinstimmung" mit

* Das Manuskript wurde im September 1959 an einen polnischen Verlag zur Edition eines Sammelwerkes gesandt. Aus dem russischen Text geht nicht hervor, ob es in Polen erschien. Der 1962 veröffentlichte Text berücksichtigt Arbeiten, die bis November 1960 erschienen sind.

** Aus der Schwarzschildschen Lösung für ein zentralsysymmetrisches Feld und den Bewegungsgleichungen eines freien Massenpunkts im Schwerefeld läßt sich die säkulare Drehung der Bahnellipse pro Planetenumlauf im absoluten Winkelmaß

$$\frac{24\pi^3 a^2}{(1 - e^2)\, c^2 T^2}$$

errechnen, wobei a die große Halbachse der Planetenbahn in Zentimetern ist, e die numerische Exzentrizität in Zentimetern, c die Vakuumlichtgeschwindigkeit und T die Umlaufzeit in Sekunden.

der Theorie (I, II).[14] Für die Drehung des Erd-Perihels sind berechnet $3''.08 \pm 0''.0$; beobachtet werden $4''.6 \pm 2''.7$; wegen der Geringfügigkeit des Effekts läßt sich nur feststellen, daß die Theorie nicht der Erfahrung widerspricht. "So kann man sagen, daß in diesem Punkt die experimentellen Tatsachen aufs bestimmteste und dabei quantitativ zugunsten der allgemeinen Relativitätstheorie sprechen".[15]

Ginzburg empfiehlt durch Messungen an dem kleinen Planeten Ikarus den Effekt weiter zu untersuchen; der Ikarus weist die größte Exzentrizität unter den anderen kleinen Planeten und den geringsten Sonnenabstand auf. Seine Periheldrehung pro Jahrhundert müßte $10''.05$ Bogensekunden betragen, mit einer Meßgenauigkeit, die 4 bis 5 mal über der des Merkurperihels liegt (I, II).[16] Hier wären indes jahrzentelange Beobachtungen nötig. Es ist deshalb interessanter, die Trabanten der Planeten oder künstliche Erdsatelliten zu untersuchen (La Paz, 1954; Ginzburg, 1956). In diesem Fall tritt eine Kombination zweier Effekte auf, verursacht durch die Bewegung des Satelliten im Schwerefeld der Sonne und in dem der Erde (bzw. des Planeten). Berücksichtigt man nur das Erdfeld, so beträgt die Drehung des Perigäums für künstliche Erdsatelliten in Bogensekunden pro Jahrhundert[17] für einen mittleren Abstand vom Erdmittelpunkt in cm von

$6.367 \cdot 10^8$	(=Erdoberfläche)	$1700''$
$6.77 \cdot 10^8$		$1450''$
$17.00 \cdot 10^8$	(Exzentrizität 0.06)	$146''.0$
$17.00 \cdot 10^8$	(Exzentrizität 0.40)	$194''.6$
$7.2 \cdot 10^8$		$1250''.5$
$10.00 \cdot 10^8$		$586''.6$

Auch die Meßgenauigkeit für Erdsatelliten übertrifft um ein Vielfaches die des Merkurs, sie kann pro Jahr größer sein als die für Merkur pro Jahrhundert. Für künstliche Planeten (kosmische Raketen) würde der mögliche Höchstwert der Periheldrehung ungefähr $1000''$ pro Jahrhundert betragen, mit einem allerdings noch nicht geklärten Genauigkeitsgrad (II).

Die Verwendung von radioastronomischen Methoden dürfte noch günstigere Ergebnisse bringen. Andererseits liegen hier besondere Schwierigkeiten vor: Die Bahn des Erdsatelliten ist auch ohne Berücksichtigung der relativistischen Effekte infolge des Luftwiderstands in der Ionosphäre nicht streng elliptisch; zudem wirken sich die ungleichmäßige Massenver-

teilung der Erde und Störungen durch andere Himmelskörper, insbesondere des Mondes, aus. "Es ist deshalb vorläufig noch nicht klar, in welchem Umfang und wie rasch es gelingt, die Bahn eines Erdsatelliten mit einer Genauigkeit zu berechnen, die für einen Nachweis des relativistischen Effekts ausreicht... Wir haben indes keinen Grund, an einer solchen Möglichkeit zu zweifeln..."[18] 1962 formulierte Ginzburg: "Die Genauigkeit der Bahnbestimmung der Sputniks kann wahrscheinlich völlig zur Messung von Größen der Ordnung von ψ (der Perigäumsdrehung – *der Verf.*) ausreichen"; die Hauptschwierigkeit besteht jedoch im Luftwiderstand und im unsymmetrischen Erdfeld; die Frage wurde in der Literatur noch nicht genügend behandelt. "Deshalb können wir nicht konkret auf die diesbezüglichen Aussichten hinweisen; hier ist offenbar schwer in nächster Zeit ein Erfolg zu erwarten" (II).[19]
Als sekundäre Ursache der Periheldrehung wirkt die Rotation des Zentralkörpers.* In der Newtonschen Theorie hatte diese keinen Einfluß auf sein Gravitationsfeld. Nach der allgemeinen Relativitätstheorie entsteht dadurch ein zusätzliches Schwerefeld. Der Sachverhalt ist nach Ginzburg analog der Elektrizität, wo eine ruhende geladene Kugel nur ein elektrostatisches Feld aufbaut, während bei der Rotation durch den

* Für ein schwaches Schwerefeld ist das Zusatzfeld in einem quasi-Galileischen Koordinatensystem gleich

$$g = -\frac{2\kappa}{c^3 r^3}[\mathbf{I}, \mathbf{r}], \qquad \mathbf{I} = \int [\mathbf{r}', \mu\mathbf{v}']\, dV$$

hier ist

$$g_\alpha = -\frac{g_{\alpha 0}}{g_{00}} \approx g_{\alpha 0}$$

μ ist die Massendichte im Punkt $\mathbf{r}'$, der sich mit der Geschwindigkeit $\mathbf{v}'$ bewegt, κ ist die Einsteinsche Gravitationskonstante, $\mathbf{r}$ der Abstand vom Kugelzentrum zum Beobachtungspunkt, $\mathbf{r}'$ der Abstand vom Kugelzentrum zu den Punkten der Kugel. Ist $\mu = \text{const}$, so ist der nach der Rotationsachse orientierte Vektor $\mathbf{I}$ dem absoluten Wert nach gleich

$$I = \frac{2}{5} M r_0^2 \, \omega,$$

wo M die Kugelmasse, r_0 ihr Radius und ω die Winkelgeschwindigkeit ist. $|\mathbf{g}|$ erreicht den höchsten Wert am Äquator mit

$$|\mathbf{g}| = \frac{4\kappa M r_0 \omega}{5 r_0 c^3} \approx \frac{|\varphi_0|}{c^2} \cdot \frac{v_0}{c},$$

wo φ_0 das Newtonsche Gravitationspotential und v_0 die Rotationsgeschwindigkeit am Äquator ist. S. Ginzburg in *Ejnštejn i sovremennaja fizika*, Moskva, 1956, str. 103.

erzeugten Strom zusätzlich ein Magnetfeld auftritt. Für die Erdrotation ist der maximale Wert am Äquator proportional dem Produkt aus dem Newtonschen Gravitationspotential und der Rotationsgeschwindigkeit, dividiert durch c^3 (c ist die Lichtgeschwindigkeit). Ein weiterer Zusatzeffekt ergibt sich aus der Berücksichtigung der Rotation des Probekörpers gegenüber dem Zentralkörper. Der Einfluß der Rotation von Sonne und Erde auf ihre Satelliten liegt um 1–2 Größenordnungen unter dem relativistischen Effekt ohne Rotation. Beim Merkur müßte eine zusätzliche Periheldrehung von $-0''.01$ (I; nach II: $-0''.02$) eintreten, während die Meßgenauigkeit von der Größenordnung 1″ ist. Seit der Arbeit von Lense und Thirring (*Physikalische Zeitschrift* 19 (1918) 156) ist nach Ginzburg dieser Effekt nicht wieder diskutiert worden; er ist indes "äußerst interessant"[20]; allerdings verfügt Ginzburg bezüglich der Planetenmonde von Jupiter und Saturn über keine Daten, die zuverlässige Aussagen gestatten; er legt aber den Astronomen nahe, nach Möglichkeiten einer Analyse zu suchen. Dagegen wäre der Effekt für einen unmittelbar an der Erdoberfläche umlaufenden Satelliten $-53''$ Bogensekunden, d.h. größer als der ganze relativistische Effekt für den Merkur; für einen Satelliten in 400 km mittlerer Entfernung von der Erdoberfläche betrüge der Effekt $-43''$. Ginzburg spricht 1957 von einem Wert bis zu $-50''$ für künstliche Erdsatelliten, was bis zu 1/3 des allgemeinen relativistischen Effekts beträgt, so daß bei entsprechender Meßgenauigkeit beide Effekte getrennt werden können.[21]

(2) *Die Verschiebung der Spektrallinien im Schwerefeld.** Bei Lichtemis-

* Ist σ die Ruhdichte, d.h. die mit Hilfe des Einheitsmaßstabes vom Standpunkt eines mitbewegten Galileischen Koordinatensystems gemessene Dichte der ponderablen Masse im gewöhnlichen Sinn, und berücksichtigt man nur die Massenenergie, d.h. ist

$$T^{\mu\nu} = \sigma \frac{dx_\mu}{ds} \cdot \frac{dx_\nu}{ds},$$

und setzt man

$$ds^2 = -\left(1 + \frac{\kappa}{4\pi}\int \frac{\sigma dV_0}{r}\right)(dx_1^2 + dx_2^2 + dx_3^2) + \left(1 - \frac{\kappa}{4\pi}\int \frac{\sigma dV_0}{r}\right) dl^2,$$

so erhält man durch Abspaltung des rein zeitlichen Anteils angenähert für das Intervall der Einheitsuhr

$$dT = \left(1 - \frac{\kappa}{8\pi}\int \frac{\sigma dV_0}{r}\right) dl.$$

Dem Intervall zweier Schläge der Einheitsuhr ($dT = 1$) entspricht also in unserem

sion in einem Schwerefeld, das stärker ist als das Schwerefeld, in dem der Lichtempfänger ruht, tritt eine Frequenzänderung ein; sie macht sich als Rotverschiebung der Spektrallinien bemerkbar. Da auch eine Violettverschiebung eintreten kann (wenn das Licht im Gravitationspotential $\varphi = 0$ emittiert und bei $\varphi \neq 0$ wahrgenommen wird), sagt man besser statt "Rotverschiebung" "Gravitationsverschiebung" (II). Die Formel für die Gravitationsverschiebung läßt sich elementar auch aus dem Äquivalenzprinzip ableiten, wie Einstein 1907 und 1911 zeigte (II). Das gleiche Ergebnis erhält man nach Ginzburg aus der Quantentheorie, da Photonen nicht nur eine träge, sondern auch eine schwere Masse

$$m = \frac{h\nu}{c^2}$$

aufweisen, wo h das Plancksche Wirkungsquantum, ν die Frequenz des Photons und c die Lichtgeschwindigkeit ist. Das Photon muß bei seiner Bewegung im Gravitationsfeld eine Arbeit leisten, die nur auf Kosten einer Frequenzänderung möglich ist.

Mit Sicherheit wurde die Gravitations-Rotverschiebung für die weißen Zwerge (sehr heiße Sterne mit hohem spezifischem Gewicht) festgestellt (I, II). "Unsere nicht hinreichend genaue Kenntnis der Radien dieser Sterne ermöglicht aber keinen zuverlässigen quantitativen Vergleich zwischen Theorie und Erfahrung" (I, II).[22] Benutzt man die besten vorhandenen Ergebnisse und wertet sie in der günstigsten Weise aus, so erhält man nach Parenago für den Sirius-Begleiter B und für O^2 Eridani gut mit der Theorie übereinstimmende Werte; zum gleichen Ergebnis führt eine statistische Analyse der Rotverschiebung für eine Reihe heißer Sterne (K-Effekt).* Trotzdem können die Beobachtungen "nicht als quan-

Koordinatenmaß die "Zeit"

$$1 + \frac{\kappa}{8\pi} \int \frac{\sigma \mathrm{d} V_0}{r}.$$

Die Ganggeschwindigkeit einer Uhr ist also desto geringer, je mehr ponderable Massen in ihrer Nähe sind. Nach A. Einstein, *Grundzüge der Relativitätstheorie,* 1. Aufl., Braunschweig, 1956, S. 58–59.

* K ist ein Maß für die allgemeine Kontraktion oder Expansion der Sterne in der Umgebung der Sonne. K ist nur für die nächsten Sterne vom Typ O and B positiv und gleich 4.3 km/sec/1000 parsec. Mögliche Ursachen sind die Gravitationsverschiebung (es handelt sich um sehr massive Sterne), eine reale Expansion des Systems dieser Sterne oder der Durchgang ihres Lichts durch Photonenfelder der allgemeinen Strahlung.

titativ vollständig beweiskräftig angesehen werden" (I).[23] Dagegen lassen sich die Daten für die Spektrallinien der Sonne trotz der Geringfügigkeit des Effekts und einer zusätzlichen Violettverschiebung durch die Gaskonvektion "als Bestätigung der allgemeinen Relativitätstheorie auffassen".[24] Dennoch reichen die Ergebnisse vom Standpunkt einer strengen quantitativen Prüfung noch nicht aus, da die Linienverschiebung für die Sonne auch auf einem besonderen Druckeffekt (Wechselwirkung der Atome) und der Granulation beruhen kann.

Neue Perspektiven bietet in dieser Hinsicht die Radiospektroskopie. Während für die Optik die untere Grenze für die Beobachtung bei 10^{-7} liegt (durch die optischen Quanten-Generatoren, die "Laser", wird die untere Grenze freilich heruntergesetzt (II)), liegt sie für die Radiospektroskopie etwa bei 10^{-13}. Bei solcher Meßgenauigkeit lassen sich Gravitationsverschiebungen sogar auf der Erde nachweisen; stellt man etwa Sender und Empfänger mit einem Höhenunterschied von 3000 m auf, so beträgt der Effekt theoretisch ungefähr $\Delta\nu/\nu$ $3 \cdot 10^{-13}$. Bisher ist man praktisch noch weit von dieser Genauigkeit entfernt, aber Werte von ungefähr $(\Delta\nu/\nu) \gtrsim 10^{-10}$ wurden bereits erreicht.*

Interessant ist die Beobachtung der Werte für künstliche Erdsatelliten. Bei sehr entfernten Satelliten tritt eine Violettverschiebung von etwa 10^{-9} ein (in II: $7 \cdot 10^{-10}$); bei 800 km Entfernung über der Erdoberfläche ist der Wert theoretisch $7.6 \cdot 10^{-11}$ (in II: $7.7 \cdot 10^{-11}$) "und der Effekt wird wahrscheinlich in nächster Zukunft meßbar sein"[25]; dabei wird die Messung allerdings durch den sehr großen Doppler-Effekt (einschließlich des quadratischen) erschwert werden. Der Doppler-Effekt 1. Ordnung (klassischer Doppler-Effekt) ist dabei um etwa $3 \cdot 10^4$ mal größer als der gesamte Gravitationseffekt; auch der quadratische Doppler-Effekt ist für nahe Satelliten größer als der allgemein-relativistische Effekt. Erst bei fernen Satelliten tritt der Doppler-Effekt gegenüber der Gravitationsverschiebung zurück. Vielleicht gelingt der Nachweis jedoch auch für nahe Satelliten.[26] Besonders wertvoll wäre die Beobachtung eines Satelliten, der zur Erde ruht, d.h. in 24 Stunden umläuft**; in diesem Fall wäre der quadratische Doppler-Effekt $5 \cdot 10^{-11}$ und die Gravitationsverschiebung $6 \cdot 10^{-11}$. Schon heute ist die experimentelle Prüfung der Gravita-

* Inzwischen gelang es durch den Mössbauer-Effekt für sehr viel geringere Abstände die Rotverschiebung auf der Erde nachzuweisen.

** Dies ist beim amerikanischen Nachrichtensatelliten "Early Bird" der Fall.

tionsverschiebung bei Sputniks "völlig realisierbar" (II), man kann sie in den nächsten Jahren genügend genau messen.* Durch genügend ferne Sputniks und kosmische Raketen kann man übrigens auch die Gravitationsverschiebung im Sonnenfeld messen; auch der Mond kann als "natürlicher Sputnik der Erde" herangezogen werden (II).

Mit Hilfe von Erdsatelliten läßt sich übrigens ein Effekt der speziellen Relativitätstheorie nachweisen: Zwei Uhren mögen zur Zeit $t=0$ auf der Erde ruhen; beide befinden sich im Gravitationspotential φ_2 der Erdoberfläche. Dann werde die Uhr I auf einen künstlichen Erdsatelliten gebracht und beginne sich mit der Geschwindigkeit $v_1(t)$ in einem Gebiet mit dem Potential φ_1 zu bewegen. Kommt dann zur Zeit t die Uhr I wieder zur Ruhe und wird vom Satelliten zur Erde zurückgebracht, so zeigt sie eine andere Zeit als die Uhr II. Wenn τ_1 die Eigenzeit der Uhr I ist (die im Bezugssystem der Uhr I gemessene Zeit), τ_2 die Eigenzeit der Uhr II, so ist

$$\tau_2 = \left(1 + \frac{\varphi_2}{c^2}\right) t$$

$$\tau_1 = \left(1 + \frac{\varphi_1}{c^2} - \frac{v_1^2}{2c^2}\right) t;$$

dabei wurde angenommen, daß sich der Satellit mit konstanter Geschwindigkeit v_1 im Potential φ_1 bewegt und die Zeit für Hin- und Rückflug der Uhr I zum bzw. vom Sputnik vernachlässigt wird. Durch Eliminierung der Koordinatenzeit t ergibt sich angenähert

$$\frac{\tau_2 - \tau_1}{\tau_1} \approx \frac{\tau_2 - \tau_1}{\tau_2} = \frac{\varphi_2 - \varphi_1}{c^2} + \frac{v_1^2}{2c^2}.$$

Für Erdsatelliten kann die Differenz der Potentiale $\varphi_2 - \varphi_1$ vernachlässigt werden; dann ergibt sich die bekannte Zeitdilatation der speziellen Relativitätstheorie. Für einen erdnahen Satelliten gilt

$$\frac{\tau_2 - \tau_1}{\tau_2} \approx 2 \cdot 10^{-10};$$

im Laufe eines Jahres wächst die Verzögerung auf $\tau_2 - \tau_1 \approx 6 \cdot 10^{-3}$ sec an.

* Daraus geht hervor, daß die Sowjetunion jedenfalls bis zum Erscheinen des Aufsatzes (1962) über keine sicheren Daten verfügte.

Die Feststellung eines solchen Integraleffekts ist prinzipiell nicht ausgeschlossen.[27] Eine völlig neue Methode für die Prüfung der Gravitationsverschiebung brachte der Mössbauer-Effekt. Bei einem Höhenunterschied von nur 22.5 m wurde eine Frequenzänderung von $5.13\,(\pm 0.51)\cdot 10^{-15}$ gemessen, was gegenüber dem theoretischen Wert eine Abweichung von nur 5% bedeutet (II).

(3) *Ablenkung von Lichtstrahlen am Sonnenrand.* Im Gravitationsfeld hängt die Lichtgeschwindigkeit, bezogen auf ein Koordinatensystem, von der Raumzeit-Metrik ab. Wenn c die Lichtgeschwindigkeit in einem gravitationsfreien Raum ist, c' die "Koordinaten-Lichtgeschwindigkeit" in einem schwachen Gravitationsfeld, so gilt

$$c' = \left(1 + \frac{2\varphi}{c^2}\right).$$

Aus der Analogie zu einem inhomogenen lichtbrechenden Medium ergibt sich, daß in einem inhomogenen Gravitationsfeld die Lichtstrahlen gekrümmt sind. Am Sonnenrand vorbeigehende Strahlen weisen eine zur Sonne gerichtete Krümmung auf, so daß die photographische Aufnahme des Sternfelds um die Sonne während einer Sonnenfinsternis gegenüber der Aufnahme des normalen Felds deformiert ist. Die Ablenkung eines Strahls erreicht am Sonnenrand 1″.745 Bogensekunden.

Die Beobachtungen bei Sonnenfinsternissen seit 1919 ergaben nach Ginzburg folgendes: (a) Es wurde stets eine Ablenkung zur Sonne hin beobachtet (in Übereinstimmung mit der Theorie); (b) der beobachtete Effekt stimmt bis auf etwa 10% mit dem errechneten Wert überein. Die größte Abweichung ergab eine Beobachtung von Michajlov 1936 mit einer Ablenkung von 2″.73 ± 0″.31 (in II: 2″.70); hier muß man berücksichtigen, daß die Beobachtungsbedingungen besonders ungünstig lagen, da die Kontrollaufnahme (das nicht deformierte Sternfeld) bei −21° Kälte, die Aufnahme während der Finsternis bei +23.6 °C gemacht wurde, also eine große Differenz der Lichtbrechungen in der Erdatmosphäre vorlag. Die nach Michajlovs Ansicht genauesten Messungen stammen von Campbell und Trümpler 1922 und ergeben einen beobachteten Wert von 1″.78 ± 0″.17. Der Mittelwert aller Beobachtungen von 1919–1952 (Ginzburg gibt acht Beobachtungen an) beträgt 1″.98 ± 0″.12 (in II: 1″.97). Läßt man den höchsten Wert (Michajlov) weg, so ergibt sich ein Mittelwert von 1″.87 ± 0″.08. Hieraus geht hervor, daß "die Voraussagen der allgemeinen Relativitätstheorie über die Ablenkung der Lichtstrahlen im Sonnenfeld bestätigt werden konnten".[28]

(4) *Weitere Effekte und grundsätzliche Überlegungen.* Die lokale Isotropie der Raumzeit im Schwerefeld kann nach Ginzburg durch eine Prüfung der gleichen Lichtgeschwindigkeit in allen Richtungen eines Laboratoriums untersucht werden (Yilmaz, 1959). Die Anisotropie der Trägheit in Abhängigkeit von entfernten Massen der Galaxis wurde in einem negativ verlaufenen Experiment von Hughes, Robinson und Beltran-Lopez 1960 untersucht, nachdem Cocconi und Salpeter 1958 darauf hingewiesen haben. Sehr interessant wären auch Versuche für Korrekturterme höherer Ordnung zu den gewöhnlich benutzten Formeln der Gravitationsverschiebung, was für die Erde eine Verschiebung von ca. $5 \cdot 10^{-19}$ beträgt; einen solchen Wert können wir jedoch zur Zeit nicht messen. Eine wichtige Gruppe grundsätzlich möglicher Experimente bilden Gravitationswellen (J. Weber, 1960; Braginskij, Ivanenko, Rukman, 1960), wobei freilich nach Weber im Laboratorium dazu bisher keine Möglichkeit besteht (II).

Ginzburg faßt 1962 das Ergebnis wie folgt zusammen:

(1) Alle drei "kritischen Effekte" (1–3) werden beobachtet. Die Übereinstimmung der Periheldrehung für Merkur und wahrscheinlich Venus ist "sehr gut". (In I spricht er von "ausgezeichneter quantitativer Übereinstimmung mit der Theorie"). Die Lichtablenkung im Sonnenfeld fällt in den Genauigkeitsgrenzen von 10–20% mit dem theoretischen Wert zusammen. Die Gravitationsverschiebung ist in einer Reihe von Fällen nachgewiesen und für γ-Strahlen bis auf einige Prozent gemessen. Es gibt keine Tatsache, welche der allgemeinen Relativitätstheorie widerspricht; "unserer Ansicht nach gibt es nicht nur keine der Theorie widersprechenden Tatsachen, sondern nicht einmal eine Andeutung in dieser Richtung" (II).[29]

(2) Was aber bedeuten die Experimente für die Prüfung der Theorie oder ihrer Einzelsätze? Kann man die kritischen Effekte auch ohne die Theorie deuten? Schiff und Bludman meinen 1960, die Gravitationsverschiebung und Lichtablenkung bestätigten nicht die allgemeine Relativitätstheorie, sondern nur das Äquivalenzprinzip*; dabei wird die spezielle Relativitäts-

* Das Problem ist grundlegend: Liegt eine reale Raumzeitkrümmung oder ein Beschleunigungseffekt vor? Nach dem Äquivalenzprinzip ist die Frage unentscheidbar, denn beide Effekte sind numerisch äquivalent.

theorie vorausgesetzt. Das Äquivalenzprinzip sei bereits durch die Versuche von Eötvös (1922) und anderen zur Gleichheit von schwerer und träger Masse bestätigt. Führt man diese These zu Ende, so ist die Prüfung der Gravitationsverschiebung und Lichtablenkung nach Ginzburg überflüssig. Richtig ist freilich, daß beide Effekte aus dem Äquivalenzprinzip und der speziellen Relativitätstheorie folgen; für die Lichtablenkung zeigte dies Einstein bereits 1907 und 1911, wobei freilich 1911 nur der halbe Wert der endgültigen Formel erzielt wurde, da Einstein die relativistische Änderung der Maßstäbe außer acht ließ. Schiff und Bludman bemerken richtig, daß die Lichtablenkung auch ohne die Gravitationsgleichungen abzuleiten ist. Aber diesen Umstand darf man nicht der Theorie als ganzer entgegenstellen.

(3) Der Theorie des Schwerefelds, d.h. der allgemeinen Relativitätstheorie, liegen folgende Prinzipien zugrunde:

(a) Äquivalenzprinzip;

(b) Gültigkeit der speziellen Relativitätstheorie in einem lokalen Inertialsystem;

(c) Allgemeine Kovarianz;

(d) Postulate an die Feldgleichungen: Sie gehen im klassischen Grenzfall in die Poisson-Gleichung über; die Gleichungen enthalten keine höheren Ableitungen der $g_{\mu\nu}$ als zweite, wobei diese linear enthalten sind.

Diese Darstellung soll nach Ginzburg keinerlei Axiomatik enthalten oder auf Grund der logischen Struktur der Theorie aufgestellt werden. Die Hervorhebung der Prinzipien (a)–(d) ist vielmehr bedingt. Prinzip (c) trägt rein mathematischen Charakter.* Auch Einstein gibt ihm nur heuristische Bedeutung (*Ann. Physik* 55 (1918) 241). Postulat (d) gilt für alle Theorien, um die Korrespondenz oder den Grenzübergang zu den vorhergehenden Theorien und bestimmte Begrenzungen der mathematischen Form zu sichern. Für die allgemeine Relativitätstheorie sind dabei eigentlich nur die minimale Zahl und der natürliche Charakter der Begrenzungen kennzeichnend. Die Prinzipien (a) und (c) sind also zwar nicht die ganze Theorie, aber auch mehr als nur ein Teil ihres Fundaments. "Eigentlich besteht in der Kombination dieser Prinzipien das Wesen der allgemeinen Relativitätstheorie, deshalb scheint uns ihre Konfrontierung mit der allgemeinen Relativitätstheorie selbst sehr künstlich, es sei denn,

* Zur Diskussion dieser These siehe Kapitel II des vorliegenden Buchs.

es handelt sich um eine spezielle Analyse der Prinzipien und Methoden der Ableitung der Theorie" (II).*[30]

Wichtiger ist das zweite Problem: Die Versuche vom Typ Eötvös zeigen keineswegs die Gültigkeit des Äquivalenzprinzips, sondern nur die Gleichheit von träger und schwerer Masse und somit die Gültigkeit des Äquivalenzprinzips im Rahmen der klassischen Mechanik. Der Inhalt des Äquivalenzprinzips ist jedoch viel weiter: Er besteht in der Äquivalenz der Wirkung eines homogenen Schwerefelds und der gleichförmig beschleunigten Bewegung eines Bezugssystems hinsichtlich *aller* physikalischen Phänomene. Der Unterschied zum Äquivalenzprinzip der klassischen Mechanik ist ähnlich dem zwischen dem Galileischen Relativitätsprinzip, das für Galilei-Transformationen gilt, und dem Relativitätsprinzip für optische Phänomene, das zu den Lorentz-Transformationen führt. Deshalb ist die Prüfung der Gravitationsverschiebung und Lichtablenkung keineswegs überflüssig und folgt durchaus nicht aus den Versuchen von Eötvös. Etwas anderes ist freilich, daß es nach dem Triumph der speziellen Relativitätstheorie und der Einsteinschen Analyse der relativistischen Gravitationstheorie äußerst schwer ist, an dem Äquivalenzprinzip zu zweifeln; dasselbe gilt für die ganze allgemeine Relativitätstheorie; andererseits kann dies aber kein entscheidendes Argument für die Übereinstimmung zwischen Theorie und Erfahrung sein.

Was nun den Einwand anlangt, die Effekte folgten auch aus einer linearen Gravitationstheorie (siehe Birkhoff, 1943, 1944; Gupta, 1957; Belinfante und Swihart, 1957; Thirring, 1959; Whitrow und Morduch, 1960), so liegt für die Prüfung jeder Theorie eine "Asymmetrie" in dem Sinn vor, daß selbst ein einziges Experiment sie falsifiziert oder jedenfalls einschränkt, während mit ihr übereinstimmende Experimente ihr lediglich nicht widersprechen bzw. sie bestätigen, aber nicht beweisen. Viele Effekte der speziellen Relativitätstheorie und Quantenmechanik konnten außerhalb dieser Theorien durch *ad hoc*-Annahmen gedeutet werden, so z.B. das Wasserstoff-Spektrum durch die alte Theorie von Bohr-Sommerfeld. Da wir es mit sehr schwachen Schwerefeldern und einer geringen Zahl von Effekten der allgemeinen Relativitätstheorie zu tun haben, so kann man sie vermittels einer Reihe von Annahmen auch durch lineare Theorien deuten. Aber schon der Rotationseffekt und Versuche mit der

* Die Bemerkung bezieht sich vermutlich auf Focks Kritik an dem Begriff "allgemeine Relativität", siehe Kapitel II.

relativistischen Präzession der Kreiselachse auf einem Sputnik oder der Erde selbst (verursacht durch die Erdrotation und die Schwerpunktbewegung des Kreisels) wird zu Unterschieden zwischen der allgemeinen Relativitätstheorie und den o.g. Theorien führen. Die linearen Theorien lassen sich an Folgerichtigkeit, Klarheit und innerer Überzeugungskraft mit der allgemeinen Relativitätstheorie überhaupt nicht vergleichen, sie gründen sich auf keinerlei neue Tatsachen und bringen keine Voraussagen. Hinzu kommen die Schönheit und Eleganz (also "unwissenschaftliche Termini"), die auf keine physikalische Theorie besser zutreffen als auf die allgemeine Relativitätstheorie. Diese Eigenschaften stellen durchaus nicht nur subjektive Kennzeichen dar: Im Gegenteil, sie besitzen, wenn auch in einer sehr wenig simplen Weise, im allgemeinen tiefe objektive Grundlagen, denn sie spiegeln die Harmonie zwischen dem theoretischen Aufbau und den Naturgesetzen wider. Die allgemeine Relativitätstheorie "hat im Rahmen der vorhandenen Möglichkeiten völlig die experimentelle Prüfung bestanden" (II)[31], insbesondere ist ihre weite praktische Verwendung in der Kosmologie völlig gerechtfertigt (II). "Zweifellos wird Einsteins allgemeine Relativitätstheorie die Jahrhunderte als eine der größten Taten des Menschengeistes überdauern".[32]

Auf der 6. Konferenz über Fragen der Kosmogonie (außergalaktische Astronomie und Kosmologie) vom 5.–7.6.1957 wiederholte Ginzburg seine Thesen. D. D. Ivanenko nannte dabei einen fünften Effekt zur Bestätigung der Theorie: Einstein und Rosen gaben eine genaue Lösung der Feldgleichungen für Zylinderwellen; daraus folgt theoretisch die Existenz von Gravitationswellen.* Die Masse der Gravitonen hängt mit der Quantelung schwacher Schwerefelder zusammen; sie wird Null, wenn das kosmologische Glied Null ist; anderenfalls haben wir eine Analogie zur Gleichung von Klein-Gordon, da für schwache Wellen das Vakuumfeld, das durch den konstanten Term auf der rechten Seite der Gleichung**

$$\Box h_{\mu\nu} - \lambda h_{\mu\nu} = 8\pi(T_{\mu\nu} - \tfrac{1}{2}g_{\mu\nu}T) + \lambda\delta_{\mu\nu}$$

* Für einen Überblick über das Problem siehe D. D. Ivanenko, 'Vstupitel'naja stat'ja', in *Novejšie problemy gravitacii.* Sbornik statej, Moskva, 1961, str. 21–27. Siehe auch V. A. Fock, *Theorie von Raum, Zeit und Gravitation,* S. 412–416. Durch die Emission von Gravitationswellen tritt ein Massenverlust ein, der allerdings außerordentlich gering ist. Für das System Sonne–Jupiter beträgt er $5 \cdot 10^{-12}$ g/sec = 450 watt gegenüber einem um 10^{24} mal größeren elektromagnetischen Strahlungsverlust.

** $\Box$ ist der D'Alembertsche Operator.

erzeugt wird, für die Quantelung keine Rolle spielt. Einstein hatte das kosmologische Glied wegen der physikalischen Analogie zur Gleichung von Neumanns eingeführt. Seine Weglassung läßt sich nicht ebenso streng begründen wie für das elektromagnetische Feld oder das Spinoren-Feld des Neutrinos, wo sie durch Gruppeneigenschaften gefordert wird. Bei der Quantelung des schwachen Schwerefelds kann man den Effekt der Transmutation der Gravitonen (Umwandlung eines Gravitons in zwei Photonen, usw.) erwarten, wie sie Ivanenko, Sokolov, Brodskij und Pier (Tartu) erforschten. Es ist zu erwarten, daß die Besonderheiten dieser Effekte auch für starke Felder erhalten bleiben, wo die Gleichungen wesentlich nichtlinear werden.[33]

In seiner Vorrede zum Sammelwerk *Neueste Gravitationsprobleme* (1961) verhält sich Ivanenko wesentlich zurückhaltender als Ginzburg: Obwohl die Beobachtungen das Vorhandensein einer Rotverschiebung zeigten, kann keine Rede von einer quantitativen Übereinstimmung sein. Für die Sonne liegt dies vor allem an dem "Scheibeneffekt", der eine Abhängigkeit der Rotverschiebung von der Lage zur Sonnenscheibe zeigt: Am Rand ist die Rotverschiebung gleich oder größer als vorausgesagt, im Mittelpunkt erheblich kleiner. Es gibt keine überzeugende Theorie des Scheibeneffekts, möglicherweise hängt er mit radialen Strömungen in der Sonnenatmosphäre zusammen. Was die weißen Zwerge anlangt, die im Vergleich zur Sonne ein großes Gravitationspotential an der Oberfläche haben, so liegen nur für eine kleine Zahl der etwa 400 bisher bekannten Objekte Werte für Masse und Radius vor; ihre Spektrallinien sind zudem sehr verschmiert. Messungen am Sirius-Begleiter ergaben eine der Rotverschiebung äquivalente Geschwindigkeit (wenn man nach dem Äquivalenzprinzip Gravitation und Relativgeschwindigkeit austauscht – *der Verf.*) von $v_e = 9$ bis 31 km/sec gegen den berechneten Wert von 60 km/sec. Diese qualitative Übereinstimmung ist nicht überzeugend angesichts der ungenauen Radiusbestimmung und der Lichtstreuung am Hauptstern. Hingegen gaben die Versuche von Pound und Rebka und mit geringerer Exaktheit von Cranshaw (1960) mit Messungen an γ-Strahlen von Fe^{57} aufgrund des Mössbauer-Effekts eine durch aus befriedigende Bestätigung der Einsteinschen Theorie für Bedingungen auf der Erde.

Die Messungen der *Lichtablenkung* brachten nach Ivanenko im wesentlichen eine Bestätigung; genauere Methoden der Beobachtung und der Abschätzung der Aufnahmen des Sternhimmels ohne Sonne wären jedoch wünschenswert. Die beobachteten Werte sind (zitiert nach A. A. Michajlov, *Astronomičeskij žurnal* 33 (1956) 912; *Monthly Notices R.A.S.* 119 (1959) 593) unter Hinzufügung der Werte aus nachträglicher Analyse in den Klammern:

1919 1″.98 ± 0″.12 (2.0)
1947 2″.01 ± 0″.27 (2.01; 2.20)
1952 1″.70 ± 0″.10 (1.43).

Dies gibt einen Mittelwert von 2″.0*

Die Theorie erklärt nach allgemeiner Auffassung völlig die Periheldrehung der Planeten, die durch keine anderen Ursachen erklärbar ist. Die Beobachtung ergibt für den Merkur 43″.11 ± 0″.45 gegen 43″,03 der Theorie; für die Venus 8″.4 ± 4″.8 gegen 8″.6 der Theorie.

Fundamental ist nach Auffassung Ivanenkos die Erforschung der Gravitationswellen. Weber schlägt dazu als Detektor einen piezoelektrischen Kristall vor, der mit einem Verstärker verbunden ist. Bei einer Frequenz von 10^3 Hertz kann möglicherweise ein Energiestrom von ca 10^{-4} erg/cm^2 sec nachgewiesen werden. Da im Anfangsstadium der Expansion des Alls eine intensive Gravitationsstrahlung vorliegen konnte, wäre es interessant, Gravitationswellen mit einer Länge von der Größenordnung der Abstände zwischen den Galaxien zu untersuchen. Die Lichtstreuung an solchen Verzerrungen der Metrik bringt möglicherweise eine Reproduktion optischer Bilder ferner Sterne (J. A. Wheeler, 'Gravitation, Geometry, Neutrino', *Rendiconti Scuola Intern. Fys. "Enrico Fermi"*, Corso XI (1960) 67). Möglicherweise ist die Energiedichte der Gravitationswellen im All mit der gewöhnlichen Materiedichte vergleichbar oder sogar größer (B. Pontecorvo, Ja. Smorodinskij, *ŽETF* 41 (1961) No. 1).[34]

Dennoch wird von sowjetischen Verfassern gelegentlich darauf hingewiesen, daß die Theorie der Weiterentwicklung bedarf. A. D. Aleksandrov bemerkte am Schluß seines fundamentalen Referats auf der Allunionskonferenz 1958, daß die Schwierigkeiten der relativistischen Elektrodynamik und der Theorie hochenergetischer Prozesse eine Weiterführung der Relativitätstheorie verlange.** Deshalb habe eine tiefere Deutung und

* Der theoretische Wert ist 1″.75. Eine Diskussion der Fehlertheorie der Messung des Effekts siehe bei E. Finlay-Freundlich, 'Der Nachweis der Schwere des Lichts', *Die Naturwissenschaften* 47 (1960) No. 6, 123–127.

** Es ist aus dem Text nicht zu ersehen, ob dabei auch die allgemeine Relativitätstheorie gemeint ist.

eine allseitige Diskussion ihrer Grundlagen nicht nur einen philosophischen Wert, sondern spiele auch eine Rolle bei der Weiterentwicklung der Theorie selbst. Wohin diese Entwicklung aber auch führe, die Theorie bleibe immer eine große Errungenschaft der Wissenschaft, nicht nur wegen ihrer konkreten Ergebnisse, sondern auch weil sie die Theorie der Raumzeit als Existenzform der Materie sei.[35]

4. SCHWIERIGKEITEN DER THEORIE

Nach Širokov beruht die weitverbreitete Meinung, es handle sich um eine abgeschlossene Theorie, auf einem Irrtum. Vor allem sind folgende Schwierigkeiten zu vermerken: (1) Energie und Impuls des Schwerefeldes, (2) die willkürliche Wahl der Koordinaten-Bedingungen. Schwierigkeit (1) zeigt sich darin, daß der Energie-Impulstensor des Schwerefelds $t^{\mu\nu}$ kein Tensor im Sinne der allgemein kovarianten Definition eines Tensors ist; dies führt zu einer Reihe physikalisch sinnleerer Folgen. Z.B. bringt die Einführung von Polarkoordinaten in die spezielle Relativitätstheorie (H. Bauer, *Physik. Z.* 19 (1948) 163) einen von Null verschiedenen Energie-Impulstensor des Schwerefeldes und die volle Energie wird sogar unendlich. Durch lokale Koordinatentransformationen können zudem alle $t^{\mu\nu}$ zum Verschwinden gebracht werden. Andererseits kann man nur mit Hilfe von $t^{\mu\nu}$ den vollen Energie-Impulsvektor

$$P^{\mu} = \int_{\omega} S^{\mu 4} \mathrm{d}\omega$$

und den Tensor des vollen Impulsmoments

$$M^{\mu\nu} = \int_{\omega} (x^{\mu} S^{\nu 4} - x^{\nu} S^{\mu 4}) \mathrm{d}\omega$$

mit

$$S^{\mu\nu} = g(T^{\mu\nu} + t^{\mu\nu}) \qquad \text{und} \qquad \mathrm{d}\omega = \mathrm{d}x_1 \, \mathrm{d}x_2 \, \mathrm{d}x_3$$

aufstellen. Sie haben zweifellos eine physikalische Bedeutung und zwar unabhängig von der Wahl der Koordinaten in dem Raumzeit-Gebiet, das von der betreffenden Materiehäufung eingenommen wird, für welche die Integrale aufgestellt werden. Kohlers Theorie der doppelten Maßbestimmung (die $g_{\mu\nu}$ setzen sich aus dem Potential des Schwerefelds $g^{(1)}_{\mu\nu}$ und dem

Tensor eines zusätzlichen Galilei-Raums $g_{\mu\nu}^{(0)}$ zusammen)[36] läßt zwar im Gegensatz zur Einsteinschen Theorie eine allgemein kovariante Formulierung der Erhaltungssätze zu, widerspricht aber dem Äquivalenzprinzip, da in einem Raumzeit-Punkt das Schwerefeld mit dem Tensorpotential $g_{\mu\nu}^{(1)}$ nicht durch den Übergang zu einem entsprechend beschleunigten Bezugssystem wegtransformiert werden kann.*

Schwierigkeit (2) besteht darin, daß die Koordinaten nur Numerierungen von Raumzeit-Punkten darstellen. Die Koordinaten x_μ und ihre Differentiale dx_μ in der metrischen Fundamentalform $ds^2 = g_{\mu\nu} dx_\mu dx_\nu$ haben daher keinen unmittelbaren metrischen Sinn. Es scheint deshalb, daß die physikalischen Ergebnisse der Theorie von der Wahl der Koordinaten völlig unabhängig seien; letztere werden durch die vier Zusatzbedingungen zu den Feldgleichungen, die sog. Koordinatenbedingungen, festgelegt. Dies ist leider nicht immer der Fall, weil die beobachteten Größen zuweilen Tensorkomponenten darstellen, die in verschiedenen Koordinatensystemen verschiedene Werte besitzen. Eine solche Tensorkoponente ist die Koordinatenfrequenz ν einer Lichtquelle im Schwerefeld, die in Punkten ohne Lichtquelle beobachtet wird; dabei tritt eine Rotverschiebung ein. Die Schwierigkeit folgt offenbar aus einer gewissen Unvollständigkeit der Theorie, da wegen der bekannten Identitäten

$$(R_\mu^\nu - \tfrac{1}{2} g_\mu^\nu R)_\nu = 0$$

nur sechs Komponenten des Maßtensors festgelegt sind, während die übrigen vier Komponenten i.a. willkürliche Funktionen der Koordinaten darstellen. Durch Hinzufügung von vier Zusatz-Differentialgleichungen, welche die $g_{\mu\nu}$ und ihre Ableitungen enthalten, (die sog. Koordinaten-Bedingungen), kann man diese Willkür beseitigen (Fock, Papapetrou). Dabei sind die Papapetrouschen Koordinatenbedingungen $g^{\alpha\beta} \Pi_{\alpha\beta}^\mu = 0$, wobei $\Pi_{\alpha\beta}^\mu$ ein Tensor dritten Ranges in Kohlers doppelter Maßbestimmung ist, allgemein kovariant. Die weitverbreitete Meinung, die allgemeine Kovarianz der Feldgleichungen lasse sich nur durch die willkür-

* Für eine Diskussion des Problems s. D. Ivanenko, 'Vstupitel'naja', in *Novejšie problemy gravitacii*, str. 14–19 mit Literatur; C. Møller, *Max-Planck-Festschrift*, Berlin, 1958, S. 139–153; C. Møller, *Kgl. Danske Vidensk. Selsk., Mat.-fys. Medd.* 31 (1959) Nr. 14, sowie die Beiträge von N. V. Mickevič, I. I. Gutman, M. Je. Gercenštejn, A. L. Zel'manov, I. D. Novikov, P. F. Poliščuk zur Ersten Sowjetischen Gravitationskonferenz 1961 in M. A. Garbell, *Theses of the First Soviet Gravitation Conference held in Moscow in the Summer of 1961*, San Francisco, 1963, pp. 88–91.

liche Wahl der vier Größen $g_{\mu\nu}$ sichern und allgemein kovariante Koordinatenbedingungen seien daher mit den Feldgleichungen unverträglich, ist falsch, da zuweilen allgemein kovariante Koordinatenbedingungen in einem völlig bestimmten Koordinatensystem, also in einer nicht allgemein kovarianten Form, für die Lösung konkreter Probleme benutzt werden.* So muß man im Falle der Papapetrouschen Koordinatenbedingungen ein Koordinatensystem in einem mitbewegten Galilei-Raum benutzen. Dennoch besitzen allgemein kovariante Koordinatenbedingungen gegenüber nicht-kovarianten einen gewissen Vorzug, da im mitbewegten Galilei-Raum ein ausgezeichnetes Kartesisches System existiert. Man hat daher Grund zur Annahme, daß allgemein kovariante Koordinatenbedingungen zusammen mit den Feldgleichungen den Maßtensor festlegen, der die Eigenschaften des realen Schwerefelds abbildet. – Die Theorie bedarf keiner weiteren Verallgemeinerung in Gestalt der sog. einheitlichen Feldtheorien. Man muß sie nur mit der Quantenfeldtheorie harmonisch zusammenfügen und die erwähnten Schwierigkeiten beseitigen.[37]

5. ZUM MÖSSBAUER-EFFEKT

Es ist bemerkenswert, daß im Gegensatz zur allgemeinen Haltung der Sowjetwissenschaft Ja. A. Smorodinskij in *Uspechi fizičeskich nauk*, 1963, im Mössbauer-Effekt keine Bestätigung der allgemeinen Relativitätstheorie sieht.[38] Grundsätzlich ist nach Smorodinskij abzuklären, welche Eigenschaften, die in einer Theorie vorkommen, festgestellt und welche problematisch sind. Am einfachsten ist der Fall, wenn zwei Theorien zu verschiedenen Voraussagen kommen. Die allgemeine Relativitätstheorie hingegen ist die einzige Theorie, welche die spezielle Relativitätstheorie

* Daß man vier von den $g_{\mu\nu}$ als willkürliche Funktionen der x^{μ} vorgeben kann, hat nach Laue "seinen Grund in der Willkür der Koordinatenwahl; denn wären die $g_{\mu\nu}$ schon für ein bestimmtes Koordinatensystem bekannt, so könnte man durch Übergang zu anderen Koordinaten vier willkürliche Funktionen in den Zusammenhang zwischen ihnen und den neuen Koordinaten hineinbringen. Ohne solche Willkür kann sich also der Tensor $g_{\mu\nu}$ nicht bestimmen lassen (Hilbert)", (M. v. Laue, *Relativitätstheorie* Bd. II, S. 103). Darin liegt also doch ein Einwand gegen die Verwendung von Koordinatenbedingungen.

mit der Gravitation vereint.* Die allgemeine Relativitätstheorie hängt logisch so eng mit den anderen Zweigen der Physik zusammen, daß ihre Prüfung letztlich die spezielle Relativitätstheorie oder sogar nur das Energieprinzip betrifft. Eine absolut strenge Prüfung der lokalen Äquivalenz zwischen Schwerefeld und Beschleunigung ist wegen der Versuchsgenauigkeit ohnehin unmöglich. Deshalb kann man diese im Rahmen der verhältnismäßig groben Experimente auch durch eine andere Theorie erklären. Die allgemeine Relativitätstheorie zeichnet sich ihnen gegenüber nur durch eine bessere Übereinstimmung mit der Erfahrung, durch ihre innere Stimmigkeit (*strojnost'*) und theoretische Vollkommenheit aus.**

Wir folgen im weiteren der Auffassung Smorodinskijs:

In der Schwarzschildschen Metrik

$$ds^2 = (c^2 + 2\varphi)\,dt^2 - \frac{dr^2}{1 + (2\varphi/c^2)} - r^2\,d\Omega^2,$$

wo φ das Newtonsche Gravitationspotential ist, hat die Koordinate r zunächst keinen bestimmten Sinn, da keine Meßmethode für r und somit kein Zusammenhang zwischen r und der gewöhnlichen Euklidischen Metrik gegeben wird.

Solange wir nur Glieder der Ordnung $1/c^2$ berücksichtigen, ist die Bestimmungsmethode für r gleichgültig und wir können für r den Euklidischen Wert einsetzen. Für Effekte höherer Ordnung müssen wir indes den Abstand besonders analysieren. Gehen wir zur isotropen Metrik über,

* Smorodinskij gibt nicht an, was er darunter präzise versteht. Möglicherweise enthält seine Behauptung den Satz, daß die spezielle Relativitätstheorie die Gravitation enthält – was offenbar nicht wahr ist, denn anderenfalls wäre Einstein nie zur Notwendigkeit einer allgemeinen Relativitätstheorie gekommen. Versteht man jedoch darunter, daß die spezielle Relativitätstheorie die logische Basis für die Aufstellung der allgemeinen bildet, so entstehen zwei interessante Probleme: (1) Methodologisch: Wie kommt man bei Aufgabe der Prämissen einer Theorie (der speziellen Relativitätstheorie) zu einer Erweiterung eben dieser Theorie? Offenbar werden nicht alle Prämissen aufgegeben, hier jedoch mindestens die Konstanz der Lichtgeschwindigkeit und die Verwendung von Inertialsystemen. (2) Ontologisch: Wie kann eine Struktur (hier die inertiale der homogenen Raumzeit) auch dann Gültigkeit haben, wenn die Ausgangssituation wechselt, der diese Struktur entspricht?

** Solche Kriterien sind aber mehr psychologischer als logischer Natur, solange ein exakter Vergleich noch aussteht.

indem wir

$$r = r_1\left(1 + \frac{r_0}{4r_1}\right)$$

setzen, wo r_0 der Gravitationsradius der Emissionsquelle ist, so entsteht ein Unterschied in der Metrik erst mit Gliedern, die c^{-4} enthalten. Versuche unterhalb dieser Genauigkeitsgrenze liefern also keine Information über die räumliche Krümmung. Alle Effekte werden hier phänomenologisch als Veränderung der Lichtgeschwindigkeit erklärt, da diese in beiden Metriken eine Funktion der Koordinaten ist. Genauere Versuche müssen also eine Messung der geometrischen Elemente von Längen oder Winkeln enthalten. Bei der Lichtablenkung und Periheldrehung werden Winkel gemessen. Während aber bei der Lichtablenkung das Nullinienelement, also nur eine Größe (die Lichtgeschwindigkeit) auftritt, liefern bei der Periheldrehung zwei Faktoren, nämlich die Raumkrümmung und die relativistische Massenzunahme wegen $ds^2 \neq 0$ verschiedene Beiträge und wir erhalten daraus zusammen mit den übrigen Beobachtungen tatsächlich eine Information über die Raumgeometrie in Sonnennähe.

Ein Experiment mit der Messung der Frequenzverschiebung gibt erst nach Messung des Abstands eine Information über die Raummetrik.* Bei einer Genauigkeit bis zu c^{-2} können Messungen in der Euklidischen Näherung vorgenommen werden, bei einer Genauigkeit von c^{-4} muß man den Abstand mit einer Genauigkeit bis zu Gliedern von c^{-2} einschließlich messen. Die Bestimmung von Korrekturen höherer Ordnung verlangt bereits die Berücksichtigung der Gravitationsstrahlung (mit Gliedern der Ordnung von c^{-5}).

Zur Diskussion der Versuche von Pound und Rebka, Cranshaw, Schiffer und Whitehead: Man muß Quantenuhren benutzen, d.h. Uhren, deren Frequenz für den am Raumpunkt der Uhr befindlichen Beobachter nicht vom Ort abhängt. Galileis Wasseruhren würden dazu nicht taugen, da deren Frequenz mit der Höhe über der Erde abnimmt. Dies weist auf den tiefen Zusammenhang zwischen Geometrie und Quanten hin.

Ist M_0 die Masse des Strahlers in der Höhe h mit dem Potential φ vor der Emission, m_1 die Masse des absorbierenden Körpers an der Erdober-

* Die Gleichung für die Rotverschiebung $\omega = \omega_0 (1 - 2r_0/r)^{1/2}$ enthält den Abstand r.

fläche, der sich vor der Absorption mit der Geschwindigkeit v bewege, ist ferner M_1 die Masse des Strahlers nach der Emission und u seine Geschwindigkeit infolge des Rückstoßes, m_0 die Masse des absorbierenden Körpers nach der Absorption und Δv dessen Geschwindigkeitsänderung, so erhalten wir die Erhaltungssätze für Energie und Impuls der Systeme

$$\Delta m(1 + gh) - M_1 \frac{u^2}{2} = \Delta m \cdot \frac{v^2}{2} + v\Delta v \cdot m_1$$

$$M_1 u = \Delta m v + m_1 \Delta v .$$

Bei der Emission einer elektromagnetischen Welle wird eine Energie von der Größe des übertragenen Impulses transportiert.* Dies folgt aus dem speziellen Relativitätsprinzip und wird durch die Lebedevschen Lichtdruckversuche bestätigt; dabei wird keine spezielle Annahme über die Wirkung des Gravitationspotentials auf das Photon gemacht. Die linken Seiten der beiden Gleichungen sind also gleich und wir erhalten die dritte Gleichung**

$$\Delta m(1 + gh) = M_1 u ,$$

aus der wir die Gleichung für die Geschwindigkeit der absorbierenden Fe^{57}-Schicht für die Resonanz-Absorption

$$v = \frac{\varphi}{c}$$

erhalten. Es genügen also die Erhaltungssätze in der Form der speziellen Relativitätstheorie und die Unabhängigkeit der Weltkonstanten vom Schwerefeld, um die Formel für den Effekt zu erhalten. Würde die Energie durch einen nicht-relativistischen Körper, etwa einen Ball, übertragen, so wäre das Resultat ein anderes, wollten wir eine Absorption der Energie erzielen (der Ball würde im nach unten bewegten Korb unbeweglich liegen bleiben): Δv würde Null und $v = \sqrt{(2gh)}$. Gerade dieses Ergebnis prüfte Galilei, der noch nicht wußte, daß nur Körper mit nicht relativistischen Geschwindigkeiten mit gleicher Beschleunigung fallen. In Versuchen mit Photonen ändert sich mit der Höhe nicht die Geschwindigkeit, sondern die Frequenz.

* Alles unter Voraussetzung, daß $c = 1$.

** Bei Vernachlässigung von u^2.

Somit beweisen also Versuche mit dem Mössbauer-Effekt nur die Erhaltungssätze und sonst nichts. Um die Raumgeometrie zu prüfen, müßte man mindestens den Abstand zwischen Strahler und Detektor messen, z.B. durch die Dauer eines Lichtsignals. Die Messung der Frequenzverschiebung bildet einfach eine Feststellung des Maßstabs auf der Abstands- oder Zeitachse, sagt aber nichts über die Entsprechung der Maßstäbe beider Achsen. Aus Messungen längs der Koordinatenachse können wir keine Raumzeit-Krümmung feststellen. Die Messung der Zeit für die Lichtausbreitung kann man beschreiben als Messung der Basis Δt eines gleichschenkligen Dreiecks in der (t, x)-Ebene, von dem außerdem noch die Höhe (der Abstand zwischen Strahler und absorbierendem Körper) und die Basiswinkel (durch die Neigung der Nullinien zur x-Achse) bekannt sind. Die Kenntnis dieser vier Elemente gestattet, Abweichungen dieses Dreiecks von einem Euklidischen Dreieck zu finden und die Krümmung zu berechnen.
Die von Ginzburg erörterten Versuche mit der Frequenzverschiebung auf einem Sputnik geben nicht mehr Informationen als Laboratoriumsversuche, so daß man auch dort eine sehr genaue Methode zur Zeitmessung der Signalausbreitung haben muß.[39]
Darauf antwortete Ginzburg[40]: "Die Versuche von Pound u.a. lösen gerade das von Einstein 1907* und 1911** gestellte Problem und betreffen unmittelbar die allgemeine Relativitätstheorie. Es lautet in der Fassung von 1911: Entspricht dem Zuwachs E/c^2 der trägen Masse ein Zuwachs an schwerer Masse? Wenn nein, dann würde ein Körper im gleichen Schwerefeld je nach seiner Energie verschieden beschleunigt werden. Das Ergebnis der Relativitätstheorie, wonach das Massenerhaltungsgesetz im Energieerhaltungsgesetz enthalten ist, wäre falsch, denn für die träge Masse müßte man die alte Formulierung der Massenerhaltung aufgeben, nicht aber für die schwere.
Einstein behauptet nun, daß die Schwere der Energie aus dem Äquivalenzprinzip folgt. Sind das Inertialsystem K mit einem homogenen Schwerefeld und das gleichförmig beschleunigte System K' ohne Schwerefeld physikalisch gleichberechtigt, so folgt unter Benutzung der speziellen Relativitätstheorie und der Energieerhaltung in K', daß die Veränderung

* A. Einstein, *Jb. Radioakt. Elektr.* 4 (1907) 411.
** A. Einstein, *Ann. Physik* 35 (1911) 898.

der schweren Masse

$$\Delta m_s = \Delta m_t = \frac{\Delta E}{c^2},$$

darstellt, wo Δm_t und ΔE entsprechend die Veränderungen der trägen Masse und der Energie sind. In der gleichen Arbeit* erzielte Einstein unabhängig von energetischen Erwägungen die Formel für die Rotverschiebung

$$\frac{\Delta \nu}{\nu} = \frac{\Delta \varphi}{c^2}$$

In Wirklichkeit handelt es sich aber um denselben Effekt: Hat ein Wellenpaket des Lichts mit der Energie E die schwere Masse E/c^2, so ist seine Änderung der Energie ΔE bei der Ausbreitung von einem Punkt mit dem Gravitationspotential φ_1 zu einem Punkt mit dem Potential $\varphi_2 = \varphi_1 - \Delta\varphi$ gleich

$$\Delta E = \frac{E}{c^2} \Delta \varphi .$$

Setzt man $E = h\nu$, so erhält man die o.g. Formel für die Rotverschiebung. Statt der Quantentheorie kann man aber auch die klassischen Vorstellungen der Energie- und Impulserhaltung benutzen, um zum gleichen Resultat zu kommen; nur muß man dann die Energie mit der Frequenz ν verbinden und berücksichtigen, daß bei einer langsamen Änderung der Parameter E/ν adiabatisch invariant ist.

Es genügt also das Äquivalenzprinzip oder die Formel

$$\Delta m_s = \frac{\Delta E}{c^2},$$

um die Gravitationsverschiebung in der hier benutzten ersten Näherung von φ/c^2 abzuleiten. Falsch wäre jedoch die Umkehrung dieses Satzes: Die schwere Masse des Lichts könnte Null sein, trotzdem träte eine Gravitationsverschiebung auf, wenn m_t von φ abhinge. Letzteres wird gerade in der Lorentz-invarianten Theorie von Nordström** angenommen; diese Theorie kennt jedoch keine Lichtablenkung im Schwerefeld. Schon daraus sieht man, daß aus dem Energieerhaltungsgesetz allein ohne

* A. Einstein, *Ann. Physik* 35 (1911) 898.

** G. Nordström, *Physik. Z.* 13 (1912) 1126; *Ann. Physik* 40 (1911) 856, 42 (1913) 533, 43 (1914) 1101.

Annahmen über den Zusammenhang von m_s mit E oder den Einfluß von φ auf m_t der richtige Ausdruck für die Gravitationsverschiebung nicht zu finden ist. Das folgt natürlich auch aus dem Aufsatz von Smorodinskij, in der die Energiedifferenz zweier Zustände eines Kerns im Abstand h von der Erde

$$\Delta mc^2\left(1+\frac{gh}{c^2}\right)$$

ist. Aber in diesem Fall wird das Ergebnis der Versuche mit der Gravitationsverschiebung bereits vorausgesetzt. Nimmt man an, daß der Unterschied der Energien (der trägen Massen) der Zustände eines Systems (Atom, Kern) nicht von dessen Lage und folglich nicht von dem Gravitationspotential an diesem Punkt abhängt (was auch Smorodinskij voraussetzt), dann beweisen die Versuche von Pound u.a. die Existenz einer schweren Masse $\Delta m_s = \Delta E/c^2$ der angeregten Kerne und Photonen. Dies folgt weitgehend bereits aus den Versuchen von Eötvös mit Massen verschiedener chemischer Zusammensetzung, wo $(m_s - m_t)/m_t < 10^{-10}$ ist.* An sich war der Sinn solcher Versuche bereits vor 1916, also der endgültigen Fassung der allgemeinen Relativitätstheorie, klar. Deshalb kam es niemand in den Sinn, anzunehmen, daß eine Messung der Gravitationsverschiebung die Einsteinschen Feldgleichungen über die unmittelbare Benutzung des Äquivalenzprinzips hinaus bestätigen könnte; insbesondere läßt sich die Raumkrümmung nicht an Hand einer Frequenzmessung prüfen.

Da andererseits das Äquivalenzprinzip der allgemeinen Relativitätstheorie zugrunde liegt, so liefert seine Bestätigung mit vollem Recht eine solche der ganzen Theorie. Daß die Gravitationsverschiebung in Gravitationstheorien, die das Äquivalenzprinzip verwerfen, ebenfalls auftritt (z.B. bei Nordström), hängt einfach mit der methodologischen Asymmetrie von Falsifikation und Verifikation zusammen. Wäre die Formel $\Delta\nu/\nu = \Delta\varphi/c^2$ falsch, so auch die allgemeine Relativitätstheorie, und schon deshalb lohnt es sich, sie zu testen. Fällt der Test positiv aus, so ist damit noch nicht die ganze Theorie verifiziert, denn die Formel läßt sich auch aus anderen Theorien gewinnen. Einstein selbst hat nicht so sehr die Messung der drei "kritischen" Effekte der allgemeinen Relativitätstheorie

* L. I. Schiff, *Proc. Nat. Acad. Sci. Amer.* 45 (1959) 69.

gefordert, als vielmehr eine präzisere Prüfung der numerischen Gleichheit von m_s und m_t.*

Die Kritik Ginzburgs scheint berechtigt. Smorodinskij nimmt in den Ansatz für die Energieerhaltung (S. 592 seiner Abhandlung, 2. Abs. v.u.) die Äquivalenz von (a) träger Masse und Energie; (b) träger und schwerer Masse hinein. Dann bestätigt der Mössbauer-Effekt entweder (1) die Energieerhaltung unter der Voraussetzung, daß $m_t = m_s$ und $E = mc^2$, oder (2) die numerische Gleichheit von träger und schwerer Masse, vorausgesetzt ist die Energieerhaltung und $E = mc^2$, oder (3) $E = mc^2$, vorausgesetzt ist die Energieerhaltung und $m_t = m_s$.

Da spezielle Relativitätstheorie und Energieerhaltung nicht in Frage stehen, muß der Mössbauer-Effekt als Nicht-Falsifizierung der Gleichheit von schwerer und träger Masse interpretiert werden und zwar als Erweiterung der experimentellen Grundlagen entsprechender Versuche auf die Masse von Photonen (analog der Erweiterung des Galileischen Relativitätsprinzips auf die Elektrodynamik durch den Michelsonversuch).

Ginzburg weist aber zu Recht darauf hin, daß eine Theorie, die außer diesem isoliert genommenen Effekt auch die anderen "kritischen Effekte" erklärt, nicht nach diesem Effekt allein zu beurteilen ist. Ich möchte dies als das "Prinzip der Synopsis" bezeichnen: Die Wahrscheinlichkeit für den faktischen Wahrheitsgehalt einer Theorie ist proportional dem Umfang der Klasse der von ihr erklärten Effekte.

* Ginzburg bezieht sich auf eine Mitteilung P. G. Bergmanns in *Proc. Int. Conf. on Relativistic Theories of Gravitation*, Warsaw, 1962.

KAPITEL II

DIE PRINZIPIEN

I. PROBLEMSTELLUNG

Die allgemeine Relativitätstheorie geht von folgenden Prinzipien aus:

(A) *Die numerische Gleichheit von schwerer und träger Masse*

Wir beobachten, daß im luftleeren Raum alle Körper unabhängig von ihrer schweren Masse mit gleicher Beschleunigung zur Erde fallen. Daraus schließen wir auf eine Proportionalität zwischen Schwere und Trägheit; der Proportionalitätsfaktor kann gleich 1 gesetzt werden, dann sind schwere und träge Masse eines Körpers numerisch äquivalent. Nennen wir dies Massenprinzip.*

(B) *Äquivalenzprinzip*

Auf Grund des Massenprinzips lassen sich Gedankenexperimente ersinnen, in denen die Wirkung der Schwerkraft, bezogen auf ein bestimmtes Bezugssystem, ausgeschaltet wird; bezogen auf andere Bezugssysteme wird sie künstlich erzeugt. So fallen infolge des Massenprinzips alle Teile eines frei fallenden Lifts mit gleicher Beschleunigung, anderenfalls ginge schon vor dem Aufprall alles im Lift entzwei. Innerhalb eines Lifts verhalten sich alle Gegenstände, als sei kein Schwerefeld vorhanden: Ein fallengelassener Körper fällt nicht zum Boden, ein vom Boden nach oben geworfener Körper bewegt sich im Liftsystem inertial zur Decke. Im Lift gilt also das 1. und 2. Gesetz Newtons. Vom Lift aus beurteilt fallen alle Gegenstände der Erdoberfläche zum Lift, als befänden sie sich in einem homogenen, vom Lift erzeugten Schwerefeld.

Wird ein Kasten an einem Seil oder eine Rakete durch die Schubkraft im

* Die numerische Gleichheit von träger und schwerer Masse wurde bis in die jüngste Zeit mit großer Genauigkeit bestätigt, so von Eötvös, Pekar und Fekete, 1922; Renner, 1935; Wapstra und Nijgh, 1955 und Dicke, 1957.

schwerefreien Raum gleichförmig geradlinig beschleunigt, so entsteht durch die Trägheitskraft derselbe Effekt, als wirkte auf Kasten und Rakete ein homogenes Schwerefeld.
Davon ausgehend formuliert Einstein: "Nur bei numerischer Gleichheit der trägen und schweren Masse des Körpers ist die Beschleunigung unabhängig von der Natur des Körpers. Es sei nun K ein Inertialsystem. Voneinander und von anderen Körpern hinreichend entfernte Massen sind dann gegenüber K beschleunigungsfrei. Wir beziehen diese außerdem noch auf ein relativ zu K gleichmäßig beschleunigtes Koordinatensystem K'. Relativ zu K' sind alle Massen parallel zu einander gleich stark beschleunigt; sie verhalten sich also bezüglich K' so, wie wenn ein Schwerefeld vorhanden und K' nicht beschleunigt wäre. Abgesehen von der Frage der 'Ursache' eines solchen Schwerefelds, welche uns erst später beschäftigen wird, hindert uns nichts, dieses Schwerefeld als real, d.h. jene Auffassung, daß K' 'ruhe' und ein Gravitationsfeld vorhanden sei, für gleichberechtigt zu halten mit der Auffassung, daß nur K, ein 'berechtigtes' Koordinatensystem, und *kein* Schwerefeld vorhanden sei. Die Voraussetzung der vollen physikalischen Gleichberechtigung beider Koordinatensysteme nennen wir 'Äquivalenzprinzip'." [1]

(C) *Allgemeines Relativitätsprinzip*

Die volle physikalische Gleichberechtigung eines beschleunigten Bezugssystems mit einem Inertialsystem enthält eine Verallgemeinerung des Relativitätsprinzips der speziellen Relativitätstheorie auf beliebig bewegte Bezugssysteme.

(D) *Kovarianzprinzip*

Das allgemeine Relativitätsprinzip legt die Suche nach einer mathematischen Formulierung der Naturgesetze nahe, die willkürlich gewählte Koordinatensysteme zuläßt. Diese Formulierung ist dann allgemein kovariant.

(E) *Gravitationsprinzip*

Es muß mit Entschiedenheit festgehalten werden, daß die bisher genannten Prinzipien noch nicht über die Euklidische Geometrie hinausführen. Die Umrechnung der Koordinaten eines Inertialsystems in die eines zur Erde gleichförmig beschleunigten Lifts ergibt zwar von den Euklidischen bzw. pseudo-Euklidischen abweichende $g_{\mu\nu}$, ändert aber nichts an den Maßverhältnissen der räumlichen Umgebung der Erde.*

Untersuchen wir jedoch an Hand der relativistischen Effekte das Verhalten von Maßstäben und Uhren auf einer rotierenden Scheibe, beobachtet von einem inertialen Laboratorium, so tritt infolge der ortsverschiedenen Relativgeschwindigkeit eine ortsveränderliche Verzerrung der Maßstäbe und zeitlichen Intervalle ein, welche u.a. das Verhältnis des Umfangs zum Durchmesser von π verschieden macht. Man kann nun in einem sehr allgemeinen Sinn nach Postulat (B) (für die Scheibe läßt sich allerdings gerade ein äquivalentes Schwerefeld nicht realisieren) die Trägheitseffekte an der Scheibe mit Gravitationseffekten gleichsetzen. Dann besteht die Vermutung, daß die Geometrie der räumlichen Umgebung schwerer Massen von der Euklidischen abweicht. Streng genommen wird diese Vermutung jedoch als selbständige Hypothese eingeführt. Zusammen mit dem Kovarianzprinzip, der klassischen Gravitationsgleichung von Poisson und dem Einfachheitspostulat** führt diese Hypothese zu den Einsteinschen Feldgleichungen, welche die $g_{\mu\nu}$ und ihre zweiten Ableitungen, den Krümmungstensor, mit dem Energie-Impulstensor eines Raumgebiets verbinden. Die Feldgleichungen sind der mathematische Ausdruck des Gravitationsprinzips.

Das Massenprinzip wurde, soweit ersichtlich, von keinem sowjetischen Autor bestritten. Anders das Äquivalenz-, Relativitäts- und Kovarianzprinzip. Hier zeigten sich heftige Angriffe von Seiten einer kleinen Gruppe. Diese wurde und wird bemerkenswerterweise gerade von Fock geführt, der hier gegenüber seiner Haltung zur speziellen Relativitätstheorie einen totalen Frontwechsel vollzieht. Wir kennen nicht die Gründe; sie liegen jedoch vermutlich in der eigenwilligen Skepsis dieses Denkers gegenüber jeder Art Autorität auch der eines Einstein. Gehen wir fehl in der Annahme, daß auch das Motiv, wieder zu einem anschaulich vorstellbaren

* "Die Transformation führt uns zwar keineswegs über die pseudoeuklidische Geometrie für die 'Welt' hinaus; denn diese Geometrie ist invariant" (M. v. Laue, *Die Relativitätstheorie*, Bd. 2, *Die allgemeine Relativitätstheorie*, 3. Aufl., Braunschweig, 1953, S. 4).

** Diese Prinzipien allein genügen offenbar noch nicht, s. Einstein in Schilpp, S. 24–28.

unendlichen Raum mit inselartig verteilter Materie zurückzukehren, dabei eine Rolle spielte? Jedenfalls wird eine solche Konzeption von Fock explizit formuliert.*

Zu Focks Gruppe zählen noch A. D. Aleksandrov, der sich allerdings nicht so speziell mit den Prinzipien befaßt, ferner Uëmov, Terleckij und I. V. Kuznecov.

Der Standpunkt dieser Gruppe blieb nicht unwidersprochen. Es kam dabei zu einer besonders interessanten Kontroverse zwischen Fock und Infeld über Focks harmonische Koordinaten und die Äquivalenz der Weltsysteme.** In der UdSSR kritisiert vor allem Širokov Focks Standpunkt.

Aber auch das Gravitationsprinzip fand seine Gegner; freilich wurden die Feldgleichungen von den Philosophen ebensowenig bestritten wie die Lorentz-Transformationen. Wohl aber richteten sich die Angriffe gegen das methodische Prinzip, physikalische Ursachen auf die Struktur der Raumzeit zurückzuführen. Es wurde als unzulässige "Geometrisierung" verworfen. Die Gegner beriefen sich dabei auf das Scheitern der allgemeinen Feldtheorie. Dabei übersahen sie freilich, daß das Versagen des Prinzips im einen Fall nicht sein Versagen in allen Fällen nach sich zieht: In den Feldgleichungen erwies es sich evident als richtig.

An sich bräuchten die Prinzipien die Sowjetphilosophie nicht zu tangieren, die Autoren des Diamat wußten nichts von ihnen. Anders wird die Lage, sobald die logischen Folgen der Prinzipien formuliert sind. Diese sind:

(1) methodologisch die extrem schmale Basis an empirischen Prämissen (eigentlich nur die numerische Gleichheit von schwerer und träger Masse), der große Anteil an axiomatischen Setzungen und Gedankenexperimenten,

(2) erkenntnistheoretisch der Einwand gegen die Apriorität von Raum und Zeit durch den Nachweis mehrerer möglicher Strukturen der realen Raumzeit, freilich erkauft durch

(3) ontologisch (a) die Aufhebung des letzten Restes eines absoluten Raums (des Inertialraums der speziellen Relativitätstheorie), an dessen Stelle ein anschaulich überhaupt nicht erfaßbares metrisches Gefüge, das

* Letzlich wird es aber wohl das Realitätspostulat des Leninismus sein, das Fock veranlaßte, die Gravitation nicht formal aus der Koordinatenwahl, sondern inhaltlich als Wirkung von schweren Massen zu erklären. Freilich sind auch Trägheitskräfte real, und die Äquivalenz beider legt eben die Geometrisierung der Gravitation nahe.

** Diese Diskussion wird erst in Kapitel III dargestellt.

Führungsfeld, tritt, und (b) die Aufhebung der Newtonschen Schwer-*"Kraft"* als eines anthropomorphen gegenständlichen Wirkfaktors, an dessen Stelle nun in Form der $g_{\mu\nu}$ und ihrer Ableitungen die axiomatisch entwerfbare metrische *Struktur* raumzeitlicher Relationen von Massensystemen tritt.

Die Sowjetphilosophie begrüßt auf Grund ihrer extrem antikritizistischen Haltung Konsequenz (2) unter dem Thema "Objektivität von Raum und Zeit".* Aber sie übersieht dabei bisher Konsequenz (1) für ihren grundsätzlichen Empirismus, der allerdings bei ihr mehr deklarativen Charakter trägt, und wendet sich instinktiv gegen die Ablösung des "Raumzeit-Kastens" durch das Führungsfeld. Dies geschieht jedoch i.a. nicht explizit, sondern entweder unter dem Motto "Objektivität des Raums" oder "Koordinatenbedingungen mit Inselwelt". Konsequenz (3b) wird schließlich ebenfalls nur indirekt diskutiert unter dem Motto "kein kinematisch fingiertes Schwerefeld".

An sich würde sich für den Diamat durch seine These vom "dialektischen Zusammenhang aller Dinge und Erscheinungen" durchaus ein Weg eröffnen, den vom klassischen Materialismus Demokrits übernommenen Kastenraum aufzugeben und durch einen relational gefaßten Raumbegriff etwa im Sinne von Leibniz zu ersetzen. Auch eine Kommunikationsordnung real Seiender ist objektiv, nur daß sie von der Massenkonfiguration bestimmt wird und dieses Bestimmtsein axiomatisch-reduktiv erkannt wird. Nur der Raum als dinglicher Gegenstand des vorwissenschaftlichen unreflektorischen Bewußtseins verschwindet. Realismus und relationale Begründung des Raumbegriffs sind durchaus verträglich. Wenn also die Sowjetphilosophie dennoch zum mindesten versteckt die absolute Bewegung und den absoluten Raum verteidigt, so in Anlehnung an das vorwissenschaftliche Denken.

Zum anderen wittert die Sowjetphilosophie ebenso wie in der speziellen auch in der allgemeinen Relativität einen philosophischen Relativismus. In der Tat: Es fällt die letzte Barriere für die Sinnlosigkeit des Begriffs "absoluter Raum", wenn beschleunigte Bewegungen mit unbeschleunig-

* Diese Tendenz kommt vor allem bei dem Leningrader Philosophen Branskij zum Ausdruck, der die Unanschaulichkeit zum Prinzip der Physik macht und aus der "Vieleigenschaftlichkeit" des Raums zum methodischen Prinzip des "Nicht-Geozentrismus", d.h. einer grundsätzlich polymorphen Struktur der Kategorien gelangt. Siehe V. P. Branksij, *Filosofskoe značenie problemy nagljadnosti v sovremennoj fizike*, Izd. LGU, 1962.

ten gleichberechtigt werden in dem Sinn, daß auch ein freifallender Lift als ruhendes Bezugssystem im Weltraum oder eine angetriebene Rakete als ruhender Körper im Schwerefeld angesehen werden können. Dann liegt es in der Tat nahe, die Frage, ob ein ruhendes System mit Schwerefeld oder ein beschleunigtes ohne Schwerefeld vorliegt, durch die Angabe des Bezugssystems zu entscheiden, das seinerseits frei gewählt werden kann. Einige Sowjetphilosophen sahen darin einen Konventionalismus, wenngleich die Verfügung über die Benennung eines Effekts als "Gravitationseffekt" oder "kinematischer Effekt" *nach* der Wahl des Bezugssystems nicht mehr frei ist. Diese Wahl selbst aber vollzieht der Experimentator, indem er sich *faktisch*, d.h. im Vollzug eines physikalischen Vorgangs, in die Rakete bzw. den Lift begibt oder auf der Erde bleibt. Der Theoretiker vollzieht diese Wahl durch die *logische* Beurteilung der entsprechenden mathematischen Ausdrücke für ds^2 in einem Inertialsystem mit Schwerefeld oder einem Beschleunigungssystem ohne Schwerefeld. Die $g_{\mu\nu}$ lassen sich unter bestimmten Bedingungen in beiden Fällen gleich machen. Von hier aus läßt sich also gar nicht ein "fiktives" Schwerefeld von einem "realen" unterscheiden. Anders, wenn man die Randbedingungen hinzunimmt, dann ist diese Unterscheidung in einigen Fällen durchführbar; ob immer, muß noch geprüft werden. Es ist nun freilich eine Frage der Konvention, ob ich für die Beurteilung der Alternative "Schwerefeld oder Beschleunigungsfeld" die Randbedingungen heranziehe oder nicht. Im verneinenden Fall kann ich eben immer auf die strenge Lösung der Feldgleichungen verzichten. Müssen Feldgleichungen in allen Fällen physikalisch sinnvolle Lösungen haben? Auf diese Frage wird es nicht leicht sein, ohne schwerwiegende ontologische Voraussetzungen eine bejahende Antwort zu geben.

Die Fragestellung führt also notgedrungen auf das ontologische Problem. Gerade die Randbedingungen, wie sie Fock formuliert, implizieren Aussagen, aus denen die Existenz eines absoluten Raums abzuleiten ist (Modell einer Inselwelt im unendlichen Euklidischen Raum).* Hat die Kovarianz der Grundgleichungen oder die Äquivalenz von Beschleuni-

* Dies gilt natürlich nicht für alle von Fock genannten Randbedingungen, wohl aber z.B. für den Vergleich der Problemstellung mit der Newtonschen Theorie und die Trennung der "wahren" von den "fiktiven" Schwerefeldern in harmonischen Koordinaten. (Siehe V. A. Fock, *Theorie von Raum, Zeit und Gravitation*, Berlin, 1960, S. 221, 263.

gungssystemen mit Gravitationssystemen Folgen für die physikalische Sinnhaftigkeit des Ausdrucks "absoluter Raum"? Diese Frage mußte die Sowjetphilosophie aufs tiefste berühren. Nicht weil von den Klassikern die Existenz eines absoluten Raums behauptet würde (wohl aber die einer absoluten Zeit bei Engels, siehe Kapitel IV), sondern weil der Diamat zumindest in seiner materialistischen Komponente ein anschauliches Weltbild enthält, der Anschaulichkeit aber die Vorstellung einer räumlichen Konfiguration von Dingen zugrunde liegt. "Anschauungsfeld" und "Mannigfaltigkeit aller räumlichen Lagerungen von Dingen" sind Synonyma. Nimmt man aber die Idee eines absoluten Weltraums als Analogon eines mit Gegenständen erfüllbaren leeren Gefäßes (ohne Wände) fort, so bleibt dem Vorstellungsvermögen kein Anschauungsfeld, sondern nur die theoretisch vollziehbare Zuordnung von koinzidierenden Ereignissen zu Zahlenquadrupeln. Hinzu kommt, daß die in der allgemeinen Relativitätstheorie benutzte Riemannsche Geometrie mit den Abständen $\mathrm{d}s$ benachbarter Punkte operiert, wobei die Maßverhältnisse (der Ausdruck für $\mathrm{d}s^2$) noch von Punkt zu Punkt variieren. Wir können also ein geometrisches Analogon zum starren physikalischen Bezugssystem gar nicht aufstellen. Der Ausdruck "Bezugssystem" hat in dieser Geometrie nur den Sinn von "zuordenbaren Zahlenquadrupeln" ($\mathrm{d}x^0$, $\mathrm{d}x^1$, $\mathrm{d}x^2$, $\mathrm{d}x^3$). Freilich kann ich mir, wie Einstein anführte, ein zweidimensionales Analogon eines solchen Raums in Gestalt einer Kugeloberfläche vorstellen, aber die realen Ereignisse können ihm nicht eindeutig zugeordnet werden, da ihm zwei Dimensionen fehlen. Die Vorstellung des zweidimensionalen gekrümmten Raums ist zudem deshalb möglich, weil wir ihn unwillkürlich in den dreidimensionalen ungekrümmten Raum einbetten. Wir können uns eine Kugeloberfläche oder ein gebogenes Blatt Papier nicht vorstellen, ohne zugleich an das Innere der Kugel oder den von dem gebogenen Blatt umhüllten Innenraum zu denken.

In diesem Sinn hat im Gegensatz zur allgemeinen Meinung nicht erst die Quantenmechanik durch die Unschärferelation den Verlust an Anschaulichkeit gebracht, sondern bereits die allgemeine Relativitätstheorie.*

* Entgegen einer in der Sowjetphilosophie verbreiteten Haltung gibt Branskij heute den Anschaulichkeitsverlust in der modernen Physik ausdrücklich zu; für die allgemeine Relativitätstheorie sei er durch die metrische Struktur des Schwerefelds eingetreten (V. P. Branskij, *Filosofskoe značenie problemy nagljadnosti v sovremennoj fizike,* Izd. LGU, 1962).

Freilich geht sie von einem Rest an Anschaulichkeit, nämlich der umkehrbar eindeutigen Zuordnung der Ereignisse zu den Punkten des vierdimensionalen Riemannschen Raums, aus (ohne diese Zuordnung hätte ja die Verwendung von Koordinatensystemen keinen Sinn); auch sie ist ebenso wie die spezielle Relativitätstheorie eine *Bezugstheorie*, eine *Zuordnungstheorie*. Aber diese Zuordnung erfolgt nicht zu einem vorstellbaren räumlichen Bezugssystem.*

Wenn eine Gruppe von Sowjetphilosophen, darunter ein Mann wie Fock, die Prinzipien der allgemeinen Relativitätstheorie angreift, so weniger im Rückgriff auf explizit formulierte Thesen des Diamat als auf die psychologischen Motive seiner Autoren: Vereinfachung der unübersehbaren komplexen Wirklichkeit, Zurückführung aller Begriffe auf maximale Nähe zur sinnlich wahrnehmbaren Wirklichkeit. Unter diesem Aspekt trifft gerade die allgemeine Relativitätstheorie nicht die Außenbastionen des Diamat, sondern sein Herz.

2. ANGRIFFE DER PHILOSOPHEN

Hauptvorwurf ist hier der philosophische Relativismus. Unter diesem Gesichtspunkt bestritten I. V. Kuznecov, Kursanov und Uëmov 1952 den Wert der Prinzipien. Es ist bezeichnend, daß im Gegensatz zur speziellen Relativitätstheorie Kuznecov nicht die daraus abgeleiteten Sätze leugnete, obwohl sie ihn ebenfalls irritieren mußten. Offenbar waren sie ihm zu subtil.

Der Haupteinwand richtete sich gegen das Äquivalenzprinzip. Man sah darin einen philosophischen Relativismus, der die reale Gravitation als Beschleunigungseffekt deutet. Hier wurde also das ontologische Problem, nämlich die reale Ursache der Gravitationseffekte, wiederum in typischer Weise mit dem Erkenntnisproblem, nämlich der objektiven Unterscheidbarkeit von Beschleunigungs- und Schwerefeld, verkoppelt. Wie ernst es der Sowjetphilosophie damit ist, zeigt die Tatsache, daß Fock noch heute

* Man könnte sagen, daß bereits die Hinzufügung der zeitlichen "Koordinate" den Verlust an Anschaulichkeit brachte. Aber die Zeit läßt sich an den Zeigerstellungen einer Uhr optisch ablesen, ist also vorstellbaren Gegenständen zuzuordnen, logisch auf sie zu projizieren. Dies gilt nicht mehr für Ereignisse der Riemannschen Raumzeit, da hier für endliche Gebiete keine starren Meßkörper postuliert werden können.

das Äquivalenzprinzip angreift, nachdem die Philosophen bereits das Feld geräumt haben.

Einstein, so schreibt I. V. Kuznecov 1952, versucht den einen Beobachter durch eine unendliche Gesamtheit willkürlich bewegter Beobachter zu ersetzen und damit alle Bewegungen als relativ zu erklären. Dabei wird das reale Schwerefeld durch ein vorgestelltes Imitationsfeld (Beschleunigungsfeld) ersetzt, das sein Dasein nur der Wahl eines neuen Standpunkts verdankt. Im Gegensatz zum realen Schwerefeld kann man indes das Imitationsfeld wegtransformieren.* Das reale Schwerefeld strebt ferner nach Kuznecov in unendlicher Entfernung von schweren Körpern nach Null, das Beschleunigungsfeld hingegen nach Unendlich oder bleibt konstant. Folglich ist die Gleichsetzung beider Felder völlig falsch, es liegt nur "eine begrenzte äußere Analogie" in begrenzten Raum- und Zeitintervallen vor.[2] Möglicherweise ist diese Analogie zur Untersuchung des realen Schwerefelds brauchbar, aber jedenfalls nicht so, wie dies Einstein tut.

Auch Uëmov wandte ein, daß die Schwerefelder, welche die Beschleunigung kompensieren sollen, rein fiktiven Charakter tragen. Er polemisierte gegen M. Borns und P. G. Bergmanns Auffassung, wonach es sinnlos ist, die aus der Wahl des Bezugssystems entstehenden Schwerefelder gegenüber den Feldern in der Nachbarschaft schwerer Massen für fiktiv zu halten, weil das Schwerefeld vor der Wahl eines Bezugssystems weder real noch fiktiv ist, ebenso wie die "wahre Länge" in der speziellen Relativitätstheorie ein sinnloser Begriff ist.** Dies kann sich nach Uëmov nur auf die Gleichheit der beobachteten äußeren Wirkung des realen und des fiktiven Schwerefelds gründen. Daraus folgt aber keine Äquivalenz; denn verschiedene Ursachen können die gleiche Wirkung hervorbringen; treten sie unter anderen Bedingungen auf, so sieht man ihre Verschiedenheit. Man kann demnach nur von einer Analogie in einer bestimmten Beziehung sprechen, nicht aber für alle Beziehungen. "Die Wirkung des

* Dieser Einwand Kuznecovs gilt nur für endliche Raumzeit-Bereiche, denn lokal läßt sich immer der Übergang zur ebenen Geometrie und damit das Verschwinden des Krümmungstensors als Ausdruck der Gravitationsfreiheit erzwingen.

** Max Borns Buch *Die Relativitätstheorie Einsteins* wurde 1938 ins Russische übersetzt; Uëmov bezieht sich auf S. 253 der russischen Ausgabe, ebenso auf die russische Ausgabe 1947 von P. G. Bergmanns Buch *Introduction to the Theory of Relativity*, New York, 1946.

fiktiven und des realen Feldes kann man nur unter bestimmten Bedingungen gleichsetzen, z.B. wenn das letztere homogen ist".[3] Die Äquivalenz ist streng lokal begrenzt und gilt nur für schwache homogene Felder und langsame Bewegungen.

Eine rein kinematische Deutung der Schwerkraft ist nach Uëmov schon bei einem isolierten Körper nicht möglich; man kann z.B. keine Kontraktion *ad infinitum* als Äquivalent der Schwerkraft annehmen. Ferner: Hebt man für den ganzen Raum das Schwerefeld durch ein entsprechendes Bezugssystem auf, dann trägt dieses System überall inertiale Eigenschaften und der Raum wird Euklidisch. "Der Riemannsche Charakter der Raumzeit spricht deshalb gerade für die Unmöglichkeit einer kinematischen Deutung der Schwerkraft, für die Unmöglichkeit, jedes Schwerefeld als 'fiktiv' anzusehen".[4] Folglich sind Schwere- und Beschleunigungsfeld auch bei gleichen Wirkungen noch zu unterscheiden.

Uëmovs Einwand übersieht den grundsätzlich lokalen Charakter des Äquivalenzprinzips. Natürlich kann man z.B. ein zentralsymmetrisches Schwerefeld nicht durch eine *ad infinitum* expandierende Schar von Fahrstühlen imitieren, weil die Abstände zwischen den Fahrstühlen sofort anwachsen und durch nichts aufgefüllt werden, aber lokal geht dies immer. Uemovs Forderung, eine kinematische Deutung müsse zur Aufhebung der Schwere im ganzen Universum führen, ist deshalb absurd. Die Universalität der Äquivalenz besteht vielmehr darin, daß sie – wenn auch nur lokal – so doch immer und überall zu realisieren ist.

Für Einstein und die anderen "Machisten" gibt es nach Uëmov freilich überhaupt keine realen Vorgänge in der objektiven Wirklichkeit; aber selbst von ihrem Standpunkt aus liegt nur für schwache und homogene Felder eine Äquivalenz vor. "Sagen sie aber, wie dies Max Born tut, daß überhaupt kein Unterschied zwischen fiktiven und realen Feldern vorliegt, so kommt man einfach zu einem schreienden Widerspruch zu allbekannten Tatsachen".[5] Sogar Eddington erkennt in seiner Arbeit *Die mathematische Theorie der Relativität* (russ.: Charkov, 1933, S. 238)* die Absolutheit der Erdrotation an, da sich hier die Verteilung des Energietensors absolut von der Verteilung für nicht-rotierende Planeten unterscheidet. Die Effekte der Erdrotation sind also nicht auf ein Schwerefeld

* Die russische Übersetzung war dem Verfasser nicht zugänglich; Uëmov bezieht sich offenbar auf A. S. Eddington, *Relativitätstheorie in mathematischer Behandlung*, übers. v. A. Ostrowski und H. Schmidt, Berlin, 1925.

zurückzuführen; die Beschleunigung besitzt im Gegensatz zur Geschwindigkeit absoluten Charakter. Deshalb ergibt sich aus dem Äquivalenzprinzip nicht die Gleichberechtigung des Kopernikanischen mit dem Ptolemäischen System.[6]

Die Unzulässigkeit des Äquivalenzprinzips will I. V. Kuznecov am Scheitern der einheitlichen Feldtheorie nachweisen. Dabei soll gleichzeitig die "Geometrisierung" der Gravitation verworfen werden. Auch andere kritisieren die Prinzipien unter diesem Aspekt.

Es handelt sich nach Kuznecov um eine philosophische Sackgasse, die Einsteins Unfruchtbarkeit seit einem Vierteljahrhundert zur Folge hat. Dies konnte wegen der rein formalen Verknüpfung von elektromagnetischem und Schwerefeld nicht anders kommen; daran sieht man den verhängnisvollen Einfluß der reaktionären idealistischen Philosophie. Einsteins Feldgleichungen sind einfach erraten, man muß sie anders als Einstein interpretieren.[7] Leider verrät uns Kuznecov nicht, wie er sich die richtige Deutung denkt. Auch in Kiev sagte I. V. Kuznecov auf die Frage, ob er die Erweiterung der Relativitätstheorie auf nicht-inertiale Systeme für krankhaft und falsch halte: "Den Versuch, die Gesetze schneller Bewegungen... unter den Bedingungen starker Schwerefelder zu finden, halte ich für nützlich und fortschrittlich... Man muß indes im Auge behalten, daß die Tendenz A. Einsteins, die Beschleunigung zu 'relativieren', sich als philosophisch und physikalisch falsch erwies und folglich die Entwicklung der Theorie nicht diesen Weg nehmen kann. Falsch sind auch die Bemühungen, das materielle Schwerefeld mit den geometrischen Eigenschaften des Raums gleichzusetzen".[8] In diesem leicht hingeworfenen Einwand Kuznecovs zeigt sich das ganze Mißtrauen der orthodoxen Sowjetphilosophen gegen die Ersetzung des dynamistischen Weltbilds der klassischen Physik durch das moderne strukturelle.

Auch Kursanov nannte 1952 das geometrisierende Verfahren der allgemeinen Relativitätstheorie eine reaktionäre, mystisch-theologische Spekulation; es ist allerdings nicht klar, ob Kursanov sich hier nur auf die einheitliche Feldtheorie bezog. Jedenfalls verwarf er das Verfahren, durch freie Schöpfungen der Vernunft neue physikalische Realitäten zu konstruieren, wobei die Gesetze der Geometrie der Welt aufoktroyiert würden. Wertvoll sei hingegen das umgekehrte Verfahren, nämlich die geometrischen Eigenschaften des Raums aus den physikalischen abzuleiten, wie dies bei der Aufstellung des metrischen Fundamentaltensors geschehe.[9] Dieses Argument Kursanovs beruht auf dem Irrtum, als sei nur die linke Seite der Feldgleichungen eine Funktion der rechten (die Krümmung eine Funktion des Energie-Impulstensors). Wir können natürlich auch versuchen, aus der linken Seite die rechte zu bestimmen, so muß etwa bei Verschwinden der linken Seite auch die rechte Null sein, d.h. in einem ebenen Raumgebiet werden die Gravitationsquellen Null.*

Am eingehendsten beschäftigte sich von den Philosophen Sviderskij (Leningrad) mit den Prinzipien. Er widmete der Raum-Zeit-Problematik zwei Monographien: *Die philosophische Bedeutung der raumzeitlichen Vorstellungen in der Physik* (1956) und *Raum und Zeit* (1958). Im ersten Werk setzt er sich ausführlich mit der allgemeinen Relativitätstheorie auseinander. Gerade an Sviderskij zeigt sich das Dilemma des fortschrittlichen Flügels der Sowjetphilosophie. Einerseits schließt seine Darstellung so eng als möglich an die physikalischen Sachverhalte und ihre theoretische Deutung an; andererseits gibt er nahezu vorbehaltlos den Standpunkt Focks wieder, der ja hier dem Einsteinschen bewußt entgegengesetzt ist. Man hat den Eindruck, daß die sowjetischen Philosophen instinktiv jede Kritik moderner physikalischer Theorien durch die Physiker aufgreifen.

In Sviderskijs Darstellung 1956 ergibt sich folgende logische Struktur der Theorie: Sie wurde durch den großen russischen Geometer Lobačevskij

* Bei $T_{\mu\nu} = 0$ und Hinzufügen des λ-Glieds zu den Feldgleichungen wird $R_{\mu\nu} = 4\lambda$, d.h. ein materiefreies Raumzeit-Gebiet muß nicht notwendig eben sein, aber ein ebenes ist notwendig materiefrei. Aus der Variation des Wirkungsintegrals S eines Systems mit

$$S = \frac{1}{ic}\int \Lambda \text{———} \mathrm{d}\Omega$$

gewinnen wir den Ausdruck für

$$T_{\mu\nu} = \partial_{\mu\nu}\Lambda - q_{,\mu}\frac{\partial\Lambda}{\partial q_\nu},$$

der durch

$$S = \frac{1}{c}\int \Lambda\sqrt{-g}\,\mathrm{d}\Omega$$

für die Riemannsche Metrik verallgemeinert werden kann. Durch Variation der Wirkungsfunktion S_g für das Gravitationsfeld und der Wirkungsfunktion S_m für die Materie findet man die Feldgleichungen, so daß wir hier einen stärkeren logischen Zusammenhang zwischen den beiden Seiten der Feldgleichungen gewinnen als durch die Einsteinsche Analogie zur Poisson-Gleichung. S_g und S_m sind dabei formal völlig gleichberechtigt.

vorbereitet.[10] Der verhältnismäßig leichte Verzicht auf die Newtonsche Mechanik war nur möglich durch den bereits vorliegenden Kampf für nicht-Euklidische Vorstellungen, wie sie zuerst Lobačevskij brachte. Die Idee, eine allgemeine Mechanik aufzubauen, deren Gleichungen von dem Parameter v^2/c^2 abhängen und die uns zur klassischen Mechanik bei kleinen Werten dieses Parameters zurückführt, ist offenkundig die wichtigste Grundidee Lobačevskijs, übertragen aus der Geometrie in die theoretische Physik.[11]

Das logische Verhältnis von allgemeiner und spezieller Relativitätstheorie deutet Sviderskij "dialektisch": Die letztere gilt nur unter Bedingungen, wo man das Schwerefeld vernachlässigen kann. Dabei wird jedoch das Gesetz des Zusammenhangs von Raum und Zeit nicht nur bewahrt, sondern vertieft und genauer gefaßt. Die Raumzeit-Metrik hängt von der Häufung und Bewegung schwerer Massen vermittels der allgemeinen Eigenschaft physischer Formen der bewegten Materie, d.h. des Schwerefeldes, ab. Somit tritt im Rahmen der allgemeinen Relativitätstheorie der speziell relativistische Zusammenhang von Raum und Zeit als ein begrenztes Gesetz zutage, das durch die Bedingungen unendlich kleiner Raum- und Zeitgebiete (schwache homogene Schwerefelder, kleine Zeitintervalle, usw.) festgelegt ist. Mit anderen Worten, wenn wir der allgemeinen dialektischen Gesetzmäßigkeit jeder Entwicklung folgen, so bewahrt die allgemeine Relativitätstheorie in aufgehobener Form den positiven Inhalt der speziellen.* "Sie führte ein neues physikalisches Verständnis für die Tatsache des Zusammenfallens der Größen träge und schwere Masse ein, sie beseitigte den Begriff der Schwerkraft, gab eine neue physikalische Beleuchtung des Begriffs Koordinatensystem, stellte neu die Frage nach dem Verhältnis der Geometrie als einer mathematischen Wissenschaft zur Wissenschaft von der Metrik in der Physik,

* Die spezielle Relativitätstheorie wäre dann ein Moment im Hegelschen Sinn der allgemeinen. In diesem Schema fehlt aber die Antithese: der Übergang von der speziellen Relativitätstheorie zur allgemeinen geschieht nicht durch Negation der ersteren; diese gilt vielmehr, mindestens lokal, auch für die Schwerefelder, anderenfalls entfielen die Effekte der speziellen Relativitätstheorie an der Erdoberfläche. In Wirklichkeit haben wir im nicht-lokalen Bereich eine Superposition der Effekte beider Theorien, wie sie etwa in Kohlers doppelter Maßbestimmung $g_{\mu\nu} = g_{\mu\nu}^{(0)} + h_{\mu\nu}$ und in der auf S. 25 Anm. dargestellten Ableitung der Gravitationswellen zum Ausdruck kommt. Statt einer Antithetik liegt hier ein Näherungsverfahren vor, das auf die weiter unten diskutierte Problematik einer protophysischen Idealstruktur der Galileischen Metrik führt.

gab einen weiteren Begriff invarianter physikalischer Gesetze usw. Dies ist die Auffassung des Wesens der allgemeinen Relativitätstheorie als der Theorie der Gravitation in der sowjetischen Physik."[12] Dank der Einwirkung des Schwerefeldes auf physikalische Vorgänge erwerben Raum und Zeit die Eigenschaften der Strukturiertheit, Veränderung des Rhythmus usw.* Somit tritt die Begrenztheit von Raum- und Zeitvorstellungen wie Homogenität, Isotropie, gleichmäßiger Zeitfluß, Absolutheit im Sinne von Newton gelegt.[13]

Die Grundidee ist für Sviderskij einfach, sie besteht in der Abbildung der Raum- und Zeiteigenschaften durch das Lichtausbreitungsgesetz. Das Licht besitzt Energie und somit Masse, es unterliegt also der Einwirkung des Schwerefeldes. Dies kommt im Ausbreitungsgesetz für das Licht zum Ausdruck und somit auch in den allgemeinen Gesetzen der raum-zeitlichen Beziehungen.** Das Schwerefeld muß also einen bestimmten Einfluß auf die Eigenschaften von Raum und Zeit ausüben.[14] Dieser Gedanke hat nicht sofort seinen Ausdruck gefunden. In den ursprünglichen Vorstellungen Einsteins kam es nach Meinung einiger sowjetischer Physiker zu einer ungerechtfertigten und unwissenschaftlichen Relativierung einer Reihe von Grundbegriffen; dies hat vor allem Fock dargelegt.

Einstein führte nach Sviderskij im Gegensatz zu Newton die Zentrifugalkraft nicht auf einen absoluten Raum, sondern auf die Anziehung entfernter Massen als reale Ursache zurück. Er wollte – ungenügend begründet – das Relativitätspostulat auf beliebige Relativbewegungen erweitern. Dabei stellte sich heraus, daß man mit Hilfe des einfachen Über-

* Dies ist falsch: Bei $T_{\mu\nu} = 0$ wird u.U. nur R gleich Null, nicht aber $g_{\mu\nu}$; auch die Galileische Metrik verleiht der Raumzeit Struktur; auch sie führt wegen der Zeitdilatation zu einer Veränderung des Rhythmus bei $K_{\text{inert}} \rightarrow K_{\text{inert}}'$.

** Dieser Schluß gilt nur unter folgender Annahme: "Das Licht-Ausbreitungsgesetz ist mit dem allgemeinen Gesetz aller raumzeitlichen Beziehungen identisch". Außerdem gibt die Schwere des Lichts nur die Hälfte des Effekts der Ablenkung in Sonnennähe, so daß der Zusammenhang von Schwere und Metrik als zusätzliche Hypothese eingeführt werden muß. Sviderskij übernahm die These von Fock, auf den er sich auch in seiner weiteren Darstellung explizit bezieht. Fock und Sviderskij gehen offenbar im Anschluß an dem Materialismus statt von der Koordinatentransformation vom "materiellen" Phänomen der Lichtausbreitung aus. Hier bietet sich eine Analogie zur Rolle der Lichtausbreitung für die spezielle Relativitätstheorie an. Andererseits ging Einstein bei Aufstellung seiner allgemeinen Relativitätstheorie überhaupt nicht vom Problem der Längen- und Zeitmessung aus (höchstens indirekt beim Scheibenexperiment), sondern vom Äquivalenzprinzip. Siehe A. Einstein, *Gründzüge* a.a.O., S. 36–38. Gerade dies wirft ihm Bridgman vor; siehe Schilpp, S. 225f.

gangs zu einem entsprechenden Koordinatensystem ein Schwerefeld "erzeugen" und "vernichten" kann. Dadurch erklärte Einstein die Gleichheit von träger und schwerer Masse.[15] Sviderskij gibt zu, Einstein selbst habe darauf hingewiesen, daß man in Strenge dieses Verfahren nur für ein unendlich kleines Gebiet anwenden und nicht jedes Schwerefeld durch den Bewegungszustand eines Systems ohne Schwerefeld ersetzen kann, ebenso wie sich nicht alle Punkte eines willkürlich bewegten Mediums mit Hilfe einer Koordinaten-Transformation in Ruhe umwandeln lassen.
Aus dem Äquivalenzprinzip im Sinne Einsteins folgt nach Sviderskij die Relativität des Begriffs "geradliniger Weg eines freien Teilchens oder Lichtstrahls": Ist er gegenüber einem gleichförmig bewegten Koordinatensystem geradlinig, so nicht mehr gegenüber einem gleichförmig beschleunigten. Deshalb ist auch die Lichtgeschwindigkeit im Vakuum nicht mehr gegenüber jedem Koordinatensystem konstant und es entfällt die Grundlage der speziellen Relativitätstheorie für den allgemeinen Fall. Das alles untergrub direkt die Basis der Euklidischen Geometrie, nämlich die gerade Linie, die ihrerseits auf dem Trägheitsgesetz der klassischen Mechanik beruht.[16]
Diese Darstellung Sviderskijs bedarf einer Korrektur: Es ist richtig, daß bei Benutzung Kartesischer Koordinaten die rein räumliche Bahn eines inertialen Massenpunkts in einem Inertialsystem ohne Schwerkraft eine Gerade der Euklidischen Geometrie darstellt, in einem beschleunigten Bezugssystem eine Kurve, jedoch ebenfalls im Euklidischen Raum. Aus dieser trivialen Beobachtung kann man noch nicht auf den Riemannschen Charakter von Gravitationsgebieten schließen; diese Art "Relativität" wird ja durch die beiden ersten Newtonschen Axiome gerade ausgeschlossen. Auch die allgemeine Relativitätstheorie behält diese Axiome bei, sie erweitert sie nur durch folgende Sätze:
Definition: Unter 'sich selbst überlassen' soll verstanden werden 'nur der Gravitation und Trägheit folgend'; dabei kann die Gravitation verschwinden, nicht aber die Trägheit.
Axiom I: Jeder sich selbst überlassene Massenpunkt bewegt sich im Galileischen Raumzeit-Gebiet auf einer geraden Weltlinie, im Riemannschen Gebiet auf einer geodätischen.
Axiom II: Jede nicht der Gravitation entspringende Einwirkung zeigt sich als eine zu ihr proportionale Abweichung der Weltlinie eines Massenpunkts von der geraden bzw. geodätischen Weltlinie.

Hinzu kommt, daß die Form der Weltlinie gegenüber jeder Koordinatentransformation invariant sein muß, da sie zur Klasse der absoluten Fakten des physikalischen Geschehens gehört. Nur ihre Projektionen auf Raumzeit-Schnitte mit geringerer Dimensionszahl als vier sind relativ. Gerade die Invarianz einer gekrümmten Weltlinie des nur dem Führungsfeld folgenden Massenpunkts leitet logisch zur Riemannschen Geometrie*, d.h. zu einer inneren Geometrie des Gravitationsgebiets, die im Endlichen durch keine Koordinatenwahl abgeändert werden kann. Wären auch die Weltlinien relativ, so könnten wir sie immer zu Geraden der pseudo-Euklidischen Raumzeit machen, brauchten also keine nicht-Euklidische Geometrie. Darin liegt ja der Einwand gegen den von Einstein diskutierten Konventionalismus Poincarés.[17] Aus dem Äquivalenzprinzip folgt nicht die Relativität des Ausbreitungsgesetzes einer Lichtwellenfront, ("Relativität" verstanden als "Bezugssystem-Abhängigkeit"), sondern seine Abhängigkeit von der Weltgeometrie. Wir müssen also unterscheiden: Beobachtet von einem Inertialsystem ist der Lichtstrahl in einem Galileischen Gebiet gerade, in einem Gravitationsgebiet gekrümmt. Beobachtet von einem beschleunigten Bezugssystem ist die Bahn des Strahls in einem Galileischen Gebiet gekrümmt, in einem Gravitationsgebiet u.U. gerade (nämlich dann, wenn es sich um ein frei fallendes Bezugssystem handelt).** Nicht diese (triviale) Relativität interessiert die allgemeine Relativitätstheorie, sondern die Abhängigkeit der Lichtwellenfront von der Geometrie des betreffenden Raums. Sviderskij hat nur dann recht, wenn wir folgendermaßen formulieren: Beobachtungen an Lichtstrahlen sind u.U. dieselben, ob diese von Beschleunigungssystemen in Galileigebieten oder von nicht frei fallenden Ruhsystemen in Gravitationsgebieten aus angestellt werden. Daraus folgt dann: Lichtstrahlen in Gravitationsgebieten sind gekrümmt. In diesen Sätzen ist jedoch keine Relativität ausgesprochen.

Sviderskij legt besonderes Gewicht auf die Feststellung, daß für den Riemannschen Fall die Messung mit Hilfe von Uhren und Maßstäben

* Die Krümmung einer Weltlinie, die aus einer nicht-Gravitations-Kraft rührt, ist zwar ebenfalls invariant, gestattet aber wegen der variablen Proportion von träger Masse und Beschleunigungsursache keinen Schluß auf die Geometrie des Raums.

** Das Äquivalenzprinzip behauptet dann die gleiche Form der Weltlinie der Photonen in einem Galileischen Gebiet mit Galileischen Koordinaten und im Schwerefeld vom Ruhsystem des frei fallenden Beobachters aus.

durch die Beobachtung der Bahn freier Teilchen ersetzt wird*: Die Krümmung der Licht- und Teilchenbahn folgt sowohl aus ihrer schweren Masse als auch aus den nicht-Euklidischen Eigenschaften von Raum und Zeit. Mit anderen Worten, wenn sich ein freies Teilchen bewegt, so wird sein Weg bestimmt durch die Wechselwirkung seines eigenen Feldes mit der allgemeinen Krümmung der Raumzeit in einem bestimmten Gebiet. Das Gesetz der geodätischen Linien gilt nur für eine unendlich kleine Masse, die sich im Schwerefeld großer Massen bewegt, jedoch nicht für die Bewegung großer Massen, welche ein großes eigenes Schwerefeld erzeugen. (Fock). Um ihre Gleichung festzulegen, muß man ein gemeinsames Gleichungssystem für Gravitationspotentiale und für den Massen-Tensor lösen. Dabei tritt ein überaus enger Zusammenhang zwischen den Bewegungs- und Gravitationsgleichungen zutage. Zum Unterschied von der Newtonschen Theorie, in welcher die Bewegung der Massen von vornherein angegeben werden kann, während das von ihnen ausgehende Gravitationspotential dann aus den Gleichungen Poissons bestimmt wird, haben in der Einsteinschen Theorie die Gleichungen für das Gravitationspotential nur dann eine Lösung, wenn die es erzeugenden Massen sich in einer bestimmten Weise bewegen. Aus der Bedingung der Existenz einer Lösung für das Potential ergibt sich auch das Bewegungsgesetz für endliche Massen.[18]

Die Gravitationsgleichungen legen also einerseits das Gravitationsfeld je nach der Massenverteilung fest, andererseits die Bewegung der Massen in diesem Feld. Die Gleichheit von träger und schwerer Masse folgt daraus automatisch.[19] Nicht jeder beliebigen Bewegung von Massen entspricht ein mathematisch mögliches Schwerefeld, sondern nur einer solchen, welche bestimmte Bewegungsgleichungen erfüllt. In der Gravitationstheorie von Newton war mathematisch auch dann ein Gravitationspotential möglich, wenn etwa zwei unbewegliche Massenzentren vorliegen. Dies alles beweist auch den tiefen inneren Zusammenhang zwischen der Bewegung der schweren Massen und dem von ihnen hervorgerufenen Schwerefeld. "Auf diese Weise braucht sich die neue Geometrie nicht auf

* Tatsächlich besteht der methodische Unterschied zwischen spezieller und allgemeiner Relativitätstheorie u.a. darin, daß hier das Verhalten von Uhren und Maßstäben nur für infinitesimal benachbarte verglichen werden kann. Damit wird zugleich das Objekt der Messung verdoppelt: Zur Messung von räumlichen und zeitlichen Distanz entritt die Messung der Metrik. In diesemSinn bietet die allgemeine Relativitätstheorie tatsächlich eine Verallgemeinerung der speziellen.

eine Synthese von Messungen mit Hilfe von Uhren und Maßstäben in verschieden bewegten Systemen zu gründen, sondern auf die natürlichen Wege bewegter Teilchen. Die Erfahrung bestätigt, daß wir in Gestalt eines frei bewegten Teilchens ein besseres Forschungsmittel für die Eigenschaften der Raum-Zeit besitzen als im Falle von Uhren und Maßstäben. Die natürlichen Wege besitzen eine "absolute" Bedeutung, und in einem begrenzten Weltgebiet kann man die Teilung von Raum und Zeit so wählen, daß die Bewegungslinien ungefähr zu Geraden werden. Wie wir sehen, wird im allgemeinen Fall der Unterschied zwischen Raum und Zeit hier verdunkelt, aber dieser reale Unterschied findet seinen Ausdruck in der Relativitätstheorie mit Hilfe einer Reihe von Bedingungen, welche den Koeffizienten auferlegt werden".[20]

Leider formuliert Sviderskij diese Erkenntnis nicht genauer. Er wäre dann auf den grundlegenden Sachverhalt gestoßen, daß für die allgemeine Relativitätstheorie das *Meßproblem* anders gestellt werden muß als für die spezielle. Damit müssen auch operationale Definitionen beobachtbarer Größen anders gefasst werden; vor allem entfällt die Relativgeschwindigkeit nicht koinzidierender Teilchen, da ein Vergleich von Vektoren an verschiedenen, nicht unendlich benachbarten Orten in einer konsequent entwickelten Riemannschen Geometrie nicht mehr möglich ist. Dies entspricht dem Grundgedanken der Relativitätstheorie, statt der Newtonschen Fernwirkungstheorie eine Nahewirkungstheorie, also eine Feldtheorie, zu entwickeln. So meint Weyl: "Bei der durch Einsteins große Konsequenzen angeregten erneuten Prüfung der mathematischen Grundlagen ergab sich dem Verfasser die Bemerkung, daß die Riemannsche Geometrie das Ideal einer reinen Infinitesimalgeometrie erst zur Hälfte erreicht; es gilt, noch ein letztes ferngeometrisches Element auszuscheiden, das ihr von ihrer Euklidischen Vergangenheit her anhaftet. Riemann setzt nämlich voraus, daß man irgend zwei Linienelemente auch an *verschiedenen* Stellen des Raums messend miteinander vergleichen kann; *die Möglichkeit eines solchen Fernvergleichs kann in einer reinen Nahegeometrie nicht zugestanden werden*; es ist nur ein Prinzip zulässig, daß die Übertragung einer Maßstrecke von einem Punkt nach dem unendlich benachbarten ermöglicht".[21] Noch deutlicher sagt M. v. Laue: "Die Frage, ob zwei Körper an verschiedenen Orten gleiche oder verschiedene Geschwindigkeit haben, ist also sinnlos".[22]

In diesem Zusammenhang erhebt sich das von Fock diskutierte Problem, ob man die Gerade als Lichtbahn oder unabhängig davon als Gerade des Euklidischen Raums definieren soll, in dem als Kartesische Koordinaten harmonische Koordinaten benutzt werden.* Fock entscheidet sich für die zweite Lösung; wir wenden sie, so meint er, auch tatsächlich an, wenn wir sagen, ein Lichtstrahl habe in Sonnennähe die Gestalt einer Hyperbel. Harmonische Koordinaten entsprechen nach Fock dabei völlig der Natur von Raum und Zeit, insbesondere sind sie an deren Charakter im räumlich Unendlichen gut angepaßt, daher muß die Definition der Geraden auf ihnen basieren. "Das Argument, daß die Gerade als Lichtstrahl am unmittelbarsten zu beobachten sei, ist gegenstandslos: Bei einer Definition ist nicht die unmittelbare Beobachtungsmöglichkeit, sondern die Übereinstimmung mit der Natur entscheidend, auch wenn diese Übereinstimmung durch indirekte Schlüsse festgestellt werden muß".**[23]

Damit hat Fock natürlich eine folgenschwere *philosophische* Entscheidung getroffen. Er verwirft die operationale Definition eines Grundbegriffs wie der Geraden und geht von definitorisch gesetzten harmonischen Koordinaten aus. Dem Verfasser scheint, daß dieses Problem durch die Zuordnung oder Nicht-Zuordnung eines Riemannschen Raumzeit-Gebiets zu einem pseudo-Euklidischen Raumzeit-Gebiet entschieden wird. Nur im Falle dieser Zuordnung läßt sich die Gerade durch ein außerhalb des untersuchten Raums liegendes Kriterium definieren. Wir können die Lichtbahn in Sonnennähe nur deshalb "Hyperbel" statt "Gerade" nennen, weil wir den Riemannschen Raum, in dem die Lichtablenkung stattfindet, auf den Euklidischen beziehen; nur dann läßt sich überhaupt von "Ablenkung" sprechen, *als ob* das Licht "an sich" eine gerade Bahn im Sinne der Euklidischen Geraden hätte. Sehen wir aber von dieser Zu-

* Ich sehe hier keinen Widerspruch. Wir können die Gerade im Seinsbereich des Physischen als freie Bahn des Photons definieren, im Seinsbereich der Geometrie plus Algebra als lineare Gleichung in harmonischen Koordinaten. Beide Setzungen definieren eindeutig aufeinander zuordenbare Objekte verschiedener Seinsreiche. In beiden Fällen bleibt aber noch zu klären, ob die Photonenbahn bzw. die Gleichung der Geraden die Geometrie festlegt oder diese bereits unabhängig davon gegeben ist. "Dies ist nur dann entschieden, wenn in dem betreffenden Raumgebiet überhaupt keine Geraden möglich sind; hier ist die Geometrie notwendig nicht-Euklidisch."

** Im ersten Fall ist auch die Weltlinie eines Photons, das nur der Gravitation unterliegt, eine Gerade und nicht die Bahn, sondern der Raum ist "gekrümmt". Im zweiten Fall ist die Bahn gekrümmt und der Raum eben. Aber ist diese Alternative sinnvoll? Sind nicht "gekrümmte Bahn" und "Raumkrümmung" Synonyma, solange man die Raumzeit nicht in eine ebene fünf-dimensionale Mannigfaltigkeit einbettet?

ordnung ab, so können wir nur eine "absolute", das heißt allein auf das betreffende Raumzeit-Gebiet bezogene Definition vornehmen; diese ist aber gerade durch den Lichtstrahl oder einen Kreiselkompaß bereits vorgegeben. Dann freilich wird aus der Hyperbel im Euklidischen Raum eine "Gerade" des Riemannschen Raums. D.h. in den geodätischen Koordinaten dieses Raums findet überhaupt keine Lichtablenkung statt: Die geodätischen Nullinien bilden die "Geraden" dieses Raums.

3. FOCKS KRITIK AN DEN PRINZIPIEN

(A) *Allgemeine Haltung*

Es zählt zu den Besonderheiten des sowjetischen Denkens, daß gerade Fock Einsteins Prinzipien der allgemeinen Relativitätstheorie in einer sehr nachdrücklichen Form angreift. Am deutlichsten geschah dies in seinem Werk *Theorie von Raum, Zeit und Gravitation* (1955) und während eines Vortrags am Institut für Philosophie Moskau am 14.2.1961 über 'Die Rolle des Relativitäts- und Äquivalenzprinzips in der Ableitung der Einsteinschen Gravitationstheorie'. Obwohl er wiederholt auf Widerstand stieß (Infeld, 1955; Širokov, 1959), blieb seine Ablehnung der Einsteinschen Auffassung unverändert. In der zweiten Auflage seines Hauptwerks *Theorie von Raum, Zeit und Gravitation* (1961) fügte er ein neues Kapitel (Par. 49*) mit einer Präzisierung seines Standpunkts hinzu.

Da Fock unter den Philosophen offenbar die größte Autorität von allen sowjetischen Physikern besitzt, berufen sie sich gerne auf ihn, besonders, wenn es um die Verteidigung des Kopernikanischen Weltsystems und die Zurückweisung des allgemeinen Relativitätsprinzips geht.

So überwand Fock nach Sviderskij eine Reihe von Irrtümern und methodologischen Fehlern Einsteins und gelangte zu einer neuen Auffassung von der Einsteinschen Theorie. Sviderskij selbst schließt sich dabei Fock an. Freilich muß er zugeben, daß nicht nur die Mehrzahl der nichtsowjetischen Gelehrten, sondern auch eine Reihe sowjetischer Physiker, wie z.B. Širokov und Ginzburg, den Einsteinschen Standpunkt teilt.[24]

Für uns ist Focks Konzeption nicht nur als Index für das sowjetische Denken, sondern wegen der Eigenwilligkeit seiner Thesen wertvoll. Sie tragen ohne Zweifel zur Klärung der allgemeinen Relativitätstheorie bei. Der Standpunkt Focks entwickelte sich seit mindestens 1947 immer deutlicher* und endet mit der Feststellung, daß es überhaupt keine allgemeine Relativität und folglich keine allgemeine Relativitätstheorie geben kann. Focks Kritik ist deshalb so bedeutsam, weil er neben Landau der führende sowjetische Relativitätstheoretiker ist; sein Buch *Theorie von Raum, Zeit und Gravitation*** ist eine klassische Arbeit der modernen physikalischen Literatur.

Ebenso wie die orthodoxe Philosophengruppe unterscheidet Fock zwischen der Relativitätstheorie und ihrer "Machistischen" Deutung durch Einstein. Die Grundprinzipien der Theorie haben nichts mit der vorgeblichen Koordinierung der Empfindungen zu einem logischen System zu tun. Die beste Widerlegung der Auffassungen Einsteins von Raum und Zeit ist "ihre Konfrontierung mit den einfachen und klaren Aussagen der Klassiker des Marxismus".[25] Auch für Einstein gilt Lenins Hinweis, daß man keinem Gelehrten auch nur ein Wort glauben dürfe, sobald es um die Philosophie geht.[26]

Fock beruft sich dabei bewußt auf den Diamat, zu dem er auch in der zweiten Auflage seines Buchs ein ausdrückliches Bekenntnis ablegt: "Die allgemein philosophische Seite unserer Auffassungen von der Theorie von Raum, Zeit und Gravitation bildete sich unter dem Einfluß der Philosophie des dialektischen Materialismus, insbesondere unter dem Einfluß von Lenins Buch *Materialismus und Empiriokritizismus*. Die Lehre des dialektischen Materialismus half uns, kritisch den Standpunkt Einsteins zu der von ihm aufgestellten Theorie zu behandeln und sie neu zu durchdenken. Sie half uns auch, richtig die von uns neu gewonnenen Ergebnisse zu verstehen und zu deuten."[27]

Weiter wendet sich Fock gegen die Grundhaltung Einsteins, aus einem einzigen Fundamentalprinzip die ganze Physik abzuleiten.[28] Focks Einwand scheint uns nicht gerechtfertigt. Es ist keine Frage, daß diese Mentalität nicht nur von Einstein, sondern von vielen großen physikalischen

* Uëmov erwähnt zwei Arbeiten Focks, die dem Verfasser leider nicht zugänglich waren: 'Sistema Kopernika i sistema Ptolemeja v svete obščej teorii otnositel'nosti' in *Nikolaj Kopernik*, 1947, sowie 'Nekotorye primenenija neevklidovoj geometrii Lobačevskogo k fizike' in A. P. Kotel'nikov und V. A. Fock, *Nekotorye primenenija idej Lobačevskogo k mechanike i fizike*, 1950.

** V. A. Fock, *Teorija prostranstva, vremeni i tjagotenija*, Moskva, 1955. 2. Auflage 1961.

Denkern geteilt wird, ja daß ohne sie deren Leistungen kaum zustande gekommen wären. Man denke nur an Newtons Grundgesetze der Mechanik, an den Maxwellschen Feldbegriff oder die gegenwärtigen Bemühungen um die Quantenfeldtheorie. In der Tat gelang es Einstein, durch die Suche nach einem Universalprinzip (das er vermutlich im speziellen und allgemeinen Relativitätsprinzip gefunden zu haben glaubte) einen bedeutenden Erscheinungskreis theoretisch zu bewältigen. Bisher hat sich noch keine physikalische Theorie als so umfassend erwiesen wie die Relativitätstheorie. Es ist daher charakteristisch, daß gerade Fock, der selbst ein führender mathematischer Physiker ist, diese Tendenz Einsteins verurteilt. Unter Berufung auf das Scheitern der einheitlichen Feldtheorie meint Fock: "Der Glaube Einsteins, rein spekulativ ein Universalprinzip zu finden, das den Schlüssel für alle Phänomene der Physik liefert, rechtfertigte sich nicht".[29] Die Bemühungen um eine physikalisch einheitliche Feldtheorie hält Fock daher für sinnlos, hier sei Einstein den falschen Weg gegangen und seine dreißigjährige Arbeit endete mit einem vollen Mißerfolg.

Focks Angriffe richten sich vornehmlich gegen das Äquivalenzprinzip und den Begriff "allgemeine Relativität". Eine solche gibt es nach Fock überhaupt nicht und folglich auch keine Theorie, die diesen Namen zu Recht trägt. Die Grundthese Focks findet sich in seinem Hauptwerk *Theorie von Raum, Zeit und Gravitation* (S. XIX): "Das Gesagte zeigt deutlich, daß der Gebrauch der Ausdrücke 'allgemeine Relativität', 'allgemeine Relativitätstheorie' und 'allgemeines Relativitätsprinzip' unzulässig ist. Diese Terminologie führt nicht nur zu Mißverständnissen, sondern bringt auch eine falsche Auffassung von der Theorie zum Ausdruck. So paradox es klingen mag, auch Einstein selbst, der Schöpfer der Theorie, zeigt ein solch mangelhaftes Verständnis". Ferner in *VF* 1961: Einstein hat "bis an sein Lebensende die Forderung nach allgemeiner Kovarianz mit dem Gedanken einer gewissen 'allgemeinen Relativität' und mit der physikalischen Gleichberechtigung aller Bezugssysteme verknüpft. Ebenso hat er den Unterschied einer Relativität im Sinne von Homogenität des Raums und einer Relativität im Sinne der Möglichkeit, beliebige Koordinatensysteme zu benutzen, niemals eingesehen und die zweite Art der Relativität als eine Verallgemeinerung der ersten betrachtet."[30]

Fock benutzt daher in seinem Buch überhaupt nicht den Ausdruck "allgemeine Relativität" und nennt die Theorie stets "Gravitationstheorie".

Häufig verbindet man nach Fock mit Einsteins Gravitationstheorie falsche Vorstellungen, die zu einer falschen Terminologie führen, welche ihrerseits wieder die Konservierung falscher Vorstellungen fördert. Folglich sind terminologische Fragen nicht nur formaler Art. Einstein motivierte die angebliche Verallgemeinerung des Galileischen Relativitätsprinzips auf beliebige Beschleunigungen mit der Äquivalenz zwischen Beschleunigung und Schwerkraft. Dabei übersah er deren lokalen Charakter und machte sie zu einem allgemeinen Äquivalenzprinzip. Damit wollte er sein allgemeines Relativitätsprinzip begründen. In diesen beiden Prinzipien sah er die physikalische Basis seiner Gravitationstheorie. Historisch spielten die Ansichten Einsteins eine positive Rolle, da sie ihn zu seinen Gravitationsgleichungen führten, die das Wesen seiner Theorie darstellen. Da jedoch gerade große wissenschaftliche Entdeckungen nicht immer auf logische Weise, sondern häufiger intuitiv gewonnen werden, so darf man fragen, ob Einsteins Ansichten richtig sind. Vor allem: gibt es überhaupt ein "allgemeines Relativitätsprinzip"? Liegt das Relativitätsprinzip und das Äquivalenzprinzip der Gravitationstheorie Einsteins überhaupt zugrunde? Welches ist die exakte Formulierung dieser Prinzipien und welches ist ihre wahre Rolle in der Theorie? Kann man nicht andere Prinzipien nennen, welche genauer den Inhalt dieser Theorie kennzeichnen?[31]

(B) *Relativitätsprinzip und beschleunigtes Bezugssystem.*

Nach Fock besteht das Verfahren der allgemeinen Relativitätstheorie aus drei Gliedern: (1) Gleichheit von schwerer und träger Masse, (2) das allgemeine Relativitätsprinzip, (3) die Gravitationsgleichungen. Zweifelsfrei sind nur das erste und dritte Glied. Die dazwischen liegenden Überlegungen enthalten hingegen eine Reihe logischer Ungereimtheiten.* [32] Zur Analyse des allgemeinen Relativitätsprinzips untersucht Fock zunächst den Begriff des beschleunigten Bezugssystems. Einstein, sagt Fock, versteht darunter ein materielles System. Der Begriff des beschleunigten Bezugssystems ist in dieser Theorie jedoch nicht als starres materielles System, sondern nur im mathematischen Sinn als Koordinatensystem zu

* Gibt es denn überhaupt einen logischen Weg von (1) nach (3)? Fock zeigt nicht, wie Einstein auf einem logisch falschen Weg zum richtigen Ergebnis kam, Einsteins Feldgleichungen wären dann das Resultat einer Eingebung.

benutzen.[33] Einsteins Ausgangsbegriff eines beschleunigt bewegten Bezugssystems kann nicht eindeutig physikalisch bestimmt werden: Das Modell eines starren Körpers ist hier nicht zu verwenden, da bei der Beschleunigung alle Körper je nach ihrer Elastizität deformiert werden; folglich kann ein *allgemeiner* Begriff eines beschleunigt bewegten Laboratoriums überhaupt nicht aufgestellt werden.[34] Das Modell eines Kastens oder starren Gerüsts ist deshalb für ein beschleunigtes Bezugssystem ungeeignet; Einsteins Ausgangsbegriff ist nicht widerspruchsfrei definiert.* Umgeht man die Schwierigkeit durch die Einschränkung auf genügend kleine Beschleunigungen und vernachlässigt somit die Deformationen, so wird der Näherungscharakter der Einsteinschen Überlegungen deutlich.[35]

(C) *Das Äquivalenzprinzip*

Aber selbst von der unter (B) genannten Schwierigkeit abgesehen, kann nach Fock der Versuch nicht überzeugen, das im beschleunigten System auftretende scheinbare Schwerefeld als wahr anzusehen ("wahr" mit oder ohne Anführungszeichen, Fock). Die Ununterscheidbarkeit (Äquivalenz) beider gilt nur für lokale Betrachtungen. Geht man jedoch zu den Grenzbedingungen über, so läßt sich das scheinbare Schwerefeld stets vom wahren trennen.[36] Es gibt keine beliebig großen, durch keinerlei Grenzbedingungen eingeschränkten Schwerefelder.** Dazu führt Fock im einzelnen aus: Auf Grund der Bewegungsgleichungen Newtons ist der Übergang zu einem gleichförmig beschleunigten Bezugssystem gleichberechtigt mit der Einführung eines bestimmten konstanten Gravitationsfeldes. Dies diente Einstein als Ausgangspunkt für die Überlegungen, welche zu seiner Gravitationstheorie führten: Erste Etappe war dabei das *Äquivalenzprinzip*. Zweifellos gibt es eine lokale Äquivalenz zwischen Beschleunigung und Schwerkraft. Sie kommt dadurch zum Ausdruck, daß in einem begrenzten Raumgebiet das Schwerefeld durch ein Beschleunigungsfeld (Zustand der Unwägbarkeit) kompensiert werden kann. Daraus folgt

* Fock bezieht sich dabei ausdrücklich auf Einsteins Beispiel des frei fallenden Lifts. Dieser wird aber, solange er im luftleeren Raum fällt, gerade nicht deformiert.

** Tatsächlich strebt die Feldstärke der Gravitation mit $r \to \infty$ gegen Null, während das Feld der Trägheitskräfte am Rand einer rotierenden Scheibe mit $r \to \infty$ nach unendlich geht.

jedoch keineswegs eine völlige Äquivalenz, d.h. eine Ununterscheidbarkeit des Beschleunigungs- und Schwerefeldes im ganzen Raum. Der Sturz eines Fahrstuhls ist z.B. zeitlich begrenzt; das Erdfeld kann man nicht zerstören, ohne das Laboratorium beschleunigt zu komprimieren (in Gestalt einer Kugelschicht), was sich auch auf die physikalischen Vorgänge selbst auswirken muß.* Anderenfalls könnte man willkürliche Schwerefelder in jedem Raumgebiet mit kinematischen Mitteln erzeugen, also eine rein kinematische Gravitationstheorie aufstellen. In Wirklichkeit ist dies nicht der Fall und die Gravitationstheorie Einsteins ist keine kinematische Theorie.

In jeder Feldtheorie, die mit Hilfe von Differentialgleichungen in partiellen Ableitungen formuliert ist, sind nach Fock die Grenzbedingungen oder sie ersetzende Bedingungen ebenso wichtig wie die Gleichungen, da ohne sie das Feld nicht bestimmt werden kann.[37] Diese Grenzbedingungen sind in der Newtonschen Gravitationstheorie die Randbedingungen für das Gravitationspotential. In der Einsteinschen Theorie lassen sich die fiktiven von den wahren Schwerefeldern in harmonischen Koordinaten (s.u.) abtrennen, wobei die $g_{\mu\nu}$ folgenden Randbedingungen genügen: (1) Alle Massen des betrachteten Systems sind innerhalb eines endlichen Volumens konzentriert; die nicht zu diesem System gehörenden Massen befinden sich in sehr großem Abstand zu diesem Volumen ("inselartige Massenverteilung"); (2) bei hinreichend großer Entfernung von den Massen geht die Geometrie der Raumzeit in die pseudo-Euklidische über, so daß die $g_{\mu\nu}$ folgende Grenzwerte im Unendlichen aufweisen[38]:

$$(g_{00})_\infty = c^2\,; \quad (g_{0i})_\infty = 0\,; \quad (g_{ik})_\infty = -\,\delta_{ik}\,; \quad (i, k = 1, 2, 3)$$

Überlegungen über die lokale Äquivalenz beruhen auf willkürlichen

* Kompensation (Annihilierung) und künstliche Erzeugung des Schwerefelds sind aber logisch verschieden. Es ist fraglich, ob beide nur lokal zu realisieren sind. Prinzipiell würde ein Weltsubstrat aus Teilchen, die nur geodätischen Linien folgen, in der Schar mitbewegter Bezugssysteme schwerefrei sein und eine raumzeitlich nicht begrenzte Äquivalenz begründen. Überhaupt bedeutet "Äquivalenzprinzip" nur dann eine Ununterscheidbarkeit im logischen Sinn, wenn das Leibnizsche Prinzip der Identität der Ununterscheidbaren nicht auf die Ursachen von Gravitations- und Trägheitseffekten ausgedehnt wird. Diese sind von einem nicht mitbewegten Beobachter unterscheidbar, also nicht identisch. Beziehen wir die Äquivalenz aber nur auf die Effekte, so liegt tatsächlich eine Ununterscheidbarkeit, also Identität von Trägheit und Gravitation vor.

Koordinatentransformationen, wie etwa

$$x' = x\cosh\frac{gt}{c} + \frac{c^2}{g}\left(\cosh\frac{gt}{c} - 1\right),$$

$$y' = y,$$

$$z' = z,$$

$$t' = \frac{c}{g}\sinh\frac{gt}{c} + \frac{x}{c}\sinh\frac{gt}{c}. \qquad (1)^*$$

Setzen wir dies in

$$ds^2 = c^2\,dt'^2 - (dx'^2 + dy'^2 + dz'^2) \qquad (2)$$

ein, wo (x', y', z', t') Kartesische Koordinaten und die Zeit in einem Inertialsystem sind, so erhalten wir

$$ds^2 = \left(c + \frac{gx}{c}\right)^2 dt^2 - (dx^2 + dy^2 + dz^2). \qquad (3)$$

Durch die Bedingung der Harmonizität werden indes willkürliche Transformationen überhaupt nicht zugelassen. Aber selbst wenn man davon absieht, so kann man die (x, y, z, t) in Gleichung (3) nur "im Kleinen" als Kartesische Koordinaten und die Zeit deuten: Betrachtet man sie "im Großen", so stößt diese Deutung auf Widersprüche, da der Koeffizient von dt^2 mit x gegen Unendlich geht, also die Randbedingungen verletzt, und in der Ebene $(x = -c^2/g)$ überhaupt verschwindet. Noch deutlicher werden diese Verhältnisse bei einer Transformation, die in der Newtonschen Mechanik der Einführung eines rotierenden Koordinatensystems entspricht:

$$\begin{aligned} x' &= x\cos\omega t + y\sin\omega t\,; & z' &= z \\ y' &= -x\sin\omega t + y\cos\omega t\,; & t' &= t. \end{aligned} \qquad (4)$$

Setzen wir dies in (2) ein, so erhalten wir

$$ds^2 = [c^2 - \omega^2(x^2 + y^2)]\,dt^2 - 2\omega(y\,dx - x\,dy)\,dt - (dx^2 + dy^2 + dz^2). \qquad (5)$$

* Die Formeln stammen von C. Møller, 'On Homogeneous Gravitational Fields in the General Theory of Relativity and the Clock Paradox', *Dan. Mat. Fys. Medd.* 20 (1943) Nr. 19.

Hier verletzen die $g_{\mu\nu}$ nicht nur die Randbedingungen, sondern in hinreichend großem Abstand von der Drehachse auch die Ungleichungen, welche die Signatur $(+ - - -)$ von $\mathrm{d}s^2$ kennzeichnen. Gleichung (4) kann also nicht im Sinn der "Äquivalenzhypothese" gedeutet werden. Hinzu kommt, daß sowohl in Gleichung (3) als (5) der Krümmungstensor vierter Stufe verschwindet, also keine echten Gravitationsfelder vorhanden sind.[39] Der Ausdruck (3) läßt sich durch den aus der Gravitationstheorie folgenden Näherungsausdruck

$$\mathrm{d}s^2 = (c^2 - 2U)\,\mathrm{d}t^2 - \left(1 + \frac{2U}{c^2}\right)(\mathrm{d}x^2 + \mathrm{d}y^2 + \mathrm{d}z^2) \tag{6}$$

ersetzen (wo U das Newtonsche Potential eines echten Schwerefeldes ist), sofern folgende Bedingungen erfüllt sind:

$$|gx| \ll c^2 \tag{7}$$

$$U = -gx \tag{8}$$

$$v^2 \ll c^2 \tag{9}$$

Diese Bedingungen zeigen, daß nur in einem beschränkten Raumbereich und für schwache, homogene Felder und langsame Bewegungen das reale Schwerefeld durch ein Beschleunigungsfeld ersetzt, besser nachgeahmt werden kann. Als Einstein zur Berechnung der Lichtablenkung das Äquivalenzprinzip nicht-lokal anwandte, erzielte er nur die Hälfte des richtigen Wertes.

Der Vergleich der Ausdrücke (3) und (6) zeigt, daß ein Beschleunigungssystem ohne Schwerkraft "eine gewisse Analogie" zu einem Inertialsystem mit Schwerkraft aufweist. Diese Analogie kann man zum Aufbau der Gravitationstheorie verwenden, da man sieht, daß das Newtonsche Potential in den Koeffizienten von $\mathrm{d}t^2$ eingehen muß. Man kann den Ausdruck für $\mathrm{d}s^2$ in der Newtonschen Näherung aber auch ohne diese Analogie finden; dabei wird der Begriff eines Beschleunigungssystems überhaupt nicht benutzt und das Schwerefeld nicht als homogen vorausgesetzt.[40] Folglich gilt das Äquivalenzprinzip nur in einer begrenzten, lokalen Deutung und nicht als allgemeines Prinzip. Vergleicht man es mit der ganzen Gravitationstheorie Einsteins, so ergibt sich, daß es auch anderen Begrenzungen unterliegt: Es gilt nur für schwache und homogene

Felder und für langsame Bewegungen, während es z.B. für Erscheinungen wie die Lichtablenkung an schweren Massen nicht anwendbar ist.[41]
Die lokale mit der nicht-lokalen Betrachtung zu verwechseln, ist ein logischer Irrtum Einsteins.[42] Eine nicht-lokale physikalische Definition eines beschleunigt bewegten Bezugssystems ist unmöglich, da alle Kästen, starren Gerüste usw., mit denen Einstein arbeitet, eine Idealisierung darstellen, die nur für Inertialsysteme, nicht aber für beschleunigte Systeme brauchbar ist. Damit entfällt auch Einsteins Schluß auf die physikalische Gleichberechtigung aller Bezugssysteme.[43] Wegen der Lokalität ist deshalb auch das Äquivalenzprinzip nicht mit der Gleichheit von träger und schwerer Masse identisch, obwohl es mit ihr zusammenhängt; diese ist universal, jenes aber streng lokal. Die Transformation der Bewegungsgleichungen für einen dem Schwerefeld unterliegenden Massenpunkt durch Einführung eines Bezugssystems, in dem die Bewegungsgleichungen die Gestalt eines freien Massenpunkts annehmen (Äquivalenz), erreicht ihr Ziel nur in einem infinitesimalen Raumgebiet. Mathematisch entspricht diese Transformation im allgemeinen Fall dem Übergang zu einem lokal-geodätischen Koordinatensystem.[44]
Jedenfalls stellt der Übergang vom Gesetz der Gleichheit von schwerer und träger Masse zur lokalen Äquivalenz des Beschleunigungs- und Schwerefelds eher einen Verlust an Allgemeinheit als einen wirklichen Schritt vorwärts dar.[45]
Das Äquivalenzprinzip impliziert nicht den Satz: "Es gibt keine absoluten Beschleunigungen", da "Homogenität der Raumzeit" nicht "Kovarianz der Tensorgleichungen" bedeutet und ein Gravitationsfeld seiner Wirkung nach im Großen, d.h. unter Berücksichtigung der Randbedingungen für das Schwerefeld von einem Beschleunigungsfeld unterscheidbar ist.[46] Das Äquivalenzprinzip spielt zwar eine wichtige Rolle bei der Ableitung der Theorie, aber nur analog zum Korrespondenzprinzip in der Quantenmechanik: Es weist darauf hin, in was die gesuchten Gleichungen bei bestimmten Grenzfällen übergehen müssen. "Als allgemeines Prinzip, das Bewegungen mit beliebigen Geschwindigkeiten umfaßte, ist das Äquivalenzprinzip überhaupt falsch."[47] Zur Grundlegung der Gravitationstheorie Einsteins kann man an seiner Stelle ausgehen von dem Faktum der Gleichheit der trägen und schweren Massen. Dieses Gesetz hat im Gegensatz zum Äquivalenzprinzip keinen lokalen Charakter, es gilt mit derselben Genauigkeit, mit der überhaupt eine Masse bestimmt

werden kann. Übrigens hat der Begriff der trägen und schweren Masse nur in der Newtonschen Theorie einen eindeutigen Sinn, da sie in die Bewegungsgleichungen als Koeffizienten der Beschleunigung und des Gradienten des Newtonschen Potentials eingehen. Hingegen ist die Masse in den Bewegungsgleichungen der Einsteinschen Theorie in einer komplizierteren Form enthalten und eine unabhängige Festlegung der einen oder anderen Masse ist nur angenähert möglich. Auf diese Weise rücken die Begriffe der trägen und schweren Masse, welche bei der Aufstellung der Theorie so wichtig sind, in der fertigen Theorie in den Hintergrund.*

(D) *Zur Existenz des absoluten Raums*

Zu Beginn seiner Selbstbiographie (*Autobiographisches*) bezieht sich Einstein ausdrücklich auf kleine Raumgebiete, um unmittelbar anschließend dieselben Schlüsse auf beliebig große Schwerefelder anzuwenden. Aber solche Felder, die sich beliebig weit erstrecken und nicht durch Grenzbedingungen eingeschränkt sind, gibt es nach Fock nicht. In jeder Feldtheorie, die mit Hilfe von Differentialgleichungen mit partiellen Ableitungen formuliert wird, sind die Randbedingungen oder die sie ersetzenden Bedingungen ebenso wichtig wie die Gleichungen selbst; ohne sie kann das Feld nicht bestimmt werden. "Folglich entfällt die Prämisse, aus welcher Einstein den Schluß auf die Inhaltslosigkeit des Begriffs "Inertialsystem" zieht. Entgegen der Meinung Einsteins bewahrt der Begriff "Beschleunigung zum Raum" seinen Sinn.**[48]

Auch Einsteins Einwand gegen die Auszeichnung der *Inertialsysteme* in der klassischen Mechanik ist unbegründet; wenn sie nach Einstein ebensowenig hervorgehoben sind wie die Vertikalrichtung, die ja auch lange vom Menschen als bevorzugt angesehen wurde, so liegt darin gerade ein Argument für die Bevorzugung der Inertialsysteme: In der Einsteinschen Gravitationstheorie ist der Raum im Schwerefeld inhomogen und die Bevorzugung der vertikalen Richtung in Einsteins Beispiel ist völlig legal.

* Dann wird aber Focks Behauptung, man müsse der Ableitung der Theorie die Gleichheit von schwerer und träger Masse zugrunde legen, problematisch; es sei denn, daß man sich mit der Newtonschen Definition begnügt.

** An anderer Stelle heißt es allerdings vorsichtiger: "... behält in irgendeiner Form seinen Sinn" (Fock, *Theorie*, 454). In dieser These liegt der philosophische Kern der Fockschen Argumentation.

Wenn Einstein nach Fock gegen den "*absoluten* Raum" Newtons als nur aktiven, aber nicht passiven Teilnehmer der physikalischen Vorgänge protestiert, so versteht er unter "absolut" im Newtonschen Sinn "nicht den Massen und ihrer Bewegung unterworfen". Man könnte jedoch den absoluten Raum als aktiven Teilnehmer aller physikalischen Vorgänge beibehalten, sofern man darunter jeden Raum verstünde, der seine eigenen objektiven Eigenschaften, z.B. seine Metrik, aufweist, obwohl diese Eigenschaften dem Einfluß der Massen und ihrer Bewegung unterworfen wären.

Die Untersuchung von Raum und Zeit verlangt eine explizite Darstellung des Raums als ganzen, um überhaupt zu einer eindeutigen Problemstellung zu gelangen; unter "Raum als ganzer" sei ein Gebiet verstanden, an dessen Grenzen das Feld des betrachteten Systems von Körpern nach Null geht. Bei Problemen des Raums als ganzen beziehen sich die Randbedingungen auf entfernte Raumgebiete, ihre Formulierung verlangt eine Kenntnis der Eigenschaften des Raums als ganzen. Der einfachste Fall ist die Homogenität des Raums im Unendlichen im Sinne der Lorentz-Transformationen. In einem solchen Raum kann man die *harmonischen Koordinaten* als ausgezeichnetes Koordinatensystem einführen; sie sichern die Eindeutigkeit der Lösungen der Probleme der Gravitationstheorie. Einstein unterschätzte die Randbedingungen und überschätzte die lokale Betrachtungsweise; er leugnete deshalb ausgezeichnete Koordinatensysteme.[49]

(E) *Formulierung des speziellen Relativitätsprinzips*

Nach Fock ist nur das spezielle Relativitätsprinzip sinnvoll zu formulieren. Es behauptet die Existenz *entsprechender* physikalischer Vorgänge in verschiedenen Inertialsystemen. Das heißt, daß man jedem beliebigen physikalischen Vorgang in dem einen System einen entsprechenden Vorgang in dem anderen zuordnen kann. Liegen z.B. zwei gleiche physikalische Systeme vor und laufen in ihnen zwei physikalische Vorgänge ab, von denen jeder in seinem Bezugssystem betrachtet wird, also in jenem, das mit dem physikalischen System zusammenhängt, dann sind die Vorgänge entsprechend, wenn der erste in seinem Bezugssystem ebenso abläuft wie der zweite in dem seinigen. Genauer kann man sagen, daß der erste Vorgang im ersten Bezugssystem durch dieselben Funktionen beschrieben wird wie der zweite im zweiten Bezugssystem. Die Formulierung kann etwas variiert werden durch die Einführung des Begriffes der Gleichberechtigung jener Bezugssysteme, in denen entsprechende Vorgänge existieren. Dann gelangt man zur Gleichberechtigung aller Inertialsysteme. Auch diese Formulierung ist zulässig, wenn man daran denkt, daß es sich dabei um eine physikalische Gleichberechtigung handelt (im Sinne der Existenz von entsprechenden Vorgängen), und nicht um die formal-mathematische Gleichberechtigung (im Sinne der Möglichkeit, die Gleichungen in den einen oder anderen Koordinaten zu schreiben). Der *Begriff der Relativität der Bewegung an sich kann zu keiner physikalischen Theorie führen*, solange man ihn nicht konkretisiert und in Zusammenhang mit anderen physikalischen Begriffen bringt. Die oben genannte Formulierung des Relativitätsprinzips von Galilei besitzt in vollem Maß die notwendige Konkretheit. Es werden nämlich eine Reihe von anderen physikalischen Begriffen dabei benutzt, vor allem der geometrische, oder exakter chronogeometrische Begriff der Geradlinigkeit und Gleichmäßigkeit der Bewegung: Entsprechende Vorgänge existieren nicht in willkürlichen Bezugssystemen, sondern nur in solchen, deren relative Bewegung geradlinig und gleichförmig ist. Aber auch dies ist noch ungenügend: Entsprechende Vorgänge existieren nicht in jedem beliebigen Paar solcher Systeme, sondern nur, wenn beide Systeme inertial sind. Wenn z.B. das eine System sich geradlinig und gleichförmig zu einem rotierenden Bezugssystem bewegt, dann haben die Gesetze der Physik in beiden nicht das gleiche Aussehen, und man findet nicht für jeden Vorgang in dem einen System einen entsprechenden Vorgang im anderen.[50]

(F) *Das allgemeine Relativitätsprinzip*

Es gibt nach Fock kein "allgemeines Relativitätsprinzip", da bei Vorhandensein einer Schwerkraft der Raum nicht mehr isotrop ist. Rein logisch kann der auf die Eigenschaften der Raumzeit angewandte Begriff "Relativität" überhaupt nicht von den Begriffen "Homogenität" und "Isotropie" losgelöst werden. Der Ausdruck "allgemeines Relativitätsprinzip" enthält also einen logischen Widerspruch.[51] Dies bedeutet nach Fock folgendes:

Vom geometrischen Standpunkt zerfällt die Einsteinsche Theorie in die des maximal homogenen Galilei-Raums und die des inhomogenen Riemann-Einsteinschen Raums. "Maximale Homogenität" heißt "Gleichberechtigung aller Raumzeit-Punkte, aller Richtungen und aller zueinander geradlinig und gleichförmig bewegten Bezugssysteme". Da sowohl die träge als auch die schwere Masse von der Energie eines Körpers abhängt, muß eine Theorie der Gravitation auf die Homogenität des Raums als ganzen verzichten. Die Gravitationstheorie kennt daher nur eine Homogenität bestimmter Art im unendlich Kleinen, dem entspricht die Einführung der Riemannschen Geometrie. Diese Homogenität ist möglich, weil in der Umgebung eines Raumzeit-Punktes das Gravitationsfeld durch ein Beschleunigungsfeld ersetzt oder vielmehr vorgetäuscht werden kann (Äquivalenzprinzip).[52]

Die Gravitationstheorie ist zwar die Weiterentwicklung des Galilei-Raums, aber unter Einschränkung des Begriffs "Relativität", da sie im Riemannschen Raum entweder gar nicht oder nur örtlich vorliegt, während sie in der speziellen Relativitätstheorie der ganzen Raumzeit zukommt.[53]

(G) *Allgemeine Relativität und Kovarianz*

Fock nannte bisher folgende Schwierigkeiten bei der Formulierung eines allgemeinen Relativitätsprinzips: (1) Ein beschleunigtes Bezugssystem ist nicht eindeutig physikalisch definierbar. (2) Das Äquivalenzprinzip und damit die Gleichberechtigung von Inertialsystemen mit Beschleunigungssystemen gilt nur lokal. (3) Relativität und Homogenität der Raumzeit sind synonym; die Homogenität ist aber nur lokal zu erzielen. Fock führt nun aber auch rein mathematische Gründe für die "unüberwindlichen Schwierigkeiten" bei der Formulierung eines allgemeinen Relativitätsprinzips an:

Die Formulierung des Relativitätsprinzips – worunter Fock ja nur das spezielle versteht – enthält die These von der Existenz entsprechender physikalischer Vorgänge in verschiedenen Bezugssystemen; dies bezieht sich sowohl auf das spezielle Relativitätsprinzip wie auf das allgemeine, wenn das letztere überhaupt einen Sinn hat. Aber die Naturgesetze sind nicht gehalten, die Form von Differentialgleichungen zu besitzen, auf die sich ja der Begriff der Kovarianz bezieht, und wenn die physikalischen Vorgänge auch durch Differentialgleichungen des Feldes bestimmt werden, so doch nicht nur durch sie, sondern auch durch die Anfangs-, Grenz- und übrigen Bedingungen. Daß zwei Vorgänge in dem oben genannten Sinn entsprechend sind, bedarf nicht nur der gleichen Form der Feldgleichungen, sondern auch der Gleichheit der Zusatzbedingungen. Die gleiche Form der Feldgleichungen wird durch ihre Kovarianz gesichert, welche durch die Einschließung des metrischen Tensors in die Zahl der Feldfunktionen erzielt werden kann. *Aber die Anfangs- und Grenzbedingungen sind nicht kovariant* und ihre in verschiedenen Bezugssystemen gleiche Form entspricht einem verschiedenen physikalischen Inhalt. Das bedeutet, daß es im allgemeinen Fall unmöglich ist, in zwei Bezugssystemen zwei Vorgänge mit der Form nach gleichen Zusatzbedingungen zu realisieren. Infolgedessen ist auch das allgemeine Relativitätsprinzip unmöglich.[54] Andererseits ist dieses Prinzip für die Formulierung der Gravitationstheorie überhaupt nicht nötig. Von allen logischen Folgen dieses Prinzips wird faktisch nur die Kovarianz der differentiellen Feldgleichungen benutzt. Diese aber kann auch selbständig festgelegt werden. Sie ist überhaupt kein physikalisches Prinzip, sondern drückt nur das allgemeine logische Postulat aus, daß die Formulierung der Naturgesetze in dem einen Koordinatensystem nicht der Formulierung derselben Gesetze in einem anderen Koordinatensystem widerspricht. Dieses Postulat ist dann besonders wesentlich, wenn das Koordinatensystem nicht von vornherein gegeben werden kann. Es ist aber vollkommen evident und bedeutet nur, daß eine Theorie nicht innere Widersprüche enthält. Einstein wurde schon 1918 darauf hingewiesen, daß die Kovarianz der Gleichungen kein physikalisches Prinzip ist, aber er hat diesen Einwand nicht völlig akzeptiert.* [55]

Ferner: Die Kovarianz hat nichts mit der Homogenität des Raums zu tun. Die Homogenität des Galileischen Raums tritt in den Transformationen zutage, die im einzelnen die Koeffizienten $g_{\mu\nu}$ unverändert lassen. Im allgemeinen Fall der Riemannschen Geometrie gibt es keine solchen Transformationen, denn hier ist der Raum inhomogen. Hier werden auch die $g_{\mu\nu}$ tranformiert, nicht nur die Koordinaten wie in der Lorentz-Transformation. "Solcher Art gemeinsame Transformationen ebenso wie die Kovarianz ihnen gegenüber haben keine Beziehung zur Homogenität

* Fock bezieht sich auf E. Kretschmann, *Ann. Physik* 53 (1917) No. 1, 575; und A. Einstein, *Ann. Physik* 55 (1918) 4. Folge, 241–244.

oder Nicht-Homogenität des Raums"[56] Die Theorie des homogenen Galileischen Raums kann auch allgemein kovariant formuliert werden, nicht nur kovariant im Sinne der Lorentz-Transformationen. In der Sprache der "speziellen" und der "allgemeinen" Relativität läßt sich dieser Sachverhalt kaum ausdrücken; man könnte dabei sogar sagen, daß die "spezielle" Relativitätstheorie die "allgemeine" in sich einschließt oder so ähnlich.[57]

Da in der Newtonschen Mechanik die Gleichungen zweiter Art von Lagrange vorkommen, so würde sie bereits die "allgemeine Relativität" enthalten.

Die allgemeine Kovarianz stellt deshalb keine Erweiterung des (speziellen) Relativitätsprinzips dar.

Einstein nimmt an, daß das Grundpostulat der speziellen Relativitätstheorie, die Invarianz der Naturgesetze gegenüber der Lorentz-Transformationen, zu eng sei. Kovarianz und Relativitätsprinzip haben aber für Fock überhaupt keine Beziehung zueinander: Das Relativitätsprinzip ist ein Ausdruk der Homogenität der Raumzeit. "Die Eigenschaft der Homogenität kann sowohl in Galileischen Koordinaten als in allgemein kovarianter Form formuliert werden. Schon hieraus sieht man, daß diese Eigenschaft keinen Bezug zur allgemeinen Kovarianz besitzt."[58] "Wenn man die mathematischen Fehler Einsteins feststellen muß, so erinnert man sich unwillkürlich seines Eingeständnisses, daß seine Intuition auf dem Gebiet der Mathematik nicht stark genug war" (siehe *Autobiographisches*).[59]

In den Wort-Kombinationen "Invarianz der Gesetze gegenüber den Lorentz-Transformationen" und "Invarianz der Gesetze gegenüber willkürlichen Transformationen" hat das Wort "Invarianz" nicht denselben Sinn. Im ersten Fall meint es die Unveränderlichkeit der $g_{\mu\nu}$,nicht aber im zweiten, denn hier werden die $g_{\mu\nu}$ ebenfalls nach den Regeln der Tensorrechnung transformiert.

Ein weiteres Mißverständnis besteht nach Fock in folgendem: Einstein geht nach seinen eigenen Worten (*Autobiographisches*)[60] von dem Postulat aus, die Naturgesetze kovariant gegenüber einer Gruppe kontinuierlicher Transformationen zu formulieren statt gegenüber den Lorentz-Transformationen. Dies ist aber ein Mißverständnis: Zwei Theorien bezüglich der Kovarianz zu vergleichen, ist nur möglich, wenn für beide das Wort "Kovarianz" den gleichen Sinn hat. Hat man die

Kovarianz im Auge, die mit der Homogenität zusammenhängt ($g'_{\mu\nu}=g_{\mu\nu}$ bei $x'_k \neq x_k$), dann hat die spezielle Relativitätstheorie Kovarianz, nicht aber die allgemeine. Meint man aber die formale Kovarianz (die $g_{\mu\nu}$ werden nach der Tensorregel transformiert, $g'_{\mu\nu} \neq g_{\mu\nu}$), dann sind beide Theorien in derselben Lage, denn sie lassen beide eine kovariante Formulierung zu; Einstein selbst gibt z.B. eine allgemein kovariante Formulierung der speziellen Relativitätstheorie (*Autobiographisches*).[61] Was die Kovarianz anlangt, so verhält sich die spezielle Relativitätstheorie zur allgemeinen nicht wie das Besondere zum Allgemeinen, eher umgekehrt, da die erstere Transformationen zuläßt, bei denen $g'_{\mu\nu}=g_{\mu\nu}$, was für die zweite im allgemeinen nicht der Fall ist. Durch seine allgemein kovariante Formulierung der speziellen Relativitätstheorie widerlegt Einstein selbst seine These von der allgemeinen Kovarianz als Merkmal der "allgemeinen Relativitätstheorie".[62]

Fock hat offenbar folgende Überlegung Einsteins im Auge: Wissen wir nicht, wie die Veränderlichen (die Feldstruktur) aussehen, mit denen wir den physikalischen Raum beschreiben sollen, so kennen wir doch einen Sonderfall: nämlich den feldfreien Raum der speziellen Relativitätstheorie. Er ist dadurch gekennzeichnet, daß in einem entsprechend gewählten Koordinatensystem der auf zwei benachbarte Punkte bezogene Ausdruck für das Quadrat des raumzeitlichen Abstands

$$ds^2 = dx_1^2 + dx_2^2 + dx_3^2 - dx_4^2 \qquad (1)$$

eine meßbare Größe ist und folglich einen realen physikalischen Sinn hat. In einem beliebigen System wird diese Größe ausgedrückt durch

$$ds^2 = g_{ik}\, dx_i\, dx_k \quad (i, k = 1, 2, 3, 4). \qquad (2)$$

Die g_{ik} bilden einen symmetrischen Tensor. Ergeben sich nach einer Transformation des Ausdrucks (1) die g_{ik} mit nicht verschwindenden ersten Ableitungen nach den Koordinaten, dann wirkt auf dieses System gewissermaßen ein Schwerefeld, und zwar ein solches ganz besonderer Art. Dank den Forschungen Riemanns über n-dimensionale metrische Räume kann es invariant gekennzeichnet werden wie folgt: (1) Der Riemannsche Krümmungstensor $R_{iklm}=0$. (2) In einem Inertialsystem (für das der Ausdruck (1) gilt) ist die Bahn eines freien Massenpunkts eine Gerade und eben dadurch ein Extremum (eine geodätische Linie).

Dieser Satz charakterisiert dann auch ein Bewegungsgesetz unter Zugrundelegung des Ausdrucks (2).* [63]

Mit der Transformation $g'_{\mu\nu}=g_{\mu\nu}$ hängt nun nach Fock auch das *Relativitätsprinzip* zusammen; diese Transformation selbst ist ein Ausdruck der Homogenität des Raums. Deshalb bringt die falsche Gleichsetzung der Begriffe "Kovarianz" und "formale Kovarianz" Einstein zu einem falschen Gebrauch der Ausdrücke "Relativität" und "Relativitätsprinzip" in einem Sinn, der mit Homogenität nichts zu tun hat. Im Ausdruck "spezielle Relativität" wird bei Einstein "Relativität" im Sinne von "Homogenität" verstanden, im Ausdruck "allgemeine Relativität" im Sinne von "Kovarianz", obwohl beide Begriffe völlig verschieden sind.

Jedenfalls ist der Satz Einsteins, die allgemeine Kovarianz sei die Grundthese der allgemeinen Relativitätstheorie, falsch. Er fühlte dies selbst, was daraus hervorgeht, daß er das Postulat der Kovarianz durch das der Einfachheit ersetzt.** "Dies ändert natürlich die Lage. Die grundsätzliche Einfachheit und die innere Vollkommenheit der Gravitationstheorie Einsteins unterliegen keinem Zweifel; eben diese Eigenschaften machen seine Theorie überzeugend."[64]

Wesentlicher Unterschied der Gravitationstheorie Einsteins gegenüber der speziellen Relativitätstheorie ist deshalb nach Fock keinesfalls die Kovarianz der Gleichungen und nicht der Unterschied in der Deutung der Beschleunigung, sondern die Hypothese, daß der reale physikalische Raum und die Zeit eine Riemannsche Geometrie besitzen, welche den Gravitationsgleichungen Einsteins unterliegt.

In formaler Hinsicht liegt nach Fock der einzige Unterschied im Aussehen der Gleichungen, welche die Metrik von Raum und Zeit festlegen. Wenn wir anstelle der Gleichungen Einsteins für den Krümmungstensor zweiten Ranges eine Grundgleichung hätten, wo der Krümmungstensor vierten Ranges gleich Null ist***, dann würden wir zur speziellen Relativitätstheorie zurückkehren, wobei wir die allgemeine Kovarianz der Gleichun-

* M.a.W. das Verschwinden des Krümmungstensors und die Form der Weltlinie eines freien Massenpunktes sind gegenüber einer solchen Transformation invariant. Deshalb kommt man damit noch nicht über die Euklidische Geometrie hinaus.

** *Albert Einstein, Philosopher-Scientist*, edited by Paul Arthur Schilpp, Volume I, New York, 1949, p. 68.

*** Er *ist* aber im allgemeinen Fall nicht Null! Darin liegt der wesentliche Einwand gegen das Argument Focks. Siehe Abschnitt 8.

gen beibehielten.[65] Diese einfache Überlegung zeigt, daß sich die spezielle und die allgemeine Relativitätstheorie im Hinblick auf die Kovarianz überhaupt nicht unterscheiden, denn die Gleichungen beider Theorien lassen dieselbe Transformations-Gruppe zu. Daraus folgt, daß "auch im Hinblick auf die Beschleunigung, wenn es überhaupt einen Unterschied zwischen der speziellen und der allgemeinen Relativitätstheorie gibt, dann nicht wegen des Unterschieds in der Kovarianz dieser Theorien, sondern wegen anderer Ursachen, z.B. unter dem Aspekt, für den metrischen Tensor gleiche Grenzbedingungen im Unendlichen zu setzen".[66] Deshalb ist nach Fock "im Hinblick auf die Kovarianz die Relativitätstheorie in keiner Weise gegenüber der Mechanik Newtons ausgezeichnet. Noch mehr, man kann behaupten, daß die Mechanik Newtons gegenüber einer weiteren Gruppe von Transformationen der Koordinaten kovariant ist als die allgemeine Relativitätstheorie".[67] Dies bezieht sich insbesondere auf die Zulassung einer Bewegung von Koordinatensystemen mit unbegrenzt großer Geschwindigkeit.

Die Kovarianz von Gleichungen hat indessen nach Fock große *heuristische* Bedeutung, da sie die Auswahl der Gleichungen *einschränkt*. Diese Einschränkung gilt indes nur dann, wenn die Zahl der eingeführten Funktionen begrenzt ist; läßt man eine beliebige Zahl von Hilfsfunktionen zu, so kann man praktisch jeder Gleichung kovariante Gestalt geben. So drücken die kovarianten Gleichungen zweiter Art von Lagrange kein neues Naturgesetz gegenüber den Gleichungen erster Art aus (die nicht kovariant sind); ihre Kovarianz wird durch Einführung von Hilfsfunktionen erzielt.

Die Kovarianz ist nach Fock überhaupt nicht Ausdruck eines physikalischen Gesetzes, da jedes Gleichungssystem durch Einführung einer beliebigen Zahl von Hilfsfunktionen kovariant gemacht werden kann; in der Riemannschen Geometrie sind dies die $g_{\mu\nu}$. Solange man nur $g_{\mu\nu}$ betrachtet, die aus den Werten in einem festen, etwa dem Galileischen System, durch Koordinaten-Transformation hervorgehen, liefert dies nichts Neues. Läßt man hingegen nicht ineinander transformierbare $g_{\mu\nu}$-Systeme zu, so beschreiben die $g_{\mu\nu}$ außer den Eigenschaften des Koordinatensystems auch die inneren Eigenschaften der Raumzeit; diese hängen mit der Gravitation zusammen und folglich erhalten allgemein kovariante Ausdrücke eine physikalische Bedeutung, wenn darin außer den $g_{\mu\nu}$ keine weiteren Funktionen auftreten, so daß das Schwerefeld durch die $g_{\mu\nu}$ tatsächlich beschrieben wird. Auf diesem Wege kommt man fast eindeutig zu den Gravitationsgleichungen: Diese Einschränkung und nicht die allgemeine Kovarianz stellt den entscheidenden Schritt dar.[68]

Da das Kovarianzpostulat nicht vom physikalischen Inhalt einer Theorie abhängt, so kann der Ausdruck "allgemeine Relativität" nach Fock nicht auf jede allgemein kovariante Theorie angewandt werden; dies würde der Definition des Relativitätsprinzips widersprechen. Es ist andererseits äußerst unbequem, den Ausdruck "algemeine Relativität" im Sinne von "Gravitationstheorie" anzuwenden, da dann in der allgemeinen Relativitätstheorie überhaupt keine Relativität herrschte. Solche verbalen Widersprüche sind ein Index, daß dasselbe Wort in zwei widersprüchigen Bedeutungen benutzt wird. Dasselbe gilt für den Ausdruck "spezielle Relativität" im Sinne einer Theorie, welche die Lorentz-Gruppe zuläßt, und im Sinne einer Theorie, die mit einem pseudo-Euklidischen Raum operiert. Die richtige Benutzung von "Relativität" muß mit dem physikalischen Relativitätsprinzip zusammenhängen, das in einer bestimmten Klasse von Bezugssystemen gilt. Nur in diesem Fall kann man "Relativität" mit "Kovarianz" verbinden, nämlich mit der Kovarianz gegen Transformationen zwischen Koordinatensystemen einer *bestimmten Klasse.* Das physikalische Relativitätsprinzip ist letztlich durch die Homogenität des Raums bedingt, sei es im Raum als ganzem oder in unendlich fernen Abständen von den Massen oder schließlich im unendlich Kleinen. Der in der Gravitationstheorie benutzte Riemannsche Raum ist nicht im ganzen homogen, deshalb unterliegt das physikalische Relativitätsprinzip hier Einschränkungen oder es gilt überhaupt nicht; keinesfalls wird es verallgemeinert.[69]

Es ist daher nach Fock falsch, von "allgemeiner Relativität", "allgemeiner Relativitätstheorie" oder "allgemeinem Relativitätsprinzip" zu sprechen. Dies führt zu einer falschen Deutung der Einsteinschen Gravitationstheorie. Es ist paradox, daß dies Einstein selbst nicht sah; die neue Theorie enthält keine Verallgemeinerung des Relativitätsbegriffs, sondern geometrischer Begriffe. Es braucht uns indes nicht zu verwundern, daß diese "in ihrer Tiefe, Eleganz und Überzeugungskraft so erstaunliche Theorie" von ihrem Schöpfer falsch verstanden wurde, versuchte doch auch Maxwell das mechanische Weltbild beizubehalten, obwohl gerade seine Theorie es ablöste; erst Lorentz erkannte mit voller Klarheit den Sinn der Maxwellschen Gleichungen, indem er darauf hinwies, daß "das elektromagnetische Feld selbst eine physikalische Realität ist (d.h. selbst materiell ist), daß es im freien Raum existieren kann und keines besonderen Trägers bedarf".[70]

In der zweiten Auflage seines Buchs über die Theorie von Raum, Zeit und Gravitation fügte Fock ein eigenes Kapitel über das Problem hinzu.* Da davon, soweit bekannt, noch keine Übersetzung vorliegt, soll sein Inhalt hier kurz wiedergegeben werden, weil er den neuesten Stand der Fockschen Auffassung enthält.[71] Unter "Relativitätsprinzip in allgemeinster Form" wird die Gleichberechtigung von Koordinaten- oder Bezugssystemen einer bestimmten Klasse verstanden. Diese Klasse wird (1) durch die zulässigen Transformationen $x' = f(x)$ und (2) durch Zusatzbedingungen gekennzeichnet. So verknüpfen die Lorentz-Transformationen nicht beliebige Koordinaten, sondern nur Galileische in zwei Inertialsystemen, da gegenüber nicht-Galileischen Koordinaten das Relativitätsprinzip Galileis keinen Sinn hat. Bezugssysteme sind physikalisch gleichberechtigt, wenn Phänomene in ihnen in gleicher Weise ablaufen; d.h. wenn ein Vorgang möglich ist, der in (x) durch $\varphi_1(x), \varphi_2(x), \ldots, \varphi_n(x)$ beschrieben wird, dann ist auch ein anderer Vorgang möglich, der in (x') durch $\varphi_1(x'), \varphi_2(x'), \ldots, \varphi_n(x')$ beschrieben wird und umgekehrt. Das Relativitätsprinzip und die Gleichberechtigung zweier Bezugssysteme sind also physikalische Begriffe, und die Behauptung ihres Zutreffens stellt eine physikalische Hypothese dar und trägt nicht nur bedingten Charakter.** Es folgt weiter daraus, daß der Begriff "Relativitätsprinzip" nur dann bestimmt wird, wenn eine bestimmte Klasse von Bezugssystemen vorliegt.

Die o.g. Funktionen $\varphi_1(x)$ ... bzw. $\varphi_1(x')$ ... nennt Fock "Feld- oder Zustandsfunktionen". So haben die Ausdrücke für den elektromagnetischen Feldtensor $F_{\mu\nu}(x)$, den Strom $j_\nu(x)$ und die ebenfalls als "Zustandsfunktion" bezeichneten Funktionen $g_{\mu\nu}(x)$ in zwei gleichberechtigten Bezugssystemen dieselbe mathematische Form.

* Nach Fertigstellung des Manuskripts wurden dem Verfasser noch bekannt V. A. Fock, 'Prostranstvo, vremja, tjagotenie' in *Glazami učënogo*, Moskva, 1963, str. 13–29, und V. A. Fock, 'Principy mechaniki Galileja i teorija Ejnštejna', *UFN* 83 (1964) 577–582.

** Damit wird aber auch die Kovarianz ein physikalisches, nicht nur ein rein formal mathematisches Kriterium ohne physikalische Deutbarkeit. Hat hier Fock einen Standpunktwechsel vollzogen? Schon in der Definition des Relativitätsprinzips wird jetzt die Zuordnung zum mathematischen Kovarianzprinzip von Fock vorausgesetzt, ohne daß freilich das ontologische Problem dieser Zuordnung erörtert wird.

Das weitere Schlußverfahren hängt davon ab, ob entweder (1) wie in der gewöhnlichen Relativitätstheorie* die Metrik als fixiert angenommen wird oder (2) Phänomene berücksichtigt werden, die auf die Metrik einwirken. Die oben gegebene allgemein kovariante Formulierung der Relativitätstheorie ändert daran gar nichts, da die $g_{\mu\nu}$ nur von der Koordinatenwahl und nicht von den Vorgängen abhängen, wenn die Raumzeit Galileisch bleibt. In diesem Fall sind die $g_{\mu\nu}$ nur formell als Zustandsfunktionen zu bezeichnen.** In der Gravitationstheorie hingegen sind die $g_{\mu\nu}$ auch faktisch Zustandsfunktionen, da sie ein physikalisches Feld, eben das Schwerefeld, beschreiben. Aber auch hier kann man in kleinen Maßstäben die Metrik als fixiert ("starr"), wenn auch als nicht-Galileisch, annehmen.

Angenommen, die Metrik ist fixiert oder nur fixiert gegenüber einer bestimmten Klasse von Vorgängen, dann haben nach dem Relativitätsprinzip alle Feldfunktionen, einschließlich der $g_{\mu\nu}$, dieselbe mathematische Form in verschiedenen Koordinaten. Sind die $g_{\mu\nu}$ von den Vorgängen unabhängig, so brauchen wir nicht zwischen den Vorgängen in den verschiedenen Bezugssystemen im Hinblick auf die $g_{\mu\nu}$ zu unterscheiden und müssen nur die Koordinatentransformation berücksichtigen. Dann hängen die Größen $g_{\mu\nu}(x)$ mit den $g'_{\mu\nu}(x')$ nach der Tensorregel zusammen, was nach dem Relativitätsprinzip entsprechend der Forderung nach gleicher mathematischer Form der $g_{\mu\nu}$ für eine unendlich kleine Koordinatentransformation zu $\delta g_{\mu\nu}=0$ führt. Die diesen Gleichungen genügende allgemeinste Transformationsklasse enthält 10 Parameter und ist nur in einer homogenen Raumzeit möglich, wo die Gleichungen

$$R_{\mu\nu,\alpha\beta} = K\cdot(g_{\nu\alpha}g_{\mu\beta} - g_{\mu\alpha}g_{\nu\beta})$$

gelten (K ist die Krümmungskonstante).*** Bei $K=0$ ist die Raumzeit Galileisch und die entsprechende Transformationsklasse wird durch die Lorentz-Transformationen gebildet, allerdings evtl. in nicht-Galileischen

* Fock versteht darunter die spezielle.

** Das ist eben die Frage. Durch Einführung von Koordinaten, die eine Beschleunigung wiedergeben, werden die entsprechenden $g_{\mu\nu}$ zum Ausdruck von Feldstärken eines Felds von Trägheitskräften und nach dem Äquivalenzprinzip können bei entsprechenden Bedingungen diese $g_{\mu\nu}$ zugleich Ausdruck eines Schwerefelds sein. Die Focksche Aussage ist also dahin einzuschränken.

*** Fock zeigt, daß die genannte Gleichung die notwendige und hinreichende Bedingung für die Homogenität der Raum-Zeit ist. Fock, *Theorie*, Par. 49, S. 206–209.

Koordinaten. Hier haben wir in entsprechenden Koordinaten die Galileische Metrik; das Relativitätsprinzip in seiner allgemeinen Form wird dann zum Relativitätsprinzip Galileis. Zugleich folgt aus $K=0$ eine zusätzliche Eigenschaft der Raumzeit: Eine Änderung des Maßstabs der Galileischen Koordinaten führt zu einer proportionalen Änderung von ds (ds^2 ist zwar stets eine homogene Funktion von dx_1, dx_2, dx_3, dx_0, kann aber nicht-homogen von den Koordinaten selbst abhängen). Daraus wiederum folgt, daß die Raumzeit keinen absoluten Maßstab besitzt, wie er für die Geschwindigkeit durch c gegeben ist.*

Beim Übergang zu Phänomenen, welche die Metrik beeinflussen, müssen wir u.U. mit einer Gültigkeit des Relativitätsprinzips auch im nichthomogenen Raum rechnen. Nimmt man die Raumzeit im Unendlichen als homogen an (als Galileisch), so lassen sich harmonische Koordinaten einführen, die den inertialen Koordinatensystemen** analog und bis auf die Lorentz-Transformationen bestimmt sind. Ihnen gegenüber gilt dann das Relativitätsprinzip in derselben Form wie in der speziellen Relativitätstheorie, obwohl in endlicher Entfernung von den Massen der Raum inhomogen ist. Dabei muß man die wesentliche Rolle der Grenzbedingungen berücksichtigen, die letztlich die Gültigkeit des Relativitätsprinzips ebenfalls auf die Homogenität zurückführen.***

Auch ohne Erörterung der Homogenität läßt sich nach Fock die Unmöglichkeit eines allgemeineren als des speziellen Relativitätsprinzips be-

* Es sei denn, daß nach der Riemannschen Alternative die Raumzeit Eigenschaften besitzt, die statt einer Messung von Teilen des Kontinuums eine Abzählung von Raum-eigenen Elementen des Abstands gestatten; die Relativitätstheorie setzt freilich ein Kontinuum voraus. Zur Diskussion der Maßbestimmung s. B. G. Kuznecov in *Ejnštejn i razvitie fiziko-matematičeskoj mysli,* Moskva, 1962, str. 170–175.

** In Strenge gibt es keine inertialen Koordinatensysteme, sondern nur als Bezugssysteme gewählte Inertialsysteme (Teilchen oder Körper). Koordinatensysteme gehören einem anderen Seinsreich an als energetisch wirkende Wesenheiten. Nur eine saubere gedankliche Scheidung beider Reiche und der ihnen zugeordneten Ausdrücke kann Licht in die hier behandelten Probleme bringen.

*** Insofern die harmonischen Koordinaten über die Lorentz-Transformationen und die Euklidizität (wenigstens im Unendlichen) nicht hinausführen, haben wir damit keine andere als die Relativität der speziellen Relativitätstheorie gewonnen. Dasselbe leistet aber der Übergang zum unendlich Kleinen, wo wir immer Galileische Koordinaten wählen können, nur daß wir keine hypothetische Euklidizität in unendlicher Entfernung von den Massen benötigen, gegen die ja kosmologische Erwägungen sprechen. Wir werden an anderen Autoren sehen, daß die Ausdrücke "Homogenität" und "Relativität" auch erweitert gefaßt werden können.

weisen: Aus dem Relativitätsprinzip folgt die Kovarianz, nicht aber umgekehrt. Nicht nur sind nicht alle Naturgesetze auf Differentialgleichungen abzubilden, sondern auch Differentialgleichungen für Felder verlangen Anfangs-, Rand- und sonstige Bedingungen, die ihrerseits nicht kovariant sind; die Änderung ihres physikalischen Inhalts verlangt also eine Konstanz der mathematischen Form und umgekehrt. Die Realisierbarkeit eines Vorgangs mit neuem physikalischem Inhalt ist aber eine selbständige Frage, die nicht *a priori* entscheidbar ist. Das Relativitätsprinzip gilt nur, wenn innerhalb einer Klasse von Bezugssystemen entsprechende Vorgänge möglich sind.* Eine solche Modellierung physikalischer Vorgänge und besonders der Metrik ist höchstens für eine enge Klasse von Bezugssystemen möglich und kann keineswegs unbegrenzt durchgeführt werden. Ein Relativitätsprinzip gegenüber beliebigen Bezugssystemen ist also unmöglich.**

Für die Kovarianz ist ein allgemeines Relativitätsprinzip nicht einmal nötig, da sie eine selbstverständliche logische Forderung nach mathematischer Gleichwertigkeit der in verschiedenen Koordinatensystemen geschriebenen Gleichungen enthält. Die Kovarianz erwirbt erst dann einen bestimmten physikalischen Sinn, wenn das Relativitätsprinzip gegeben ist. Dies gilt für die Kovarianz gegenüber den Lorentz-Transformationen. Dieser Begriff gab deshalb so viel für die Formulierung der physikalischen Gesetze, weil er konkrete chronogeometrische (Geradlinigkeit und Gleichförmigkeit der Bewegung) und dynamische Elemente (mechanische und elektromagnetische Inertialität) enthält. Ersetzt man

* Herr Professor Fock wies mich liebenswürdigerweise brieflich auf das Beispiel mit der Pendeluhr hin, die nur auf der Erde, nicht aber auf einem Sputnik geht.

** Die Frage ist freilich, ob damit auch die Unmöglichkeit einer Relativität gegenüber einer beliebigen Metrik ausgeschlossen ist. Freilich können auf der Erdoberfläche (mit nicht-Galileischen $g_{\mu\nu}$) und innerhalb eines Sputniks, der sich antriebsfrei außerhalb von Schwerefeldern befindet, eben wegen der verschiedenen $g_{\mu\nu}$ nicht dieselben Vorgänge realisiert werden, aber nur, insofern sie von der Gravitation abhängig sind. Eine Taschenuhr geht auch auf dem Sputnik. Die Pendelgleichung hat für den Sputnik gar keinen Sinn; es entfällt also die Voraussetzung, von einer gleichen Form des Naturgesetzes in beiden Bezugssystemen für diesen Fall zu sprechen. Ist diese Voraussetzung aber wie im Fall der Taschenuhr gegeben, so läßt sich das mechanische Verhalten, also hier der Taschenuhr, sowohl im Eigensystem der Erde als des Sputniks durch eine gemeinsame allgemein kovariante Form der Grundgleichungen der Mechanik darstellen, z.B. als Divergenzfreiheit von $T^{\mu\nu}$, nur daß im Bezugssystem des Sputniks Galileische $g_{\mu\nu}$, für die Erde nicht-Galileische $g_{\mu\nu}$ in die Gleichungen eingehen.

aber die Lorentz-Transformationen durch willkürliche Transformationen, dann geht die Hervorhebung der Klasse von Koordinatensystemen verloren, der gegenüber das Relativitätsprinzip gilt, und der Zusammenhang des Begriffs der Kovarianz mit der Physik wird zerstört. Es bleibt die rein logische Seite des Kovarianzbegriffs als Forderung nach Widerspruchsfreiheit.*

(H) *Der wahre Unterschied der speziellen und allgemeinen Relativitätstheorie*

Gewöhnlich nimmt man nach Fock mit Einstein an, daß das Relativitätsprinzip und das Postulat vom Grenzcharakter der Lichtgeschwindigkeit bereits die sog. spezielle Relativitätstheorie festlegen. In der Tat ergeben sich aus den genannten Voraussetzungen die Lorentz-Transformationen; jedoch folgt ohne eine zusätzliche Annahme aus ihnen noch nicht der Ausdruck für ds^2. Diese Annahme besteht in der *Unabhängigkeit der Metrik von den in Raum und Zeit ablaufenden physikalischen Vorgängen* ("Starrheit der Metrik").[72] Als Einstein 1905 seine Theorie formulierte, verstand sich dies von selbst, da es niemand in den Kopf kam, daß es anders sein könne. Die Gravitationstheorie Einsteins hat jedoch die Annahme von der Starrheit der Metrik beseitigt. Verzichtet man auf diese Annahme, so sind auch allgemeinere Formeln der Metrik als die genannten möglich. So kann man in einem System von Massen ähnlich dem Sonnensystem den Raum in großer Entfernung von den Massen als Euklidisch und das System der Massen selbst als isoliert annehmen (als Fehlen von Einwirkungen, die von außen kommen). Unter diesen physikalischen Bedingungen kann man den metrischen Tensor zusätzlichen Bedingungen unterwerfen und Grenzbedingungen festlegen, welche das Koordinatensystem eindeutig bis auf die Lorentz-Transformationen bestimmen, d.h. mit jener Genauigkeit, mit welcher die Kartesischen Koordinaten und die Zeit in der speziellen Relativitätstheorie festgelegt

* Hier wird die Schwäche des Fockschen Arguments besonders deutlich: Gerade die allgemein kovariante, d.h. die Metrik einschließende Formulierung der Naturgesetze wird nicht durch formale Gründe, sondern durch die Inhomogenität der Metrik in der Realwelt gefordert und hat zweifellos eine physikalische Bedeutung, sofern nur die Metrik überhaupt Ausdruck der Gravitation ist. Zwischen der Fockschen These und seiner Behauptung (s.u.), der Zusammenhang von Metrik und Gravitation sei ein Grundprinzip der Einsteinschen Gravitationstheorie, besteht also ein Widerspruch.

sind. (Die $g_{\mu\nu}$ kennzeichnen die Metrik, d.h. die objektiven Eigenschaften von Raum und Zeit, hängen aber außerdem von der Wahl der Koordinaten ab; sie genügen den Gravitationsgleichungen Einsteins und können außerdem zusätzlichen Bedingungen unterworfen werden, welche in einem gewissen Grad das Koordinatensystem fixieren.) In dieser Klasse von Koordinatensystemen wird das Relativitätsprinzip und das Postulat der Grenzgeschwindigkeit erfüllt, während die Raumzeit nicht homogen ist und die Metrik sich von der Galileischen unterscheidet. Selbstverständlich schließt hier der Begriff entsprechender Prozesse (der in die Formulierung des Relativitätsprinzips eingeht) auch die entsprechende Verteilung und Bewegung der schweren Massen ein.
Die Frage, ob die Metrik starr ist, konnte nach Fock überhaupt erst im Zusammenhang mit der Arbeit Einsteins über die Gravitationstheorie entstehen. Sie hat eine ungeheure Bedeutung. Der Übergang von der scheinbar natürlichen Annahme, daß die Metrik von Raum und Zeit von vornherein gegeben und starr ist, zur Idee, daß die Metrik selbst von den in der Natur ablaufenden physikalischen Vorgängen abhängen kann, stellt einen kühnen und wichtigen Schritt dar. Ihn vollzog Einstein zwischen 1908 und 1916. Keiner seiner Vorgänger Lobačevskij, Bolyai, Gauss und Riemann sprach den Gedanken aus, daß die Metrik von den in Raum und Zeit ablaufenden physikalischen Vorgängen abhängen könnte. Die Geburt dieser Idee muß man als das größte Verdienst Einsteins und als die wichtigste Etappe in der Schaffung der Gravitationstheorie ansehen.[73]

(I) *Die wahren Prinzipien der Theorie*

Wir sahen nach Fock, daß die Prinzipien der Relativität und Äquivalenz in der Gravitationstheorie nur eine begrenzte Rolle spielen. Es gibt für Fock kein allgemeines Relativitätsprinzip und das Äquivalenzprinzip ist nur streng lokal. Folglich sind diese beiden Prinzipien nach Fock nicht die wahre Grundlage der Gravitationstheorie. Dies sind vielmehr, nachdem wir die fertige Theorie vor uns haben: (1) die Vereinigung von Raum und Zeit zu einer einzigen vierdimensionalen Mannigfaltigkeit mit *indefiniter Metrik*. Diese Vereinigung hängt zusammen mit dem Gesetz der Ausbreitung von Wirkungen, die mit Grenzgeschwindigkeit ablaufen, und damit mit dem Kausalzusammenhang der Ereignisse in Raum und

Zeit (worauf besonders Aleksandrov hinwies).* Sie wird bereits in der gewöhnlichen (speziellen) Relativitätstheorie durchgeführt, aber erst in der Gravitationstheorie durch die Hypothese vom Riemannschen Charakter der Metrik ergänzt. (2) Der Einfluß physikalischer Vorgänge auf die Metrik und die damit zusammenhängende Einheit von Metrik und Gravitation. Formal drückt sich diese Einheit darin aus, daß die Komponenten des metrischen Tensors gleichzeitig das Gravitations-Potential darstellen. "Diese beiden Ideen stellen das Wesen der Einsteinschen Gravitationstheorie dar, und man muß sie als die großartigsten Errungenschaften des menschlichen Genius anerkennen."[74] Einstein sah zwar die Wichtigkeit dieser beiden Ideen ein. Dennoch hielt er seine Theorie für den Ausdruck des Relativitäts- und Äquivalenzprinzips, obwohl diese beiden Prinzipien in ihrer allgemeinsten Form überhaupt unmöglich sind und in der Gravitationstheorie gar nicht vorkommen. Dieser Widerspruch hängt zweifellos mit der komplizierten Revision von Begriffen zusammen, welche jede wesentlich neue Theorie begleitet. Wir müssen eine solche Theorie einfach mit alten Begriffen aufbauen, bevor die neuen erarbeitet sind. Aber die alten Ausgangsbegriffe gehen nicht notwendigerweise in die neue Theorie ein; es kann vorkommen, daß vom Standpunkt der neuen Theorie die alten Begriffe nur für Grenzfälle ihren Sinn bewahren, während sie im allgemeinen Fall als falsch verworfen werden. Dann bilden die alten Begriffe eine Art von Gerüst für die Errichtung des neuen Gebäudes. Sie gehören nicht zur Architektur des Gebäudes selbst und das fertige Haus kann sich von ihnen befreien. Natürlich können die neuen Begriffe in einem gewissen Sinn als Entwicklung der alten angesehen werden, aber eine neue Theorie enthält im allgemeinen unendlich viel mehr als eine einfache Anpassung der alten Ideen und Begriffe an die neuen Tatsachen. Wir befinden uns bereits in einer anderen Lage als der Schöpfer der Theorie Einstein selbst. Wir haben die fertige Theorie vor uns und zu ihrer Analyse können und müssen wir bereits von neuen Begriffen ausgehen, von jenen, welche ihr wirklich adäquat sind.[75]

* Auf der Allunions-Konferenz über philosophische Probleme der modernen Naturwissenschaft 1958, siehe Kapitel IV.

4. FOCKS ABLEITUNG DER THEORIE

(A) *Allgemeine Haltung*

Fock bietet auch ein positives Programm an. Er entwickelte es zunächst in einem mehr philosophisch gehaltenen Aufsatz 1953 (*Priroda*) und führte es in *Theorie von Raum, Zeit und Gravitation* 1955 ausführlich durch. Auch ein Aufsatz in den *Voprosy filosofii* 1955 befaßt sich mit dieser Thematik.

Es ist bemerkenswert, daß ein so unabhängiger Denker, der gerade im Januarheft der *Voprosy filosofii* 1953 – also noch vor Stalins Tod – die Angriffe der Parteiphilosophen Maksimov und I. V. Kuznecov gegen Einstein scharf zurückgewiesen hatte, im Dezemberheft der *Priroda* 1953, also ein halbes Jahr nach Stalins Tod, an den Beginn seiner Darstellung die Grundsätze des Diamat stellt. Auch in der Vorrede zu *Theorie von Raum, Zeit und Gravitation*, bekennt er sich ausdrücklich zum Diamat (s.o.).

Wenn man sich die 1953 von Fock zitierten Thesen Lenins und Stalins ansieht, so enthalten sie ein mehr als mageres Ergebnis. Unter ihrem Motto wäre es vermutlich möglich, jedes beliebige Buch über die Physik zu schreiben. Dennoch zeigt Focks ganze Haltung, daß sein Bekenntnis zur philosophischen Grundeinstellung der Klassiker vor allem zum Realismus, von tiefem Ernst getragen ist. Andererseits rettete es ihn nicht vor den Angriffen der orthodoxen Philosophen auf der Kiever Konferenz 1954, wie in Kapitel IV gezeigt werden wird.

Fock geht dabei von folgenden Grundsätzen des Diamat aus: (1) Es gibt nur in Raum und Zeit bewegte Materie; die Vorstellungen von der Materie sind relativ und nähern sich der absoluten Wahrheit (Lenin)[76]; (2) die Dialektik sieht in der Natur ein zusammenhängendes, einheitliches Ganzes, wo alle Erscheinungen sich gegenseitig bedingen (Stalin).[77]

(B) *Analyse von Raum und Zeit*

Fock stellt an den Beginn seiner Deduktion zwei Ansatzpunkte: (1) Analyse von *Raum* und *Zeit*; (2) *Ausbreitung* einer *Wellenfront*. Dabei sollen die Prämissen der Einsteinschen Deduktion (Relativitätsprinzip und Konstanz der Lichtgeschwindigkeit) ihrerseits Folgen der aus (1) und (2) gewonnenen Erkenntnisse sein. Offenkundig will Fock unter Ausklammerung der Analyse des Meßverfahrens und des Erkenntnisproblems von der Struktur des realen Geschehens selbst ausgehen. Im einzelnen heißt es:

Euklid, Galilei und Newton besitzen dieselbe Raum- und Zeit-Theorie. Der Euklidische Raum ist auch der Galileische Raum. Er ist maximal homogen, da er folgende Bedingungen erfüllt: Gleichberechtigt sind (a) alle Punkte und Augenblicke, (b) alle Richtungen und (c) alle Inertialsysteme. Aussage (c) ist der Inhalt des Relativitätsprinzips. Die Homogenität von Zeit und Raum äußert sich im Vorhandensein einer Transformations-Gruppe, die den Ausdruck für den vierdimensionalen Abstand zweier Punkte (Intervall) unverändert läßt. Die Form des Intervalls hängt unmittelbar mit der Form der physikalischen Grundgleichungen zusammen, d.h. mit dem Bewegungsgesetz eines kräftefreien Massenpunkts und dem Ausbreitungsgesetz einer Lichtwellenfront im leeren Raum.

Den o.g. Kennzeichen des homogenen Raums entsprechen folgende Transformationen:

Kennzeichen (a) entspricht die Verlegung des Anfangspunkts eines Koordinatensystems und der Zeitrechnung mit einer Transformation, die vier Parameter enthält (die drei Anfangskoordinaten und den Anfangspunkt der Zeit); Kennzeichen (b) entspricht eine Transformation, die aus einer Drehung der Koordinatenachsen besteht und drei Parameter enthält (drei Winkel); Kennzeichen (c) entspricht eine Transformation, bestehend aus dem Übergang von einem Bezugssystem zu einem anderen, das sich geradlinig und gleichförmig zum ersten bewegt; sie enthält drei Parameter (die drei Komponenten der relativen Geschwindigkeit).

Die allgemeinste Transformation enthält folglich zehn Parameter; dies ist die Lorentz-Transformation.

Bekanntlich kann nach Fock eine Transformationsgruppe, die das Quadrat des Abstands unendlich benachbarter Punkte unverändert läßt, in einem n-dimensionalen Raum nicht mehr als $\frac{1}{2}n(n+1)$ Parameter enthalten. Existiert eine Gruppe, die alle $\frac{1}{2}n(n+1)$ Parameter enthält, dann ist der Raum maximal homogen; dies ist entweder ein Raum konstanter Krümmung oder, falls die Krümmung gleich Null ist, ein Euklidischer bzw. pseudo-Euklidischer Raum.

Für die Raumzeit ist die maximale Zahl der Parameter also zehn. Dies ist die Zahl der Parameter der Lorentz-Transformation; damit ist der Galileische Raum maximal homogen.

Die auf der Lorentz-Transformation beruhende Theorie des Galileischen Raums nennt man gewöhnlich spezielle Relativitätstheorie. Exakter gesagt, Gegenstand dieser Theorie ist die Formulierung von Naturgesetzen entsprechend den Eigenschaften des Galileischen Raums.

In diesen Raum kann sich jedoch nicht die Gravitation einfügen. Die tiefere Ursache dafür wurde von Einstein geklärt; sie besteht in der Tatsache, daß nicht nur die träge, sondern auch die schwere Masse eines Körpers von seiner *Energie* abhängt.

Die Gravitationstheorie entstand durch Verzicht auf die Homogenität des "Raums im ganzen", wobei der Raum eine Art Homogenität nur im Bereich des unendlich Kleinen aufweist. Dabei sollen nach Fock die Ausdrücke "Raum im ganzen", "Bedingungen im Unendlichen" usw. nicht wörtlich, sondern im mathematischen Sinn benutzt werden, wie er in der Feldtheorie verwandt wird. "Unter Raum im ganzen verstehen wir ein Gebiet, das genügend groß ist, damit an seinen Grenzen das vom untersuchten System der Körper rührende Feld als klein vernachlässigt werden kann; auf die Grenzen dieses Gebietes beziehen sich auch die "Bedingungen im Unendlichen".[78] Für ein Atom oder Molekül kann dies ein Mikron sein, für das Sonnensystem ein Lichtjahr, für das System von Galaxien Hunderte von Millionen Lichtjahre. "Niemals meinen wir jedoch unter "Raum im ganzen" das gesamte All; das gesamte All in die Betrachtung einzubeziehen, scheint uns aus gnoseologischen Erwägungen unmöglich".[79]

Mathematisch entspricht dem Verzicht auf die Homogenität des Raums der Übergang von der Euklidischen bzw. pseudo-Euklidischen Geometrie zur Riemannschen Geometrie.

Der einfachste und zugleich wichtigste Fall ist, den Raum im Sinne der Lorentz-Transformationen im Unendlichen als homogen anzunehmen. Dann tragen die von den Massen erzeugten Inhomogenitäten nur lokalen Charakter; "die Massen mit ihren Schwerefeldern sind gewissermaßen eingetaucht in den grenzenlosen Galileischen Raum".[80] Dieser Fall ist besonders wichtig, weil die Existenz von Bewegungsintegralen mit der Homogenität im Unendlichen zusammenhängt. Nur wenn der Raum im Unendlichen eine volle Lorentz-Transformation mit zehn Parametern zuläßt, existieren alle zehn Bewegungsintegrale einschließlich des Energieintegrals.

Möglich ist auch die Annahme, daß die Raumzeit im ganzen keine völlige Homogenität besitzt: Zulässig ist die Translation und Drehung des rein räumlichen Koordinatensystems mit sechs Parametern, während die drei Geschwindigkeitskomponenten und der Anfangspunkt der Zeitmessung durch die ersten sechs Parameter bestimmt werden. Diese Raumzeit untersuchte als erster Friedmann (Fridman).* Da ihr rein räumlicher Anteil der Geometrie Lovačevskijs folgt, so kann man den Raum auch "Raum Friedmann-Lobačevskijs" nennen. Zum Unterschied vom Galileischen Raum läßt er ein bestimmtes Schwerefeld einer von Null verschiedenen mittleren Materiedichte zu. Man kann folglich annehmen, daß in den mit Galaxien ungefähr gleichmäßig erfüllten Gebieten des Kosmos der Raum Friedmann-Lobačevskijs eine bessere Näherung als der Galileische darstellt. Indes gibt es noch keine Theorie lokaler Inhomogenitäten dieses Raums.

(C) *Harmonische Koordinaten*

Vom Raum im ganzen hängt auch die Frage nach dem ausgezeichneten Koordinatensystem ab. Im Galileischen Raum sind Kartesische Koordinaten und die Zeit ausgezeichnet; die Gesamtheit dieser Variablen heißt "Galileische Koordinaten". Daß sie ausgezeichnet sind, geht aus dem linearen Charakter der Lorentz-Transformationen in diesen Koordinaten hervor.

Für einen Raum mit Homogenität im Unendlichen kann man die harmonischen Koordinaten als ausgezeichnet einführen; nur mit ihrer Hilfe läßt sich zeigen, daß das heliozentrische System gegenüber dem geozentrischen auch in der allgemeinen Relativitätstheorie hervorgehoben ist; die Vorzüge der harmonischen Koordinaten zeigen sich auch bei der Lösung konkreter Aufgaben; sie beruhen hauptsächlich darauf, daß damit eine Eindeutigkeit der Lösung erzielt wird. Es ist wahrscheinlich, daß es im Raum Friedmann-Lobačevskijs ebenfalls ausgezeichnete Koordinatensysteme gibt; die Frage ist indes noch ungelöst.

Unter harmonischen Koordinaten versteht Fock folgendes: Der D'Alem-

* Fridman ist die heute übliche Transkription, in der Literatur, darunter auch der von Friedmann selbst im Westen veröffentlichten, heißt es *i.a.* Friedmann.

bert-Operator, angewandt auf eine Funktion φ, kann sowohl in der Form

$$\Box\,\varphi = g^{\alpha\beta}\frac{\partial^2\varphi}{\partial x_\alpha \varphi x_\beta} - \Gamma^\nu\frac{\partial\varphi}{\partial x_\nu}$$

als auch in der Form

$$\Box\,\varphi = \frac{1}{\sqrt{(-g)}}\frac{\partial}{\partial x_\beta}\left(\sqrt{(-g)}\,g^{\alpha\beta}\frac{\partial\varphi}{\partial x_\alpha}\right)$$

geschrieben werden. Die Einsteinschen Feldgleichungen sind allgemein kovariant und lassen folglich Koordinatentransformationen zu, die vier willkürliche Funktionen enthalten. Sind die Gleichungen in irgendwelchen Koordinaten gelöst, so können wir zu anderen Koordinaten übergehen, wobei wir als unabhängige Variable vier Lösungen der Gleichung $\Box\varphi=0$ verwenden. Diese Lösungen kann man so wählen, daß bestimmte Ungleichungen für die $g^{\mu\nu}$ und einige Zusatzbedingungen erfüllt sind. Genügt jede der Koordinaten x_0, x_1, x_2, x_3 der Gleichung

$$\Box\,x_\alpha = -\Gamma^\alpha = \frac{1}{\sqrt{(-g)}}\frac{\partial}{\partial x_\beta}(\sqrt{(-g)}\,g^{\alpha\beta}) = 0,$$

so nennen wir ein solches Koordinatensystem harmonisch.* Die Zusatzbedingungen sind:
(1) Inselartige Massenverteilung, d.h. alle Massen des betrachteten Systems sind innerhalb eines Volumens konzentriert; die nicht zum System gehörigen Massen befinden sich in großem Abstand von ihm; ihr Einfluß kann vernachlässigt werden. Dadurch können gewisse Randbedingungen im Unendlichen aufgestellt werden, wodurch die Formulierung der Einsteinschen Theorie zu einem mathematisch bestimmten Problem wird. Eine gleichmäßige Massenverteilung würde die Betrachtung von Entfernungen verlangen, denen gegenüber sogar die Abstände der Galaxien klein wären; eine solche Theorie wäre daher spekulativer als eine Theorie von Entfernungen kleineren Maßstabs. Fock geht nur bei der Diskussion des Friedmann-Lobačevskij-Raums von dieser Annahme ab, um eine gleichmäßige Massenverteilung anzunehmen. (2) Im Unendlichen verschwindet das Schwerefeld und die Geometrie wird

* Fock weist darauf hin, daß die Bedingung $\Gamma^\alpha = 0$ zuerst von T. de Donder (*La gravifique einsteinienne*, Paris, 1921) und K. Lanczos (*Physik. Z.* 23 (1923) 537) eingeführt wurde.

Euklidisch. Dort gibt es deshalb Galileische Koordinaten, in denen ds^2 die Form

$$ds^2 = c^2 dt^2 - (dx^2 + dy^2 + dz^2)$$

hat. Da sich die Newtonsche Theorie am einfachsten in Galileischen Koordinaten (Inertialsystem) formulieren läßt, wird sie am besten mit einer Formulierung der Einsteinschen Theorie verglichen, die der in Galileischen Koordinaten möglichst ähnlich ist. (3) Es laufen keine Gravitationswellen von außen ein, jede Welle hat einen der Körper des Systems als Quelle und die Lösung der Wellengleichung hat im Unendlichen die Form

$$\lim_{r\to\infty}\left\{\frac{\partial(r\psi)}{\partial r}+\frac{1}{c}\frac{\partial(r\psi)}{\partial t}\right\}=0$$

für solche Werte von t, daß die Größe $t_0'=t+r/c$ in einem willkürlich vorgegebenen endlichen Intervall liegt. Dies ist die Ausstrahlungsbedingung.[81]

Fock benutzte zur Lösung der Einsteinschen Feldgleichungen für ein isoliertes Massensystem harmonische Koordinaten und erzielte damit eindeutige Lösungen. Er zeigte nun, daß durch die Bedingung der Harmonizität

$$\frac{\partial(\sqrt{(-g)}\,g^{\mu\nu})}{\partial x_\mu}=0$$

in Verbindung mit dem Euklidischen Verhalten im Unendlichen und den Bedingungen für die Eindeutigkeit der Lösungen der Feldgleichungen vom Typus der Wellengleichungen das Koordinatensystem bis auf die Lorentz-Transformationen eindeutig festgelegt ist: In einer Galileischen Raumzeit ist jede der Galileischen Koordinaten harmonisch: wir suchen nun die neuen Koordinaten als Funktionen der alten; diese müssen ebenso wie die alten der D'Alembert-Gleichung $\Box\varphi=0$ genügen, in großen Entfernungen Galileisch sein und zu Werten für die $g^{\mu\nu}$ mit entsprechendem asymptotischen Verhalten führen. Diese Funktionen setzen sich nach

$$f^\alpha = a_\alpha + e_\beta a_{\alpha\beta} x_\beta + \eta^\alpha(x_0, x_1, x_2, x_3)\,*$$

* Die Größen a_α und $a_{\alpha\beta}$ sind die Koeffizienten einer Lorentz-Transformation.

aus einem linearen Anteil und dem Term η^α zusammen. Der lineare Anteil erfüllt ohnehin die Bedingung $\Box f^\alpha = 0$, also muß $\Box \eta^\alpha = 0$ sein. Aus der Forderung für das asymptotische Verhalten der $g^{\mu\nu}$ im Unendlichen kommen wir zum Ergebnis, daß auch η^α = auslaufende Welle sein muß. Für alle Werte von t lauten nun die Bedingungen, denen der Zusatz η^α genügen muß: (1) Er erfüllt die Wellengleichung $\Box \eta^\alpha = 0$, (2) er bleibt samt seinen ersten Ableitungen überall beschränkt, (3) im Unendlichen nehmen die η^α und ihre ersten Ableitungen wie $1/r$ *ab*, (4) η^α genügt im Unendlichen der Ausstrahlungsbedingung

$$\lim_{r\to\infty}\left\{\frac{\partial(r\psi)}{\partial r}+\frac{1}{c}\frac{\partial(r\psi)}{\partial t}\right\}=0$$

Es läßt sich nach dem Eindeutigkeitssatz für die Wellengleichung beweisen, daß die diesen Bedingungen genügende Größe η^α identisch verschwindet, d.h. f^α wird eine lineare Funktion und die allgemeinste Transformation von einem harmonischen Koordinatensystem auf ein anderes ist mit der Lorentz-Transformation identisch.

Fock bewies dieses Ergebnis, wie er selbst hervorhebt, nur für den Fall der Galileischen Raumzeit und den Eindeutigkeitssatz nur für eine Wellengleichung mit konstanten Koeffizienten.[82] Nach Fock ist jedoch zu erwarten, daß er auch für Wellengleichungen mit variablen Koeffizienten $g^{\mu\nu}$ gilt, sofern diese sich im Unendlichen asymptotisch verhalten. "Zweifellos gilt dieser Satz aber auch im allgemeinen Fall der Einsteinschen Raumzeit, deren Fundamentaltensor das in Paragraph 87 festgestellte asymptotische Verhalten aufweist". Damit ist auch im allgemeinen Fall das harmonische Koordinatensystem bis auf eine Lorentz-Transformation eindeutig festgelegt.[83] Für die f^α wurden keine Anfangsbedingungen in expliziter Form eingeführt, dies entspricht der Bestimmung der Gravitationspotentiale $g^{\mu\nu}$; auch dort ist es sinnvoll, nur die Anfangsbedingungen für die Massenkonfiguration, nicht aber für die Potentiale und die Gravitationswellen selbst einzuführen. Die Bestimmung der Gravitationspotentiale ist kein Cauchysches (Anfangswert-) Problem, sondern es handelt sich um die Auffindung eines gewissen quasi-stationären Zustands, nachdem alle Gravitationswellen außer den durch die betrachteten Massen selbst erzeugten abgeklungen sind. Deshalb liegt auch für die Bestimmung der Koordinaten kein Cauchysches Problem vor. Durch die Ausschließung der äußeren "ephemeren" Gravitationswellen werden gerade die entsprechenden Wellenterme in den Transformationsformeln für die Koordinaten ausgeschlossen und die Eindeutigkeit des Koordinatensystems erreicht.[84]

Fock hält es für unwahrscheinlich, daß außer den harmonischen noch andere Koordinatensysteme existieren, die durch Zusatzbedingungen eindeutig bis auf eine Lorentz-Transformation festgelegt sind, da nur die harmonischen Koordinaten sowie eine beliebige lineare Funktion davon einer linearen, allgemein kovarianten Gleichung genügen. Selbst den Harmonizitätsbedingungen ähnliche Bedingungen wie etwa $\partial g^{\mu\nu}/\partial x_\mu = 0$ führen nicht auf eine lineare Gleichung.

Es ist nach Fock evident, daß nur durch Hinzufügung von vier neuen Gleichungen zu den zehn Feldgleichungen das Problem zu einem bestimmten wird. Einsteins Auffassung, es gäbe keine ausgezeichneten Koordinatensysteme, läßt das Problem gerade mathematisch unbestimmt. Darin sehen die Anhänger dieses Standpunkts einen Vorzug, einen tiefen Sinn als angeblich allgemeines Relativitätsprinzip. Die der Einsteinschen Auffassung eigene Unbestimmtheit ist indes nicht prinzipieller Natur und kann keine besondere Bedeutung haben, sie eignet jeder Theorie, die eine allgemein kovariante Formulierung zuläßt, u.a. auch der speziellen Relativitätstheorie. "Worauf es wirklich ankommt, ist nicht die Möglichkeit einer unbestimmten Formulierung (die immer vorhanden und trivial ist), sondern gerade das Gegenteil, nämlich eine Formulierung, die so bestimmt und eindeutig ist, wie es nur das Wesen der Sache erlaubt."[85] Von diesem natürlichen Standpunkt aus ist ein ausgezeichnetes Koordinatensystem keine Trivialität oder mathematische Vereinfachung, sondern ein Charakteristikum der Raumzeit; so spiegelt die Existenz Galileischer Koordinaten die Homogenität und Isotropie der Raumzeit wider. Die Einführung von Zusatzgleichungen ist daher im Einsteinschen Raum ebenso notwendig wie im Galileischen; nur daß dort die das Koordinatensystem definierenden Gleichungen i.a. nicht explizit hingeschrieben werden. Diese Zusatzgleichungen sind nicht allgemein kovariant, da sie sonst das Koordinatensystem nicht einschränkten. Der Einwand (Diskussion auf der Berner Konferenz 1955 (*Helv. Phys. Acta, Suppl.* IV (1956) 3, 240)*, dadurch werde die Schönheit der Theorie

* Der Einwand stammt von Leopold Infeld und wurde dort ziemlich pointiert vorgetragen: Fock sehe in den Koordinatenbedingungen einen Vorzug, "while I see in it a retrogressive step from the achievements of Relativity Theory. Why? Because the

zerstört, ist nicht zutreffend, denn die Feldgleichungen selbst stellen die wirkliche Schönheit der Theorie dar, während die Zusatzgleichungen mit ihnen verträglich sind. Die Einfachheit und Schönheit liegt weniger in der allgemeinen Kovarianz als im Umstand, daß außer den geometrischen keine weiteren Größen zur Beschreibung der Gravitation eingeführt werden. Hinzu kommt, daß sich nur in harmonischen Koordinaten die Richtigkeit des heliozentrischen Systems im Sinne der Newtonschen Mechanik zeigen läßt, andernfalls käme man zum "kaum annehmbaren Standpunkt" von der Gleichberechtigung des geozentrischen Systems mit dem heliozentrischen.

Natürlich sollen nach Fock andere Koordinatensysteme nicht verboten werden, ebensowenig wie im Galileischen Fall außer den Galileischen auch andere Koordinaten benutzt werden können. Nur wird dadurch die Existenz eindeutig definierter harmonischer Koordinaten als eine "Tatsache von hervorragender prinzipieller und praktischer Bedeutung" nicht geschmälert.[86]

Noch deutlicher als 1955 setzte sich Fock 1960 in *ŽETF* mit Einsteins und Infelds Auffassung über die allgemeine Relativität auseinander. Danach werden in der Einsteinschen Theorie die Bewegungsgleichungen unter der Annahme abgeleitet, daß das System inselartig und der Raum im Unendlichen Euklidisch sind. Dies ist aber gerade für das harmonische Koordinatensystem der Fall. Deshalb kann in dieser Aufgabe die Frage nach dem Koordinatensystem leicht bis zu Ende analysiert werden; dennoch haben Einstein und Infeld sie falsch dargestellt (A. Einstein, L. Infeld, *Ann. Math.* 41 (1940) 455–464, sowie dieselben in *Can. J. Math.* 1 (1949) 209–241). "Die prinzipielle Seite der hier betrachteten Aufgabe vom Zusammenhang der verschiedenen Koordinatensysteme besteht darin, daß wir hier eine anschauliche Illustration der Gefahr einer falschen Verwendung des Relativitätsbegriffs vor uns haben, besonders des Aus-

idea of invariance is lost, as is the extremely important idea of equality of gravitational and inertial mass, the idea which leads us beyond the Lorentz transformation. Also lost is the heuristic approach by which we obtain the equations of the gravitational field. Lost is the beauty of relativity theory which – from the mathematical point of view – admits all coordinate systems... No one can have anything against the use of a harmonic coordinate system when it is convenient. But to add it always (or almost always) to the gravitational equations and to claim that its virtue lies in the fact that the system is only Lorentz invariant, means to contradict the principle idea of relativity theory".

drucks 'allgemeine Relativität', der keinen exakten Sinn hat, aber häufig eine Art hypnotisierender Wirkung ausübt."[87] Einstein, Infeld und nach ihnen einige andere stellten die paradoxe und irrige Behauptung auf, die Bewegungsgleichungen hätten nichts mit (harmonischen) Koordinatenbedingungen zu tun. So schreiben Einstein und Infeld in *Ann. Math.* 1940 (s.o.): "Wir machen von vornherein keine Annahmen über das Koordinatensystem, ausgenommen, daß es im Unendlichen Galileisch ist"; ähnlich, nur vorsichtiger äußern sie sich in *Can. J. Math.* 1949 (s.o.), wo aber faktisch Koordinatenbedingungen nullter und erster Näherung benutzt werden. In *Bjulleten' Polskoj Akademii nauk, III,* 2 (1954) 161–164 zeigt Infeld, daß die Form der Newtonschen Bewegungsgleichungen nur von Koordinatenbedingungen nullter Näherung abhängt, behauptet aber zugleich, daß weder in der Newtonschen noch der darauf folgenden Näherung die Koordinatenbedingungen eine Beziehung zu den Bewegungsgleichungen besitzen. Dies ist jedoch falsch, selbst wenn man die Koordinatenbedingungen nullter Näherung mit Infeld als "Methode" bezeichnet. Bereits von der ersten Näherung an

$$\frac{\partial U}{\partial t} + \frac{\partial U_i}{\partial x_i} = 0$$

$$g^{00}\frac{1}{c} - \frac{4U}{c^3} = 0\left(\frac{1}{c^5}\right);$$

$$g^{0i} - \frac{4U_i}{c^3} = 0\left(\frac{1}{c^5}\right);$$

$$g^{ik} + c\delta_{ik} = 0\left(\frac{1}{c^3}\right)$$

benutzen Einstein und Infeld den Ausdruck "Koordinatenbedingungen", ohne zu bemerken, daß durch die faktisch von ihnen benutzten o.g. Gleichungen bereits ein Koordinatensystem bis auf die Transformation

$$t' = t + a^0/c^6\,; \quad x_i' = x_i + a^i/c^4$$

festgelegt ist, wobei mit eben dieser Genauigkeit das Koordinatensystem harmonisch ist. Diese Transformation zeigt außerdem, daß die Koordinatenbedingungen zweiter Näherung evident nicht das Aussehen der Bewegungsgleichungen der ersten nach-Newtonschen Näherung beeinflussen, so daß alle damit zusammenhängenden Berechnungen überflüssig sind. Das ganze Augenmerk Einsteins, Infelds u.a. ist aber gerade auf diesen Einfluß gerichtet; nachdem sich herausstellt, daß er nicht vorhanden ist, sehen sie darin eine Bestätigung der allgemeinen Relativität; in Wahrheit handelt es sich um eine triviale Tatsache, die evident aus der o.g. Transformation hervorgeht. In den Arbeiten Einsteins und Infelds (*Ann. Math.* 39 (1938) 35–100, 41 (1940) 455–464, *Can. J. Math.* 1 (1949) 209–241, *Bjulletten' Polskoj Akademii Nauk III,* 2 (1954) 161–164, *Rev. Mod. Phys.* 29 (1957) 398–411) wird die Existenz von Koordinatensystemen gerade da geleugnet, wo sie faktisch benutzt werden, und auf jene Koordinatenbedingungen Nachdruck gelegt, welche die Form der Bewegungsgleichungen nicht beeinflussen, wird geleugnet, daß faktisch in der für die Formulierung der Bewegungsgleichungen nötigen Näherung harmonische Koordinaten und keine anderen benutzt werden und wird schließlich sogar bestritten, daß das harmonische Koordinatensystem eindeutig bis auf die Lorentz-Transformationen festgelegt ist. "Wir halten es für zweifelsfrei, daß dieser falsche Standpunkt durch eine falsch verstandene Idee der Relativität eingeflößt wurde".* [88]

(D) *Ausbreitungsgesetz einer Lichtwellenfront*

Focks Ableitung der Relativitätstheorie (einschließlich der allgemeinen) geht im Gegensatz zu der Einsteinschen bewußt nicht vom Äquivalenzprinzip oder von Gedankenexperimenten wie der rotierenden Scheibe, der inhomogen erhitzten Kochplatte oder dem Fahrstuhl aus, sondern von der Lichtwellengleichung: Diese führt unmittelbar zur Raumzeit-Struktur. Hier liegt fraglos ein philosophisches Anliegen zugrunde, nämlich statt eines *formalen* Prinzips wie der Kovarianz gegenüber einer Transformationsgruppe ein *inhaltliches* Prinzip, die Bestimmung der Raumzeit-Struktur durch das Aussehen der Lichtausbreitung zu suchen.

* 1963 untersuchte Cz. Jankiewicz (C. Jankevič, Inst. f. Theor. Phys., Breslau) in *ŽETF* ebenfalls das Problem des Zusammenhanges der Newtonschen Bewegungsgleichungen mit den Harmonizitätsbedingungen und zeigte, daß man zur Ableitung der Newtonschen Bewegungsgleichungen harmonische Koordinatenbedingungen nullter Ordnung benutzen muß. Er wies ferner nach, daß in der Methode Infelds zur Ableitung der Newtonschen Bewegungsgleichungen aus den Feldgleichungen Koordinatenbedingungen benutzt werden, die nicht nur die Harmonizitätsbedingungen nullter Ordnung enthalten, sondern stärker sind (*ŽETF* 44 (1963) 2, 649–656).

Dabei sieht Fock in der Funkortung ein Verfahren zur Ortsmessung, das auf die Benutzung starrer Körper verzichtet, jedoch die Konstanz der Lichtgeschwindigkeit voraussetzt. Freilich wird hier die Längenmessung auf die Messung von Zeitintervallen zurückgeführt.[89] Diese These Focks scheint dem Verfasser deshalb bedeutsam, weil darin der Einsteinsche Ansatz zu operationellen Definitionen von Länge, Ort und Zeitintervall von den Resten einer Benutzung starrer Körper, also der Raumzeit selbst nicht zu eigener Wesenheiten, befreit wird und die Operationen durch eine die Raumzeit-Struktur unmittelbar kennzeichnende Wesenheit, die elektromagnetische Strahlung, vorgenommen werden.
Es ist nach Fock ein Mangel der Raum- und Zeit-Theorie Euklids, Newtons und Galileis, daß dort Raum und Zeit nur vermittels der Inertialbewegung zusammenhängen. Die spezielle Relativitätstheorie übernimmt aus der klassischen Mechanik (1) die Euklidische Geometrie, (2) das 1. Gesetz Newtons und (3) das auf die Elektrodynamik erweiterte Relativitätsprinzip Galileis. Diesen Prinzipien fügt sie die Konstanz der Lichtgeschwindigkeit hinzu. Die Grundprinzipien der speziellen Relativitätstheorie stellen somit eine Kombination des Relativitätsprinzips mit der Ausbreitung einer Lichtwellenfront im freien Raum dar.[90] Da die Lichtgeschwindigkeit c die obere Grenze der Ausbreitung einer Wellenfront beliebiger Natur ist, so gilt allgemein die Wellengleichung

$$\frac{1}{c^2}\left(\frac{\partial\omega}{\partial t}\right)^2-\left[\left(\frac{\partial\omega}{\partial x}\right)^2+\left(\frac{\partial\omega}{\partial y}\right)^2+\left(\frac{\partial\omega}{\partial z}\right)^2\right]=0. \qquad (1)$$

Jeder Punkt der Wellenfläche bewegt sich mit konstanter Geschwindigkeit in Richtung der Wellennormalen, der Strahl ist als geometrischer Ort dieser Punkte geradlinig, die Raumgeometrie ist Euklidisch und c hängt nicht von der Bewegung der Lichtquelle ab.
Diese Gleichung ist daher der ganzen Theorie von Raum und Zeit, d.h. der Relativitätstheorie, zugrundezulegen. Das bedeutet folgendes:
(1) Das Licht und die Gesetze der Lichtausbreitung sind grundlegend für die Bestimmung räumlicher Begriffe und die Messung geometrischer Größen; die Konstanz der Länge eines Maßstabs läßt sich kontrollieren durch Vergleich mit der Wellenlänge des Lichts bestimmter Frequenz; deren Konstanz wiederum ist durch die Quantengesetzmäßigkeiten gesichert. Die Triangulation gründet sich auf die Geradlinigkeit der Lichtstrahlen und die Anwendung der Euklidischen Geometrie. Auch die

Funkortung beruht auf dem Ausbreitungsgesetz elektromagnetischer Wellen.

(2) Die Eigenschaften der Raumzeit werden mit Hilfe der Definition von Inertialsystemen durch folgende Sätze der speziellen Relativitätstheorie vollständiger als in der klassischen Physik gekennzeichnet: (a) Die Eigenschaften von Raum und Zeit sind der Art, daß es Bezugssysteme gibt, in denen jeder kräftefreie Körper sich geradlinig und gleichförmig bewegt und die Gleichung (1) für die Ausbreitung einer Wellenfront gilt.

(b) Die geradlinige und gleichförmige Bewegung eines geschlossenen materiellen Systems beeinflußt nicht den Ablauf der Vorgänge innerhalb dieses Systems.

Daraus folgt, daß jedes zu einem Inertialsystem gleichförmig und geradlinig bewegte System ebenfalls ein Inertialsystem ist. Hieraus ergibt sich das Problem, eine Regel für den Übergang zu einem anderen Inertialsystem zu finden. Die Transformationsgleichungen müssen linear sein und den invarianten Ausdruck ergeben

$$c^2(t_1' - t_2')^2 - (x_1' - x_2')^2 - - = c^2(t_1 - t_2)^2 - (x_1 - x_2)^2 - - \quad (2)$$

Dies wird für unendlich benachbarte Punkte

$$ds^2 = c^2 dt'^2 - (dx'^2 + dy'^2 + dz'^2) = c^2 dt^2 - (dx^2 + dy^2 + dz^2) \quad (3)$$

Die eigentliche Bedeutung der Relativitätstheorie liegt in der Beziehung zwischen Raum und Zeit. Aus ihr folgt auch der Zusammenhang solcher Größen wie elektrisches und magnetisches Feld, Energie und Impuls und anderer Größen, die im Energie-Impulstensor vereinigt sind. "Viele dieser Zusammenhänge wurden früher empirisch ertastet, die Relativitätstheorie jedoch stellte erstmalig ihre Herkunft und ihren Universalcharakter fest, indem sie zeigte, daß diese Zusammenhänge aus den allgemeinen Eigenschaften von Raum und Zeit fließen. Hier muß man sich unbedingt an die eingangs angeführte These des dialektischen Materialismus vom gegenseitigen organischen Zusammenhang der Gegenstände und Erscheinungen erinnern und feststellen, daß die von der Relativitätstheorie erkannten Zusammenhänge zwischen den verschiedenen physikalischen Größen eine glänzende Bestätigung dieser These sind".[91] Besonders wichtig ist dabei die Proportionalität zwischen Masse und Energie, sie impliziert den Übergang von mit Stoff zusammenhängender Energie in Energie, die mit Strahlung zusammenhängt.

(E) *Aufbau der Theorie*

Im einzelnen sieht nach Focks *Theorie von Raum, Zeit und Gravitation* (1955), der Aufbau der Theorie folgendermaßen aus[92]:
Wir gehen von der Gleichung $\omega(x, y, z, t)=0$ für eine Hyperfläche im Raumzeit-Kontinuum aus. Wir untersuchen die Fortpflanzung eines Signals mit maximaler Geschwindigkeit c, d.h. die Ausbreitung einer elektromagnetischen Wellenfront. Vor der Wellenfront sind alle Feldkomponenten gleich Null, hinter ihr sind einige von Null verschieden, so daß in der Wellenfront einige Feldkomponenten einen Sprung erleiden. Solche Unstetigkeiten sind nur möglich, wenn die Hyperfläche ihrer Form und Bewegung nach bestimmten Bedingungen genügt, die verhindern, daß die Werte der Ableitungen durch die Feldstärken nach den Maxwellschen Gleichungen bestimmt werden. Die Wellenfront ist also eine sog. Charakteristik. Die Feldstärken seien für Raum- und Zeitpunkte gegeben, deren Koordinaten durch die Gleichung

$$t = \frac{1}{c} f(x, y, z) \tag{4}$$

verknüpft sind. Unter der Bedingung, daß

$$(\operatorname{grad} f)^2 = 1 \tag{5}$$

wird, ist die gegebene Fläche eine Charakteristik. Ist $\omega(x, y, z, t)=0$ die Gleichung der Fläche in impliziter Form, so lautet die Gleichung der Charakteristik

$$(\nabla\omega)^2 \equiv \frac{1}{c^2}\left(\frac{\partial\omega}{\partial t}\right)^2 - (\operatorname{grad}\omega)^2 = 0. \tag{6}$$

Dies ist die Gleichung für die Ausbreitung einer elektromagnetischen Wellenfront. Sieht man ω als Wirkungsfunktion S und die Ableitungen ω_x, ω_y, ω_z als "Impulse" p_x, p_y, p_z an, so kann man durch die Hamilton-Funktion die Bahnen der Lichtstrahlen gewinnen. Da die Größen ω_x längs eines Strahls konstant sind, so werden die Strahlen durch Gleichungen für Geraden wiedergegeben. Aus den Strahlengleichungen ergibt sich folgende Beziehung zwischen den Koordinaten des Anfangs- und Endpunkts jedes Strahls

$$c^2(t - t_0)^2 - [(x - x_0)^2 + (y - y_0)^2 + (z - z_0)^2] = 0 \tag{7}$$

Diese Gleichung stellt eine Kugel mit dem Mittelpunkt (x_0, y_0, z_0) und einem linear nach der Zeit anwachsenden Radius $R=c(t-t_0)$ dar. Dies drückt ebenso wie Gleichung (6) die Konstanz der Lichtgeschwindigkeit aus.

Ein Bezugssystem, in dem die Ausbreitung einer elektromagnetischen Wellenfront durch (6) beschrieben wird, ist ein Inertialsystem im elektromagnetischen Sinn. Die maximale Ausbreitungsgeschwindigkeit hat jedoch für alle Felder denselben Wert, deshalb ist Gleichung (6) universal. Daraus folgt unmittelbar die Unabhängigkeit der Lichtgeschwindigkeit von der Bewegung der Lichtquelle. Wir können für Signale also auch Wellen anderer Natur, etwa Gravitationswellen oder Materiewellen extrem schneller Teilchen (im Sinn der Quantenmechanik) benutzen. Da es eine allgemeine Grenze für Übertragungsgeschwindigkeiten gibt, die mit der Lichtgeschwindigkeit zusammenfällt, so hat letztere eine universelle Bedeutung, die sich nicht auf die speziellen Eigenschaften des Agens stützt, sondern eine objektive Eigenschaft von Raum und Zeit wiedergibt.[93] Die Gleichung für die Ausbreitung einer Wellenfront beliebiger Art, die mit Grenzgeschwindigkeit fortschreitet und sich zur Signalübermittlung eignet, ist identisch mit der Gleichung für die Ausbreitung einer Lichtwellenfront im Vakuum; diese Gleichung ist allgemeiner als die Maxwellschen Gleichungen, aus denen sie abgeleitet wurde. Die Differentialgleichungen für ein beliebiges Feld, das sich zur Signalübermittlung eignet, müssen so beschaffen sein, daß die entsprechenden Charakteristikengleichungen mit der für die Lichtwelle geltenden übereinstimmen.[94]

Das zweite Postulat der Relativitätstheorie ist das Relativitätsprinzip, wonach die gleichen Funktionen der Koordinaten und der Zeit des Bezugssystems I einen Vorgang in einem abgeschlossenen System I beschreiben wie die Funktionen der Koordinaten und der Zeit des Bezugssystems II den entsprechenden Vorgang im abgeschlossenen System II, sofern System I und II geradlinig und gleichförmig bewegt sind. Beide Prinzipien stehen in einem logischen Zusammenhang: Ohne eine einheitliche Grenzgeschwindigkeit für alle Agentia, z.B. für Licht und Gravitation, wäre das Relativitätsprinzip für mindestens ein Agens verletzt.[95]

Die Anwesenheit eines Schwerefelds ändert die Form der Charakteristikgleichung. Aber auch dann liefert ein und dieselbe Charakteristikgleichung das Ausbreitungsgesetz einer Wellenfront für Wellen beliebiger Natur, sofern sie mit Grenzgeschwindigkeit fortschreiten, also auch für Licht- und Gravitationswellen.

Es werden nun die zulässigen Transformationen der Koordinaten und der Zeit und ihr Einfluß auf die Gleichung der Wellenfront (6) untersucht.[96] Sind x'_α Galileische Koordinaten und Funktionen gewisser Hilfsgrößen

$$x'_\alpha = f_\alpha(x_0, x_1, x_2, x_3), \tag{8}$$

so sollen die f_α gewissen allgemeinen Bedingungen genügen, nämlich: (1) Gleichungssystem (8) ist nach x_0, x_1, x_2, x_3 auflösbar; (2) die Funktionen f_α enthalten stetige Ableitungen bis zur dritten Ordnung; (3) x_0 hat den Charakter der Zeit, die übrigen Koordinaten den Sinn räumlicher Koordinaten, (4) für aufeinanderfolgende Ereignisse ist das Quadrat des Intervalls ds^2 positiv und folglich $g_{00} > 0$; für quasi-gleichzeitige Ereignisse ist ds^2 negativ, dies gibt eine Reihe von Ungleichungen für die räumlichen g_{ik} und ihre Determinanten; m.a.W. die Signatur $(+ - - -)$ ist festgelegt. Die Gleichung der Lichtwellenfront lautet dann

$$(\nabla\omega)^2 = \sum_{\alpha,\beta=0}^{3} g^{\alpha\beta} \frac{\partial\omega\partial\omega}{\partial x_\alpha \partial x_\beta} = 0. \tag{9}$$

Die Einführung von neuen Variablen kann natürlich keinen Einfluß auf die physikalischen Folgerungen aus der Theorie haben, sondern ist ein Verfahren rein mathematischer Natur.[97] Dennoch ist die allgemein kovariante Formulierung der Grundgleichungen nicht nur zur Verkürzung der Rechnungen nützlich, sondern hat große prinzipielle Bedeutung, da sie in gewissen Fällen einen Fingerzeig für die Verallgemeinerung der physikalischen Theorie gibt. So bringen die Lagrangeschen Gleichungen zweiter Art für ein System von Massenpunkten in verallgemeinerten Koordinaten zwar nichts physikalisch Neues gegenüber der Formulierung in Kartesischen Koordinaten, dennoch spielen sie sowohl für praktische Anwendungen wie theoretische Untersuchungen eine wichtige Rolle. Ein ähnliches Ziel verfolgt in der Relativitätstheorie die allgemeine Tensoranalysis.[98]

Ausgangspunkt für die allgemeine Tensoranalysis ist Gleichung (9) und der verallgemeinerte Ausdruck für ds^2

$$ds^2 = \sum_{\alpha,\beta=0}^{3} g_{\alpha\beta}\, dx_\alpha dx_\beta \tag{10}$$

Beide kennzeichnen die Metrik der Raumzeit. Ergeben sich diese Ausdrücke einfach aus den entsprechenden Ausdrücken in Galileischen Koordinaten durch Einführung von neuen Variablen, so können die zehn Koeffizienten $g_{\alpha\beta}$ durch die vier Funktionen f_0, f_1, f_2, f_3 nach

$$g_{\alpha\beta} = \sum_{k=0}^{3} e_k \frac{\partial f_k \partial f_k}{\partial x_\alpha \partial x_\beta} \tag{11}$$

ausgedrückt werden. Wir können jedoch von dieser Annahme abgehen und die $g_{\alpha\beta}$ als gegebene Funktionen der Koordinaten (x_0, x_1, x_2, x_3) auffassen. Diesem allgemeineren Standpunkt entspricht die Einführung einer nicht-Euklidischen Geometrie und einer nicht-Euklidischen Metrik. Damit gehen wir schon über die gewöhnliche (die sog. spezielle) Relativitätstheorie hinaus und gelangen zu einer neuen physikalischen Theorie, der Einsteinschen Gravitationstheorie.[99]

In Kapitel IV untersucht Fock die "Formulierung der Relativitätstheorie in beliebigen Koordinaten".[100] Damit meint er offenkundig nicht nur eine allgemein kovariante Formulierung der speziellen Relativitätstheorie, sondern auch der allgemeinen.*

Methodisch führt Fock jedenfalls den Übergang von der speziellen Relativitätstheorie zur allgemeinen gerade durch eine verallgemeinerte Formulierung der Wellengleichung durch.

Er geht dabei wie folgt vor: Die Form der Gleichungen eines physikalischen Vorgangs hängt von drei Faktoren ab: (1) Von der Art des Vorgangs, (2) von der Wahl der Koordinaten, (3) von den Eigenschaften der Raumzeit. Faktor (3) ist objektiv, durch die Natur selbst bedingt und unabhängig von unserer Willkür. Hingegen liegt (2) fast ausschließlich in unserer Hand. Dabei sind der Willkür freilich durch die Tatsache Schranken gesetzt, daß die Existenz bestimmter ausgezeichneter Koordinaten (Galileische Koordinaten) nur auf Grund der objektiven Eigenschaften der realen Raumzeit möglich ist. Wären diese Eigenschaften andere, so würde es solche Koordinatensysteme nicht geben. Allerdings vermittelt eine Transformation immer den Übergang von einem ausgezeichneten zu jedem anderen Koordinatensystem.

Um Faktor (1) auszuschalten, nimmt man möglichst allgemeine Glei-

* Dies scheint dem Verfasser in einem gewissen Widerspruch zu den früher dargestellten Einwänden Focks gegen das Prinzip der allgemeinen Kovarianz zu stehen, da sich die allgemeine Kovarianz nicht nur als ein methodisch, sondern physikalisch notwendiges Postulat an die Formulierung der Einsteinschen Gravitationstheorie erweist.

chungen, welche die Raumzeit-Eigenschaften möglichst unmittelbar kennzeichnen. Dies ist die Lichtwellengleichung, denn die Ausbreitung einer Wellenfront im Vakuum kennzeichnet nicht nur die Eigenschaften der sich ausbreitenden Materieform, etwa des elektromagnetischen Felds, sondern auch die der Raumzeit selbst (s. Triangulation und Funkortung). Die geometrischen Begriffe und der Zeitbegriff sind daher aufs engste mit der Lichtwellengleichung verbunden.[101] Die Lichtwellengleichung in Galileischen Koordinaten ist der mathematische Ausdruck, daß sich die Wellenfläche in Richtung ihrer Normalen mit Lichtgeschwindigkeit bewegt.

Die Bewegung eines freien Massenpunktes folgt einem dazu analogen Gesetz in der Hamilton-Jacobischen Form, wenn man ω der Wirkungsfunktion proportional setzt, nach

$$\left(\frac{\partial\omega}{\partial x_0'}\right)^2 - \left(\frac{\partial\omega}{\partial x_1'}\right)^2 - \left(\frac{\partial\omega}{\partial x_2'}\right)^2 - \left(\frac{\partial\omega}{\partial x_3'}\right)^2 = 1\,. \qquad (12)$$

Wir erhalten daraus eine geradlinige gleichförmige Bewegung mit Unterlichtgeschwindigkeit.

Beide Gleichungen können als Grundgleichungen aufgefaßt werden, in denen sich die Raumzeit-Eigenschaften unmittelbar ausdrücken. Die Form des darin auftretenden Operators kennzeichnet sowohl die Raumzeit-Eigenschaften als die physikalische Bedeutung der Koordinaten.[102] Darunter versteht Fock folgendes:

Wüßten wir die genaue physikalische Bedeutung der Variablen x_0', x_1', x_2', x_3' nicht und wüßten nur, daß sie der Arithmetisierung von Raum und Zeit dienen, so könnten wir sie doch durch bloße Betrachtung der in den o.g. Gleichungen beschriebenen Vorgänge finden. Tatsächlich verfuhr, wie er selbst sagt, Fock in dieser Weise: Zunächst wurden die nicht ganz exakten, vorrelativistischen Vorstellungen von den Koordinaten und der Zeit benutzt. Die vorläufige Definition der Zeit verknüpfte dabei t mit dem Gang von Uhren, die Definition der räumlichen Koordinaten x, y, z mit Abständen, die mit Hilfe starrer Körper nach den Gesetzen der Euklidischen Geometrie gemessen wurden. Dann wurde eine Präzisierung dieser Definitionen durch tiefere Einsicht in die Naturgesetze vorgenommen; dabei wurde die Bewegung eines freien Körpers und das Lichtausbreitungsgesetz benutzt. Die Lorentz-Transformation gibt die Eigenschaften von Raum und Zeit wieder und legt die Bedeutung der Variablen x, y, z, t näher fest; sie wurde i.d.T. nicht *a priori*, sondern erst aus dem Lichtausbreitungsgesetz zusammen mit dem Postulat der Erhaltung von Geradlinigkeit und Gleichförmigkeit der Bewegung gewonnen. D.h. sowohl die Eigenschaften der Raumzeit als die Bedeutung der Galileischen Koordinaten ($x'_0 = ct$, $x'_1 = x$, $x'_2 = y$, $x'_3 = z$) werden aus den Grundgleichungen (6) und (12) festgelegt.[103]

Dasselbe gilt nun auch für die verallgemeinerte Form dieser Gleichungen mit von den Galileischen Werten abweichenden $g^{\mu\nu}$

$$g^{\mu\nu} \frac{\partial \omega \partial \omega}{\partial x_\mu \partial x_\nu} = 0 \tag{13}$$

$$g^{\mu\nu} \frac{\partial \omega \partial \omega}{\partial x_\mu \partial x_\nu} = 1 . \tag{14}$$

Nimmt man zunächst an, daß die $g^{\mu\nu}$ als Funktionen der Variablen gegeben sind, so lassen sich die den Raumzeit-Eigenschaften entsprechenden Eigenschaften der $g^{\mu\nu}$ von denjenigen ihrer Eigenschaften trennen, die durch Koordinatenwahl bedingt sind. Geht man nämlich davon aus, daß die spezielle (die "gewöhnliche" bei Fock) Relativitätstheorie die objektiven Raumzeit-Eigenschaften richtig wiedergibt, so existieren Galileische Koordinaten, in denen die Gleichungen (13) und (14) die Form (6) und (12) annehmen. Notwendige und hinreichende Bedingung dafür ist, daß die $g^{\mu\nu}$ und ihre Ableitungen der Gleichung

$$R_{\mu\nu,\alpha\beta} = 0 \tag{15}$$

genügen und die Signatur $(+ - - -)$ von ds^2 erfüllen.

Man kann aber auch den umgekehrten Standpunkt einnehmen; dann sind die $g^{\mu\nu}$ unbekannte Funktionen, die der Gleichung (15) und den aus der Signatur folgenden Ungleichungen genügen. Diese Gleichungen drücken dann die Raumzeit-Eigenschaften aus. Die Auflösung dieser Gleichungen liefert für die kovarianten Komponenten des metrischen Tensors die Ausdrücke

$$g_{\alpha\beta} = \sum_{k=0}^{3} e_k \frac{\partial f_k \partial f_k}{\partial x_\alpha \partial x_\beta} \tag{16}$$

mit vier willkürlichen Funktionen f_k, die aus der Kovarianz der Gleichungen für die $g_{\alpha\beta}$ gegenüber beliebigen Transformationen resultieren. Ihre Wahl ist ohne Einfluß auf die physikalischen Folgen der Theorie, sie kann jedoch durch die Forderung eingeschränkt werden, daß die zugelassenen Transformationen eine möglichst enge Gruppe bilden und die Grundgleichungen eine möglichst einfache Form annehmen. Ob eine solche Einschränkung möglich ist, hängt von den objektiven Raumzeit-Eigenschaften ab; somit hängen ausgezeichnete Koordinaten unmittelbar mit diesen Eigenschaften zusammen und lassen eine unmittelbare physikalische Deutung zu. Dies ist z.B. das Galileische System, das wir aus $f_k = x_k$ in (16) erhalten.

An dieser Stelle nimmt Fock den früheren Gedankengang wieder auf und formuliert als verallgemeinertes Galileisches Gesetz: Bei gleichen Anfangsbedingungen bewegen sich alle freien Körper unabhängig von ihrer Masse in einem Schwerefeld in der gleichen Weise[104], dies ist zugleich das Gesetz der Gleichheit von schwerer und träger Masse. Da nun Licht Energie und folglich Masse besitzt, so wird es durch ein Schwerefeld beeinflußt, ein Lichtstrahl kann also hier nicht geradlinig sein. Deshalb muß die Lichtwellengleichung in einem Schwerefeld von der Form (6) etwas abweichen. Nun bestimmt die Lichtwellengleichung aber die Raumzeit-Eigenschaften, also müssen sie durch ein Schwerefeld beeinflußt werden. Dieser Einfluß muß sich in Abweichungen der $g_{\mu\nu}$ von den konstanten Werten der Galileischen Form für ds^2 und die Lichtwellengleichung äußern.

Da nun das Bewegungsgesetz eines freien Körpers im Schwerefeld universal ist und nicht von den Eigenschaften des Körpers abhängt, so läßt sich ein Zusammenhang zwischen ihm und der Raumzeit-Metrik suchen. Man stellt die Gleichungen einer geodätischen Linie in einer Raumzeit mit gegebener Metrik auf, wählt die Metrik so, daß die Gleichungen angenähert mit den Newtonschen Bewegungsgleichungen eines freien Körpers in einem vorgegebenen Schwerefeld übereinstimmen und stellt – falls dies gelingt – die Hypothese auf, daß sich ein freier Körper in einer Raumzeit vorgegebener Metrik auf einer geodätischen Linie bewegt. Damit findet man den gesuchten Zusammenhang zwischen Bewegungsgesetz und Metrik.[105]

An dieser methodologisch entscheidenden Stelle wiederholt Fock nun die Grundgedanken Einsteins, die ihn zur Aufstellung der Feldgleichungen führten: (1) Die geometrischen Eigenschaften der physikalischen Raumzeit entsprechen der Riemannschen Geometrie; (2) die Massen bestimmen die Eigenschaften von Raum und Zeit und diese die Bewegung der Massen; (3) allgemeine Kovarianz einer verallgemeinerten Newtonschen Gravitationsgleichung; (4) der metrische Tensor ist das verallgemeinerte Newtonsche Gravitationspotential; (5) in Newtonscher Näherung geht das neue Gleichungssystem in die Poisson-Gleichung über; (6) die Zahl der Gleichungen stimmt mit der Zahl der $g_{\mu\nu}$ überein, ist also gleich 10; (7) falls keine Gravitation vorhanden ist, verschwindet die Divergenz von $T^{\mu\nu}$, das auf der rechten Seite der Feldgleichungen an die Stelle der Massendichte tritt; damit muß auch die Divergenz der linken Seite identisch verschwinden, (8) Linearität in den zweiten Ableitungen der $g^{\mu\nu}$.[106]

5. ZUSTIMMENDE SOWJETISCHE STANDPUNKTE

(A) *Vorbemerkungen*

Die Bemerkung Sviderskijs, Focks Konzeption enthalte die "Grundmomente der neuen Deutung der allgemeinen Relativitätstheorie als Theorie der Gravitation durch die sowjetischen Physiker"[107], enthält wohl mehr einen Wunsch der Philosophen als eine Tatsache. Tatsächlich fand Fock unter den Physikern nur bei A. D. Aleksandrov und Terleckij uneingeschränkten Beifall; Blochincev hatte sich 1952 nur ganz allgemein in polemischer Form zur allgemeinen Relativität geäußert – offenkundig ein Tribut an die Stalinära –, und der französische Astronom Schatzman, der in den *Voprosy kosmogonii* wegen seiner prokommunistischen Haltung zu Worte kommen darf, gibt keine eindeutige Stellungnahme. Hingegen verteidigen die Wissenschaftstheoretiker B. G. Kuznecov und Žukov und der Physiker Širokov ausdrücklich die Einsteinschen Prinzipien. Fock und Širokov* stellen immer mehr die Gegenpole der Diskussion dar.

Die Philosophen enthalten sich i.a. dabei einer endgültigen Parteinahme. Daß gerade Širokov im Sammelband *Filosofskie voprosy sovremennoj fiziki* (Philosophische Fragen der Modernen Physik) 1959** seine Kon-

* Širokov ist Professor für Physik an der MGU.

** Herausgeber sind I. V. Kuznecov und M. E. Omel'janovskij.

zeption unter dem Titel 'Über das materialistische Wesen der Relativitätstheorie' darstellen konnte, zeigt, daß Sviderskijs Haltung nicht von allen offiziell führenden Philosophen geteilt wird. 1962 brachte auch der Philosoph Mostepanenko eine Kritik an Fock.

Die Diskussion des Fockschen Referats am IF vom 11.2.1961 war wenig ergiebig. Terleckij schloß sich Focks Kritik an den Einsteinschen Prinzipien an und verlangte, den Namen "allgemeine Relativitätstheorie" zu ändern, da es sich um die physikalische Theorie von Raum und Zeit handle. Dagegen wandte Širokov ein, zur physikalischen Raum- und Zeit-Lehre zähle auch die Gravitation, da sie als Raumzeit-Krümmung gedeutet wird. Das Relativitätsprinzip spreche die Gleichheit der Naturgesetze in allen inertialen und nicht-inertialen Bezugssystemen aus; es sei ein universales Naturgesetz und gehöre zum unaufhebbaren Bestand der Relativitätstheorie. Es enthalte nicht nur die formale Forderung nach Kovarianz; diese ihrerseits sei nicht Inhalt eines formalen Postulats, da sie nicht die Änderung der Koordinaten, sondern den Übergang zu einem anderen Bezugssystem enthalte. Außerdem sei sie nur dank dem Relativitätsprinzip möglich.

Die Philosophen bewegten sich demgegenüber in Gemeinplätzen. So meinte Kedrov (von Haus aus Chemiker) ziemlich mager, der Name "Relativität" sei bedeutsam, da er den Wechselzusammenhang und die Relativität von Raum und Zeit ausdrücke; wenngleich das Bemühen Focks um ein tieferes Verstehen der Grundsätze der Theorie wertvoll sei, so brauche man doch den Namen der Theorie nicht zu ändern. G. B. Ždanov (Physik. Inst. der AN) schloß sich Kedrov an und unterstrich die Bedeutung des Absoluten und Relativen in der Theorie. Der Philosoph Ovčinnikov (IF) meinte ähnlich, das Relativitätsprinzip enthalte die beiden widersprüchigen Seiten "Relativ" und "Absolut"; die Schwierigkeit sei nur, daß einerseits die Naturgesetze Bezugssystem-unabhängig sind; um sie aber als solche nachzuweisen, müsse man die Relativität einführen. Daher solle man den Namen der Theorie beibehalten.

Fock erwiderte, man müsse den Begriff "Gesetz" genauer definieren; dazu gehörten außer den Gleichungen auch die Anfangs- und Grenzbedingungen. In Bezug auf das Diskussionsthema könne man nicht von der Gleichheit der Gesetze, sondern nur von der Kovarianz der Gleichungen sprechen, womit Širokovs Einwand gegenstandslos werde.

(B) *A. D. Aleksandrov*

A. D. Aleksandrov untersuchte von einem streng objektivistischen Standpunkt aus 1953 die Prinzipien. Danach liegt der Unterschied zwischen der speziellen und der allgemeinen Relativitätstheorie nicht in einer Verallgemeinerung der Darstellungsmittel, wie Terleckij meint*, sondern in einer Verschiedenheit der Raumzeit-Metrik, also in einem objektiven Sachverhalt. Ebenso könnte man von einer geradlinigen und einer krummlinigen Mechanik je nach der Verwendung von Koordinatensystemen sprechen; in Wirklichkeit unterscheidet sich die allgemeine von der speziellen Relativitätstheorie ebenso wie die Geometrie der gekrümmten Flächen von der Geometrie der Ebene. Für die letztere besteht eine ausgezeichnete Klasse von Koordinatensystemen, nämlich die rechtwinkligen; diese sind für die Darstellung der Gesetze (Formeln) der Geometrie gleichberechtigt. Trotzdem kann man natürlich auf der Ebene andere Koordinatensysteme einführen. Dasselbe gilt für die spezielle Relativitätstheorie, ohne daß diese dadurch eine andere als nur formale Allgemeinheit gewänne, ebensowenig wie durch Einführung krummliniger Koordinaten die Geometrie der Ebene zur nicht-Euklidischen wird. Es handelt sich nicht um die Allgemeinheit der Koordinaten, sondern um die Metrik der Raumzeit; diese wiederum bestimmt, welche Koordinatensysteme zu bevorzugen sind. Also ist bereits mathematisch die These Terleckijs falsch. Es gibt überhaupt keine nicht-Euklidischen Koordinaten und Bezugssysteme, sondern nur eine nicht-Euklidische Geometrie. Die These Terleckijs, daß das Ptolemäische System nur in einer begrenzten Sphäre um die Erde Raum und Zeit richtig wiedergibt, ist ebenso sinnlos wie der Satz, daß die Formeln der Geometrie in den einen Koordinaten richtig sind, in den anderen falsch; die Wahl des Bezugssystems ist entgegen Terleckij gerade nicht durch die Eigenschaften von Raum und Zeit bestimmt, sondern willkürlich.[108]

1958 polemisierte Aleksandrov auf der Allunionskonferenz in Moskau gegen die Meinung Einsteins und Paulis, die Erweiterung des Relativitätsprinzips bestehe in der Zulassung beliebiger Koordinatensysteme und in der allgemeinen Kovarianz der Naturgesetze. Vielmehr ist letzteres eine ziemlich triviale mathematische Aufgabe, aus der man keine physikalische

* Terleckijs Arbeit ist nicht zitiert.

Theorie ableiten kann. Schon Lagrange führte verallgemeinerte Koordinaten ein; die Methode der Niederschrift von Naturgesetzen in beliebigen Koordinaten wurde vor hundert Jahren erarbeitet. Nachdem Minkowski die invariante Formulierung der relativistischen Mechanik und Elektrodynamik einmal aufgestellt hatte, war ihre Darstellung in beliebigen Koordinaten eine triviale mathematische Aufgabe.

Es handelt sich nach Aleksandrov vielmehr darum, daß bei der Formulierung von Gleichungen in beliebigen Koordinaten die $g_{\mu\nu}$ eingeführt werden, die das Koordinatensystem selbst charakterisieren. Die Lorentz-Transformationen enthalten hingegen solche Größen nicht. Es geht hier also gar nicht um eine Invarianz in demselben Sinn wie in der speziellen Relativitätstheorie.

"Alle diese Irrtümer rühren aus der Übertreibung der Rolle der Relativität und der Mißachtung der Tatsache, daß das wahre Wesen der Theorie Einsteins nicht im Relativitätsprinzip besteht, sondern in der Feststellung der Eigenschaften der einen absoluten Mannigfaltigkeit Raumzeit."[109]

Die allgemeine Relativitätstheorie hebt nach Aleksandrov die Hypothese der Homogenität der Raumzeit auf: Die Raumzeit-Struktur wird von der Verteilung und Bewegung materieller Massen bestimmt und bestimmt ihrerseits das Schwerefeld und damit die Bewegung der Körper unter dem Einfluß der Gravitation. Die allgemeine Relativitätstheorie ist also eine Theorie der Schwerkraft. Eine allgemeine Relativität ist überhaupt unmöglich. Einstein ließ sich faktisch leiten vom Gedanken, daß die Materie die Eigenschaften der Raumzeit bestimmt, d.h. daß der Raum die Daseinsform der Materie ist; aber da er dies nicht klar einsah, ging er den Umweg einer nicht vorhandenen allgemeinen Relativität, und zwar unter dem Einfluß Machs. Nur weil sich Einstein faktisch von einem richtigen Prinzip leiten ließ, schuf er seine großartige Theorie; die "allgemeine Relativität" hingegen bildet eine fremde Überlagerung, die das wahre Wesen der Theorie verdeckt. Hier muß man sich der Worte Lenins erinnern, daß die Physik sich dem Diamat nur im Zickzack und manchmal mit dem Rücken voran nähert.[110]

(C) *D. I. Blochincev*

Auch Blochincev bestritt 1952, also in der Stalin-Ära, das allgemeine Relativitätsprinzip entsprechend seiner These von "inertialsten Bezugssystem". Später äußerte er sich, soweit bekannt, nicht mehr dazu.* Ohne sich um die physikalische Problematik zu bekümmern, nannte er die Relativität beschleunigter Bewegungen einen wissenschaftlich unbegründeten Relativismus. Am klarsten zeige sich dieser bei Eddington, aus dessen "verbalmathematischer Seiltänzerei" nur Sophismen und Paradoxa folgten. Wenig logisch erkannte andererseits Blochincev die Äquivalenz von Schwere- und Beschleunigungsfeld für kleine Raum- und Zeitbereiche an.[111]

(D) *E. Schatzman*

Bemerkenswerterweise kommt in den *Voprosy kosmogonii* (Fragen der Kosmogonie) offenbar wegen seiner Sympathien für den Diamat auch der französische Astronom E. Schatzman zu Wort. In Band III (1954) und Band IV (1955) veröffentlichte er einen kritischen Überblick über die westlichen kosmogonischen Theorien. Auch für ihn enthält die Einsteinsche Theorie keine Relativität der Beschleunigungen, sondern die Gravitation. In der Theorie kommt sowohl die wissenschaftliche Methodologie** und der naive Materialismus als die Haltung Machs zum Ausdruck. Sie enthält drei Prinzipien: Kovarianz-, Äquivalenz- und Machsches Prinzip. Zur Kritik des Kovarianzprinzips schließt sich Schatzman Fock an: "Jede physikalische Theorie, ausgenommen eine evident falsche, muß kovariant sein"; die Kovarianz der allgemeinen Relativitätstheorie ist nicht ihr Monopol.[112] Nach dem Äquivalenzprinzip sind die realen Eigenschaften eines Schwerefelds dieselben wie die eines Beschleunigungsfeldes; das Prinzip enthält *gleichzeitig* die Äquivalenz beider Felder und die Identität der schweren mit der trägen Masse.*** Man kann in Wirklichkeit diese beiden widersprüchigen Wirklichkeitsaspekte nicht trennen, keiner von ihnen bedeutet, daß es sich um eine Theorie der Relativität der Beschleunigungen darstellt. Andererseits verteidigt Schatzman das Prinzip der Kovarianz ausdrücklich gegen die Theorie von Birkhoff, die von der Annahme eines absoluten

* Siehe Band I der vorliegenden Arbeit, S. 243, 244. Seine Beiträge zur Ersten Sowjetischen Gravitationskonferenz 1961 betreffen die Paradoxien der Antigravitation und Schwankungen der Raumzeit-Metrik. S. Garbell, a.a.O., p. 92, 103.

** Gemeint ist der Diamat.

*** Schatzman sieht also in der Gleichheit der schweren und trägen Masse keine Folge des Äquivalenzprinzips noch in diesem eine Folge der ersteren.

Koordinatensystems ausgehe, also auf das Kovarianzprinzip verzichte; dadurch werde die Proportionalität schwerer und träger Masse ebenso geheimnisvoll wie vor Einstein. Birkhoff berufe sich dabei auf die angebliche Unzulänglichkeit der allgemeinen Relativitätstheorie. "Er sieht offensichtlich nicht, daß der Verzicht auf das Kovarianzprinzip in Wirklichkeit den Verzicht auf jedes Gesetz in der Physik darstellt, auf die Objektivität der Naturgesetze, die dann von der Wahl des Beobachters abhängen würden."[113]

Interessant ist Schatzmans Kritik am Machschen Prinzip im Zusammenhang mit kosmologischen Fragen:

Das Programm des Machschen Prinzips (es gibt keine Trägheit der Massen gegenüber dem Raum, sondern nur zueinander)* konnte Einstein nach Schatzman nicht durchführen, da es die in dynamischen Wechselwirkungen auftretende Trägheit mit der Trägheit als realer Eigenschaft materieller Massen in ihrer Selbstentfaltung verwechselt. Für Einstein bestand das Kriterium der Wirklichkeit nur in der Mitteilung von Informationen über Sinneswahrnehmungen. Streng genommen existiert dann der Raum nur dank von Maßstäben und die Zeit dank von Uhren, d.h. die Koordinatenachsen hätten eine größere Realität als die Materie. Dann gäbe es auch Eigenschaften der Materie, die verschwänden, wenn man die Koordinatenachsen nicht mehr bestimmen kann. Einstein vermied diesen Widerspruch freilich, da er bald wieder zu den objektiven Eigenschaften der Materie zurückkehrte (siehe Einstein, *The Meaning of Relativity*, London, 1950).[114]

Jedenfalls muß man von der Anerkennung der Objektivität der Prozesse im All ausgehen. Wenn man mit Einstein die Gesetze der Mechanik verallgemeinert und einen Massenpunkt unter dem Einfluß von Trägheit und Schwerkraft in der Raumzeit eine geodätische Linie beschreiben läßt, so kommt man zum Satz, daß die Konfiguration von Materie und Energie die Metrik bestimmt. Da andererseits die geodätischen Linien von der Metrik bestimmt werden, so ist der Zusammenhang zwischen der Verteilung des Stoffs und der Metrik eine notwendige und objektive Eigenschaft der Materie im Raum.

* Siehe dazu die neuere Diskussion der Anisotropie der Trägheit bei G. Cocconi, E. Salpeter, *Phys. Rev. Lett.* 4 (1960) 176–177, wo der Einfluß der Beschleunigungsrichtung eines Körpers zum Zentrum der Milchstraße oder senkrecht dazu auf seine träge Masse berechnet wird.

Für das Scheitern des Machschen Programms nehmen nun einige Kosmologen Revanche. Nach der allgemeinen Relativitätstheorie hängt die Trägheit von der Massenkonfiguration nur dank von Grenzbedingungen ab (Galileischer Charakter der Welt in genügender Entfernung von jeder Materie). Einstein wollte indes die gesamte Trägheit, d.h. das ganze Feld der $g_{\mu\nu}$ durch die Materie bestimmt wissen, ohne auf Grenzbedingungen im Unendlichen zurückzugreifen;* er begnügte sich deshalb mit einem endlichen Modell des Alls, wobei die Randbedingungen im Unendlichen durch die auf einer geschlossenen Fläche ersetzt werden. Die meisten relativistischen Weltmodelle nehmen das All als einheitliches System mit den Eigenschaften endlicher Systeme an. Auf ein solches System wandte Weyl den Begriff der Invarianz an; er schrieb dabei dem unendlichen All die Eigenschaften des Endlichen zu**, was ein "idealistisches Durcheinander ist".[115]

Noch in einem zweiten Sinn wird nach Schatzman der Begriff des Unendlichen beseitigt, nämlich als unendliche Vielfalt der Daseinsformen der Materie. Seit Einstein nimmt entgegen dieser Wahrheit die Mehrheit der Kosmologen eine gleiche Dichte des Alls in genügend großen Maßstäben an; was früher für die Sterne gelten sollte, wird heute für die galaktischen Haufen angenommen. "So wird der richtige Gedanke, daß wir keinen bevorzugten Platz im All einnehmen, auf die idealistische Konzeption des Alls als eines einheitlichen Systems angewandt, das die Eigenschaften endlicher Systeme besitzt, was zur These von der überall gleichen Dichte im All führt."[116] Aus der Konzeption eines homogenen und isotropen Alls folgte nun nach Robertson bei der Maßbestimmung die Trennung der raumartigen Veränderlichen von der zeitartigen. Nimmt man überall kleine Geschwindigkeiten an, so folgte daraus das Postulat Weyls: Die Teilchen des Substrats (die galaktischen Nebel) liegen auf einem Bündel geodätischer Linien, die von einem bestimmten Punkt der endlich oder unendlich zurückliegenden Vergangenheit ausgehen; daraus folgt eine Expansion oder Kontraktion des Alls. Nach Bondi werde hier das Machsche Postulat in jedem Punkt erfüllt, wobei wir allerdings nicht wissen, wie der Einzelkörper die Trägheit erzeugt. Diese Erweiterung des Machschen Postulats finde bei Gödel einen neuen Aspekt. Trotz der schwierigen physikalischen Deutung sei sein Weltmodell deshalb interes-

* A. Einstein, *The Meaning of Relativity*, London, 1950; p. 103.

** H. Weyl, *Phys. Z.* 24 (1923) 230.

sant, weil es auf die räumliche Isotropie verzichte und deshalb die Expansion bzw. Kontraktion nicht mehr notwendig sei. Gödel untersuchte ein homogenes All mit einer gleichmäßigen Dichte des Drehmoments, d.h. es ist nicht mehr isotrop. Die Bahnen der Teilchen des Substrats sind geodätische Linien; diese gehen jedoch nicht durch einen Punkt. Hier kann man geschlossene zeitartige Kreise ziehen, was Gödel zu Zweifeln an der objektiven Realität der Zeit führe. Daraus schließte Robertsone, daß Lösungen der Einsteinschen Feldgleichungen wenig wahrscheinlich sind, die mit dem Machschen Postulat in Widerspruch stehen.[117]

6. DIE NEUTRALE HALTUNG: L. D. LANDAU UND E. M. LIFŠIC

Nobelpreisträger Landau mit Professor Lifšic als Mitverfasser des führenden *Lehrbuchs der theoretischen Physik*, Teil II, *Feldtheorie*[118], äußern sich nur am Rande zu philosophen Problemen der allgemeinen Relativitätstheorie. Schon der seinerzeitige Präsident der AN, Sergej Vavilov, führte 1949 die zweite Auflage des Lehrbuchs 1948 als Beispiel für die Haltung der Mehrheit der sowjetischen Physiker an, die bewußt nicht auf die idealistischen Deutungen der Physik im Ausland reagierten. Kein einziger Band der Lehrbuchs von Landau und Lifšic enthalte eine philosophische Analyse der behandelten physikalischen Probleme. "Die Autoren nahmen sich zur Regel, bei der Darstellung eines allgemeinen, noch so universalen und weiten Problems so rasch als möglich die Ausgangssätze zu formulieren und sich daraufhin geruhsam auf dem Geleise der konkreten Aufgaben und Anwendungen zu bewegen." Im ersten Band stehe der eigentlich tautologische Satz: "Die theoretische Physik stellt sich die Aufgabe, physikalische Gesetze zu finden, d.h. die Abhängigkeit zwischen Größen festzustellen." Dies "kann man sogar als Deklaration der machistischen, positivistischen Haltung der Verfasser deuten. In der *Einführung in die theoretische Physik* findet sich nicht ein Wort über den Standpunkt der materialistischen Dialektik, über die Objektivität der Welt..."[119]

Auch die 4. Auflage der *Feldtheorie* enthält keinerlei ideologische Bekenntnisse, wie sie sogar ein Denker wie Fock in der zweiten Auflage seines Buchs über die *Theorie von Raum, Zeit und Gravitation* 1961 für notwendig erachtet.*

* Siehe S. 57 des vorliegenden Buchs.

Dennoch bringt das Lehrbuch von Landau und Lifšic entsprechend seinem überragenden allgemein-theoretischen Niveau – in den Beton physikalisch-mathematischer Sätze eingestreut – einige philosophische Gedanken. Die Verfasser bezeichnen die allgemeine Relativitätstheorie als "wohl die schönste der heute existierenden physikalischen Theorien. Es ist bemerkenswert, daß Einstein sie auf rein deduktivem Wege fand..."[120]

Vor allem ist ihre Behandlung der Singularität des isotropen und homogenen expandierenden Weltmodells philosophisch bedeutsam, sie soll aber erst im letzten Kapitel dargestellt werden. Auch Landau und Lifšic heben ähnlich wie Fock den physikalischen Unterschied zwischen "wahren" Gravitationsfeldern und nicht-inertialen Bezugssystemen hervor: Ein Feld, das einem nicht-inertialen Bezugssystem äquivalent ist, läßt sich nicht mit einem "wahren Gravitationsfeld"* identifizieren, weil für beide ein wesentlicher Unterschied ihres Verhaltens im Unendlichen vorliegt und die wahren Gravitationsfelder durch keine Koordinatenwahl zu eliminieren sind, während die nicht-inertialen Felder wegtransformiert werden können. Andererseits werden beide Felder durch die $g_{\mu\nu}$ bestimmt; ein jedes Gravitationsfeld stellt nichts anderes dar als eine Änderung der raumzeitlichen Metrik. Die geometrischen Eigenschaften der Raumzeit-Welt werden also durch physikalische Erscheinungen bestimmt und sind keine unveränderlichen Attribute von Raum und Zeit.

Landau und Lifšic begründen die Unvermeidbarkeit einer nicht-Euklidischen Metrik beim Übergang zu einem Nichtinertialsystem ebenso wie Einstein durch Überlegungen am Modell der rotierenden Scheibe, während Fock von der Gleichung für eine Lichtwellenfront ausgeht.

Unter "Bezugssystem" verstehen die Autoren infolge der Unmöglichkeit eines unbeweglichen Systems von Körpern bei zeitlich veränderlicher Metrik eine Gesamtheit unendlich vieler Körper, die den ganzen Raum wie ein Medium erfüllen, verbunden mit Uhren, die beliebig laufen können. Da man das Bezugssystem willkürlich wählen kann, müssen die

* Von den Autoren in Anführungszeichen gesetzt. Diese Anführungszeichen können nur als Ausdruck des Zweifels aufgefaßt werden, ob denn wirklich ein unaufhebbarer Unterschied zwischen beiden Feldern vorliegt. Bogorodskij geht noch weiter und spricht von einer "gleichen physischen Natur" trotz ihrer verschiedenen Struktur, die sich aus der Variierung der Euklidischen Metrik ergibt, um das Bewegungsgesetz in einem "wahren" Schwerefeld auf ein "imitiertes" abzubilden. Siehe S. 141 des vorliegenden Buchs.

Naturgesetze kovariant geschrieben werden, d.h. formal in einem beliebigen vierdimensionalen Koordinatensystem verwendbar sein.* Dies bedeutet jedoch nicht die physikalische Äquivalenz aller Bezugssysteme analog den Inertialsystemen; vielmehr ist im Gegenteil die konkrete Gestalt aller physikalischen Erscheinungen einschließlich der Bewegung der Körper in allen Bezugssystemen verschieden.**

7. DIE VERTEIDIGUNG DER PRINZIPIEN

(A) *D. D. Ivanenko, I. Tamm, V. L. Ginzburg*

Ivanenko wies darauf hin, daß Einstein die Rotverschiebung 1911 aus dem Äquivalenzprinzip ableitete. In der Tat kann man in einem schwachen Schwerefeld mit dem Potential φ, wenn Quelle und Beobachter zueinander ruhen, für die Rotverschiebung die Formel

$$\frac{\omega_0 - \omega_s}{\omega_s} = \frac{1}{c^2}(\varphi_s - \varphi_0)$$

gewinnen. (ω_0 ist die Frequenz des Strahlers am Beobachtungsort, ω_s am Emissionsort.) Die ihr äquivalente Geschwindigkeit v_e, die zu einem der Rotverschiebung äquivalenten Doppler-Effekt führt, wäre dann

$$v_e = \frac{c\Delta\omega}{\omega_s}.$$

Für die Sonne wäre $v_e = 0.636$ km/sec.***[121]

* Hier wird das System von Körpern und Uhren ("Bezugsmolluske" bei Einstein) implizite durch ein Koordinatensystem substituiert, was einer Begründung bedarf und viele Mißverständnisse hervorruft.

** Auf diesen grundlegenden Unterschied zwischen der kovarianten Form der Grundgleichungen und dem verschiedenen Ablauf der durch sie beschriebenen Vorgänge wird am Ende des Kapitels eingegangen.

*** Ivanenko weist ausdrücklich darauf hin, daß in der Schrödingerschen Formel

$$\frac{\omega_0}{\omega_s} = \frac{(g_{\mu\nu} v_0{}^\mu p^\nu)_0}{(g_{\mu\nu} v_s{}^\mu p^\nu)_s}$$

kein Unterschied zwischen dem Doppler-Effekt und der Gravitations-Verschiebung der Frequenzen gemacht wird. v_s bedeutet die Vierergeschwindigkeit der Emissionsquelle, v_0 die des Beobachters und p einen isotropen Vektor, der längs des Strahls parallel verschoben wird (E. Schrödinger, *Nuovo cimento* 1 (1955) 63).

Für Tamm ist die Äquivalenz von Beschleunigung und Schwerefeld die unmittelbare Verallgemeinerung der Gleichheit von schwerer und träger Masse.[122]

Ginzburg wies darauf hin, daß die Äquivalenz auch für die Quantenmechanik methodische Bedeutung hat. So kann die Schrödinger-Gleichung für Elektronen in einem gleichförmig beschleunigten Koordinatensystem nur unter gewissen Schwierigkeiten formuliert werden, während sofort Klarheit erzielt wird, wenn man das Äquivalenzprinzip zugrundelegt. Er ist nicht mit der Meinung Focks einverstanden, die Gravitationstheorie sei von Einstein selbst mißverstanden worden: Einstein wußte, daß die allgemeine Kovarianz nur heuristischen Wert besitzt. Indes zusammen mit dem Äquivalenzprinzip, kraft dessen das Schwerefeld nur durch die $g_{\mu\nu}$ beschrieben wird, gibt sie den Schlüssel für die Aufstellung der Feldgleichungen. So verfuhr Einstein auch faktisch. Er änderte die Feldgleichungen auch nicht, als sich herausstellte, daß sie dem Machschen Postulat nicht genügen, "gegen das sich übrigens eine Reihe von Einwänden erheben läßt".[123]

(B) *Auf der Suche nach dem Absoluten: M. V. Mostepanenko*

1962 versuchte der Philosoph Mostepanenko einen neuen "materialistischen" Zugang zu den Prinzipien der Theorie.[124] Mostepanenko will hier letztlich erstmalig das wahre materialistische Wesen der Relativitätstheorie darstellen.[125]

Die von A. D. Aleksandrov und Fock aufgestellte These, die spezielle Relativitätstheorie sei nur die physikalische Theorie von Raum und Zeit, die allgemeine Relativitätstheorie nur die Theorie der Gravitation, ist danach zwar richtig, aber zu eng und unzureichend. Darin läßt sich noch nicht das wahre philosophische Wesen als Grundlage des materialistischen Weltbilds erkennen. Die Theorie ist die Grundlage der ganzen modernen Physik und befindet sich in Übereinstimmung mit dem dialektisch-materialistischen Naturbild.[126]

Das Programm des Autors wird jedoch, zum mindesten für die allgemeine Relativitätstheorie, nur mager erfüllt. Seine Grundbehauptung ist, daß Einstein durch das allgemeine Kovarianzpostulat nach der materiellen Einheit suchte; dabei wird das Prädikat "materiell" von Mostepanenko unmerklich eingeschmuggelt[127]: Einstein leitete der Gedanke der Einheit der Welt; von hier aus suchte er nach Invarianten. Er dachte dabei nicht an jene Gleichberechtigung von rotierenden und nichtrotierenden Systemen, wie sie Mach im Auge hatte, wenngleich er durch dieses Beispiel erkenntnistheoretisch zum Nachdenken über das Bewegungsproblem veranlaßt wurde. Einsteins Erweiterung des Relativitätsprinzips (die Naturgesetze müssen dasselbe Aussehen für willkürlich bewegte Systeme haben) erwies sich als außerordentlich fruchtbar. Fock hingegen verbindet die Relativität nicht mit der Einheit der Welt, sondern mit den Eigenschaften des Raums. Faktisch versteht er unter "Relativität" die physikalische Gleichberechtigung von gegeneinander inertial bewegten Systemen. Nun sind beschleunigte Systeme in der Tat physikalisch nicht gleichberechtigt; somit entsteht das Problem ausgezeichneter Bezugssysteme, denen Fock grundsätzliche Bedeutung beimißt; dieser Standpunkt ist nach Fock allein mit dem dialektischen Materialismus vereinbar.

Fock hat nach Mostepanenko insofern recht, als willkürlich beschleunigte Systeme nicht in allen Fällen physikalisch gleichberechtigt sind. Aber von dieser Gleichberechtigung spricht Einstein nirgends. Er suchte keine physikalische Gleichberechtigung, sondern eine für alle Systeme gleiche Form der Naturgesetze. Die Unveränderlichkeit des Ausdrucks für die Naturgesetze ist eine wichtige Tatsache, die unsere Vorstellungen von der Einheit der Welt vertieft. Von diesem Standpunkt aus gibt es in der Natur überhaupt keine bevorzugten Systeme. Einstein legte seiner Definition der allgemeinen Relativität keinen anderen Sinn als den der allgemeinen Kovarianz bei. Die Kovarianz ist – entgegen Fock – nicht nur eine mathematische Methode, denn sie läßt die objektive Einheit von Trägheit und Gravitation zutage treten. Einstein wurde bereits 1917 darauf hingewiesen, daß das Kovarianzpostulat rein mathematischen Inhalt habe. Er war damit einverstanden, wies aber zugleich darauf hin, daß wir durch bestimmte Annahmen über die Natur der Beschleunigung und Gravitation die mathematische Form mit einem bestimmten physikalischen Inhalt bereichern.[128]

Der Begriff "Relativität" besitzt nach Mostepanenko zwei Aspekte: Galilei versteht darunter die Unmöglichkeit, die Bewegung eines Systems als ganzes, m.a.W. eine absolute Bewegung, durch physikalische Experimente innerhalb des Systems, nachzuweisen. In diesem Sinn sind die Inertialsysteme *physikalisch* gleichberechtigt. Einstein erweiterte den Begriff "Relativität" und gab ihm einen neuen Inhalt; er verknüpfte ihn mit dem Begriff der Absolutheit: Danach können die einzelnen Eigenschaften der Materie relativ sein, die Form der Naturgesetze ist jedoch absolut. Der Einsteinsche Begriff ist weiter als der Galileische, er ist dialektisch, denn er verknüpft die Relativität mit dem Absoluten.* Für die spezielle Relativitätstheorie und gleichförmige Beschleunigungen im homogenen Schwerefeld** fallen beide Definitionen zusammen, nicht aber bei ungleichförmigen Beschleunigungen, denn hier läßt sich durch Versuche innerhalb des Systems feststellen, welches System tatsächlich bewegt ist. Die Einsteinsche Definition gilt hingegen auch für diesen Fall. Einstein meinte jedoch keineswegs unter "allgemeine Relativität" die physikalische Gleichberechtigung beliebig bewegter Systeme, sondern die gleiche Form der Naturgesetze, wenngleich er für gleichförmig beschleunigte Systeme auch die physikalische Gleichberechtigung hervorhob.[129]

(C) *B. G. Kuznecov*

Eine bemerkenswert undogmatische Haltung nimmt der Historiker der Naturwissenschaften B. G. Kuznecov in seinem Buch *Die Grundlagen der Relativitätstheorie und Quantenmechanik* 1957 ein.***[130] Kuznecovs großes Thema ist die Parametrisierung physisch Seiender durch die Mathematik. Er geht aus von den möglichen physikalischen Deutungen der Euklidischen Geometrie. Die dreidimensionale Euklidische Geometrie beschreibt die räumlichen Eigenschaften absolut starrer bewegter Körper, die in momentaner Wechselwirkung stehen. Die Elektrodynamik zeigte jedoch, daß die physikalischen Urbilder der Euklidischen Geometrie eine nur in bestimmten Grenzen zulässige Näherung darstellen. Für die Geometrie als solche ist dabei der Streit um die Realität einer bestimmten

* Dies gilt natürlich auch für die Galileische Definition, denn die Unmöglichkeit des Nachweises einer absoluten Bewegung folgt gerade aus der gleichen Form der Naturabläufe innerhalb von Inertialsystemen, in diesem Sinne sind sie absolut. Man hätte tatsächlich bereits das Galileische Relativitätsprinzip auch Absolutheitsprinzip nennen können. Insofern "Relativitätsprinzip" mit "Kovarianz" gleichgesetzt wird, wird darunter gerade ein Absolutheitsprinzip verstanden.

** Gemeint sind offenbar frei fallende Bezugskörper.

*** Das Werk bietet dem nicht mathematisch geschulten Leser einen ausgezeichneten Einblick in die logische und mathematische Struktur der Relativitätstheorie (vor allem der allgemeinen).

Geometrie sinnlos, da alle Geometrien gleich widerspruchsfrei sind.* Für den dreidimensionalen Raum (gemeint ist wohl der Realraum – *der Verf.*) ist diese Frage jedoch fundamental; wegen der Relativität des Abstands gilt die dreidimensionale Euklidische Geometrie bereits nicht mehr in der speziellen Relativitätstheorie. Erst die Minkowski-Welt erlaubt wieder eine physikalische Deutung, jedoch in Form der pseudo-Euklidischen vierdimensionalen Geometrie. – Man darf indes Minkowskis Entdeckung nicht so verstehen, als hätte er die Relativitätstheorie aus irgendwelchen allgemeinen Erwägungen über Raum und Zeit abgeleitet; die Theorie folgt aus der Erfahrungstatsache der konstanten Lichtgeschwindigkeit in Inertialsystemen. Bereits in den Ideen Minkowskis war der revolutionäre Gedanke enthalten, daß die dreidimensionale Euklidische Geometrie durch einen bestimmten Erscheinungsbereich begrenzt ist, sowie der "für Mathematik und Physik vielleicht fruchtbarste Gedanke der *physikalischen Geometrie*, eines physikalischen Kriteriums für die Wahl der einen oder anderen Geometrie".[131]

Mit der speziellen Relativitätstheorie entstand nach Kuznecov naturgemäß die Frage nach Gleichungen mit Kovarianz gegenüber einer allgemeineren Transformationsgruppe als der Lorentz-Gruppe, d.h. nach einem universalen Relativitätsprinzip, das auch für beschleunigte Bewegungen gilt. Diese Aufgabe löste Einstein 1916.

Unklar ist Kuznecovs Formulierung des Äquivalenzprinzips: Es gestattet, in einem gewissen Grad die Bewegung eines Körpers im Schwerefeld gegenüber einem unbewegten oder Inertialsystem gleichzusetzen mit der freien Bewegung eines Körpers ohne Schwerewirkung gegenüber einem nicht-inertialen System.**[132] Die allgemeine Relativitätstheorie erweiterte das mechanische, auf Galilei zurückgehende Äquivalenzprinzip ebenso auf nicht-mechanische Phänomene, wie die spezielle Relativitätstheorie das Galileische Relativitätsprinzip verallgemeinerte. In beiden Fällen kam es dabei zu einer radikalen Revision der Grundbegriffe der Physik.

Das Äquivalenzprinzip unterliegt indes nach Kuznecov Einschränkungen,

* Mit dieser Feststellung verletzt Kuznecov ein Grundpostulat der offiziellen Sowjetphilosophie, wonach die Geometrie ein empirisch gewonnenes Abbild der Realwelt ist.

** Exakter faßt Kuznecov das Prinzip weiter unten: Die Beschreibung der Phänomene in einem gravitationsfreien beschleunigten System ist mit denen in einem gleichförmig bewegten System, auf das ein Schwerefeld wirkt, äquivalent, "da der physikalische Effekt der Beschleunigung und Gravitation derselbe ist", insbesondere wird ein Lichtstrahl in beiden Fällen abgelenkt.[133]

auf die bereits Einstein 1911 und 1916 hinwies. Daß es nicht auf inhomogene Schwerefelder auszudehnen ist, gehört zu den grundlegenden Voraussetzungen Einsteins: Um zur allgemeinen Relativitätstheorie als einer Theorie beliebiger Schwerefelder zu kommen, mußte das Äquivalenzprinzip auf unendlich kleine Gebiete beschränkt werden; von da gelangte Einstein zur Idee der allgemeinen Relativität, d.h. zu einer Theorie der Invarianten für eine allgemeinere Transformationsgruppe als die Lorentz-Transformationen. Fragt man nach dem Transformationsgesetz für die $g_{\mu\nu}$, das ds^2 invariant läßt, so wäre es leicht, es zu finden, falls die Beschleunigungen der Gravitation äquivalent wären; man brauchte nur ein beschleunigungsfreies System K_0 zu wählen, für das dann die spezielle Relativitätstheorie die Invarianz von ds^2 garantierte. Für endliche Gebiete verliert aber das Äquivalenzprinzip seine Gültigkeit. "Die ideale Welt eines 'gestreckten', homogenen Gravitationsfelds und die reale Welt mit konvergierenden Linien der Gravitationsfelder fallen nur in unendlich kleinen Gebieten zusammen, ebenso wie die Gerade und die Kurve oder die Ebene und die gekrümmte Oberfläche oder... wie der 'ebene' drei-, vier-, oder n-dimensionale Raum mit dem gleichdimensionalen gekrümmten."[134] Die letztgenannte Analogie zeigte den Weg zur allgemein kovarianten Formulierung der Naturgesetze; dazu aber mußte man das lokale Äquivalenzprinzip durch die Raumzeit-Krümmung ergänzen.

Interessant ist auch Kuznecovs Deutung des gemischten Tensors zweiter Stufe mit gleichen Indices

$$A_\mu B^\mu = T^\mu_\mu = \text{invariant}.$$

Hier sieht man nach Kuznecov die Grundidee der Tensorrechnung; sie gestattet Größen und Gesetzmäßigkeiten unabhängig von der Wahl der Koordinaten, von der Parametrisierung, darzustellen. "In unserem Fall bedeutet die Gleichsetzung zweier Indices (insofern hier so ungenaue Ausdrücke in einem so übertragenen Sinn erlaubt sind), daß wir irgendeinen Abschnitt aus dem Gebiet der äußeren Geometrie von Größen, die bei der Transformation variieren, von Messungen, die relativ sind und einen Bezugskörper verlangen, auswählen und diesen Abschnitt in das Gebiet der inneren, strukturellen, absoluten, invarianten (vierdimensionalen!) Geometrie übertragen."[135]

Es ist Kuznecovs erklärte Absicht, systematisch die Unabhängigkeit physikalischer Objekte von ihrer mathematischen Parametrisierung zu zeigen.* Nur so wird nach Kuznecov die Geschichte mathematischer Methoden zur Geschichte des physikalischen Weltbilds. In diesem Sinn hat die kovariante Differentiation eines Vektors A^σ

$$DA^\sigma = \left(\frac{\partial A^\sigma}{\partial x^\nu} + \Gamma^\sigma_{\mu\nu} A^\mu\right) dx^\nu$$

Bedeutung für die Unabhängigkeit physikalischer Größen von der Parametrisierung.** Die gewöhnliche Ableitung eines Vektors ist keine Invariante des Übergangs zu beliebig bewegten Koordinatensystemen. Durch die kovariante Differentiation gelangen wir zu allgemein kovarianten Gleichungen. Eine kovariante Differentiation, die durch keine Wahl der Koordinaten in eine gewöhnliche umgewandelt wird, entspricht einer nicht-Euklidischen Geometrie mit gekrümmten Koordinaten. Folglich erlaubt sie, noch stabilere, von Transformationen unabhängige Grundgleichungen zu finden und einen weiteren Schritt in der invarianten Darstellung physischer Objekte zu tun. Sie macht es auch möglich, den Anteil der Änderung eines geometrischen Abbilds auf Grund einer Änderung des physischen Urbilds von der Änderung beim Wechsel des Koordinatensystems von Punkt zu Punkt zu trennen. Die "Geschwindigkeit" der Veränderung einer physischen Größe nach der Zeit (eigentliche Geschwindigkeit) und nach dem Raum (Gradient) wird durch die Krümmung des Koordinatensystems "korrigiert". Deshalb unterscheidet sich auch das "absolute" (=physikalische) Maß der "Geschwindigkeit" der Änderung einer Größe A_μ von der gewöhnlichen Ableitung $\partial A_\mu / \partial x_\nu$.[136] Ändert sich die physikalische Größe nicht, so ist die Änderung ihrer Darstellung in krummen Koordinaten allein eine Folge gekrümmter Koordinaten, in diesem Fall ist der "absolute" Anteil gleich Null.[137]

Solange nach Kuznecov noch nicht der Übergang zur allgemeinen Relativitätstheorie vollzogen wird, ist die kovariante Differentiation nur eine Methode, um krumme Koordinaten zu berücksichtigen. Indem wir aber die Christoffelschen Symbole physikalisch deuten, d.h. physikalische Phänomene feststellen, welche die Einführung von Zusatzgliedern bei der

* Siehe Bd. I des vorliegenden Werks, S. 346, 347.

** Obwohl natürlich $DA^\sigma \neq$ inv. ist. *Der Verf.*

Differentiation erfordern, indem wir also die Krummlinigkeit der Koordinaten physikalisch interpretieren, vollziehen wir den Übergang zur allgemeinen Relativitätstheorie.[138] Dies geschieht durch zwei Schritte:
1. Die Änderung der $g_{\mu\nu}$ ist ein Maß der Raumkrümmung, folglich verhalten sich die $g_{\mu\nu}$ bei der kovarianten Differentiation wie Konstanten.* Daraus können die Dreizeiger-Symbole $\Gamma^{\sigma}_{\mu\nu}$ bestimmt werden; diese enthalten nur gewöhnliche Ableitungen der $g_{\mu\nu}$. Dies war zu erwarten: Die Ableitungen der $g_{\mu\nu}$ sind ein Maß der Raumkrümmung, die $\Gamma^{\sigma}_{\mu\nu}$ drücken unmittelbar die Krümmung der Koordinaten in verschiedenen Richtungen aus.** Der Ausdruck für die $\Gamma^{\sigma}_{\mu\nu}$ gibt "diesen intuitiven und unbestimmten Assoziationen eine exakte und strenge Form".[139]
2. Es wird nach dem Ausdruck für alle möglichen Krümmungen des Raums in allen möglichen Richtungen gesucht, dies ist der Krümmungstensor. Die Abweichung von der Euklidizität können wir im vierdimensionalen Kontinuum analog wie im zweidimensionalen durch Abweichungen der Winkelsumme eines Dreiecks von 180° durch das Phänomen der Gravitation feststellen. Deshalb ist die Gravitationstheorie Einsteins eine physikalische Geometrie.[140]
Die Erklärung des Rätsels der Identität von schwerer und träger Masse durch das Äquivalenzprinzip war nach Kuznecov eine große Leistung. Die Schaffung einer imponierenden Theorie der Weltkrümmung und die Aufstellung allgemein kovarianter Gleichungen für diese Welt war vielleicht noch bedeutender. Aber das entscheidende Zwischenglied der allgemeinen Relativitätstheorie ist die Gleichsetzung von Weltkrümmung und Gravitation. Die erste Idee ist physikalischer Natur und enthält eine Verallgemeinerung der Identität von träger und schwerer Masse und der neuen Vorstellungen über die Lichtausbreitung. Die zweite Idee, d.h. die Kovarianz, beruht auf einer Entwicklung mathematischer Begriffe und Methoden. Die dritte Idee schließlich ist weder eine physikalische Idee im alten Sinn noch eine eigentlich mathematische, sondern die Idee der physikalischen Geometrie. Damit wurde die Weltgeometrie eine physikalische Wissenschaft mit experimentellen Kriterien.[141]

* In einem geodätischen Koordinatensystem entfallen die Differentialquotienten $g_{\mu\nu;\varrho}$ laut Definition der geodätischen Koordinaten, dies überträgt sich wegen des Tensorcharakters auf alle Koordinatensysteme. Laue, *Die Relativitätstheorie II;* S. 45.
** Weiter unten heißt es: Sie "entsprechen der Raumkrümmung in verschiedenen Richtungen".[142]

Im folgenden spricht Kuznecov zweimal vom "Wesen der Theorie": Das "Wesen der modernen Lehre von Trägheit und Schwerkraft" ist, daß die Bewegung eines Teilchens im Schwerefeld ebenso wie für ein freies Teilchen der speziellen Relativitätstheorie als kürzeste Weltlinie definiert ist. Die Schwerkraft ist nichts als ein Ausdruck für die Elemente ds dieser Linie.

Das Wesen der Theorie besteht andererseits darin, daß ebenso wie in der speziellen Relativitätstheorie der Ausdruck für die Viererbeschleunigung

$$\frac{\mathrm{d}^2 x^\sigma}{\mathrm{d}s^2} = \frac{\mathrm{d}u^\sigma}{\mathrm{d}s} = 0$$

in der verallgemeinerten Form für gekrümmte Koordinaten

$$\frac{\mathrm{d}^2 x^\sigma}{\mathrm{d}s^2} + \Gamma^\sigma_{\mu\nu} \frac{\mathrm{d}x^\mu}{\mathrm{d}s} \frac{\mathrm{d}x^\nu}{\mathrm{d}s} = 0$$

beibehalten wird. Kuznecov bemerkt hier, daß jedesmal, wenn bisher vom "Wesen der allgemeinen Relativitätstheorie" gesprochen wurde, verschiedene Aspekte desselben Gedankens auftraten.

Interessant ist Kuznecovs Stellung zum Kraftbegriff: Die $\Gamma^\sigma_{\mu\nu}$ "spielen die Rolle" von Feldstärken, die $g_{\mu\nu}$ von Potentialen. Wir könnten hier die Worte "Kraft" im Ausdruck "Kraftfeld", "Feldstärke" und "Potential" mit Anführungszeichen versehen, weil die klassische Mechanik seit Newton die Kraft als etwas gegenüber den geodätischen Linien des Raums Fremdes ansah, während jetzt die Bewegung des freien und des im Schwerefeld befindlichen Teilchens in gleicher Weise geodätischen Linien folgt. Die Anführungszeichen bringen aber noch einen zweiten Unterschied des klassischen Kraftbegriffs vom allgemein relativistischen zum Ausdruck: In der allgemeinen Relativitätstheorie spielen die Koeffizienten

$$m\,\Gamma^\sigma_{\mu\nu} \frac{\mathrm{d}x^\mu}{\mathrm{d}s} \frac{\mathrm{d}x^\nu}{\mathrm{d}s}$$

die Rolle vierdimensionaler "Kräfte", die sich von den "dreidimensionalen" Kräften der klassischen Mechanik unterscheiden.

Auch in der neuen Theorie bestimmen die Ableitungen der "Potentiale"

$g_{\mu\nu}$ die Feldstärken $\Gamma^{\sigma}_{\mu\nu}$. Diese physikalische Deutung ist natürlich: Bei verschwindendem Krümmungstensor werden die $g_{\mu\nu}$ konstant und können bei entsprechender Wahl der Koordinaten gleich δ^{μ}_{ν} gemacht werden (d.h. wir können dann zur speziellen Relativitätstheorie übergehen); in diesem Fall entspricht die Weltgeometrie einem wegtransformierbaren homogenen Schwerefeld. Ist der Krümmungstensor von Null verschieden, so sind die $g_{\mu\nu}$ variabel und die Weltgeometrie entspricht einem nicht-wegtransformierbaren Schwerefeld. Die Annahme ist natürlich, daß die Komponenten realer Schwerefelder als physikalisches Urbild der Christoffel-Symbole dienen und die Potentiale der Schwerefelder als Urbild der Komponenten $g_{\mu\nu}$. Dann gilt die allgemein kovariante Gleichungs-Form der freien Bewegung eines materiellen Punktes auch dann, wenn man in einem Schwerefeld kein Koordinatensystem wählen kann, in dem die Koeffizienten $g_{\mu\nu}$ die Werte der speziellen Relativitätstheorie annehmen.[143] Die Werte der $g_{\mu\nu}$ bilden das g-Feld; dieses kennzeichnet sowohl die Bewegung schwerer Körper als die Geschwindigkeit der Lichtausbreitung und die Metrik von Raum und Zeit.[144] Die Idee der Einheit von Schwere- und metrischen Feldern zählt zu jenen großen Verallgemeinerungen, die uns immer durch ihre Kühnheit und Weite erstaunen werden; dazu gehört Galileis Inertialbewegung, Newtons Gravitation, die das Weltgebäude erklärt, Lobačevskijs Abhängigkeit geometrischer Eigenschaften des Raums von physikalischen Vorgängen, Einsteins Konstanz der Lichtgeschwindigkeit und die Veränderlichkeit der räumlichen und zeitlichen Maßstäbe.

Kuznecov bemerkt ausdrücklich, daß die allgemeine Kovarianz ebensowenig zu den Feldgleichungen des Schwerefelds führt wie das spezielle Relativitätsprinzip zur speziellen Relativitätstheorie. Zum Äquivalenzprinzip schreibt er: Die Feldgleichungen enthalten den verjüngten Krümmungstensor $R_{\mu\nu}$; die zehn Gleichungen

$$R_{\mu\nu} = R^{1}_{\mu\nu 1} + R^{2}_{\mu\nu 2} + R^{3}_{\mu\nu 3} + R^{4}_{\mu\nu 4} = 0$$

beschreiben ein allgemeineres und weiteres Erscheinungsgebiet als die zwanzig Gleichungen $R^{\sigma}_{\mu\nu\varrho} = 0$, die einem krümmungsfreien ebenen Raum-zeit-Kontinuum entsprechen. Dieses existiert nur in unendlicher Entfernung von Stoffhäufungen, während die zehn Gleichungen $R_{\mu\nu} = 0$ die Situation in der Nähe gravitierender Massen beschreiben, wo eine gewisse

Krümmung auftritt, da einige der Komponenten $R^{\sigma}_{\mu\nu\varrho}$ von Null unterschieden sind. Schon Einstein wies darauf hin, daß die Erfüllung aller zwanzig Gleichungen $R^{\sigma}_{\mu\nu\varrho}=0$ zu viel verlangt, da das Schwerefeld, das von einem materiellen Punkt erzeugt wird, durch keine Koordinatenwahl wegtransformiert werden kann. Es läßt sich also in endlichen Gebieten nicht auf die Beschleunigung reduzieren. "Daran sehen wir wiederum, daß das Äquivalenzprinzip nur unter Berücksichtigung der Raumkrümmung zur allgemeinen Kovarianz führt, und die Lokalität der Äquivalenz nicht die allgemeine Relativitätstheorie begrenzt, sondern im allgemeinen Fall ihre Grundlage darstellt".[145]

Die zehn Gleichungen $R_{\mu\nu}=0$ beschreiben nach Kuznecov den "Materie"-freien Raum.* Für den Raum ohne gewöhnlichen Stoff, aber mit Feldquanten (z.B. Photonen), herrscht eine Krümmung höherer Ordnung, so daß nur *eine* Komponente R des Krümmungstensors $R^{\sigma}_{\mu\nu\varrho}$ gleich Null ist; für den mit gewöhnlichem Stoff erfüllten Raum ist die Krümmung so groß, daß auch $R\neq 0$ wird, d.h. keine einzige Komponente $R^{\sigma}_{\mu\nu\varrho}$ ist gleich Null.

Wir können Kuznecovs Aussage auch so formulieren: Es gibt vier Klassen von gravitationsbestimmten Situationen: (1) Den gravitationsfreien Fall: Unendliche Entfernung von allen Massen; ihr entspricht das Verschwinden aller zwanzig Komponenten $R^{\sigma}_{\mu\nu\varrho}$. (2) "Materie"-freier Raum in der Nähe von Massen; ihm entspricht das Verschwinden der zehn Komponenten $R_{\mu\nu}$. (3) Stoff-freier, aber nicht Feldquanten-freier Raum in der Nähe von Massen; ihm entspricht das Verschwinden von R. (4) Mit Stoff erfüllter Raum: Hier ist keine Komponente von $R^{\sigma}_{\mu\nu\varrho}$ gleich Null. Das Ganze läßt sich kybernetisch darstellen: Die *operanda* sind $R^{\sigma}_{\mu\nu\varrho}$, $R_{\mu\nu}$ und R. Das Zeichen 0 bezeichnet den Wert Null, das Zeichen 1 jeden von 0 abweichenden Wert. N_i und M_i bezeichnen komplementäre Unterklassen in der Klasse aller $R^{\sigma}_{\mu\nu\varrho}$. Der *input* wird durch den Vektor (g, γ, S) dargestellt, wobei g die Gravitation bezeichnet, γ Photonen und S den Stoff. Die in der Zeile der *inputs* stehenden Werte für die *operanda* stellen die *outcomings* dar. Hier zeigt sich ein bemerkenswert symmetrisches Bild: Die *outcomings* bilden einfach eine Reproduktion der *input*-Komponenten, sofern man die Werte für M wegläßt. Faßt man die *out*-

* **Dies entspricht der Gleichung von Laplace für den von Massen (diese als Singularitäten gedacht) freien Raum $\nabla^2\varphi = 0$.**

comings ebenfalls als Vektorkomponenten auf, so ergibt sich die einfache "Gleichung"

$$(g, \gamma, S) = (R^{\sigma}_{\mu\nu\varrho}, R_{\mu\nu}, R)$$

(g, γ, S)	$R^{\sigma}_{\mu\nu\varrho}$	$R_{\mu\nu}$	R
0 0 0	0	0	0
1 0 0	$N_1:1$ $M_1:0$	0	0
1 1 0	$N_2:1$ $M_2:0$	1	0
1 1 1	1	1	1

In diesem Modell scheint dem Verfasser einer der weittragendsten Ansätze für eine philosophische Analyse des Verhältnisses von Algebra und Physik zu liegen, von der die heutige Sowjetphilosophie allerdings noch entfernt ist.

Sie ahnt allerdings etwas davon, wenn Kuznecov zur Forderung nach allgemeiner Kovarianz für die Feldgleichungen bemerkt: Hier "sehen wir ein charakteristisches Beispiel des 'freien Flugs' der Theorie: Die auf Grund physikalischer Überlegungen gewählte mathematische (hier tensorielle) Form suffliert (*podskazyvaet*) die weitere Entwicklung der physikalischen Ideen, enthüllt die eigentlich physikalischen Relationen".[146]

Interessant ist auch, daß Kuznecov unter "Homogenität" der Raumzeit nicht wie Fock den Galileischen Charakter der $g_{\mu\nu}$, sondern schlechthin eine krümmungsunabhängige Eigenschaft von Raum und Zeit versteht, die gestattet, von einem Koordinatensystem zum anderen überzugehen. Wir könnten die von Fock gemeinte Homogenität metrisch, die von Kuznecov gemeinte koordinativ nennen. Dies ist ein Ansatz für die Kritik an Focks Leugnung des allgemeinen Relativitätsprinzips: Solange man nur eine metrische Homogenität gelten läßt und zugleich "Relativität" mit "Homogenität" äquivalent setzt, gibt es freilich keine allgemeinere als die Relativität der speziellen Relativitätstheorie. Versteht man aber mit Kuznecov unter "Homogenität" die krümmungsinvariante Legalität von Koordinatentransformationen, dann enthält die allgemeine

Relativitätstheorie natürlich eine weitere Transformationsklasse als die spezielle.*

Dabei weist Kuznecov darauf hin, daß die zehn Gleichungen, welche die zehn Komponenten $T_{\mu\nu}$ mit den zehn Koeffizienten $g_{\mu\nu}$ verknüpfen, auch für den "Materie"-freien Raum gelten, wo $R_{\mu\nu}=0$ ist. Diese Gleichung legt völlig die Gravitationspotentiale fest, enthält aber für die invariante Darstellung eine überflüssige, rein orientierende Information. Um in den zehn Feldgleichungen nur die invarianten Eigenschaften der Gravitationspotentiale darzustellen, muß man die zehn Komponenten $R_{\mu\nu}$ durch vier Identitäten verknüpfen, die sich nur aus der Methode der Ableitung der $R_{\mu\nu}$ aus den $g_{\mu\nu}$ und deren Ableitungen ergeben.** Dabei zeigen sich notwendig die allgemeinen, von der Krümmung unabhängigen Eigenschaften von Raum und Zeit, nämlich ihre Homogenität, welche den Übergang von einem Koordinatensystem zum anderen erlaubt. Die Komponenten des Krümmungstensors hängen nicht von diesem Übergang ab, sie sind in allen Koordinatensystemen identisch, deshalb liegen auch mathematische Identitäten vor. Diese freilich haben einen bestimmten physikalischen Sinn. Geht man nämlich zur kontinualen Darstellung der Krümmung und der "Materie" über, d.h. nimmt man eine kontinuierliche Änderung der Dichte der Gravitationsquellen an und betrachtet die Mittelwerte von $R_{\mu\nu}$ in großen Gebieten, dann werden diese von Null verschieden ebenso wie der die "Materie"-Verteilung darstellende Tensor $T_{\mu\nu}$. Den Identitäten zwischen den $R_{\mu\nu}$ entsprechen dann nicht-identische Relationen, welche physikalische Gesetze ausdrücken. Setzt man das gemittelte kontinuierliche Feld der $R_{\mu\nu}$ dem gemittelten Feld der $T_{\mu\nu}$ gleich – darin besteht die kontinuale Form der Einsteinschen Gravitationstheorie – so entsprechen den vier Identitäten der $R_{\mu\nu}$ die vier Erhaltungssätze für Energie und Impuls. Die Homogenität des Raums kommt in den drei Impulssätzen, die der Zeit im Energiesatz zum Ausdruck.

Der Grund, weshalb die geometrischen Darstellungen dieser physikalischen Gesetze einfache Identitäten sind, besteht nach Kuznecov in folgendem: Die Raumzeit besitzt zwei Klassen von Eigenschaften: (1) Invariante, d.h. absolute im Sinne der Unabhängigkeit von Bezugskörpern. Für sie ist kennzeichnend die Verschmelzung der vier Dimensionen zu

* Kuznecov versteht also unter "Homogenität" nicht die Euklidizität der Raumzeit, sondern die allgemeine Kovarianz, was natürlich die Sachlage ändert.

** Kuznecov meint die Divergenzfreiheit des Tensors $R_{\mu\nu}-\frac{1}{2}Rg_{\mu\nu}$.

einem untrennbaren Ganzen. Ein Beispiel ist die Metrik. Indem wir von den dx^{μ} zu ds übergehen, verschmelzen wir sozusagen die relativen Größen zu einer einzigen vierdimensionalen absoluten Größe. (2) Eigenschaften, deren Sinn vom Bezugskörper abhängt; diese werden durch transformierbare Größen parametrisiert. Für sie ist kennzeichnend der Zusammenhang mit den Eigenschaften von Raum und Zeit einzeln genommen; so stellt die Energie den zeitlichen Querschnitt einer gewissen vierdimensionalen Eigenschaft dar und bilden die Impulskomponenten deren räumlichen Querschnitt. Die Krümmung ist eine invariante Eigenschaft der raum-zeitlichen Welt. Um aus den $R_{\mu\nu}$ die überflüssigen Informationen zu entfernen, welche den relativen, "einzelnen", aus der Koordinatenwahl entspringenden Raumzeit-Eigenschaften entnommen sind, bedarf es der o.g. vier Identitäten. Für die Krümmung stellen sie reine mathematische Relationen dar. Anders für den Energie-Impulstensor $T_{\mu\nu}$, wo die "einzelnen" Eigenschaften von Raum und Zeit (die Homogenität des einen wie der anderen) in vier Relationen mit physikalischem Sinn zum Ausdruck kommen und physikalische Gesetze darstellen.

Weshalb, fragt Kuznecov weiter, folgen nun die Grundgesetze für Elektrizität, Mechanik und Kernkräfte aus der Gravitation? Die Gravitation schließt auch die Trägheit ein. Das Gesetz der Gravitation, welches die $R_{\mu\nu}$ mit den $T_{\mu\nu}$ verbindet, ist die allgemeine Kennzeichnung des Zusammenhangs zwischen allen stofflichen Konzentrationen und Feldern einerseits (wie immer auch deren spezielles Verhältnis sei) und den Eigenschaften des umgebenden Raums und der Zeit andererseits. Aus diesem Gesetz folgen die Verhaltensgesetze für Massenkonzentrationen in Raum und Zeit, d.h. primär die Impuls- und Energieerhaltung. Die allgemeine Relativitätstheorie sieht in den vier Erhaltungssätzen der Dimensionszahl der Raumzeit entsprechend vier Aspekte der einen, absoluten, invarianten, vierdimensionalen Weltkrümmung. Die Erhaltungssätze für Energie und Impuls sind das physikalische Äquivalent der Relationen zwischen den Komponenten des Krümmungstensors. Das physikalische Äquivalent des invarianten Krümmungstensors selbst ist die *Wirkung*, d.h. Energie mal Zeit. Die Krümmung ist die grundlegende geometrische Eigenschaft des Raumzeit-Kontinuums, die es zu einem physikalischen Kontinuum macht. Ihr physisches Äquivalent ist die Wirkung. Sie ist das Maß der fundamentalen vierdimensionalen Eigenschaft des Stoffs.

Dieser Aspekt ist nach Kuznecov auch für die Geschichte der Relativitätstheorie von erstrangiger Bedeutung. Genesis und Entwicklung des Begriffs "Wirkung" und der Variationsprinzipien verbinden die Relativitätstheorie mit der Physik des 19. Jahrhundert. Eddington hat recht, wenn er Wirkung und Entropie als die einzigen klassischen Begriffe bezeichnet, die in der relativistischen Physik beibehalten werden.*

Der theoretische Beweis für die Gravitationsmasse des Lichts ist nach Kuznecov die notwendige Voraussetzung der allgemeinen Relativitätstheorie. Das Schwerefeld kann nur deshalb als Krümmung von Raum und Zeit dargestellt werden, weil es unabhängig von den Konstanten, welche die physikalischen Objekte kennzeichnen, alle physikalischen Objekte in gleicher Weise beeinflußt. Alle physischen Urbilder der Geraden, d.h. alle geraden Weltlinien, die der Bewegung inertialer Teilchen und jedes Punktes einer Lichtwellenfront entsprechen, erfahren dieselbe Einwirkung und nur deshalb kann man diese als Raumzeit-Krümmung darstellen. Würde die Schwerkraft nicht auf das Licht wirken, könnte sie nicht als Änderung der geometrischen Eigenschaften der Raumzeit dargestellt werden; dann verlöre auch das Äquivalenzprinzip seine Gültigkeit: In einem beschleunigten Kasten änderte das Licht seine Richtung, nicht aber in einem ruhenden Kasten mit Schwerefeld; dies führte dazu, ihn als absolut ruhend anzusehen.[147]

Noch zweimal kehrt B. G. Kuznecov zu den Grundlagen der allgemeinen Relativitätstheorie zurück. 1959 veröffentlichte er *Das Relativitätsprinzip in der antiken, klassischen und Quantenmechanik*.**[148] Dort machte er den o.g. Begriff der "Homogenität der Raumzeit" zum Ausgangspunkt seiner wiederum historisch gehaltenen Überlegungen. Dabei ist zunächst eine wissenschaftsgeschichtliche These interessant, die zeigt, wie weit die sowjetischen Einzelforschungen sich vom Schema Basis-Überbau des Histomat freimachen: Nach Kuznecov wird die historische Basis revolutionärer physikalischer Verallgemeinerungen nicht durch einzelne Episoden des wirtschaftsproduktiven, sozialen und kulturellen Lebens gebildet. Es gibt vielmehr Ereignisse, welche die Produktions- und Experi-

* Kuznecov bezieht sich auf A. Eddington, *Prostranstvo, vremja i tjagotenije* (Raum, Zeit und Gravitation), Odessa, 1923, str. 148–149.

** Kuznecov schreibt dort allerdings der Lichtausbreitung im Michelson-Versuch eine Invarianz gegenüber der Tagesdrehung der Erde zu: Gerade hier verlief der Michelson-Versuch aber positiv, was einen weiteren Beweis für die Erddrehung darstellt. Der negative Ausgang des Experiments bezieht sich auf die (angenähert geradlinig gleichförmige) Translation der Erde.

mentiertechnik umgestalten, die gesellschaftliche Funktion der Wissenschaft veränderen und direkt oder indirekt zu neuen physikalischen Erkenntnissen und Hypothesen, zu erstmaligen Methoden und Begriffen des mathematischen Denkens führen. Für die Relativitätstheorie ist dies die Entdeckung der Elektrizität. Dabei kann von einer linearen Abhängigkeit der physikalischen Entwicklung von der Produktion keine Rede sein. "Tempo und Formen des wissenschaftlichen Fortschritts hängen von der ganzen vorhergehenden Geschichte der Vorstellungen von der Natur ab; es gibt eine innere Logik der wissenschaftlichen Evolution, Wissenschaft und Produktion stehen in Wechselwirkung, und wenn die Produktion – in einer komplexen und nichtlinearen Weise – die an die Natur gerichteten Fragen festlegt ebenso wie die Möglichkeiten und Fristen der Antworten, so wird der Inhalt dieser Antworten selbst von den objektiven Gesetzmäßigkeiten des Kosmos festgelegt.[149]

Die Genesis der allgemeinen Relativitätstheorie sieht Kuznecov in der Suche nach Invarianten einer allgemeineren Transformationsgruppe und im Beweis der Relativität der Beschleunigung. Einstein brachte dann die physiko-geometrische Raumzeit-Konzeption und die Homogenität der gekrümmten vierdimensionalen Welt. Auch hier wie bei der speziellen Relativitätstheorie ging die physikalische Intuition der Suche nach dem Formalismus vorher und lenkte sie.[150] Die Äquivalenz zwischen Beschleunigung und Trägheit in lokalen Gebieten mit homogenem Schwerefeld erklärt rational die Identität von schwerer und träger Masse.

Nach Kuznecov wurde das Relativitätsprinzip jedesmal durch ein eigentlich physikalisches Prinzip modifiziert, so das Galileische durch die Optik im Michelson-Versuch. Die Geschichte des Relativitätsprinzips ist nicht die logische Entfaltung der Ausgangsbegriffe. Experimentelle Relationen legen fest, auf welches Objekt die Begriffe "Relativität" und "Homogenität" anzuwenden sind. Das Äquivalenzprinzip zeigte nun, daß diese Begriffe auf Grund der Versuche von Eötvös und anderen zu modifizieren sind. Dieser Zusammenhang demonstriert nicht nur die experimentellen Grundlagen der Geschichte des Relativismus, sondern auch, daß die bewegenden Kräfte dieser Geschichte nicht auf die Logik des Experiments zurückzuführen sind. Das Zusammenfallen von schwerer und träger Masse wurde 300 Jahre vor der allgemeinen Relativitätstheorie entdeckt. Die Formulierung des Äquivalenzprinzips führte jedoch zu Schlüssen, die nicht in der Gleichheit von schwerer und träger Masse enthalten sind.

Kuznecov schreibt im Gegensatz zu Fock dem Riemannschen Raum auch in nicht-lokalen Bereichen Homogenität zu: Die Weltlinie eines inertial bewegten Teilchens weist keine besonderen Punkte auf, in denen "absolute" physikalische Veränderungen einträten; alle ihre Punkte sind gleichwertig. Ebenso hat die geodätische Weltlinie eines nur der Gravitation unterliegenden Teilchens keine besonderen Punkte, da seine Bewegung mit keinen Vorgängen zusammenhängt, deren Subjekt es selbst wäre und die nicht als geometrische Eigenschaften der Raumzeit dargestellt werden könnten. Solche "absoluten" physikalischen Veränderungen werden durch eine "absolute" (d.h. nicht von der Koordinatenkrümmung abhängige) Differentiation eines Vektors oder Tensors dargestellt. Ebenso wie die Trägheitsbewegung, d.h. die Erhaltung der Geschwindigkeit, sich auf den Raum bezieht und dessen Homogenität konstatiert, so wird jetzt der Bewegungsbegriff im Schwerefeld geometrisiert, da die Bewegung eines freien Teilchens die kürzeste Linie im Riemannschen Raum darstellt. Damit ergibt sich ein erweiterter Begriff der Homogenität des Raums, wie er sich in der ganzen vorhergehenden Entwicklung dieses Begriffs abzeichnet.

Dabei ist nach Kuznecov die "Achsen"-Idee der Entwicklung der Wissenschaft die Unabhängigkeit der Erkenntnisobjekte von den Erkenntnismethoden. Sie nahm Gestalt an in der Unabhängigkeit der Eigen-Qualitäten (*sobstvennych svoijstv*) der Objekte von der Wahl des Bezugssystems, d.h. in der invarianten Darstellung physischer Objekte. Diese Unabhängigkeit bedeutet, daß Bezugssysteme, welche drei- und vierdimensionalen sowie anderen Mannigfaltigkeiten eine quantitative Bestimmtheit verleihen, gleichwertig sind, d.h. daß diese Mannigfaltigkeiten keine hervorgehobenen Punkte besitzen, keine Zentren hervorgehobener Koordinatensysteme; in diesem Sinne sind die Mannigfaltigkeiten homogen. Ein so gefaßter Begriff der Homogenität kann auf Mannigfaltigkeiten mit den verschiedensten geometrischen Relationen ausgedehnt werden. Sie bildet eine allgemeine Eigenschaft, die je nach den experimentell gesicherten Prinzipien der einen oder anderen Mannigfaltigkeit zugeschrieben werden kann. Der Homogenitätsbegriff läßt sich nicht auf eine bestimmte Mannigfaltigkeit einschränken. Die Experimente weisen darauf hin, bzw. verifizieren vorhergehende theoretische Hinweise, welche Relationen (Invarianten) bei bestimmten Vorgängen (Transformationen) erhalten bleiben. Können diese Vorgänge als Verschiebungen in einem bestimmten Raum dargestellt werden, der je nach dem Charakter des betreffenden Vorgangs festgelegt ist, so ist dieser Raum homogen. Der Begriff der Homogenität wird somit auf den nicht-Euklidischen vieldimensionalen Raum ausgedehnt.

Zu dieser Auffassung von der Homogenität kann man nach Kuznecov auf verschiedenen Wegen gelangen, z.B. wenn man in der kovarianten Differentiation absolute und metrische (durch Koordinatenkrümmung erzeugte) Änderungen physikalischer Größen trennt. Dabei ist nur die letztere durch die Gravitation hervorgerufen, die erstere durch alles übrige. Entfällt die erstere, so bewegt sich ein Vektor längs einer Geodäten. Diesem Weg liegt die Einteilung der physikalischen Realität in den Raum zugrunde, dessen Eigenschaften durch das Schwerefeld bestimmt werden, und den Stoff, der neben der Gravitationsbeschleunigung auch nicht geometrisierbare Eigenschaften aufweist.[151] Diese getrennte Existenz von Raum und Körpern, deren Zustand nicht von ihrer Lage im Raum abhängt, ist die allgemeine Grundlage aller relativistischen Vorstellungen. Ihre getrennte Existenz nahm nach Erscheinen der allgemeinen Relativitätstheorie eine neue Form an: Es gibt fortan zwei physikalische Realitäten: Das Schwerefeld und alle übrigen Felder und Feldquanten. Die kovariante Differentiation gibt dabei eine klare Vorstellung von der "absoluten" Änderung einer physikalischen Größe unter dem Einfluß von Nicht-Schwerefeldern und der "Koordinaten"-Änderung des Raums unter dem Einfluß des Schwerefelds, das auf Grund des Äquivalenzprinzips auf alle Körper in gleicher Weise wirkt und daher als Änderung der Metrik dargestellt werden kann. Die Quantenfeldtheorie zeigte, daß eine Hierarchie von Wechselwirkungen vorliegt, deren schwächste, die Gravitation, praktisch gänzlich auf die Änderung der Eigenschaften des Raums zurückgeführt werden kann, während die übrigen diesen "Koordinaten"-Effekt in abnehmendem und den "absoluten" Effekt in zunehmendem Maß besitzen.

In seinem Buch *Gespräche über die Relativitätstheorie* 1960 vertiefte Kuznecov seine Thesen[152]: Eine Größe, die während eines Vorgangs konstant bleibt, kann einem invarianten Abstand in einem bestimmten Raum zugeordnet (*upodobit'* = ähnlich gemacht) werden. Damit ergibt sich eine bestimmte physikalische Deutung des Raums: Seinen Punkten entsprechen physikalische Variabeln, für welche die invariante Größe die Rolle eines Abstands spielt, und der Vorgang selbst wird als Koordinatentransformation, d.h. als "Bewegung" in einem Koordinatensystem, gedeutet. Aus der Invarianz der Ausgangsgröße folgt die Gleichwertigkeit der Bezugspunkte und Richtungen und die Unmöglichkeit, den Ablauf jenes physikalischen Vorgangs zu registrieren und zu messen, welcher der Koordinatentransformation zugeordnet wird, sofern man nur die Invariante beobachtet. Das Wesen der Relativität besteht allerdings nicht in dieser Unmöglichkeit, sondern in der "objektiven, substanziellen Unveränderlichkeit des physikalischen Objektes, das wir dem invarianten Abstand zuordneten". Ein physikalisches Objekt ist nicht invariant, weil wir es einer Invarianten der Koordinatentransformation zuordneten, sondern diese Zuordnung ist nur möglich, weil das Objekt real und objektiv unveränderlich ist.[153] Die Frage, welche Größen nicht von bestimmten Transformationen abhängen, wird durch die physikalische Theorie entschieden. Das Wesen der Relativitätstheorie besteht nicht in der allgemeinen Feststellung der Invarianz von Abständen, sondern im experimentellen Nachweis der Konstanz physikalischer Größen bei Variabilität anderer Größen.

Die Einteilung in absolute und relative geometrische Eigenschaften drückt nach Kuznecov eine sehr allgemeine Gesetzmäßigkeit aus: Der den ganzen Kosmos umfassende Zusammenhang aller Naturvorgänge enthält intensivere und weniger intensive Wechselwirkungen, die bestimmte Mannigfaltigkeiten von Objekten verbinden. Sind die äußeren Wechselwirkungen eines Systems viel geringer als seine inneren, können wir die ersteren vernachlässigen; wir sprechen dann von einem sich selbst überlassenen System. Die das System umgebende Welt wird dann auf Bezugspunkte reduziert, zu denen das System eine Lage besitzt. Das System ist dann von einem geometrischen Raum, nicht von einem physischen auf das System wirkenden Medium umgeben. So hängen die mechanischen Vorgänge innerhalb unserer Galaxis praktisch nicht von den außergalaktischen Nebeln ab und die Struktur eines Moleküls nicht von seiner Bewegung. Damit kann man das physische Medium als neutralen Hintergrund, als homogenen, isotropen Raum betrachten. Die Lage des Körpers beeinflußt nicht seinen Zustand; er läßt sich gegenüber jedem Bezugssystem beschreiben.

Die Geometrie könnte nach Kuznecov ohne Invarianten keine realen Vorgänge beschreiben. Zur Untersuchung räumlicher Strukturen, die reale Wechselwirkungen von Körpern ausdrücken, muß sie dementsprechend die Lage von der inneren räumlichen Struktur eines materiellen Systems abgrenzen und den Begriff der Invarianz einer geometrischen Struktur benutzen. Die Invarianz geometrischer Strukturen drückt die Realität von Systemen, ihr objektives Sein, aus.[154]

Das logische Verhältnis von schwerer und träger Masse wird ebenfalls genauer gefaßt: Kuznecov spricht jetzt von "Proportionalität" und nennt die Gravitationsmasse das "Maß der Unterordnung unter das Schwerefeld" und die träge Masse das "Widerstandsmaß".[155] Auch das Äquivalenzprinzip wird präzisiert: Der "absolute Raum" im Newtonschen Eimerversuch verliert seine bevorzugte Stellung, wenn das Ansteigen des Wassers am Rand als Schwerewirkung gedeutet werden kann, da dann der Eimer ruht. Die Äquivalenz von Schwere und Trägheit bedeutet zum mindesten auf den ersten Blick, daß beschleunigte Massensysteme gemeinsam mit den Inertialsystemen zur Bruderschaft gleichberechtigter Bezugssysteme zählen. Immer läßt sich ein homogenes und konstantes Schwerefeld finden, das einer konstanten Beschleunigung gleichwertig ist. Die Gravitation gestattet also, von einem beschleunigten System zu ruhenden Bezugssystemen ohne Änderung des Ablaufs mechanischer Vorgänge in diesem System überzugehen.[156] So kann man nach den Effekten einen frei fallenden Lift als ruhend ansehen und den auf der Erde aufruhenden als nach oben beschleunigt. Vom Standpunkt des Äquivalenzprinzips ist der im Erdfeld ruhende Lift mit dem schwerefrei nach oben beschleunigten gleichberechtigt und wir können nicht entscheiden, welches System die Effekte richtig widergibt. Durch den Übergang zum je anderen Bezugssystem läßt sich die Schwerkraft bzw. die Beschleunigung aus dem Bild der im Lift vorgehenden Phänomene entfernen. Die diese Phänomene regelnden Gesetze sind gegenüber diesem Übergang kovariant. Dies ist das allgemeine Kovarianzprinzip Einsteins.* Das Wort "allgemein" bedeutet, daß hier auch beschleunigte Bezugssysteme einbezogen sind.[157]

Alle diese Ergebnisse lassen sich nach Kuznecov nicht allein aus der Gleichheit von schwerer und träger Masse gewinnen, da sie nur zur Kovarianz der Gesetze der Mechanik, nicht aber z.B. der Optik führt. Würde man sich mit dem bisher Gesagten begnügen, so ließe sich ein Experiment zum Nachweis der Nicht-Äquivalenz ersinnen: Von einem

* Kuznecov verleiht ihm also im Gegensatz zu Fock einen rein physikalischen Charakter.

Bezugssystem aus, zu dem ein Lift beschleunigt ist, würde ein Lichtstrahl, der die Kabine durchquert, wegen seiner Energie und folglich trägen Masse eine Ablenkung erfahren. Ruht die Kabine jedoch in einem Schwerefeld, so übte dieses keinen Einfluß auf die Bewegung des Lichts aus, da letzteres ja keine schwere Masse besässe.[158] Das Äquivalenzprinzip wurde nach Kuznecov demnach auch auf optische Phänomene ausgedehnt, so daß mit optischen Mitteln ein Schwerefeld nicht von einer Beschleunigung zu unterscheiden ist.

Dazu ist zu sagen: Die Lichtablenkung erfolgt für den fallenden Lift nur im System des Erdbeobachters, während der Liftbeobachter innerhalb seiner Kabine keine Lichtablenkung wahrnimmt: Für ihn ist ja das Schwerefeld "ausgeschaltet." Dies betont Kuznecov selbst: "In einem solchen Bezugssystem hängen die Bewegungen der Körper und die Lichtsignale nicht von der Gravitation ab. Die Bedingungen fallen hier völlig mit den Bedingungen in schwerefreien Gebieten zusammen...".[159]

Wir können nach Kuznecov im Fall eines nichthomogenen Schwerefelds (nicht-parallele Kraftlinien) die Beschleunigung (die ja immer parallele Vektoren aufweist) von der Gravitation unterscheiden; in diesem Fall ist die Beschleunigung absolut. Es gelang jedoch Einstein, vom lokalen Äquivalenzprinzip zum nicht-lokalen allgemeinen Relativitätsprinzip überzugehen.

Noch deutlicher formulierte B. G. Kuznecov diesen Standpunkt in seinem Beitrag zu dem repräsentativen Sammelwerk *Einstein und die Entwicklung des physikalisch-mathematischen Denkens*[160]: Die Gravitation krümmt die Weltlinien aller Teilchen einschließlich des Lichts; damit werden alle Teilchenbahnen, die beim Verschwinden der Gravitation Urbilder (*proobaz*) von Geraden sind, zu physischen Urbildern von krummen Linien. Das legt den natürlichen Gedanken des Gravitationsfelds als Krümmung der Raumzeit im ganzen nahe. Hier liegt der entscheidende Punkt des Übergangs von der positiv gegebenen aktuellen Unendlichkeit der Raumzeit zur negativ gegebenen unendlichen Menge der Weltpunkte.*

* Im Falle einer gleichförmigen und geradlinigen Bewegung legt nach Kuznecov die unendliche Menge von Ereignissen, welche die Weltlinie eines bewegten Körpers bilden, die Verschiedenheiten im Teilchenverhalten auf verschiedenen Wegabschnitten nicht in positiver Weise fest. Aber diese Menge kann die genannten Unterschiede in negativer Weise festlegen: Sie kann das Verschwinden der Unterschiede gewährleisten.[162] Aus dieser Ausdrucksweise Kuznecovs läßt sich freilich eine "negative" Unendlichkeit nur ablesen, wenn die Zahl der möglichen Operanden der so gemeinten

In der krümmungsfreien Raumzeit kommt die Homogenität des Kontinuums in den geraden Weltlinien zum Ausdruck, in der allgemeinen Relativitätstheorie im Zusammenfallen von Weltlinie und Geodäte. Hier wird die Krümmung der Weltlinie also der Raumzeitkrümmung zugerechnet, d.h. in einem gegebenen Raum mit gegebener Krümmung ändert sich der Zustand eines Körpers längs einer Geodäte nicht. In diesem Sinn sind die Punkte der Geodäte unterschiedslos. Jeder Abschnitt einer Weltlinie ist dann eine aktuell unendliche Menge von Weltpunkten, in der das Verhalten von Körpern negativ durch eine integrale Gesetzmäßigkeit festgelegt wird, nämlich die Homogenität des Raums längs einer geodätischen Weltlinie.[161]

Diese Geometrisierung des Felds wird besonders bei der kovarianten Ableitung sichtbar. Die ganze Ableitung eines Vektors im gekrümmten Raum setzt sich aus dem Anteil zusammen, der anzeigt, was *im* Raum geschieht (Verlagerung) und dem Anteil, der anzeigt, was *mit* dem Raum geschieht (Änderung der Metrik). Die Wirkung des Gravitationsfelds wird aus dem ersten Anteil ausgeschlossen. Längs einer Geodäten verschwindet der zweite Anteil, so daß nur die Lage des Körpers gegenüber dem Anfangspunkt der Koordinaten (dem Ausgangsereignis) längs einer geodätischen Weltlinie geändert wird, nicht aber sein Zustand. Ein Analogon liefert nach Kuznecov das Aristotelische Weltmodell: Hier entsprechen die Kreisbewegungen der Himmelskörper der Homogenität, die Radialbewegungen zur Erde als dem natürlichen Ort der Inhomogenität des Raums. Die Bahnkrümmung ist das Ergebnis nicht der räumlichen Inhomogenität, sondern der Raumkrümmung. "Diese ursprüngliche, rein qualitative und mit einem phantastischen Weltschema zusammenhängende Vorstellung enthält bereits im Keim die Urbilder der künftigen Entwicklung der Begriffe Homogenität und Krümmung. Heute verfügen wir über eine gesicherte quantitative Theorie, in der die Homogenität der

Allsätze wenigstens abzählbar unendlich ist: "Alle Raumzeitpunkte einer geraden Weltlinie sind gleichberechtigt" (Satz A) oder "Alle Punkte, Richtungen und gleichförmig-geradlinigen Geschwindigkeiten der Raumzeit sind gleichberechtigt" (Satz B). Für A muß dann eine unendliche Menge von Weltlinienpunkten angenommen werden, für B eine unendliche Zahl von Raumzeitpunkten, -richtungen und -verlagerungsmöglichkeiten. Diese Annahmen sind aber nicht in den genannten Allsätzen enthalten, sondern müssen anderswoher genommen werden, z.B. aus dem Kontinuumcharakter der Raumzeit, wie sie der Relativitätstheorie zugrundegelegt wird. Die Relativität enthält also an sich noch nicht die Unendlichkeit, sondern nur einen All-Operator.

Raumzeit um den Preis ihrer Krümmung erkauft ist, der Verallgemeinerung des Begriffs der Geraden. Auf den geodätischen Linien ist die Raumzeit homogen; m.a.W. der i.a. gekrümmte Raum ist homogen."[163]

(D) *A. I. Žukov*

Wie groß das Interesse der breiten sowjetischen Leserschicht an den Grundlagen der Relativitätstheorie einschließlich der allgemeinen ist, zeigt A. I. Žukovs *Einführung in die Relativitätstheorie*, die 1961 in 50 000 Exemplaren erschien, was für sowjetische Verhältnisse eine außergewöhnlich hohe Auflage darstellt.[164] Obwohl es sich laut Vorrede um eine populäre Darstellung handelt, beginnt das Buch mit einer Würdigung der axiomatischen Methode in Mathematik und Physik an Hand des 5. Axioms Euklids. Interessant ist dabei der Satz: "Lobačevskij als wahrer Materialist war überzeugt, daß nur die Erfahrung die Frage entscheiden kann, welche Geometrie besser der Wirklichkeit entspricht."[165] Hier wird also eine Variante des Empirismus – nämlich die Anwendung eines physikalischen Kriteriums für die physikalische Gültigkeit einer Geometrie – mit "Materialismus" gleichgesetzt. In diesem Sinne wäre natürlich auch Einstein in *Geometrie und Erfahrung* Materialist. Aber vielleicht hätte nicht einmal Kant diesen Standpunkt bestritten, wäre ihm die Möglichkeit nicht-Euklidischer Geometrien bekannt gewesen; es hätte ihm genügt, eine apriorische Verräumlichung mit indefiniter Metrik anzunehmen.

Bemerkenswert ist auch Žukovs Satz, daß gerade aus der Existenz einer Pseudosphäre die Widerspruchsfreiheit der Geometrie Lobačevskijs, also die Unmöglichkeit, das 5. Axiom Euklids zu beweisen, ableitbar ist. Hier wird, was Žukov leider nicht weiter ausführt, der Widerspruchsfreiheit in der Seinsregion des Logischen die physische Existenz zugeordnet, und zwar als Prämisse der ersteren.*

Nach Žukov muß man sich völlig darüber klar sein, daß die Existenz von Inertialsystemen eine bestimmte Eigenschaft von Raum und Zeit ist. Sie können nicht immer und überall existieren.[166] Diese Bemerkung ist natürlich *cum grano salis* zu nehmen, denn der Übergang von der Riemannschen Situation zur pseudo-Euklidischen kann gerade immer und überall im unendlich Kleinen vollzogen werden; darin liegt überhaupt der

* Man könnte diesen Fall m.E. "physiko-logischen Parallelismus" nennen.

mathematische Grund für die Existenz von Inertialsystemen, während in endlichen Gebieten die Schwerkraft nicht wegtransformierbar ist. Unkorrekt ist auch Žukovs Bemerkung, in der allgemeinen Relativitätstheorie werde nicht die Möglichkeit der Konstruktion von Inertialsystemen vorausgesetzt: Nach dem Äquivalenzprinzip wird in einem frei fallenden Lift gerade ein Inertialsystem realisiert.
Die Existenz von Inertialsystemen gehört also zu den Voraussetzungen der allgemeinen Relativitätstheorie. Auch wenn man nur die fertige Theorie berücksichtigt und das Äquivalenzprinzip wegläßt, bleibt immer noch die Einstein-Riemannsche Geometrie, zu deren Grundlagen der lokale Übergang zu Kartesischen Koordinaten als mathematischen Repräsentanten eines starren Bezugsgerüsts gehört.
Žukov beginnt die Ableitung der allgemeinen Relativitätstheorie mit Messungen von Ereignissen von einer im schwerefreien Raum gleichmäßig beschleunigten Rakete. Ihre Weltlinie (die Rakete als Punkt genommen) bildet eine Hyperbel mit zwei sich kreuzenden Weltlinien des Lichts als Asymptoten. Die Gleichung für die Eigenzeit der Rakete ist

$$\tau = \frac{c}{a}\ln\left(\sqrt{1+\frac{a^2}{c^2}t^2}+\frac{a}{c}t\right),$$

wo τ die Eigenzeit, t die Koordinatenzeit und a die konstante Eigenbeschleunigung der Rakete ist. Teilen wir auf der Weltlinie der Rakete gleiche Eigenzeit-Intervalle ab, so können wir mit Hilfe von Radiosignalen und einer mitbewegten Uhr Ort und Zeit von Ereignissen messen, die nicht mit einem Punkt der Raketen-Weltlinie koinzidieren.* Dabei zeigt sich, daß die Weltlinien aller zum Eigensystem der Rakete ruhenden Weltpunkte innerhalb des Winkels der Asymptoten liegen, wie groß auch die negativ genommene rein räumliche Entfernung eines mitbewegten Körpers im Eigensystem der Rakete ist. Das Bezugssystem der Rakete vermag also nicht die ganze Raumzeit zu erfassen. Wir können nun alle mit einem Punkt der Raketen-Weltlinie gleichzeitigen Weltpunkte durch eine Gerade verbinden (Momentaufnahme des Raums). Die gekrümmten (zeitartigen) Weltlinien mitbewegter Massenpunkte bilden nun mit diesen Geraden ein Koordinatensystem innerhalb des Winkels aus den Asymp-

* Dies scheint wegen der Anisotropie der Lichtgeschwindigkeit gegenüber einem Beschleunigungssystem problematisch, zum mindesten für hinreichend entfernte Ereignisse.

toten (den Weltlinien des Lichts). Obwohl dabei die Achse x mit x' (im Eigensystem der Rakete) zusammenfällt, besitzen beide doch verschiedene Maßstäbe. Dies zeigt sich besonders deutlich daran, daß der Schnittpunkt der Asymptoten im Inertialsystem S gleich $-c^2/a$ ist, im System S' der Rakete gleich $-\infty$ (s.o.).

Der Übergang zu nicht-inertialen Bezugssystemen verlangt also nach Žukov die Einführung gekrümmter Koordinaten. Obwohl in dem erwähnten Beispiel durch S' aus der Raumzeit "geradlinige" räumliche Schichten ausgeschnitten werden, kann man sich auch Bezugssysteme mit gekrümmten räumlichen Schichten vorstellen. Der Raum kann also in nicht-inertialen Bezugssystemen auch nicht-Euklidisch sein.

Dem Verfasser scheint hier ein Mißverständnis vorzuliegen. Die Einführung gekrümmter Koordinaten an sich bringt keine Abweichung vom Euklidischen Raum. Das Stück Papier, auf dem in obigem Beispiel die Koordinaten des Raketensystems gezeichnet wurden, läßt nach wie vor alle Figuren und Maßverhältnisse der zweidimensionalen Euklidischen Geometrie zu. Erst wenn ich fordere, daß die physikalische Situation, welche durch die Beschleunigung eines Körpers erzeugt wird, durch keine Kartesischen Koordinaten beschrieben werden kann, m.a.W. wenn ich wenigstens in endlichen Raumzeit-Bereichen die Zuordnung von Ereignissen zu Inertialsystemen ausschließe, gewinne ich in den krummen Koordinaten ein Kriterium für die *innere* Struktur des betreffenden Raumzeitgebiets. Dies ist aber gerade bei der beschleunigten Rakete nicht der Fall, denn die Rakete verändert nicht die Euklidizität des schwerefreien Raums. Erst wenn ich auf Grund des Äquivalenzprinzips setze:

(A) Die Darstellung von Ereignissen in gravitationserfüllten Raumzeitgebieten folgt derselben Geometrie wie die Darstellung von Ereignissen in den Koordinaten des Eigensystems eines beschleunigten Massenpunkts,

(B) im Eigensystem des beschleunigten Massenpunkts lassen sich keine Euklidischen Maßverhältnisse erreichen. Dann folgt aus (B) die Nicht-Euklidizität eines Gravitations-erfüllten Raumzeitgebiets. Solche Setzungen sind aber in hohem Maß willkürlich und zeigen mehr heuristisch den Weg zur Findung der Äquivalenz von Schwere und Riemannscher Metrik. Dem Verfasser scheint überhaupt, daß bisher noch nirgends ein zwingender Beweis für diese Äquivalenz gefunden wurde und man sie vielmehr als selbständiges Postulat einführen muß, das dann freilich reduktiv aus den Effekten der Theorie erklärt werden kann.

Auch für nicht-inertiale Bezugssysteme läßt sich nach Žukov das Newtonsche Trägheitsgesetz formulieren: Von allen Weltlinien, die zwei Weltpunkte verbinden, entspricht diejenige einer Inertialbewegung, welche das größte Eigenzeit-Intervall aufweist. Diese Formulierung ist auch gegenüber beschleunigten Bezugssystemen invariant. Kennt man die Formel für die Eigenzeit, so lassen sich nicht nur das Trägheitsgesetz, sondern alle Naturgesetze in jedem beliebigen Bezugssystem formulieren. Der Ausdruck für das Intervall der Eigenzeit bestimmt völlig alle Eigenschaften des Bezugssystems.

Interessant sind Žukovs Thesen zum *Äquivalenzprinzip:* Es hängt nicht ausschließlich mit der Relativitätstheorie zusammen; um es zu formulieren, bedarf es weder der Konstanz der Lichtgeschwindigkeit noch anderer Sätze dieser Theorie. Das Äquivalenzprinzip stellt die Verallgemeinerung von Erfahrungstatsachen und ein sehr allgemeines physikalisches Prinzip dar. Wenn einige Physiker (– gemeint ist offenbar Fock – *der Verf.*) die allgemeine Relativitätstheorie allein aus der Gleichheit von schwerer und träger Masse ableiten wollen, so kann man dies nicht als geglückt ansehen, da sich daraus nur eine Kinematik der Gravitationstheorie und die Gesetze der mechanischen Bewegung ableiten lassen. Für tiefere Folgesätze der allgemeinen Relativitätstheorie ist die Gleichheit der Massen wirkungslos. Deshalb sehen sich die Autoren solcher Bemühungen so oder anders, schweigend oder offen, gezwungen, auch das allgemeine (d.h. auf optische Vorgänge erweiterte) Äquivalenzprinzip heranzuziehen.[167]

Auf Grund des Äquivalenzprinzips gelten im frei fallenden Bezugssystem alle Sätze der speziellen Relativitätstheorie, z.B. die Maxwellschen Gleichungen. Um von der Menge aller dieser Lokalsysteme zu einem einzigen großen Raumzeitgebiet mit Schwerefeld überzugehen, bedarf es nur des Übergangs von einem Inertialsystem zu einem beschleunigten Bezugssystem (s.o.). Damit gewinnen wir z.B. die Formulierung der Gesetze für das elektromagnetische Feld im Fall der Gravitation (plus der Formel für die Eigenzeit dieses Bezugssystems). Die Eigenschaften eines Bezugssystems werden völlig durch die Formel für die Eigenzeit bestimmt, deshalb gehen auch in die verallgemeinerten Maxwellschen Gleichungen die Koeffizienten der Gleichung für die Eigenzeit ein.* Aus dem Äqui-

* Siehe auch Laue, *Relativitätstheorie*, II, S. 88.

valenzprinzip folgt nun, daß diese so verallgemeinerten Maxwellschen Gleichungen für jedes Schwerefeld gelten, setzt man nur die dem entsprechenden Schwerefeld zugehörigen Koeffizienten für die Eigenzeit in sie ein. Deshalb bedarf es eigentlich keiner neuen Formulierung der Naturgesetze: Sobald wir sie allgemein kovariant schreiben, gelten sie automatisch für alle Schwerefelder. Hier zeigt sich die ganze Stärke des Äquivalenzprinzips. Gerade hier begehen aber nach Žukov einige Physiker (offenbar ist Fock gemeint – *der Verf.*) einen logischen Irrtum. Im Bestreben, ohne das Äquivalenzprinzip auszukommen, schreiben sie einfach die allgemein kovariante Formulierung eines physikalischen Gesetzes ab, wie es aus der speziellen Relativitätstheorie folgt, und halten sie ohne weitere Umschweife auch in einem Schwerefeld für gültig. "Dieses Kunststück bedarf aber der Begründung und diese ist ohne das Äquivalenzprinzip unmöglich."[168]

Andererseits ist Žukov ebenso wie Fock (den er übrigens nirgends nennt) der Ansicht, daß der Ausdruck "allgemeine Relativitätstheorie" äußerst unglücklich gewählt sei: Man kann sich schwer vorstellen, was eigentlich Einstein damit ausdrücken wollte. Die Physik kennt kein allgemeineres Relativitätsprinzip als das Galileische; in beschleunigten Systemen spielen sich physikalische Vorgänge anders ab als in inertialen. Die allgemein kovariante Formulierung der Naturgesetze hebt diesen qualitativen Unterschied nicht auf. Offenbar meinte Einstein gerade die allgemeine Kovarianz; diese hat aber keinen physikalischen Inhalt. Freilich spielt die Mathematik in der Relativitätstheorie eine riesige Rolle, aber deshalb bleibt sie doch eine physikalische Theorie und es wäre seltsam, ihr einen "mathematischen" Namen zu geben.

Falsch ist es aber auch nach Žukov, sie "Gravitationstheorie" zu nennen. Freilich entstand sie ebenso aus einer relativistischen Gravitationstheorie wie die spezielle Relativitätstheorie aus der Elektrodynamik, beide wuchsen aber über diese Rahmen hinaus. Ebensowenig wie die letztere eine Elektrodynamik ist, ist die erstere nur eine Theorie der Gravitation.[169]

Nach Žukov gelangt man vom Eigenzeit-Intervall zur Gravitationstheorie: Ein Inertialsystem ist definiert als Körper mit maximalen Eigenzeit-Intervallen. Von einem beschleunigten Bezugssystem aus unterliegen alle Inertialsysteme einem fiktiven Schwerefeld, als ob sie frei fielen. In diesem System bedeutet "Trägheitsbewegung" "freier Fall". Folglich haben real frei fallende Körper ebenfalls maximale Eigenzeit-Intervalle.

Die in einem Schwerefeld ruhende Uhr, etwa die eines Erdlaboratoriums, wird daher kleinere Intervalle aufweisen als ein nach oben geworfener Körper (wobei wir allerdings von der Anfangs- und Endbeschleunigung absehen).* Darin zeigt sich der Unterschied zur schwerelos beschleunigten Rakete, deren Intervalle kleiner sind als die eines Inertialsystems (weshalb auch der Kosmonaut jünger zur Erde zurückkehrt als seine Altersgenossen beim Start).

Im Schwerefeld ist nach Žukov der freie Fall der Inertialbewegung in demselben Sinn äquivalent wie die Gravitationskräfte den Trägheitskräften. Der freie Fall ist in diesem Sinn der "natürlichste" Bewegungszustand eines Körpers, ebenso wie die schwerefreie geradlinige gleichförmige Bewegung. Ein Körper "widersetzt" sich jeder Änderung dieser Bewegung, dadurch entstehen Kräfte. Von diesem Standpunkt aus ist das Gewicht eines Körpers nichts als seine Reaktion auf den Versuch, ihn vom freien Fall abzuhalten. Dieser Gedankengang ist nach Žukov nur eine Paraphrase der Gleichheit von schwerer und träger Masse.[170]

Im Schwerefeld fließt also nach Žukov die Zeit gewissermaßen langsamer als beim freien Fall. Je stärker das Schwerefeld, desto größer differiert die Eigenzeit eines in ihm ruhenden Körpers von der Koordinatenzeit; nur die letztere kann sich auf das Feld als ganzes beziehen. Dies ergibt den Effekt der Gravitations-Rotverschiebung.

Dieser Effekt ist nach Žukov ein starker Beweis für das allgemeine Äquivalenzprinzip. Die Lichtemission kann nicht auf rein mechanische Bewegungen zurückgeführt werden; deshalb reicht hier die Gleichheit von träger und schwerer Masse nicht aus; der Nachweis der Rotverschiebung beweist, daß die Lichtemission dem Äquivalenzprinzip unterliegt.

Žukov gibt abschließend folgende Deutung des Uhrenparadoxons: Die Uhr eines zum Ausgangspunkt zurückkehrenden Körpers geht gegenüber der am Ausgangspunkt ruhenden Uhr nach, weil sich die "reisende" Uhr beschleunigt bewegt und folglich eine der Schwerkraft äquivalente Trägheitskraft erfährt, welche den Gang ihrer Uhren verlangsamt. Geht man zum Ruhsystem der reisenden Uhr über, so sieht man sofort, daß die am

* Die im Erdfeld ruhende Uhr stellt eben nach dem Kriterium der Eigenzeit-Maxima kein echtes Inertialsystem dar, obwohl sie bei einem beschleunigungsfreien Zentralkörper theoretisch als gleichförmig geradlinig bewegt angenommen werden könnte. Man sieht an diesem Beispiel, daß die Newtonsche Definition der Trägheit nicht ausreicht; wir müßten ihr hinzufügen... "im gravitationsfreien Raum geradlinig gleichförmig bewegt".

Ausgangspunkt ruhende Uhr "frei fällt" und also nach einem dem Trägheitsgesetz äquivalenten Gesetz ein größeres Eigenzeit-Intervall aufweist.* Bisher, so fährt Žukov fort, galt das Schwerefeld als vorgegeben. Um es unter Abänderung der klassischen Potentialtheorie zu finden, mußte Einstein die mangelnden Erfahrungstatsachen durch die mathematischen Ideen der speziellen Relativitätstheorie ersetzen. Das Erstaunlichste ist nun, daß dieses beinahe phantastische Unternehmen glänzend gelang. Einsteins Feldgleichungen stellen eine wahrhaft kolossale Tat der Wissenschaft dar. "Die allgemeine Relativitätstheorie wird fraglos als eine der großartigsten Leistungen der menschlichen Vernunft in die Geschichte der Wissenschaft eingehen".[171]

(E) *A. F. Bogorodskij*

Auch der an der Universität Kiev lehrende theoretische Physiker A. F. Bogorodskij nennt in einer 1962 erschienenen Monographie *Die Feldgleichungen Einsteins und ihre Anwendung in der Astronomie*[172] das Äquivalenzprinzip die physikalische Grundlage der relativistischen Gravitationstheorie. Der Ausdruck "allgemeine Relativitätstheorie" wird von ihm vorbehaltlos übernommen. Er gibt allerdings zu, daß man das Äquivalenzprinzip in der gewöhnlichen Formulierung nur im Falle der Euklidischen Metrik im ganzen Raum, also für einen sehr speziellen Fall des Gravitationsfelds über den lokalen Fall hinaus erweitern kann. Solche Felder sind z.B. die wegtransformierbaren Trägheitsfelder der Newtonschen Mechanik. Der Übergang zu einem Feld willkürlicher Struktur verlangt eine Riemannsche Metrik und hebt formal die Äquivalenz zwischen Trägheit und Gravitation auf. Die allgemeinen Eigenschaften der Riemannschen Metrik erlauben indes wesentlich die Formulierung des Äquivalenzprinzips auf eine endliche Bewegung in einem beliebigen Gravitationsfeld zu erweitern.** Die mathematische Voraussetzung dazu

* Dabei muß man allerdings den Gravitationseffekt für die ruhende Uhr vernachlässigen, denn eine auf der Erde ruhende Uhr fällt gerade nicht frei im Bezugssystem der Erde, sondern nur im Bezugssystem der sich nähernden Rakete. Unter "frei fallend" im Sinne eines Zeitintervall-Maximums sind daher nur folgende Fälle zu verstehen: (1) Freies Folgen gegenüber einer geodätischen Weltlinie des Riemannschen Raums, d.h. freier Fall in einem realen Schwerefeld, (2) Relativbeschleunigung von schwerefreien Inertialsystemen gegenüber gleichförmig beschleunigten Bezugssystemen.

** Bogorodskij verweist auf seine dem Verfasser unbekannte Arbeit in *Publ. Kiev. astr. obs.* 9.

liefert die Berührung (Oskulation) zwischen Euklidischer und Riemannscher Metrik längs einer Linie, wie sie von Cartan ausgearbeitet wurde.[173] Es läßt sich nämlich zeigen, daß man ein Koordinatensystem im Euklidischen Raum wählen kann, wo alle $g_{\mu\nu}$ und ihre ersten Ableitungen nach den Koordinaten in allen Punkten einer Kurve in der Riemannschen und Euklidischen Metrik gleiche Werte haben.*

Wir teilen nun nach Bogorodskij die Schwerefelder in zwei Typen ein: (1) die von Fock als "imitiert" bezeichneten, d.h. der Koordinatenwahl entspringenden Felder, denen eine Euklidische Metrik entspricht (Trägheitsfelder ohne Gravitation);** (2) von Fock als "wahr" bezeichnete, denen eine Riemannsche Struktur entspricht. Beide Felder unterscheiden sich durch die Grenzbedingungen. Dennoch gibt es einen Übergang: Für ein freies Teilchen im Feld vom Typ (2) hängt das Bewegungsgesetz nur von den Anfangsbedingungen und nicht von der Masse des Teilchens ab.

Durch Oskulation können wir eine Euklidische Metrik einführen, die sich längs der ganzen Weltlinie des Teilchens mit der gegebenen Riemannschen Metrik berührt. Daraus folgt die erweiterte Formulierung des Äquivalenzprinzips: "Für jede eindeutig bestimmte Bewegung eines freien Teilchens in einem gegebenen Gravitationsfeld kann man ein solches Bezugssystem in der Euklidischen Raumzeit konstruieren, daß die Bewe-

* Im n-dimensionalen Riemannschen Raum mit den Koeffizienten $g_{\mu\nu}$ und deren Ableitungen $\Gamma_{\mu\nu}{}^{\alpha}$ sei eine Linie (Oskulationslinie) gegeben, deren fließender Punkt durch die Funktion $u^i = u^i(t)$ gegeben sei, wo t ein bestimmter Parameter ist. In einem Euklidischen Raum von derselben Dimensionszahl und den metrischen Koeffizienten $q_{\mu\nu}$, den Christoffelschen Symbolen $F_{\mu\nu}{}^{\alpha}$ und den Koordinaten x^i sei eine Linie gegeben durch $x^i = u^i(t)$. Wenn bei $t = t_0$ die metrischen Koeffizienten beider Räume zusammenfallen, so läßt sich zeigen, daß für alle Werte von t, also in allen Punkten der Kurve, $g_{\mu\nu} = q_{\mu\nu}$ und $\Gamma_{\mu\nu}{}^{\alpha} = F_{\mu\nu}{}^{\alpha}$ ist.[174] Das heißt aber nicht, daß man im ganzen Raum die Riemannsche Metrik auf eine entsprechend gewählte Metrik des Euklidischen Raums zurückführen kann, d.h. daß letztlich alle Gravitationspotentiale und Feldstärken durch "fiktive" Feldstärken $F_{\mu\nu}{}^{\alpha}$ zu ersetzen sind. Darin zeigt sich gerade der Lokalcharakter der Äquivalenz, freilich erweitert auf alle Punkte einer gewählten Kurve. Poincarés Konventionalismus, wonach man immer zur Euklidischen Geometrie übergehen könne, wird sich also kaum durchführen lassen. Siehe auch *Albert Einstein als Philosoph und Naturforscher* (Stuttgart, 1955, S. 502–504), wo sich Einstein mit Poincaré darüber auseinandersetzt.

** Es ist interessant, daß Bogorodskij auch den Typus (1) als Schwerefeld bezeichnet. Ein formallogischer Widerspruch in der Definition ("Trägheitsfelder ohne Gravitation") läßt sich nur vermeiden, wenn wir statt "ohne Gravitation" setzen "ohne Riemannsche Gravitation", worunter das Verschwinden von $R_{\mu\nu\varrho}{}^{\sigma}$ verstanden sein soll. Wir müßten dann Fall (1) als Galileische Gravitation (oder Trägheitsgravitation) und Fall (2) als Riemannsche Gravitation bezeichnen.

gung ebenso abläuft wie in einem Gravitationsfeld des ersten Typus (d.h. beim Fehlen eines "wahren" Feldes)". Betrachten wir die Oskulationslinie C als Kurve im Riemannschen Raum, so ist C' das Ergebnis einer Abwicklung oder Abbildung von C auf den Euklidischen Raum. Jedes Bewegungsgesetz eines Teilchens in einem Gravitationsfeld kann auf den Euklidischen Raum abgewickelt werden. Ist C eine Geodäte der Riemannschen Metrik, so ist C' ebenfalls eine Geodäte. Die Geodäte des Riemannschen Raums wird also auf die Gerade des Euklidischen Raums abgewickelt. Man kann demnach aus der o.g. Formulierung des Äquivalenzprinzips eine wichtige Folge ableiten: Vollzieht sich die Bewegung in einem Gravitationsfeld (1) nach dem Gesetz der Geodäte, so kann man ohne Zuhilfenahme der Feldgleichungen behaupten, daß die Bewegung eines freien Teilchens in einem Gravitationsfeld beliebiger Struktur diesem Gesetze folgt. Das Prinzip der geodätischen Linie, das Bewegungsgrundgesetz eines freien Teilchens im Gravitationsfeld, läßt sich also aus allgemeinen Erwägungen unabhängig von der jeweiligen Form der Feldgleichungen ableiten.

Andererseits entspricht jeder endlichen Bewegung in einem Gravitationsfeld eine besondere Euklidische Metrik*, welche die Abwicklung des Bewegungsgesetzes erlaubt.

Die Wahl der Anfangsbedingungen legt auch die oskulierende Euklidische Metrik fest. Das erweiterte Äquivalenzprinzip erlaubt also nicht, das "wahre" Gravitationsfeld im ganzen auf das "imitierte" zurückzuführen.

* Die Frage ist, ob man hier noch von einer Euklidischen Metrik sprechen kann. Streng genommen handelt es sich um die Einführung einer Menge von nicht-Galileischen $g_{\mu\nu}$ allein durch die Wahl des Koordinatensystems, z.B. indem man einen beschleunigten Körper in einem Euklidischen Raum zum Anfangspunkt eines Koordinatensystems wählt. Dadurch wird aber die Euklidizität des Raums nicht aufgehoben, sonst müßten die Beobachtungen von einem anfahrenden Auto aus die (angenähert) Euklidische Struktur des Raums, in dem wir leben, aufheben. Indem wir durch Koordinatentransformation von dem beschleunigten Auto zum inertialen übergehen (indem wir Geschwindigkeit und Richtung konstant halten) kommen wir wieder zu Galileischen $g_{\mu\nu}$ zurück. Der Ausdruck "besondere Euklidische Metrik" würde also besser durch "Beschleunigungsmetrik im Euklidischen Raum" ersetzt, wenn wir nicht eine *contradictio in adjecto* ("nicht-Euklidische Metrik des Euklidischen Raums") begehen wollen. Hier zeigt sich besonders deutlich, daß wir in Wirklichkeit drei physikalisch-geometrische Situationen zu unterscheiden haben: (1) Euklidischer Raum ohne Gravitation und Beschleunigungssysteme. (2) Euklidischer Raum ohne Gravitation mit Beschleunigungssystemen. (3) Nicht-Euklidischer Raum mit Gravitation. Die von Bogorodskij besprochene Äquivalenz gilt für (2) und (3), nicht aber für (1) und (3), da sonst die Lokalität durchbrochen würde.

Andererseits ist unter dem Gesichtspunkt der Allgemeinheit der Theorie die Annahme natürlich, daß die Felder beider Typen die gleiche physikalische Natur besitzen und sich nur durch ihre Struktur unterscheiden. Die "imitierten" Felder der Zentrifugal- oder Corioliskräfte unterscheiden sich nach ihrer physikalischen Natur ebensowenig von dem "wahren" Gravitationsfeld der Sonne wie das elektrostatische Feld eines ebenen Kondensators vom sphärischen Feld einer geladenen Kugel.*[175]

Andererseits schließt sich Bogorodskij hinsichtlich der Kovarianz und des mit ihr als inhaltlich gleich angenommenen allgemeinen Relativitätsprinzips der Fockschen Kritik an, freilich mit dem Bemerken, daß Einstein auf Grund des Einwandes von Kretschmann einen ungefähr gleichen Standpunkt wie Fock einnahm.[176] Die wahre Grundlage der relativistischen Gravitationstheorie ist für Bogorodskij demgemäß nicht die Kovarianz, sondern das Äquivalenzprinzip. Es ist keineswegs nur eine Arbeitshypothese, die heute allein pädagogischen Wert besitzt. Für Fock habe es überhaupt keine selbständige Bedeutung und sei nur als Folge der Feldgleichungen interessant; auch für Eddington sei es heute weniger notwendig. "Der Autor kann sich diesem Standpunkt nicht anschließen, da der Verzicht auf die selbständige Bedeutung des Äquivalenzprinzips die Relativitätstheorie ihrer wichtigsten Erfahrungsgrundlage beraubt."[177]

Allerdings enthält das Äquivalenzprinzip nach Bogorodskij eine wesentliche Unbestimmtheit: Die Äquivalenz zwischen Trägheit und Gravitation gilt nur für den Fall eines Probekörpers in einem Schwerefeld, nicht aber, wenn der Körper wesentliche Störungen des Schwerefelds bewirkt. Genügend verschiedene Massen fallen im gleichen Feld nicht mit gleicher Beschleunigung. Für den ersten Fall ist die Verträglichkeit der Einsteinschen Feldgleichungen mit dem Äquivalenzprinzip zweifelsfrei. Fraglich ist hingegen, ob das Gesetz der geodätischen Bahn auch für endliche Massen gilt. Die Prämissen der Relativitätstheorie geben darauf keine Antwort und

* Diese Behauptung ist sehr weitgehend. Es besteht zwischen dem Beschleunigungs-("Imitations"-)Feld und Gravitationsfeld abgesehen von der Ursache beider ein geometrischer Unterschied: Im ersten läßt sich im ganzen Volumen immer der Krümmungstensor wegtransformieren, nicht aber im zweiten. Gerade der Vergleich mit der Elektrostatik macht dies anschaulich sichtbar: Das ganze Feld einer Kugel läßt sich durch keine physikalische Manipulation, etwa durch Aufschneiden der Kugeloberfläche und Aufkleben auf ein ebenes Blatt Papier, zu dem Feld eines ebenen Kondensators machen.

diese Unbestimmtheit ist allein durch eine neue Hypothese aufzuheben. Wir können nur erwarten, daß das Bewegungsgesetz für eine Masse m bei $m \to 0$ den Übergang zu den Gleichungen der Geodäten gewährleistet. Wenn ebenso wie in der Newtonschen Mechanik die Form des Bewegungsgesetzes für alle Massen gleich ist, dann kann das Prinzip der geodätischen Linie für alle Teilchen unabhängig von ihrer Masse benutzt werden. Aber dann entsteht ein Widerspruch zu den Einsteinschen Feldgleichungen: Da diese nicht linear sind, muß man die Integrierbarkeitsbedingungen beachten; diese hinwiederum bestimmen das Bewegungsgesetz der felderzeugenden Massen. In der zweiten Näherung ist die Lösungsbedingung für ein System punktförmiger Massen das Newtonsche Bewegungsgesetz, d.h. die erste Näherung des Prinzips der geodätischen Linie. Die Integrierbarkeitsbedingung in der dritten Näherung ist jedoch das Bewegungsgesetz mit Korrekturen zweiter Ordnung, das sich von den Gleichungen der Geodäten unterscheidet. Man kann also entweder die Feldgleichungen unter Verzicht auf das Geodätenprinzip beibehalten und an seiner Stelle die Integrierbarkeitsbedingung aufstellen oder von der dritten Näherung an die Feldgleichungen verlassen. Einstein zeichnete 1927 den ersten Weg vor, indem er die Bewegungsgleichungen aus den Feldgleichungen ableitete. Damit verlieren aber die ursprünglichen physikalischen Voraussetzungen der Theorie ihre selbständige Bedeutung und die Feldgleichungen werden zu einem Postulat, aus dem durch mathematische Deduktion die ganze Theorie abgeleitet wird. Da die Bewegung eines Massenpunkts im allgemeinen Fall keiner Geodäten folgt, so wird seine Viererbeschleunigung von Null verschieden und wir kehren wieder zum Newtonschen Kraftbegriff im Rahmen der Riemannschen Geometrie zurück.

Physikalisch zieht Bogorodskij den zweiten Weg vor. Damit kann man auf den Begriff des Kraftfelds im Newtonschen Sinn verzichten und jede Bewegung im Schwerefeld als frei und beschleunigungslos ansehen. Die Feldgleichungen werden von der dritten Näherung an mit dem Geodätenprinzip unvereinbar. Die gewöhnlichen astronomischen Effekte beruhen auf der ersten und zweiten Näherung, so daß sich an ihnen nichts ändert. Hingegen verlieren die Folgesätze der genauen Form der Feldgleichungen, insbesondere alle Schlüsse der relativistischen Kosmologie, ihre Bedeutung und lassen sich durch keine physikalischen Voraussetzungen der Relativitätstheorie rechtfertigen. Sehr interessant wären Feldgleichungen,

die genau dem Geodätenprinzip entsprechen; ihre Existenz ist indessen keinesfalls evident.[178]
Diese von Bogorodskij gezeigte Alternative ist philosophisch bedeutsam: Wenn man auf das Geodätenprinzip verzichtet, so ließe sich die Wiedereinführung besonderer Ursachen für die Bewegung eines Körpers rechtfertigen; ob dies der Newtonsche Kraftbegriff leistet, scheint indes fraglich, weil diese "Kraft" nach wie vor durch die $g_{\mu\nu}$ repräsentiert würde, freilich sowohl durch den eigentlich felderzeugenden Körper *und* den Probekörper verursacht. Der bahnbestimmende Faktor bliebe also nach wie vor das Führungsfeld. Logisch entspricht den Grundlagen der Theorie wohl eher eine Preisgabe der Form der Feldgleichungen als des Geodätenprinzips.

(F) *M. F. Širokov*

Der an der MGU lehrende Physiker M. F. Širokov nimmt in sehr pointierter Weise zu den Prinzipien Stellung.[179] Die Konzeption Focks (und A. D. Aleksandrovs) wird von ihm entschieden abgelehnt. Dabei scheint es allerdings bei beiden Opponenten zu einer Verhärtung der Standpunkte gekommen zu sein, so daß man in gewissem Sinn von einem monologisierenden Dialog sprechen kann.
Leider, so heißt es bei Širokov, unterschätzen Fock und A. D. Aleksandrov das allgemeine Relativitätsprinzip als Naturgesetz. Sie reduzieren den physikalischen Inhalt der allgemeinen Relativitätstheorie auf das neue Gravitationsgesetz. Dies heißt eigentlich, die objektive Realität der Felder von Trägheitskräften und ihre Äquivalenz mit den Gravitationskräften negieren. Nun ist aber das Äquivalenzprinzip automatisch in der Forderung nach Kovarianz gegenüber der sehr allgemeinen Transformationsgruppe $x'_{\mu}=f_{\mu}(x_1, x_2, x_3, x_4)$ enthalten. Da *i.a.* der Ausdruck $ds^2=g_{\mu\nu}\,dx_{\mu}\,dx_{\nu}$ gilt, so müssen die Naturgesetze in allgemeinerer Form als der speziell relativistischen formuliert werden. Das allgemeine Relativitätsprinzip lautet: "Die Naturgesetze sind in allen Bezugssystemen, die sich in beliebigen physikalisch möglichen Bewegungszuständen befinden, die gleichen".[180] Das Äquivalenzprinzip behauptet die Wegtransformierbarkeit des Schwerefelds in einem Raumzeit-Punkt durch den Übergang zu einem entsprechend gewählten beschleunigten Bezugssystem. Seine Existenz wird gesichert durch die Möglichkeit, die Form von ds^2 in einem

bestimmten Punkt mit Hilfe von $x'_\mu = f_\mu(x_1, x_2, x_3, x_4)$ in die Galileische Form zu transformieren. Das Äquivalenzprinzip trägt zwar lokalen Charakter, aber dadurch wird sein prinzipieller physikalischer Wert nicht geschmälert.

Das allgemeine Relativitätsprinzip enthält somit automatisch das Äquivalenzprinzip; folglich geht Einsteins Gravitationsgesetz organisch in die allgemeine Relativitätstheorie ein. So haben z.B. die Erhaltungssätze für Energie und Impuls einer beliebigen Materie

$$(T^\nu_\mu)_\nu = \frac{1}{\sqrt{g}} \cdot \frac{\partial(\sqrt{g} \cdot T^\nu_\mu)}{\partial x_\nu} - \frac{1 \partial g_{\alpha\beta}}{2 \partial x_\mu} \cdot T^{\alpha\beta} = 0$$

dieselbe Gestalt für ein Schwerefeld und ein Feld von Trägheitskräften; dabei sind wir nicht imstande, in einem bestimmten Punkt eine Trennung beider Felder vorzunehmen. "Somit sind zwar Schwere- und Trägheitskraftfelder ihrer physikalischen Natur nach verschieden, wirken aber auf dieselbe Weise auf physikalische Vorgänge."[181]

Das Äquivalenzprinzip hat nach Širokov auch für die praktische Verwendung der Relativitätstheorie in Mechanik und Astronomie seine Bedeutung. Širokov ist daher nicht damit einverstanden, die allgemeine Kovarianz sei ohne physikalischen Inhalt und trage nur formal-mathematischen Charakter, so daß der ganze physikalische Inhalt der allgemeinen Relativitätstheorie nur in den Feldgleichungen zum Ausdruck komme. "In Wirklichkeit ist sie ebenso eine Theorie der Felder der Trägheitskräfte, die genau so objektiv real sind wie die Gravitationsfelder."[182]

Ebenso wie in der speziellen Relativitätstheorie bewirkt das Newtonsche Potential φ und die Beschleunigung von Bezugssystemen mit Feldern von Trägheitskräften eine Veränderung von Länge und Rhytmus, nach

$$\Delta l = \Delta l_0 \left(1 - \frac{\varphi}{c^2}\right),$$

$$\Delta t = \Delta t_0 \left(1 - \frac{\varphi}{c^2}\right),$$

$$\nu = \nu_0 \left(1 - \frac{\varphi}{c^2}\right).$$

Diese Effekte haben für die spezielle und allgemeine Relativitätstheorie eine gemeinsame Natur, die im Relativitätsprinzip enthalten ist, sofern man es allgemein formuliert; deshalb kann man die ganze Gruppe von Effekten als "relativistisch" bezeichnen. So ist z.B. das Feld der Trägheitskräfte im Bezugssystem einer rotierenden Scheibe äquivalent einem Schwerefeld mit dem Potential

$$\varphi = \int_0^r \omega^2 r \, \mathrm{d}r = \frac{v^2}{2}.$$

Setzt man diesen Ausdruck in die Gleichungen ein, so erhalten wir hinreichend angenähert die Formel für die speziell-relativistischen Effekte (Längenverkürzung und Zeitdilatation). Die durch Felder der Trägheits- oder Gravitationskräfte erzeugten Effekte lassen sich also deuten als erzeugt durch die Geschwindigkeit v gegenüber einem bestimmten Inertialsystem. Für die rotierende Scheibe ist das Inertialsystem in allen seinen Punkten dasselbe, da es durch den Bezugskörper, zu dem die Drehung erfolgt, repräsentiert wird. In Schwerefeldern läßt sich ein solches Inertialsystem nur in einem kleinen Raumzeit-Gebiet realisieren, da wir hier eine Bezugsmolluske haben. Gerade in Bezug auf deren Teile werden Länge und Dauer in den Feldern der Trägheits- bzw. Gravitationskräfte transformiert.

Širokov polemisiert auch gegen ausgezeichnete Koordinatensysteme: Entsprechend einer Beschränkung der Theorie auf die Gravitation postuliert Fock nicht-kovariante Zusatzgleichungen zu den Feldgleichungen; dadurch werden im Gegensatz zum allgemeinen Relativitätsprinzip besondere harmonische Koordinatensysteme hervorgehoben. Bis heute wurde eigentlich kaum das schwierige Problem der Existenz von vier Identitäten in den Feldgleichungen beachtet; aus ihnen folgt die Unbestimmtheit der Schlußfolgerungen der allgemeinen Relativitätstheorie über die Eigenschaften von Raum und Zeit (oder der Schwerefelder) in einem bestimmten System materieller Körper.*

* Die Feldgleichungen $R_{\mu\nu} - \frac{1}{2}Rg_{\mu\nu} - \lambda g_{\mu\nu} = -\kappa T_{\mu\nu}$ stellen zehn partielle Differentialgleichungen für die zehn Funktionen $g_{\mu\nu}$ der Koordinaten dar. Zwischen diesen Gleichungen bestehen noch die vier Identitäten (Divergenzfreiheit von $T_{\mu\nu}$). Folglich sind nur sechs Gleichungen unabhängige Aussagen und man kann vier der $g_{\mu\nu}$ als willkürliche Funktionen vorgeben. "Dies hat seinen Grund in der Willkür der Koordinatenwahl; denn wären die $g_{\mu\nu}$ schon für ein bestimmtes Koordinatensystem be-

Diese Unbestimmtheit wird i.a. durch Einführung kovarianter oder nicht kovarianter Gleichungen, sogenannter Koordinatenbedingungen, beseitigt. Deren Wahl wird durch die Theorie in ihrer heutigen Gestalt nicht eingeschränkt. Verschiedene Koordinatenbedingungen können jedoch prinzipiell zu verschiedenen physikalischen Folgen führen.*
Das Prinzip der allgemeinen Kovarianz ist für Širokov auch in der Quantenfeldtheorie mit Vorteil anwendbar. Damit wird es auch in der Teilchenphysik zu einem heuristischen Grundprinzip. Širokov argumentiert wie folgt:
Die relativistische Theorie der Elementarteilchen wird bisher in Galileischer Näherung angewandt, da der Gravitationsradius $r_g = \gamma m/c^2$ eines Teilchens sehr viel kleiner ist als sein klassischer Radius $r_c = e^2/mc^2$ (e ist die Ladung) oder sein Quantenradius $r_q = h/mc$.
Auch ist die Gravitationswechselwirkung sehr viel kleiner als die elektromagnetische oder nukleare. Die relativistische Theorie der Teilchen wird indes naturgemäß in Zukunft die allgemeine Kovarianz enthalten, schon um überhaupt die Anwendungsgrenze der Galileischen Näherung zu prüfen. Für ein punktförmiges Elektron sind die Kriterien der Galileischen Näherung ($r_g \ll r_c$ und $r_g \ll r_q$) nicht mehr sinnvoll. Allerdings lassen sich allgemein relativistische Effekte erst nach Beseitigung der Divergenzen berechnen.
Zur Berechnung der Gravitationseffekte in der relativistischen Teilchentheorie stützt man sich am besten auf Verallgemeinerungen der Elektrodynamik, da hier die physikalischen Ausgangsideen in reinster Form auftreten. Für die Theorie von Born–Infeld und Bopp–Podolski wurde

kannt, so könnte man durch Übergang zu anderen Koordinaten vier willkürliche Funktionen in den Zusammenhang zwischen ihnen und den neuen Koordinaten hineinbringen. Ohne solche Willkür kann sich also der Tensor $g_{\mu\nu}$ nicht bestimmen lassen (Hilbert)." (M. v. Laue, *Die Relativitätstheorie* II, S. 103. Im Original steht statt $g_{\mu\nu}$ der Ausdruck g_{ik}).

* In *VF* 1959, 5, 100 (dem Jubiläumsheft zum 50-jährigen Bestehen von Lenins *Materializm i empiriokriticizm*) wendet Širokov weiter ein: Das mit dem Schwerpunkt zusammenhängende Bezugssystem ist kein ausgezeichnetes Koordinatensystem, da das Schwerpunkttheorem allgemein kovariant ist, also durch alle Koordinatensysteme erfüllt wird, die im Unendlichen der Galileischen Metrik genügen (siehe auch Širokov, *ŽETF* 27 (1954) 251). Die Wahl harmonischer Koordinaten läßt sich überhaupt nicht physikalisch rechtfertigen, da in der allgemeinen Relativitätstheorie die Koordinaten keine objektiv realen Raum- und Zeitabstände bedeuten, sondern nur Zahlen zur Bezeichnung von Raumzeit-Punkten sind; alle Arten dieser Numerierung sind aber prinzipiell gleichberechtigt.

von Širokov 1947 die Anwendbarkeit der Näherung eines schwachen Schwerefelds geprüft.[183] Die Näherung ist gegeben durch

$$g_{\mu\nu} = \delta_{\mu\nu} + h_{\mu\nu} \tag{1}$$

$$\Box\, h_{\mu\nu} = -\, 2\kappa\left(T^{\mu\nu} - \tfrac{1}{2}\int_{\mu\nu} T_2^2\right) \tag{2}$$

$$\left|h_{\mu\nu}\right| \ll 1 \tag{3}$$

($\delta_{\mu\nu}$ ist der Galileische Maßtensor, κ die Einsteinsche Gravitationskonstante).

In den rechten Teil dieser Gleichungen wurde der Wert für eine Punktladung in Galileischer Näherung eingesetzt. Ist die letztere anwendbar, so muß die Lösung für eine Punktladung der Ungleichung (3) genügen. Es zeigte sich, daß dies in großer Entfernung von den Feldsingularitäten tatsächlich der Fall ist; dabei fällt das Schwerefeld des Teilchens mit dem Newtonschen zusammen, wie es durch die elektromagnetische Masse des Elektrons

$$m = \int T_{44}\, \mathrm{d}\omega\,,$$

bestimmt wird, die in der Galileischen Näherung endlich bleibt. Im Teilchenzentrum werden jedoch einige $h_{\mu\nu}$ unendlich. Dies weist darauf hin, daß die Galileische Näherung mindestens in den o.g. Theorien nicht mehr anwendbar ist und das Problem allgemein kovariant formuliert werden muß.

Ja. I. Pugačev und Širokov gaben eine gemeinsame Lösung der Einsteinschen Feldgleichungen (ohne λ) und der Elektrodynamik von Bopp-Podolski für eine Punktladung.[184] Dabei treten Divergenzen bei einigen Komponenten von $g_{\mu\nu}$ auf, wodurch die Berechnung der elektromagnetischen Eigenenergie des Elektrons unmöglich wird. Sie kann indes endlich werden, wenn das Verhältnis der Integrationskonstanten m und e, welche die Rolle von Masse und Ladung spielen, sich $r_c = e^2/mc^2$ nähert. Dabei wird die Masse etwas von dem Wert in der Galileischen Näherung abweichen.

Damit will Širokov keine konkrete Verallgemeinerung der Elektrodynamik vorschlagen, sondern nur den Zusammenhang zwischen den Divergenzen in der klassischen Elektrodynamik und einer allgemein kovarianten Formulierung der Theorie der Teilchen und Felder betonen. Es gibt sogar Gründe zur Annahme, in der Elektrodynamik in erster Linie die Gleichungen von Maxwell-Lorentz in allgemein kovarianter Form zu verwenden. In der Tat, eine strenge Lösung der Einsteinschen Feldgleichungen $R_{\mu\nu} - \frac{1}{2}g_{\mu\nu}R = -\kappa T_{\mu\nu}$ und der Gleichungen von Maxwell-Lorentz lautet für eine Punktladung

$$e^{\lambda} = \left(1 + \frac{\mu' r}{2}\right) e^{-\nu+\mu} \tag{4}$$

$$l^{\nu} = 1 - \frac{2m}{r} e^{-\frac{1}{2}\mu} + \frac{4\pi e^2}{r^2} l^{-\mu} \tag{5}$$

Dabei sind nur die Komponenten des Feldtensors

$$\varphi^{14} = -\varphi^{41} = -\frac{e^2}{r^2} \cdot \exp\left(-\frac{\lambda + \nu + 2\mu}{2}\right) \tag{6}$$

von Null verschieden.
Hier ist die Gravitationskonstante $\kappa = 8\pi$ gesetzt und die Metrik durch

$$ds^2 = e^{\lambda\alpha} dr^2 + e^{\mu} r^2 (d\Theta^2 + \sin^2\Theta\, dr^2) - e^{\nu} dt^2 \tag{7}$$

gegeben. In dieser Lösung ist μ eine willkürliche Funktion der Koordinate r. Die μ fixierende Gleichung ist die Koordinatenbedingung. Setzt man wie gewöhnlich $\mu = 0$, dann werden die Lösungen bei $r = 0$ divergierend und können nicht mehr zur Berechnung der Integrale, z.B. des Energie-Impuls-Vektors $P^{\mu} = \int_{\omega} S^{\mu 4}\, d\omega$ verwandt werden. ($S^{\mu\nu}$ ist der Energie-Impulstensor, P^{μ} der Vektor des vollen Impulses).
Die Koordinatenbedingung für μ kann jedoch so gewählt werden, daß die Feldgleichungen und die elektromagnetischen Gleichungen durch reguläre Funktionen $g_{\mu\nu}$ und $\varphi_{\mu\nu}$ bestimmt werden. Setzen wir

$$\mu = -2 \ln(1 - e^{-k_0 r}) \quad \text{und} \quad k_0 = \frac{1}{r_c}$$

(r_c ist der klassische Elektronenradius), dann hat das Teilchen einen Lorentz-kovarianten Energie-Impuls-Vierervektor

$$P_{\mu} = \int (\sqrt{-g}\, T_{\mu}^{4} + t_{\mu}^{4})\, d\omega \tag{8}$$

wobei t_μ^ν der Energie-Impulstensor des Schwerefelds ist, und besitzt im Ruhsystem die Ruhmasse

$$m = \int \sqrt{-g}\, T_4^4 + t_4^4) \mathrm{d}\omega . \tag{9}$$

Die Berechnung dieses Integrals bei $k_0 = 1/r_c$ führt zur Relation $r_c = e^2/mc^2$. Dabei ergibt sich, daß

$$\int \sqrt{-g} T_4^4 \, \mathrm{d}\omega = t_4^4 \, \mathrm{d}\omega . \tag{10}$$

ist. Die Masse des Teilchens besteht also aus zwei Hälften je einer elektromagnetischen und gravitorischen Herkunft.[185] Duan-I-Shi (Duan'-I-Si) zeigte ebenfalls, daß für ein skalares Mesonenfeld, das durch eine Punktladung gebildet wird, bestimmte Koordinatenbedingungen zu regulären Lösungen führen.* [186]
Einstein und Rosen wiesen bereits 1935 auf die Existenz regulärer Lösungen der Feldgleichungen für Punktmassen hin.[187] Der geometrische Sinn dieser Lösungen liegt darin, daß durch die Wahl einer willkürlichen Funktion von r für die Lösung und die Vorgabe der Grenzen für die Veränderung von r zwischen 0 und $+\infty$ im Raum von Riemann-Lobačevskij ein Gebiet mit darauffolgender Kompression zu einem Punkt ausgeschnitten wird. Der Raum des Teilchens wird also durch die Lösung der Feldgleichungen so konstruiert, daß darin ein "Loch" ausgeschnitten wird, das Singularitäten enthält und dann zu einem Punkt zusammengedrückt wird. Dieser eigenartige "Pneumothorax" führt zu Teilchen als geometrischen Strukturen, die zwar besondere Feldpunkte enthalten, aber ohne Divergenzen für den metrischen Tensor. Einstein und Rosen nannten dies "Brücke", besser wäre "Loch im Raum Riemann–Lobačevskij". Širokov und Duan-I-Shi benutzten gerade Lösungen, welche solchen Loch-Teilchen entsprechen. "Die allgemein kovariante Formulierung der Quantentheorie der Elementarteilchen und Felder enthält also möglicherweise die Aussicht auf Beseitigung der Divergenzen durch die Wahl entsprechender Koordinatenbedingungen...".[188]

* Zur Beseitigung der Divergenzen in der heutigen Quantenfeldtheorie durch Einführung der Gravitation s. auch Arnowitt, Deser, Misner, Preprint, Princeton, 1960; I. Z. Fiser, *ŽETF* 18 (1948) 636, 19 (1949) 271; C. Møller, *Ninth Ann. Intern. Conf. on High-Energy Physics (Kiev 1959)*; T. Kimura, *Progr. Theor. Phys.* 16 (1956) 555. Für eine Übersicht s. *Novejšie problemy gravitacii*, Moskva, 1961, str. 54–55.

8. DISKUSSION DER SOWJETISCHEN THESEN*

(A) *Vorbemerkungen*

Die sowjetische Auseinandersetzung wird auf einem Niveau geführt, das bisher kein anderer Problemkreis der Einsteinschen Theorie erreichte. Sie wird von Focks Überlegungen beherrscht. Sein Verdienst ist es, die Prinzipien der allgemeinen Relativitätstheorie in das Scheinwerferlicht der Kritik zu stellen. Daß sein Standpunkt vom Einsteinschen abweicht, ist noch kein Grund, ihn als falsch anzusehen; solche Autoritätsgläubigkeit wäre dem Schöpfer der Relativitätstheorie selbst fremd. Dies zeigt seine Diskussionsbereitschaft im "Schilpp". Wir sehen ja, wie ernst er sich z.B. mit Niels Bohr auseinandersetzte. Dort war es aber ein Thema der Quantenmechanik; hier geht es um das Selbstverständnis Einsteins hinsichtlich einer von ihm allein geschaffenen Theorie.

Sollte er sich wirklich bis an sein Lebensende getäuscht haben? Wie konnte Einstein aus angeblich falschen Prinzipien zu einer richtigen Theorie gelangen? Aber selbst angenommen, er täuschte sich über seine eigenen Voraussetzungen und benutzte unbewußt andere, nicht ausgesprochene, wie vermochte er nach Fertigstellung der Theorie sich über die wahren Voraussetzungen im unklaren zu sein? Wenn die Einsteinsche Gravitationstheorie keine Relativität enthält (weil keine Homogenität des Raums im Ganzen) oder jedenfalls keine allgemeinere als die spezielle Relativitätstheorie, in welchem Zusammenhang steht sie dann mit dieser? Kann man dann noch überhaupt von einer "Relativitätstheorie" schlechthin sprechen, welche beide Theorien umgreifen soll? Man könnte einwenden, die Prinzipien bilden nur mögliche Interpretationen der in der Theorie aufgestellten Sätze und keine notwendigen Glieder der Beweiskette. Aber dem ist nicht so; es handelt sich vielmehr um die grundlegenden Hypothesen, ohne die Einstein das Gebäude der Theorie nicht hätte errichten können. Die Prinzipien der Theorie sind ihr Fundament und nicht ihr Verputz.

In Wirklichkeit äußert sich Einstein in *Autobiographisches* sehr deutlich, daß die Forderung nach Kovarianz keineswegs zur Ableitung der Grundgleichungen führt. Wir zitieren:

* Der Autor hat seinen Standpunkt erstmalig dargelegt in *Synthese* 15 (1963) 336–347. Die folgende Darstellung geht darüber hinaus.

"Die allgemeine Relativitätstheorie geht demgemäß von dem Grundsatz aus: Die Naturgesetze sind durch Gleichungen auszudrücken, die kovariant sind bezüglich der Gruppe der kontinuierlichen Koordinaten-Transformationen. Diese Gruppe tritt also hier an die Stelle der Gruppe der Lorentz-Transformationen der speziellen Relativitätstheorie, welch letztere eine Untergruppe der ersteren bildet.
Diese Forderung für sich allein genügt natürlich nicht als Ausgangspunkt für eine Ableitung der Grundgleichungen der Physik. Zunächst kann man sogar bestreiten, daß die Forderung allein eine wirkliche Beschränkung für die physikalischen Gesetze enthalte; denn es wird stets möglich sein, ein zunächst nur für gewisse Koordinatensysteme postuliertes Gesetz so umzuformulieren, daß die neue Formulierung der Form nach allgemein kovariant wird. Außerdem ist es von vornherein klar, daß sich unendlich viele Feldgesetze formulieren lassen, die diese Kovarianz-Eigenschaft haben. Die eminente heuristische Bedeutung des allgemeinen Relativitätsprinzips liegt aber darin, daß es uns zu der Aufsuchung jener Gleichungssysteme führt, welche in allgemein kovarianter Formulierung möglichst einfach sind; unter diesen haben wir die Feldgesetze des physikalischen Raumes zu suchen. Felder, die durch solche Transformationen ineinander übergeführt werden können, beschreiben denselben realen Sachverhalt.*

(B) *Der Sinn von "Relativitätsprinzip"*

Ein Teil der sowjetischen Diskussion geht offenbar zu Lasten linguistischer Fragen. Wir werden wie folgt abkürzen:

Relativitätstheorie	=RT
spezielle Relativitätstheorie	=sRT
allgemeine Relativitätstheorie	=aRT
Relativitätsprinzip	=RP
spezielles Relativitätsprinzip	=sRP
allgemeines Relativitätsprinzip	=aRP
Äquivalenzprinzip	=ÄP
Inertialsystem	=IS
Koordinatensystem	=KS

* *Albert Einstein, Philosopher-Scientist*, a.a.O. p. 68.

Bezugssystem	= BS
Lorentz-Transformation	= LT

Unter dem RP verstehen die sowjetischen Autoren zum Teil sehr verschiedene Inhalte, ja Fock selbst benutzt den Ausdruck nicht einheitlich. Im Grunde gebraucht Fock drei verschiedene Bedeutungen:

(a) Existenz entsprechender physikalischer Vorgänge in verschiedenen Inertialsystemen. Dabei wird der Ausdruck "entsprechend" seinerseits implizit definiert durch "zuordenbar", "durch gleiche Funktionen beschreibbar" oder "gleicher Ablauf", wobei nicht klar ist, ob Fock die letztgenannten drei Terme ihrerseits äquivalent setzt.[189]

(b) Gleichberechtigung der Inertialsysteme. Unter "Gleichberechtigung" versteht Fock "Die Inertialbewegung beeinflußt nicht den Ablauf von Vorgängen innerhalb eines Inertialsystems". Diese Gleichberechtigung nennt Fock "physikalische Gleichberechtigung" und unterscheidet sie ausdrücklich von der mathematischen: Das Relativitätsprinzip ist nicht mit dem Kovarianzprinzip äquivalent.

(c) Homogenität und Isotropie der Raumzeit. Dabei sagt Fock allerdings nur, daß diese das physikalische Relativitätsprinzip bedingt, es ist unklar, ob er unter "bedingt" eine Implikation, Zuordnungs-Äquivalenz oder implizite Definition meint.

Im weiteren finden wir bei anderen sowjetischen Autoren und bei Einstein folgende Definitionen:

(d) Nach Mostepanenko versteht Einstein unter "Relativität" die "absolute Form der Naturgesetze", während Galilei darunter nur die Unmöglichkeit des Nachweises einer absoluten Bewegung verstanden habe. Auch Širokov versteht unter dem RP die Gleichheit der Naturgesetze für alle BS, die sich in physikalisch möglichen Bewegungszuständen befinden. Ähnlich formuliert Sudakov in *Fizičeskij enciklopedičeskij slovar'* (t. I Moskva 1960, str. 371) das Galileische RP als Gleichheit der Bewegungsgesetze in allen IS, als Unmöglichkeit, auf Grund der Gesetze der klassischen Mechanik innerhalb der IS ein hervorgehobenes BS aufzuweisen. Sein mathematischer Ausdruck ist die Invarianz der Naturgesetze gegen die Galilei-Transformationen.

(e) Für B. G. Kuznecov bedeutet "Relativitätsprinzip" die Unabhängigkeit von Objekten gegenüber der Parametrisierung.

Einstein definiert seinerseits wie folgt:

(f) Das RP in Bezug auf die Richtung bedeutet, daß es keine absolute, durch objektive Merkmale ausgezeichnete Richtungen im Bezugsraum gibt.
(g) Die Translationsrelativität bedeutet, daß die Naturgesetze für alle IS übereinstimmen; ist K ein IS, so ist es auch jedes gegenüber K drehungsfrei und gleichmäßig bewegte KS.[190]
(h) An anderer Stelle heißt es: RP im engeren Sinne bedeutet, daß das Naturgeschehen in Bezug auf K' nach genau denselben Gesetzen abläuft wie gegenüber K, wenn K ein Galileisches KS ist und K' dazu gleichförmig bewegt ist.[191]
(i) Unter dem allgemeinen RP versteht Einstein die prinzipielle Gleichwertigkeit aller Gaußschen KS für die Formulierung der allgemeinen Naturgesetze.[192] Er präzisiert dies so: Beliebige Substitutionen der Gaußschen Variablen x_1, x_2, x_3, x_4 überführen die Gleichungen für die allgemeinen Naturgesetze in die gleiche Form.[193]
An diesem Katalog lassen sich die Unterschiede in der Formulierung des RP leicht ablesen. Es bedeute "RVorg(x, m)" "x ist ein Vorgang, realisierbar in IS m"; ferner "GN" "gleicher Natur" und "Abl(x, m)" "Ablauf von x, registriert in m". Dann lassen sich Auffassung (a) und (b) formulieren als

(RP I) $(m, n, x, y): \mathrm{IS}(m) \cdot \mathrm{IS}(n) \cdot \mathrm{RVorg}(x, m) \cdot \mathrm{RVorg}(y, n) \cdot$
$\cdot \mathrm{GN}(x, y) \cdot \supset \cdot \mathrm{Abl}(x, m) = \mathrm{Abl}(y, n).$

Der Bewegungszustand von m oder n hat also keinen Einfluß auf den Ablauf eines Vorgangs. Der Sinn des Fockschen Ausdrucks "entsprechend" ist als "Gleichheit der Abläufe" präzisiert. Nun bedeute "Beo(x, m)" "Beobachtung von x durch einen in m ruhenden Beobachter". Wir formulieren als

(RP II) $(m, n, x, y): \mathrm{IS}(m) \cdot \mathrm{IS}(n) \cdot \mathrm{RVorg}(x, m) \cdot \mathrm{RVorg}(y, n) \cdot$
$\cdot \mathrm{GN}(x, y) \cdot \supset \cdot \mathrm{Beo}(x, m) = \mathrm{Beo}(y, n).$

Ferner bedeute "Geo(x, m)" "die geometrische Abbildung von x in m durch ein Kartesisches KS m, in dem IS m als ruhend angenommen wird". Wir formulieren die Behauptungen (g) und (f) als

(RP III) $(m, n, x, y): \mathrm{IS}(m) \cdot \mathrm{IS}(n) \cdot \mathrm{RVorg}(x, m) \cdot \mathrm{RVorg}(y, n) \cdot$
$\cdot \mathrm{GN}(x, y) \cdot \supset \cdot \mathrm{Geo}(x, m) = \mathrm{Geo}(y, n).$

Nun bedeute "Fu(x, m)" "die Darstellung von x in m durch eine Funktion Fu, welche die auf KS m abgebildeten Vorgangsgrößen von x verknüpft". Dann formulieren wir Auffassung (d) als

(RP IV/1) $(m, n, x, y): \mathrm{IS}(m) \cdot \mathrm{IS}(n) \cdot \mathrm{RVorg}(x, m) \cdot \mathrm{RVorg}(y, n) \cdot$
$\cdot \mathrm{GN}(x, y) \cdot \supset \cdot \mathrm{Fu}(x, m) = \mathrm{Fu}(y, n).$

Wir suchen nun nach den Transformationen der KS, mit deren Hilfe wir das auf Funktionen bezogene RP auch dann behaupten können, wenn wir in der Umschreibung von "Fu(x, m)" statt "KS m" "beliebiges KS n" einsetzen. Dies leisten die LT. Ferner bedeute "Fu′(x', m)" "die Darstellung von x durch eine Funktion Fu′(x', m), welche auf das KS n abgebildete Vorgangsgrößen von x verknüpft". Wir beurteilen also jetzt denselben Vorgang einmal von IS m, dann von IS n aus. Dementsprechend sei "RVorg′(x', m)" "der im m realisierbare Vorgang x, registriert von einem zu m bewegten IS n, das in der Darstellung durch ein KS n als ruhend angenommen wird". Dann formulieren wir als

(RP IV/2) $(m, n, x, y)\!:\!\mathrm{IS}(m)\cdot\mathrm{IS}(n)\cdot\mathrm{RVorg}(x, m)\cdot\mathrm{RVorg}'(x', m)\cdot$
$\cdot\supset\cdot\mathrm{Fu}(x, m)=\mathrm{Fu}'(x', m).$

Nur wenn wir behaupten: "Physikalische Abläufe" lassen sich nacheindeutig auf Funktionen abbilden, ist RP I durch RP IV/1 zu ersetzen. "Gleicher Ablauf" bedeutet nur, daß im Bereich des physischen Geschehens etwa die Filmaufnahmen zweier Vorgänge in m und n zur Deckung gebracht werden können*; die Frage der mathematischen Darstellung wird dabei gar nicht berührt. Soll Focks Unterscheidung zwischen physikalischer und mathematischer Gleichberechtigung zutreffen, so ist das RP nicht mathematisch, sondern physikalisch-operationell zu definieren wie folgt: Es existieren im Prinzip physikalische Operationen, die Vorgänge der gleichen Klasse in verschiedenen IS derart abbilden, daß die Bilder dieser Vorgänge eine Klasse gleicher Elemente enthalten. Hier werden dann die Abläufe nicht auf Punkt- und Zahlmengen, sondern auf Vorgänge abgebildet, z.B. auf Filmaufnahmen in m und n. Letztere lassen sich dann buchstäblich zur Deckung bringen. In welchen BS dann entsprechende Vorgänge möglich sind, entscheidet die Erfahrung.

Der Focksche Unterschied zwischen physikalischer und mathematischer Gleichberechtigung liegt lediglich in jenen Prädikaten der Vorgangsabläufe, die nicht auf Zahlen bzw. Punktmengen abbildbar sind, z.B. ihrer Zugehörigkeit zur Physik selbst. Das betrifft aber gerade nicht die Ausdrücke "Gleichheit der Abläufe" und "Gleichheit der Funktionen". Fock behauptet im Grunde, daß zwar die Gleichheit der Abläufe eine Gleichheit der sie beschreibenden Funktionen impliziert, nicht aber die Gleich-

* Sofern sie in m für x und in n für y gemacht wurden.

heit der Funktionen die der Abläufe:

$$\mathrm{Abl}(x, m) = \mathrm{Abl}(y, n) \cdot \supset \cdot \mathrm{Fu}(x, m) = \mathrm{Fu}(y', n)$$

und nicht

$$\mathrm{Fu}(x, m) = \mathrm{Fu}(y', n) \cdot \supset \cdot \mathrm{Abl}(x, m) = \mathrm{Abl}(y, n).$$

Focks Argument ist, die Kovarianz sei nicht mit dem RP äquivalent, weil sie sich nicht auf die Anfangsbedingungen erstreckt. Nun ist die Kovarianz der mathematische Ausdruck für die konstante Gleichungsform beim Wechsel des BS. Sie kann also den Wechsel selbst nicht wegtransformieren und damit auch jene Bedingungen, die durch die Existenz des BS selbst gegeben sind. Dazu gehören in der sRT Ruhe- bzw. Bewegungszustand der IS gegenüber einem beliebigen anderen IS und in der aRT physikalisch mögliche $g_{\mu\nu}$ in endlichen Bereichen, sofern ihnen ein BS frei folgt. Diese Zusatzbedingung des freien Folgens gegenüber dem Führungsfeld gilt aber auch in der sRT: Sobald ein IS gestört wird und seine Weltlinie keine Gerade im Minkowski-Raum mehr darstellt, müssen wir seinen Bewegungszustand zu den Anfangsbedingungen hinzurechnen.
An sich kann nur eine mathematische Form, also ein Element der Idealwelt, kovariant sein, nicht ein physikalische Situation, die wir "Zusatzbedingung" nennen.*

* Nach Fertigstellung des Manuskripts wurde noch folgende Präzisierung des Fockschen Standpunktes bekannt: Das durch die Lorentz-Transformationen ausgesprochene Relativitätsprinzip gilt in gleicher weise für die homogene wie für eine nicht-homogene Raumzeit. Dabei wird in der Gravitationstheorie der Begriff des entsprechenden Vorgangs dahingehend erweitert, daß auch die entsprechende Lagerung und Bewegung der Massen darunter verstanden wird, welche ein Schwerefeld hervorrufen: Beim Übergang zu einem neuen Bezugssystem wird das alte Gravitationsfeld durch ein neues ersetzt, das im neuen Bezugssystem dasselbe Aussehen besitzt wie das alte im alten System. (Ein auf den Kopf gestelltes Laboratorium wird parallel zu den Antipoden verlegt und der Gang der Abläufe in ihm wieder hergestellt.) Dies gilt allerdings nur für ein isoliertes Massensystem (Bedingungen der Harmonizität; Fock, 'Prostranstvo, vremja, tjagotenije', in *Glazami učenogo*, Moskva, 1963, str. 28). Dort formuliert Fock auch näher, was er unter "Zusatzbedingungen" versteht: Die physikalischen Anfangs-, Grenz- und übrigen Bedingungen, die mathematischen Bedingungen wie Variabilitätsbereich, Eindeutigkeit der Funktionen, Bedingungen ihrer Periodizität gegenüber bestimmten Veränderlichen usw. Alle diese Bedingungen sind nicht allgemein kovariant, und Bedingungen, welche "entsprechend" in willkürlichen Koordinatensystemen wären, sind physikalisch nicht realisierbar, weshalb im allgemeinen Fall auch "entsprechende" physikalische Vorgänge unmöglich sind. Deshalb ist ein allgemeines Relativitätsprinzip unmöglich (A.a.O., str. 27).

Offenbar versteht Fock unter "entsprechend" "realisierbar". Eine Taschenuhr ist eben in einer größeren Zahl von Situationen realisierbar, als eine Pendeluhr. Das RP bezieht sich aber nur auf Vorgänge, die überhaupt durch die Wahl der physikalischen Situation möglich sind.
Die allgemeine Kovarianz ist im Prinzip immer durchführbar, nur hat sie keinen Einfluß auf den Gang der Ereignisse. Sie umfaßt also eine größere Menge von Fällen als das aRP. Sie sichert die gleiche Form der Naturgesetze auch dann, wenn der Bewegungszustand des BS bzw. das Aussehen der $g_{\mu\nu}$ die Vorgänge beeinflußt. Hier besteht der Focksche Einwand zu Recht. Einstein erweiterte die sRT nicht in ihren kinematischen Grundlagen, sondern ergänzte die letzteren durch Hinzunahme einer transformierbaren Metrik als Ausdruck der Gravitation. Kinematisch brachte die aRT keine Erweiterung gegenüber der sRT*; die Gravitationstheorie ist keine Theorie der Kinematik, sondern der Metrik. Nur der Zusammenhang zwischen dem Galileischen $g_{\mu\nu}$-Feld und den LT könnte zu diesem Irrtum verführen.
Daran ändert auch das ÄP nichts. Gerade durch die künstliche Erzeugung von Schwerefeldern bei Trägheitseffekten wird die Analogie von beschleunigten BS zu einer Situation sichtbar, wo ein Körper eben nicht dem Führungsfeld der $g_{\mu\nu}$ folgt, sondern sich ihm dank einer Kraft widersetzt: In beiden Fällen beeinflußt die Wahl des realen physikalischen Systems, nicht der Beobachtungsmittel, den Ablauf von Vorgängen.
Ist deshalb die Erde kein berechtigtes BS? Die Frage ist aus zwei Gründen legitim: Einmal wegen der Erdrotation, also der Abweichung von einem IS, und dann wegen des Widerstands der Erdoberfläche gegen den freien Fall. Die mit beiden Ursachen verbundenen Effekte (Corioliskräfte und Schwere aller Körper) lassen sich durch keine Koordinatentransformation aufheben, sie sind invariant. Bezeichnen wir als "berechtigt" nur die Menge aller BS, deren Zustand die Vorgangsabläufe nicht beeinflußt, die also dem RP genügen, so ist unsere Erde kein berechtigtes BS. Dem widerspricht aber die ganze Geschichte der Physik: Wir können sehr wohl eindeutige Zusammenhänge zwischen physischen Faktoren beobachten, ohne daß wir uns dazu in eine Weltraumrakete begeben müssen. Das Prädikat "berechtigt" muß also weiter gefaßt werden.

* Im Hinblick auf eine eventuelle physikalische Gleichwertigkeit aller physikalischen BS. Anders die Darstellung der Bewegung von Massenpunkten in Schwerefeldern: Hier bringt die aRT natürlich eine Erweiterung der sRT.

In der Tat gilt das RP für die Menge aller Vorgänge, die von der Rotation und Gravitation unbeeinflußt bleiben; die Einwirkung der Rotation und Gravitation selbst läßt sich aber eindeutig feststellen (sie ist ja gerade eine Invariante), so daß wir auch beschleunigte BS und Gebiete mit von Null abweichendem R_{iklm} benutzen können.

Im Gegensatz zur Unterscheidung zwischen physikalischer und mathematischer Gleichberechtigung behauptet Fock aber eine Äquivalenz zwischen physikalischer Gleichberechtigung der IS und der Homogenität der Raumzeit. Aber nur wenn Fock die physikalische Raumzeit, ~~nicht~~ die Abbildung von Vorgängen auf die geometrische Raumzeit im Auge hat, ist der von ihm behauptete Unterschied der mathematischen und physikalischen Gleichberechtigung aufrecht zu halten. Aber dann erhebt sich das ganze gewaltige Problem der ontologischen Bestimmung der physikalischen Raumzeit und ihres Verhältnisses zum physikalischen Geschehen. Wir wollen dieses Problem erst in Kapitel IV untersuchen. Für unsere Zwecke genügt es, festzustellen, daß die physikalische Raumzeit ihrer Seinsweise nach sicher von den Ereignisabläufen unterschieden ist. Dies sollte bereits zur Vorsicht mahnen, wenn wir die Homogenität der Raumzeit zur Definition des RP heranziehen. Focks Ausdrucksweise "die Homogenität bedingt das RP" kann nur so verstanden werden, daß dem Realgeschehen eine Ursache (im weitesten Sinn) zugrundeliegt, deren Folge das gleiche Aussehen von Ereignisabläufen in IS *m* und IS *n* ist. Es ist aber noch gar nicht ausgemacht, daß nicht umgekehrt gerade das gleiche Aussehen der Ereignisabläufe sich uns in seiner Abbildung auf die Geometrie als Homogenität der Raumzeit darstellt. Dann wären gleichaussehende Ereignisabläufe der logische Grund für die Wahl einer homogenen vierdimensionalen Geometrie zur Darstellung von Ereignisabläufen in IS.

Die Definitionen (*d*), (*g*) und (*h*) enthalten keine Ausdrücke aus der physikalischen Beobachtung. "Naturgesetz" ist ein Term, dessen Bedeutung weder dem Seinsreich der Beobachtungsdaten noch der Mathematik, auch nicht dem der Logik angehört, sondern dem der Prinzipien. Das Kriterium ist also ebenfalls nicht der Physik entnommen, wenngleich es der Physiker verwendet, um reale Abläufe zu beurteilen. Konstante Abläufe sind das Ergebnis eines Naturgesetzes und unterscheiden sich von diesem ebenso wie das korrekte Verhalten eines Fahrers vom Verkehrsgesetz.

Demnach sagt die Behauptung von der Gleichheit der Funktionen etwas anderes als die Behauptung von der Gleichheit der Naturgesetze. Naturgesetze sind physikalische *Deutungen* von Funktionen, die ja innerhalb des Reichs der Zahlen ihr deutungsunabhängiges Eigensein besitzen. So sind die allgemeinsten Naturgesetze, z.B. das RP selbst oder das Pauli-Prinzip, u.U. nicht auf Funktionen abzubilden, sie legen diesen vielmehr gewisse Einschränkungen auf. Wir haben daher Grund, ein eigenes Reich von Naturgesetzen und Prinzipien anzunehmen. Bedeutet nun "Ges(x, m)" "das Gesetz des Vorgangs x in m", so können wir unter Überspringen einer Ordnungszahl als RP VI formulieren

(RP VI/1) $(m, n, x, y)\!:\!\mathrm{IS}(m)\cdot\mathrm{IS}(n)\cdot\mathrm{RVorg}(x, m)\cdot\mathrm{RVorg}(y, n)\cdot$
$\cdot\mathrm{GN}(x, y)\cdot\supset\cdot\mathrm{Ges}(x, m)=\mathrm{Ges}(y, n)$

sowie entsprechend (RP IV/2):

(RP VI/2) $(m, n, x)\!:\!\mathrm{IS}(m)\cdot\mathrm{IS}(n)\cdot\mathrm{RVorg}(x, m)\cdot\mathrm{RVorg}'(x', m)\cdot\supset\cdot$
$\cdot\mathrm{Ges}(x, m)=\mathrm{Ges}'(x', m)$.

Die Behauptung (*e*) schließlich besagt nichts anderes als RP III und RP IV.

Wir fügen den bisherigen Formulierungen eine sechste hinzu. Ich gebe sie im Anschluß an Reichenbachs Beitrag zum "Schilpp", von dem Einstein in seiner Erwiderung schreibt, er lade durch die Präzision seiner Deduktionen und die Schärfe seiner Behauptungen unwiderstehlich zu einem kurzen Kommentar ein.[194] Reichenbach nennt als vollständige logische Formulierung des *logischen* Teils der RT folgenden Satz: "Als logische Basis der Relativitätstheorie dient die Entdeckung, daß viele Aussagen, deren Wahrheit oder Falschheit als erweisbar angesehen wurde, bloße Definitionen sind".[195] Dazu gehöre z.B. der Vergleich von Entfernungen, die an verschiedenen Orten gelegen sind. Unter "Definition" sei hier die Festsetzung einer Klasse möglicher Meßergebnisse durch die Wahl eines realen physischen BS für die Durchführung von Meßoperationen verstanden. Es handelt sich also um keine rein logische Operation, sondern um die Willensentscheidung, der Definition einer physikalischen Größe bestimmte physikalische Operationen zugrundezulegen. Definiere ich z.B. mit Mandel'štam die "Zeit" als "das, was der Uhrzeiger zeigt", oder die "Länge" mit Einstein als "rein räumlicher Abstand zweier gleichzeitiger Ereignisse", so folgt daraus bereits die Relativität von Zeit und Länge. Es wäre aber falsch zu sagen, daß die Effekte der sRT durch Definitionen verursacht werden. Andererseits spiegeln die Prämissen des logischen Teils der sRT in einem gewissen Sinn die des mathematischen Teils wider; auch dessen Folgesätze beruhen nicht auf einem physischen, sondern theoretischen Fundament. In diesem Sinn kann man der geometrischen und arithmetischen noch eine logische Beweisebene hinzufügen. "Ur(x, m)" bedeute "die Beurteilung von x mit Hilfe von Definitionen der Vorgangsmerkmale von x, in deren Definiens Längen- und Zeitmessungen in m eingehen". Eine solche Beurteilung lautet z.B.: "Die Lebensdauer des kosmischen Mesons beträgt τ Sekunden, wenn wir die Zeitmessung von einem mitbewegten BS aus vornehmen".

Wir formulieren als

(RP V) $(m, n, x, y){:}\mathrm{IS}(m)\cdot\mathrm{IS}(n)\cdot\mathrm{RVorg}(x, m)\cdot\mathrm{RVorg}(y, n)\cdot$
$\cdot\mathrm{GN}(x, y)\cdot\supset\cdot\mathrm{Ur}(x, m)=\mathrm{Ur}(y, n).$

Die bisherige Formulierungen sind nicht unabhängig voneinander: "Es gilt RP I" läßt sich nur behaupten, wenn mindestens eine der nachfolgenden Behauptungen RP II bis RP IV sich an der Erfahrung bewährt hat. Ohne Beobachtungen, KS, Funktionen, Naturgesetze bleibt die Behauptung der Vorgangsgleichheit unbegründet. Umgekehrt setzt die Bewährung der Behauptungen RP II bis RP VI eine objektive Vorgangsgleichheit voraus. Ebenso setzt die Gleichheit der geometrischen Abbildung die der Beobachtungen voraus (ohne die gar keine Abbildung vorgenommen werden könnte). Voraussetzung für die Darstellung der Vorgänge durch Funktionen ist wieder die Darstellung in Koordinaten, selbst wenn diese zu bloßen Namen herabsinken sollten. Voraussetzung für die Beurteilung ist ihrerseits die mathematische Formulierung des Vorgangsablaufs und erst wenn wir bestimmte logische Operationen vorgenommen haben, gelangen wir zur Behauptung von der Gültigkeit eines Naturprinzips.

Wir können daher versuchsweise die Formulierungen des RP zu einem Schema zusammenfassen, wobei nur die rechts von "$\supset$" stehenden Ausdrücke geordnet werden. Dabei zeigt sich mit aufsteigender Ordnungszahl ein zunehmender Reichtum an Objekten, von denen Gleichheit ausgesagt wird.

Es soll ferner fortan die Hypothese gelten: Die an letzter Stelle einer Zeile stehenden Objekte des Schemas sind Elemente von Seinsreichen, deren ontologischer Status jedes Reich als von allen anderen Reichen grundlegend verschieden festlegt.

Gegenstandsbereich		Physik	Beobachtungen	Geometrie	Zahlen	Sätze	Prinzipien
I	Physik	Abl					
II	Beobachtungen	Abl	Beo				
III	Geometrie	Abl	Beo	Geo			
IV	Zahlen	Abl	Beo	Geo	Fu		
V	Sätze	Abl	Beo	Geo	Fu	Ur	
VI	Prinzipien	Abl	Beo	Geo	Fu	Ur	Ges

Die Wiederholung der zahlenmäßig vorhergehenden Gegenstände beruht darauf, daß wir die Formulierungen des RP ergänzen können, indem wir z.B. rechts von "$\supset$" in der Formulierung von RP VI alle in den vorhergehenden Formulierungen an derselben Stelle auftretenden Ausdrücke wiederholen.

Es soll hier nicht untersucht werden, ob diese Matrix nach Zeilen und Spalten fortzusetzen ist. Daß sie eine starke erkenntnistheoretische und ontologische Problematik enthält, liegt auf der Hand. Vor allem ist der wechselseitige Modellcharakter der durch die Zeilen dargestellten Reiche zu untersuchen. Sie soll uns vorläufig nur helfen, die sowjetischen Argumente zu klassifizieren und von dort aus Entscheidungen zu treffen.

Zunächst sehen wir, daß sich das RP nur auf IS sowie Vorgänge innerhalb von abgeschlossenen IS in I, auf Beobachter innerhalb von IS in II, auf Kartesische KS in III, auf durch Lorentz-Transformationen verknüpfte Funktionen in IV, auf Urteile inertialer Beobachter in V und auf die Lorentz-kovariante Formulierung der Naturgesetze in VI bezieht. Dabei ist zu beachten, daß die kovariante Formulierung eigentlich ein Element von IV ist, so daß wir eine Aussage über das Verhalten von Naturgesetzen beim Wechsel des IS nur über ein Kriterium aus IV machen können. Ausgenommen sind die allgemeinsten Verhaltensgesetze (Prinzipien).

Im Gegensatz zu "RP" ist der Sinn von "Relativität" und "relativ" nicht eindeutig. Im Ausdruck "relative Größe" ist die Abhängigkeit einer Größe von der Wahl des IS für die Registrierung eines Vorgangs gemeint. Im Ausdruck "Relativitätsprinzip" ist gerade die Nicht-Abhängigkeit der Vorgangsabläufe und ihrer Beurteilung von der Wahl eines bestimmten IS gemeint. Damit gewinnen wir folgendes Schema:

Abhängigkeit Unabhängigkeit
gegenüber der Zuordnung zu
I IS
II Beobachtern in IS
III Kartesischen KS
IV Zahlen-*n*-tupeln

Diese Reihe bricht jedoch bei Gegenstandsbereich IV ab. In V ist es gerade nicht erlaubt, etwa das Axiomensystem der sRT durch ein mit ihm unverträgliches zu ersetzen, da sonst die sRT falsch wäre. Auch darf man in das Definiens von "Länge", "Gleichzeitigkeit", "magnetische Feldstärke" usw. gerade nicht Ausdrücke für unvereinbare physikalische Operationen einsetzen; so dürfen wir "Länge" nicht willkürlich einmal als "rein räumlicher Abstand eines durch kein Signal verknüpfbaren Ereignispaars" und ein anderes Mal als "Weg eines Signals unendlicher Ausbreitungsgeschwindigkeit" definieren, denn in Definition (1) ist das Verbot von Überlichtgeschwindigkeiten vorausgesetzt, nicht aber in Definition (2). Die grundlegende *logische* Bedeutung der sRT ist, aus früher als einstellig angenommenen Relationen ("Länge", "Dauer", "Masse", usw.) zweistellige Relationen gemacht zu haben: Diese Ausdrücke sind ohne Angabe eines BS überhaupt nicht zu definieren, wenn wir ihnen einen physikalischen Sinn zuordnen wollen. Analog ist die Unabhängigkeit der Invarianten bzw. der Form der Grundgesetze von der Wahl des BS nicht das Ergebnis einer Freiheit in der Definition der betreffenden Invarianten bzw. in der Formulierung der Grundgesetze. Ganz im Gegenteil: Nur bestimmte Definitionen und Formulierungen gestatten die Invarianz und Kovarianz sichtbar zu machen. Die sRT ersetzte das logische Bezugsgerüst der klassischen Physik durch ein neues; wären beide Bezugsgerüste legitim, wie es alle IS sind, so würde das Widerspruchsprinzip verletzt: So hält die klassische Physik Überlichtgeschwindigkeiten für erlaubt, die sRT nicht.

Etwas anderes ist es, daß die Definition von Ausdrücken, die in Reich IV als "Invarianten" gedeutet werden, keinen Hinweis auf ein bestimmtes IS, wohl aber auf die Klasse der IS, enthält. Damit kommen wir aber nicht über die im obigen Schema aufgezählten BS von Reich I bis IV hinaus. Gegenüber einem logischen "Koordinatensystem",

d.h. gegenüber den Axiomen und Definitionen der RT, gibt es keine "Bezugsfreiheit".
Dasselbe gilt auch für die Naturgesetze. Ihre Formulierung als Funktionen ist lediglich invariant gegenüber der Einsetzung von *n*-tupel-Systemen $x, \ldots; x', \ldots; x'', \ldots$ usw., nicht aber gegenüber der Wahl von Prinzipien zur Ordnung von Erfahrungsinhalten. Diese sind vielmehr logisch und ontologisch determiniert, wenn anders eine darauf gegründete Theorie die Realität beschreibt.

(C) *Physikalische Kriterien für ein allgemeines Relativitätsprinzip*

Das sRP läßt sich rein formal wie folgt erweitern: Statt "IS" setzen wir "BS" und verstehen unter "BS" beliebige Träger eines physikalischen Zustands, von welchen aus Ereignisabläufe "erlebt"* werden. Dafür spricht die Tatsache, daß es nicht-inertiale BS realiter gibt und zwischen ihnen und allen Ereignisabläufen des Alls raumzeitliche Relationen bestehen. Wenn "Bezugssystem" nichts anderes bedeutet als "physikalisches System, auf das beliebige andere physikalische Systeme bezogen werden können", so erfüllt jedes Teilchen oder Teilchensystem beliebigen Zustands diese Forderung. Nicht von solchen BS ist aber in der sRT die Rede, sondern nur von "erlaubten" BS, d.h. von BS, die (a) eine eindeutige Messung räumlicher und zeitlicher Größen von Ereignisabläufen gestatten und (b) auf Grund von Ereignisabläufen in ihnen selbst keine Entscheidung über ihren Bewegungszustand gestatten.
Kann Forderung (a) auch von Nicht-IS erfüllt werden? Es läßt sich zeigen, daß dies für unendlich benachbarte Punkte möglich ist und zwar für BS, die mit einem Punkt längs einer nicht geschlossenen Weltlinie zusammenfallen (Landau, Lifšic, *Feldtheorie*, S. 262–266; Synge, *Relativity: The General Theory*, Ch. III). Aber nicht alle möglichen physikalischen Systeme erfüllen diese Forderung. Lassen wir ein starres körperliches Gerüst rotieren, so sind vom Gerüst als ganzem keine eindeutigen Raum- und Zeitmessungen für nicht mitbewegte Ereignis-Konfigurationen möglich; denn Längenkontraktion und Zeitdilatation werden für ein und dieselbe beurteilte Ereigniskonfiguration verschieden

* Unter "erleben" sei im allgemeinsten Sinn die Rezeption von Signalen verstanden; sie ist naturgemäß nicht auf den Menschen beschränkt.

ausfallen, je nachdem, an welchem Ort des rotierenden BS Uhren und Funkortgeräte aufgestellt werden. Während bei der Rotation eine räumliche Veränderlichkeit der v^2/c^2 vorliegt, ändert sich dieser Wert bei einem translativ beschleunigten BS mit der Zeit. Gerade die sRT macht also zum mindesten eine integrale Beurteilung räumlicher und zeitlicher Abstände von beschleunigten BS aus problematisch. Dieselben Einwände gelten auch für ein frei fallendes BS. Hinzu kommen die von Fock aufgeführten Deformationen der BS, aber diese könnte man u.U. durch Materialwahl unter Kontrolle halten, während sie für den freien Fall ja ohnehin wegfallen. Die relativistischen "Deformationen" sind indes unüberwindbar.

Erst recht verbietet Postulat (b) eine Erweiterung der BS von den IS auf beschleunigte BS. Die Erfahrung zeigt, daß wir gerade durch Effekte innerhalb beschleunigter BS auf ihren Bewegungszustand schließen.

Gibt es also kein aRP? Wir können die Frage noch ernster stellen: Ist denn die sRT überhaupt eine physikalische Theorie? In Wirklichkeit sind ja IS, wie Infeld zu Recht hervorhebt, nur Idealisierungen; Husserl würde sagen "Limes-Gestalten", "auf die hin, als invariante und nie zu erreichende Pole, die jeweilige Vervollkommnungsreihe hinläuft".[196] Dennoch gelten die Gesetze der sRT, z.B. $E=mc^2$, auch bei extrem beschleunigten BS. Der einzige Ausweg ist, die sRT als eine Theorie physikalischer Idealisierungen mit einem minderen Realitätsgrad als dem von Real-Systemen anzusehen, wobei aber die Struktur raumzeitlicher Relationen, wie sie von IS aus beobachtet werden, auch für die beschleunigten BS gilt. Wohlgemerkt, die IS sind zwar Idealisierungen, aber nicht intentionale (im Sinn des frühen Brentano), sondern bewußtseinstranszendente Objekte. Sie stellen mögliche Grenzfälle realer BS dar. Wir wollen den Realitätsgrad der IS als "protophysisch" bezeichnen. Dann können wir formulieren: Die sRT ist eine protophysikalische Theorie.

Nun haben wir einen einzigen Fall, wo reale IS verwirklicht sind, die dennoch einer Beschleunigung unterliegen. Diese Paradoxie gilt für alle frei fallenden BS. Nur für Ereignisabläufe innerhalb eines frei fallenden physischen Systems ist ideale Kräftefreiheit und damit der Inertialzustand zu verwirklichen. Die einzig realen IS sind also frei fallende BS; wir wollen sie "Schwere-Trägheitssysteme" (STS) nennen. Außer der Schwere unterliegen sie allein ihrer eigenen Trägheit. Freilich erlauben sie nur eine "inertiale" Beurteilung für Vorgänge in ihnen selbst, während z.B. ein ungekrümmter Lichtstrahl von einem gläsernen Lift aus als gekrümmt beurteilt wird.

Dieser Paradoxie der Natur verdanken wir eine Erweiterung des sRP auf alle STS. Auch in ihnen läßt sich kein Experiment ersinnen, das auf ihren Bewegungszustand schließen läßt. Dieser Satz entspricht allerdings nur dem gegenwärtigen Stand des Wissens. Eine Reihe von Arbeiten untersucht die Wirkung des freien Falls auf elektrisch geladene Körper. Nach Bondi und Gold, Fulton und Rohrlich werden Ladungen bei freiem Fall strahlen.* In diesem Fall würde das RP eingeschränkt nach

(RP I/A) $(m,n)\colon \mathrm{STS}(m)\cdot \mathrm{STS}(n)\cdot \mathrm{RVorg}(x,m)\cdot \mathrm{RVorg}(y,n)\cdot$
$\cdot \mathrm{GN}(x,y)\cdot \supset \cdot (\exists x)\cdot(\exists y)\colon \mathrm{Abl}(x,m)=\mathrm{Abl}(y,n).$

Jedenfalls bemerken wir an Vorgängen auf unserer Erde selbst nichts von ihrer Translationsbewegung, wie gerade der Michelson-Versuch zeigt. Sollten die Versuche von Bondi und ähnliche negativ verlaufen, so liegt eine Äquivalenz zwischen Inertialbewegung und freiem Fall vor, welche die folgende Erweiterung des sRP gestattet:

(RP I/B) $(m,n,o,p,x,y,z,w)\colon \mathrm{IS}(m)\cdot \mathrm{IS}(n)\cdot \mathrm{STS}(o)\cdot \mathrm{STS}(p)\cdot$
$\cdot \mathrm{RVorg}(x,m)\cdot \mathrm{RVorg}(y,n)\cdot \mathrm{RVorg}(z,o)\cdot \mathrm{RVorg}(w,p)\cdot$
$\cdot \mathrm{GN}(x,y,z,w)\cdot \supset \cdot \mathrm{Abl}(x,m)=\mathrm{Abl}(y,n)=\mathrm{Abl}(z,o)=$
$=\mathrm{Abl}(w,p).$

Formal fanden wir damit eine Verdoppelung der in R P I auftretenden Zahl von Alloperatoren. Inhaltlich vollzogen wir den Schritt von den protophysischen IS zu den einzig realisierbaren STS. Auch die reine Translation der Erde stellt ein STS dar.

IS und STS besitzen allerdings nicht denselben Seinsmodus. Von einer Erweiterung der Klasse der BS könnten wir nur bei konstantem Seinsmodus sprechen. Die aRT ist somit von hier aus beurteilt nicht die Verallgemeinerung, sondern die Realisierung der sRT.

Die einzig realen Trägheitsbewegungen sind die des freien Falls; daher treten in ihnen keine Trägheitseffekte auf, wohl aber, wenn der freie Fall von außen gestört wird. Die Gravitation ist eben, wie M. v. Laue grund-

* H. Bondi, T. Gold, *Proc. Roy. Soc.* A229 (1955) 416; T. Fulton, F. Rohrlich, *Ann. Phys.* 9 (1960) 499. Nach J. Weber, *General Relativity and Gravitation Waves*, New York, 1961 (russisch: Dž. Veber, *Obščaja teorija otnositel'nosti i gravitacionnye volny*, Moskva, 1962, str. 34).

legend bemerkt, keine Kraft im Sinne des Minkowskischen Kraftvektors K_a, da der in der Grundgleichung der Dynamik

$$m\frac{(\mathrm{d}^2x^i)}{\mathrm{d}\tau^2}+\sum_{kl}\begin{Bmatrix}kl\\ i\end{Bmatrix}\frac{\mathrm{d}x^k}{\mathrm{d}\tau}\cdot\frac{\mathrm{d}x^l}{\mathrm{d}\tau}=c\cdot K_a^i$$

auftretende Gravitationsterm nicht Vektorcharakter besitzt (Laue, II, 94). Vorgänge in STS sind von dessen Bewegungszustand unbeeinflußt. Dieser Bewegungszustand ist aber die Folge des jeweiligen $g_{\mu\nu}$-Felds. Wir können formulieren: Die Wahl der Gravitations-$g_{\mu\nu}$ ist für den Ablauf von Vorgängen innerhalb von BS, die nur dem Schwerefeld folgen, ohne Einfluß. Damit gewinnen wir eine echte Erweiterung des RP. Die $g_{\mu\nu}$ werden ebenso wie die IS zu Variabeln eines Alloperators und wir können daher formulieren:

(aRP I) $(\alpha, \beta, x, y): g_{\mu\nu}(\alpha)\cdot g_{\mu\nu}(\beta)\cdot \mathrm{RVorg}(x, \alpha)\cdot \mathrm{RVorg}(y, \beta)\cdot$
$\cdot \mathrm{GN}(x, y)\cdot \supset \cdot \mathrm{Abl}(x, \alpha)=\mathrm{Abl}(y, \beta)$.

Hier bedeutet "$g_{\mu\nu}(\alpha)$", "α ist eine hinreichend kleines Raumzeitgebiet, dessen Metrik durch eine Kombination realmöglicher $g_{\mu\nu}$ gekennzeichnet wird". "RVorg(x, α)" bedeutet dementsprechend "der im Gebiet α mit der Metrik $g_{\mu\nu}$ realisierbare Vorgang x".*

Hier liegt also eine Vorgangsgleichheit gegenüber beliebigen Schwerefeldern vor; m.a.W. die Euklidizität der Raumzeit ist nicht mehr Voraussetzung der Absolutheit der Naturgesetze. Andererseits tritt diese Absolutheit nur ein, weil wir längs einer Geodäten immer zur ebenen Geometrie übergehen können, also gerade den Fall der sRT verwirklichen.

Focks Einwand, in beschleunigten BS ließen sich keine entsprechenden Vorgänge realisieren, betrifft also nicht den freien Fall. Anderenfalls könnte der Kosmonaut kaum frühstücken. Was er nicht kann, ist die Ausnutzung der Schwerkraft, etwa durch eine Pendeluhr, von ihr hat er sich ja gerade befreit. Ebensowenig lassen sich die Inertialbewegungen

* Dem widerspricht nicht die Rotverschiebung der aRT, da wir sie im Ruhsystem des Strahlens ebensowenig bemerken wie die Zeitdilatation im Ruhsystem der Rakete. Wohl aber bemerken wir die Periheldrehung auch im Eigensystem des Merkur. Das System Sonne-Merkur ist dann eben kein hinreichend kleines Raumgebiet im Sinne der obigen Definition.

eines Laboratoriums für Vorgänge innerhalb des Laboratoriums ausnutzen. Gerade die Gültigkeit des RP verhütet z.B. die Konstruktion einer Pendeluhr auf einem Sputnik im schwerefreien Raum.
Andererseits läßt sich jeder Beschleunigungseffekt innerhalb der Grenzen des ÄP als Gravitationseffekt erleben, wie er bei der Verhinderung des freien Falls eintritt. Jede mechanische Kraft ist also in gewissen Grenzen einer gehemmten Gravitationswirkung äquivalent. In beiden Fällen ist der Bewegungszustand des BS für Effekte innerhalb des BS ausnutzbar und das RP gilt nicht mehr.
Der Schnitt zwischen erlaubten und unerlaubten BS im Sinne des RP geht also genau längs der Scheidelinie zwischen physikalischer Freiheit und Unfreiheit. Das RP erweist sich als Freiheitsprinzip. In Analogie zum Völkerrecht könnte man das RP auch Souveränitätsprinzip nennen, da es eine Gleichberechtigung aller IS und STS ausspricht. Die Existenz dieses Schnitts zeigt genau die Grenze für eine Verallgemeinerung des RP.
Was bedeutet nun aber die von Einstein hervorgehobene beliebige Substitution der Gaußschen Variabeln? Zunächst ist dies ein Kriterium aus Reich IV und betrifft nur die Zuordnung von Beobachtungsdaten zu Zahlenquadrupeln. Daß dadurch Beobachtungsdaten in gleicher Weise zu ordnen sind, ungeachtet ob sie in einem $g_{\mu\nu}$- oder $g'_{\mu\nu}$-Feld gewonnen sind, impliziert nicht die Unabhängigkeit der Beobachtungsdaten vom $g_{\mu\nu}$-Feld. Dieses wird seine Existenz immer dann erweisen, wenn eine Kraft das freie Folgen gegenüber dem $g_{\mu\nu}$-Feld verhindert. Daran ändert auch die allgemeine Kovarianz nichts. Das gleiche Aussehen der Gleichungen impliziert eben noch nicht die Freiheit eines Ablaufs gegenüber dem Bewegungszustand des BS bzw. dem $g_{\mu\nu}$-Feld. So zeigt sich der Einfluß des $g_{\mu\nu}$-Felds auf die Lichtfortpflanzung in der variablen Lichtgeschwindigkeit, obwohl die Gleichung für die Ausbreitung einer Lichtwellenfront in sRT und aRT gleiches Aussehen annimmt. Die Kovarianz ist ein Kriterium für die Gültigkeit des RP nur dann, wenn RP I $\equiv$ RP IV. Das ist nur unter der Voraussetzung wahr, daß zwischen Abl(x, m) und Fu(x, m) eine eindeutige Zuordnung besteht. Das ist aber *i.a.* nicht der Fall: Ein und derselbe Ablauf läßt sich je nach Wahl der n-Tupel auf verschiedene Funktionen abbilden, wie ja gerade die allgemein kovariante Formulierung der sRT zeigt, und dieselbe Funktion – etwa für einen Oszillator – kann durchaus verschiedene Abläufe beschreiben. Die

Kovarianz ist nur ein notwendiges, kein hinreichendes Kriterium für die Gültigkeit des RP. Notwendig und hinreichend ist allein die Gleichheit der Abläufe und der ihnen entsprechenden Beobachtungen. Hier hat Fock recht.

Gehen wir aber von STS zu beliebigen BS in beliebigen $g_{\mu\nu}$-Feldern über, so bleibt wenigstens eine Teilmenge aller Vorgangsstücke invariant, z.B. der Wirkungskegel und das gleiche Aussehen der Grundgleichungen. Nur können wir dann nicht mehr von einem RP sprechen, denn dies verlangt einen Alloperator für die Variable "Vorgangsablauf". Macht sich der Bewegungszustand oder das $g_{\mu\nu}$-Feld eines BS an Beobachtungen innerhalb des BS bemerkbar, so gilt das RP nicht. Dies betrifft auch den positiven Ausgang der o.g. Versuche von Bondi und anderen. In diesem Fall wären die STS keine realisierten IS und das RP könnte nicht auf STS erweitert werden; gleichwohl würde sicher eine allgemein kovariante, d.h. die $g_{\mu\nu}$ einschließende Formulierung der Ladungsstrahlung gefunden. Die Existenz einer Klasse von Invarianten gegenüber dem Wechsel der BS bzw. der $g_{\mu\nu}$ erfüllt eben noch nicht das RP. So ist die Existenz des vom Gepäcknetz fallenden Koffers sicher invariant gegenüber den Ursachen der Verzögerung (Bremsen, plötzlich einsetzende Schwerkraft), aber gerade das Herunterfallen zeigt, daß unser Zug kein erlaubtes BS im Sinne des RP ist. Daran ändert auch die Fiktion nichts, das Bremsen sei die Wirkung eines plötzlich einsetzenden Schwerefelds. Die aRT ist also nur insofern eine *Relativitäts*-Theorie, als sie die Existenz von STS vorsieht. Da damit die Klasse der erlaubten BS gegenüber der sRT erweitert wird, heißt die aRT zu Recht "allgemeine" RT. Die Klasse der Invarianten bleibt dabei gegenüber dem Übergang IS→STS selbst invariant.

(D) *Symmetrie zwischen sRT und aRT*

Das Gesagte zeigt deutlich eine Symmetrie zwischen sRT und aRT. Wir gehen von folgender Hypothese aus: Das gesamte Sein läßt sich durch die drei Grundbestimmungen "Existenz", in Zeichen "ex", "Kommunikation", in Zeichen "kom" und "Generation", in Zeichen "gen", darstellen. Unter "Generation" sei eine schöpferische Oparation verstanden. Ferner zerfällt das gesamte Sein in drei Welten:

(1) die Mannigfaltigkeit aller Wirkwesen*, in Zeichen '*p*',

* Unter "Wirkwesen" sei verstanden ein zu schöpferischen Operationen fähiges Wesen.

SYMMETRIESCHEMA FÜR DIE STRUKTUR DER sRT UND aRT

	sRT			aRT		
Reiche	π ex	π kom	π gen	p ex	p kom	p gen
I	IS	Signalabtausch zwischen IS	Inertialbewegung	STS	Signalabtausch zwischen STS	Schwere-Trägheitsbewegung
II	Inertial-beobachter	Uhren- und Längenvergleich	Wahrnehmung in IS	STS-Beobachter	Uhren- und Längenvergleich	Wahrnehmung in STS
III	Kartesische KS	Drehung eines KS im Minkowski-Raum	gerade Weltlinie einer Inertialbewegung	krummlinige KS	Übergang von KS nach KS′	geodätische Weltlinie eines STS
IV	Zahlen-*n*-Tupel	Lorentzgruppe	Bewegungs-gleichung	Zahlen-*n*-Tupel	Kontinuierliche Transformationen	Bewegungsgleichung für STS
V	"IS"	Logische Verknüpfung von "IS", "RVorg" usw.	Sätze der sRT	"STS"	Logische Verknüpfung von "STS", "RVorg" usw.	Sätze der aRT
VI	Prinzip der Kräftefreiheit	Prinzip der Grenz-geschwindigkeit für Wirkungsausbreitungen	sRP	Prinzip der Kräftefreiheit	Äquivalenz von Riemannscher Raumzeitstruktur und Gravitation	aRP

(2) die Mannigfaltigkeit aller Konstruktionen des menschlichen Geistes, in Zeichen "K",
(3) die Mannigfaltigkeit aller den p- und K-Wesen logisch vorhergehenden Wesen, in Zeichen "π".
Die Symmetrie zwischen sRT und aRT zeigt das Schema auf S. 170. Daran wird auch deutlich, was hier unter "Symmetrie" gemeint ist.
Die in der sowjetischen Diskussion auftretenden Schwierigkeiten rühren im Grunde von einer allgemein praktizierten Vermengung der den Formulierungen des RP zugrundeliegenden Gegenstandsbereiche. Wir haben sechs Gegenstandsbereiche (s. Tabelle auf S. 162). Die Verschiedenheit dieser Bereiche verbietet Sätze wie: "Unter dem RP sei die Kovarianz zu verstehen". Ein physikalisches Prinzip regelt zunächst nur physikalische Abläufe, also p-Wesen in Reich I. Erst indem der Geist des Menschen K-Wesen in IV den Abläufen in I zuordnet, ist er genötigt, die den physikalischen Prinzipien entsprechenden Konstruktionsprinzipien für die Aufstellung von Gleichungen zu entwerfen, damit diese Gleichungen die Abläufe in I richtig wiedergeben. Nur in diesem Sinn läßt sich überhaupt das RP auch unter Zuhilfenahme von K-Wesen formulieren. Herrscht partielle Isomorphie zwischen zwei oder mehr Gegenstandsbereichen, so schließt freilich innerhalb der isomorphen Relationenmengen das Vorhandensein oder Nichtvorhandensein der einen Relationenmenge in Reich X das Vorhandensein oder Nichtvorhandensein der ihr isomorphen Relationenmenge in Y ein. Die Isomorphie ist aber in jedem Fall zu beweisen. Soweit bekannt, hat aber keiner der Partner der Relativitätsdiskussion, Einstein eingeschlossen, diesen Beweis für die Strukturgleichheit allgemein kovarianter Gleichungen und gleicher Ereignisabläufe in Raumzeitgebieten verschiedenen Krümmungstensors geführt. Hier ist Focks Argument von den Anfangs- und Grenzbedingungen relevant.
An der Tabelle sieht man, daß der Übergang von π nach p die Grundelemente der sRT in die entsprechenden der aRT überführt. Damit ist ein eindeutiger logischer Zusammenhang zwischen beiden Theorien gegeben: $(\text{sRT} \leftrightarrows \text{aRT}) \supset (\pi \leftrightarrows p)$.
Dies ist das allgemeinste Transformationsgesetz für den Übergang zwischen beiden Theorien. Dabei lassen sich eine Reihe von Invarianten gegen diese Transformation feststellen, nämlich u.a.
In I: Kräftefreiheit, ebene Geometrie im Infinitesimalen, Extremallinie der Viererbewegung, Grenzgeschwindigkeit für Signale.

In II: Messung von Länge und Dauer durch Benutzung von Lichtsignalen, Schnitt zwischen relativen und invarianten Observablen, Forderung nach Unabhängigkeit des Objekts gegenüber der Parametrisierung.
In III: Benutzung von KS, Geometrisierung von Vorgangsabläufen, Topologie des Riemann-Einstein-Raums, Extremal-Form der Weltlinie.
In IV: Darstellung durch Zahlenquadrupel, Benutzung von Transformationen, Invarianz von ds^2 und $\nabla^2\omega$, Benutzung von $g_{\mu\nu}$.
In V: Definitionen von "Länge" und "Dauer" durch Lichtsignale, Ausdrücke "Invarianz" und "Relativität".
In VI: Invarianz der Naturgesetze.
Der Übergang zwischen π und p wird gerade durch den infinitesimalen Übergang zwischen Riemannschem und Minkowski-Raum sichtbar, wo sich sRT und aRT berühren ("oskulieren").* Die Grundbehauptung Focks entfällt also, die aRT sei eine Gravitations- und keine allgemeine Relativitätstheorie. Sie verallgemeinert die sRT präzis in folgendem Sinn:
(a) Die aRT enthält in I IS+STS, da im Infinitesimalen immer zum IS übergegangen werden kann, d.h. die Beschleunigung zu vernachlässigen ist. Die geodätische Bewegung enthält die Bewegung auf einer Geraden als Sonderfall;
(b) dementsprechend sind in II Lichtsignale im Minkowski-Raum ein Sonderfall von solchen im Riemann-Raum; die aRT enthält ferner
(c) in III $R_{iklm}=0$ als Sonderfall von $R_{iklm}\neq 0$, sowie die Gerade als Sonderfall der Geodäten;
(d) in IV die LT als Sonderfall einer allgemeineren Transformationsgruppe. Dabei kann abstrakt wegen des ÄP die Transformation $g_{\mu\nu}\rightarrow g'_{\mu\nu}$ als "Bewegungsgruppe" interpretiert werden;
(e) in *V* die Definition von "Länge", "Dauer" usw. unter Zugrundelegung des Signalaustausches im Minkowski-Raum als Sonderfall von Definitionen der gleichen Ausdrücke unter Zugrundelegung des Signalaustausches im Riemannschen Raum;
(f) in VI das sRP als Sonderfall des aRP.
Aber dieses "als Sonderfall enthalten" darf nicht nur formal verstanden werden als: "Die Menge aller Bestimmungsstücke der sRT ist in der Menge aller Bestimmungsstücke der aRT enthalten". In der Tat verhält sich die aRT zur sRT nicht wie das Ganze zu seinen Teilen, sondern

* In diesem Fall ist auch der genaue Sinn von "Übergang von π nach p" aufweisbar.

wie die Realisierung zur Idealisierung. Die sRT ist eine idealisierte aRT und zwar genau in dem Sinn, daß sie für eine hypothetische, nur im Limes eintretende unendliche Entfernung ihrer Bezugssysteme von allen Gravitationsquellen oder für den raumzeitlich lokalen aber dafür realen Fall der freien Fallbewegung gilt, und hier wieder nur für den Fall eines ideal homogenen Schwerefelds. Unter "ideal" wird aber wegen der physikalischen Gültigkeit der sRT, d.h. wegen ihrer realen Folgen, nicht nur ein Gedachtes verstanden, sondern die Zugehörigkeit zu einer Art Spiegelwelt des physisch Realen, einer ihr ontisch vorgelagerten Seins-Region, die wir als "protophysisch" bezeichneten. Der Gegenstand der sRT ist also ein Gebiet der Iπ-Welt.
Dieser wird durch die sRT in IIIK, IVK, VK und VIK konstruiert. IS sind also nicht nur Konstruktionen des Geistes wie z.B. der gedankliche Entwurf einer möglichen Maschine, sondern sie sind unabhängig von ihrem Gedachtsein in einer dem Physischen ontisch vorgelagerten Seinsregion Prototypen realer physischer Systeme. Sie kommen in der Natur niemals vor, da alle realen Systeme durch Kräfte beeinflußt werden; dennoch beschreibt höchst seltsamerweise eine Theorie, in deren Grundannahmen die Existenz von IS eingeht, reales physisches Verhalten. Formal können wir daher die aRT als logische Verallgemeinerung der sRT auffassen, inhaltlich jedoch als ihre Verwirklichung. Die allgemeine Relativitätstheorie ist die "wahre" spezielle Relativitätstheorie.*

(E) *Vertauschbarkeit und Dualitätsprinzip*

Wir können aber auch die sRT als eine Verallgemeinerung der aRT bezeichnen – eine Überlegung, die wir Fock verdanken. Wir brauchen dazu nur die freie Fallbewegung als einen Sonderfall der viel allgemeineren kräftefreien Bewegung zu betrachten. Dann ist das IS die Verallgemeinerung, d.h. der Oberbegriff der viel spezielleren STS. Diese Umstellung in unserer Bewertung (die Werte sind "allgemein" und "speziell") läßt sich für alle Welten I–IV durchführen. In einer hier nicht näher präzisierten Metasprache lautet sie z.B.: Die Störung des Eigenseins durch Gravitationsquellen ist ein Sonderfall des freien Folgens von "Existoren"

* Nicht durch die Negation der sRT, sondern durch ihre Verallgemeinerung wird also die RT zu ihrer "Wahrheit" gebracht. Dies ist ein starker faktischer Einwand gegen die Erkenntnisdialektik des Diamat.

gegenüber dem Führungsfeld. M.a.W. die Terme "Freiheit" und "Folgen gegenüber dem Führungsfeld" sind bedeutungsgleich. Damit ist aber eine sehr tiefe metaphysische Einsicht in das Wesen der physikalischen Freiheit ausgesprochen: Freiheit ist nur gegenüber dem raumzeitlichen Führungsfeld möglich, ungeführte Freiheit ist kein Fall der physischen Welt. Ihre Aufhebung erfolgt dann nicht durch eine Änderung der Metrik des Führungsfelds, sondern durch Kräfte, welche das Folgen gegenüber dem Führungsfeld stören. Die Gravitation stört nicht das freie Verhalten von Existoren, sondern führt diese nur auf anderen Weltlinien als das Minkowski-Feld. Die Gravitation ist in dieser Sicht nichts als eine der möglichen Metriken des viel allgemeineren Führungsfelds. Ob es noch andere Führungsfelder gibt, kann nur die Erfahrung entscheiden.

Wir sehen, daß die Bewertungen "allgemein" und "speziell" sich für beide Theorien abtauschen lassen. Damit kommen wir zu einem grundlegenden Prinzip der Dualität, das sich in der Geometrie seit Poncelet festgesetzt hat. Mit gleichem Recht können wir das nur dem Führungsfeld folgende physische Verhalten als "Gravitation" und "Trägheit" beurteilen. Beide Beurteilungen sind zwar in ihren Prämissen verschieden, vor allem hinsichtlich der zugrundeliegenden Metrik im Endlichen, aber sie führen zu denselben Grundgleichungen der Physik

$$ds^2 = \text{inv (Weltliniengleichung)},$$
$$\Delta iv\ T_{\mu\nu} = 0 \text{ (dynamische Grundgleichung)},$$
$$\nabla^2 \omega = \text{inv (Lichtwellengleichung)}.$$

In diesem Sinn sind beide Theorien äquivalent. Dies ist der eigentliche Sinn des rein physikalischen Äquivalenzprinzips und dessen logische Konsequenz. Die Dualität von sRT und aRT ist die Dualität von Trägheit und Schwere und beide sind ohne Störung der Grundgleichungen vertauschbar.

(F) *Die Bedeutung der $g_{\mu\nu}$*

Das Mißverständnis Focks rührt aus einer falschen Bewertung der $g_{\mu\nu}$. Im Grunde sind sie für ihn nur Gravitationspotentiale und nicht Transformationskoeffizienten. Aber es müßte ihm zu denken geben, daß wie er selbst hervorhebt, außer den $g_{\mu\nu}$ keine weiteren Funktionen der Koordinaten in die kovariante Formulierung der Grundgesetze eingehen. Wie kommt es, daß ausgerechnet die Gravitationspotentiale die Kovarianz garantieren?

Wir können hier eine erklärende Hypothese (logische Reduktion) für die beobachtete numerische Gleichheit von schwerer und träger Masse sehen. Nachträglich zeigt der Aufbau der fertigen aRT, daß man, was Fock ja selbst tut, zuerst die sRT durch Einführung beliebiger Transformationen der (x', y', z', t') erweitert und somit eine allgemein kovariante Formulierung der Grundgesetze gewinnt. Damit kommt man natürlich noch nicht über die nicht-Euklidische Geometrie hinaus. Dann deutet man die in den Grundgleichungen auftretenden

$$g_{\mu\nu} = \sum_{k=0}^{3} e_k \frac{\partial x'_k}{\partial x_\mu} \frac{\partial x'_k}{\partial x_\nu}$$

als Gravitationspotentiale und gewinnt so den Ausdruck für die Grundgleichungen in Gravitationsfeldern.

Aber gewinnen wir damit

(a) die Relativität gegenüber allen beliebig zueinander bewegten BS,

(b) gegenüber allen IS und Schwerefeldern und erklären wir

(c) damit die Gravitation als Übergang von Galileischen KS zu nicht-Galileischen KS?

Alle drei Fragen sind zu verneinen. (a) Wohl wird die Formulierung der Naturgesetze allgemein kovariant, aber nur indem die $g_{\mu\nu}$ als Hilfsfunktionen eingeführt werden. Nach wie vor wird ein Beobachter an Effekten in seinem Ruhsystem entscheiden können, ob dieses ein IS oder ein beschleunigtes BS ist. Nur für den Übergang von Galileischen Koordinaten zu nicht-Galileischen bei festgehaltenem IS ändert sich nichts: Die Transformation der Koordinaten erzeugt keine physikalischen Effekte. (b) Ebenso kann ich an Effekten in meinem Ruhsystem entscheiden, ob ich mich in einem IS im gravitationsfreien Raum oder in einem nicht frei fallenden BS im Gravitationsfeld befinde. Was ich nicht unterscheiden kann, (und auch dies nur im Rahmen des ÄP) ist, ob ich in einem beschleunigten BS in einem gravitationsfreien Gebiet oder in einem nicht frei fallenden BS in einem Gravitationsfeld bin. Damit wird aber kein RP begründet, denn für beschleunigte BS in schwerefreien Gebieten und IS lassen sich nicht alle Vorgänge "entsprechend" machen. (c) Dagegen sprechen zwei Gründe: (1) die Begrenztheit des ÄP, (2) selbst wenn das

ÄP uneingeschränkt gälte, die Verschiedenheit der physikalischen Ursachen. Die Existenz von Gravitationsquellen, d.h. schweren Massen, ist durch keine Koordinatentransformation zu eliminieren; sie ist invariant. Weshalb sind dann aber zwei äquivalente Deutungen der $g_{\mu\nu}$ möglich? M.a.W. weshalb gibt es innerhalb der Grenzen des ÄP eine kinematische Begründung der Gravitation? Die Antwort läßt sich nur in der Natur der Raumzeit suchen. Die Erweiterung des ÄP auf die Gravitation schlechthin ist ja unmöglich. Keineswegs lassen sich alle Beschleunigungen als Gravitation deuten und umgekehrt. Folglich muß die logische Äquivalenz von "$g_{\mu\nu}$" und "Gravitationspotential" als *ad-hoc*-Hypothese eingeführt werden. Soweit ich sehe, ist es noch niemand gelungen, sie aus allgemeineren Gründen logisch einwandfrei abzuleiten. Der geniale Schritt Einsteins steht nach wie vor im logischen Niemandsland.

Erst nach Einführung dieser Hypothese lassen sich die Gravitationspotentiale als Transformationskoeffizienten deuten; dann freilich besteht eine Symmetrie zwischen den LT und der Gravitation. Diese Symmetrie wird noch deutlicher, wenn man in die Formeln für die Rotverschiebung die den $g_{\mu\nu}$ äquivalente Relativgeschwindigkeit einsetzt. In der Tat läßt sich ohne Zusatzbeobachtungen nicht entscheiden, ob eine Lichtquelle wegen ihres Gravitationspotentials oder ihrer Flucht vom Beobachter zum roten Ende verschobene Frequenzen sendet, m.a.W. ob die Rotverschiebung ein Gravitations- oder ein Doppler-Effekt ist.* Die Transformation der $g_{\mu\nu}$ ist einer Bewegungsgruppe äquivalent in genau demselben Sinn wie träge und schwere Masse numerisch äquivalent sind, ohne deshalb schon wesensgleich zu sein. Eine Wesensgleichheit der $g_{\mu\nu}$-Transformation mit der Bewegungsgruppe liegt erst dann vor, wenn wir die Hypothese aufstellen: Die $g_{\mu\nu}$ sind Ausdruck *möglicher* Beschleunigungen. Nicht-Galileische $g_{\mu\nu}$ sollen ja gerade einer *Beschleunigung* äquivalent sein.

(G) *RP und Homogenität der Raumzeit*

Der Ausdruck "Homogenität der Raumzeit" wird bei den verschiedenen

* Synge zeigt, daß die Rotverschiebung keine Beziehung zur Gravitation besitzt, sondern ein Doppler-Effekt ist. Dazu braucht er allerdings den problematischen Begriff der Relativgeschwindigkeit zweier örtlich entfernter Weltpunkte (Synge, a.a.O, Chap. III, p. 87).

sowjetischen Autoren verschieden, ja zueinander widersprüchig definiert. Für Fock ist die Homogenität die Gleichwertigkeit aller Raumzeitpunkte und Richtungen und aller IS: Sie kommt in einer 10-parametrigen Bewegungsgruppe zum Ausdruck, welche die Form von ds^2 invariant läßt. Was aber heißt "Gleichwertigkeit"? Dieser Ausdruck bleibt undefiniert. Jedenfalls ist für Fock die Riemannsche Raumzeit nicht homogen, daraus kann man schließen, daß er unter "Homogenität" das Verschwinden des Krümmungstensors versteht. Dementsprechend meint er noch ausdrücklich 1962[197]: "Das physikalische Relativitätsprinzip ist letztlich durch die Homogenität des Raums bedingt: Entweder die Homogenität des Raums im ganzen oder die Homogenität in unendlich entfernten Abständen von den Massen oder schließlich die Homogenität im unendlich Kleinen". Offenbar meint Fock in allen drei Fällen die Galileische Metrik. Damit wird ein RP nur in homogenen Raumzeit-Gebieten möglich bzw. ist selbst ein logisches Äquivalent der Homogenität. So meint Fock ausdrücklich, das RP werde in der aRT keinesfalls verallgemeinert, sondern entweder nur eingeschränkt oder es gelte überhaupt nicht. Andererseits behauptet er, die allgemeinsten Transformationen für harmonische KS in einer Inselwelt mit nicht-starrer Metrik seien die LT[198]; damit würde dann das sRP auch in endlichen Gebieten Riemannscher Metrik gelten, was einen Widerspruch zu obigem bedeutet.*

Für B. G. Kuznecov bedeutet "Homogenität", daß die Weltlinie eines nur der Gravitation gehorchenden bzw. eines inertialen Teilchens keine besonderen Punkte besitzt. Der Ausdruck "besonderer Punkt" wird implizit definiert als "Unabhängigkeit der Bewegung von Vorgängen, deren Subjekt das Teilchen selbst ist und die nicht als geometrische Eigenschaften der Raumzeit darstellbar sind". Andererseits definiert Kuznecov die Homogenität als Unabhängigkeit von der Parametrisierung, als krümmungsunabhängige Eigenschaft der Raumzeit, welche Koordinatentransformationen erlaubt.

* Herr Professor Fock teilte mir brieflich am 19.IV.1963 seine diesbezügliche Auffassung mit. Danach folge nur unter der Voraussetzung einer starren (von den physikalischen Prozessen unabhängigen Metrik) aus dem RP die Homogenität der Raumzeit. In der Einsteinschen Gravitationstheorie werde die Metrik jedoch nicht als starr angesehen. Daher sei das durch die LT ausgedrückte RP sehr wohl mit der Einsteinschen inhomogenen Raumzeit verträglich.

Offenbar beziehen sich diese Definitionen auf verschiedene Argumente des Prädikats "homogen". Fock meint die Metrik, Kuznecov das Folgen gegenüber dem Führungsfeld beliebiger Metrik bzw. die Parametrisierung. Die Paradoxie der Gravitation zeigt sich an diesen drei Bedeutungen von "Homogenität". In der Tat ist es seltsam, daß trotz einer inhomogenen Metrik ein nur dem Führungsfeld folgendes BS sich ebenso verhält wie ein BS, das der homogenen (Galileischen) Metrik folgt, d.h. ein IS. Die Inhomogenität der Metrik hat also überhaupt keinen Einfluß auf die Geltung des RP; im Gegenteil, erst in einer inhomogenen, d.h. realen Metrik, wird ein IS als STS realisiert. Diesen grundlegenden Sachverhalt übersieht Fock. Versteht er unter "Gleichberechtigung" der Punkte die Existenz "entsprechender" Vorgänge, so schließen variable $g_{\mu\nu}$ *a priori* diese nur aus, wenn die $g_{\mu\nu}$ selbst zum Vorgangsablauf hinzugerechnet werden; dem widerspricht aber gerade die Wegtransformierbarkeit der Christoffel-Symbole längs einer Geodäten. Definieren wir mit Fock die Homogenität als "Gleichberechtigung" und verstehen unter "Gleichberechtigung" "Invarianz", dann ist auch die Riemannsche Raumzeit homogen; Fock selbst leitet die Gravitationstheorie aus der Invarianz von ds^2 und der Lichtwellengleichung ab. Es gibt keinen logischen Grund, nur die Invarianz gegenüber einer Transformation der Koordinaten und nicht auch der Metrik zu gestatten. Wir können dann von koordinativer und metrischer Invarianz sprechen. Demgemäß unterscheiden wir eine koordinative und eine metrische Homogenität ($\neq$Homogenität der Metrik!) und ein koordinatives und metrisches RP. Der mathematische Zusammenhang beider ist durch das ÄP gesichert. Immer wieder kehren wir zu dem Fundament der RT zurück, daß Relativbewegung und Raumzeitmetrik nur Teilaspekte des Zusammenhangs zwischen Führungsfeld und Existenz-Autonomie darstellen.

Nur wenn wir verlangen, daß die Klasse der Invarianten für den Übergang von koordinativen zu metrischen Transformationen selbst invariant bleibt, wird der Raum der aRT inhomogen und zwar in jenem Sinn, daß beim Übergang von Gebieten mit verschwindendem Krümmungstensor zu solchen mit $R_{iklm} \neq 0$ die Menge der Invarianten abnimmt. Aber auch dann ist sie von Null verschieden: Auch in der aRT haben wir eine nichtleere Klasse von Invarianten.

(H) *Das Äquivalenzprinzip*

Noch deutlicher werden diese Zusammenhänge bei einer Klärung des ÄP. In Strenge liegen zwei Äquivalenzen vor:
(1) zwischen IS und STS;
(2) zwischen beschleunigten BS und Gravitations-$g_{\mu\nu}$.
Die Unabhängigkeit bzw. Abhängigkeit von Vorgangsgrößen gegenüber der Metrik läßt sich also in jedem Fall auch kinematisch deuten, wenngleich in den durch die Gültigkeit des ÄP erlaubten Grenzen. Gerade diese Grenzen verlangen, daß wir neben der kinematischen eine eigene "metrische" Relativität postulieren. Die Gravitationstheorie läßt sich nicht als kinematische Theorie wie die sRT aufbauen, ja diese konnte es nur, weil man die Metrik in die Implikation verbannte. Wir erhalten damit eine neue Symmetrie (Dualität): sRP wie aRP können sowohl metrisch als kinematisch begründet werden; IS sind von der Inertialbewegung, STS von der Beschleunigung unabhängig.
Die Äquivalenz bezieht sich dabei *prima facie* auf die Effekte und hier ist sie in der Tat vollkommen. Das Grundgeheimnis der aRT, ja des Universums, liegt in der numerischen Gleichheit von schwerer und träger Masse, die Einstein auf eine Wesensgleichheit (M. v. Laue) zurückführte. Daran ändert die Lokalität des ÄP nichts, denn diese Gleichheit gilt immer und überall. An jeder Raumzeit-Stelle läßt sich, soweit es die Raumzeit selbst anlangt, die freie Bewegung längs einer geodätischen Weltlinie realisieren und durch Trägheitswirkungen ein künstliches Schwerefeld erzeugen. In diesem Sinn ist das ÄP universal. Seine Begrenztheit ist die Folge davon, daß die Konstruktion von realen Schwerefeldern an Naturgesetze gebunden ist. Ebenso könnte man fordern, daß ein beliebig konstruiertes Flugzeug fliegt.
Das Fundamental-Problem der aRT führt uns weit über die logischen Grundlagen der Theorie hinaus; es berührt die Struktur des physisch Realen schlechthin und soll erst in Kapitel IV einer Lösung nähergeführt werden.

(I) *Ist die aRT eine Gravitationstheorie?*

Die Erweiterung des RP auf STS impliziert aber noch keine Theorie der Gravitation. Sie setzt Gravitations-$g_{\mu\nu}$ nur voraus, ohne zu zeigen, weshalb gerade die $g_{\mu\nu}$ das Gravitationspotential repräsentieren. Den heuristischen Übergang liefert das ÄP, aber es gilt nur lokal und kann daher keine nicht-lokale Gravitationstheorie begründen. Tatsächlich wird ja in den STS die Gravitation gerade ausgeschaltet.*

Wir können wegen der Begrenztheit des ÄP die Gravitation nicht als Beschleunigungseffekt deuten. Auch logisch ist dies nicht möglich. Das Auftreten von Trägheitseffekten ist eine Folge der zwangsweisen Verbiegung einer geraden Weltlinie im Galileischen Raum, das Auftreten von Gravitationseffekten eine Folge der "Verbiegung" des Raums selbst. Raumzeitkrümmung und Koordinatentransformation sind aber nicht äquivalent, wie die Formulierung der sRT in beliebigen Koordinaten zeigt. Ebensowenig wird durch das Ziehen krummer Linien ein ebenes Stück Papier verbogen.

Welches ist nun der Grund für die Raumzeit-Krümmung durch die Existenz schwerer Massen? Steht sie in einem logischen Zusammenhang mit der Relativität? Einstein gibt keinen zwingenden Beweis dafür an. Sein Gedankenexperiment mit dem Karussel ist wohl nur heuristischer Natur. Auch Focks Argument, wegen der Gleichheit von schwerer und träger Masse werde die Lichtbahn in der Nähe schwerer Massen gekrümmt, führt nicht zur Äquivalenz von Krümmung und Gravitation. Dazu sind vielmehr zwei Zusatzhypothesen nötig: (1) Die Metrik der Raumzeit wird durch die gekrümmten Weltlinien von kräftefreien Teilchen und Photonen operationell definiert. (2) Alle Bewegungen von Teilchen und Photonen in der Nähe schwerer Massen folgen gekrümmten Weltlinien.

Satz (1) ist ebenso wie die Festsetzung des Begriffs "Gleichzeitigkeit" eine physiko-geometrische Definition der Metrik raumzeitlicher Relationen von Teilchen. Dies vorausgesetzt ergibt sich dann aus dem empirischen Satz (2) die logische Äquivalenz von Krümmung und Gravitation. Beide Ausdrücke bezeichnen in Wahrheit denselben physikalischen Sachverhalt. Dies ergibt aber eine weitere Symmetrie zwischen aRT und sRT. Die Effekte der Raumzeit-Krümmung gleich Gravitation treten an die Stelle der kinematischen Effekte der sRT. Für Definitionen von "Länge" und "Gleichzeitigkeit" gilt die an einer Raumzeit-Stelle herrschende Metrik

* Ich verdanke dieses Argument einer brieflichen Mitteilung von Herrn Professor Fock.

als BS. Es gibt auch in der aRT metrisch invariante und metrisch relative Größen, sowie eine metrische (allgemeine) Kovarianz.

(J) *Ergebnis*

1. Das sRP läßt sich – zum mindesten durch Einfügung eines Existenzsatzes – auf den freien Fall erweitern. Diese Erweiterung ist echt, denn der freie Fall hebt das Gravitationsfeld nur für Wirkungen innerhalb des frei fallenden Systems auf, nicht aber für alle möglichen anderen Wirkungen, vor allem auf das frei fallende System selbst. Die Gravitationstheorie enthält also in der Einschränkung auf Schwere-Trägheits-Systeme die Relativität.
2. Diese Relativität ist dieselbe wie die der sRT, d.h. der Übergang zwischen den Koordinaten wird bei entsprechender Wahl durch die Lorentz-Transformationen hergestellt. Wir nennen sie "Lorentz-Relativität".
3. Für den Übergang von Inertialsystemen zu Nicht-Inertialsystemen und von Schwere-Trägheitssystemen zu Nicht-Schwere-Trägheitssystemen in Gravitationsgebieten läßt sich keine Relativität feststellen, da der Einfluß der Nicht-Inertialsysteme und der Gravitationsgebiete auf Vorgänge innerhalb der Bezugssysteme nachweisbar ist.
4. Hingegen lassen sich die Naturgesetze allgemein kovariant formulieren. Dabei bedeutet "allgemeine Kovarianz" sowohl eine Identität der Gesetze beim Wechsel des Koordinatensystems als des Gravitationsfelds. Der letztere kann formal als Koordinatentransformation dargestellt werden. Die Gleichheit der Form der Naturgesetze impliziert aber noch nicht die Gleichheit der Vorgangsabläufe in verschiedenen Bezugssystemen, da Gesetze nur mögliche Vorgänge regeln, jedoch nichts über die Existenz solcher Vorgänge aussagen. Ob also gleiche Vorgänge in beliebig zueinander bewegten Bezugssystemen und in Bezugssystemen in beliebigen Schwerefeldern herstellbar sind, ist ein physikalisches und kein mathematisches Problem. Die gleiche Formulierung von Naturgesetzen ist ihrerseits nur eine Folge der logischen Einheit der Welt. Deshalb müssen wir Focks Auffassung in wesentlichen Punkten zustimmen.

(K) *Zur Metaphysik der Relativität: Führung und Freiheit*

Damit gelangen wir zum ontologischen Problem. Bisher behandelten

wir den Fragenkreis nur in den Gegenstandsbereichen I bis VI. Wir können dem Symmetrieschema aber noch das Reich VII der Wesenheiten (*Eidoj*) hinzufügen. Dann fragen wir: Was bedeutet "Gleichberechtigung" über das Physikalisch-Mathematisch-Logische hinaus ontologisch, d.h. in Konfrontierung mit dem uns präsenten Kategorienapparat? Daran knüpft sich ein zweites Problem: Läßt sich für die Gleichberechtigung ein jenseits des rein Physikalisch-Mathematischen liegender *Grund* angeben, m.a.W. können wir axiomatische Protophysik betreiben?
Formulieren wir nochmals den genauen Sinn von "Gleichberechtigung":

	sRT	aRT
I	Gleiche Naturabläufe derselben Klasse in allen Galileischen Raumzeit-Gebieten, Richtungen und Inertialbewegungen (kinematische Unabhängigkeit)	Gleiche Naturabläufe derselben Klasse für STS in allen realen Raumzeit-Gebieten beliebiger Metrik (metrische Unabhängigkeit)
II	Gleiche Sinneswahrnehmungen und Meßergebnisse von Naturabläufen derselben Klasse, vorgenommen von einem IS aus	Gleiche Sinneswahrnehmungen vorgenommen von STS in einem Gebiet beliebiger Metrik.
III	Pseudo-Euklidische Weltgeometrie mit geraden Weltlinien freier Teilchen	Riemannsche Geometrie mit geodätischen Weltlinien freier Teilchen
IV	Lorentz-Kovarianz	Metrisch-koordinative Kovarianz
V	Bezugunabhängige Definition der Invarianten	Koordinaten- und Metrikunabhängige Definition der Invarianten
VI	Gültigkeit des sRP	Gültigkeit des aRP

Das protophysische Problem ist also die Autonomie von Ereignisabläufen gegenüber Relativbewegungen bei starrer Metrik und gegenüber einer "Bewegung" der Metrik selbst. Fassen wir beide "Bewegungen" zusammen, so ergibt sich eine Autonomie gegenüber der raumzeitlichen Koordination durch BS. Soweit physikalische Systeme aus der Abhängigkeit von der Bewegungsgruppe und der Metrik herausgenommen sind, stehen sie jenseits der durch die Raumzeit festgelegten Kommunikationen (Signalübertragungen). Dies ist der Sinn des Satzes: Orte, Richtungen, Inertialbewegungen und die Metrik haben keinen Einfluß auf den Vorgangsablauf in IS und STS.

Damit wird die These des Diamat von Raum und Zeit als den Daseinsformen der Materie durchbrochen. Wir haben in Strenge eine partielle Raumzeitlosigkeit; dabei wird das Subjekt solchen Prädikats nicht aus dem Bereich des Physischen herausgehoben und etwa vergeistigt. Die klassische Definition der Materie als des in Raum und Zeit Seienden wird aber ungültig. Die Raumzeitlichkeit ist kein Wesensmerkmal des Physischen schlechthin, sondern nur unter genau bestimmbaren Bedingungen, nämlich immer dann, wenn relative Kennzeichnungen des Physischen berücksichtigt werden. Freilich gehen in die Invarianten und die kovariante Formulierung der Gesetze raumzeitliche Größen ein, aber doch nur, um die Unabhängigkeit der Invarianten und der Ereignisabläufe zu verdeutlichen. So enthält der Energie-Impulstensor implizit in der Energiedichte das räumliche Volumen und das verallgemeinerte Maxwellsche Gleichungssystem Ausdrücke für das elektrische und magnetische Feld und dessen Veränderungen nach der Zeit. Beide Ausdrücke enthalten zudem c und die $g_{\mu\nu}$ (im Galileischen Fall nur implizit). Die Unabhängigkeit von der Raumzeit impliziert keine Eliminierung der Raumzeit, sondern wie jede Unabhängigkeit ist sie Freiheit gegenüber einem Seienden. Immer setzt "Unabhängigkeit" ein Bezugssystem voraus, gegenüber dem Invarianz vorliegt. "Relativität" selbst verlangt zu ihrer Definition das logische Bezugssystem Raum und Zeit. Von der Raumzeit gelöst zu sein, Raumzeit-los zu sein, heißt nicht, die Raumzeit aufzulösen. Die Freiheit gegenüber Ort, Zeit, Richtung, Inertialbewegung und Metrik hat zudem Gründe: In I und II werden wir sie vergebens suchen, in III ist es die Homogenität der Raumzeit (zum mindesten im unendlich Kleinen), in IV die Existenz einer Transformationsgruppe, in V die Definition des Vorgangsablaufs mit Hilfe der "Welt"-Geometrie, in VI das RP. Suchen wir nach dem Grund in VII, d.h. nach einer protophysischen Begründung des RP selbst, so ist dies die Existenz eines raumzeitlichen Führungsfelds (Weyl). Alle dem Führungsfeld rotationsfrei folgenden physikalischen Systeme sind von äußeren Kräften frei und dieses Folgen ist ohne Einfluß auf den speziellen Gang der physikalischen Operationen in dem System. Das Führungsfeld "wirkt" so lange im Verborgenen, läßt so lange ein System frei, als dessen Zustand nicht von einer äußeren Kraft gestört wird; dann erst zeigt es seine Existenz als Widerstand gegen die Verbiegung der geodätischen Weltlinie. Die natürliche Bewegung eines Systems erfolgt also längs einer Geodäten. Es gibt entgegen Aristoteles keinen natürlichen Ort, wohl aber eine natürliche Bewegung; nur daß diese nicht einer Tendenz des Systems selbst entspringt, sondern der Struktur der Raumzeit, also einer Klasse von Relationen zwischen physikalischen Systemen.

Es läßt sich der vielleicht paradoxe Sachverhalt feststellen: Was einem physikalischen System Freiheit verleiht, ist die Gebundenheit an das Führungsfeld. Wird diese unter dem Zwang von Kräften verlassen, so wird auch die Freiheit zerstört. Wir können die Kraft definieren als "Störung der Harmonie zwischen Führungsfeld und physikalischem System". "Führung" und "Freiheit" werden also in diesem Sinn gleichbedeutend. Von einem dialektischen Widerspruch freilich kann keine Rede sein, denn beide Prädizierungen des Systems erfolgen unter verschiedener Rücksicht: "Freiheit" bedeutet "Unabhängigkeit vom jeweiligen BS, nicht aber vom Führungsfeld selbst"; "Führung" bedeutet "Generierung einer geodätischen Weltlinie". Die Wirkung des Führungsfelds ist nicht dynamische Störung oder Energieabtausch, sondern Geltung einer *Norm.* Kräfte wirken auf einer anderen Seinsebene als Strukturen. Daher ist auch Kräftefreiheit mit Raumzeit-Gefolgschaft logisch verträglich. Nur wer die totale Freiheit eines physischen Systems auch vom Führungsfeld verlangte, also die Struktur der elementarsten Kommunikationen mit anderen Systemen logisch wegtransformieren wollte, würde damit physisches Sein selbst aufheben wollen. Das "Sein in Raum und Zeit", welches als Wesensbestimmung des Materiellen behauptet wird, kann also exakt nur als Abhängigkeit von einer universalen Kommunikationsstruktur verstanden werden.

Die Frage nach dem Wesen der Raumzeit ist damit zum Teil vorentschieden. Wir haben es nicht mit einem Weltbehälter, sondern mit einem abstrakten Steuerungssystem zu tun.

Wir wollen den bezugsabhängigen Ausdruck "Unabhängigkeit" positiv-absolut definieren als "Eigensein". Dies Eigensein ist überhaupt die Voraussetzung, daß immer und überall im Universum eine Klasse gleicher Ereignisabläufe stattfinden kann. Die Einheit des Universums gründet sich zunächst nicht auf ein Substrat, sondern auf die Invarianz, ist also eine Folge der Einsteinschen Relativitätsprinzipien. Damit gewinnt die vorwissenschaftliche These von der einen physischen Welt eine exakte Begründung, freilich nicht im Sinne einer substrathaften *ἀρχή*, sondern eines Grundprinzips der physischen Welt. Am Anfang der einen Welt steht also ein *Prinzip*, das überhaupt erst die gleiche Struktur von Ereignisabläufen in jeder Raumzeitstelle gewährleistet.

Damit wird der Satz von der einen Weltsubstanz als Träger von Vorgängen umgewandelt in den Satz von den immer und überall möglichen identischen Strukturen von Ereignisabläufen, die wir auch als Verhaltensklasse der Physischen bezeichnen können.

Darin liegt die metaphysische Bedeutung der Einsteinschen Relativitätsprinzipien. Das Eigensein des Physischen ist also zunächst nicht ein *per se*, *in se* oder gar *a se esse* der Substanz bzw. Substanzen, sondern die Bezugs-Unabhängigkeit einer Ereignisklasse. Die Einheit der Welt besteht nicht in ihrer vorgeblichen Materialität, sondern in ihren Strukturen. Ob es noch andere einheitsstiftende Faktoren gibt, sei hier nicht erörtert. Insbesondere wäre zu fragen, ob bei einer nicht-kontinuierlichen Raumzeit die Einheit der metrischen und kinematischen Relativität gesichert bleibt.

Die strukturelle Einheit der Welt ist nur ein anderer Ausdruck für die Gleichberechtigung von Vorgängen einer bestimmten Verhaltensklasse. Einheit der Welt und Eigensein von Ereignisabläufen sind damit Inhalt äquivalenter Aussagen. Das Ganze der Welt ist also zugleich das Eigensein von Ereignisabläufen, juristisch gesprochen: Die Souveränität der Ereignisabläufe ist eine Folge der Allgemeinverbindlichkeit des diese Souveränität begründenden Rechts. Eigenständigkeit und Verfassung schließen sich dabei nicht aus, sondern die letztere enthält die erstere. Der Unterschied zwischen der physischen und der menschlich-personalen Seinsregion ist jedoch der, daß die Souveränität der Staaten ebenso wie die Entscheidungsfreiheit des Einzelnen zwar naturrechtlich begründet sein mögen, aber durch freie Vereinbarung bzw. allgemeine Anerkennung erst Rechtskraft erhalten, während diese Entscheidung für die physisch Seienden durch die höchstrichterliche Entscheidung des Schöpfers vorweggenommen ist. Was unter Menschen erst der Explikation durch Vereinbarung bedarf, ist in der Natur durch die Verfassung des Geschaffenen bereits expliziert. Die Relativitätsprinzipien stellen somit einen integrierenden Bestandteil der physikalischen Verfassung dar. Die "Verfaßten" sind dabei das natürliche, wenn auch der Entscheidungsfreiheit entzogene Analogon der natürlichen und juristischen Personen. Damit finden wir in der anorganischen Welt bereits vorangelegt eines der Grundprinzipien des Menschentums, nämlich die Autonomie. Sie ist hier freilich nicht Prädikat einer Willensgebung, sondern eines unwillentlichen, aber nichtsdestoweniger effektiven Verhaltens; geben wir diesem Verhalten einen Namen: Wenn ein Photon erzeugt wird, wenn sich elektromagnetische Felder in periodischem Auf- und Abbau ausbreiten, wenn ein Körper seinen Abstand zu einem anderen Körper verändert, so handelt es sich um schöpferische Akte der Neuerzeugung von Ereignissen. Das Ganze dieser schöpferischen Operationen ist die physische Welt, die somit ständig neu erzeugt wird. Die Akte dieses Erzeugens unterliegen einer homogenen Struktur, soweit sie nur dem Führungsfeld folgen. Nennen wir die Invarianz "Absolutheit", so ist die Welt die Mannigfaltigkeit absoluter schöpferischer Operationen.

KAPITEL III

DER STREIT UM DIE WELTSYSTEME

1. PROBLEMSTELLUNG

Die Diskussion der logischen und mathematischen Grundlagen der Theorie führte zum Sonderproblem ausgezeichneter Bezugssysteme. Von hier aus griff die Sowjetphilosophie dann noch einmal auf der Höhe des 20. Jahrhunderts den Streit um die Weltsysteme auf. Sie verteidigt ein zweifaches Anliegen: Einmal soll die Haltlosigkeit des Kampfes der katholischen Kirche gegen das heliozentrische Weltsystem dargetan, zum anderen doch wieder die alte Vorstellung eines absoluten Raums gerettet werden, ausgestattet mit der Eigenschaft der Unendlichkeit.
Man kann sich des Eindrucks nicht erwehren, daß zum mindesten für die Philosophen hier das Motiv ihrer ganzen Polemik gegen die Grundlagen der Theorie zu sehen ist. M.a.W. diese *dürfen* nicht im Einsteinschen Sinn gedeutet werden, weil sonst außerwissenschaftliche *Anliegen* der kommunistischen Ideologie verletzt würden.

2. DIE THESE VOM AUSGEZEICHNETEN BEZUGSSYSTEM BEI DEN PHILOSOPHEN

(A) *Ältere Standpunkte*

Uëmov setzte sich 1952 ausführlich mit dem Problem auseinander. Er argumentierte dabei wie folgt:
Physiker wie Einstein behaupten heute die Gleichberechtigung der Weltsysteme des Ptolemäus und Kopernikus. Dies ist eine Reaktion auf die Lehre des Kopernikus, die seinerzeit gegen die Religion einen heftigen Schlag richtete. Die Physiker gießen "Wasser auf die Mühle der neuen Eiferer der heiligen Schrift".[1] Uëmov polemisiert gegen Reichenbach (*From Copernicus to Einstein*, 1942), wonach die Relativitätstheorie die Absolutheit beider Systeme widerlegte, da beide gleich zulässige Be-

schreibungen darstellen; dies sei dasselbe wie die Haltung der katholischen Kirche, welche die Entdeckung des Kopernikus zur Kalenderreform benutzte, aber ebenso wie ihre heutigen Erben deren Wahrheit leugnet. Der "bekannte Machist" Ph. Frank habe auf dem Physikerkongreß 1929 auf einen Brief des Generalinquisitors Bellarmin an Foscarini hingewiesen, worin das Kopernikanische System als eine zur besseren Beschreibung zulässige Hypothese bezeichnet wurde, während es schädlich sei, es als wahr anzunehmen. "Dieses Zusammenfallen ist kein Zufall. Es ist eine Folge der Gemeinsamkeit der Gedanken, die das alte und das neue Pfaffentum hegen."[2]

Für die Gleichberechtigung der Weltsysteme werden nach Uëmov unter anderem zwei Argumente angeführt: (1) Es gibt keine ausgezeichneten Bezugssysteme, einschließlich der rotierenden. Ob sich die Erde oder der Fixsternhimmel dreht, ist kinematisch und dynamisch gleich, die Wirkungen sind in beiden Fällen dieselben. (2) Das Kovarianzpostulat.

Dagegen erhob Uëmov folgende Einwände:

(a) Argument (1) geht von der Gleichheit der Empfindungen aus; dies ist Solipsismus und Berkeleyanischer subjektiver Idealismus. Durch die Newtonsche Konzeption der Schwerkraft (der schwerste Körper ruht im Zentrum des Systems) wurde das Kopernikanische System unabdingbar. Die Beschleunigung ist absolut, da sie gegenüber allen Inertialsystemen dieselbe ist. Einstein vermochte nur deshalb die Bewegung in beschleunigten Systemen ebenso darzustellen wie in inertialen unter der Wirkung der Schwerkraft, weil die schwere Masse überhaupt nicht in die klassische Bewegungsgleichung eingeht; denn schwere und träge Masse sind gleich. Daraus folgt aber keine völlige Äquivalenz von Schwere- und Beschleunigungsfeld.

(b) Sieht man von geringfügigen Abweichungen der Einsteinschen Gravitationstheorie gegenüber der Newtonschen ab, so gilt die Newtonsche und wir können das Inertialsystem im alten Sinne des Wortes einführen. Auch die allgemeine Relativitätstheorie läßt ausgezeichnete Systeme zu; so sind in einem konstanten Schwerefeld alle $g_{\mu\nu}$ konstant (also keine Funktionen der Zeit-Koordinate); ist das Schwerefeld statisch, so werden alle gemischten Komponenten $g_{0\mu}=0$; dies gilt z.B. für einen einzigen unbewegten Körper. Rotiert ein Körper um seine Symmetrieachse, so wird das Feld nur stationär, nicht aber statisch, wobei nicht alle $g_{0\mu}=0$ sind. Die Möglichkeit eines Feldes, in dem die $g_{\mu\nu}$ keine Funktionen der

Zeit sind, kann man experimentell verifizieren. Unser Sonnensystem ist in erster Näherung das Feld einer ruhenden Kugel; fast seine gesamte Masse ist in der Sonne konzentriert und ihre Rotation hat keinen Einfluß auf die Planeten. Damit wird unser Sonnensystem nicht nur quasi-inertial, d.h. quasi-klassisch, sondern auch quasi-statisch. Faktisch benutzt die allgemeine Relativitätstheorie für die Darstellung der Effekte (Periheldrehung und Lichtablenkung) eben dieses Feld, also das heliozentrische.

Ferner muß man eben wegen des Äquivalenzprinzips ein Bezugssystem einführen, das für einen unendlich kleinen Raumzeit-Bereich einem Newtonschen Inertialsystem äquivalent ist; ein solches lokales Inertialsystem ist dann natürlich unter allen möglichen Lokalsystemen ausgezeichnet. In strengem Sinn wird es in einem frei fallenden Fahrstuhl verwirklicht. Näherungsweise ist das astronomische System ein solches, d.h. die Worte "quasi-klassisches System "und "lokales Inertialsystem" haben denselben Sinn.

(c) Bereits die klassische Physik benutzte in Ermangelung eines absoluten Inertialsystems das System des Fixsternhimmels als Näherung (z.B. zur Beschreibung der Erdrotation). Indem die moderne Physik den absoluten Raum beseitigt, gibt sie dieser Näherung eine selbständige Bedeutung. "Die Funktionen des Raums, die durch dieses System faktisch erfüllt wurden, gehören ihm von nun an auch nach der Theorie".[3] Folglich gilt auch heute die Bevorzugung des Kopernikanischen gegenüber dem Ptolemäischen System.

Dafür spricht nach Uëmov auch die Beobachtung. Da die Lichtgeschwindigkeit gerade nach der Relativitätstheorie das Maximum jeder Geschwindigkeit darstellt, ist eine Rotation des Fixsternhimmels ausgeschlossen, hier würden bei entsprechender Entfernung von der Erde Überlichtgeschwindigkeiten entstehen. Es wird zwar behauptet, die Lichtgeschwindigkeit ändere sich in einem durch die Rotation des Fixsternhimmels erzeugten Schwerefeld, dieses Feld ist aber fiktiv und bisher wurde kein realer Effekt aus fiktiven Feldern nachgewiesen; auch die Lichtablenkung erfolgt im realen Schwerefeld der Sonne.

(d) Dem Begriff "Relativgeschwindigkeit" der klassischen Mechanik entspricht das starre Bezugssystem eines Bezugskörpers. Dies entfällt in der allgemeinen Relativitätstheorie. Hier steht nicht die Relativbewegung des Körpers A zum Körper B im Vordergrund, sondern die Bewegung beider zum Bezugssystem am Orte des einen von beiden. Dies entspricht dem Wesen jeder Feldtheorie: Diese operiert statt mit den Abständen entfernter Körper mit lokalen und nicht-integralen Zustandscharakteristiken. Unter den Lokalsystemen erweist sich indes stets das lokale Inertialsystem mit Galileischer Metrik als bevorzugt. Die Beschleunigung, konkreter die Rotation zu ihm, kann man "absolut" nennen. "Die Verwendung dieses terminus ist natürlich durchaus nicht obligatorisch, aber deshalb angebracht, weil er in gewisser Weise denselben Sinn besitzt wie bei Newton."[4] Der Unterschied (soweit es sich um ein kleines Galileisches Raumzeit-Gebiet handelt) ist nur der, daß Newton vom absoluten Raum schlechthin sprach, während wir vom Schwerefeld und der Bewegung zu den "Linien" dieses Feldes sprechen; letzteres sind die Bahnen der kräftefreien Massenpunkte. Man kann demnach im erwähnten Sinn mit noch größerer Berechtigung von absoluter Beschleunigung und Rotation sprechen als bei Newton, weil "die entsprechenden Funktionen des absoluten Raums Newtons faktisch nicht beseitigt wurden, sondern teils auf die Systeme entfernter massiver Körper übergingen, teils auf das mit ihnen verbundene Feld".[5]

Gegenüber lokalen Inertialsystemen haben die Worte "Rotation" und "Beschleunigung" einen klaren physikalischen Sinn. Dies ist aber gerade das Sonnensystem mit der "absoluten" Beschleunigung der Erde. Uëmov muß allerdings zugeben, daß dies nur für den lokalen Fall gilt: Für endliche Raumzeit-Gebiete läßt sich in Strenge kein ausgezeichnetes System nachweisen; auf den allgemeinsten Fall ist also der Begriff "Beschleunigung" nicht anwendbar. Nur wenn die Genauigkeit der Lösung eines Problems eine quasi-klassische oder quasi-statische Näherung zuläßt, wird die Beschleunigung gegenüber diesem ausgezeichneten System "absolut". Immerhin wird für Uëmov durch das Fixsternsystem und das mit ihnen zusammenhängende Feld die Nicht-Gleichwertigkeit der Weltsysteme noch bedeutsamer.

(e) Uëmov nennt diesen Aspekt dynamisch. Es gibt indes auch den kinematischen. Hier polemisiert Uëmov gegen Naans Auffassung (*Voprosy filosofii*, 1951, 2):

Zwar kann man Bezugssysteme willkürlich wählen; sobald aber Bewegungsgesetze in Frage stehen, muß man ausgezeichnete Koordinatensysteme zugrundelegen, so für die Translation Kartesische, für die Rotation polare, wenn anders die Bewegungen nicht sehr verwickelt werden.

Hier liegt die Begründung für die Machsche Denkökonomie, sie entspricht durchaus dem Diamat, denn ökonomisch ist nur, was die Wirklichkeit richtig abbildet. Dabei befreit ein ausgezeichnetes System von zufälligen Besonderheiten; dies gilt gerade für das heliozentrische System. Dadurch wird das Prinzip der Kovarianz nicht verletzt, denn das Faktum dynamisch bevorzugter Systeme hat keine Beziehung zu ihm. Jedes dynamisch ausgezeichnete System ist auch ein kinematisch hervorgehobenes, denn die kinematischen Gesetze werden durch die dynamischen bestimmt. Nur das heliozentrische Weltsystem gibt die Bewegung der Planeten richtig wieder, damit ist es das einzig wahre Weltsystem. Hinzu kommt, daß die Entstehung der Planeten aus der Sonne zu einer typischen Planetenbewegung führt, die nur hier richtig dargestellt wird.

Auch andere Philosophen griffen die Gleichberechtigung der Weltsysteme an. Kursanov sah 1950 darin den Ausdruck eines Relativismus, der sich mit der rein phänomenologischen Beschreibung unter Verzicht auf die Deutung des Sachverhalts begnüge. Für diesen Standpunkt sei es gleichgültig, ob die Erde die Sonne oder die Sonne die Erde anzieht; dies heiße aber die geschichtliche Evolution des Sonnensystems zu leugnen.[6]

Drastischer drückte sich 1952 I. V. Kuznecov aus: Er sprach von einer gegen die Wissenschaft gerichteten lästerlichen Behauptung, die von den Dunkelteufeln aller Länder auf den Schild gehoben werde.[7]

(B) *Neuere Standpunkte*

Sviderskij schließt sich in seiner Monographie *Die Philosophische Bedeutung der raumzeitlichen Vorstellungen in der Physik* (1956) ganz dem Standpunkt Focks an: Es gibt auch in der Einsteinschen Gravitationstheorie ein ausgezeichnetes Koordinatensystem, eben das harmonische, obwohl wir natürlich zur Lösung einer Aufgabe jedes andere benutzen können. Die Beschleunigung dazu ist absolut, folglich sind die Weltsysteme nicht äquivalent. Selbst wenn man die Voraussetzung eines ausgezeichneten Koordinatensystems vom Typ des Sonnensystems, nämlich die inselartige Massenverteilung, verläßt, so führt auch eine andere Massenverteilung wieder zu einem ausgezeichneten Bezugssystem.[8]

Auch Žukov, der ja sonst den Fockschen Standpunkt eher ablehnt, verwirft 1961 die Gleichberechtigung der Weltsysteme:

Man kann nach Žukov die Naturgesetze von vornherein so formulieren, daß sie für alle Bezugssysteme gelten (allgemeine Kovarianz). Dies führte einige Autoren zu, gelinde gesprochen, leichtsinnigen Behauptungen. Einstein selbst hat in seiner *Evolution der Physik* zusammen mit Infeld die völlige Gleichberechtigung aller gedanklichen Bezugssysteme einschließlich des Ptolemäischen mit dem Kopernikanischen behauptet. Wer indes nach Žukov die große Entdeckung des Kopernikus als sinnlos erklärt, ignoriert nicht nur die Geschichte der Wissenschaft, sondern auch das reale physikalische Wesen der Frage. Zunächst sind Einfachheit und Bequemlichkeit höchst subjektive Kriterien der Bevorzugung des Kopernikanischen Systems; es ist riskant, so verschwommene Kriterien zu benutzen. Zudem ist das Kopernikanische System nur einfach, wenn man nicht den Einfluß der Planeten aufeinander berücksichtigt. Freilich ist die Einfachheit ein starkes Argument. Aber die Bevorzugung dieses Systems liegt darin, daß es den dominierenden Einfluß der Sonne von allen anderen Nebenfaktoren frei heraushebt, während wir etwa im geozentrischen System außer den Gravitationskräften auch die Zentrifugalkraft berücksichtigen müssen, welche die Bewegungsgesetze nur verdunkeln kann. Das Kopernikanische System entspricht also am besten der *physikalischen* Struktur des Sonnensystems. Hätte der Jupiter eine Masse wie die Sonne, verlöre das System jeden Sinn. Den Anfang des Kopernikanischen Bezugssystems muß man in die Sonne verlegen, weil sie das *physikalische* Zentrum des ganzen Systems bildet. Demgegenüber ist es sekundär, daß sich die Sonne angenähert inertial verhält. Andererseits sollte man die Rolle des Kopernikanischen Systems nicht übertreiben, da jedes Bezugssystem nur ein System zur Beschreibung von Phänomenen darstellt. Einen physikalischen Inhalt erhält es nur dank der Eigenschaften des beschriebenen Systems. Im übrigen hätte vor 125 Jahren Lagrange mit demselben Recht wie Einstein die Gleichberechtigung beider Weltsysteme behaupten können, da seine Gleichungen auch für nicht-inertiale Bezugssysteme gelten.[9]

Den Stilwandel der jüngsten Zeit gibt nun Mostepanenkos Beurteilung des Problems 1962 wieder. Freilich schiebt er die Heftigkeit der Diskussion den Reaktionären des Westens in die Schuhe.[10] Er nennt sie ebenso leidenschaftlich wie verkehrt (*prevratno*): Die einen erklärten die Mühen und Opfer der Vorkämpfer für das heliozentrische System für sinnlos, die anderen Einstein als Reaktionär. Wenn wir Beschreibung und Erklärung genau unterscheiden, so gab sowohl Ptolemäus als Kopernikus nur eine

Beschreibung, wenngleich die Kopernikanische der Wirklichkeit näher kommt. Aber auch sie enthält noch den Grundmangel des Ptolemäus, nämlich die Annahme eines Weltzentrums. Diesen beseitigte erst Giordano Bruno.

Das Problem zerfällt nach Mostepanenko in zwei Teile: (1) Welches ist das dynamische Zentrum des Sonnensystems? (2) In welchem Bezugssystem muß man die Phänomene des Sonnensystems beschreiben? Gerade die allgemeine Relativitätstheorie bestätigte, daß die Sonne das dynamische Zentrum ist, also keine physikalische Gleichberechtigung beider Systeme vorliegt.[11] Frage (2) wird durch die Zweckmäßigkeit entschieden. Mit Lenin ist es der Zweck der Wissenschaft, ein richtiges Weltbild zu liefern, am ökonomischsten ist daher eine Beschreibung, welche die objektive Wahrheit richtig wiedergibt. Wir müssen also die Beschreibung bis zur Aufdeckung der wahren Ursachen vertiefen; dabei ist es gleichgültig, von welchem Bezugssystem wir ausgehen, wir gelangen auf jeden Fall zu denselben objektiven Ursachen und entdecken die materielle Einheit der Welt. Die Endbeschreibung wird also nicht mit der Anfangsbeschreibung gleichbedeutend sein. Welches System wir dabei im einzelnen wählen, hängt von zweitrangigen Faktoren ab: Die Berechnung einer Elektronenbahn oder eines Geschosses läßt sich zwar im heliozentrischen System durchführen, zweckmäßiger jedoch in einem mit der Erde verbundenen System. Die Tatsache, daß ein so heißer Streit um die Weltsysteme entbrannte, hat seine Ursache nicht in der Relativitätstheorie, sondern führt weit über sie hinaus. Die Kräfte der Reaktion versuchten dem Fortschritt den Kampf anzusagen, sie spekulierten mit den Entdeckungen der Relativitätstheorie und entstellten sie.*

Aus dem Einsteinschen Relativitätsbegriff (Kovarianz als Ausdruck der materiellen Einheit der Welt)** folgt keineswegs die Galileische Relativität in allen Fällen (die physikalische Gleichberechtigung). In der Einsteinschen Fassung des Relativitätsprinzips sind die Naturgesetze zu allgemein ausgedrückt und müssen an Hand der physikalischen Fakten konkreti-

* Daß gerade die sowjetischen Philosophen so heftig reagierten, geht andererseits freilich auf ihren antikatholischen Affekt zurück.

** Ob Einstein die Relativität so begriff, bleibe freilich dahingestellt. Es ist anzunehmen, daß er nach einem ontischen Grundprinzip suchte, aus dem die Ableitung der ganzen Physik möglich wäre. Es kann dann höchstens von einer strukturellen, nicht aber substanziellen ("materiellen") Einheit die Rede sein. Das Beispiel zeigt typisch die Begriffssubstitutionen in der Sowjetphilosophie.

siert werden. So erst *erklären* die Gleichungen die Phänomene; dann aber sind die Bezugssysteme nicht mehr gleichberechtigt. Dies übersteigt jedoch den Gegenstandsbereich der Relativitätstheorie.

In diesem Zusammenhang diskutiert Mostepanenko die Frage, ob nun die allgemeine Relativitätstheorie ihrerseits die Gravitation erkläre oder nur beschreibe. Schon die Newtonsche Mechanik gab keine Erklärung, sondern nur eine Beschreibung mit Hilfe einer erdachten Eigenschaft, der Schwerkraft. Nach Engels ersinnt man immer ebenso viele Kräfte, als es unerklärte Erscheinungen gibt.[12] Die allgemeine Relativitätstheorie hat den Begriff der Schwerkraft beseitigt. Alle Gravitationserscheinungen können allein durch die Trägheit beschrieben werden, vorausgesetzt, die Welt ist nicht-Euklidisch. Insofern die Gravitation auf die Trägheit zurückgeführt wird, kann man annehmen, daß das Phänomen erklärt ist. Nimmt man aber an, daß Trägheit und Gravitation Äußerungen derselben Wesenheit sind, dann liefert die Theorie zwar für alle diese Äußerungen eine einheitliche Beschreibung, aber keine Erklärung. Worin liegt die Ursache für die Bewegung von Körpern nach geodätischen Linien? Darauf gibt es bis heute keine Antwort.* "Der Wert der Relativitätstheorie besteht in der tiefen Wiedergabe der materiellen Einheit der Welt, in der Aufdeckung des Zusammenhangs zwischen solchen Erscheinungen wie Gravitation und Trägheit, die man früher für gesondert erachtete. Aber eine Grenze der Entwicklung unserer Vorstellungen von Gravitation und Trägheit ist sie nicht."[13]

3. PHYSIKALISCHE STANDPUNKTE

Auch unter den sowjetischen Physikern findet sich niemand, der die Gleichberechtigung verteidigt. Am eingehendsten befassen sich mit der

* Das Problem ist fundamental. In der Tat wurden die Bewegungsgleichungen ursprünglich selbständig aus den Variationsprinzipien aufgestellt, später konnten sie direkt aus den Feldgleichungen abgeleitet werden. Die Annahme, daß sich ein freier Massenpunkt in einem Schwerefeld auf einer geodätischen Linie bewegt, ist also keine unabhängige Hypothese. Damit ist aber noch keine Erklärung gegeben, denn die Feldgleichungen beruhen ihrerseits auf Annahmen, die durchaus erklärungsbedürftig sind, wie z.B. der Erweiterung der Kovarianz auf den nicht-lokalen Fall (auf nicht wegtransformierbare $g_{\mu\nu}{}^{\sigma}$) und der logischen Gleichwertigkeit der $g_{\mu\nu}$ mit den Gravitationspotentialen.

Frage Fock und Širokov. Gerade Širokovs Standpunkt ist bedeutsam, weil er Focks Einwände gegen die allgemeine Relativität nicht teilt. Blochincev, der ja 1952 bereits für die spezielle Relativitätstheorie ein "inertialstes Bezugssystem" forderte, meinte seinerzeit, zur Frage der Relativität der Rotation herrsche im Ausland ein unwahrscheinliches Durcheinander, an dem Mach die Schuld trage; die Rotation könne indes niemals relativ sein, da es kein der Rotation "äquivalentes" Schwerefeld gäbe.[14] Nach Kol'man zeigten Vavilov, Fock und andere sowjetische Physiker, daß nur eine lokale Äquivalenz bei schwachen, homogenen Feldern und langsamen Bewegungen vorliegt; die Gleichheit aller Bezugssysteme habe nur einen kinematischen, keinen physikalischen Sinn; das Kopernikanische System sei dadurch als wahr diktiert, weil nur in ihm bestimmte Randbedingungen gelten.[15]

Besonders interessant ist Focks Diskussion ausgezeichneter Bezugssysteme. Wir erinnern an seine frühere Thesen, insbesondere zu den harmonischen Koordinatensystemen. Hier sei noch folgendes hinzugefügt:

Die $g_{\mu\nu}$ können auch deshalb von konstanten Werten abweichen, weil man ein sphärisches Koordinatensystem zugrundelegt. Ausgezeichnet sind jedoch Kartesische Koordinaten. Es ist deshalb zu untersuchen, ob sich eine durch die Existenz von Massen ausgezeichnete Klasse von Bezugssystemen hervorheben läßt analog der Hervorhebung der Klasse von Inertialsystemen mit Kartesischen Koordinaten bei Fehlen eines Schwerefelds. Dies ist möglich, wenn man die folgenden vier Postulate annimmt*: (1) Die Massenverteilung ist inselhaft; dies gilt für das Sonnensystem. (2) Der Raum wird im Unendlichen Euklidisch und es treffen von außen keine Gravitationswellen auf (Strahlungsbedingung). (3) Die Wahl der unabhängigen Variabeln (Koordinaten) ist begrenzt durch folgendes Postulat: Jede Koordinate und jede ihrer linearen Funktionen genügt der verallgemeinerten Wellengleichung, d.h. die Koordinaten sind *harmonisch*. Dies führt auf vier Zusatzgleichungen für die Gravitationspotentiale. Im Unendlichen gehen die harmonischen Koordinaten in Kartesische über. (4) Das physikalische System befindet sich in einem quasi-stationären Zustand, wobei nach vielen Planetenumläufen sich die Gravitationswellen (abgesehen von den durch die Umläufe bedingten) zerstreut haben. Dadurch sind die Bedingungen für die Transformationen gegeben.

* S. auch S. 87/88.

Es sind nach Fock alle Gründe vorhanden, daß diese Bedingungen "ein Koordinatensystem eindeutig bis auf die Lorentz-Transformation bestimmen. Dieser Schluß weist großes prinzipielles Interesse auf, da er zu einer neuen Auffassung von dem Problem der Koordinatensysteme in der Gravitationstheorie Einsteins und dem damit zusammenhängenden Problem der Natur der Beschleunigung führt. Die früher allgemein angenommene Meinung, es gäbe in der Gravitationstheorie Einsteins kein ausgezeichnetes Koordinatensystem, muß als unzutreffend zurückgewiesen werden".[16] Dieses Problem löst sich in der allgemeinen Relativitätstheorie genau so wie in der speziellen: "Es gibt ein bevorzugtes Koordinatensystem, aber wir haben das Recht, nicht nur dieses, sondern auch jedes andere zu benutzen, das für die Lösung einer bestimmten Aufgabe bequem ist. Die Möglichkeit des Übergangs zu einem anderen System hat natürlich keinen Einfluß auf die Folgen, die aus der objektiven Tatsache der Existenz eines hervorgehobenen Systems fließen".[17]

Die wichtigste Folge dieses Sachverhalts ist: "Insofern das hervorgehobene Koordinatensystem bis auf die (lineare und mit konstanten Koeffizienten versehene) Lorentz-Transformation bestimmt wird, hat die Beschleunigung zu ihm absoluten Charakter. Darunter verstehen wir folgendes: Ist die Beschleunigung in irgendeinem hervorgehobenen Koordinatensystem gleich Null, dann ist sie es in jedem anderen bevorzugten Koordinatensystem. Damit ist die Existenz der Beschleunigung eine Eigenschaft, die nicht von der Wahl eines der bevorzugten Koordinatensysteme abhängt. Kraft dessen erhält auch die Frage, ob vom Standpunkt der Gravitationstheorie Einsteins aus das heliozentrische System des Kopernikus mit dem geozentrischen des Ptolemäus gleichberechtigt ist, eine verneinende Antwort".[18]

Bereits 1939 nahm Fock zur Ableitung der Bewegungsgleichungen ein hervorgehobenes Koordinatensystem an. Leider kann die entsprechende Arbeit *Über die Bewegung endlicher Massen in der allgemeinen Relativitätstheorie* nur nach Smirnov aus der Biographie Focks zitiert werden. Daß Fock den Raum dabei im Unendlichen als Euklidisch annahm, unterscheidet nach Smirnov die Problemstellung wesentlich von den sogenannten kosmologischen Problemen.[19] Dabei legt Fock keine punktartige, sondern eine ausgedehnte Massenverteilung mit sphärischer Symmetrie ohne Rotationsbewegungen zugrunde. In Focks Lösung sind in materieerfüllten Gebieten die $g_{\mu\nu}$ und $T_{\mu\nu}$ gleichzeitig zu bestimmen.

Dabei ergeben sich die Newtonschen Bewegungsgleichungen als Lösungsbedingungen für die $g_{\mu\nu}$ in zweiter Näherung durch Zerlegung der gesuchten Funktionen nach Potenzen von U/c^2 und v^2/c^2 (U ist das Gravitationspotential). Hier tritt nach Smirnov zum erstenmal der Gedanke auf, daß bei entsprechenden Grenzbedingungen im Unendlichen ein Koordinatensystem möglich ist, in Bezug auf welches alle Naturgesetze besonders einfache Gestalt erhalten; der entsprechende Beweis wurde jedoch noch nicht mit aller Strenge geführt.[20]

In einer Arbeit über die Bewegung des Schwerpunkts zweier Körper 1941 gelangte Fock nach Smirnov zu Integralen der Bewegungsgleichungen, in denen bei Kräftefreiheit gegenüber einem harmonischen System der Schwerpunkt ruht oder sich gleichförmig bewegt.

Auch A. D. Aleksandrov schloß sich der These vom ausgezeichneten Bezugssystem an: In einem starren, mit der Erde verbundenen Bezugssystem läßt sich mit großer Genauigkeit die Bewegung der Himmelskörper darstellen. Es handelt sich indes nicht um die Darstellungsmethode, sondern um die *objektive* Bevorzugung des heliozentrischen Systems.[21] Der Streit um das Kopernikanische oder Ptolemäische Weltbild ist nicht wegen einer für alle Systeme geltenden relativistischen Physik gegenstandslos, wie Einstein und Infeld meinen; hier liegt ein Mißverständnis vor; es ist mathematisch längst erwiesen, daß es keine allgemeinere Relativität als die "spezielle" geben kann und es sich einfach darum handelt, die physikalische Bedeutung dieses Theorems zu verstehen.[22] Schon in der speziellen Relativitätstheorie werden nicht-inertiale Systeme benutzt (siehe z.B. Paulis *Relativitätstheorie*). Die falsche Auffassung, als bestünde der Unterschied zwischen spezieller und allgemeiner Relativitätstheorie in der "Allgemeinheit" der zugelassenen Koordinatensysteme, stellt ebenso wie in anderen Fragen nicht das Absolute, nämlich die nicht-relativen Eigenschaften der Raumzeit, in den Vordergrund, sondern das Relative. Daß man ein heliozentrisches und geozentrisches System zur Beschreibung benutzen kann, war schon vor der Relativitätstheorie bekannt. Der Kampf um die Weltsysteme betraf nicht vereinbarte Beschreibungsmethoden, sondern die objektive Struktur des Kosmos. Mathematisch kommt dieser Sachverhalt darin zum Ausdruck, daß im heliozentrischen System die Naturgesetze eine andere Form annehmen, d.h. daß dieses System ausgezeichnet ist. Die Drehung der Erde um die Sonne hat also absoluten Charakter. Diese Frage ist seit Focks *Theorie von Raum, Zeit und Gravitation* mathematisch im Rahmen der allgemeinen Relativitätstheorie entschieden. Trotzdem geht die Diskussion um diese Frage weiter.

Die von Einstein gestellte Aufgabe, eine "reale relativistische Physik aufzustellen, in der keine absolute, sondern nur eine relative Bewegung vorkommt", wurde für Aleksandrov durch die allgemeine Relativitätstheorie nicht erfüllt. Abgesehen von den Grenzfällen, die nicht hinreichend der Wirklichkeit entsprechen, ist auch in der allgemeinen Relativitätstheorie jede Bewegung absolut: Nach dieser Theorie ist die Raumzeit im allgemeinen inhomogen, und infolgedessen sind die verschiedenen Richtungen nicht gleichberechtigt. Diese Nicht-Gleichberechtigung liegt in der Struktur der Raumzeit selbst begründet, sofern die Krümmung in einem Punkt nicht für alle (zweidimensionalen) Richtungen gleich ist.

Die Metrik der Raumzeit trägt nach Aleksandrov naturgemäß analytischen Charakter; sie ist entweder überall homogen, was bei unterschiedlicher Materieverteilung ausgeschlossen ist, oder in jedem Punkt inhomogen, wenn auch in Größen höherer Ordnung. Infolgedessen hebt die allgemeine Relativitätstheorie eher jede Relativität der Bewegung auf.

Eine allgemeine Relativität im selben Sinn, wie das spezielle Relativitätsprinzip die Gleichberechtigung der Inertialsysteme besagt, ist – wie mathematisch längst bewiesen – überhaupt nicht möglich: In keiner vierdimensionalen Mannigfaltigkeit beliebiger Metrik oder des Linienelements $g_{\mu\nu}\, dx^{\mu}\, dx^{\nu}$ kann es eine größere Gleichberechtigung von Koordinatensystemen als die der speziellen Relativitätstheorie geben; eine solche Mannigfaltigkeit läßt keine allgemeinere Transformationsgruppe als die der Lorentz-Transformationen zu. Dies ist eine Mannigfaltigkeit unbestimmter Metrik, die in jedem Punkt auf die Gestalt

$$dx_1^2 + dx_2^2 + dx_3^2 - dx_4^2$$

gebracht werden kann. Dabei sind den gewöhnlichen Lorentz-Transformationen noch die Transformationen der Ähnlichkeit hinzuzufügen.* Bei Pauli (s.o.) steht übrigens ein grober Irrtum bezüglich der Transformationsgruppen; es ist die Rede von Gruppen, welche die allgemeine Form $g_{\mu\nu}\, dx^{\mu}\, dx^{\nu}$ bewahren; aber für eine Form der allgemeinen Gestalt

* Aleksandrov verweist auf Ejzencharts *Rimanova geometrija*, Moskva, 1948 (russ. Übersetzung von L. P. Eisenhart, *Riemannian Geometry*, Princeton Univ. Press, 1926).

besteht diese Gruppe allein in einer Transformation der Identität. Für Sonderfälle sind nicht-triviale Gruppen möglich, aber die "größte" davon ist stets die Lorentz-Gruppe.

Es handelt sich nach Aleksandrov hier gerade um ein mathematisches Theorem, und deshalb ist der Satz, der Theorie liege das allgemeine Relativitätsprinzip zugrunde, dem Satz gleichwertig, der Einsteinschen Theorie liege ein allgemeines Gesetz zugrunde, wonach $2 \cdot 2 = 5$ ist.

Das Problem der Weltsysteme läßt sich nach Aleksandrov auch von einer anderen Sicht aus lösen: Die Planeten bewegen sich im Strahlungsfeld der Sonne; dieses bildet zusammen mit den übrigen Körpern jenen Hintergrund, dem gegenüber die Drehung absolut ist. Der Hintergrund der elektromagnetischen Strahlung fern von der Sonne bestimmt die Struktur der Raumzeit, wie sie die spezielle Relativität behandelt. Das mit der Sonne verbundene Bezugssystem trägt im Unendlichen Lorentz-Charakter, während die mit den Planeten verbundenen Systeme ihn jedenfalls nicht mit derselben Genauigkeit aufweisen. Deshalb ist das heliozentrische System objektiv ausgezeichnet.[23]

Auch Širokov begründet ausführlich in zwei Beiträgen 1957 und 1959 die Existenz ausgezeichneter Bezugssysteme, freilich unter einem anderen Gesichtspunkt als Fock. Es ist ohne weiteres zu unterstellen, daß Širokov ebenso wie Fock nicht aus ideologischen Motiven, unter dem Einfluß der Stalin-Ära, seine Konzeption entwickelte, sondern sich von fachlichen Gesichtspunkten leiten ließ.

Širokov untersuchte 1957 das Problem vom Standpunkt der Erhaltungssätze: Systeme wie das Kopernikanische sind für isolierte Gesamtheiten von Körpern deshalb ausgezeichnet, weil in ihnen die Erhaltungssätze und das aus ihnen folgende Theorem des Schwerpunkts gelten. In der Newtonschen Mechanik ist jedes System ausgezeichnet, dessen Schwerpunkt sich gleichförmig und geradlinig bewegt. Dieser Begriff wird völlig für beide Relativitätstheorien erhalten, nur daß hier die Erhaltungssätze für beliebige Felder erweitert werden. Jedoch kamen bürgerliche Gelehrte wie Levi-Civita zum falschen Schluß, daß der Schwerpunkt sich nach der allgemeinen Relativitätstheorie beschleunigt bewegen muß, und zahlreiche ausländische Physiker zweifeln überhaupt an der Gültigkeit des Schwerpunkt-Satzes für die spezielle und allgemeine Relativitätstheorie. Daran ist der Einfluß Machs und des Positivismus schuld; unmittelbar rühren diese Schwierigkeiten aus einer Unterschätzung der Materialität der

Felder, deren Massenverteilung sich auf die räumlichen Koordinaten des Schwerpunkts auswirkt. Klarheit brachten in diese Frage die Arbeiten der sowjetischen Physiker, vor allem von Fock.[24]

Durch die astronomischen Entdeckungen nach Kopernikus erwies sich, daß das heliozentrische System nicht ausgezeichnet ist, was aber keineswegs den Wert seiner Entdeckung im Kampf gegen die Kirche schmälerte. Die Newtonsche Mechanik vertiefte seine Konzeption, indem sie zeigte, daß die Sonne nicht nur kinematisch, sondern auch dynamisch praktisch den Mittelpunkt des Systems bildet. Gerade ihr gegenüber wird für die Körper des Systems das Trägheitsgesetz erfüllt. Damit ist aber das heliozentrische System wie alle Inertialsysteme ausgezeichnet; in der Tat gelten für ein beschleunigtes System nicht mehr das 3. Newtonsche Gesetz von *actio* gleich *reactio* und die Erhaltungssätze für Impuls, Energie und mechanisches Moment; damit aber verliert der Begriff des isolierten Systems seinen Sinn, für die betreffenden Kraftfelder gibt es keine befriedigenden Grenzbedingungen im Unendlichen; diese Felder besitzen Eigenschaften, die dem betreffenden System von Körpern nicht zukommen. So wirkt auf jeden Körper der Masse m in einem System, das sich mit konstanter Beschleunigung $-a$ bewegt, eine Kraft $F=ma$; dies ist gleichbedeutend mit der Existenz eines Kraftfelds vom Potential $\varphi=-ax$. In diesem System bleiben Impuls, kinetische Energie und Drehmoment nicht erhalten, d.h. es gilt nicht mehr der Schwerpunkt-Satz. Für rotierende Bezugssysteme wachsen die Felder der Fliehkräfte mit Entfernung von der Achse nach Unendlich; in Feldern konstanter Beschleunigung strebt das Potential ebenfalls für unendlich ferne Punkte nach Unendlich. Diese Mängel herrschen hingegen nicht für Inertialsysteme.

Nach dem Relativitätsprinzip Galileis gelten nun die Gesetze der Mechanik für alle Inertialsysteme; folglich ist in der Newtonschen Mechanik ein ausgezeichnetes Bezugssystem gegeben, mit Genauigkeit bis auf eine willkürliche Galilei-Transformation.

Dieser Begriff verlor seinen unmittelbaren Sinn durch die Elektrodynamik. In ihr sind die Kräfte zwischen den Körpern nicht nur von ihrem Abstand, sondern auch von ihrer Geschwindigkeit abhängig und liegen im allgemeinen nicht in der Richtung der geraden Verbindungslinien der Körper; ferner breiten sie sich mit endlicher Geschwindigkeit aus. Das Gesetz von *actio* gleich *reactio* gilt also nicht für ein System geladener Körper, damit auch nicht die Erhaltung von Impuls, Energie und mechanischem Moment und das Schwerpunkt-Theorem; man kann also nicht mehr im Newtonschen Sinn von einem ausgezeichneten Bezugssystem sprechen. Dasselbe gilt für Körper, die nur der Gravitation unterliegen, vorausgesetzt, daß auch die Gravitationskräfte sich mit endlicher Geschwindigkeit ausbreiten.

Die Erhaltungssätze gelten in der Elektrodynamik nur, wenn man die mit einer bestimmten Dichte im Raum verteilten Werte für Energie, Masse, Impuls und mechanisches Moment einbezieht; das elektromagnetische Feld ist folglich eine Materieart; seine besonderen Bewegungsgesetze werden durch die Maxwellschen Gleichungen formuliert. Erst für das System aus geladenen Teilchen *und* Feldern gelten wieder die Erhaltungssätze und der Schwerpunkt-Satz. Dieses System ist folglich auch hier ausgezeichnet; denn für nicht-inertiale Systeme treten dieselben Schwierigkeiten auf wie in der Mechanik, wobei auch für Masse und Ladung sowohl am einzelnen Raumpunkt als im ganzen System die Erhaltung verloren geht.

Folglich sind auch in der Elektrodynamik die Inertialsysteme mit Genauigkeit bis auf eine willkürliche Lorentz-Transformation ausgezeichnet. Da auch andere als elektromagnetische Felder (Schwerefelder, Kernfelder), Masse, Energie und Impuls besitzen, also materiell sind, so gilt der Satz von den ausgezeichneten Bezugssystemen für beliebige Felder und Teilchen, z.B. für den Atomkern.

Inertialsysteme sind auch in der Relativitätstheorie ausgezeichnet, denn sie haben für die Raumzeit ebenso eine besondere Bedeutung wie Kartesische rechtwinklige Koordinatensysteme für Euklidische Räume. In der Galileischen Raumzeit lassen sich die Erhaltungssätze in besonders einfacher Weise ausdrücken. Aus der vom Standpunkt der relativistischen Kovarianz trivialen Schreibweise für die Erhaltungssätze folgt auch das Gesetz vom Zusammenhang von Masse und Energie, "wonach Träger jeder Energie W eine Materie $M = W/c^2$ ist".* [25]

Das Problem des ausgezeichneten Systems spielt auch in der Quantenmechanik eine große Rolle; so gestattet das System, welches mit dem Schwerpunkt eines Atoms verbunden ist, die Isotopen-Verschiebung der

* Die philosophische Implikation dieses Satzes lautet: Masse = Materie, Materie ist Träger der Energie. Aus der angeführten Gleichung geht jedoch keiner dieser Sätze hervor.

Spektrallinien zu erklären; ausgezeichnete Systeme sind auch erforderlich zur Berechnung der Energieniveaus der Kerne und Moleküle und für Aufgaben mit Teilchen-Stößen; das Problem ist indes sehr verwickelt. Grundsätzlich kann man auch hier den klassischen Begriff des isolierten Systems mit den daraus folgenden Erhaltungssätzen und dem Schwerpunkt-Satz anwenden. Trotzdem gelang es noch nicht, dafür eine strenge Formulierung zu finden; daran sind eine Reihe von Schwierigkeiten im Zusammenhang mit der relativistischen Quantentheorie der Teilchen und Felder schuld.[26]

In der allgemeinen Relativitätstheorie gehen in die Erhaltungssätze Tensoren ein, die bis auf Transformationen eines sehr allgemeinen Typus gegeben sind.* Diese Transformationen führen auf beliebige krummlinige Koordinaten; das allgemeine Relativitätsprinzip (Gleichheit der Naturgesetze in allen beliebig bewegten Bezugssystemen) enthält daher die natürliche Forderung, die physikalischen Gesetze in einer Weise zu formulieren, die nicht von der Wahl der Koordinatennetze abhängt. Dies wird mit Hilfe eines Tensorkalküls sehr allgemeinen Typs erzielt.

Trotzdem widerspricht die allgemeine Kovarianz und das allgemeine Relativitätsprinzip nicht dem oben formulierten Begriff des ausgezeichneten Bezugssystems. Trotz der gleichen mathematischen Formulierung der Naturgesetze in inertialen wie nicht-inertialen Bezugssystemen weisen die nicht-inertialen dieselben Besonderheiten auf, kraft deren sie weder in der Newtonschen Mechanik noch in der speziellen Relativitätstheorie ausgezeichnet sind: Nicht-Erhaltung von Impuls, Energie, mechanischem Moment, Ladung und Masse, Ungültigkeit des Schwerpunkt-Satzes und Divergenz der Felder der Trägheitskräfte. Nicht-inertiale Bezugssysteme

* Die äußere Form der elektrodynamischen Grundgleichung ist sowohl für die spezielle wie die allgemeine Relativitätstheorie gegeben durch $\Delta iv T = 0$. In der speziellen Relativitätstheorie enthält diese Gleichung die Erhaltungssätze für Energie und Impuls. In der allgemeinen Relativitätstheorie lautet die Gleichung jedoch ausführlich geschrieben

$$\Delta iv_\alpha T = \frac{1}{\sqrt{-g}} \sum_\beta \frac{\partial}{\partial x_\beta} (\sqrt{-g} \cdot T_\alpha{}^\beta) + \tfrac{1}{2} \sum_{\beta\gamma} T_{\beta\gamma} \cdot \frac{\partial g^{\beta\gamma}}{\partial x^\alpha} = 0$$

wo der zweite Summand die Überlegungen der speziellen Relativitätstheorie über die Erhaltungssätze verhindert. Es gibt also elektromagnetische Felder im leeren Raum mit zeitlich veränderlicher Gesamtenergie, und zwar auf Grund ihrer Wechselwirkung mit der Gravitation. Siehe M. v. Laue, *Relativitätstheorie*, Bd. II, S. 87, 181.

sind deshalb auch in der allgemeinen Relativitätstheorie von der Bevorzugung ausgeschlossen.[27]

Für ein Massen-System einschließlich des Gravitationsfeldes gelten die Erhaltungssätze für die mechanischen Größen Energie, Impuls und mechanisches Moment, wenn statt des Energie-Impulstensors T^{ik} der Tensor eingeführt wird,

$$S^{ik} = (-g)(T^{ik} + t^{ik}),$$

wo g die Determinante aus den Komponenten g_{ik} und $(-gt^{ik})$ der Energie-Impulstensor des Gravitationsfeldes ist. Dabei können beliebige Koordinatensysteme verwandt werden, vorausgesetzt, daß sie in unendlich fernen Punkten der Raumzeit Galileisch werden. Das heißt aber nichts anderes, als daß ein solches Koordinatensystem nur inertial sein kann, da in ihm die mechanischen Erhaltungssätze gelten. Ferner wird in nicht-inertialen Systemen die Bedingung der Euklidizität im Unendlichen evident nicht erfüllt. "Das Postulat der Gültigkeit der Erhaltungssätze für ausgezeichnete Systeme brachte uns also wieder zur Anerkennung der Untauglichkeit nicht-inertialer Bezugssysteme als ausgezeichneter Systeme, ohne dabei jedoch mit dem allgemeinen Relativitätsprinzip in Konflikt zu geraten, da das Koordinatensystem mit Galileischen Eigenschaften im Unendlichen im übrigen willkürlich bleibt".[28]

Wegen der Gültigkeit der Erhaltungssätze in einem solchen System gilt auch der Schwerpunkt-Satz; dabei sind die Koordinaten des Schwerpunkts gegeben durch

$$Y^i = \frac{M^{ik}P_k}{P^l P_l},$$

wo P^l bzw. P_l und P_k Komponenten des Energie-Impulsvektors und M^{ik} das Moment des Impulses sind.[29] "Geht man also vom Satz aus, daß die Koordinaten des Schwerpunkts durch die Massenverteilung aller Teilchen und Felder, die unser System bilden, einschließlich des Gravitationsfelds, bestimmt werden, so gelangen wir wieder zum Schluß, daß in der allgemeinen Relativitätstheorie auch beim Vorhandensein von Gravitationsfeldern ein ausgezeichnetes Koordinatensystem gewählt werden kann auf Grund der Erhaltungssätze und des daraus fließenden Schwerpunktsatzes".[30] Zum Unterschied von der klassischen Mechanik und der speziellen Relativitätstheorie erstrecken sich diese Gesetze auf die neue Materieform Gravitationsfeld. Offensichtlich wird ein ausgezeichnetes System für eine Gesamtheit von Objekten in einem begrenzten Raumgebiet ein Inertialsystem sein, in dem der Schwerpunkt des Systems ruht oder sich geradlinig und gleichförmig bewegt. Dabei ist nach obigem die Existenz von ausgezeichneten Bezugssystemen an den Schwerpunkt-Satz geknüpft, der für alle Bezugssysteme mit Galileischen Bedingungen im Unendlichen gilt.

Dieser Satz wurde nach Širokov erstmalig von Fock und Fichtengol'c auf Grund der 1939 aufgestellten Bewegungsgleichungen für astronomische Systeme mit endlichen Massen bewiesen.[31] Der Nachweis wurde indes unter einer wesentlichen Einschränkung erbracht, daß nämlich nur eine bestimmte Klasse von Koordinatensystemen zugelassen ist, die den Bedingungen der Harmonizität

$$\frac{\partial(\sqrt{-g}g^{ik})}{\partial x_k} = 0$$

genügen. Širokov vermochte indes 1954 zu zeigen, daß der Schwerpunkt-Satz auch für beliebige Häufungen von Materie und beliebige Koordinatensysteme mit Galileischem Charakter im Unendlichen bewiesen werden kann.[32] Kraft der Erhaltungssätze werden die Koordinaten des Schwerpunkts in der allgemeinen Relativitätstheorie durch die obige Formel $Y^i = M^{ik}P_k/P^l P_l$ gegeben, wobei in den Ausdruck für das Moment des Impulses statt des Tensors T^{ik} der obige Tensor S^{ik} eingeführt wird, der die Werte für Energie und Impulse aller Teilchen und Felder in einem Raumzeit-Punkt darstellt. Dabei kann man zeigen, daß für ein System vom astronomischen Typus die Koordinaten des Schwerpunkts nach denselben Formeln bestimmt werden wie in der Newtonschen Mechanik, und zwar nach den Massen der Körper, wobei außer den invarianten Ruhmassen auch die Massen berücksichtigt werden, die nach dem Satz $E = mc^2$ ihren Gravitations- und kinetischen Energien entsprechen. "Damit führten die Forschungen der sowjetischen Gelehrten über die allgemeine Relativitätstheorie schließlich zur richtigen Lösung der Frage des ausgezeichneten Bezugssystems in dieser Theorie ohne Widersprüche mit dem allgemeinen Relativitätsprinzip".[33]

Die Bemühungen der Physiker und Philosophen des Kapitalismus, darunter auch Einsteins, – heißt es weiter – nach Mach eine volle Gleichberechtigung aller Bezugssysteme für alle Raumzeit-Punkte einschließlich der unendlich fernen durchzuführen, sind demnach zum Scheitern verurteilt. Hinzu kommt, daß für nicht-inertiale Systeme die Isolierung jedes materiellen Systems verloren geht. Die Theorie mußte folglich die Welt als Ganzes, d.h. die Kosmologie einschließen. Die Aufgabe blieb indes ungelöst, denn das Problem des Kosmos hat seine Besonderheiten. Es wurde nicht einmal eine grundsätzliche Lösungsmöglichkeit nachgewiesen. Die Formeln der gewöhnlichen Kinematik sind offenkundig unbrauchbar, da sie nicht die relativistische Änderung der Zeit enthalten; außerdem führen sie zu evident unbrauchbaren Schlüssen. Nimmt man z.B. ein Bezugssystem an, das sich nach den Newtonschen Formeln für einen rotierenden starren Körper mit der Winkelgeschwindigkeit ω dreht, so werden diese Formeln ungültig für Punkte, die in einer Entfernung von c/ω oder größer von der Rotationsachse liegen: Hier wird die Dauer von Ereignissen unendlich oder imaginär. Analoges gilt für Bezugssysteme mit konstanter Beschleunigung. Die Anhänger der vollen Gleichberechtigung der Bezugssysteme erklären dies dadurch, daß die Formeln der gewöhnlichen Kinematik für beschleunigte Systeme ungültig werden.

In der Tat ist nach Širokov die Unbrauchbarkeit der kinematischen Formeln der Newtonschen Mechanik als Transformationsformeln zweifelsfrei. So widersprechen die Galilei-Transformationen der Konstanz der Lichtgeschwindigkeit in Galileischen Koordinatensystemen. "Unbekannt ist jedoch, von welchem Satz man sich leiten lassen soll bei der Wahl von Transformationen, welche den Übergang von inertialen Bezugssystemen zu nicht-inertialen geben und in allen Raumzeit-Punkten gelten".[34] Die Anhänger der vollen Gleichberechtigung meinen, daß ein solcher Satz existiert und in der Natur angewandt wird; sie weisen jedoch nicht nach, worin er besteht, dadurch wird ihre These von der Existenz von nicht-inertialen Systemen, die sich auf die ganze Welt erstrecken, eine durch nichts begründete Deklaration.

Unendlich starre Inertialsysteme, die sich auf unendlich ferne Raumpunkte erstrecken, stellen nach Širokov ein physikalisch sinnleeres Gebilde dar. Erst recht wäre ein rotierender absolut starrer Körper unendlicher Ausdehnung als Bezugssystem ein evident sinnleerer Fall.

Andererseits werden nicht-inertiale Systeme in endlichen Raumzeit-Gebieten durch Körper verwirklicht; die begrenzte Aufgabe, sie aufzufinden, ist nicht nur nicht sinnleer, sondern hat praktische Bedeutung, z.B. für

Phänomene auf der rotierenden Erde. "Eben deshalb darf man das allgemeine Relativitätsprinzip als Naturgesetz nicht aus der Wissenschaft eliminieren", die eben genannte Einschränkung vorausgesetzt. Die Gleichberechtigung von inertialen und nicht-inertialen Systemen gilt nur in begrenzten Raumzeit-Gebieten und ist enger als die Gleichberechtigung der Inertialsysteme. Die Bedeutung der Kopernikanischen Entdeckung ist also nur noch gestiegen, indem sie über die reine Astronomie hinausführt.[35]

1959 ergänzte Širokov seine Argumente in dem Sammelband *Philosophische Fragen der modernen Physik*: Ein geozentrisches Bezugssystem wäre ein starres grenzenloses körperliches Gerüst, das mit der rotierenden Erde fest verbunden ist und auf das die Bewegungen aller Körper des Alls bezogen werden. Ein solches System wäre aber gerade wegen der relativistischen Längenkontraktion und Zeitverlangsamung unbrauchbar. Bezugssysteme sind also in Strenge immer lokal begrenzt.*

Die (relativistisch kovariante) Schwerpunktgleichung einer isolierten Materiehäufung mit Galileischer Metrik an den Grenzen des räumlichen Gebiets, in dem die Materie konzentriert ist, lautet

$$Y^{\mu} = \frac{M^{\mu\nu} P_{\nu}}{P_{\lambda} P^{\lambda}}. \tag{1}$$

Hier ist P^{μ} der Vektor des vollen Impulses, $M^{\mu\nu}$ der Tensor des vollen Impulsmoments. Ruht die Materie im ganzen Raum, d.h. ist $P_i = 0$, $P_4 \neq 0$, so gilt

$$Y_0^i = \frac{\int x_i S^{44} \, \mathrm{d}\omega}{\int S^{44} \, \mathrm{d}\omega} \quad \text{und} \quad Y_0^4 = 0 \tag{1a}$$

mit $S^{\mu\nu} = g(T^{\mu\nu} + t^{\mu\nu})$, worin $gt^{\mu\nu}$ den Energie-Impulstensor des Schwerefelds darstellt. $S^{\mu\nu}$ trägt nur gegenüber linearen Koordinatentransformationen Tensorcharakter. Die Y_0^i sind generell gesehen lineare Funktionen der Zeit, so daß der Schwerpunkt ruht oder sich geradlinig gleichförmig bewegt. Die in Gleichung (1) eingehenden Integrale haben in allen

* Dieser Einwand gilt nur unter der Voraussetzung, daß Ereignisse stets auf materielle Gerüste bezogen werden müssen, also nicht etwa auf Zahlen-Quadrupel. Aber auch dann trifft er das heliozentrische System genau so wie überhaupt jedes in einem Raumpunkt zentrierte rotierende Bezugssystem. Daß es seinerseits absolut rotiert, also gerade an ihm die relativistischen Effekte auftreten und nicht an den von ihm aus beobachteten Gegenständen, bildet ein neues Problem.

krummen Koordinatensystemen denselben Wert, sofern an den Grenzen des Gebiets von ω die Metrik Galileisch wird. Deshalb bedarf es zur Schwerpunktsbestimmung nach Gleichung (1) nicht des Hinweises auf ein bestimmtes krummes Koordinatensystem. Ein Bezugssystem, das mit dem Schwerpunkt nach (1) zusammenhängt, z.B. das heliozentrische System, ist in der allgemeinen Relativitätstheorie aus denselben Gründen und im selben Sinn ausgezeichnet wie in der klassischen Mechanik. Es läßt sich ferner nach Širokov zeigen, daß der durch Gleichung (1) gegebene Schwerpunkt eines Körpers innerhalb eines astronomischen Systems endlicher Masse sich im Bezugssystem des Schwerpunkts dieses System auf einer Geodäten bewegt. Voraussetzung sind die Ungleichungen für den Abstand L zwischen den Körpern des Systems, ihre lineare Ausdehnung l, ihre Geschwindigkeit v und ihren Gravitationsradius $\gamma m/c^2$

$$L \gg l \tag{2}$$

$$v \ll c \tag{3}$$

$$\gamma/c^2 \ll l \tag{4}$$

$$t^{4i} = 0. \tag{5}$$

Unter diesen Bedingungen weichen die $g_{\mu\nu}$ nur gering von den Galileischen Werten ab und man kann die Ausstrahlung von Gravitationsenergie vernachlässigen. Die Bahn des Körpers wird durch das Gravitationsfeld der übrigen Körper des Systems festgelegt; man nimmt diese als in ihren Schwerpunkten konzentrierte Massenpunkte an.[36]

Von einem gänzlich anderen Standpunkt aus bestreitet auch der Astronom Zel'manov auf der Allunionskonferenz 1958 die allgemeine Relativität in der Einsteinschen Theorie: Einstein gab bei Aufstellung der allgemeinen Relativitätstheorie eine sehr einfache und physikalisch klare Deutung der allgemeinen Relativität. Sie besteht in folgendem: Es gibt eine unendliche Menge von Bezugssystemen, in denen willkürlich angeordnete freie Teilchen im Anfangsmoment die Geschwindigkeit Null besitzen und auch weiterhin in Ruhe bleiben. Es gibt ferner eine unendliche Menge von Bezugssystemen, in denen willkürlich angeordnete freie Teilchen, die im Anfangsmoment die Geschwindigkeit Null haben, nicht in Ruhe bleiben. Der Unterschied zwischen den Systemen ist analog dem zwischen den Inertial- und Nicht-Inertialsystemen der Newtonschen Mechanik und speziellen Relativitätstheorie. Dieser Unterschied und im physikalischen Sinn diese Nichtgleichberechtigung existiert in Wirklichkeit.*

Die Frage ist nun nach Zel'manov, ob (1) die Eigenschaften der Raumzeit oder (2) die verschiedenen Relationen dieser Systeme zu den Massen des Universums diesen Unterschied bedingen. In Fall (1) gibt es keine allgemeine Relativität, da die Trägheit durch die Raumzeit festgelegt wird, im Fall (2) gibt es eine allgemeine Relativität, die man auch als Relativität der Trägheit bezeichnen kann. Vom Standpunkt der Eigenschaften der Raumzeit besteht der Unterschied darin, daß die Zeitlinien in den einen Systemen geodätisch sind, in den anderen nicht, d.h. der Unterschied beruht unmittelbar auf einer bestimmten Metrik; liegt eine solche vor, dann gibt es auch einen Unterschied zwischen geodätischen und nichtgeodätischen Linien.

Wenn die Einsteinsche Theorie die allgemeine Relativität in der ursprünglichen Fassung Einsteins enthält, dann lassen nach Zel'manov die Feldgleichungen keine bestimmte Metrik, d.h. keine leeren Modelle zu. Da die erste Fassung der Feldgleichungen (ohne λ) leere Modelle zuläßt, genügen sie nicht der allgemeinen Relativität im Sinne der Relativität der Trägheit. Aber auch nach Einführung des λ-Gliedes lassen die Feldgleichungen leere Modelle zu, so daß in der Einsteinschen Theorie keine allgemeine Relativität enthalten ist.

Die Frage hängt nach Zel'manov eng mit der Relativität im ersten Sinn (gegenüber der Raumzeit) zusammen: Harmonische Systeme existieren immer. Wenn sie eindeutig bis auf lineare Transformationen festgelegt sind, so sind sie in der allgemeinen Relativitätstheorie ausgezeichnet und eine Verallgemeinerung der Galileischen Systeme der speziellen Relati-

* Dieses Kriterium ist jedoch rein kinematisch. Sobald wir nach den Ursachen fragen, entfällt es bei Annahme des Äquivalenzprinzips: Ein Probekörper in einem Schwerefeld wird gegenüber einem Inertialsystem in Bewegung kommen, ebenso aber auch ein Probekörper in einem schwerefreien Gebiet gegenüber einem Körper, der aus dem inertialen in den nicht-inertialen Zustand beschleunigt wird. Absolut scheint das von Zel'manov genannte Kriterium nur für Probekörper in einem schwerefreien Raum gegenüber Inertialsystemen und einem (durch Schwerkraft oder sonstwie) beschleunigten System. Aber auch dann entfällt das Kriterium für die Bewegung innerhalb eines frei fallenden Bezugssystems. Im freien Fall wird eben ein Inertialsystem in Strenge erst verwirklicht. Das Kriterium entfällt also bei Invarianz des Prädikats "frei" für die alternierenden Argumente "Probekörper im Galilei-Raum" und "Probekörper im Riemann-Raum". Bedingung ist, daß die willkürlich angeordneten Teilchen dann mit dem frei fallenden Bezugssystem im homogenen Schwerefeld mitfallen.

vitätstheorie. Damit sie aber eindeutig bis auf lineare Transformationen festgelegt sind, bedarf es der Galileischen Metrik in der räumlichen Unendlichkeit; letztere ist hier möglich, da ja die Koordinatensysteme angegeben sind. Dieses Postulat ist aber nur bei einigen Massenverteilungen erfüllbar. Die Vereinbarkeit dieser Massenverteilungen und folglich der Euklidizität im Unendlichen mit den Feldgleichungen hängt damit zusammen, daß diese ein leeres Modell zulassen, anderenfalls gäbe es auch keine Galileische Metrik im Unendlichen. Versteht man also unter allgemeiner Relativität die Nicht-Existenz harmonischer Koordinaten, so ist diese Bedeutung logisch, wenn schon nicht äquivalent ("ich weiß das nicht"), so doch zum mindesten eng verknüpft mit der Bedeutung als Relativität der Trägheit: Gibt es keine Relativität im ersten Sinn (gegenüber der Raumzeit), so auch nicht im zweiten.* [37]

4. DIE DISKUSSION INFELD-FOCK

In der Diskussion um die Auszeichnung des heliozentrischen gegenüber dem geozentrischen Bezugssystem sind sich offenbar alle Diskussionspartner einig. Damit ist aber die Frage nach hervorgehobenen Koordinatensystemen noch nicht entschieden, obwohl beide Probleme ständig vermengt werden. Wir haben folgende Möglichkeiten:

(1) Der Satz von der Existenz ausgezeichneter Koordinatensysteme impliziert den Satz von der Auszeichnung des heliozentrischen Systems gegenüber dem geozentrischen, und umgekehrt, d.h. beide Sätze sind äquivalent.

(2) Beide Sätze stehen in keinem logischen Zusammenhang, jeder von ihnen ist gesondert zu begründen.

Aus Satz (1) ergäben sich weitreichende Folgen, die wohl keiner der Diskussionspartner zugäbe. Z.B. könnte man mit der rotierenden Sonne

* Dabei ist freilich zu überlegen, ob die Existenz harmonischer Koordinaten über die Euklidizität im Unendlichen hinaus die Existenz eines absoluten Raums bzw. sogar einer absoluten Raumzeit im Sinne eines Weltsubstrats oder Weltbehälters impliziert. Denn nur dann kann von einer Bewegung zur Raumzeit gesprochen werden; Koordinatensysteme stellen ja keine Realseienden dar, zu denen ein Teilchen bewegt sein könnte, sondern sind jedenfalls in der allgemeinen Relativitätstheorie nur Namen für Ereignisse.

gerade jenes starre Bezugsgerüst verbinden, das wegen der örtlich verschiedenen Längenkontraktion und der Zeitverlangsamung eindeutige Orts- und Zeitmessungen nicht-mitbewegter Körper unmöglich machte. Tatsächlich scheint sich Uëmov Satz (2) anzuschließen, wenn er zwar die Auszeichnung für das heliozentrische Weltsystem behauptet, aber für harmonische Koordinatensysteme bestreitet. Nach Uëmov liegen für die Euklidizität im Unendlichen keine besonderen Gründe vor, womit er zweifellos den eigentlich wunden Punkt der Fockschen Behauptung trifft; man könne daher die harmonischen Koordinatensysteme nicht mit den physikalisch ausgezeichneten Bezugssystemen der klassischen Physik oder den statischen Feldern der allgemeinen Relativitätstheorie auf eine Stufe stellen. Sie seien nur mathematisch bequem. Es ist nach Uëmov daher besser, nicht von einer absoluten Beschleunigung gegenüber harmonischen Systemen zu sprechen.[38]

Am bedeutsamsten ist jedoch die Polemik zwischen Fock und Infeld. Da Infeld als langjähriger Mitarbeiter Einsteins bei der Lösung der Feldgleichungen seine und Einsteins Intentionen wohl am besten interpretiert, handelt es sich gewissermaßen um eine Auseinandersetzung zwischen den Autoren der Relativitätstheorie und ihren sowjetischen Opponenten. Dabei ist besonders hervorzuheben, daß Fock selbst nahezu gleichzeitig mit Einstein und Infeld Lösungen der Feldgleichungen lieferte, wobei in der Interpretation Focks gerade ausgezeichnete Bezugssysteme benutzt wurden, während Infeld dies jedenfalls für die Einstein-Infeldsche Lösung bestreitet.

Es ist kennzeichnend für die zwiespältige Haltung auch der offiziellen Sowjetphilosophie, daß die Polemik zwischen Fock und Infeld 1954 und 1955 vor dem Forum der *Voprosy filosofii* ausgetragen wurde.

Infeld argumentierte dabei wie folgt: Aus rein mathematischen Gründen sind zur Beschreibung von Bewegungen alle Bezugssysteme gleich brauchbar. Daraus eine Beleidigung des Kopernikus zu folgern, ist absurd. Einige seiner Gedanken sind nicht mehr richtig, aber aus physikalischen Erwägungen ist sein System beizubehalten. Auch die allgemeine Relativitätstheorie legt es zugrunde, da sonst kein Unterschied zur Newtonschen Mechanik feststellbar wäre. Bei großer Entfernung von der Sonne geht das heliozentrische System in ein Inertialsystem über. Geht man von dieser Bedingung plus der Annahme aus, daß die Sonne ruht, so kann man im weiteren das Bezugssystem beliebig wählen, da die Relation Zahl der Umläufe : Zahl der Periheldrehungen davon unabhängig ist. Dies zeigt sich an folgendem Gedankenexperiment: Hält man fern von der Sonne zwei starre Stäbe in Richtung zu Sonne und Merkur bei minimalem Winkel zwischen den Stäben und beobachtet die Rückkehr des "Merkurstabs" zum Minimum des Winkels mit dem "Sonnenstab", so läßt sich eine Drehung des "Merkurstabs" feststellen. Man kann danach fragen, nach wie viel Umdrehungen das Minimum an seinen Ausgangspunkt zurückkehrt; diese Frage hat nichts mit der Wahl des Koordinatensystems zu tun, sie verlangt aber die Euklidizität im Unendlichen und das Ruhen der Sonne. Untersucht man Periheldrehung, Lichtablenkung und Rotverschiebung in Bezug auf die Sonne, so muß man das heliozentrische System zugrunde legen. "Eine Gleichwertigkeit der Systeme hervorzuheben, ist Idealismus, denn es widerspricht der Erfahrung und der Art, wie wir die Relativitätstheorie benutzen".[39]

Eine weitere Begrenzung des Systems, wie sie Fock in seinen vier Postulaten vornimmt, ist indes nach Infeld völlig überflüssig. Die Schlußfolgerung Focks, es gäbe ein hervorgehobenes System, ist zweifelhaft. Abgesehen von allen anderen Gründen liefern vier andere Bedingungen ebenfalls ein hervorgehobenes System. Die Entscheidung trifft die Praxis, denn in der relativistischen Lösung des Einkörperproblems (ein Planet umkreist die Sonne) werden harmonische Systeme überhaupt nicht benutzt; in der Lösung des Mehrkörperproblems (Fock, 1939) werden sie nur scheinbar angewandt, da die Arbeit von Einstein und Infeld 1938 unter Zugrundelegung eines anderen Systems zu denselben Ergebnissen kommt. – Infeld kündigte 1954 an, in einer besonderen Arbeit den Nachweis zu erbringen, daß die Newtonschen Bewegungsgleichungen analog dem Verfahren Focks aus Gleichungen zu gewinnen sind, die den harmonischen ähnlich, aber im Prinzip von ihnen verschieden sind. Die Erklärung dafür liegt nach Infeld einfach darin, daß die Bewegungsgleichungen Newtons und die darüber hinausgehenden nichts mit einem harmonischen System zu tun haben. Dagegen haben sie viel gemeinsam mit der Näherungsmethode Einsteins und Infelds und mit der Bedingung der Inertialität im Unendlichen.

Infeld wandte sich besonders der Kritik am Begriff "Inertialsystem" zu. Diese Methode erscheint dem Verfasser als fruchtbar, weil die Existenz hervorgehobener Systeme sich irgendwie immer am Inertialsystem orientiert: Gegenüber Inertialsystemen soll die Beschleunigung absolut sein, nur für den Übergang zwischen Inertialsystemen gelten die Lorentz-Transformationen und folglich in Strenge die Sätze der speziellen Relativitätstheorie; die harmonischen Koordinaten sind bis auf die Lorentz-Transformationen festgelegt; das heliozentrische System ist angenähert ein Inertialsystem, nicht aber das geozentrische. Implizite steht bei all diesen Thesen das Motiv im Hintergrund, statt des absoluten Newtonschen Raums wenigstens die Menge aller Inertialsysteme oder mit ihnen verwandter Systeme (lokale Inertialsysteme, harmonische Koordinatensysteme) als absolutes Bezugssystem zu retten.

Infeld zeigt nun klar, daß das Inertialsystem an sich bereits eine Idealisierung darstellt, m.a.W. daß es realiter in Strenge überhaupt keine Inertialsysteme gibt. Damit entfällt aber schon die Voraussetzung für die Existenz ausgezeichneter Bezugssysteme, falls man nicht nach einer völlig neuen Formulierung des Wortes "ausgezeichnet" sucht.

Nach Infeld unternahm Kopernikus den ersten und schwersten Schritt bei der Begründung der modernen Naturwissenschaft. Kopernikus und Kepler begnügten sich indes mit der *Beschreibung* der Vorgänge. Erst Galilei und Newton formulierten die Bewegungsgesetze auf Grund einer *dynamischen* Betrachtung. Man begann die Beschreibung der Bewegung durch die *Deduktion* zu ersetzen. Nach dem einfachen Gravitationsgesetz werden die Bewegungsgleichungen für die Planeten in Form von Differentialgleichungen zweiter Ordnung aufgestellt; die Keplerschen Gesetze erweisen sich als Folge der Newtonschen Prinzipien; diese sind tiefer als die ersteren, und in ihnen erscheint die Wirklichkeit einfacher. Jedem wissenschaftlich denkenden Menschen wird die Wirklichkeit verständlich, wenn er aus einfachen Voraussetzungen Schlüsse auf komplizierte Tatsachen ziehen kann.

Eine der Hauptschwierigkeiten der Newtonschen Mechanik liegt jedoch nach Infeld im Begriff "System". Das erste Newtonsche Gesetz bezieht sich z.B. nur auf mein Zimmer, nicht aber auf ein Karussell. Nun dreht sich jedoch die Erde wie ein Karussell und damit auch mein Zimmer. Daraus entstand, wie immer in solchen Fällen, ein neues Wort: das "Inertialsystem". Gemeint ist ein System, auf das sich die Gesetze der Dynamik beziehen. Die Tat des Kopernikus war, zu zeigen, daß sich die Wirklichkeit besser in einem heliozentrischen als geozentrischen System beschreiben läßt, das erstere also eher ein Inertialsystem ist als das letztere.

Dennoch ist nach Infeld das heliozentrische System kein streng inertiales; dies eben ist gemeint, wenn man sagt "das Sonnensystem dreht sich" oder "die Galaxis rotiert". Es ist die wesentliche Schwäche der klassischen Physik, daß sie keine Antwort auf die Frage zu geben vermag, was in der Natur einem Inertialsystem entspricht. Hinzu kommt, daß jedes zu einem hypothetischen Inertialsystem gleichförmig und geradlinig bewegte System ebenfalls ein Inertialsystem ist. Aber auch in einem dazu rotierenden System, etwa einem Karussell, können wir die Naturgesetze formulieren, vorausgesetzt, wir wissen, wie sich dieses zu einem Inertialsystem bewegt. Nur treten hier die D'Alembertschen Kräfte auf, die man zuweilen fiktiv nennt, obwohl das Wort "fiktiv" vermutlich nicht dem Wesen der Sache entspricht.

Den Begriff "Inertialsystem" müßte man nach Infeld aus der Wissenschaft vertreiben; denn es gibt kein reales Inertialsystem. Eine Theorie, in der dieser Begriff fehlt, wäre einfacher als eine solche, die sich auf ihn stützt. Dies leistet die allgemeine Relativitätstheorie. Sie ist zwar logisch einfacher, weist aber dafür, wie das immer der Fall ist, eine längere Kette von Überlegungen auf, bis sie zur Beobachtung der Wirklichkeit gelangt. Je weniger man voraussetzt, desto mehr muß man deduzieren.

Wir haben jedoch nach Infeld die mathematische Struktur eines Gesetzes von seinem physikalischen Inhalt zu unterscheiden. So besitzen wir etwa in der mathematischen Struktur ein drei-achsiges Koordinatensystem; ihm entspricht aber nichts in der physikalischen Welt. Man kann also den Zusammenhang mit einem physikalischen Inertialsystem nur näherungsweise herstellen.

Von dieser Schwierigkeit ist nach Infeld die allgemeine Relativitätstheorie frei: "In der mathematischen Struktur der allgemeinen Relativitätstheorie gibt es nicht den Begriff eines mathematischen Systems. Den mathematischen Gleichungen der Relativitätstheorie (ich weise auf das Wort 'mathematisch' hin) ist der Begriff des mathematischen Systems gleichgültig."[40] Dem riesigen Unterschied zwischen dem Ptolemäischen und Kopernikanischen System "entspricht in der mathematischen Struktur der allgemeinen Relativitätstheorie absolut nichts".[41] Darin liegt einer der Unterschiede zwischen der Theorie Newtons und Einsteins. Dort hatten wir den Begriff "Inertialsystem", dem freilich nichts in der Natur entspricht, hier fehlt dieser Begriff in der mathematischen Struktur.

Außer ihrer mathematischen Struktur enthält nach Infeld eine physikalische Theorie noch die Übereinstimmung mit der Wirklichkeit; darüber läßt sich erst urteilen, wenn man ihre mathematische Struktur mit der Wirklichkeit verknüpft. Dazu muß man im Fall der allgemeinen Relativitätstheorie vor allem ein bekanntes System der physikalischen Welt wählen. Für die Darstellung der Planetenbewegung ist dies das Kopernikanische, nicht das Ptolemäische. Das erstere spielt hier eine noch größere Rolle als in der Theorie Newtons, und "alle Vorwürfe in dieser Richtung gründen sich auf ein Mißverstehen des Unterschieds zwischen der mathematischen Struktur und dem Inhalt einer physikalischen Theorie".[42]

Folglich ist es nach Infeld ein Irrtum anzunehmen, daß die Relativitätstheorie ebensogut das Ptolemäische wie das Kopernikanische System benutzen könne; für das Perihel des Merkur existiert z.B. das Problem der Erde gar nicht, es handelt sich um die Bewegung eines kleinen Körpers im Feld eines großen, also um ein typisch Kopernikanisches Problem. Die Beschreibung trägt hier völlig objektiven Charakter, denn die Tatsache, daß der Beobachter sich auf der Erde befindet, kommt in keinerlei Beispielen oder Berechnungen vor. Auch für die erste Lösung des relativistischen Problems zweier Körper mit vergleichbarer Masse wurde 1938 ein Kopernikanisches System zugrunde gelegt, in dessen Mittelpunkt der gemeinsame Schwerpunkt ruht. Dabei ergibt sich eine langsame Periheldrehung. Ebenso beziehen wir die Lichtablenkung auf die Sonne, nicht auf das Ptolemäische System. Auch hier spielt das letztere keine Rolle und die Beschreibung ist völlig objektiv.

Naturgemäß müssen diese Tatsachen nach Infeld durch den Menschen auf der Erde verifiziert werden; dazu ist eine Reihe zusätzlicher Gesetze erforderlich. Aus der Messung leiten wir objektive Tatsachen ab; dabei ist die Theorie der Messung eine notwendige Ergänzung zur Relativitätstheorie. Die Beobachtung setzt voraus, daß sie fern vom Schwerefeld der Sonne erfolgt und die Geometrie Euklidisch ist, also die Gesetze der speziellen Relativitätstheorie gelten. Analog liegen die Verhältnisse bei der Beobachtung der Rotverschiebung im Sonnenspektrum: Insofern sich ein Atom auf der Sonne in einem starken und auf der Erde in einem schwachen Schwerefeld befindet, kann man den Einfluß der Sonne auf das Spektrum irdischer Atome vernachlässigen und hierdurch Vergleiche ziehen; dabei ist die Erde nur ein von der Sonne entfernter Punkt.

Man hört häufig, vom Standpunkt der Relativitätstheorie bestehe zwischen der Ptolemäischen und Kopernikanischen Theorie kein Unterschied. Daran sind teils die Popularisatoren schuld; wer aber die Relativitätstheorie studiert, kann nicht zu einem solchen Schluß gelangen. "Es scheint mir völlig unzweifelhaft zu sein, daß die Relativitätstheorie einen riesigen Schritt vorwärts im Bereich unseres Wissens darstellt, daß ihr physikalischer Inhalt, der mit der Erfahrung übereinstimmt, völlig den Prinzipien des dialektischen Materialismus entsprechen muß. Die Tatsache, daß einige Formulierungen der Relativitätstheorie idealistischen Charakter tragen, erklärt sich daraus, daß diese Theorie außerordentlich schwierig ist und viele Jahre des Nachdenkens und der Kenntnis mathematischer Hilfsmittel verlangt, sowie daß sie im Westen formuliert wurde, der zu idealistischen Deutungen neigt. Häufig verstehen die Philosophen trotz besten Willens nicht den physikalischen Inhalt der Relativitätstheorie. Zuweilen tritt der Wunsch zutage, Dinge zu beurteilen, die man nicht versteht, und hier liegt die Ursache für die Angriffe auf die Relativitätstheorie, die eine der großartigsten Errungenschaften des menschlichen Denkens darstellt".[43]

Die Kritik Infelds führte zu einem interessanten Briefwechsel zwischen Infeld und Fock, veröffentlicht in *Voprosy filosofii*, 1955, 3.

Fock wandte ein, er habe nie bestritten, daß man in der allgemeinen wie der speziellen Relativitätstheorie beliebige Koordinatensysteme benutzen kann. Er gab zu, daß bisher kein absolut strenger mathematischer Beweis für ein bevorzugtes und zwar harmonisches Koordinatensystem vorliegt. Infeld zeige keine anderen vier Bedingungen, die an die Stelle der Postulate Focks treten; gäbe es sie, so wären die harmonischen Systeme natürlich ihres ausschließlichen Charakters beraubt; Fock bezweifelt aber eine solche Möglichkeit. Ferner: Man kann die Bewegungsgleichungen auch in anderen Systemen als den harmonischen erzielen, sollen es aber Newtonsche oder verallgemeinerte Newtonsche sein, dann muß ein System vorliegen, das einem harmonischen nahe ist. Obwohl Infeld das Vorurteil hegt, es gäbe keine ausgezeichneten Systeme, benutzen Einstein und Infeld faktisch ein harmonisches System, und zwar zur Ableitung der Bewegungsgleichungen in einem schwachen Schwerefeld mit Strahlung bzw. in einem wenig davon verschiedenen. Schließlich ist eine brauchbare mathematische Bestimmung des Kopernikanischen Systems, auch für den Fall des Fehlens der sphärischen Symmetrie, z.B. bei einem Doppelstern, ohne harmonische Systeme kaum möglich. Ohne eine solche Definition ist der Sinn der Worte Infelds "jedes System ist gut, wenn es Kopernikanisch und inertial im Unendlichen ist", unklar.[44]

Infeld erwiderte: Selbst wenn es den mathematischen Beweis für die These Focks gäbe, so gälte er auch für $g^{\mu\nu}_{|\nu}=0$ anstelle von $G^{\mu\nu}_{|\nu}=0$.*
Folglich wären die harmonischen Systeme nicht die einzigen, auf die eine solche These zuträfe, selbst wenn sie richtig wäre. In der Arbeit Einsteins 1944 und in der letzten Arbeit Infelds werden keine zusätzlichen Bedingungen zur Aufstellung der nach-Newtonschen Bewegungsgleichungen verwandt; es genügten die Näherungsmethode und die Anfangswerte der $\gamma_{2\,00}$. Ist das Theorem richtig, so entfällt die These Focks, daß die Bewegungsgleichungen mit den harmonischen Systemen zusammenhängen.

Darauf erwiderte Fock: In der Zeitschrift *Uspechi matematičeskich nauk* (Erfolge der mathematischen Wissenschaften) 9 (1954) 229 habe er die Idee eines Beweises dargelegt, daß das harmonische System bis auf die Lorentz-Transformation bestimmt ist. Dabei sind die neuen harmonischen Koordinaten Funktionen der alten Koordinaten und genügen einer linearen allgemein kovarianten Wellengleichung $\Box\psi=0$. Dies ist nur der Fall, wenn $\partial/\partial x_\nu(\sqrt{-g}\cdot g^{\mu\nu})=0$, jedoch nicht, wenn $\partial g^{\mu\nu}/\partial x_\nu=0$ ist.

Im ersten Fall bezieht sich nach Fock die Aufgabe der Findung neuer Koordinaten auf eine allgemein kovariante lineare Gleichung, nicht aber im zweiten Fall; deshalb sind beide Fälle mathematisch völlig verschieden und ihre Ähnlichkeit ist nur äußerlich. Folglich sind die harmonischen Systeme die einzigen, denen die erwähnte Eigenschaft zukommt.

Ferner ist nach Fock die These "die Bewegungsgleichungen sind mit harmonischen Systemen verbunden" nur in dem Sinne aufzufassen, daß die Newtonschen Bewegungsgleichungen für das Zweikörper-Problem folgende Transformationsgruppe zulassen: Orthogonale Transformationen, Galilei-Transformationen und Verlegung des Anfangspunkts der Koordinaten und der Zeit. Jede andere Transformation verändert die Gestalt der Gleichungen. Nicht darunter zu verstehen ist ein Satz wie: "Bewegungsgleichungen sind nur dann Newtonscher oder verallgemeinert Newtonscher Art, wenn das System dem harmonischen ähnlich ist". Dies hat er, Fock, nie behauptet, und es wäre falsch.[45]

* $g_{|\nu}{}^{\mu\nu}=0$ ist die abgekürzte Schreibweise für $\partial g^{\mu\nu}/\partial x_\nu=0$, $G_{|\nu}{}^{\mu\nu}=0$ die Abkürzung für $\partial(\sqrt{-g}\cdot g^{\mu\nu})/\partial x_\nu=0$. g ist die Determinante der $g^{\mu\nu}$.

5. DISKUSSION DER SOWJETISCHEN THESEN

(A) *Vorbemerkungen*

Das eigentlich philosophische Problem ist die Relativität oder Nicht-Relativität der Bewegung in Riemannschen $g_{\mu\nu}$-Feldern. Alle historischen Reminiszenzen sind dagegen bedeutungslos. Zunächst ist der Begriff "Relativbewegung" im Endlichen für eine Riemannsche Geometrie sinnlos, da diese Geometrie keine Parallelen kennt (Laue II, 55). Synge (a.a.O., Ch. III, Par. 7) formuliert allerdings den Begriff "Relativgeschwindigkeit" zweier örtlich verschiedener Teilchen: Obwohl ein Vergleich ihrer Geschwindigkeiten unmittelbar nicht möglich ist, kann man dennoch einen der beiden Geschwindigkeitsvektoren längs einer isotropen Geodäten von seinem Anfangspunkt zum Anfangspunkt des anderen Geschwindigkeitsvektors parallel verschieben und dann beide vergleichen. Das gibt den neuen Vektor $v_i = g_{ij'} V^{j'}$, wo $V^{j'}$ der Geschwindigkeitsvektor vor der Parallelverschiebung und $g_{ij'}$ der Operator der Parallelverschiebung ist. – Aber auch hier wird natürlich der bereits transformierte Geschwindigkeitsvektor verglichen, so daß wir nur nach der Relativgeschwindigkeit der Erde zur Sonne im Punkt P der Erdoberfläche bzw. P' der Sonnenoberfläche fragen können. Die Frage nach einer Relativgeschwindigkeit "an sich", wie sie in der sRT für das Problem zweier Körper (beim Additionstheorem müssen freilich immer drei Teilchen vorliegen) formuliert werden kann*, läßt sich in der aRT gar nicht sinnvoll stellen. Die Symmetrie liegt hier vielmehr zwischen Additionstheorem und Gravitationsmetrik vor. Erst wenn wir ein Gebiet von den Ausmaßen des Sonnensystems als hinreichend klein für den Übergang zur Galileischen Metrik annehmen, wird der Begriff der Relativbewegung wieder sinnvoll. Dies müssen wir also für eine Diskussion voraussetzen.

Was aber heißt exakt: "Die Sonne ruht und die Erde bewegt sich?" Diese Frage kann ebenso wie in der sRT nicht entschieden werden, solange wir kein allein berechtigtes Bezugssystem annehmen. Würde sich die Erde inertial bewegen, könnte mit dem gleichen Recht auch sie als Ruhsystem

* Z.B. mit Hilfe des Dopplereffekts. Unter "Relativgeschwindigkeit an sich" sei die in IS_i gemessene Relativgeschwindigkeit v (IS_i, X) verstanden; sie wird durch Signalübertragung zwischen IS_i und dem System X festgestellt, ohne daß die Signalübertragung durch die Metrik beeinflußt wird.

genommen werden wie die Sonne. Nun treten aber Effekte auf, die an Inertialsystemen nicht beobachtet werden (Foucaultsches Pendel, Corioliskräfte). Wir beobachten dieselben Effekte an allen rotierenden Körpern. Die Frage ist nun, ob die Rotationseffekte durch die Existenz eines absoluten Bezugssystems verursacht sind oder durch Ursachen, die überhaupt nichts mit einem Bezugssystem zu tun haben. Jedenfalls ist die Autonomie der Ereignisabläufe, wie wir sie in Kapitel II diskutierten, für die Rotation aufgehoben. Im ersten Fall wird entgegen der sRT wieder ein absolutes Bezugssystem eingeführt, wobei es gleichgültig ist, ob wir darunter den "Raum" als solchen oder mit Mach das Fixsternsystem verstehen. Im zweiten Fall müssen es ebenfalls Ursachen sein, die für alle Körper in gleicher Weise wirken, da die Effekte nach dem gleichen Gesetz eintreten. Wir könnten zunächst einfach die Ursache in der Gültigkeit eines Naturgesetzes sehen, das gewissermaßen – ohne uns Rechenschaft schuldig zu sein – eine Unterscheidung zwischen Inertialbewegung und Nicht-Inertialbewegung trifft. Eine solche Antwort ist aber unbefriedigend. Ebenso unbefriedigend wäre die Einführung eines absoluten Bezugssystems, nachdem wir es für Inertialbewegungen ausgeschlossen haben.

Ein logischer Widerspruch zur sRT würde allerdings nicht auftreten: Der Satz "Die Inertialbewegung hat keinen Einfluß auf Vorgänge in dem betreffenden IS" impliziert nur, daß kein IS als absolutes BS anzusehen ist. Die Klasse aller IS könnte aber gegenüber Beschleunigungseffekten als absolutes BS gelten, freilich wäre dies kein physikalisches, sondern ein "logisches" BS. Erst wenn wir darunter ein physikalisches System verstünden, träte der Widerspruch auf, denn ein und dasselbe physikalische BS kann nicht zu sich selbst bewegt sein, wie aus den Relativgeschwindigkeiten der verschiedenen IS folgen würde.

Es bietet sich jedoch ein Ausweg. Wir erklärten Trägheit und Schwere insoweit als wesensgleich, als sich verallgemeinert freie Massenpunkte auf Geodäten bewegen. Solche Massenpunkte folgen nur dem Führungsfeld der $g_{\mu\nu}$. Solange sie dies tun, treten an ihnen keine Beschleunigungseffekte auf. Das Führungsfeld wiedersetzt sich gewissermaßen einem Eingriff von außen: Gerade darin zeigt es sich als "Führungs"-Feld. Alle freien Massenpunkte innerhalb des rotierenden Systems folgen nach wie vor dem Führungsfeld, während die starr mit dem System verbundenen dies nicht mehr können. Der einzige Grund für die Rotationseffekte liegt also im Führungsfeld. Gerade die Einsteinsche rotierende Scheibe produziert ja die Gravitationseffekte; sie stellt somit kein frei fallendes BS dar, folgt also nicht dem Führungsfeld. Die Erde rotiert "absolut", insoweit sie nicht mehr ausschließlich dem Führungsfeld gehorcht (zur Translation kommt die Rotation hinzu); dasselbe gilt für die Sonne. Können wir nun innerhalb dieser Grenzen sagen, daß die Sonne ruht und die Erde bewegt ist? Dies wird ausschließlich von der Alleinberechtigung ("Absolutheit") des mit der Sonne starr verbundenen Koordinatensystems entschieden. Da nun die Sonne selbst rotiert, so wäre ihre Rotation vor der Erdrotation ausgezeichnet, wofür kein Grund vorliegt. Aber schon die Voraussetzung für die Fragestellung entfällt, da mit der Sonne kein starres Bezugssystem verbindbar ist. Selbst bei langsamer Drehung würde ein hinreichend großes Gerüst zu merklichen Trägheitseffekten und damit zu Deformierungen des Gerüsts führen. Nimmt man aber den (über alle Eigenbewegungen gemittelten) Fixsternhimmel als Bezugssystem, so werden die Abstände so groß, daß wir nicht mehr ein starres Bezugssystem realisieren können (auch nicht aus Lichtstrahlen), sondern wegen der Gravitationsmetrik nur eine "Bezugsmolluske" mit räumlich und zeitlich veränderlicher Metrik. Ist gegenüber einem solchen "Bezugssystem" die Aufgabe der Rotation überhaupt exakt formulierbar?

Die Frage wird also nicht mehr durch Aufweis eines physikalischen BS, sondern eines mathematischen KS entschieden. Nur im Infinitesimalen hat der Begriff "starres BS", auch im Sinne der Bornschen Starrheit (Konstanz des Intervalls zwischen Signalabgang und -empfang zur Distanzmessung zweier benachbarter zeitartiger Kurven), einen operationellen Sinn. Obwohl das Bornsche Kriterium der Starrheit für einen eindimensionalen "Körper" (Stab) keine Schwierigkeiten enthält, so wachsen diese mit der Dimensionszahl und es ist besonders hervorzuheben, daß im dreidimensionalen Fall der Begriff "Starrheit" nicht aus der Newtonschen Physik in die Relativitätstheorie übergeht. "Man sollte besonders skeptisch gegenüber allen relativistischen Überlegungen sein, in denen die Konzeption der Starrheit benutzt oder vorausgesetzt wird, als wäre der Sinn dieses Wortes klar und evident. In diesem Sinn muß man auch den Begriff des (Bezugs-)Systems (in der Newtonschen Physik des festen Körpers) prüfen und neubestimmen". (Synge, a.a.O., nach der russ. Ausgabe, Moskva, 1963, str. 107). Die Schwierigkeiten hängen mit der Nicht-Integrierbarkeit des Riemannschen Zusammenhangs zusammen und

können nur im Infinitesimalen beseitigt werden, wo orthogonal zur Tangente V^i an die Weltlinie des Beobachters ein orthonormiertes Dreibein als Koordinatensystem eingeführt werden kann. Das mathematisch einfachste KS ist die Fermi-Triade, mit deren Hilfe dann die Begriffe "Winkelgeschwindigkeit", "Richtung" und "Relativgeschwindigkeit" definiert werden können (Nach Synge, dto.).
Nun sind aber im Prinzip alle Weltlinien der Beobachter gleichberechtigt und innerhalb einer frei gewählten Weltlinie wiederum alle zu V^i senkrechten orthonomierten Dreibeine.
Auch harmonische Koordinaten entscheiden nicht die Frage, da sie eine Klasse mit $N > 1$ darstellen.* Zudem setzen sie eine Inselwelt voraus. Ein außerhalb der Insel materiefreier Raum, der sich zudem ins Unendliche erstrecken soll, ist aber wenig wahrscheinlich. So bleibt als physikalisch ausgezeichnet die Klasse der (idealen) Inertialsysteme und der frei fallenden Systeme, denn in beiden treten keine Trägheitseffekte auf. Die Ursache braucht dabei nicht in einer Bewegung zum absoluten Raum oder dem Fixsternhimmel zu liegen, sondern im Führungsfeld. Ein nur dem Führungsfeld folgender Körper ist vor allen andern dadurch ausgezeichnet, daß er entweder bereits ein IS darstellt oder zum mindesten während des freien Falls ein solches imitiert. Nicht Bezugssysteme sind also ausgezeichnet, sondern das Galileische oder Galileisch zu machende $g_{\mu\nu}$-Feld gegenüber allen anderen Feldern. Bezeichnen wir die Existenz eines beliebigen $g_{\mu\nu}$-Felds mit x, die Existenz beliebiger Kräfte mit y, so lassen sich zwei Grundklassen physikalischer Situationen unterscheiden: (x, o) und (x, y). Treten Effekte wie die Rotationseffekte auf, so werden sie formell durch $y \neq o$ verursacht. Dies ist der exakte Sinn des Satzes "A folgt nicht dem Führungsfeld". Dennoch "wirkt" das Führungsfeld weiter, aber nur als Komponente einer ganzheitlichen Situation.
Gegenüber einer Metrik gibt es keine Bewegung, also auch keine Ruhe oder Rotation, sondern nur ein Folgen oder Nicht-Folgen. An die Stelle des absoluten Raums tritt somit als Kriterium für das Auftreten von Trägheitseffekten die Raumzeit-Metrik. Das Problem einer absoluten Bewegung existiert somit gar nicht, sondern nur das Problem der geo-

* Nur wenn zwischen je einem einzigen KS in einem Punkt der physikalischen Raumzeit und einem physischen Gegenstand eine eindeutige Zuordnung vorläge, hätte der Ausdruck "Beschleunigung zu einem harmonischen bzw. Kartesischen KS" einen Sinn. Dies ist aber – jedenfalls im Endlichen – nicht der Fall.

dätischen Weltlinien eines Massenpunkts. Damit wird auch das Machsche Postulat modifiziert: Solange wir (etwa H. Thirring, *Die Idee der Relativitätstheorie*, 3. Auflage, Wien, 1948, S. 115–120) auf Grund des ÄP die Rotationskräfte der Erde als Gravitationswirkung des rotierenden Fixsternhimmels deuten, nehmen wir immer noch Fernkräfte an. Diese schließt aber die aRT in einem noch stärkeren Maß als die sRT wegen der Raumkrümmung aus: Schon ein Längenvergleich ist nur für Vektoren am selben Ort möglich; das Licht breitet sich nicht nur mit endlicher, sondern auch örtlich variabler Geschwindigkeit aus. Die Wirkung des Fixsternsystems auf die rotierende Erde kann also nur am jeweiligen Ort der rotierenden Teilchen selbst erfolgen und zwar als Folge eines besonderen Trägheitsfeldes, das durch die Konfiguration: Erde-Fixsternsystem-Relativbewegung erzeugt wird.

(B) *Klärung der Begriffe*

Der somit umrissene Fragenkreis läßt sich nun auf seine "Mikrostruktur" hin untersuchen. Wir beginnen mit einer Klärung der Grundbegriffe:
(1) "BS" und "KS",
(2) "berechtigt" und "ausgezeichnet",
(3) "absolut" als Prädikat von "Bewegung", "Ort", "BS", "Raum", "Raumzeit".
Diese Fragen sind semantischer Natur. Haben wir sie geklärt, so läßt sich die physikalische Frage nach der Existenz eines absoluten Raums in einer physikalisch sinnvollen Bedeutung stellen.
Zunächst ist eine strenge Unterscheidung zwischen "BS" und "KS" aus dem vorigen Kapitel nachzuholen.
Diese Unterscheidung wird ausdrücklich von Ch. P. Keres auf der Ersten Sowjetischen Gravitationskonferenz 1961 vorgenommen. Keres versteht unter "Bezugssystem" eine dreidimensionale Kongruenz der Weltlinien von Raumpunkten in Verbindung mit ein-parametrigen Scharen dreidimensionaler Gleichzeitigkeits-Hyperflächen, die von ihnen geschnitten werden. Als Weltlinien von Raumpunkten können immer frei fallende Teilchen genommen werden, die orthogonal von einer Schar geodätisch paralleler Gleichzeitigkeits-Hyperflächen geschnitten werden. Diese BS besitzen eine gewisse Analogie zu den Newtonschen IS, sie können als IS in einem verallgemeinerten Sinn bezeichnet werden. Keres selbst gibt

zu, bisher unter ihnen noch keine engere Mannigfaltigkeit von BS gefunden zu haben, die exakt den Newtonschen IS entsprechen. Er unterscheidet nun bezüglich der Kovarianz zwischen dem, was er "physikalisch substanziell" und "formal und mathematisch akzidentiell" nennt. Die mit der allgemeinen Relativität zusammenhängende Kovarianz bezieht sich ausschließlich auf die Bewegung eines BS und nicht auf Probleme wie die Wahl eines KS innerhalb eines gegebenen BS.* Noch deutlicher wird die Unterscheidung in Zel'manovs Beitrag über nicht-holonomen Raum und chronometrische Invarianz von verschiedenen KS mit koinzidierenden Zeitlinien, die *per definitionem* zum selben BS gehören; die Wahl eines BS ist gleichbedeutend mit der Forderung nach Kongruenz der Zeitlinien. Damit läßt sich eine rein chronometrische und eine rein räumliche Invarianz einführen.**

Wir wollen entsprechend unserer Hypothese von der Pluralität der Seinsreiche unter einem "BS" jede geordnete Mannigfaltigkeit von Seienden verstehen, deren Elemente denen einer anderen ordenbaren Mannigfaltigkeit umkehrbar eindeutig zugeordnet werden können.

Dann haben wir folgende Fälle zu unterscheiden:

(1) Ein BS spiegelt eine Mannigfaltigkeit jenes Reichs, zu dem es selbst gehört.

(2) Es spiegelt eine Mannigfaltigkeit aus einem anderen Reich.

Insbesondere kann bei (2) die Gesamtheit aller Elemente eines Reichs selbst das BS für ein anderes Reich sein.

Wir werden die BS nach Reichen numerieren. Ein physikalisches Bezugssystem nennen wir BS I. Ein BS I ist immer ein physikalisches System (starres körperliches Gerüst, Funkortungsgerät, Uhr usw.)

Ein BS II ist der Mensch als Gesamtheit seiner Wahrnehmungen.

Das BS III ist ein KS. Die KS bilden eine Teilmenge der BS.

Das BS IV ist ein Zahlen-*n*-Tupel.

Das BS V ist ein Begriffssystem.

Das BS VI ist ein System aus Prinzipien.

BS haben eine Funktion: Sie sind Instrumente zur Beurteilung von Sachver-

* Maurice A. Garbell, *Theses of the First Soviet Gravitation Conference, held in Moscow in the Summer of 1961,* San Francisco, 1963, p. 82–83. Dort sind ferner zitiert Ch. P. Keres, *Trudy instituta fiziki i astronomii AN USSR* 5 (1957) 3–11, 12–25 und 9 (1959) 3–41.

** A.a.O., p. 89.

halten. So ist ein juristischer Kodex ein BS VI für menschliches Verhalten. Es gibt BS-freie und BS-gebundene Sachverhalte.* Die ersteren nennen wir "invariant", die letzteren "relativ". Diese Ausdrücke sind dem Reich IV entnommen, sollen aber für alle Reiche angewandt werden.

Der Sinn von "berechtigt" und "ausgezeichnet" ist nur unter Angabe des Reichs zu bestimmen, welche die Unterscheidungsmerkmale für Urteile liefern, die diese Prädikate enthalten. Die Nichtbeachtung dieser Regel bringt große Verwirrung in die sowjetische Diskussion. Wir setzen:

"Berechtigt" und "ausgezeichnet" soll nur ausgesagt werden, wenn dem Urteil eine Operation in einem der Reiche I bis V zugrundeliegt. Da wir die Relativität diskutieren, so ist die Operation aus dem für die Relativität einschlägigen Sachgebiet zu nehmen. Wir untersuchen z.B. nicht die Abbildung von gemessenen Größen auf beliebige n-Tupel, sondern nur auf solche, welche nach dem RP gemäß einer bestimmten Transformationsgruppe auseinander hervorgehen.

Das bedeutet ja gerade die Einschränkung, die eine relativistische Invarianz der Formulierung von Naturgesetzen auferlegt. Diese Einschränkung ist also nicht willkürlich, sondern durch die Natur der Dinge erzwungen, sofern wir – und dies ist freilich Willkür – sie so beschreiben wollen, daß die Invarianz zutage tritt.

Wir definieren:

Ein berechtigtes BS ist ein solches, in dem die Naturgesetze kovariant formulierbar sind. Die Menge der möglichen BS ist also offenkundig größer als die der berechtigten.

Wir definieren ferner:

Ein allein berechtigtes, ausgezeichnetes BS liegt vor, wenn nur in ihm die Absolutheit einer Klasse von Vorgangsmerkmalen zutage tritt.** Kartesische KS sind ausgezeichnet, weil von ihnen aus beurteilt die Bewegung eines kräftefreien Massenpunktes geradlinig und gleichförmig verläuft. Das Absolutum ist hier die Kräftefreiheit. Analog sind in der aRT geodätische KS ausgezeichnet. Fällt die Weltlinie eines Teilchens mit einer

* Die Freiheit bezieht sich zunächst nur auf BS, die demselben Reich angehören wie das Argument von "frei". So ist ds^2 zwar frei von der Wahl eines BS IV, nicht aber von BS VI, denn gerade das RP legt die Existenz von Invarianten fest.

** Wir können den Unterschied zum berechtigten BS auch so formulieren: Die Wahl eines berechtigten BS hat keinen Einfluß auf die Struktur eines Vorgangs, die Wahl eines allein berechtigten BS *hat* einen Einfluß: Sie läßt die absoluten Vorgangsmerkmale hervortreten.

dieser Koordinaten zusammen, so sieht man sofort, daß es keiner anderen Wirkung als nur der Gravitation unterliegt.

Berechtigt ist aber, wie die allgemein kovariante Formulierung der sRT zeigt, auch jedes andere KS, wenn bestimmte Bedingungen, z.B. die Signatur, erfüllt sind.

Der Sinn von "absolut" rief in der philosophischen Literatur der UdSSR arge Verwirrung hervor. Wir wollen ihn durch Angabe von Operationen in den Reichen I bis IV definieren.

Unter "absolut I" sei verstanden "im Eigensystem nach objektiven Merkmalen bestimmbar". Der Gegensatz ist dann "nur durch Angabe des Bewegungszustands gegenüber anderen BS bestimmbar". Weiter gilt

absolut $\mathrm{II}_{\mathrm{Def}} \equiv$ unabhängig vom Standort der Wahrnehmung

absolut $\mathrm{III}_{\mathrm{Def}} \equiv$ unabhängig von der Wahl des KS

absolut $\mathrm{IV}_{\mathrm{Def}} \equiv$ unabhängig von der Wahl des n-Tupel $\equiv$ invariant.*

Diese Definitionen bewegen sich im Objektbereich der sRT. Nehmen wir die aRT hinzu, so ergänzen wir Definition III durch "und der Verschiebung". Wir setzen ferner:

absolut $\mathrm{Ia}_{\mathrm{Def}} \equiv$ unabhängig von der Inertialbewegung und der Verlagerung im Gravitationsfeld.

Das Kriterium der Einfachheit für BS ist fragwürdig: Versteht man etwa darunter "die kleinste Zahl von Termen einer Gleichung", so sind die Grundgleichungen in Lorentz-kovarianter Form einfacher als die allgemein kovarianten. Sicher ist dann der Objektbereich der sRT gegenüber dem der aRT hervorgehoben, aber nur deshalb, weil im ersteren die Gravitation *fehlt*. Wir fragen aber gerade nach einem Kriterium für ausgezeichnete BS bei Vorhandensein einer Gravitation. Deshalb sehe ich keinen Grund, weshalb harmonische KS, die ja nur eine Lorentz-Kovarianz zulassen, gegenüber anderen KS, die eine allgemeinere Kovarianz zulassen, ausgezeichnet sein sollen. Das hieße letztlich den Objektbereich der aRT auf den der sRT einschränken, freilich eine vom Fockschen Standpunkt aus konsequente Haltung.

Aber kann man einem BS oder gar dem Raum oder der Zeit oder der Raumzeit selbst das Prädikat "absolut" zuschreiben? Das BS als solches ist

* So tritt in der allgemein kovarianten Darstellung mit krummen Koordinaten die Kräftefreiheit eines IS nicht zutage, da hier eine Art von "Koordinatenkraft" auftritt: Von einem frei fallenden Lift aus scheint auf alle IS ein "Koordinatenfeld" zu wirken. Diese Beschreibung ist legitim, aber nicht ausgezeichnet.

nicht BS-frei und BS-gebunden; hier endet der Regreß. In welchem Sinn sollen Raum, Zeit oder Raumzeit "absolut" sein? Es kann nur gefragt werden, ob mit diesen Begriffen allein berechtigte BS verbindbar sind und dies unter so starker Einschränkung, daß die Klasse dieser BS nur aus einem Element besteht.

(C) *Zur Absolutheit der Beschleunigung*

Wir stellen nun die Frage: Ist nach objektiven Kriterien eine Entscheidung zwischen dem Kopernikanischen Weltsystem (KS) und dem Ptolemäischen (PWS) zu treffen?

Bei Inertialbewegungen ist nicht nach objektiven Merkmalen an Vorgängen innerhalb der betreffenden IS entscheidbar, welches IS ruht und welches bewegt ist. In diesem Sinn ist die Inertialbewegung nicht absolut. Entscheidbar ist lediglich die Frage, ob zwei IS zueinander bewegt sind. Offenbar ist wenigstens eines der IS bewegt, wenn das andere ruht. Es besteht die immer entscheidbare Frage der Relativbewegung und die auf Grund von Vorgängen prinzipiell unentscheidbare Frage, ob ein IS ungeachtet der Existenz aller anderen IS ruht oder bewegt ist. Hier liegt kein Analogon zur Unentscheidbarkeit in der Quantenmechanik vor, denn dort kann durch einen nachfolgenden Versuch immer festgestellt werden, welchen Wert die komplementäre Größe besitzt, während es in der RT einen solchen Versuch nicht gibt, es sei denn das RP ist falsch: Die Wahrscheinlichkeit für das Auffinden einer absoluten Bewegung der IS ist Null. Es liegt also kein Grund zur Einführung einer mehrwertigen Logik für die sRT vor.

Dennoch ist das Problem ein logisches: Die Unentscheidbarkeit der Frage, ob das einzelne IS ruhe oder bewegt sei, rührt nämlich nicht aus einer Unbestimmtheit im Verhalten des IS, ist also nicht statistischer Natur, sondern folgt aus der Sinnlosigkeit der Frage. Ebenso könnten wir fragen, ob der Heilige Augustinus der Sphäre der Seraphim oder Cherubim angehörte: Die Frage ist für einen Engel sinnvoll, nicht aber für einen Menschen. Da alle Wirkungen das Ergebnis von Kräften sind, so ist ein kräftefreier Zustand wie der eines IS *per definitionem* durch keine Wirkungen von einem anderen kräftefreien Zustand unterschieden; beide gehören dem "Null-Zustand" an. Wir bezeichnen daher alle IS als zum Null-Zustand gehörig, sie sind in einem gewissen Sinn unwirklich, vorwirklich, protophysisch. Dies ist der logische Grund, weshalb es in der Wirklichkeit keine IS gibt.*

Der Ausdruck "Inertialbewegung" ist also ebenso sinnlos wie "Inertialruhe". Beide Ausdrücke werden nur sinnvoll durch Angabe eines BS und zwar wiederum eines IS, d.h. als zweistellige Relation der Form $v_{\text{inert}}(IS_i, X)$. Ist $X = IS_i$, so wird $v_{\text{inert}} = 0$. Um einen logischen Widerspruch zu vermeiden, kann also das Prädikat v_{inert} immer nur in Bezug auf ein bestimmtes X ausgesagt werden; eine an sich triviale Forderung, deren Verletzung aber dazu führen könnte, die Sätze "Das IS_k ruht" und "das IS_k ist bewegt" für sinnvoll zu halten und daraus die Disjunktion (im Sinne der Ausschließung) Bew (IS_k) vBew (IS_m) abzuleiten. Die logische Grundlage der sRT ist ja, aus bisher als einstellig angesehenen Relationen zweistellige gemacht zu haben. Daß X immer ein IS_k ist, folgt daraus, daß bei $X = \widetilde{IS}_k$ das Prädikat v_{inert} nicht mehr ausgesagt werden kann; von einem beschleunigten BS aus ist jedes IS ebenfalls beschleunigt.

Können wir nun den "Raum" als ein X definieren? Wir setzen: Ein BS I ist ein System aus energetisch wirksamen Seienden. Ein IS ist ein BS I. Der Raum, jedenfalls im Kontex der sRT, ist aber nach dieser Definition kein BS I. Also ist der Raum kein X. Aber selbst wenn er dies wäre, so wäre er durch jedes zu ihm bewegte X zu ersetzen, da der Null-Zustand des IS durch die Transformation $X \to X'$ nicht geändert wird. Nur die Bezugsfreiheit, nicht das Prädikat "Relativgeschwindigkeit" kommt den IS einstellig zu. Der Satz "Die Inertialbewegung erfolgt zum absoluten Raum" ist also falsch.

Welchen Sinn soll der Satz haben: Die Klasse der IS ist gegenüber der Klasse der Nicht-IS ausgezeichnet? Dafür gibt es ein eindeutiges physikalisches Kriterium. Die beschleunigten BS – nennen wir sie $\widetilde{IS}$ – sind untereinander nicht gleichwertig. Die Trägheitseffekte variieren mit $\dot{v}$.** Es ist also die Ableitung von v nach der *Zeit*, deren physikalisches Urbild die Trägheitseffekte verursacht. Noch in einem anderen Sinn bildet die Zeit das Kriterium für eine Unterscheidbarkeit von IS und $\widetilde{IS}$: Die Eigenzeit in einem IS fließt rascher als in jedem dazu beschleunigten BS.

* Diese Einsicht mag letztlich Einstein zur aRT geführt haben, Siehe Einstein, *Grundzüge der Relativitätstheorie*, 1. Aufl., Braunschweig, 1956, S. 38, 2. Abs.

** Daran ändert auch ihre Deutbarkeit als Gravitationseffekte nichts, da auch diese mit den $g_{\mu\nu}$ variieren.

Ebenso ist in einem Gravitationsfeld die Emissionsfrequenz elektromagnetischer Wellen größer als die Absorptionsfrequenz in einem schwächeren Gravitationsfeld. Auch hier sieht man wieder die Symmetrie von Beschleunigung und Gravitation. Bei Genidentität verlangsamt sich im Eigensystem eines $\widetilde{\text{IS}}$ der Rhythmus jedes periodischen Vorgangs gegenüber dem gerade vergangenen Stück der Weltlinie. Die Klasse der IS ist von der Klasse der $\widetilde{\text{IS}}$ durch ein eindeutiges physikalisches Kriterium unterscheidbar, denn für alle IS macht sich deren zweistellige Relation "Relativgeschwindigkeit" nicht für Vorgänge in einem IS bemerkbar, wohl aber für alle $\widetilde{\text{IS}}$.

Die Klasse der IS, nicht hingegen das einzelne IS_i, bildet somit ein absolutes BS für alle $\widetilde{\text{IS}}$. "Absolut" heißt hier: Die Klasse der IS ist von der Klasse der $\widetilde{\text{IS}}$ durch das objektive Merkmal unterschieden, daß die zweistellige Relation $\text{Bew}(\text{BS}_i, \text{IS}_k)$ bei $\text{BS}_i = \text{IS}_i$ keinen Einfluß auf Vorgänge in BS_i hat, nicht aber bei $\text{BS}_i = \widetilde{\text{IS}}$. Dieser Einfluß macht sich im Eigensystem des BS_i bemerkbar und kann durch keine Beobachtung von einem BS_m aus wegtransformiert, sondern nur als Schwerewirkung gedeutet werden. Ob wir die Coriolis-Ablenkung der Passate und Stromläufe von der Erde aus oder einer sehr schnell über der Erde wegziehenden Rakete photographieren, ist im Prinzip gleich.*

In diesem Sinn ist also die Beschleunigung absolut. Hier sind jedoch zwei Einschränkungen nötig. (1) STS sind durch keine objektiven Merkmale gegenüber IS ausgezeichnet, solange sie frei fallen. Dieses "solange" unterscheidet sich von einem IS nur dadurch, daß das IS sich in ein $\widetilde{\text{IS}}$ umwandeln kann, aber nicht muß, während ein STS notwendig raumzeitlich begrenzt ist. Wir müssen also die STS zur Klasse der IS hinzurechnen. (2) Es ist in den Grenzen des ÄP unentscheidbar, ob eine Beschleunigung oder eine Gravitationswirkung vorliegt. Wir müssen also die beschleunigten BS mit den in Riemannschen $g_{\mu\nu}$-Gebieten nicht frei fallenden zu einer neuen Klasse der Schwerebeschleunigungssysteme SBS zusammenfassen. Damit werden auch Riemannsche $g_{\mu\nu}$-Felder mit $R_{iklm} \neq 0$ für alle nicht geodätischen Bewegungen gegenüber IS und STS durch objektive Merkmale ausgezeichnet. Die Schnittlinie verläuft also

* Hingegen kann ich die Kugelgestalt der Erde durch eine LT in ein Ellipsoid verwandeln. Corioliswirkungen zählen nicht zur Gestalt.

auch hier wieder zwischen IS und STS einerseits und IS und SBS andererseits.

Welche Schlüsse können wir daraus auf die Existenz eines absoluten Kriteriums für die Entscheidung ziehen, ob das KWS oder das PWS der Wirklichkeit genügt? Solange sich ein Punkt der Erde längs einer Geodäten bewegt, bildet er ein STS und die Frage ist unentscheidbar. Tatsächlich wurde der Michelson-Versuch ja mit der Translationsbewegung der Erde durchgeführt und es stellte sich heraus, daß diese Bewegung sinnvoll nur im Hinblick auf irgendein IS auszusagen ist, aber nicht gegenüber einem einzig berechtigten IS, das wir als absoluten Raum bezeichnen. Anders die Rotationseffekte, diese sind absolut in unserem Sinn: Da die Sonne eine geringere Beschleunigung aufweist als die Erde, steht sie einem IS näher. Das impliziert aber nicht das Prädikat "Ruhe" für die Sonne. Da "ruhen" ebenso wie "bewegt sein" eine zweistellige Relation ist, so ist bei einer Relativbewegung "Bew(Erde, Sonne)" weder für die Erde noch die Sonne das Prädikat "ruht" auszusagen. Beide sind zueinander beschleunigt; dabei ist freilich die Beschleunigung der Erde zu einem IS_i größer als die der Sonne. Daran vermag die kovariante Darstellung von Naturabläufen im BS der Erde nichts zu ändern: In IS können Rotationseffekte überhaupt nicht auftreten; in BS mit anderem $\dot{v}$ bzw. in anderen $g_{\mu\nu}$-Feldern als denen der Erde treten die entsprechenden Effekte mit anderen Größenverhältnissen auf als auf der Erde, und zwar unabhängig von der Wahl der Koordinaten. Die allgemeine Kovarianz kann eben nur "verdauen", was ihr an Faktischem zu verzehren gegeben wird. Insofern ist also tatsächlich eine objektive Unterscheidung zwischen einem KWS und einem PWS gegeben.

Etwas ganz anderes ist es, daß wir zur Beschreibung der beobachteten Bewegungen der Himmelskörper besser ein heliozentrisches statt ein geozentrisches KS benutzen. In diesem Fall handelt es sich ausschließlich um vom Menschen frei entworfene Beschreibungsmittel aus Reich IV. Ein geozentrisches BS in I im Sinne eines ideal starren Gerüstes oder eines Funkortungssystems mit ideal konstanter Lichtgeschwindigkeit gibt es nicht und keine Koordinatenwahl kann diese invariante Tatsache aus der Welt schaffen. Das PWS war also eine Fiktion, solange man es als ein reales BS betrachtete. Ganz anders, wenn wir ein mit der Erde festverbundenes fiktives Gerüst (eine Phantasie des Menschen, die aber seiner

Erlebniswelt entspricht) auf ein KS in IV abbilden und alle realen Beobachtungen auf dieses KS projizieren. Dann handelt es sich nur um eine Darstellung der Erlebnisinhalte von Menschen. Diese beruhen aber auf der *Illusion*, als drehe sich die Sonne tatsächlich um die Erde. Diese Illusion wurde durch objektive Kriterien widerlegt und an dieser Großtat des Kopernikus kann keine Kovarianz etwas ändern.

Andererseits war es eine ebenso große wissenschaftliche Tat Einsteins, durch die allgemein kovariante Formulierung der Naturgesetze gezeigt zu haben, daß die Gravitation im Rahmen des ÄP als Koordinatentransformation gedeutet werden kann. Aber diese Deutung besitzt nur methodischen Wert: Tatsächlich ist die Gravitation auch nach Schaffung der aRT kein Bewegungseffekt, sondern ein Effekt der Raumkrümmung, die ihrerseits Bewegungen verursacht.

Die verschiedenen Deutungen der $g_{\mu\nu}$-Felder als Trägheits- und Schwerefelder würden nur verschmelzen, wenn es eine kinematische Gravitationstheorie gäbe. Daran ändert auch Einsteins Überlegung nichts, wonach das einem beschleunigten BS äquivalente Schwerefeld als selbständige Wesenheit ohne die Frage nach der Existenz schwerer Massen gedeutet wird (Einstein, *Relativitätstheorie*, S. 98, 99).

Es hieße logisch auf halbem Weg stehen bleiben, wollte man auch heute noch die Formulierung der Naturgesetze unter Anwendung Riemannscher $g_{\mu\nu}$ als Beweis für eine Gleichberechtigung beliebig beschleunigter Bewegungen mit der Inertialbewegung heranziehen. Die Gleichberechtigung bezieht sich in unserer Diskussion immer auf das RP und damit auf die Null-Einwirkung des Bewegungszustands oder der $g_{\mu\nu}$-Felder auf Vorgänge in einem BS.

Andererseits ist die Einfachheit der Kartesischen KS für die Beschreibung von physikalischen Verhaltensweisen, die in IS ablaufen, kein Kriterium für die physikalische, sondern nur für die mathematische Auszeichnung der IS. Auch in gekrümmten KS können wir eine kovariante Formulierung der Naturgesetze finden. Umgekehrt läßt sich die aRT durch die harmonischen KS Lorentz-kovariant formulieren, ohne daß in endlichen Raumzeit-Gebieten der Einfluß des Schwerefelds auf Vorgänge in einem BS vernachlässigt werden könnte. Die aRT wird durch die Benutzung harmonischer KS keine sRT; wenn tatsächlich die LT die allgemeinsten Transformationen auch in der aRT darstellen sollten, so heißt dies nichts anderes, als daß eben in Riemannschen Gebieten nur für IS bzw. STS entsprechende Vorgänge herzustellen sind. Alle darüber hinausgehenden Transformationen der KS sind erlaubt, ja werden vom Menschen realiter konstruiert, aber sie führen zu einer Verletzung des Postulats entsprechender Vorgänge, wenn ihnen physikalische $\widetilde{IS}$ zugeordnet werden.

Es bleibt noch das Problem des absoluten Raums. Wird tatsächlich durch den Schnitt zwischen (IS + STS) und den ($\widetilde{IS}$ + SBS) eine absolute Beschleunigung eingeführt? Dazu bedarf es nicht der Aufweisung eines BS, demgegenüber Absolutheit auszusagen ist, da wir ja "Absolutheit" als "Nachweismöglichkeit im Eigensystem" definierten. Der absolute Raum braucht also nicht als BS eingeführt zu werden: Wäre er das, so würde das zu ihm ruhende IS ausgezeichnet und es gäbe kein sRP. Der Ausdruck "Beschleunigung zum Raum" oder "Beeinflussung der Metrik des Raums durch die Massen" ist also sinnlos.

Gebrauchen wir aber den Ausdruck "Führungsfeld" (H. Weyl), so wird damit deutlich, daß es sich weder um eine Inertialbewegung noch Beschleunigung zu einem BS "Raum" handelt, auch nicht um eine Verformung des an sich bereits vorgeformten Euklidischen oder konstant gekrümmten Raums durch die Massen, sondern um die Realgeltung bestimmter metrischer Relationen. Wir können eben dem Raum bzw. der Raumzeit nicht Gegenstandsartigkeit analog einem Kristall mit Gitterstruktur zuschreiben. Die Absolutheit der Beschleunigung ist ausschließlich durch "interne" Effekte gegeben, die sich innerhalb eines $\widetilde{IS}$ selbst beobachten lassen. Ebenso ist die Absolutheit der realen Gravitation in endlichen Bereichen durch den invarianten Ausdruck $R_{iklm} \neq 0$ gegeben. Daran ändert auch die aRT nichts. In beiden Fällen bedarf es überhaupt nicht des Aufweises eines BS. Darin liegt ja gerade ihre Absolutheit gegenüber Prädikaten wie "Ort" und "Geschwindigkeit". Fragen wir nach der Ursache für die Beschleunigungs- und Gravitationseffekte, so liegt sie allein in einem Folgen oder Nicht-Folgen gegenüber dem metrischen Feld. An die Stelle des fiktiven Raums als BS tritt damit die Metrik raumzeitlicher Relationen; diese ist kein BS, sondern bildet die mathematische Voraussetzung, daß wir überhaupt raumzeitliche BS aufstellen können. Die aRT enthüllte somit eine Ursache neuer Art für physikalisches Verhalten, die nicht in der Seinsebene der Bezugssysteme oder eines gegenstandsartigen Raums liegt, sondern in jener Tiefe des Seins, wo überhaupt Raum, Zeit und Bezugssysteme mathematisch konstruiert wurden.

Aber damit gelangen wir zum philosophischen Problem des Verhältnisses von Raum, Zeit und physikalischem Verhalten, das uns im nächsten Kapitel beschäftigen wird.
Wir fassen zusammen: Es gibt kein allein berechtigtes BS, sondern nur eine allein berechtigte Klasse von BS. Das PWS gehört nicht zu dieser Klasse, ist aber – wie die Alltagserfahrung zeigt – ein mögliches BS. Für alle Effekte, die nicht aus der Abweichung gegenüber einem IS oder STS oder gegenüber Galileischen $g_{\mu\nu}$-Feldern folgen, ist das PWS berechtigt. Für die übrigen Effekte ist allein berechtigt ein IS bzw. STS; das KWS entspricht dem in besserer Näherung als die Erde. Daraus folgt aber keine Rotation gegenüber dem "absoluten Raum", sondern gegenüber Galileischen $g_{\mu\nu}$.

KAPITEL IV

RAUM, ZEIT UND "MATERIE"

I. PROBLEMSTELLUNG

Im folgenden wird das ontische Verhältnis von Raum, Zeit und Materie im allgemeinsten Horizont diskutiert. Dabei sollen auch die einschlägigen Probleme der speziellen Relativitätstheorie nachgeholt werden.

Die Aussagen der Klassiker des Diamat sind weder einheitlich noch präzise. Im Anti-Dühring polemisiert Engels gegen die These, vor dem Beginn der Zeit habe es eine unveränderliche Welt gegeben und folglich verwandle sich der Zeitbegriff in die allgemeinere Idee des Seins: Damit "kommen wir keinen Schritt weiter. Denn die Grundformen alles Seins sind Raum und Zeit, und ein Sein außer der Zeit ist ein ebenso großer Unsinn, wie ein Sein außerhalb des Raums". (*AD*, Berlin, 1959, S. 61).

Einige Zeilen weiter postuliert er indes gegen Dühring eine Zeit außerhalb der Veränderungen: "...die Zeit, in der keine erkennbaren Veränderungen vorgehen, ist weit entfernt davon, keine Zeit zu sein; sie ist vielmehr die reine, von keinen fremden Beimischungen affizierte, also die wahre Zeit, die Zeit als solche" (Dto., S. 62). Engels setzt dabei alle Ereignisse, die neben- und nacheinander in der Zeit vor sich gehen, beiseite und postuliert eine "Zeit, in der nichts passiert".

In seiner Polemik gegen Nägeli ("wir wissen wohl, was eine Stunde und ein Meter ist, nicht aber, was Raum und Zeit sind") fordert Engels aber ausdrücklich, daß Raum und Zeit keine Existenz außerhalb der Materie besitzen: Alles Erkennen ist sinnliches Messen; Zeit, Raum, Kraft, Stoff, Materie, Bewegung sind aber nur selbstgemachte Abstraktionen, so daß sie allein an einzelnen Stoffen und Bewegungsformen erkannt werden können. Ebenso wie man nach Hegel nur Kirschen und Pflaumen, aber nicht "Obst" essen könne, so könne man auch die Bewegung und die Materie als solche nicht erfahren.* "Es ist die alte Geschichte, erst macht man Abstraktionen von den sinnlichen Dingen und dann will man sie

* Hier unterscheidet sich also Engels kaum von dem Positivismus des 1952 verurteilten sowjetischen Physikers Mandel'štam ("Die Zeit ist, was der Uhrzeiger zeigt.").

sinnlich erkennen, die Zeit sehen und den Raum riechen... Als ob die Zeit etwas anderes sei als lauter Stunden und der Raum etwas anderes als lauter Kubikmeter! Die beiden Existenzformen der Materie sind natürlich ohne die Materie nichts, leere Vorstellungen, Abstraktionen, die nur in unserem Kopf existieren". (*DN*, Berlin 1961, S. 250–251).

Lenin unterstreicht im *MEK* besonders die Objektivität von Raum und Zeit, die aus der Objektivität der bewegten Materie folge. Dies ist natürlich nur richtig, wenn Raum und Zeit überhaupt in einem Seinszusammenhang mit der Materie stehen – eine Hypothese, die angesichts der Engelsschen Auffassungen von Lenin erst hätte diskutiert werden müssen. Er zitiert lediglich die Engelssche Polemik gegen Dühring im Sinne eines Bekenntnisses zur Objektivität von Raum und Zeit. "In der Welt gibt es nichts als bewegte Materie und die bewegte Materie kann sich nicht anders bewegen als in Raum und Zeit" (*MEK*, Moskva 1958, str. 158). Unsere evolutionierenden Raum- und Zeitbegriffe spiegeln (*otražajut*) die objektiv-reale Zeit und den objektiv-realen Raum.

Lenin polemisiert ausdrücklich gegen Machs "Raum und Zeit sind wohlgeordnete Systeme von Empfindungsreihen" als "evidenten idealistischen Unsinn". Die von Mach als unschädlich, aber sinnlos bezeichnete These Newtons von einer absoluten Zeit und einem absoluten Raum, von Raum und Zeit als solchen, bezeichnet Lenin als "materialistisch". Er setzt also hier explizit "absolut" mit "objektiv" gleich, gibt also selbst Anlaß zu der seinerzeitigen Fehlinterpretation der Relativität durch seine Nachfolger (*MEK*, str. 162). In den Philosophischen Heften nennt Lenin ebenfalls die Zeit eine Form des Seins der objektiven Realität (*FT*, Berlin 1961, S. 152). Er versieht Heraklits These, die Zeit sei das erste körperliche Wesen, mit einem "NB" (*FT*, S. 198). Andererseits kommentiert er eine Bemerkung Feuerbachs ("Auch ist wirklich nicht einzusehen, warum nicht die Zeit, abgetrennt von den zeitlichen Dingen, mit Gott identifiziert werden sollte") mit dem Satz "Die Zeit außerhalb der zeitlichen Dinge = Gott", schreibt ihr also gegenüber der Materie ein akzidentelles bzw. attributives Sein zu (*FT*, S. 315).

An anderer Stelle kommentiert Lenin mit "richtig" Hegels "Das Wesen der Zeit und des Raumes ist die Bewegung, denn es ist das Allgemeine; sie begreifen heißt: Ihr Wesen aussprechen in der Form des Begriffs" (*Vorlesungen über die Geschichte der Philosophie*, herausg. von Michelet, Bd. XIII, S. 318). Damit anerkennt Lenin implizite die Berechtigung einer eidetischen Aussage über Raum und Zeit. Nirgends finden wir bei den Klassikern eine Spur der Relativität von Raum und Zeit, keinen Reflex des Streites zwischen Newton und Leibniz oder gar eine Vorwegnahme der allgemeinen Relativitätstheorie. Hingegen setzt Lenin Newtons Raum- und Zeitbegriff ausdrücklich mit einer materialistischen Auffassung gleich, womit er sowohl die spezielle als die allgemeine Relativitätstheorie implizit leugnet.

Dennoch wird ähnlich wie seinerzeit die spezielle Relativitätstheorie nun auch die allgemeine als glänzende Bestätigung des Diamat ausgegeben. Wie weit dies formal und inhaltlich möglich ist, möge gerade die Diskussion des Verhältnisses von Raum, Zeit und Materie zeigen.

Dabei steht folgender Sachverhalt zur Diskussion: Die Komponenten des metrischen Tensors $g_{\mu\nu}$ und seine Ableitungen, d.h. die Krümmung der Raumzeit, sind nach den Einsteinschen Feldgleichungen Funktionen des Energie-Impulstensors $T_{\mu\nu}$. Der Energie-Impulstensor enthält grundsätzlich jede Art von Energie, ausgenommen die Gravitationsenergie, darunter auch die der Masse nach der Gleichung $E=mc^2$. Sind keine anderen Energien in einem Raumzeit-Gebiet vorhanden, so wird seine Metrik und Krümmung ausschließlich durch das Vorhandensein von Massen festgelegt. Deren Bewegung folgt andererseits wiederum der Metrik des betreffenden Raumzeit-Gebiets.

Nun lehnt aber die Sowjetphilosophie nachdrücklich eine Gleichsetzung von Masse und Materie ab, um den Konsequenzen der Formel $E=mc^2$ zu entgehen. Bei der Deutung der Feldgleichungen spricht man indes grundsätzlich vom Zusammenhang zwischen Raumzeit und Materie, setzt also wieder Masse und Materie gleich, ohne den geringsten Versuch einer Begründung dieses logisch widerspruchsvollen Verhaltens zu machen. Verleitet wird man dabei nicht zuletzt durch entsprechende Formulierungen im Westen, wie etwa "Raum, Zeit und Materie" bei Weyl. Hinzu kommt, daß die allgemeine Relativitätstheorie mit den Gedanken des in der Tat genialen russischen Gelehrten Lobačevskij in Zusammenhang gebracht wird, ja nach Autoren wie Markov eigentlich schon von ihm konzipiert wurde. Dies hat zur Folge, daß die Grundbehauptung der Theorie, nämlich der Zusammenhang zwischen Metrik und Masse, nie geleugnet wurde.

Soweit schiene alles in Ordnung zu sein. Als aber die sowjetischen Philosophen das Verhältnis von Raumzeit und wie immer auch verstandener

"Materie" näher untersuchten, zeigte sich die ganze Problematik ihrer Schematismen. Vor allem: Ist die Materie, begriffen als das Raumerfüllende schlechthin, mit der Raumzeit bzw. dem Raum allein identisch? Dann ergäbe sich ein logischer Widerspruch zur Materie-Definition, denn Erfüllendes und Erfülltes können nicht gleichgesetzt werden. Definiert man aber "Materie" als das Eine, die Grundwesenheit des Realen, die Weltsubstanz oder ἀρχὴ, kann man dann der Raumzeit überhaupt eine andere als epiphänomenale Existenz zuschreiben? Wie aber soll dann die Metrik auf die Bewegung dieser Grundwesenheit wirken, konkret gesagt, ihre Bewegungsgesetze festlegen? Physikalisch gesprochen: Gibt es ein physikalisch reales Führungsfeld, dessen geodätische Linien die Bewegung freier Massenpunkte festlegen? ("Frei" im Sinne von "nur der Trägheit und Gravitation unterworfen"). Wirkt das Führungsfeld auf die Bewegung der materiellen Wesenheiten, so müssen wir ihm eine stärkere als nur von der Materie abgeleitete Existenz zuschreiben. Andererseits wird die Metrik des Führungsfelds, zum mindesten beim Vorhandensein von Massen, durch diese festgelegt, scheint also tatsächlich diesen gegenüber abgeleitet zu sein. Wie ist es aber dann bei unendlicher Entfernung von den Massen, sofern wir überhaupt den Idealfall der pseudo-Euklidischen Metrik als reell annehmen? Oder gilt das Machsche Postulat, das von den Sowjetphilosophen ja z.T. abgelehnt wird? Schließlich: Wie verträgt sich die These des Diamat von der abgeleiteten Existenz der Raumzeit mit der allgemeinen Feldtheorie und ihrer Weiterführung einer Generaltheorie aller Felder und Teilchen, insbesondere als Gravitonentheorie? Kann ein Epiphänomen wie die Raumzeit die Materie seinerseits erzeugen? Wird die Materie dann nicht notgedrungen zum Epiphänomen der Raumzeit?

Alle diese Probleme stellen sich nicht nur für die Sowjetphilosophie. Diese bringt aber den Vorteil einer besonders markanten philosophischen Konfliktsituation. Wir können jedoch kaum als unbeteiligte Zuschauer des Dramas teilnehmen, sondern sind selbst dessen Akteure. Die abendländische Metaphysik von Aristoteles bis N. Hartmann, Whitehead und S. Alexander ist um Antwort befragt.

Die Sowjetphilosophie flüchtet sich dabei nicht in den positivistischen oder kritizistischen Ausweg: Für sie ist die Frage nach dem Seinsverhältnis von Raumzeit und Weltsubstanz weder sinnleer noch rein erkenntnistheoretisch zu beurteilen. Sie versucht, wenn auch mit weithin untauglichen Mitteln, immer zur Ontologie vorzustoßen. Deshalb diskutiert sie mit Leidenschaft die Objektivität von Raum und Zeit, ehe sie sich dem eigentlichen Problem zuwendet.

2. DIE OBJEKTIVITÄT UND ERKENNBARKEIT VON RAUM UND ZEIT

Die Bewußtseinsunabhängigkeit von Raum und Zeit wird nirgends bestritten. Gegenüber Kant gibt es in der Sowjetphilosophie keinen Kompromiß. Dabei wird wie gewöhnlich "Objektivität" gleich "Materialität" gesetzt. So vertrat Kursanov 1950 den orthodoxen Standpunkt, der Idealismus richte seinen Hauptschlag gegen die Objektivität von Raum und Zeit. Diese sollen nur ideale, nicht-materielle Wesenheiten sein. Auch Russell behaupte zwar einen neutralen Monismus, wonach die Welt weder aus materiellen noch geistigen Stoffen, sondern aus einem neutralen Stoff, den logischen Atomen, bestehe; er greife aber auf die Idealelemente Platos zurück bzw. sehe in den Ereignissen nur Sinnesdaten, also die primären Elemente Machs; dabei seien Raum und Zeit aus den logischen Atomen und Ereignissen aufgebaut, also subjektiv. Carnap sehe in der Welt nur die eigenen psychischen Elemente oder Erlebnisse; dabei stellen Raum, Zeit, Materie, Volumen, Bewegung nur Pseudobegriffe dar, denen in der Wirklichkeit nichts entspreche. Kursanov meint hierzu mit Lenin, daß die Leugnung der Objektivität von Raum und Zeit theoretisch ein philosophisches Dilemma, praktisch aber die Kapitulation gegenüber dem Fideismus darstelle.[1] In Wirklichkeit fließe die Objektivität des Raums aus der Objektivität der von unseren Begriffen abgebildeten Materie. Seltsamerweise zitierte Kursanov dabei folgende These Lobačevskijs: "In der Natur erkennen wir eigentlich nur die Bewegung, ohne welche Sinneswahrnehmungen unmöglich sind. Also sind alle übrigen Begriffe, z.B. die geometrischen, künstlich von unserem Verstand hervorgebracht, indem sie in den Eigenschaften der Bewegung genommen sind". Deshalb, so meint Kursanov, könne auch nicht von einer Apriorität und Absolutheit der Euklidischen Geometrie die Rede sein. Gerade der Wandel unserer Raumvorstellungen zeuge von der Objektivität des Raumsbegriffs.[2]
Auch Sviderskij übernimmt diese These Lobačevskijs mit dem von Lobačevskij hinzugefügten Passus, daß die Kräfte in der Natur ihrer be-

sonderen Geometrie folgten, ja daß sie Bewegung, Geschwindigkeit, Zeit, Masse, Abstände und Winkel hervorbringen.*[3]
Lobačevskijs Ausspruch scheint allerdings dem Verfasser Kant viel näher zu stehen als Lenin. Wenn die geometrischen Begriffe, zu denen wohl auch der Raum gehört, "künstlich von unserem Verstand erzeugt" sind, dann kommt ihnen jedenfalls keine Bewußtseinsunabhängigkeit zu, obgleich sie deshalb noch nicht der Ordnung der Sinneswahrnehmungen als deren Bedingungen zugrunde liegen müssen. Die Objektivität der Bewegung verlangt also – wenn man Lobačevskij folgt – noch keineswegs die der Raumzeit. Wird umgekehrt die Geometrie der physischen Wesenheiten von diesen festgelegt, so ist offenbar die Metrik kein reines Produkt unseres Denkens; es bleibt also nach dem Gedankengang Lobačevskijs nur übrig, die Metrik als objektiv, die *Begriffe* der Geometrie, einschließlich des Begriffes "Metrik", als von subjektiver Genesis aber objektiver Zuordnungsfähigkeit zum physisch Realen anzusehen. Wir werden auf dieses fundamentale Problem noch zurückkommen.
Der Idealismus bedient sich nach Kursanov der Relativitätstheorie, um auf Grund der Relativität von Raum, Zeit und Bewegung auch ihre Objektivität zu bestreiten. In Wirklichkeit sind sie objektiv und in diesem Sinn absolut.**[6] Die Relativität impliziert nicht die Leugnung von Dasein und Bewegung der Körper unabhängig vom Bewußtsein.
Ähnlich meinte Karpov 1952, nach Einstein habe jeder Mensch seine subjektive Zeit; zwar werde durch die Verwendung von Uhren die Zeit

* U. I. Frankfurt zitiert nach Lobačevskij: "In der Natur erkennen wir eigentlich nur die Bewegung, ohne welche Sinneseindrücke unmöglich sind. Also sind alle übrigen Begriffe, z.B. die geometrischen, von unserem Verstand künstlich hervorgebracht, indem sie in den Eigenschaften der Bewegung genommen sind; infolgedessen ist der Raum an sich, einzeln genommen, für uns ohne Existenz... Aber daran läßt sich nicht zweifeln, daß nur die Kräfte alles hervorbringen: Bewegung, Geschwindigkeit, Zeit, Masse, sogar Abstände und Winkel."[4] Frankfurt fügt bezeichnenderweise im Verfolg des Schemas "Weltsubstanz Materie plus eine absolute Bewegung" hinzu: "Hier wird unter "Kräften" eigentlich die bewegte Materie verstanden."[5] Gerade in dieser Identifikation von Kraft und Materie liegt das enorme Mißverstehen der modernen, wesentlich dynamistischen Weltsicht der Physik von Newton bis Lorentz, als handle es sich um einen Materialismus im Sinne des Demokritschen Schemas von Atomen und leerem Raum. Der Diamat ist seiner Natur nach vor-Galileisch und hat noch nicht einmal die dynamistische Stufe erreicht, geschweige die strukturelle, welche mit Einstein beginnt.

** Hier wird also explizit "objektiv" mit "absolut" gleichgesetzt, was ja dann zur Verwerfung der Relativität durch die radikale Philosophengruppe führte.

ein objektiver Begriff, aber "obwohl Einstein dies nicht unmittelbar ausspricht", gibt es nach ihm ohne den Menschen keine Zeit, diese wird zur Ordnung von Empfindungen. "Nach Einstein existiert nicht der Mensch mit allen seinen Empfindungen in der Zeit, sondern die Zeit im Menschen."[7] Zwar lehne Einstein die Apriorität von Raum und Zeit ab, aber er bestreite auch ihren Abbildcharakter; damit werde er wieder zum Idealisten. Einstein schwanke zwischen der Abbildtheorie und den Machschen Empfindungskomplexen. Solange er als Physiker urteile, lasse er die Eigenschaften von Raum und Zeit durch die Materie bestimmt werden und sei folglich Materialist; im großen und ganzen nehme er jedoch eine idealistische Haltung ein.[8]

Nach I. V. Kuznecov führt die Gleichsetzung des realen Schwerefelds mit dem Beschleunigungs("Imitations")-Feld zur Leugnung der Objektivität von Raum, Zeit und Naturgesetzen; Einstein selbst fordere, daß die allgemeine Kovarianz Raum und Zeit des letzten Restes ihrer Gegenständlichkeit beraube.[9]

Auch heute wird von der Sowjetphilosophie nachdrücklich die Objektivität von Raum und Zeit verteidigt. So meint Sviderskij 1958: "Die objektive Existenz von Raum und Zeit ist eine Tatsache, die keine idealistischen Schulen und Strömungen umstürzen können".[10] Auch die Relativitätstheorie bestätigte nach Sviderskij die tiefe Wahrheit der marxistischen Lehre von Raum und Zeit.

Die Sowjetphilosophie behauptet ferner auch die Erkennbarkeit von Raum und Zeit: Die idealistische Philosophie, schreibt Sviderskij, will die objektive, dialektische Natur unserer Vorstellungen von Raum und Zeit entstellen; sie schreibt ihnen etwas Geheimnisvolles zu und zitiert den Satz Augustins: "Solange man mich nicht über die Zeit fragt, weiß ich alles über sie; bittet man mich aber, etwas über die Zeit zu sagen, so weiß ich darüber nichts." Dem widerspricht aber nach Sviderskij die Geschichte der Wissenschaft, die geschichtlich-produktive Tätigkeit des Menschen und vor allem die Relativitätstheorie selbst. Die Raum- und Zeitvorstellungen entwickelt der Mensch durch den Arbeitsprozeß; wir können nicht ohne die Begriffe Ort, Ausdehnung und Form der Körper auskommen; aus der Frage nach dem "Wann" entwickelte sich die Dauer als eine Art zeitlicher Ausdehnung. Durch die Praxis traten dann die Begriffe Gleichzeitigkeit, Folge usw. hinzu. Mit der Bewegung wurde der innere Zusammenhang von Raum und Zeit erkannt. Die wichtigste These Demokrits ist die objektive Natur von Raum und Zeit, wobei der leere Raum als Gefäß der Atome und notwendige Bedingung ihrer Bewegung homogen und kontinuierlich ist; auch die Zeit ist nach Demokrit unerschaffen und objektiv, sie hängt jedoch nicht mit der Existenz, sondern nur mit der Bewegung der Atome zusammen, denn die Atome sind ewig. Für Demokrit, Epikur und G. Bruno ist der leere Raum nach Sviderskij ebenso materiell wie die Körper selbst. Auch Aristoteles steht "im wesentlichen auf dem Boden des Materialismus", denn bei ihm ist der Ort etwas Existierendes und die Zeit als "Bewegungszahl" objektiv.* Leider war er nicht konsequent, denn er meinte, die Zeit könne nicht ohne die Seele existieren, da sie eine zählbare Zahl sei und nur die Seele zu zählen vermag. Ferner führte ihn die Definition des Raumes als Ort dazu, entgegen Demokrit die Existenz der Leere zu leugnen und den Raum als endlich anzunehmen.

Nach Sviderskij kam Kopernikus durch die antike Raumkonzeption (Objektivität, Homogenität, Kontinuität und Dreidimensionalität) zur Einsicht, daß keine Richtung ausgezeichnet ist. Bruno setzt das Vakuum mit dem unendlichen Medium des Äthers gleich; dabei sollte der Äther etwas Körperliches ohne sinnlich wahrnehmbaren Widerstand sein; das Vakuum galt ihm als Behälter der Körper und Welten. Auch für Galilei und Kepler sind nach Sviderskij Raum und Zeit absolute Daseinsformen der Materie; Newton war in dieser Hinsicht ebenfalls Materialist.

Diesen "materialistischen" Auffassungen stehen nach Sviderskij die "idealistischen" von Leibniz, Berkeley und Kant gegenüber: Bei Leibniz sind Raum und Zeit nur besondere Erscheinungsformen geistiger Wesenheiten, der Monaden; deshalb ist "das Kennzeichen der Materialität im Sinne der Objektivität nicht auf sie anwendbar".[11] Raum und Zeit seien für Leibniz nur subjektive Wahrnehmungen, obwohl sie einer gewissen objektiven Ordnung der Dinge entsprächen. Leibniz versuche Newtons Auffassung in Mißkredit zu bringen, er kämpfe unter der Flagge der Relativität und deute Raum und Zeit als Relationsgesetz der Dinge und Erscheinungen; er kritisiere die metaphysische Begrenztheit der Newtonschen Auffassung idealistisch, hundert Jahre nach ihm habe dies in materialistischer Weise Lobačevskij getan.

"In seinem brennenden und unverhüllten Haß gegen den Materialismus"

* Hier sieht man besonders deutlich das Verhängnis der Sowjetphilosophie, "Materialität" mit "Realität" gleichzusetzen.

sieht Berkeley nach Sviderskij in Raum und Zeit nur das subjektive Ergebnis von Sinneseindrücken; er schmähte den Materiebegriff mit dem Argument: Selbst wenn diese unbekannte Substanz "Materie" existierte, so hätte sie keinen Ort, denn Ort und Ausdehnung bestehen nur im Geist, nicht aber die Materie, also existiert sie nirgends.

Auch Machs Auffassungen sind nach Sviderskij Spekulation: Danach wüßten wir nur von relativen Räumen und Bewegungen, Raum und Zeit stellten physikalisch die gegenseitige funktionale Abhängigkeit der Empfindungselemente dar; Lenin "entlarvte den provokatorischen Charakter der Berufung Machs" auf die empirische Herkunft des Raumbegriffs, da er bei Mach jeder objektiven Realität bar ist.[12]

Einen neuen Beweis für die Objektivität von Raum und Zeit lieferte nach Sviderskij die Relativitätstheorie mit dem Grundsatz des unmittelbaren Zusammenhangs zwischen Raum, Zeit und materiellen Prozessen; daraus folgt sowohl die Relativität als die Objektivität von Raum und Zeit.[13]

Die wirkliche Problematik von Raum und Zeit kommt natürlich in diesen Thesen Kursanovs, I. V. Kuznecovs und Sviderskijs nicht zu Wort. Daß wir axiomatisch geometrische Setzungen vornehmen und dabei zu falsifizierbaren physikalischen Aussagen gelangen, daß wir zur Ordnung unserer Sinneseindrücke topologische Grundbegriffe benötigen, daß die Erkennbarkeit der physischen Korrelate von "Raum" und "Zeit" weitgehend ein physikalisches und kein rein philosophisches Anliegen mehr ist, dies alles wurde der Sowjetphilosophie bisher kaum als Problem bewußt. In den umfangreichen westlichen Diskussionen über diesen Komplex sieht sie offenbar nur einen Reflex des von ihr behaupteten traditionellen Schemas "Materialismus-Idealismus". Daß hier durch die Physik völlig neue Fragestellungen aufgeworfen werden, will man in der Sowjetphilosophie nur ungern eingestehen.

Desto erstaunlicher ist eine Untersuchung des sonst wenig hervortretenden Philosophen Spirkin in den *Voprosy filosofii* 1956 zur Genesis der Begriffe von Raum und Zeit. Obwohl darin nicht unmittelbar die allgemeine Relativitätstheorie angesprochen wird, bedeutet Spirkins Arbeit doch einen Schritt weiter in der Diskussion.[14] Vor allem ist seine Deutung von Raum und Zeit im Sinne nicht-gegenständlicher Relationen hervorzuheben. Zwar steht sie im Einklang mit den Grundsätzen des Diamat – ausgenommen nur den Engelsschen Zeitbegriff* – aber sie geht doch

* Siehe am Eingang dieses Kapitels.

darüber hinaus, indem sie sich der Leibnizschen Raum- und Zeitkonzeption nähert. Erkenntnistheoretisch wird eine Vermengung aus Leninschem Empirismus und Rationalismus vertreten, wie sie die klassische These von der Objektivität des Raums und der Zeit weitgehend durchlöchert.

Spirkin geht davon aus, daß die Genesis des Raum- und Zeitbegriffs zum erstenmal vom Standpunkt der Formierung des Denkens untersucht wird (offenbar nur in der Sowjetphilosophie – *Der Verf.*). Die Begriffe "Raum" und "Zeit" bildeten sich nach Spirkin allmählich in engem Zusammenhang mit der gesellschaftlichen Produktionstätigkeit. Allerdings kam es dabei wohl früher zur Differenzierung unserer Ideen von den räumlichen Relationen als von den zeitlichen. Außerdem lassen sich Zeiteinheiten nicht wie beim Raum auf das Meßobjekt anlegen, da Zeiteinheiten nicht ruhen. Die Raum-Kategorie entstand als Abbild des realen Raums. Das Bewußtsein von räumlichen Beziehungen und Formen stieg dabei von der Wahrnehmung zum Begriff auf. Indices bzw. "Erscheinungsformen" des Raums sind Größe, Abstand und Form. Hier kann man nach Spirkin nur bedingt von "Eigenschaften" des Raums sprechen, nämlich sofern man den Raum als Abstraktion nimmt. "Faktisch bedeutet die Kennzeichnung der Eigenschaften des Raums eine Kennzeichnung der Eigenschaften materieller Körper."[15]

Nach Spirkin steht am Beginn des Erkenntnisprozesses die Wahrnehmung des Gegenstandes in der Gesamtheit seiner Eigenschaften; dabei kommt es unvermeidbar gleichzeitig sowohl zu einer Absonderung als auch Verbindung und Zuordnung im Raum. "Die Wahrnehmung ist also bereits das Abbild der den Sinnesorganen zugänglichen räumlichen Relationen der Dinge. Dabei verhält sich aber das Bewußtsein nicht passiv: Um festzustellen, daß zwischen zwei Punkten ein Abstand herrscht, muß man eine Reihe von Gegenständen zwischen diesen Punkten zusammenstellen; dazu müssen sich ihre Bilder aber gleichzeitig im Bewußtsein befinden und untereinander eine bestimmte Verbindung eingehen. Mit anderen Worten, bereits zur Erkenntnis der einfachsten räumlichen Relationen der Dinge bedarf es einer synthetischen Arbeit des Gehirns und keines passiven Kopierens folgerichtig angeordneter Dinge."[16]

Wie diese These allerdings zu Lenins *Abbildtheorie* ("Kopie", "Photographie") stimmen soll, erfahren wir von Spirkin nicht. Er meint nur, daß hier entscheidend die Produktionstätigkeit und die daraus entstandene Sprache mitwirken. Ausdrücklich bemerkt er ferner, daß die Ausdehnung eines Körpers nur durch die Zuordnung zu einem anderen Körper festgestellt wird und dem Menschen nicht in der Wahrnehmung des Körpers als solchen gegeben ist. Das zielgerichtete Messen, die Auswahl der Längeneinheit brachte allmählich eine gedankliche Operation zur Entfaltung, wobei allein die eindimensionale Ausdehnung im Bewußtsein fixiert wird und alle übrigen Eigenschaften ausgeklammert werden.

Auch die Idee des Unendlichen beruht nach Spirkin nicht auf unmittelbarer Wahrnehmung; dazu gelangte die Menschheit langsam und auf Umwegen durch unmittelbare Beobachtungen und logische Überlegungen. Ebenso wurde der Begriff des Punktes durch Abstraktion von allen Eigenschaften des realen Körpers einschließlich seiner Ausdehnung gebildet. Darin zeigt sich allerdings nur die theoretische, nicht die praktische Möglichkeit einer unendlichen Verringerung der Ausdehnung. "Der Punktbegriff drückt die Grenze der unendlichen Teilung des materiellen Körpers aus, welche weder der Praxis noch der sinnlichen Betrachtung zugänglich ist und nur durch den abstrakten Gedanken erreicht werden kann."[17] Der Punktbegriff entstand durch die praktische Teilung von Gegenständen und "bildet ihre gedankliche Fortführung bis zur innerlich widersprüchigen unendlichen Teilungsgrenze des kleinsten Teils, wobei bereits nicht mehr der Körper, sondern seine im Bewußtsein abgebildete Seinsform Gegenstand ist".[18] Konkreter als der Punkt ist der Begriff der Linie, aber auch sie ist die Abstraktion von allen Eigenschaften, ausgenommen die eindimensionale Ausdehnung. Analoges gilt für die Fläche. Am konkretesten ist der Begriff des geometrischen Körpers; er ist eine Synthese von Abstraktionen und selbst eine Abstraktion von allen Eigenschaften außer der Form.

"Damit führen die geometrischen Begriffe ihre Genesis auf die realen Gegenstände zurück, deren Eigenschaften einer gedanklichen Bearbeitung unterlagen. Das mathematische Denken vermochte die verallgemeinerten und abstrakten Begriffe der geometrischen Formen der Körper zu schaffen, weil in den realen Gegenständen eine bestimmte Allgemeinheit von Formen existiert."[19]

Zur Bildung der Raum-Kategorie bemerkt Spirkin: Mit der Messung räumlicher Relationen wurde sich der Mensch immer klarer, daß der Ort eines Objekts im Raum nur durch die äußeren Relationen der Dinge bestimmt wird und keine besondere Eigenschaft des Raums ist, sondern dank von Relationen zwischen den Dingen existiert. Die abstrakte Raumkategorie bildete sich auf einer Stufe der geistigen Entwicklung, als der Mensch imstande war, die Raumteile als qualitativ identisch zu denken, als durch keine inneren Eigenschaften verschieden außer der allgemeinen Eigenschaft einer dreidimensionalen Ausgedehntheit. Diese abstrakte Denkbarkeit des Raums barg indes die Gefahr, die räumlichen Formen von der Materie loszureißen. Die Denker aller Völker unterlagen ihr. Man begann den Raum als eine besondere Wesenheit zu denken in Form eines leeren Gefäßes spezifischer Struktur, die indes für alle konkreten Dinge gleich ist; die Produkte der Abstraktion begannen für den Menschen real zu existieren. So wurde bei den alten Indern der Raum zum *akasa*, einer besonderen Substanz neben Erde, Wasser usw. Dabei sollte nach dem System des Vedanta folgende Subordination der Substanzen bestehen: Brahman, der universale Geist, erzeugt den Raum, dieser die Luft und diese das Feuer usw. Doch gab es auch im alten Indien eine realistische Schule, die in Raum und Zeit nur Qualitäten der Urmaterie (*pradhaṇa*) sahen.

Leider bricht Spirkin seine Untersuchung mit Aristoteles ab, so daß wir nicht erfahren, wie er sich etwa die Genesis der Axiome der Geometrie und eine empirische Entstehung der nicht-Euklidischen Geometrie denkt.

In Spirkins Überlegungen sieht man das Fehlen einer Theorie des Irrtums. Sein Satz, daß sich die Abstraktion selbständig mache, bedarf mindestens einer Analyse. Wie soll man z.B. vom Standpunkt der Abbildtheorie die sowjetische Kritik an dem "metaphysischen" Raum- und Zeitbegriff Newtons verstehen? So stellt Meljuchin ausdrücklich fest, daß die Newtonsche Konzeption der unendlichen Ausbreitungsgeschwindigkeit von Wirkungen und der Gleichartigkeit der Zeit im ganzen All prinzipiell nicht aus der Erfahrung zu begründen sei und deshalb apriorischen Charakter trage. Newtons Ausdruck "die Zeit fließt" setze voraus, daß sie dies gegenüber einer anderen Zeit tut, was Newtons Definition der "wahren Zeit" widerlege. Meljuchin meint nur, daß solche Irrtümer aus der Trennung der Zeit von der Materie entstehen; die Erscheinungen spielen sich nicht in einer fließenden Zeit ab, sondern "die Zeit selbst ist die Dauer des Werdeprozesses"; Hegel habe recht gehabt, als er sagte, die Zeit sei kein Kasten, in dem alles wie in einen Strom eingetaucht sei, und die Dinge stellten selbst das Zeitliche dar.[20] Der Begriff der Zeit kennzeichne eine Ordnung der Koexistenz und Folge der Ereignisse;

diese könne für verschiedene Systeme verschieden ausfallen, d.h. zu einem spezifischen Rhythmus der Zeit führen. Schließlich habe Newton einen zeitlichen Beginn der Welt angenommen, damit werde aber die Zeit im Gegensatz zum Raum endlich und verliere ihre Absolutheit gegenüber allem, denn absolut könne nur Gott sein. Nehme man aber eine Zeit vor der Erschaffung der Welt an, dann könne sie nur den Zustand Gottes kennzeichnen, denn es habe keine Veränderungen gegeben; dies werde aber gerade von der Religion bestritten. Newtons Definition der Zeit widerspreche also sowohl der Logik als der Theologie. Konsequenter sei die These von Leibniz, wonach die Zeit nur die Ordnung der Folge sei und die Ewigkeit sich nicht in der Dauer, sondern in den dauernden Dingen verwirkliche.[21]

3. PHILOSOPHISCHE THESEN ZUM VERHÄLTNIS VON RAUM UND ZEIT ZUR "MATERIE"

(A) *Periphere Thesen*

Mit der Objektivität von Raum und Zeit verteidigt die Sowjetphilosophie die der Materie als des "in Raum und Zeit Bewegten". Dabei liegt es nahe, in das andere Extrem zu verfallen und Raum und Zeit selbst als Substanzen anzunehmen. Freilich würde sich die Sowjetphilosophie damit ihres Monismus begeben. Einerseits unterstreicht die orthodoxe Philosophengruppe den objektiven Zusammenhang von Raum, Zeit und Materie, um den Anschluß an die Relativitätstheorie zu finden; andererseits muß sie aber auch alle Tendenzen verwerfen, im Raum gegenüber der Materie das Primäre zu sehen.

Es geht dabei im einzelnen um das Verhältnis zwischen Form und Inhalt, denn Raum und Zeit sollen ja Daseinsformen der Materie sein. Daß darunter Formen im eigentlichen Sinn verstanden werden, wird aus der Polemik sichtbar. Eine völlig andere Deutung des Formbegriffs für Raum und Zeit macht sich allerdings bei Fock bemerkbar, dem – nicht zu Unrecht – Anklänge an die Aristotelische "Form" vorgeworfen werden. Hier stehen wir an einem der kritischsten Punkte der Sowjetphilosophie. Was sie dabei an Naivitäten zu leisten imstande ist, zeigt ein Beitrag des philosophierenden "Mathematikers" N. V. Markov (nicht zu verwechseln mit dem Physiker M. A. Markov) im "Grünen Buch" 1952, der durch seine mathematischen Irrtümer bei der Konferenz in Kiev 1954 zur Zielscheibe der Angriffe auf die Philosophen wurde. Da er in einem Sammelwerk der Akademie der Wissenschaften (*Philosophische Fragen der modernen Physik*, 1952) stand, darf man ihn zum mindesten für die damalige Zeit als repräsentativ betrachten. Im folgenden bringen wir die unkommentierten "Überlegungen" Markovs:

Die Newtonsche Konzeption ist in dreifacher Hinsicht "metaphysisch" (wobei Markov unter "metaphysisch" "isolierend" und unter "dialektisch" "einigend", "ganzheitlich" versteht):

(1) Raum und Zeit sind gegenüber der *Materie* äußere, selbständige Wesenheiten.*

(2) Raum und Zeit sind äußere Formen, Behälter, die von der *Bewegung* der Materie unabhängig sind.

(3) Sie sind absolut unveränderlich, der Raum ist homogen, die Zeit fließt überall gleichmäßig, die Bewegung ist stets von derselben Qualität. Damit wird die Euklidische Geometrie zur Wahrheit in letzter Instanz.

Den ersten Schritt zur Überwindung dieser Auffassung tat Lobačevskij mit der These, daß einige völlig bestimmte, materielle Kräfte** in der Natur die eine Geometrie, andere Kräfte die andere erzeugen.[23] Zwar ist für Markov der reale Raum als Daseinsform der einen Materie nur einer. "Aber die einzelnen Teile des realen Raums haben verschiedene Eigenschaften, verschiedene Geometrien. Der Raum ist gleichzeitig ein aus seinen Teilen zusammengesetztes Ganzes. Der Raum ist inhomogen, weist in verschiedenen Teilen verschiedene Eigenschaften auf, er ist diskret und gleichzeitig kontinuierlich, er ist zusammenhängend, es gibt Übergänge von einem Raumteil zu anderen, von einer Geometrie zur anderen. "Der unendliche Raum (denn die Materie ist unendlich) hat eine unendliche Zahl von Teilen und folglich eine unendliche Zahl qualitativ verschiedener Geometrien". "Zwei verschiedene Raumteile haben dieselbe Geometrie, wenn die materiellen Objekte gleich sind, welche die Geometrie dieser Raumteile bestimmen. Materie und Raum sind eins, die

* Auch Kursanov nennt deshalb Newton einen "metaphysischen Materialisten"; Newtons Auffassung führe unmittelbar zu Fernwirkungskräften, diese seien der Materie fremd und daher göttlicher Herkunft.[22]

** In den zitierten Stellen ist nur von Kräften, nicht aber "materiellen Kräften" die Rede. Man sieht, wie in der Praxis der Sowjetphilosophie alles Reale als "materiell" bezeichnet wird.

räumlichen Eigenschaften sind Eigenschaften eben der Materie und von nichts anderem. Die geometrischen Eigenschaften sind eine Seite des einen Bewegungsprozesses der in Raum und Zeit erfolgenden Evolution der Materie."[24]

In diesem Zusammenhang polemisiert Markov gegen die Axiomatik: Die Entscheidung über das Euklidische Parallelenaxiom war für Lobačevskij kein rein geometrisches, sondern ein physiko-geometrisches Problem; die Parallelität ist für ihn ein reales, kein rein gedankliches Faktum; das Parallelenaxiom interessiert ihn nicht rein logisch, nicht zur formallogischen, axiomatischen Darstellung der Geometrie, sondern zur Aufstellung einer vollkommeneren Geometrie. "Lobačevskij verstand durchaus, daß man in der Geometrie ebenso wie in der Physik durch eine immanente Entwicklung der Axiome keinerlei grundsätzlich neue Entdeckungen machen kann."[25] (!)

Lobačevskij hielt auch die Existenz von Kräften für möglich, die durch die Geschwindigkeit gemessen werden und nicht der Addition im Kräfte-Parallelogramm unterliegen; das Kräfte-Parallelogramm ist für ihn unbeweisbar. Diese These wird durch die Relativitätstheorie bestätigt, die Kräfte setzen sich nicht nach dem Gesetz des Parallelogramms zusammen; (die Summe zweier Geschwindigkeiten ist stets kleiner als die Lichtgeschwindigkeit). Aus Lobačevskijs Geometrie folgt ferner, daß ein bewegter Körper seine Ausdehnung ändert, da die Äquidistante keine Gerade ist und sich der zeitliche Ablauf mit dem Bezugssystem ändert, denn der Charakter der Geometrie und der zeitliche Ablauf sind durch dieselbe Ursache bedingt.[26]

"Im Vergleich zur allumfassenden Lehre Lobačevskijs sind die Errungenschaften von Gauss nur die ersten Anfangsschritte". "Auf dem von Lobačevskij für die Menschheit gepflügten Feld sammelten seine westeuropäischen und amerikanischen Nachfolger jahrzehntelang reiche Ernte."[27]

Die Physik des 20. Jahrhunderts entwickelte seine Ideen, bestätigte und begründete sie vornehmlich auf Grund von Erkenntnissen der Mikrophysik. Die Physik der Mikrowelt war verhältnismäßig leicht zu schaffen, da schon Lobačevskij den Verzicht auf die alten Raumvorstellungen aussprach. Auch in die Astronomie drangen seine Gedanken ein; man muß annehmen, daß seine Geometrie auch in der Mikrowelt herrscht.[28]

Die Geometrie Lobačevskijs wurde danach auch für die spezielle Relativitätstheorie fruchtbar: Die Lorentz-Transformationen fallen nach Kagan

exakt mit den Bewegungsgleichungen im hyperbolischen Raum zusammen; Delone zeigte, daß bei den Lorentz-Transformationen der Hyperkegel zweiter Ordnung in sich selbst übergeht; dies ist eine projektive Umformung des Raums, die eine Sphäre in sich selbst transformiert*, die Lorentz-Transformationen kann man als Bewegungen des Lobačevskijschen Raums ansehen.[31]
Lobačevskij bewies nach Markov die Unfruchtbarkeit der idealistischen Erkenntnismethode, welche die Analyse des Objekts durch die des Begriffs ersetzt, für die Geometrie. Wird die Geometrie durch physikalische Eigenschaften geschaffen und bestimmt, so liegt der Schlüssel dazu in der Physik; somit unterscheidet sich ihre Entwicklung "grundlegend in nichts von der Entwicklung der anderen Gebiete der Physik, d.h. sie entwickelt sich auf der experimentellen Praxis, sie ist eine ihren Grundlagen nach empirische Wissenschaft. Die Geometrie ist folglich ein Zweig, ein Teil, ein Gebiet der Physik".[32]
Der Idealismus will die Geometrie durch die rein logische Verstandestätigkeit entwickeln und mit Hilfe der formalen Logik aus altem Wissen neues gewinnen; dies aber ist die Unterwerfung des Objekts unter das Subjekt. Metaphysik ist auch die Unterteilung der Geometrie in eine mathematische und physikalische; dies ist nichts anderes als die Konservierung des metaphysischen Axiomatismus. Ebenso wie man die Frage der Kugelgestalt der Erde nicht ohne vorhergehende sphärische Flächen

* Ähnlich Kursanov[29] und Sviderskij[30]. Siehe auch Fock, *Theorie*, a.a.O., 50–57: Es läßt sich zeigen, daß die Relativgeschwindigkeit $\mathfrak{v}'$ zweier Körper mit der Länge s einer Lobačevskij-Geraden durch die einfache Beziehung

$$|\mathfrak{v}'| = c \tanh s$$

zusammenhängt. Bezeichnen wir den durch c dividierten Betrag der Relativgeschwindigkeit mit ds, so kann man den Lorentz-invarianten Ausdruck ds^2 als Quadrat des Längenelements in einem Geschwindigkeitsraum betrachten. Im relativistischen Fall hat dieser Raum alle Eigenschaften eines Lobačevskijschen Raums. Seine Eigenschaften lassen sich aus dem Ausdruck für ds^2 ableiten. – Hätte Markov diesen Sachverhalt richtig interpretiert, so wäre er auf das für die Relativitätstheorie grundlegende Problem gestoßen, wieso axiomatisch entworfene Geometrien eine Abbildung physischen Verhaltens ermöglichen, in unserem Fall, wieso die Lobačevskijsche Geometrie zum Einsteinschen Geschwindigkeitstheorem führt. Damit wird nicht, wie Markov weiter unten behauptet, das Objekt dem Subjekt unterworfen, sondern der mathematisch verfahrenden Vernunft axiomatisch entwerfbare Einsichten in Natursachverhalte zugeschrieben, also gerade das Kantsche *a priori* mit Hilfe der Axiomatik plus der physikalischen Deutung transzendiert.

lösen konnte, so auch nicht die Frage der Euklidizität des Raums ohne die Möglichkeit der realen Existenz einer nicht-Euklidischen Geometrie.[33] Freilich, so bemerkt Markov abschließend, ist die Lehre Lobačevskijs nicht identisch mit der "unvergleichlich tieferen und umfassenderen" des Diamat[34]; er fügt allerdings nicht hinzu, worin der Unterschied beider Lehren liegen soll.

Markov wurde 1954 von den Physikern in Kiev wegen seiner groben Irrtümer zu Recht angegriffen und hat sich seither, soweit bekannt, nicht mehr zu Wort gemeldet. Rozencvejg nannte den Aufsatz falsch und verworren und bemerkte sarkastisch, es sei wohl verfrüht, ihn als klassisches Produkt (*na pravach klassikov*) zu publizieren.[35]

Auch für Sviderskij ist Lobačevskij der Urheber einer materialistischen Kritik am Newtonschen Raumbegriff, denn er habe (a) eine nicht-Euklidische Geometrie geschaffen, (b) die reale Existenz anderer als gewöhnlicher Eigenschaften von Raum und Zeit nachgewiesen, und (c) deren Abhängigkeit von materiellen Vorgängen gezeigt.[36]

Für Kursanov (1950) ist der reale Raum und die reale Zeit weder außerhalb der Prozesse vorhanden noch mit ihnen gleichzusetzen; der Raum ist nicht das Schwerefeld selbst und die Zeit nicht das Leben der Pflanze; Raum und Zeit als Daseinsformen der Materie sind Ausdruck entsprechender Relationen aller materiellen Phänomene: der räumlichen Relation der Ausdehnung und Lage und der zeitlichen Relation des Evolutionsprozesses; Kursanov will dies beim Durchgang von Licht durch einen Kristall zeigen: Der Strahl habe eine richtungsabhängige Intensität, wobei die regelmäßigen geometrischen Formen des Kristalls nicht durch die Formen der kleinsten Elemente des Kristalls bestimmt würden, sondern durch deren räumliche Anordnung; hierin zeige sich die Abhängigkeit der geometrischen Form von der Natur der Körper und die Rolle des Raums als Daseinsform der Materie bei der Bestimmung materieller Eigenschaften wie Lichtintensität, Reflexion usw.[37]

Kursanovs Beispiel ist natürlich in dieser Form nicht zu gebrauchen. Die Lichtstreuung an den Atomen eines Kristallgitters ist ein quantenmechanischer Vorgang, in dem wie bei allen Quantenphänomenen nicht mit dem "natürlichen", d.h. denkgewohnten Raumbegriff operiert werden kann, sondern nur mit Operationen im Hilbert-Raum. Ob dieser als Daseinsform einer Substanz "Materie" zu deuten ist, wäre erst einmal begriffsanalytisch zu klären; was soll hier ein Ausdruck wie "Daseinsform" meinen, angenommen, es ist ihm überhaupt eine Bedeutung für den vorliegenden Fall zuzuschreiben?

I. V. Kuznecov seinerseits schrieb 1952 die Revolution in der Bestimmung von Raum, Zeit und Bewegung dem Marxismus zu; die Ergebnisse der schnellen Bewegungen (d.h. der Relativitätstheorie – *Der Verf.*) seien schon lange vor Einstein durch die Klassiker des Marxismus vorweggenommen worden; ihre gigantischen Errungenschaften habe man jedoch dank der sozialen Unterdrückung der Gelehrten nicht angewandt; die Wissenschaft nähere sich diesem Schatz von Ideen deshalb blindlings, wobei sie zeitweilig das Neue und Progressive ersticke; die Relativitätstheorie verzerre nur die neuen Raum- und Zeit-Erkenntnisse und verfälsche sie im idealistischen Sinn.[38]

Daß das philosophische Denken der UdSSR seither auf diesem Gebiet keine grundlegende Änderung erfuhr, zeigt die Untersuchung Frankfurts über die Entwicklung der Begriffe von Raum und Zeit in seinem *Abriß der Geschichte der speziellen Relativitätstheorie* (1961). Zwar werden neben Lobačevskij auch Riemann und Helmholtz als Vorläufer der speziellen und vor allem der allgemeinen Relativitätstheorie genannt. Dennoch habe erst der Diamat die "wissenschaftliche Fragestellung und Lösung des Raum-Zeit-Problems" gebracht. Welche Trivialitäten damit gemeint sind, sehen wir aus Frankfurts Aufstellung der "Leistungen" des Diamat: (1) Alle materiellen Objekte haben eine räumliche Ausdehnung, (2) die aufeinanderfolgende Existenz von Vorgängen drückt die Zeit aus, (3) der Raum besitzt drei Dimensionen, (4) die Lage eines Körpers gegenüber anderen koexistierenden Körpern wird durch räumliche Koordinaten gekennzeichnet, (5) die Zeit besitzt eine Dimension, (6) im Raum sind entgegengesetzte Richtungen gleich möglich, die Bewegung in der Zeit ist nur möglich von der Vergangenheit zur Zukunft, (7) Materie, Bewegung, Raum und Zeit sind voneinander untrennbar. Nach Frankfurt gab somit der Diamat lange vor der Andeutung einer physikalischen Konkretisierung die philosophische Lösung des Problems von Materie, Bewegung, Raum und Zeit.[39]

(B) *Die Diskussion zwischen A. I. Uëmov und I. B. Novik: Das zentrale Anliegen*

Das ganze Problem erfuhr durch die allgemeine Relativitätstheorie eine unerwartete Wendung. Konnte die Sowjetphilosophie in Bezug auf die vorrelativistische Physik sich noch weitgehend im Spekulationen bewegen, so wurde sie mit einemmal vor akute Fragen gestellt, denen gegenüber es kein Ausweichen gibt. Dies betrifft vor allem das Verhältnis des *Führungsfelds* zur materiellen Bewegung und die Existenz der *Gravitonen.** Dabei entzündete sich eine der interessantesten Diskussionen um die Frage, ob es überhaupt zwischen Materie und Raum eine Wechselwirkung gibt.

Uëmov untersuchte das Problem 1954 unter dem bezeichnenden Titel: 'Kann das Raumzeit-Kontinuum mit der Materie in Wechselwirkung treten?' Wir geben im folgenden den unkommentierten Standpunkt Uëmovs: Die Frage wurde vor dem 20. Jahrhundert verneint; nach Newton bleiben der absolute Raum und die Zeit ihrem Wesen nach gegenüber einem Äußeren stets gleichgültig. Newtons Konzeption wurde indes in der Praxis schon immer durchbrochen; er selbst definierte die absolute Bewegung als Bewegung zum absoluten Raum; im Eimerversuch wirkt der Raum auf physikalische Erscheinungen; dies alles widerspricht offenkundig Newtons Ausgangsthese. Descartes, zum Teil schon Newton selbst, ersetzte die Wechselwirkung der Materie mit dem Raum durch eine solche mit dem Äther. Da eine Wechselwirkung mit Raum und Zeit als absurd galt, wurde die Ätherhypothese dazu benutzt, um entsprechende Phänomene zu erklären.

Einstein ging bei der Aufstellung der "sogenannten allgemeinen Relativitätstheorie" von der Konzeption aus, daß die Raumzeit nicht auf die Materie einwirke. Seine Kritik an Newton gilt eigentlich nicht dessen Ausgangsthese, sondern einer Haltung, die faktisch Raum und Zeit mit der Materie in Wechselwirkung bringt. Obwohl sie mit der speziellen Relativitätstheorie übereinstimmt, befriedigt sie ihn philosophisch nicht. Er bezieht sich dabei auf Mach, der zum erstenmal auf diesen erkenntnistheoretischen Mangel hingewiesen habe. Einstein illustriert dies am Beispiel zweier flüssiger Körper, die um die Verbindungslinie ihrer Schwerpunkte als Achse gleichförmig rotieren; jeder Körper wird vom Ruhsystem des anderen aus beobachtet. Stellt sich dabei heraus, daß der eine

* Siehe D. Iwanenko und A. Sokolow, *Klassische Feldtheorie*, Berlin, 1953, Par. 56; D. Ivanenko und A. Solokov, *Kvantovaja teorija polja*, Moskva, 1952; Garbell, a.a.O. p. 46–51, 103–111; *Novejšie problemy gravitacii*, Moskva, 1961, str. 21–27, 47–56 mit Literatur, sowie 325–380.

Körper eine Kugel, der andere ein Rotationsellipsoid darstellt, so kann man nach der Ursache dieses so verschiedenen Verhaltens fragen. Nach Newton liegt sie in der Existenz des absoluten Raums. Diese Erklärung ist für Einstein aber nur dann erkenntnistheoretisch befriedigend, wenn man eine beobachtbare Erfahrungstatsache angeben kann; das Kausalitätsgesetz hat erst dann den Sinn eines Urteils über Phänomene in der Erfahrungswelt, wenn als Ursachen und Folgen letzthin beobachtbare Tatsachen auftreten. Dieser Forderung entspricht nach Einstein nicht die klassische Mechanik, denn der Galileische Raum (und die zu ihm relative Bewegung) ist nur eine fiktive Ursache, kein beobachtbares Faktum: Die Newtonsche Mechanik genügt somit dem Kausalitätspostulat nur dem Scheine nach.[40]

Einstein ersetzt deshalb den Raum durch die entfernten Massen des Alls; sie bestimmen in der allgemeinen Relativitätstheorie die Trägheit; dies ist das Relativitätsprinzip der Trägheit. Daß der Raum selbst auf die Körper einwirke, leugnet die gesamte Einsteinsche Schule, so M. Born in *Die Relativitätstheorie Einsteins und ihre physikalischen Grundlagen* (russ. 1938, S. 227): "Der Raum als Ursache physikalischer Erscheinungen muß aus dem physikalischen Weltbild entfernt werden."[41] Auch Eddington sieht im Raum eine Fiktion, da man den Ort eines Körpers nicht als physikalische Tatsache, als Zusammenfallen mit einem individuellen Raumpunkt ansehen könne; er schlägt deshalb vor, die Relation Körper–Raum (die Lokalisierung) durch die Relation Körper–Körper (den Abstand) zu ersetzen; dadurch wird die Ausdehnung (das Intervall) primär und die Lokalisierung zum Rechenergebnis; alles mit der Lokalisierung Zusammenhängende ist in der Relation "Ausdehnung zwischen Ereignispaaren" enthalten.[42]

"Der reaktionäre Sinn der dargelegten Konzeption erhellt schon daraus, daß eine ihrer Folgen die Äquivalenz der Systeme des Ptolemäus und Kopernikus ist"[43], denn in beiden Systemen ist der Abstand Sonne-Erde der gleiche; dies schließt nach Eddington die Gleichheit der Systeme ein. Damit aber "werden die Sätze der klassischen Mechanik sinnlos, wonach man die Beschleunigung der Körper zum Raum empirisch wahrnehmen kann. Die These, der Raum habe keinen Einfluß auf die physikalischen Erscheinungen, zerstört zweifellos jene Grundlage, von der aus die klassische Mechanik den Streit zwischen den Systemen des Ptolemäus und Kopernikus zugunsten von Kopernikus entschied."[44]

Die obige Konzeption gründet sich nach Uëmov allein auf das *Beobachtungs*-Postulat. Dieses idealistische Programm, wonach es die Physik nur mit beobachtbaren Objekten zu tun habe, wurde niemals konsequent verwirklicht. Schon bei Mach zeigten sich Widersprüche: er leugnete die Atome und Moleküle wegen ihrer Unbeobachtbarkeit und nannte sie einen ehrwürdigen Hexensabbat. Einstein selbst ist sicher von der Existenz der Atome und vieler anderer unbeobachtbarer Dinge überzeugt; so liegen die Ursachen einer Makroerscheinung wie der Atombomben-Explosion in der unmittelbar nicht beobachtbaren Mikrowelt. Trotzdem hält es Einstein für möglich, den Einfluß des Raums auf die physikalischen Erscheinungen zu leugnen, da er unbeobachtbar ist. "Die Inkonsequenz ist evident."[45]

Auch von den entfernten Massen beobachten wir nach Uëmov nur einen verschwindenden Teil. Man könnte einwenden, daß hier im Gegensatz zum Raum nur eine technische und keine grundsätzliche Unbeobachtbarkeit vorliege; wenn man aber auch die fernen Massen nur mittelbar beobachten kann, weshalb dann nicht ebenso den Raum? Schließlich führt man die Trägheitskräfte doch auf den absoluten Raum zurück. "Eine konsequente Anwendung des 'Beobachtungsprinzips' nimmt als real nur das unmittelbar Beobachtbare an."[46] Wie alle Sätze des subjektiven Idealismus endet dieses Prinzip im Solipsismus; ein Satz wie "Ich sah" setzt voraus, was nicht in der unmittelbaren Erfahrung gegeben ist, nämlich die Sätze "Ich bin" und "Ich war", denn auch die Vergangenheit ist nicht unmittelbar in der Erfahrung gegeben, sie ist unbeobachtbar. Es wird also nur ein Erlebnisstrom angenommen mit Aussagen wie "warm", "dunkel" usw.; dies macht eine Wissenschaft unmöglich. Somit ist die Ersetzung des Raums durch entfernte Massen Willkür.

Praktisch ließ sich das Beobachtungspostulat nicht verwirklichen: Bekanntlich endete das Relativitätsprinzip der Trägheit, d.h. die Einführung des kosmologischen Gliedes in die Feldgleichungen, mit einem vollen Mißerfolg; Einstein mußte selbst auf das Prinzip verzichten*; auch Eddington erkannte an, daß es nicht gelang, die früher durch den Einfluß

* Die kosmologische Konstante wurde von Einstein 1917 eingeführt, um die Feldgleichungen der Forderung eines geschlossenen Kosmos von konstantem Radius anzupassen. Für Einstein entspricht dem Machsen Prinzip nur eine räumlich geschlossene Welt. Die Friedmannsche Lösung macht die kosmologische Konstante überflüssig, nicht aber die Endlichkeit des Raums! Das Machsche Prinzip ist durchaus mit ihr verträglich.

des Raums erklärten Effekte auf die Massen zurückzuführen.[47] Selbst Einstein gesteht, daß ihm die Idee Machs zwar gefiel, aber nicht als wirkliche Grundlage seiner Theorie diente.[48]

In der Tat widerspricht nach Uëmov die allgemeine Relativitätstheorie geradezu dieser Idee: Die ganze Theorie durchzieht als roter Faden der Gedanke vom Qualitätscharakter der Raumzeit. Hatte in der Newtonschen Theorie der Raum nur die Eigenschaft der Ausdehnung, so erhält er bei Einstein die verschiedensten metrischen Eigenschaften, wobei sich jeder Teil vom anderen unterscheidet. Dies gibt Einstein selbst zu, wenn er meint, durch die raumzeitliche Veränderlichkeit der Beziehungen von Maßstäben und Uhren werde die Vorstellung eines physikalisch leeren Raums endgültig beseitigt; dazu komme, daß der "leere Raum" physikalisch weder homogen noch istrop sei, da wir seinen Zustand durch zehn Funktionen, die Gravitationspotentiale $g_{\mu\nu}$, beschreiben.[49]

Entscheidend ist jedoch nach Uëmov die Tatsache, daß diese Eigenschaften der Raumzeit durch die Materie bestimmt werden. Nun sind aber nach Engels in der Konzeption einer allgemeinen Wechselwirkung Ursache und Wirkung gegeneinander abtauschbar[50], folglich muß auch eine umgekehrte Abhängigkeit vorliegen: Die Eigenschaften von Raum und Zeit wirken daher ein auf das Verhalten materieller Körper. In der klassischen Mechanik galt die Schwerkraft als angeborene Eigenschaft der Materie, ohne mit den Eigenschaften von Raum und Zeit verbunden zu sein; bei Einstein wird die Schwerkraft ausschließlich durch die Eigenschaften der Raumzeit bedingt; die Anziehung ist eine Folge der Raumzeit-Krümmung, mit deren Krümmungsmaß sie wächst. Dies widerspricht offenkundig der Ausgangsthese Einsteins.

Hier sieht man nach Uëmov die reaktionäre Rolle der idealistischen Philosophie. Sie deutet nicht nur die Ergebnisse falsch, sondern hemmt die Forschung selbst und lenkt sie in falsche Richtungen; kommt man dennoch zu guten Ergebnissen, so trotz dieser Philosophie. Dies zeigt sich an Newton und Einstein: Als Metaphysiker stellt Newton den Raum außer Beziehung zur Materie, *in praxi* bestimmt der Raum jedoch ihre Trägheit. Als subjektiver Idealist will Einstein den Raum als Ursache beseitigen, *in praxi* werden die Eigenschaften der Raumzeit zur Ursache der Gravitation.

Darüber hinaus versuchten Einstein, Eddington, Weyl, Schouten u.a. auch die elektromagnetischen Wechselwirkungen aus den Eigenschaften der Raumzeit zu bestimmen; dabei soll nach Einstein das reale Feld, d.h. das Raumzeit-Kontinuum, als Ausgangspunkt dienen. Im Verfolg der Machschen Denkökonomie sieht er nun darin die einzige Realität, auf die der Stoff als sekundäre Realität reduziert werden soll; der Stoff ist nur ein Gebiet mit besonders starken Feldern; dadurch könnte nach Einstein eine neue Philosophie entstehen mit dem Endziel, alle Naturereignisse durch Strukturgesetze zu erklären, die immer und überall gelten, die einzige Realität wäre nur noch das Feld.[51]

"Somit beginnt Einstein mit der These, daß die einzige Realität die Körper, d.h. der Stoff, sind und der Raum nicht auf die physikalischen Erscheinungen einwirken kann, und endet schließlich mit der genau entgegengesetzten These, daß der Raum mit seinen Eigenschaften die einzige Realität ist. Bezeichnenderweise ließ er sich hier wie dort durch die Philosophie Machs lenken, im ersten Fall durch das sogenannte Machsche Prinzip, im zweiten Fall durch das Prinzip der 'Denkökonomie'. In beiden Fällen war diese Philosophie die Ursache von Mißerfolgen auf physikalischem Gebiet. Die Bemühungen um die Aufstellung einer einheitlichen Feldtheorie blieben erfolglos".[52]

Uëmov setzt sich nun mit analogen Tendenzen in der sowjetischen Physik auseinander, so vor allem mit D. D. Ivanenko, dessen (mit Sokolov gemeinsam geschriebene) *Klassische Feldtheorie* als Standardwerk der sowjetischen Physik gilt.* Ivanenko legte nach Uëmov im Gegensatz zu Einstein *bewußt* die Idee vom Raum als einziger Realität seinen Forschungen zugrunde. Unter dem Schwerefeld versteht er eine Stoffart. Da sich verschiedene Stoffarten ineinander umwandeln, so auch gewöhnlicher Stoff und Gravitation. Daraus folgt nach Ivanenko ein der Paarverwandlung analoger Effekt: Ein Elektronen-Positronen-Paar kann aus zwei Gravitonen, d.h. Quanten des Gravitationsfelds, geboren werden. Solche Umwandlungen entsprechen nach Ivanenko den Prinzipien des Diamat; sie eröffnen die Perspektiven eines neuen physikalischen Weltbilds, nämlich einer *Generaltheorie* aller Teilchen und Felder.[53]

Uëmov hält diese Konzeption jedoch nicht für mit dem Diamat vereinbar. Sie widerspricht der These von Raum und Zeit als Daseinsformen der Materie; Form und Inhalt können sich nicht gegenseitig umwandeln,

* Deutsch im Akademie-Verslag, Berlin, 1953. Uëmov bezieht sich außerdem auf A. Sokolov, D. Ivanenko, *Kvantovaja teorija polja* (Die Quantentheorie des Feldes), 1952.

dies würde dem Begriff der Form widersprechen; auch das Leben als Existenzform der Eiweißkörper kann nicht in diese übergehen, ebenso wie die Bewegung als Seinsform der Materie sich nicht in Materie umwandelt und umgekehrt. "Die Umwandlung von Raum und Zeit in ihren Inhalt und die der Materieteilchen in Raum und Zeit ist ebenso sinnlos wie die Umwandlung von Bewegung in Materie und von Materie in Bewegung."[54] I. V. Kuznecov hat deshalb nach Uëmov mit seiner Kritik an Ivanenko recht, wenn er meint, daß hier keine Dialektik, sondern ein "erstaunliches Durcheinander" vorliege; wie sehr sich auch Ivanenko mit "physikalischen" Begriffen ausrüste und einerseits die Materie, andererseits Raum und Zeit unter den Begriff "physikalische Realität" subsumiere, so könne er sich doch nicht von der verhängnisvollen Fragen lösen, wie sich die Materie in Wirklichkeit in ihre Seinsformen verwandelt und umgekehrt.[55]

Wie aber, wenn sich die Voraussage Ivanenkos bestätigt? In diesem Fall, so meint Uëmov, ist eben das Gravitationsfeld nicht Ausdruck der Eigenschaften von Raum und Zeit: "Das heißt nicht, daß wir *a priori* aus rein philosophischen Überlegungen die Möglichkeit einer Umwandlung in Stoff bestreiten dürfen."[56] Dies widerspricht der These von den Daseinsformen nur, wenn wir eine bestimmte physikalische Theorie anwenden, wonach das Schwerefeld die Eigenschaften von Raum und Zeit ausdrückt. "Wäre D. D. Ivanenko konsequent, so müßte er entweder auf die Deutung von Raum und Zeit als Existenzformen der Materie verzichten oder auf die These, daß das Gravitationsfeld die Eigenschaften des raumzeitlichen Kontinuums zum Ausdruck bringt. D. D. Ivanenko tut weder das eine noch das andere."[57]

Aus einigen Bemerkungen Ivanenkos würden jedoch nach Uëmov beide Möglichkeiten folgen. So sucht er nach einem Weltgrundfeld, dessen Anregungszustände die Teilchen sind; diese Tendenz fällt mit der einheitlichen Feldtheorie zusammen und unterscheidet sich von ihr nur durch das Verfahren. Beide wollen die Materie auf die Eigenschaften von Raum und Zeit reduzieren. Das hieße aber, "daß nicht Raum und Zeit Existenzformen der Materie sind, sondern die Materie eine Seinsform des raumzeitlichen Kontinuums ist".[58] Dieser Weg ist völlig falsch, denn die These des Diamat von Raum und Zeit als Daseinsformen der Materie "stützt sich auf die Ergebnisse, die von der ganzen Naturwissenschaft im allgemeinen und von der Physik im besonderen erzielt wurden".[59]

Aber auch der zweite von Ivanenko eingeschlagene Weg führt zu Widersprüchen. Er läßt die $g_{\mu\nu}$ zu gequantelten Feldkoordinaten werden, zu Wellenfunktionen wie die Spinoren, die Pseudoskalare usw., welche Elektronen, Mesonen, das elektromagnetische Feld und andere Felder und Teilchen beschreiben; die $g_{\mu\nu}$ hören also auf, eine klassische Nicht-Operatorgröße zu sein. Die Quantenfeldtheorie ist dabei in einen "amorphen Raum" einzubetten, dessen metrische Struktur nicht festgelegt ist.[60] Damit begibt sich aber Ivanenko nach Uëmov in Widerspruch zur allgemeinen Relativitätstheorie, in der das Gravitationsfeld durch genau bestimmte metrische Eigenschaften ausgedrückt ist. Freilich vermeidet Ivanenko damit die Schwierigkeiten mit der Umwandlung der Raumeigenschaften in Materie. Das hieße aber wichtigste Erkenntnisse aufgeben. Er sieht deshalb im amorphen Charakter des Raums nur ein Gerüst, das nach Festlegung der Metrik des Raums wieder abgebrochen wird. Damit werden aber – so schließt Uëmov – die metrischen Eigenschaften von etwas anderem als dem Gravitationsfeld bestimmt; dafür liegen bisher keine Anhaltspunkte vor. Beweist man aber die Existenz eines solchen Feldes, dann kann man auch dies mit Ivanenko als Stoffart ansehen, die wiederum in einen anfangs amorphen Raum einzubetten ist, dessen Präzisierung wieder einen weiteren amorphen Raum erfordert, und so fort *ad infinitum*. Alle diese Widersprüche lassen sich nur vermeiden, wenn man auf die These von der Umwandlung von Materie in das Gravitationsfeld und umgekehrt verzichtet.

Die Materie kann nach Uëmov nicht außerhalb von Raum und Zeit bestehen. Umgekehrt sind aber Raum und Zeit stets mit Materie "erfüllt"; dabei kann die raumfüllende Materie sowohl Stoff als Feld sein.[61] Die Quantenelektrodynamik zeigte, daß auch ohne Photonen ein elektromagnetisches Nullfeld den Raum durchgängig erfüllt. Was wir Vakuum nennen, ist mit Blochincev[62] in Wahrheit ein bestimmtes Medium.*

Nun hat aber die Form nach Uëmov neben ihrem Inhalt auch selbst Eigenschaften; eine qualitätslose Form könnte nicht ihre Funktion als Form eines bestimmten Inhalts erfüllen. Schon Lenin unterstrich das Wesentliche der Form.[63] Auch die logische Form der Gedanken besitzt eine qualitative Bestimmtheit, die man in der Logik untersucht; die Bewegung als Daseinsform der Materie hat Qualitäten, die sich in allge-

* Hier wird implizite von Uëmov das Vakuum mit raumerfüllender Materie gleichgesetzt.

meinen Gesetzen äußern, wie sie von der Dialektik erforscht werden. Ebenso kann man die metrischen, topologischen und anderen Eigenschaften von Raum und Zeit unabhängig von ihrem Inhalt analysieren. Da jede Form eine gewisse relative Selbständigkeit aufweist, sind Wissenschaften möglich, die Formen unabhängig vom Inhalt untersuchen, wie formale Logik, Grammatik, Geometrie und Kinematik. Diese Unabhängigkeit ist indes keine absolute. "Letztlich wird die Form eben vom Inhalt bestimmt, wenngleich nicht von allen seinen konkreten Besonderheiten, sondern nur von einigen Eigenschaften, die besonders eng mit der betreffenden Form zusammenhängen."[64] So können qualitativ verschiedene Objekte gleich bewegt sein; dennoch kann man nicht mechanisch die Bewegungsformen von einem Materietyp auf den anderen übertragen, sonst gelangt man zu Schwierigkeiten wie z.B. in der Quantenmechanik.

Zwar kann man die Form vom Inhalt abstrahiert untersuchen, aber diese Abstraktion verliert ihre Berechtigung, sobald man nach den Ursachen der Entstehung der Besonderheiten der Form fragt.

Dies gilt nach Uëmov auch für Raum und Zeit. Ihre konkreten Eigenschaften lassen sich unabhängig von Farbe, Temperatur, elektrischer Ladung usw. untersuchen; sie werden indes von der Masse als Eigenschaft der Materie bestimmt; der dadurch hervorgerufene Zusammenhang zwischen Materie, Raum und Zeit ist ein Wechselzusammenhang. Die der Form zukommenden Eigenschaften wirken auf ihren Inhalt zurück, so z.B. die Bewegungsänderung eines Körpers auf seine qualitative Bestimmtheit; die Bewegungsänderung eines Elektronen-Positronen-Paars kann zu ihrer Umwandlung in Photonen führen; "die moderne Physik zeigte, daß eine so wichtige Kennzeichnung der Materie wie die Masse von der Geschwindigkeit bestimmt wird".[65] "Die Fähigkeit, auf materielle Prozesse zu wirken, fließt aus der Tatsache, daß Raum und Zeit Existenzformen der Materie sind."[66] Vom Standpunkt des Diamat ist also eine Wechselwirkung zwischen Raum, Zeit und Materie durchaus möglich.

Uëmov nennt nun folgende Gründe dafür, daß gerade das Gravitationsfeld die Eigenschaften von Raum und Zeit ausdrückt: (1) Es ist invariant, (2) es verwandelt sich nicht in seinen Inhalt, d.h. in andere Felder oder Stoff; (3) es ist als Ausdruck der Eigenschaften der universalen Daseinsformen selbst universal, es kommt jedem materiellen Objekt zu und die Eigenschaften der Raumzeit beeinflussen die Bewegung jedes Objekts.

Ohne äußere Einwirkung wird diese Bewegung nur durch die Eigenschaften der Raumzeit selbst bestimmt, nicht von seiner Masse, Ladung usw. Andere Felder wie z.B. das elektromagnetische verwandeln sich in Stoff, sie wirken auf die Bewegung der Körper entsprechend ihrer Ladung, und es gibt Teilchen ohne die entsprechende Ladung. Deshalb ist das elektromagnetische Feld nicht Ausdruck der Eigenschaften der Raumzeit, sondern nur ihres Inhalts; daraus erklärt sich das Scheitern einer einheitlichen Feldtheorie.

Daraus lassen sich zahlreiche Tatsachen materialistisch deuten, z.B. daß jeder Körper Masse hat, "was bei der Gleichsetzung von Masse und Materiemenge außer Zweifel steht".*[67] Dabei ist träge Masse mit der Daseinsform Bewegung und schwere Masse mit der Daseinsform Raum und Zeit verbunden; deshalb hat jedes in Raum und Zeit bewegte Objekt träge und schwere Masse. Für alle anderen Felder hängen Ladung und Trägheit nicht zusammen. Dies spricht ebenfalls gegen die These Einsteins von der Relativität der Trägheit. Ebenso spricht dagegen die Tatsache, daß die träge Masse durch die Raumzeit-Krümmung in engem Zusammenhang mit den Eigenschaften der Raumzeit steht. Daraus folgt, daß die Raumzeit die sogenannten Trägheitskräfte und die damit zusammenhängenden Effekte hervorruft wie Abplattung einer rotierenden Kugel, Auswaschen eines Flußufers usw. Deshalb verhalten sich auch verschiedene Körper zu dem sie umgebenden Raum verschieden; das heliozentrische und geozentrische System sind also nicht gleichwertig, sondern unterscheiden sich durch die Planetenbewegung zu diesem Raum. Das widerspricht nicht dem physikalischen Grundinhalt der Einsteinschen Gravitationstheorie, insofern in ihr der Raum als objektive Realität mit bestimmten von Punkt zu Punkt verschiedenen physikalischen Eigenschaften angenommen wird.

Sollte sich indes in Zukunft zeigen, daß sich Gravitonen in Stoff verwandeln oder die Beschleunigung von physikalischen Eigenschaften des Körpers abhängt, dann genügt das Gravitationsfeld nicht den obigen Bedingungen und man muß ein neues Feld als Ausdruck der Raumzeit-Eigenschaften suchen.**[68]

* Hier wird also die Masse mit Materiemenge explizit gleichgesetzt, was nach der Formel $E = mc^2$ dazu führen müßte, auch die Energie als Materiemenge zu definieren.

** Es ist bemerkenswert, daß D. D. Ivanenko fünf Jahre später in *VF* 1959, 6, 78 in einem programmatischen Aufsatz zum 50-jährigen Bestehen von Lenins *MEK* unwidersprochen die Gravitonen-Hypothese wiederholt.

Ohne schon jetzt auf eine Diskussion der Uëmovschen Thesen einzugehen, ist klar, daß sie den Diamat in eine prekäre Lage hineinmanövrierten, denn das Schicksal dieser Lehre wurde von der Entdeckung einer Teilchenart abhängig. Uëmovs Haltung blieb deshalb in der Sowjetwissenschaft nicht unwidersprochen. Ihm entgegnete 1955 Novik (Stadt Molotov).* Noviks Kritik ist philosophisch gut fundiert, während seine eigene Konzeption ziemlich problematisch ist. Bemerkenswert ist, daß er die dogmatische Anwendung des Diamat für die Naturwissenschaft verwirft, ebenso bemerkenswert ist seine Definition der Materie als *Substanz* und *causa sui*. Nach Novik handelt es sich um eines der schwierigsten Probleme in Philosophie und Naturwissenschaft. Es ist falsch, Einstein als subjektiven Idealisten zu bezeichnen; das heißt, die elementar-materialistischen Züge seiner Naturauffassung zu verwischen. Ferner ist es unzulässig, bezüglich der Einwirkung der Raumzeit auf die Materie ein allgemein philosophisches Prinzip zu verkünden und dann einfach als zwingend zu erklären; keinesfalls ist die Beziehung Materie–Raumzeit die von Ursache und Wirkung; die Ursache geht der Wirkung vorher und bringt sie hervor, während die Materie nicht vor Raum und Zeit bestand und diese nicht erzeugte. Überhaupt sind die Kategorien Ursache und Wirkung nicht auf die Welt als ganzes anzuwenden; wer von einer Ursache oder Folge der Welt spricht, muß eine Erstursache annehmen.[69]

Die These des Diamat von der Einwirkung der Form auf den Inhalt wird nach Novik bei Uëmov etwas zu direkt auf die Physik angewandt; dabei begeht Uëmov eine Reihe philosophischer Fehler: Vor allem wird der Begriff "Wechselwirkung" falsch verwendet: Die von der Dialektik festgestellte universale Wechselwirkung ist eine innermaterielle, nicht eine solche zwischen Materie und Nicht-Materie. Nimmt man nur eine innermaterielle Wechselwirkung an, wird die Raumzeit zur Materie; dies aber leugnet Uëmov. Nimmt man aber eine Wechselwirkung der Materie mit Nicht-Materie an, so "muß man die von der Praxis und Wissenschaft festgestellte Substanzialität der Materie" leugnen.[70] Dies widerspricht dem Schluß, "daß die Materie Ursache ihrer selbst ist und folglich nichts auf die Materie einwirken kann, denn es gibt nichts im All außer der bewegten Materie und ihren Erscheinungen". "Tief gekünstelt sind auch die Urteile über die Einwirkung der Bewegung auf die Materie; davon zu reden, heißt den Charakter der Bewegung als Attribut zu bestreiten

* Heute am IF in Moskau.

und zu behaupten, daß die Bewegung etwas Nicht-Materielles ist, was von außen auf die Materie wirkt."[71]

Weiter überträgt Uëmov nach Novik fälschlicherweise das Form-Inhalt-Verhältnis auf die Materie als ganze: Die These des Diamat von Raum und Zeit als Seinsformen der Materie kann man nicht im Sinne einer gewöhnlichen Beziehung zwischen Form und Inhalt, angewandt auf die Materie als ganze, betrachten. "Hier wird der Ausdruck 'Seinsform' als Attribut der Substanz gebraucht. Die 'gewöhnliche' Dialektik von Inhalt und Form (mit dem Schluß auf die umgekehrte Einwirkung der Form auf den Inhalt) kann man nicht dogmatisch auf das All als ganzes anwenden." Es handelt sich vielmehr nur um Kategorien für bestimmte materielle Gegenstände und Phänomene; den Schluß auf die Wechselwirkung von Form und Inhalt auf die Welt als ganze anzuwenden, heißt, in einen Irrtum zu verfallen, welcher "der idealistischen Aristotelischen Theorie der 'Form der Formen' nahesteht." "Die Form ist in gewissem Sinne nicht nur die Entwicklungsgrenze des Inhalts, sie grenzt einen bestimmten Inhalt auch gegen einen anderen ab; auf die Materie vermag nichts zu wirken; die Form ist gegenüber dem Inhalt relativ selbständig, gegenüber der Materie kann nichts selbständig sein (auch nicht relativ selbständig). Die Behauptung, die Raumzeit wirke auf die Materie wie die Form auf den Inhalt, führt zur Verabsolutisierung der Selbständigkeit von Raum und Zeit."[72] Schon Lenin sagte, die Zeit ohne zeitliche Dinge sei Gott.[73]

Auch Uëmovs physikalische Argumente sind nach Novik falsch:

(1) Der Qualitätscharakter der Raumzeit wird falsch behandelt: Die metrischen Eigenschaften der Raumzeit sind nichts Autonomes, sich selbst Genügendes. Die Raumzeit würde nur auf die Materie wirken, wenn die Ursache ihrer Veränderung nicht in ihr selbst läge; dies hieße aber, daß die ursprünglich qualitätslose Materie ihre Eigenschaften aus eben dieser Einwirkung gewänne; in der Tat ist bei Uëmov die Schwerkraft keine angeborene Eigenschaft der Materie. Dies grenzt an die Theorie des Ersten Bewegers oder der Form der Formen, welche die Entwicklung der trägen Materie lenkt. Es heißt, das Problem mechanistisch zu lösen, wenn man von der Relation relativ selbständiger Wesenheiten spricht. Die Zurückführung der physikalischen Eigenschaften der Materie auf die geometrischen der Raumzeit durch Uëmov ist eine vertiefte Geometrisierung der Welt; aber gerade dagegen polemisiert er.

(2) Uëmov sieht nach Novik in der Raumzeit-Krümmung die Ursache

für die Massenanziehung. Aber die Krümmung ist vom Schwerefeld hervorgerufen und dieses wiederum von den schweren Massen. Richtiger ist die These Focks, wonach schwere Massen ein Schwerefeld erzeugen und dieses wiederum die Ausbreitung einer Wellenfront beeinflußt, was zur Abweichung von der Euklidischen Raumzeit-Metrik führt, die ihrerseits auf die Bewegung der materiellen Objekte zurückwirkt. Damit wirkt die Änderung der Daseinsform Bewegung auf die der Daseinsform Raumzeit. Diese Einheit der Daseinsformen einschließlich derer zwischen Raum und Zeit selbst bestätigt die materielle Einheit der Welt. Aus der Einheit von Raumzeit und Bewegung folgt auch die Gleichheit von schwerer und träger Masse.

Diese ergibt sich nach Novik nicht aus der gleichen Einwirkung der Raumzeit auf alle Körper, sondern aus der wechselseitigen Entsprechung von Raumzeit und Bewegung; dabei wirkt die träge Masse auf die Bewegung, die schwere auf die Raumzeit. Diese Entsprechung kann zu einem allgemeinen "Kontinuum Raumzeit-Bewegung" führen, in dem sich die Einheit der Daseinsformen ausspricht.[74] Es würde die These des Diamat von der Bewegung als dem Wesen von Raum und Zeit bestätigen. Mathematisch erscheint dieser Zusammenhang als Zusammenfallen der Feld- und Bewegungsgleichungen. Da man die Bewegungsgleichung als Lösungsbedingung der Feldgleichung erhalten kann (Fock), so entspricht das mathematisch mögliche Schwerefeld nicht jeder Bewegung, sondern nur einer solchen, die in der Bewegungsgleichung zum Ausdruck kommt; bei Newton hingegen ist z.B. ein Schwerefeld möglich, das zwei ruhenden Gravitationszentren entspricht. Die moderne Physik begründet also sowohl die These des Diamat von der Absolutheit der Bewegung als auch der Abhängigkeit der Raumzeit von der Bewegung.

Einen weiteren Nachweis dieser These liefert nach Novik die Abhängigkeit der Masse von der Geschwindigkeit. Da die Masse das Schwerefeld bestimmt, sind Schwerefeld und Raumzeit-Metrik von der Bewegung abhängig. In derselben Richtung liegt die Grundannahme der Relativitätstheorie, daß bei kleinen Geschwindigkeiten das Schwerefeld schwach sein muß und hier der Übergang zur klassischen Mechanik vollzogen wird. Überaus wichtig ist in diesem Sinn der Satz der allgemeinen Relativitätstheorie, daß in keinem System bei großen Geschwindigkeiten die Körper des Systems zueinander ruhen. Dies spricht für die Absolutheit der Bewegung und für die These, daß die Bewegung das Wesen von Raum und Zeit ist.[75]

Zur allgemeinen Haltung Uëmovs macht Novik einige sehr folgenreiche Bemerkungen: Uëmovs Methode ist vor allem deduktiv; er verfährt nach dem Schema: Es gibt Thesen des Diamat; also muß... usw. Seine Beweisführung gründet sich auf ein Sollen und führt leicht zu willkürlichen Konstruktionen. Man darf indes nicht "die konkrete Analyse von Phänomenen durch eine geradlinige deduktive Erweiterung eines allgemeinen Satzes der Dialektik auf einen Sonderfall ersetzen, ohne diesen Einzelfall gesondert zu untersuchen und die Folgen einer solchen Erweiterung festzustellen".[76] Ferner kann man nicht eine physikalische Wesenheit mit ihrer mathematischen Erscheinung identifizieren; letztere ist nicht Ursache eines physikalischen Vorgangs. Aus den Gleichungen folgt in der Tat mit Uëmov, daß die Anziehung mit der Raumzeit-Krümmung zunimmt; aber in Wirklichkeit liegt ein umgekehrtes Verhältnis vor: Die Existenz von Schwerefeldern führt zur Raumzeit-Krümmung. "Die Verteilung schwerer Massen, das ist das Wesen, das sich hinter der Erscheinung verbirgt, hinter dem Charakter der Raumzeit-Metrik, dies ist die Ursache, die auf den Charakter der Metrik wirkt... Eben von diesem Charakter der Abhängigkeit zeugt auch die überaus wichtige Bedingung der Relativitätstheorie, die 'Euklidizität im Unendlichen', welche besagt, daß in genügend großem Abstand von den Massen die Raumzeit Euklidisch wird. Insofern das Vorhandensein des Schwerefelds die Ursache der Nicht-Euklidizität der Raumzeit ist, insofern verschwindet mit der Abschwächung der Ursache in großem Abstand von den Massen auch die Folge, und die Raumzeit wird Euklidisch".[77]

Schließlich ist nach Novik der Versuch einer allgemeinen Feldtheorie als Suche nach einem einheitlichen Weltbild an sich berechtigt; falsch ist nur die Tendenz, die Vielfalt der Materie auf das Feld zu reduzieren. "Eine solche metaphysische Auffassung von der Einheit der Welt ist tief irrtümlich; die Einheit der Welt besteht nicht in der Leugnung ihrer Vielfalt, sondern im einheitlichen Zusammenhang der vielgestaltigen Erscheinungen des Alls."[78] Ist das Feld ein Erzeugnis der Raumzeit-Eigenschaften und wird die Materie auf das Feld reduziert, so gelangt man zu einer Geometrisierung der Welt, welche in der Raumzeit eine Erstursache der Materie sieht, eine "eigenartige *causa finalis*".* [79] Eine Umwandlung des

* Von einer Zielursache kann natürlich hier keine Rede sein, wohl aber von einer urbildlichen "Ursächlichkeit" idealer Strukturen gegenüber der Existenz von Teilchen und Körpern im Sinne Platos und Heisenbergs.

Schwerefelds in Materie kann man deshalb – zu Recht – nur verneinen, wenn man mit Uëmov das Schwerefeld als ein von der Materie unabhängiges Erzeugnis der Raumzeit ansieht; dies hieße aber die Nicht-Materialität des Schwerefelds behaupten und widerspricht dem materialistischen Monismus mit der Materie als einziger Substanz.[80]
Nimmt man indes an, daß die Änderung von Konfiguration und Geschwindigkeit der Materie die Änderung der Raumzeit-Metrik verursacht, dann liegt nach Novik in Ivanenkos Hypothese nichts Übernatürliches; sie besagt nur die Umwandlung einer materiellen Erscheinungsform innerhalb der Materie in eine andere. In diesem Fall braucht man auch nicht nach neuen Feldern zu suchen, wenn Gravitonen entdeckt würden.

(C) *I. V. Kuznecovs Kritik an V. A. Fock und A. D. Aleksandrov: Der Raum als "Form"*

Fock und A. D. Aleksandrov haben dem Verhältnis von Raum, Zeit und Materie keine eigentlich philosophischen Überlegungen gewidmet. Natürlich gibt es in ihren Arbeiten diesbezügliche philosophische Implikationen. Am deutlichsten treten sie in Aleksandrovs Referat auf der Allunionskonferenz 1958 hervor; die hier niedergelegte Auffassung wird aber gesondert dargestellt. Wir danken es nun der "Wachsamkeit" von I. V. Kuznecov, daß er 1954 auf der Konferenz in Kiev die bis dahin formulierten einschlägigen Thesen Focks* und Aleksandrovs laut werden ließ und einer wahrhaft "parteilichen" Kritik unterzog. Damit wurde – soweit Kuznecov die Verfasser richtig interpretiert – überhaupt erst die ganze Konfliktsituation des Diamat ans Tageslicht gezerrt. Gleichzeitig sah man, daß die Mehrheit der in Kiev anwesenden Physiker den von Kuznecov kritisierten Standpunkt teilte.
Leider haben, soweit bekannt, Fock und Aleksandrov niemals unmittelbar zu den inkriminierten Implikationen Stellung genommen, während sie jede Gelegenheit benutzten, um die übrigen Vorwürfe der orthodoxen Philosophengruppe lächerlich zu machen. Dies ist vielleicht ein Zeichen, daß ihnen hier ein allzu heißes philosophisches Eisen in die Hand gedrückt

* I. V. Kuznecov bezieht sich vornehmlich auf Fock, *Priroda* 1953, 12. (Siehe Kap. II der vorl. Arbeit) und A. D. Aleksandrov, *VF* 1953, 5, 225–245, ders. in *Vestn. Len. Un.* 1953, 8 ('O suščnosti teorii otnositel'nosti').

wurde. Es geht um nicht mehr und nicht weniger als die Konfrontierung der Relativitätstheorie mit dem Aristotelischen Hylemorphismus. Deutet man ὕλη im Sinn der modernen Physik als energetische Wesenheit (z.B. Teilchen), μορφὴ als Führungsfeld, so wird die Möglichkeit transparent, die Relativitätstheorie durch das Energie-Struktur-Modell dual zu deuten. Auf die Durchführung dieses Gedankens soll aber erst in der Diskussion der sowjetischen Thesen eingegangen werden.

Zunächst formulierte I. V. Kuznecov in Kiev seine eigene Konzeption: Die Relativitätstheorie bildet die Grundlage neuer Raum- und Zeitvorstellungen. Dabei haben die früheren "metaphysischen" Vorstellungen von Raum und Zeit als absoluten, voneinander und von der Materie getrennten Wesenheiten Schiffbruch erlitten. Die neuesten Arbeiten Focks und Aleksandrovs werden nun nach Kuznecov in weiten Kreisen als optimaler Ausdruck des objektiven Inhalts der "Gesetze schneller Bewegungen" aufgenommen, als verliehen sie diesen Gesetzen eine konsequent-materialistische Deutung. In Wirklichkeit folgt aus der Konzeption Focks, daß es angeblich in der Natur gewisse universale raumzeitliche Relationen gibt, die sozusagen über den materiellen Körpern und deren physikalischen Wechselwirkungen stehen. Wenn man Focks Arbeit, vor allem in *Priroda* 1953, 12, liest, so kommt man zum Schluß, daß die Eigenschaften von Raum und Zeit die physikalischen Eigenschaften der Körper, ebenso wie ihre Bewegungsgesetze, bestimmen. So ist bei Fock das Gesetz der Ausbreitung einer Wellenfront ein *Ausdruck* der Eigenschaften von Raum und Zeit, d.h. etwas von ihnen Abgeleitetes. Dasselbe gilt für das Trägheitsgesetz. Auch der Zusammenhang zwischen Raum und Zeit selbst steht nach Fock über den physikalischen Zusammenhängen materieller Körper und den Gesetzen der Wechselwirkungen. Ebenso sind die Relativität der Masse, der Zusammenhang zwischen Masse und Energie und die Erhaltungssätze bei Fock Folgen der Eigenschaften von Raum und Zeit.

Es handelt sich also nach Kuznecov nicht um unglückliche Formulierungen Focks, sondern um folgende Konzeption: "Es existieren gewisse universale, allgemeine Eigenschaften von Raum und Zeit, die über der Materie stehen, die ihre physikalischen Eigenschaften bestimmen, die ihre Bewegungsgesetze bestimmen."[81] Fock kann sich nicht in die Wiederholung der These von Raum und Zeit als Daseinsformen der Materie retten; seine Konzeption widerspricht ihr. "V. A. Fock reißt letztlich

Raum und Zeit von der Materie los und stellt sie über die Materie, indem er Raum und Zeit in eine Art aktiven Prinzips verwandelt, das die Eigenschaften und die Bewegung der Materie bedingt. Eine solche Auffassung der Seinsformen zerrt uns unausweichlich weit zurück zu den Ansichten jener antiken Philosophen, welche behaupteten, es gäbe in der Natur eine träge Substanz und eine aktive 'Form', der diese Substanz alles verdankt, darunter auch ihre Bewegung."[82] Zeit ohne zeitliche Dinge ist nach Lenin Gott und der Raum ohne räumliche Dinge wird zum Sensorium Gottes. Diese Konzeption ist eine "Abweichung zum objektiven Idealismus", der keineswegs besser ist als der subjektive. In Wirklichkeit sind die Eigenschaften von Raum und Zeit allein durch die Materie bedingt.

Schon Lobačevskij meinte nach Kuznecov, daß die Eigenschaften des Raums von den realen Wechselwirkungen der Materie bestimmt werden. Die Wissenschaft brachte unzweifelhafte Bestätigungen dieses Gedankens. Jeder muß dies anerkennen; freilich, manche tun dies nur verbal: Man deklariert seine Hochachtung vor Lobačevskij, aber die grundsätzlichen Fragen löst man im entgegengesetzten Sinn. Dies gilt gerade für Fock.

Natürlich sind nach Kuznecov die raum-zeitlichen Relationen objektiv; aber der Streit gehe um etwas ganz anderes, nämlich darum, ob sie die Eigenschaften der Materie und ihre Bewegungsgesetze bestimmen oder umgekehrt. Er, Kuznecov, meine nicht, daß die sog. relativistischen Effekte auf materielle Vorgänge innerhalb der Körper zurückgehen, wie ihm dies Fock zuschreibe, sondern sei ebenfalls der Ansicht, daß "die Lorentz-Kontraktionen" durch Relationen eines Körpers zu anderen Körpern erklärt werden mussen, nur verstehe er unter "Relationen" nicht äußere, geometrische Relationen, nicht "perspektivische" Relationen in der Art von Blickwinkeln, sondern materielle, physische Zusammenhänge, echte "Wirkursachen".[83] Ihre Änderung habe natürlich auch Änderungen in den Körpern selbst zur Folge.

Allerdings, so meint Kuznecov, werden die Raumzeit-Eigenschaften in der allgemeinen Relativitätstheorie bei Fock wieder von der Materie abhängig; doch korrigiere dies nicht den Irrtum seiner Konzeption, sondern schaffe nur einen neuen logischen Widerspruch zwischen seiner Auffassung von der speziellen und der allgemeinen Relativitätstheorie. In Wirklichkeit sei jedoch die Natur nur eine; es gebe keine Barrieren zwischen den Phänomenen.

Hier wurde (von ungenannter Seite) Kuznecov entgegengehalten, er habe Focks Konzeption falsch dargestellt und dann kritisiert; darauf meinte er: Bei Fock findet sich in der Tat die These, daß die Metrik von der Massenkonfiguration bestimmt wird, aber dem widerspricht seine allgemeine Raum- und Zeit-Konzeption.

Kuznecov warf Fock weiter vor, das Relativitätsprinzip und das Gesetz der Konstanz der Lichtgeschwindigkeit aus den Eigenschaften von Raum und Zeit abzuleiten, dies sei jedoch unmöglich.

Auch für Aleksandrov sei die Relativitätstheorie die Theorie von Raum und Zeit; ihr Wesen sei infolge des Universalcharakters der Lichtgeschwindigkeit der Universalzusammenhang zwischen Raum und Zeit. Zwar bekenne er sich dazu, daß die raumzeitlichen Relationen durch die materiellen Zusammenhänge bestimmt werden; aber er stelle diese Relationen "in reiner Form" dar und deduziere daraus die ganze Relativitätstheorie. Dadurch würden aber die Naturgesetze eine Ableitung raumzeitlicher Relationen, abstrahiert von ihrem materiellen Inhalt.*

Wenn Aleksandrov Kuznecov vorwerfe, er lasse es dabei an einem Verständnis für die Dialektik des Abstrakten und Konkreten fehlen, so könne man zwar in Wirklichkeit die raumzeitlichen Relationen von ihrem materiellen Inhalt abstrahieren, aber "wir bestreiten kategorisch, daß man die räumlichen und zeitlichen Relationen, losgelöst vom materiellen Inhalt und den realen physikalischen Zusammenhängen der Körper, für objektiv existent halten kann. Wir bestreiten kategorisch, daß die Abstraktionen räumlicher und zeitlicher Relationen in "reiner Gestalt" die physikalischen Eigenschaften materieller Körper und die Bewegungsgesetze der Materie bestimmen können. Auf diese falsche These geht letztlich die Konzeption von A. D. Aleksandrov zurück, in der, wenn man sie folgerichtig durchführt, Schöpfer oder Herr der objektiven Wirklichkeit die raumzeitlichen Relationen "in reiner Gestalt" werden... Der Name des Autors dieser Konzeption ist A. Eddington. Ihr philosophischer Sinn heißt Idealismus".[84]

Diese falsche Haltung veranlasse auch Aleksandrov, eine Wirkursache für die Lorentz-Kontraktion zu bestreiten. Aber andere als Wirkursachen

* Die hier kritisierte Auffassung Aleksandrovs findet sich noch klarer in dessen Referat auf der Allunionskonferenz über philosophische Probleme der modernen Naturwissenschaft 1958, ein Zeichen, wie wenig er sich um die Kuznecovsche Kritik kümmerte. Siehe Abschnitt 5 des vorliegenden Kapitels.

gebe es nach Engels nicht; folglich müßte Aleksandrov konsequent jede Ursache für die Kontraktion leugnen, aber gerade dies tue er nicht. Folglich falle er in einen schreienden Widerspruch: Er erkenne die bestimmende Rolle materieller Zusammenhänge für raumzeitliche Relationen an, leugne aber eine Wirkursache für die Kontraktion. Seine ganze Konzeption sei folglich widerspruchsvoll.

Ferner warf ihm Kuznecov vor, er spreche fälschlicherweise von einer Universalität der Lichtgeschwindigkeit, während diese "bekanntlich" vom Medium abhänge. Darauf kam der Einwand aus dem Auditorium: "Er meint die Lichtgeschwindigkeit im Vakuum", was Kuznecov mit dem Wort "vielleicht" quittierte.[85] Ferner, so fuhr er fort, ist das Vakuum kein leerer Behälter, keine dreidimensionale geometrische Ausgedehntheit, sondern "ein physikalisches Medium, eine der Materiearten".[86] Zwar unterscheide es sich durch eine Reihe von Eigenschaften vom Stoff, dennoch sei es nur eines der zahlreichen physikalischen Medien, und für jedes andere Medium sei die Ausbreitungsgeschwindigkeit elektromagnetischer Wellen bestimmter Länge (*sic*!) ebenso universal wie für das Vakuum. Würde man Aleksandrov folgen, so hätten jedes Medium und jede Wellenlänge ihren eigenen universalen Zusammenhang von Raum und Zeit, mit anderen Worten, es gäbe überhaupt keine solche Universalität.[87]

Ferner: Weshalb solle gerade die Geschwindigkeit und keine andere Relation mit der Dimensionalität Raum plus Zeit diesen universalen Zusammenhang ausdrücken? Damit würden wir aber je nach der Wahl der Größen zu verschiedenen Universalzusammenhängen kommen. In der Tat gebe es überhaupt keinen solchen Zusammenhang unabhängig von materiellen Vorgängen und Zusammenhängen.[88] Aleksandrovs These von Raum und Zeit als Daseinsformen sei demnach "reine Deklaration".[89]

Schließlich wendet sich Kuznecov gegen die Darstellung Focks und Aleksandrovs, als gehe es nur um die Anerkennung der positiven Ergebnisse der Physik, wobei alle Physiker auf der einen und alle Philosophen auf der anderen Seite stehen. Dies sei eine Verzerrung; in Wahrheit gehe es nur um die Deutung dieser Ergebnisse. Falsch sei die Meinung, als herrsche unter den Physikern über die Relativitätstheorie nur eine Meinung; dies gelte z.B. nicht für Jánossy; auch Sokolov wende sich gegen die "kinematische Richtung" in der Relativitätstheorie (A. Sokolov, D. Ivanenko, *Kvantovaja teorija polja* (Quantenfeldtheorie), 1952, str. 367). Überhaupt lasse sich nicht durch eine Abstimmung die Wahrheit der widerstreitenden Standpunkte feststellen.

Trotz der Kritik Kuznecovs stellte sich die Gesamtheit der in Kiev anwesenden Physiker auf die Seite Focks und Aleksandrovs. Selivanov sagte ausdrücklich, daß die Mehrheit der sowjetischen Physiker ihre Konzeption für richtig halte.[90] Nicht die raumzeitlichen Relationen bestimmten bei Fock die Naturgesetze, wie Kuznecov meine, sondern die Konstanz der Lichtgeschwindigkeit bestimme die Eigenschaften von Raum und Zeit; dasselbe gelte für Aleksandrov. Falsch sei auch Kuznecovs Einwand gegen die Verwendung von Lichtsignalen: Die Ausbreitungsgeschwindigkeit einer Lichtwellenfront ändere sich nicht, wenn beim Durchschreiten eines Mediums durch die Wechselwirkung mit den von den Atomen emittierten Sekundärwellen eine Änderung der Phasengeschwindigkeit eintritt. Bei der Erforschung der physikalischen Grundgesetze müsse man von den wesentlichsten Phänomenen ausgehen; dies sei aber die Ausbreitungsgeschwindigkeit aller Lichtwellen und physikalischen Felder im Vakuum. Da alle Naturerscheinungen auf Wechselwirkung von Stoffteilchen vermittels von Feldern beruhten, so sei dies das allgemeinste und wichtigste Naturgesetz und höchst wesentlich. Folglich gälten die daraus fließenden Folgen für alle konkreten Bewegungsformen und Wechselwirkungen der Materie. Es ist nach Selivanov völlig falsch, mit Kuznecov die Aufstellung der Grundgesetze und die Ableitung der Theorie von Raum und Zeit aus den Grundgesetzen als ein Losreißen der raumzeitlichen Gesetze von den weniger allgemeinen Gesetzen der bewegten Materie zu bezeichnen.[91] Überhaupt könne man nicht die physikalischen Relationen und Wechselwirkungen der Körper den raumzeitlichen Relationen der Relativitätstheorie gegenüberstellen, denn letztere seien eben die Folge der allgemeinsten Gesetze der Wechselwirkung Stofflicher Teilchen mit dem Feld. Man könne nicht den Abstraktionsvorgang als Trennung des Raums und der Zeit von der Materie deuten.[92]

(D) *Die neuere Haltung der Philosophen: V. I. Sviderskij und S. T. Meljuchin*

Nach der Anerkennung der Relativitätstheorie 1955 mußten die radikalen Philosophen in den Hintergrund treten. Sie wirken, wie die Ernennung I. V. Kuznecovs zum Leiter des Zentralbüros der Akademie der Wissenschaften für alle methodologischen Seminare 1961 zeigt*, hauptsächlich im Dunkeln weiter.

Wie stark indes die offizielle Haltung sich wandelte, zeigt die Veröffentlichung der Vorrede Einsteins zu M. Jammers *Concepts of space* 1954 in den *Voprosy filosofii* 1957, 3, 123–126. Der redaktionelle Kommentar drückt sein Einverständnis mit der Einsteinschen Auffassung aus, wobei diese als "eigentlich materialistisch" bezeichnet wird. Eine Ausnahme macht nur die Kritik an Einsteins These, daß die Begriffsbildung stets von dem instinktiven Streben nach Ökonomie bestimmt werde und die Begriffe freie Schöpfungen des Verstandes seien. Der Einsteinsche Aufsatz zeige selbst, daß der Raumbegriff historisch durch eine Anpassung der Ideen an die Erfahrungstatsachen entstand; so sei die Newtonsche Raumkonzeption nach Einstein *notwendig* aus dem klassischen Atomismus geboren worden.

Andererseits tritt seitdem eine jüngere Philosophengruppe hervor, die eine Art von aufgeklärtem Diamat in der Physik vertritt. Sie ist bemüht, mit den physikalischen Sachverhalten einen etwas weniger engherzig interpretierten Diamat in Einklang zu bringen. Wirklich neue Ströme sind jedoch selten.

Zum Verhältnis von Raum, Zeit und Materie äußern sich vor allem zwei Leningrader Philosophen, der bereits genannte Sviderskij und Meljuchin. Bei beiden ist interessant, wie die Leibnizsche Idee der Relationalität von Raum und Zeit sich mit der Auffassung der klassischen Physik von der Gegenständlichkeit des Raums überflicht. Darin kommt das Dilemma des Diamat zum Ausdruck, der dank seiner materialistischen Komponente einen gegenständlichen, absoluten Raum vertritt, seiner hegelianisch-dialektischen Komponente nach jedoch die Auflösung des Raum- und Zeitbegriffs in Relationen zwischen raumzeitlichen Dingen betreibt.

Für Sviderskij folgt aus der Absolutheit von ds^2 nur die Untrennbarkeit der räumlichen und zeitlichen Kennzeichnung eines Phänomens.[93] Hauptinhalt der speziellen Relativitätstheorie ist für ihn die Formulierung der Naturgesetze entsprechend den Eigenschaften der homogenen, d.h. Galileischen Raumzeit; sie wurde jedoch durch die allgemeine Relativitäts-

* Durch Beschluß des Präsidiums der AN vom 11.1.1961 wurde ein eigenes Zentralbüro der philosophischen (methodologischen) Seminare der AN geschaffen. *VF* 1961, 6, 152–153. Siehe auch Müller-Markus, S. in *Studies in Soviet Thought* II (1962) 49–50.

theorie überwunden.[94] Diese zeigte, daß die Eigenschaften von Raum und Zeit mit den Eigenschaften des physikalischen Raums und der physikalischen Zeit identisch sind und die physikalischen Bewegungsformen der Materie durch das Gravitationsfeld bestimmt werden. Der Einwirkung des Schwerefelds auf die physikalischen Vorgänge entsprechend erwerben Raum und Zeit eine Strukturiertheit, eine Änderung des Rhythmus usw.[95] Freilich spricht Sviderskij nur von der Metrik "unseres Teiles des Kosmos".[96]

Nach Sviderskij folgt die Abhängigkeit der Raumzeit von der Materie aus der Tatsache, daß ihre Eigenschaften durch Schwerefelder bestimmt werden; diese Abhängigkeit vom konkreten Materiezustand bestätigt die philosophische These ihrer Relativität; die konkrete (physikalische) Relativität ist die Abhängigkeit der Eigenschaften (der Formen) vom Inhalt (der bewegten Materie). Gleichzeitig zeigt sich darin ihre Absolutheit; damit wird die These des Diamat von der Objektivität, Absolutheit und Relativität des Raums und der Zeit völlig bestätigt.[97]

Sviderskij versucht nun eine eigene Deutung des Sachverhalts vom Standpunkt der *Realdialektik* aus zu geben; diese Tendenz ist deshalb bedeutsam, weil darin ein Grundzug der heutigen Sowjetphilosophie zum Ausdruck gelangt. Es ist der Rückgriff auf den späten Lenin (*Philosophische Hefte*) und darüber hinaus auf Hegel. Ob dieser Versuch einer Restaurierung der Hegelschen Naturphilosophie Erfolg verheißt, mag sich unter anderem an den folgenden Thesen Sviderskijs zeigen (die hier undiskutiert wiedergegeben werden). Der Stil Sviderskijs wird durch eine für den Diamat typische Verschwommenheit gekennzeichnet. Nirgends finden wir eine Spur von Semantik oder Formalisierung. Alles ist in einen schillernden Schleier ungedeuteter Begriffe und nicht explizierter Spekulationen gehüllt, angewandt auf physikalische Sätze, deren philosophischer Sinn nirgends eindeutig herausgeschält wird. Dieser Teil der heutigen Sowjetphilosophie zeigt jedenfalls die Fortführung der schlechtesten Tradition spekulativer Naturphilosophie, wie sie schon bei Hegel und Schelling Schiffbruch erlitt.

In allgemeinster Gestalt wird das Sein der bewegten Materie nach Sviderskij durch den *Widerspruch* gekennzeichnet, durch ihre "in ihren Zuständen heterogene Existenz".[98] "Die Materie verändert sich ständig in ihren Zuständen; sie bleibt aber auch in ihnen erhalten; die Zustände der Materie sind veränderlich und vergänglich, aber soweit sie existieren, verharren sie und bleiben erhalten."[99] "Die Materie ist kein amorphes Ganzes, sondern tritt als Mannigfaltigkeit verschiedener Erscheinungen, Gegenstände und Vorgänge zutage. Die Materie ist heterogen in ihren konkreten Zuständen eben kraft ihrer Bewegung. Die Bewegung wäre sinnlos, wäre die Bewegung nur kontinuierlich und homogen."[100]

Diese Heterogenität weist nun selbst zwei völlig verschiedene Seiten auf: (a) Die Koexistenz oder das Nebeneinander, z.B. der Gegenstände im Zimmer. "Jeder Gegenstand, Vorgang und jedes Phänomen ist seinerseits ein gewisser Komplex, eine Gesamtheit, ein Knoten koexistierender Bestandteile."[101]

(b) Die ständige Veränderung. "Diese beiden Seiten erschöpfen völlig den Inhalt des Begriffs der Heterogenität der Materie."[102]

Die Bewegung ist untrennbar mit der Erhaltung verbunden, darin liegt der universale Seinswiderspruch der bewegten Materie. Er tritt zutage in der Veränderung und dem Verharren der Vielfalt der Erscheinungen als ganzes.

Verharren, Koexistenz und Veränderung sind aber notwendig mit irgendeinem Zusammenhang zwischen den Materiezuständen verknüpft. Wenn es einen bestimmten Zusammenhang der Erscheinungen gibt, einmal den der Koexistenz und dann der Folge, so muß es Prinzipien und Gesetze dieses Zusammenhangs geben. Der Zusammenhang kann kausal, quantitativ-qualitativ usw. sein. Fragt man indes nach den "allgemeinsten Formen, Prinzipien und Gesetzmäßigkeiten des Zusammenhangs der Materiezustände", nach der allgemeinsten Gesetzmäßigkeit von Koexistenz und Folge, so kommt man zu Raum und Zeit. Beide sind "Grundbedingungen der Koexistenz und Veränderung"; der *Raum* "ist eine solche Seinsform der Materie, die als Grundbedingung der Koexistenz materieller Erscheinungen in ihrem Wesen und ihren Eigenschaften eine gewisse allgemeine Gesetzmäßigkeit der Koexistenz von Erscheinungen und Zuständen der bewegten Materie widerspiegelt. Die *Zeit* ist eine solche Seinsform der Materie, die als Grundbedingung der Veränderung materieller Erscheinungen in ihrem Wesen und ihren Eigenschaften eine gewisse allgemeine Gesetzmäßigkeit dieses Zustandswechsels der bewegten Materie widerspiegelt."[103] Raum und Zeit sind also "berufen (*sic!*), in ihrem Wesen und ihren Eigenschaften einige allgemeine Gesetzmäßigkeiten der bewegten Materie auszudrücken."[104]

Dabei finden nach Sviderskij die *Momente* der *Ruhe* und *Veränderlichkeit* sowohl für die Veränderung als für die Koexistenz ihren unmittelbaren Ausdruck in den Eigenschaften von Raum und Zeit: beide weisen ihrerseits einen dialektischen Charakter auf, der sich in der gegensätzlichen Behandlung bei den verschiedenen Philosophen ausspricht. So setzen die meisten Philosophen (Demokrit, Descartes, Newton) den *Raum* mit der *Ausdehnung* gleich, andere wie Aristoteles, Leibniz, Diderot mit der Ordnung in der Mannigfaltigkeit koexistierender Erscheinungen. Die Ausgedehntheit bedeutet eine solche Koexistenz, die den relativ konstanten Typus des Zusammenhangs einer Erscheinung, eines Gegenstands mit anderen Gegenständen bewahrt. Der Stuhl ist in diesem Sinn nur sofern ausgedehnt, als der Charakter seines Zusammenhangs mit anderen Gegenständen erhalten bleibt. "Die Störung dieses Charakters ist das Ende der vorhandenen Ausdehnung."[105]

Andererseits wird mit dem Abstand eine Relation zwischen den Dingen vorausgesetzt; allerdings ist der Abstand etwas davon Verschiedenes, er ist nämlich die Ausdehnung des Raums, die denselben Abstand zwischen beliebigen Dingen bestimmen kann. Ferner setzt "Abstand" eine Eigenschaft der Dinge selbst voraus, nämlich die Fähigkeit, entfernt zu sein. "Damit treten im Wesen und in den Eigenschaften des Raums mit voller Klarheit sowohl das Moment der Veränderung als das Moment der Ruhe zutage"; das erste äußert sich als Widerspiegelung der Änderung des Bindungstypus der Phänomene, als Widerspiegelung der Begrenztheit dieses Typus in den Eigenschaften, in der *Strukturiertheit* des Raums, welche das Nebeneinander der Erscheinungen wiedergibt.[106] Das zweite Moment äußert sich in der Ausdehnung der Dinge, d.h. in der Erhaltung eines Typus von Zusammenhängen.

Analoges gilt für die Zeit: Als Dauer drückt die Zeit die Beständigkeit der sich ändernden Dinge und die Erhaltung des Zustands der Veränderung aus. Als Ablauf ist die Zeit Ausdruck der Zustandsänderung selbst.

"Als in Raum und Zeit existierend ist jede Erscheinung gleichzeitig ausgedehnt und durch andere Ausdehnungen begrenzt, ist in einem Nebeneinander gelagert, sie verharrt und gleichzeitig ändert sie sich".[107]

Nun spiegelt aber der Raum nicht *einfach* den gesetzmäßigen Zusammenhang koexistierender Erscheinungen wider, sondern in seinem *Wesen* und seinen *Eigenschaften* das Gesetz der Veränderung und Erhaltung dieses Zusammenhangs. Ebenso spiegelt die Zeit in ihrem Wesen und ihren

Eigenschaften das Gesetz des Zusammenhangs sich ändernder und bewahrender Zustände.

Universal sind indes nach Sviderskij nicht so sehr die dialektischen Eigenschaften Ausgedehntheit und Strukturiertheit bzw. Dauer und Wechsel als die Momente Änderung und Dauer selbst, deren konkreter Ausdruck nur diese Raum- und Zeit-Eigenschaften sind. Ebenso wie alle Gesetzmäßigkeiten der Bewegung der Materie eine spezifische Seite des Zusammenhangs der Momente Wechsel und Beständigkeit ausdrücken, so enthalten auch Raum und Zeit die Gesetzmäßigkeiten der wechselseitigen Umwandlung der Momente Veränderlichkeit und Beständigkeit in Koexistenz und Veränderung der Erscheinungen. Wie nun für die Existenz der Erscheinungen die Veränderlichkeit dominiert, so auch für den Raum die Strukturiertheit gegenüber der Ausgedehntheit und für die Zeit der Wechsel gegenüber der Dauer. "Die wechselseitige Umwandlung von Ausgedehntheit in das Nebeneinandersein koexistierender Erscheinungen und von Dauer in Veränderung der Erscheinungen ist der Inhalt der naturwissenschaftlichen Vorstellungen von Raum und Zeit in der Physik, Mathematik, Psychologie usw. In der Geometrie sieht man dies anschaulich an dem Verhältnis der Begriffe von Punkt, Linie, Fläche, Volumen. Die Veränderung eines Zustands, der einem Punkt eignet, gibt den neuen Zustand der Linie, deren Änderung tritt als Fläche zutage usw."[108]

Nach Sviderskij ist diese dialektische Konzeption heute endgültig erwiesen. Sie entscheidet auch den berühmten Streit zwischen Leibniz und Clarke: Nach Leibniz ist die Zeit nur die Ordnung in den Veränderungen; dagegen wandte Clarke ein, dies sei mit der quantitativen Vorstellung von der Zeit nicht zu vereinen, worauf Leibniz in seinem fünften Brief an Clarke entgegnete: "Ich antworte, daß dies nicht so ist, denn wenn die Zeit mehr sein wird, dann wird es auch mehr aufeinander folgende Zustände geben, und wenn die Zeit weniger sein wird, dann wird es auch weniger Zustände in ihr geben, insofern für Zeiten und Orte keine Leere, Kondensation oder Durchdringung denkbar ist."[109] Die Widersprüchigkeit des Raums ist nach Sviderskij ein Grundgedanke Lobačevskijs, denn der organische Zusammenhang zwischen dem Ausdehnungsbegriff und dem ihm entgegengesetzten Strukturbegriff der Berührung tritt hier deutlich zutage; allen Körpern ist bei Lobačevskij die Eigenschaft der Berührung zu eigen, Ausdehnung ist die Eigenschaft der Körper, sich ausdehnend miteinander in Berührung zu kommen. Aus dem Begriff der

Berührung bildet Lobačevskij dann die Begriffe von Ausdehnung, Fläche, Linie, Punkt; ein Körper erhält den Namen "Linie" und bei Wegnahme der letzten Dimension den Namen "Punkt"; in diesem Fall findet eine punktartige Berührung statt.

Damit werden nach Sviderskij Ausgedehntheit, Fläche, Linie und Punkt nur das Ergebnis entsprechender Formen der Wechselwirkung koexistierender Körper.[110] Die Berührung bildet die Grundlage räumlicher Relationen. Dieser Gedanke befruchtete das ganze weitere geometrische Denken; so meine auch Einstein: "Unter den Erlebnissen, die sich um den Begriff des körperlichen Objektes gruppieren, spielt jene Kategorie eine besondere Rolle, die wir als 'gegenseitige Lagerung körperlicher Gegenstände' bezeichnen. Dieser Kategorie schließen sich die räumlichen Begriffe und das Begriffssystem der Euklidischen Geometrie an. Das wichtigste Element bei der Aufstellung der Gesetze der Lagerung (ruhender) körperlicher Objekte ist ihre Berührung, auf ihr beruhen die überaus wichtigen Begriffe der Kongruenz und der Messung."[111]

Die spezielle und allgemeine Relativitätstheorie ordnet nach Sviderskij Körper und Vorgänge anderen Körpern und Vorgängen zu, womit der Zusammenhang zwischen materiellen Phänomenen und den Eigenschaften von Raum und Zeit abgebildet wird. Diese Zuordnung verlangt ihrerseits den Zusammenhang der räumlichen mit der zeitlichen Kennzeichnung. Die Relativität der Gleichzeitigkeit, die Invarianz des Raumzeit-Intervalls, die Zeitdilatation und die Längenkontraktion kennzeichnen die Spezifik der raumzeitlichen Formen als Abbild des gesetzmäßigen Zusammenhangs der Erscheinungen. Kennzeichnend für die Art dieses Abbilds in der speziellen Relativitätstheorie ist z.B. das Postulat, daß das raumzeitliche Intervall reell ist; dieses Postulat legt der Metrik die Bedingung auf, daß das Intervall für alle Weltpunkte und Phänomene mit gemeinsamer Zeitkoordinate reell und für alle Phänomene mit gemeinsamen räumlichen Koordinaten imaginär ist; nur unter dieser Bedingung wird das Kausalitätsgesetz erfüllt. Damit steht die Metrik mit dem Kausalitätsgesetz im Zusammenhang.[112]

Der philosophische Sinn des bedeutungsvollen Zusammenhangs zwischen Raumzeit und absoluter Lichtgeschwindigkeit liegt nach Sviderskij in folgendem: Die Eigenschaften von Raum und Zeit sind ein Abbild der gesetzmäßigen Zusammenhänge der Erscheinungen; sie stehen deshalb in einer wesenhaften wechselseitigen Abhängigkeit von den quantitativen und qualitativen Seiten dieser Zusammenhänge. Sie sind das Abbild einiger allgemeiner Gesetzmäßigkeiten dieser Zusammenhänge. Diese Gesetzmäßigkeiten selbst aber enthalten eigenartige Seiten von Dauer und Veränderlichkeit, denn die Zeit wird heute als unter physikalischen Bedingungen ungleichförmig "fließend" angenommen, sie ändert ihren "Rhythmus", und der Raum weist eine Struktur, eine "Krümmung" auf und ist inhomogen.

"Dies bedeutet, daß entsprechend den Besonderheiten koexistierender und wechselnder materieller Zustände auch die Gesetzmäßigkeiten ihres Zusammenhangs selbst wechseln und eine Strukturiertheit des raumzeitlichen Zusammenhangs der Erscheinungen vorliegt. Dieser Strukturiertheit... liegt, wie unschwer einzusehen ist, wieder dieselbe allgemeine Widersprüchigkeit von Raum und Zeit zugrunde, die hier einen komplexeren Ausdruck erhält. An die Stelle der einfachen Relation von Ausgedehntheit und Strukturiertheit für den Raum tritt die Relation des gesetzmäßigen Zusammenhangs koexistierender Phänomene mit den Veränderungen innerhalb dieses gesetzmäßigen Zusammenhangs.

"Ebenso tritt für die Zeit an Stelle der Relation von Dauer und Ablauf, der Veränderlichkeit ihrer Momente, jetzt die Relation des konstanten allgemeinen Zeitzusammenhangs der Erscheinungen zur Änderung des Rhythmus des zeitlichen Ablaufs selbst. Diese Momente sind wiederum verallgemeinert im einheitlichen Begriff der Raumzeit, in der allgemeinen Vorstellung von der metrischen Struktur des raumzeitlichen Kontinuums.

"So konkretisiert die moderne physikalische Theorie von Raum und Zeit, die Relativitätstheorie, das widersprüchige Wesen von Raum und Zeit und das Abbild des gesetzmäßigen Zusammenhangs koexistierender und wechselnder Erscheinungen in den Eigenschaften dieser Seinsform der Materie.

"Alle diese von der menschlichen Vernunft erzielten Ergebnisse ... bedeuten ein immer tieferes Eindringen des Menschen in die dialektisch-materialistische Natur von Raum und Zeit. Sie bestätigen mit neuer Kraft die tiefe Wahrheit der marxistisch-leninistischen Auffassung von den Seinsformen der Materie."[113]

Nach Sviderskij wurden Raum und Zeit ihres letzten Kennzeichens der Newtonschen Absolutheit entkleidet, indem die Relativitätstheorie Trägheit, Schwerkraft und metrische Relationen von Körpern und Uhren auf das Feld zurückführte.* Die allgemeine Relativitätstheorie kennt nicht mehr den Kraftbegriff, sie verleiht der seit zweihundert Jahren unerklärten Schwerkraft eine "tiefe geometrische Deutung".[114] Das wichtigste philosophische Ergebnis der Theorie ist der Nachweis des Zusammenhangs der raumzeitlichen Formen mit dem Schwerefeld als einer bestimmten Eigenschaft der physikalischen Materie.[115]

Zugleich wird die Relativität von Raum und Zeit im philosophischen Sinne an den Tag gelegt, im Sinne der Abhängigkeit der Eigenschaften von ihrem Inhalt, der bewegten Materie. Ebenso wird bestätigt die philosophische Absolutheit von Raum und Zeit, da die raumzeitlichen Formen für einen breiteren Erscheinungskreis obligatorisch sind als in der klassischen Physik. Zugleich wird der tiefere Sinn der raumzeitlichen Relationen expliziert, nämlich der tiefe organische Zusammenhang von Raum und Zeit mit der Zustandsveränderung der Materie. Dank diesem Zusammenhang wird auch der unlösbare Zusammenhang von Raum und Zeit untereinander entdeckt. Dies alles zeugt von der Absolutheit von Raum und Zeit im philosophischen Sinn. Einheit, Unterschied und Interdependenz von Raum und Zeit sind universal.[116]

Wie Einstein in *Äther und Relativitätsprinzip* zeigt, kann man sich keinen Raum ohne Schwerefeld, wohl aber ohne elektromagnetisches Feld vorstellen, da kein Raum ohne Gravitations-Potentiale sein kann, die ihm erst die metrischen Eigenschaften verleihen.[117] Deshalb treten die Besonderheiten der Koexistenz und Veränderung von Zuständen, zutage. bedingt durch eine bestimmte physikalische Wesenheit, das Schwerefeld Man hat daher Grund anzunehmen, daß allen raumzeitlichen Formen bestimmte konkrete und gleichzeitig allgemeine Eigenschaften der physikalischen Formen der bewegten Materie zugrundeliegen. Man muß daher die These von der Relativität von Raum und Zeit konkretisieren, nicht nur einfach auf die Abhängigkeit des Raums und der Zeit von der Materie hinweisen, sondern exakter aufzeigen, daß die Gesetzmäßigkeiten der raumzeitlichen Relationen den Einfluß einer bestimmten allgemeinen Form der Bewegung der Materie auf die konkreten Erscheinungen widerspiegeln.

Die Relation dieser allgemeinen Eigenschaft der Materie zur Veränderung und Koexistenz kann nach Sviderskij am besten durch die Relation des

* Es ist fraglich, ob man den Begriff "Feld" für die Raumzeit im selben Sinn verwenden kann wie für ein Kraftfeld; sicher bilden die $g_{\mu\nu}$ ein "Feld" *sui generis.*

Ganzen zu seinen Teilen ausgedrückt werden. Der tiefe Zusammenhang des Ganzen und seiner Teile wird immer mehr in der Wissenschaft anerkannt, immer häufiger wird ausgesprochen, daß man die Natur der Teilchen, der Atome und Körper nur im Zusammenhang mit den kosmischen Gesetzmäßigkeiten, d.h. denen eines gewissen Ganzen, begreifen kann. Die allgemeine Relativitätstheorie zeigte, daß die Gravitationswirkung ein solches Ganzes darstellt. Natürlich ist dieses Gebiet begrenzt, schon Seeliger wies darauf hin, daß die Gravitation wegen des Gravitationsparadoxons nicht absolut ist. "Somit treten die raumzeitlichen Eigenschaften gerade als konkrete Äußerung des Einflusses eines bestimmten physikalischen Ganzen auf seine Teile zutage. Es ist sehr wahrscheinlich, daß die Veränderung der raumzeitlichen Struktur ständig der Veränderung eines bestimmten Ganzen folgen muß. Es ist kein Zweifel, daß Konstanten wie die Lichtgeschwindigkeit c, das Wirkungsquant h, die elektrische Ladung e usw. gerade von verschiedenen Seiten dieses Ganze kennzeichnen".[118] Andererseits hat nicht jedes Ganze eine raum-zeitliche Struktur, bisher ist es nur für das Gravitations-Ganze festgestellt, nicht hingegen für das elektromagnetische Ganze, unklar ist noch das Kern-Ganze.

Viel deutlicher als in den reichlich verschwommenen eigenen Auffassungen wird Sviderskij in seiner Polemik gegen westliche Meinungen, wobei er sich zu groben Irrtümern hinreißen läßt. Es gehört nach Sviderskij zum antiwissenschaftlichen System der Relativisten, daß das Relativitätsprinzip für sie absolut ist, obwohl es nur für kurze Wechselwirkungen und schwache Felder gilt, ebenso ist auch die Konstanz der Lichtgeschwindigkeit für sie nicht durch die Maßstäbe der materiellen Welt eingeschränkt.[119] Sie geben keine genaue Definition der Bedingungen der Inertialität, im Gegenteil, sie behaupten, daß ein Inertialsystem mit jedem Körper oder Teilchen verbunden werden kann, daß es gleichgültig ist, welches von diesen Systemen sich bewegt. Dazu gehören die irrigen, nicht mit dem faktischen Inhalt der Theorie zusammenhängenden Ansprüche, eine absolute Theorie von Raum und Zeit zu schaffen, ihre Konsequenzen auf die Mikrowelt und das ganze unendliche All auszudehnen, die Physik der Geometrie zu unterwerfen usw. Dazu gehören auch die machistischen Behauptungen, das Schwerefeld mit der Beschleunigung gleichzusetzen, die physikalischen Begriffe völlig zu relativieren, die Weltsysteme gleichzusetzen usw. Ähnliche subjektiv-idealistische Methoden wenden auch die Relativisten an in dem Versuch, eine abgeschlossene mathematische Theorie für alle physikalischen Vorgänge (einheitliche Feldtheorie) und ein kosmologisches Modell des Alls aufzustellen. "Die irrige Tendenz einer bedingten und formalen Deutung der raumzeitlichen Eigenschaften elektromagnetischer Vorgänge erhält einen noch offenkundigeren machistischen Charakter in der Deutung der allgemeinen Relativitätstheorie durch die Relativisten: In den Versuchen, Raum und Zeit über die Materie zu stellen, die Materie und die Zeit dem Raum, die Physik der Geometrie unterzuordnen... So versucht Eddington, den Idealismus mit allen Argumenten in die Wissenschaft einzuschmuggeln und er will den Leser glauben machen, daß das "elektromagnetische Feld etwas Stoffliches ist, nicht hingegen das Schwerefeld, weil die Theorie von Einstein zeigte, daß sie nur eine Form der Äußerung der Metrik darstellt".[120] Eddington meint, daß die Empfindung, welche in der Konstatierung des Vakuums liegt, nur eine Methode darstellt, mit deren Hilfe unsere Sinnesorgane erkennen, daß der Raum dieses Gebiets nur eine Krümmung ersten Grades besitzt. Wenn wir wahrnehmen, daß ein Raumgebiet Stoff enthält, dann erkennen wir die diesem Gebiet eigene Krümmung; nehmen wir an, daß wir Masse und Impuls messen, dann messen wir eigentlich bestimmte Krümmungskomponenten der Welt gegenüber den Achsen eines Koordinatensystems. Das Ideal ist für Eddington eine Vereinigung des physikalischen Wissens zu einer einheitlichen Wissenschaft, deren Sätze in den Ausdrücken geometrischer oder quasi-geometrischer Konzeptionen formuliert werden können.[121] Dies alles ist offen machistischer Relativismus. Die reaktionärsten Relativisten wie Barnett setzen dabei einfach die Relativitätstheorie mit einem philosophischen System gleich.[122] Letzteres zeugt von einer ungeheuerlichen Ignoranz zum Verhältnis von Philosophie und Physik, von einer extremen, reaktionären Haltung und dem Einschmuggeln des offenen Positivismus und Machismus in wissenschaftliche Theorien. Dazu gehört auch der subjektive Idealist Bergson, der Neo-Realist S. Alexander und der Neu-Kantianer Cassirer. So schreibt der "Bison" der modernen idealistischen Philosophie, Alexander: "Der Raum muß... als in der Zeit oder durch die Zeit erzeugt betrachtet werden. Denn die Zeit ist die Quelle der Bewegung."[123]

Statt einer Auseinandersetzung mit Eddington, Bergson und Alexander finden wir also bei Sviderskij nur echt Stalinsche Epitheta. Dennoch wird sein eigener Standpunkt durch die Zurückweisung des gegnerischen implizit sichtbar; deshalb ist es nützlich, diesen in der Darstellung Sviderskijs zu Wort kommen zu lassen. So seien bei Cassirer Raum und Zeit für den Physiker eine konkrete abzählbare Mannigfaltigkeit als Ergebnis einer Kopplung von Punkten, für den Philosophen hingegen nur Formen und Modi und die Voraussetzungen dieser Kopplung selbst. Raum und Zeit ergäben sich für ihn nicht aus der Kopplung, sondern stellten sie gerade dar; sie seien das feste Gesetz des Geistes, der Wechsel der Kopplung, mit dessen Hilfe alles sinnlich Wahrgenommene in bestimmte Relationen von Neben- und Nacheinander gebracht werde; nicht Uhren und Maßstäbe, sondern Prinzipien und Postulate seien die letzten Meßinstrumente, denn das Denken besitze nur deshalb relativ feste Stützpunkte, weil es sie selbst setze.[124] Auch für Natorp[125] sei der Minkowski-Raum kein Gegenstand der Wahrnehmung, sondern die Voraussetzung physikalischer Messungen. Bei David Müller seien Raum und Zeit von Masse oder Energie unterschieden und stellten rein methodologische Begriffe ohne Beziehung zur physikalischen Wirklichkeit dar, d.h. zu etwas, was Energie besitzt.[126] Nach Barnett führte Einstein die Logik Berkeleys zum Extrem, indem sogar Raum und Zeit nur Formen der Intuition werden, die ebenso von dem Bewußtsein unablösbar sind wie Farbe, Form und Ausdehnung.

Dies ist nach Sviderskij der Versuch, Raum und Zeit ihrer objektiven Grundlage zu berauben, indem man sie nicht als physikalische Wesenheiten im Sinne der Atomisten oder Newtons, sondern als Gesetzmäßigkeiten der Relationen physikalischer Erscheinungen nimmt. Die Relativitätstheorie habe jedoch gezeigt, daß Raum und Zeit Formen sind, welche in ihren Eigenschaften die Relationen abbilden, ohne selbst Dinge zu sein, wobei sie durchaus objektiv bleiben.

Solche Spekulationen wie die genannten werden nach Sviderskij in einer geradezu ungeheuerlichen Form in der allgemeinen Feldtheorie und relativistischen Kosmologie aufgestellt, auf die ungerechtfertigterweise die Prinzipien der Relativitätstheorie angewandt werden. Die Geometrisatoren der Physik wollen alle physikalischen Begriffe, auch den Teilchenbegriff, und die Naturgesetze aus geometrischen Begriffen und den Vorstellungen von den Eigenschaften unserer raumzeitlichen Welt ableiten, wie sie durch die allgemeine Relativität erzielt wurden, wobei sich diese Begriffe und Gesetze auch auf das elektromagnetische Feld beziehen sollen.[127]

Bemerkenswert ist auch eine These des Philosophen Meljuchin (Leningrad) 1958 über folgenden Zusammenhang zwischen Raum und "Materie": Eine Gerade, schreibt Meljuchin, kann nur in Verbindung mit materiellen Prozessen bestimmt werden, so z.B. mit Hilfe eines Lichtstrahls. Wird dieser in Sonnennähe abgelenkt, dann liegt nach der Definition der Geraden keine Abweichung von der Geraden, sondern eine Raumkrümmung vor. Eine Gerade läßt sich nicht zum leeren Raum definieren, denn in der Leere gibt es nichts, was von einem anderen verschieden wäre.* Der Raum ist kein Kasten, in dem sich Materie befindet, sondern ihre wichtigste Seinsform, die ihre Ausgedehntheit ausdrückt. Deshalb kann man von den Eigenschaften des Raums nicht ohne materielle Felder sprechen, der Raum hat mit Einstein ohne das Feld keine Existenz. Der gekrümmte Raum befindet sich nicht in einem anderen, ungekrümmten. Krümmung heißt nichts weiter als Abweichung von den Euklidischen Raumeigenschaften. Der Euklidische Raum hat es mit langsamen mechanischen Bewegungen zu tun, der gekrümmte Raum mit schnellen Bewegungen und Schwerefeldern.[128]

Es würde hier zu weit führen, Sviderskijs und Meljuchins Thesen zu explizieren und einer Kritik zu unterziehen. Ganz allgemein sei gesagt, daß das philosophische Niveau der heutigen nicht-physikalischen Raumzeit-Forschungen der Sowjetwissenschaft noch keine ernsthafte *wissenschaftliche* Erörterung des Raumzeit-Problems zuläßt. Hier werden weitgehend Sätze ohne jeden wissenschaftlichen Sinn hingeschrieben, um überhaupt etwas zu sagen. Wenn wir so ausführlich die "Überlegungen" Sviderskijs brachten, so deshalb, um dem westlichen Leser diese Besonderheit der Sowjetphilosophie vor Augen zu führen.

Auch die sowjetischen Physiker bringen wenig Klarheit in die Problematik. Eine Ausnahme stellen nur A. D. Aleksandrov und Kol'man dar. Die übrigen, einschließlich Fock, umgehen sorgfältig das philosophische Anliegen, um nicht in Konsequenzen zu verfallen, wie sie I. V. Kuznecov in Kiev deutlich machte.

4. ALLGEMEINE THESEN DER PHYSIKER

Im folgenden sollen einige jener flüchtig hingeworfenen Sätze der Physiker zum Verhältnis von Raum, Zeit und Materie dargestellt werden, wie sie in

* S. dazu Focks Auffassung, S. 56 der vorliegenden Arbeit.

allgemeine Erörterungen eingeschmolzen sind. Am Ende dieses Abschnitts kommt dann Kol'man zu Wort, der zweifellos einen gewissen Fortschritt bringt, wenngleich er dem Problem hauptsächlich unter dem Aspekt des Widerspruchsprinzips näher tritt.

Nach Ginzburg liegt die methodische Bedeutung der allgemeinen Relativitätstheorie darin, daß sie eine sehr vollkommene Feldtheorie ist; dies äußert sich nicht nur in der zwanglosen Verwendung einer weiten Klasse von Koordinaten, sondern vor allem in folgendem: Die Bewegungsgleichungen der felderzeugenden Teilchen folgen aus den Feldgleichungen selbst. In der Elektrodynamik ist dies bekanntlich nicht so; aus den Maxwellschen Gleichungen folgt nur die Kontinuitätsgleichung, während die Bewegungsgleichungen der Ladungen davon unabhängig sind. So genügt das Feld zweier ruhender Ladungen zwar den Maxwellschen Gleichungen, ist aber mit den Bewegungsgleichungen unvereinbar, da infolge ihrer Wechselwirkungen die Ladungen nicht in Ruhe bleiben können. Aus den Feldgleichungen der allgemeinen Relativitätstheorie ergibt sich jedoch automatisch die Gleichung $T^{i}_{i;k}=0$, also "der Erhaltungssatz für Energie und Impuls der "Materie", d.h. des Stoffs und des elektromagnetischen Feldes".[129] Eigentlich ist dieses Ergebnis schon in Einsteins Arbeit 1916 enthalten, obwohl dort die Bewegung eines Massenpunktes im Schwerefeld als Gleichung einer geodätischen Linie unabhängig eingeführt wird; später wurde gezeigt, daß das Postulat der geodätischen Linie unnötig ist (z.B. Eddington, 1923), und es wurde in verschiedenen Näherungen die Ableitung der Bewegungsgleichungen aus den Feldgleichungen durchgeführt (Einstein und Grommer, 1927; Einstein, Infeld und Hoffmann, 1938; Fock, 1939; Petrova, 1949; Fichtengol'c, 1949 u.a.).

Bedeutsam an dieser Bemerkung Ginzburgs ist, daß die logische Abhängigkeit der Kategorien Raum, Zeit und Bewegung nicht, wie Novik dartun will, eine wechselseitige Abhängigkeit der sogenannten Daseinsformen der "Materie" darstellt, sondern rein mathematisch aus den Erhaltungssätzen folgt. Diese Erhaltung betrifft aber Energie und Impuls, weshalb denn auch Ginzburg das Wort "Materie" in Anführungszeichen setzt; nur wenn man Stoff und Feld schlechthin als "Materie" bezeichnet, spielt hier die sogenannte Materie überhaupt eine Rolle.

Schatzman stellte 1955 nur fest, daß im Gegensatz zur klassischen Mechanik in der allgemeinen Relativitätstheorie kein zufälliger Zusammenhang zwischen Kraft- und Bewegungsgesetz herrsche. "In diesem Sinn kann man sagen, daß die allgemeine Relativitätstheorie gestattet, tiefer die physikalische Wirklichkeit zu untersuchen."[130] Darin trete auch der Unterschied zwischen der Geometrie physikalischer Räume und der Definition dieser Räume hervor; Libois zeigte, daß man für jeden physikalischen Vorgang einen realen Raum finden muß, in dem er sich abspielt; dabei erweist sich der Euklidische Raum für Vorgänge im unendlich Kleinen wie im unendlich Großen als ungeeignet.[131]

Tamm bemerkt, daß nach einer Idee von Riemann wegen des kontinuierlichen Charakters des Raums seine Metrik nicht in ihm selbst begründet liegt, sondern in "bindenden Kräften"; Einstein zeigte, daß die Metrik bestimmt wird durch die Massen "einschließlich der etwa von Licht oder anderen Energieformen getragenen Masse".[132] Riemann zog indes noch eine zweite Möglichkeit in Betracht: Daß nämlich die Metrik in einem diskreten Raum selbst begründet ist. Diese Möglichkeit scheint Tamm für mikrokosmische Maßstäbe "sehr wahrscheinlich"; im Rahmen der klassischen Vorstellungen könne ein solcher Raum analog der Gesamtheit von Knoten eines Kristallgitters nur anisotrop sein, nach den Quantenvorstellungen sei allerdings die Diskretheit mit der Isotropie und Homogenität vereinbar. Jedenfalls können die Gedanken Einsteins vom "Zusammenhang raumzeitlicher Relationen mit der in Raum und Zeit befindlichen Materie im weiteren Verlauf tiefe Umwandlungen erleiden, aber gerade sie dienen zweifellos als Ausgangspunkt einer ganzen historischen Epoche der weiteren Entwicklung der Physik".[133]

Überaus bemerkenswert ist eine flüchtig hingestreute These B. G. Kuznecovs: Die Nicht-Linearität der Feldgleichungen bedeutet, daß das "Schwerefeld sich selbst erzeugt und in dieser Hinsicht der "Materie" äquivalent ist".[134] Expliziert man diese Bemerkung, so öffnet sich ein Abgrund philosophischer Implikationen, den wir hier lieber gar nicht ausloten wollen. Was heißt "sich selbst erzeugen"? Liegt hier so etwas wie eine *causa sui* im Sinne Spinozas vor? Meint Kuznecov, daß das Schwerefeld nicht Materie ist? Versteht er unter dem in Anführungszeichen gesetzten Ausdruck "Materie" nur den Stoff? Dann könnte von einer Selbsterzeugung kaum die Rede sein, denn eine Teilchensorte wird grundsätzlich immer von anderen Teilchensorten erzeugt, bzw. die Teilchen sind Produkte eines sehr komplexen Ganzen aus verschiedenartigen Ursachen wie Feld, Energie, mathematische Ordnung, physikalische Situation usw. Meint Kuznecov aber, daß das Schwerefeld ebenso *causa sui* sei wie die Materie im Sinne des Ur-Einen, des schlechthin Ursachelosen (wie es Novik explizit aussprach), dann würde die Nicht-Linearität der Feldgleichungen das mathematische Modell von Seienden sein, für welche Ursache und Verursachtes identisch sind.

5. DIE STRUKTURTHEORIE DER ABSOLUTEN RAUMZEIT BEI A. D. ALEXANDROV

Der einzige großangelegte philosophische Deutungsversuch der Relativitätstheorie stammt von A. D. Aleksandrov auf der Allunionskonferenz über philosophische Probleme der Naturwissenschaft 1958. Aleksandrovs Referat stellt neben Focks Beitrag zur Quantenmechanik fraglos *das* Ereignis der Konferenz dar. Es eröffnet eine neue Periode der sowjetischen Wissenschaftsphilosophie – freilich ohne bisher gleichwertige Nachfolger für das Raum- und Zeitproblem gefunden zu haben. Wir müssen Aleksandrovs Leistung auf dieser Stelle der philosophischen Landkarte daher als Gipfel in einer nur von geringen Höhen durchzogenen Tiefebene ansehen.*

Aleksandrovs Konzeption bildet unmittelbar einen Nachtrag zur speziellen Relativitätstheorie. Mittelbar enthält sie eine neue sowjetische Sicht auf das Verhältnis von Raum, Zeit und Materie.

Im folgenden wird Aleksandrovs Auffassung vorläufig unkommentiert dargestellt.

* Freilich ist es eigenartig, daß Aleksandrov nicht die früheren Versuche einer Axiomatisierung der Relativitätstheorie von Reichenbach, Robb, Schnell und Carnap erwähnt. Siehe H. Reichenbach, *Axiomatik der relativistischen Raum-Zeit-Lehre*, Braunschweig, 1924; *Philosophie der Raum-Zeit-Lehre*, Berlin, 1928; A. A. Robb, *Theory of Time and Space*, Cambridge, 1914; *The Absolute Relations of Time and Space*, Cambridge, 1921; *Geometry of Time and Space*, Cambridge, 1936; K. Schnell, *Eine Topologie der Zeit in logistischer Darstellung*, Münster, 1938; R. Carnap, *Abriß der Logistik*, Wien, 1929; *Einführung in die symbolische Logik*, 2. Aufl., Wien, 1960. Eine historische Darstellung des von Aleksandrov diskutierten Zusammenhangs von Kausalität und Zeitbegriff findet man bei H. Mehlberg, 'Essai sur la théorie causale du temps', *Studia Philosophica* 1 (1935) und 2 (1937). Bereits auf der Relativitäts-Konferenz in Bern 1955 legte Aleksandrov eine Axiomatisierung der Relativitätstheorie vor; dort wird Robb erwähnt; Aleksandrov scheint also einen Unterschied zwischen dem westlichen und dem sowjetischen Publikum zu machen. Siehe *Fünfzig Jahre Relativitätstheorie, Bern 11.–16. Juli 1955*, herausg. v. A. Mercier und M. Kervaire, *Helv. Phys. Acta*, Suppl. IV, 1956, 44–45.

Zunächst setzt sich Aleksandrov noch einmal mit den sowjetischen Kritikern der Einsteinschen Theorie auseinander. Daß er dies noch 1958 für erforderlich hält, zeigt, wie starr der radikale Philosophenflügel trotz aller Lippenbekenntnisse zur Relativitätstheorie damals noch an seiner Haltung festhielt. Gleichzeitig formuliert Aleksandrov eine fundamentale philosophische Position: Den Zweifrontenkampf gegen Idealismus und Vulgärmaterialismus. Aleksandrov wirft den Leugnern vor, sie begriffen nicht die Dialektik und ersetzten den Diamat durch den Vulgärmaterialismus. "Je lauter diese Verfasser den dialektischen Materialismus verkündeten, desto mehr rückten sie faktisch von ihm ab."[135] Dies führte zur Verbreitung vulgärmaterialistischer Auffassungen; solche Irrtümer muß man kritisieren und "völlig überwinden", um nicht nur die Relativitätstheorie, sondern auch den Diamat in der Physik zu verteidigen.[136] "Weder Einstein noch Eddington gaben ihre Ansichten als dialektischen Materialismus aus und ihre rein philosophischen Irrtümer sind genügend 'entlarvt'; wenn jedoch einige Autoren im Namen des dialektischen Materialismus auftreten, dann darf man nicht zulassen, daß unter dieser Flagge etwas anderes gepredigt wird. Dies ist die elementare Forderung der Parteilichkeit in der Philosophie. Die Aufgabe besteht also in einem Zweifrontenkampf: sowohl gegen den Idealismus wie gegen die Vulgarisierung des dialektischen Materialismus."[137]

Ohne auf die "zuweilen außerordentlich groben besonderen Irrtümer" dieser Autoren einzugehen, handelt es sich um folgende Mängel ihrer allgemeinen Haltung: (a) Anerkennung der Formeln der Theorie und Leugnung des Inhalts (Kuznecov). In Wirklichkeit verstehen die Leugner unter den Formeln die experimentell verifizierten Folgen der Theorie. (b) Suche nach Wirkursachen für die Effekte (Jánossy). Dies ist eine Leugnung des Relativitätsprinzips. Hier wird die Frage nach den allgemeinen Eigenschaften von Raum und Zeit gar nicht gestellt. "Faktisch will man hier die alten Vorstellungen von Raum und Zeit beibehalten, wonach sie als leere Behälter dienen, in denen nur dank besonderer Mechanismen der Wechselwirkung die relativistischen Effekte entstehen. Der metaphysische Charakter eines solchen Verfahrens gegenüber dem Problem von Raum und Zeit auf dem heutigen Niveau der Wissenschaft ist evident. Der Verzicht auf die fundamentale Fragestellung nach den allgemeinen Eigenschaften der Raumzeit zieht die Wissenschaft zurück und nicht voran."[138] Wenn Štejnman und I. V. Kuznecov in der Veränderung ganzheitlicher Systeme die Ursache der Effekte suchen, so ist dies trivial: Bei den Veränderungen der Zusammenhänge eines Körpers mit einem System kommt es unausweichlich zu einer Änderung seiner realen räumlichen und zeitlichen Eigenschaften; die abgefeuerte Kugel erfährt durch den Luftdruck eine Abplattung, die abgenommene Armbanduhr kühlt sich etwas ab und geht folglich etwas anders usw. "Dies alles hat nichts mit den relativistischen Effekten zu tun. Diese Effekte betreffen keine Änderung der Eigenschaften des Körpers, sondern die Äußerung dieser Eigenschaften in Bezug auf die einen oder anderen Körper."[139] Folglich ist es nicht verwunderlich, daß ein Körper gleichzeitig unendlich viele relative Massen usw. haben kann ebenso wie unendlich viele Geschwindigkeiten. Die Konzeption dieser Autoren ist nicht weit von der einen absoluten Bahn entfernt. "Der allgemeine Irrtum besteht hier in der Verwechslung der Eigenschaften der Körper mit der relativen Äußerung dieser Eigenschaften. Sehen die extremen Relativisten von den nichtrelativen Eigenschaften ab, indem sie alles auf Relationen reduzieren wollen, so geschieht hier das Umgekehrte. In beiden Fällen kommt es zu einem metaphysischen Bruch zwischen Eigenschaften und Relationen."[140] Zu welchem der "ganzheitlichen Systeme", in die notwendig jeder Körper eingeht, soll übrigens die Beziehung bestehen? "Die Autoren vergessen, daß auch das Universum ein "ganzheitliches" System ist; insofern es sich um die Theorie von Raum und Zeit handelt, die ja universale Existenzformen der Materie darstellen, wäre es dann nicht besser, von den einzelnen Systemen abzusehen?"[141]

Der allgemeine Fehler besteht nach Aleksandrov darin, die Berechtigung der Abstraktion zu übersehen. Ohne sie gibt es keine Theorie der Formen Raum und Zeit, gäbe es keine Gleichberechtigung der Inertialsysteme, die nur im Rahmen einer gewissen Abstraktion, nur in Bezug auf allgemeine Gesetze, jedoch nicht konkret vorhanden ist. Ebenso sind rechtwinklige Koordinatensysteme in der Geometrie nur im Rahmen einer bestimmten Abstraktion gleichberechtigt. Die Verkennung des dialektischen Verhältnisses des Abstrakten zum Konkreten ist übrigens dem Positivismus wie dem metaphysischen Materialismus gemeinsam.

Aber hinter den genannten Irrtümern stehe eine allgemein-philosophische Haltung. Sie komme klar bei I. V. Kuznecov zum Ausdruck mit seinen apriorischen und deshalb metaphysischen Postulaten einer "Betrachtung der Welt als ganzer", seiner "Frage nach der Natur der Welt" aus einem

"Monismus" usw. "Der dialektische Materialismus leitet seine Sätze nicht aus apriorischen Postulaten ab, sondern aus den Ergebnissen der Wissenschaft und gesellschaftlichen Praxis. Dementsprechend besteht das Verfahren gegenüber jeder Theorie, das vom dialektischen Materialismus diktiert wird, darin, nicht von naturphilosophischen Vorstellungen von ganzheitlichen Systemen usw. auszugehen, sondern von den realen Ergebnissen der Wissenschaft."[142]

In der Tat legt Aleksandrov seiner Deutung nicht die Sätze des Diamat, sondern rein physikalische Prinzipien zugrunde. Diese sind nach Aleksandrov:

(1) Die Relativitätstheorie ist die Theorie von Raum und Zeit. Deshalb sind ihre allgemeinen Folgen philosophisch relevant, und das Verständnis der Theorie ist ohne philosophische Analyse ihrer Grundlagen unmöglich.

(2) Da Raum und Zeit Daseinsformen der Materie sind, bestehen die räumlichen und zeitlichen Relationen nicht für sich, sondern bestimmt durch materielle Zusammenhänge. Dementsprechend sind die allgemeinen Gesetze dieser Relationen, d.h. die Eigenschaften von Raum und Zeit, auch die Gesetze und Eigenschaften der allgemeinen Struktur der materiellen Zusammenhänge von Gegenständen und Erscheinungen.

(3) Die klassische Theorie von Raum und Zeit ging von starren Körpern aus; die neue Theorie geht aus von der Konstanz der Lichtgeschwindigkeit oder allgemeiner von der Geschwindigkeitsbegrenzung für jede Wirkungsausbreitung (Energieübertragung), d.h. von neuen Erkenntnissen über materielle Zusammenhänge.

(4) Hauptergebnis der Theorie ist die Einheit von Raum und Zeit. Die Teilung der Raumzeit in Raum und Zeit ist relativ, d.h. nur im Zusammenhang mit einem Inertialsystem definiert. Folglich sind nur die raumzeitlichen Relationen und Eigenschaften der Gegenstände und Erscheinungen absolut, während die Trennung in räumliche und zeitliche relativ ist. Das heißt nicht, daß die Körper und Vorgänge ihre Eigenschaften verlieren; jeder Körper und Vorgang, jedes System von Ereignissen hat bestimmte raumzeitliche Eigenschaften, aber diese äußern sich unter verschiedenen Beziehungen verschieden. Ebenso ist absolut nur das elektromagnetische Feld, nicht das elektrische und magnetische allein. Dieser Sachverhalt kommt mathematisch in invarianten Vierervektoren und Tensoren und deren relativen Komponenten zum Ausdruck.

(5) Körper und Vorgänge haben Eigenschaften, die sich verschieden in

verschiedenen objektiven Relationen äußern. Dabei ist das Relative eine Seite, eine Facette, eine Erscheinung des Nicht-Relativen, es ist ebenso objektiv wie die Körper und Vorgänge selbst. Die Metaphysik zerreißt diese objektive Einheit des Relativen und Absoluten. Die Relativitätstheorie sagt nicht nur etwas über die Relativität, sondern auch über allgemeinere Eigenschaften, deren Phänomen relative Kennzeichnungen sind. Damit stellte sie deren tieferen inneren Zusammenhang fest. Beispiel ist der Zusammenhang von Masse und Energie. Das wahre Wesen der Theorie besteht darin, daß diese relativen Kennzeichnungen nur Aspekte des Absoluten darstellen. Dies erkannte bereits Minkowski. Mit einem philosophischen Relativismus hat dies nichts zu tun.[143]

Aleksandrov will deshalb nicht das Relative, sondern das Absolute in den Mittelpunkt der Ableitung der Theorie stellen. Dieses Absolute ist die *Raumzeit*. Er nennt seine Ableitung daher "Relativitätstheorie als Theorie der Struktur der absoluten Raumzeit". Seine Deutung zerfällt in folgende Stufen:

Allgemeine Prinzipien.[144] Räumliche und zeitliche Relationen gibt es in der Wirklichkeit nicht für sich in reiner Form, denn für ein absolut isoliertes Ereignis wird die Frage nach seinem Ort und seiner Zeit sinnlos. Folglich ist die Geometrie der Raumzeit nicht an sich festgelegt, sondern sie repräsentiert die raumzeitliche Struktur der materiellen Welt. Die Form ist allgemein die Struktur des Inhalts, folglich ist die Raumzeit die Existenzform der Materie. Dieser Satz des Diamat ist durch die ganze Geschichte der Erkenntnis von Raum und Zeit bestätigt.

Eine "rationale Raum- und Zeittheorie" muß daher aus den materiellen Zusammenhängen und ihren Gesetzen die Begriffe und Gesetze der raumzeitlichen Relationen ableiten; sie muß dabei von genügend allgemeinen Zusammenhängen ausgehen. So verfuhr praktisch Einstein; denn das Gesetz der Konstanz der Lichtgeschwindigkeit (das Ausbreitungsgesetz elektromagnetischer Störungen) ist mindestens für den makroskopischen Bereich die universale Form des Zusammenhangs von Gegenständen und Erscheinungen.

Die Theorie muß ferner von der Gesamtheit der Relationen ausgehen, um die raumzeitliche Struktur der Welt zu erforschen und die absolute Mannigfaltigkeit Raumzeit, nicht ihre relativen Aspekte, festzulegen. Hier verfuhr Einstein umgekehrt: Er ging vom Relativen aus und untersuchte die Gesetze der Raumzeit und die anderen Gesetze der Physik durch das

Prisma ihrer Erscheinung in verschiedenen Inertialsystemen. Dies widerspricht jedoch der *Logik des Gegenstandes* und setzt an ihre Stelle die Logik der Beobachtung oder Messung. Deshalb muß die Ableitung und Deutung der Theorie "in gewissem Sinn der Einsteinschen gerade entgegengesetzt sein".[145]

Obwohl bereits Minkowski das "absolute Weltpostulat" aufstellte, will Aleksandrovs Deutung "wesentlich weiter" gehen als die Minkowskis.

Anschauliche "elektromagnetische" Vorstellung der Struktur der Raumzeit.[146] Von jedem Körper gehen stets elektromagnetische Störungen aus. Die geringste Störung führt zu einer Verlagerung der Ladungen und damit zur Strahlungsemission. Elektromagnetische Signale stellen also zwischen den Körpern und ihren Teilchen einen allgemeinen materiellen Zusammenhang und eine minimale Wechselwirkung her. Die Welt ist von elektromagnetischer Strahlung durchdrungen; diese bildet einen "eigenartigen elektromagnetischen Hintergrund", eine Art System von Wechselzusammenhängen oder Struktur in der Mannigfaltigkeit der Erscheinungen.

Die Leugner der Relativitätstheorie (gemeint sind Štejnman und Kuznecov – *Der Verf.*) vergessen, daß diese Strahlung eine Art universales Medium darstellt, in dem sich die Körper bewegen, daß der Kosmos selbst ein ganzheitliches System ist und seine "Ganzheit" sich konkret durch den Zusammenhang der Körper vermittels der Strahlung realisiert. Deshalb ist auch das Kopernikanische System ausgezeichnet.*

Dieser Strahlungshintergrund hat nichts mit dem Äther zu tun. Den Äther kann man sich unbewegt denken; die Wellen breiten sich in ihm aus. Die Strahlung hingegen ist ein bewegtes Medium, sie ist selbst ein Wellenvorgang; unbewegte elektromagnetische Störungen sind nonsense. Deshalb ist der Begriff der Relativgeschwindigkeit gegenüber dem Strahlungshintergrund sinnlos.

Da der Strahlungshintergrund eine Wirkungsausbreitung in Raum und Zeit einschließt, ist bereits damit der allgemeine Zusammenhang beider gegeben. Natürlich liegt in jedem Vorgang dieser Zusammenhang vor, universal ist er jedoch nur für den Strahlungshintergrund.

Dies ist eine qualitative Aussage. Quantitativ wird sie exakt bestätigt durch die Konstanz der Lichtgeschwindigkeit. Die Lichtgeschwindigkeit

* Dieses Argument scheint dem Verfasser fraglich.

ist nicht nur im Vakuum konstant, sondern die Geschwindigkeit einer Front elektromagnetischer Störungen ist für jedes Medium konstant, wie Leontovič und Mandel'štam zeigten. Gerade die Geschwindigkeit einer Wellenfront ist wichtig für zeitliche Zusammenhänge, da sie Emissions- und Empfangszeit eines Signals bestimmt.

Nimmt man die Raumgeometrie auf Grund der Erfahrung als Euklidisch an, so lautet das Gesetz der Konstanz der Lichtgeschwindigkeit, wenn x_0, y_0, z_0 die Koordinaten der Lichtquelle und t_0 die Emissionszeit ist,

$$\sqrt{[(x - x_0)^2 + (y - y_0)^2 + (z - z_0)^2]} = c(t - t_0).$$

Aus der Forderung nach Invarianz dieses Ausdrucks folgen bereits rein mathematisch die Lorentz-Transformationen. (Aleksandrov und Ovčinnikova in *Vestnik Len. Univ.* 1953, 11). Folglich ergeben sich die Lorentz-Transformationen aus der Konstanz der Lichtgeschwindigkeit und der Euklidizität des Raums. Daraus folgt die ganze Kinematik der speziellen Relativitätstheorie. Dieser Schluß beruht auf hervorgehobenen, nämlich inertialen Koordinatensystemen und gehört deshalb noch zum Rahmen der traditionellen Deutung der Relativitätstheorie. Allerdings müßten streng genommen zu den Lorentz-Transformationen noch die Transformationen der Ähnlichkeit treten (gleichzeitige proportionale Maßstabänderungen für alle Koordinaten); offenbar sind die Formeln der Relativitätstheorie dann ebenfalls invariant.

Der Strahlungshintergrund, d.h. "der Signalaustausch" zwischen den Körpern, bestimmt ihre wechselseitige Koordination in Raum und Zeit, z.B. durch die Funkortung. Auf die Bedeutung dieses Sachverhalts wies Fock hin. Auch Einstein bestimmte die Gleichzeitigkeit mit Hilfe von Lichtsignalen. Alle diese Prozeße sind ständig in der Natur vorhanden, da die geringste Störung in einem Körper zur Strahlung führt, die an anderen Körpern gestreut und reflektiert wird. Vorgänge wie die Funkortung und die Einsteinsche Prüfung der Uhren gehen also ständig auf natürliche Weise vor sich. Sie koordinieren die Körper und ihre Phänomene ohne jeden Beobachter in Raum und Zeit. Folglich ist die Koordination von Körpern und Prozessen in Bezug auf einen bestimmten Körper ein Faktum und das Bezugssystem dieses Körpers völlig real; es wird materiell durch den ständigen "Signalaustausch" als Strahlungsfeld realisiert. Das Bezugssystem ist also kein fiktives Beschreibungsmittel. Inertialsysteme entsprechen also entgegen Eddington der realen Struktur der Welt, nämlich der Struktur des Strahlungsfelds.

Man braucht nur das Strahlungsfeld von seinem konkreten Inhalt zu abstrahieren, um eine Vorstellung von der Raumzeit in ihrer reinen, abstrakten Gestalt zu erhalten.

Trotzdem soll man nicht den Universalcharakter dieser anschaulichen Vorstellung übertreiben; das Modell ist indes nützlich, weil es eine einfache und richtige Orientierung in einer Reihe von Fragen gibt und vor allem begreifen läßt, daß die räumlichen und zeitlichen Relationen ebenso wie die Eigenschaften der Raumzeit als ganzer von der materiellen Wechselwirkung bestimmt werden.

Die Einheit der kausalen und raumzeitlichen Struktur der Welt.[147] "Ereignis" ist eine punktartige Erscheinung, wie z.B. das momentane Aufflammen einer punktförmigen Lampe, d.h. ein Phänomen, dessen Ausdehnung in Raum und Zeit man vernachlässigen kann. "Alle Erscheinungen kann man als aus Ereignissen bestehend und von hier aus die Welt in ihrer ganzen Ausdehnung nach Raum und Zeit als Vielheit oder Mannigfaltigkeit von Ereignissen ansehen."[148]

Jedes Ereignis wirkt auf andere Ereignisse in mannigfacher Weise. Die Bewegung eines kleinen Körpers kann man als Ereignisreihe ansehen, wo die vorhergehenden Ereignisse auf die folgenden wirken. Die Wirkung kann durch eine Reihe von Agentien erfolgen. "Man kann sagen, daß die Wirkung in der Übertragung irgendeiner Energie besteht."[149]

Sieht man vom konkreten Charakter und von der energetischen oder irgendeiner anderen physikalischen Seite der Wirkung ab, so zeigt sich folgendes:

Ereignisse, die prinzipiell der Wirkung des Ereignisses A unterliegen, bilden das "Wirkungsgebiet des Ereignisses A". In der geometrischen Darstellung seien die Ereignisse nun Punkte des vierdimensionalen Raums; dann stellt das genannte Gebiet einen geraden Kreiskegel mit der Spitze in A, mit der Achse parallel zur t-Achse (Zeitachse) und einem Öffnungswinkel dar, dessen tangens gleich der Grenzgeschwindigkeit c ist. Den Mantel des Kegels bilden Ereignisse, welche durch Wirkungen erreicht werden, die mit Lichtgeschwindigkeit von A ausgehen. Gemäß der Relativitätstheorie sei angenommen, daß diese Grenzgeschwindigkeit erreichbar ist; für die abstrakte Ableitung der Theorie ist dies indes nicht erforderlich; ist die Grenzgeschwindigkeit unerreichbar, so ist der Kegel offen, d.h. der Mantel ist ausgeschlossen. Auch muß man bei der abstrakten Ableitung der Theorie nicht von vornherein das Zusammenfallen der Grenzgeschwindigkeit mit *c* annehmen.

Da die Grenzgeschwindigkeit mit *c* zusammenfällt, so handelt es sich um Ereignisse, die durch ungestreute Lichtsignale von *A* aus erreicht werden. Daher kommt der Ausdruck "Lichtkegel", womit im engeren Sinn nur der Kegelmantel gemeint ist. Nimmt man das ganze Gebiet, so kann man allgemein vom "Wirkungskegel des Ereignisses *A*" sprechen. "Dabei ist nicht erforderlich, diesen Kegel geometrisch zu denken; es handelt sich um eine Menge von Ereignissen, die der Einwirkung des Ereignisses *A* unterworfen sind."[150]

Die Wirkungskegel bestimmen in der Mannigfaltigkeit von Ereignissen ein bestimmtes Relationssystem oder eine Struktur; diese ist nichts anderes als das im ganzen genommene Relationensystem der Wirkungen der einen Ereignisse auf die anderen. Da die Grenzgeschwindigkeit gleich der Lichtgeschwindigkeit ist, wird diese Struktur durch Lichtkegel festgelegt, so daß sie mit jener Struktur zusammenfällt, von der vorher in einem anschaulicheren Sinn die Rede war. Die Art der Wirkungen erweist sich damit als irrelevant, sofern sie sich nur mit Grenzgeschwindigkeit ausbreiten. "Es stellt sich heraus, daß das Relationensystem der Wirkungen der einen Ereignisse auf die anderen völlig die Geometrie oder Struktur der Raumzeit festlegt!"[151]

Dies folgt unmittelbar aus dem obigen Theorem von Aleksandrov und Ovčinnikova, das übrigens bei Zugrundelegung von Zusatzbedingungen längst bekannt ist. Danach sind die Transformationen, welche die Struktur der Wirkungsrelationen unverändert lassen, mit den Lorentz-Transformationen identisch. Da die Forderung der Invarianz gegenüber diesen Transformationen die Geometrie der Raumzeit festlegt, so bestimmt eben dadurch die Struktur der Wirkungsrelationen die Geometrie der Raumzeit. "Die allgemeinen Gesetze der raumzeitlichen Struktur der Welt sind nichts anderes als die Äußerung ihrer allgemeinen Struktur, festgelegt durch die Wirkungen der einen Ereignisse auf die anderen."[152]

Da die Wirkung der einfachste Fall des Kausalzusammenhangs ist, so kann dieser Schluß weniger genau, aber ausdrucksvoller so formuliert werden. "Die allgemeine raumzeitliche Struktur der Welt ist die Äußerung ihrer allgemeinen Kausalstruktur".[153]

Die Substitution ist ungenau, denn der Begriff der Ursache ist komplizierter und deckt sich nicht mit dem Begriff der Wirkung.* Wirkt ein Phänomen auf das andere, so folgt daraus nicht, daß es seine Ursache ist. Für Ursachen komplexer Phänomene wie sozialer oder psychischer Art ist die Zurückführung auf Elementarwirkungen fast immer unmöglich. Deshalb ist es exakter, von Wirkungen oder sogar von Elementarwirkungen der einen Ereignisse auf andere zu sprechen.

Bei der Bestimmung der Form muß man vom Inhalt abstrahieren; so bleibt vom Begriff des materiellen Ereignisses nur das Element, d.h. der Punkt der Mannigfaltigkeit. Dementsprechend kann man die Raumzeit wie folgt definieren: "Die Raumzeit ist die Mannigfaltigkeit aller Ereignisse in der Welt, abstrahiert von allen ihren Eigenschaften, ausgenommen jene, die vom Relationensystem der Wirkungen der einen Ereignisse auf die anderen festgelegt sind."[154]

Dabei handelt es sich um das Relationensystem als *Form* und nicht um die Wirkungen selbst.

"Diese Definition ist nichts anderes als jener der modernen Physik entsprechende konkrete und exakte Ausdruck dessen, daß die Raumzeit die Existenzform der Materie ist."[155]

Sie war in der klassischen Physik nicht möglich; hier erstreckte sich das Gebiet möglicher Wirkungen eines Ereignisses infolge der hypothetischen unendlichen Ausbreitungsgeschwindigkeit auf alle Ereignisse, die dem Ereignis zeitlich folgen; damit bestimmten die Wirkungsrelationen nur eine einfache Zeitfolge. Dem entsprach auch die absolute Folge nach der Zeit; die quantitativ bestimmte Zeit t und die Raumgeometrie mußten durch etwas anderes als die Wirkungsrelationen festgelegt werden. Mehr noch, es ist überhaupt keine Definition von Raum und Zeit im Sinne der klassischen Physik bekannt, die so exakt und kurz wie die obige wäre. Schon diese Tatsache zeigt den ungeheuren Vorzug der Relativitätstheorie und läßt erkennen, wie tief sie in das Wesen der universalen Existenzform der Materie eindrang.

Es ist hervorzuheben, daß das Relationensystem der Wirkungen durch die Festlegung der Raumzeit nicht nur die Folge nach der Zeit, besser nach den relativen Zeiten, festlegt, sondern auch die Geometrie des Raums oder sogar aller relativen Räume. Diese Festlegung erfolgt für die Raum-

* Aleksandrov benutzt hier den Ausdruck "Wirkung" im Sinne von "Einwirkung", nicht von "Wirkung" im Ursache-Wirkungs-Verhältnis.

zeit und nicht für Raum und Zeit einzeln. Bei Aufstellung der These des Diamat von Raum und Zeit als Daseinsformen der Materie existierte nach Aleksandrov noch nicht die Spur einer Relativitätstheorie; wir wissen heute sicher, daß Raum und Zeit nur relative Aspekte der einen Raumzeit sind. Deshalb erscheint es richtiger, von "der Raumzeit als der einen und universalen Existenzform der Materie zu sprechen", wobei natürlich Raum und Zeit selbst nicht ihre Bedeutung als Daseinsformen verloren.

Die Ableitung der Theorie. Die Welt ist eine Mannigfaltigkeit von Ereignissen. Zwischen den Ereignissen besteht ein allgemeiner Zusammenhang und zwar darin, daß die einen Ereignisse auf die anderen wirken. Abstrahiert von seinem physikalischen Inhalt wird das Ereignis zum Punkt der Mannigfaltigkeit und die Relation der Wirkung zur Relation der Folge. Darunter wird eine antisymmetrische transitive Relation verstanden. – Statt des physikalischen Ausdrucks "Wirkung" wird für die raumzeitliche Form der Ausdruck "vorhergeht" benutzt. Da außerdem das Ereignis A, welches auf B wirkt, ihm zeitlich absolut vorangeht, so kann man sogar von absolutem Vorhergehen sprechen. An Stelle von "das Ereignis A wirkt auf B" soll also gesagt werden "der Punkt A geht dem Punkt B vorher" oder "der Punkt B folgt auf A".

Damit ergibt sich der erste Satz der Theorie:

(I) *Die Raumzeit ist die Mannigfaltigkeit (Menge) aller Ereignisse, nur vom Standpunkt ihrer Struktur aus genommen, die vom Relationensystem des Vorhergehens (oder der Folge) in Abstraktion von allen anderen Eigenschaften festgelegt ist.*

Der zweite Satz lautet:

(II) *Die Raumzeit ist eine vierdimensionale Mannigfaltigkeit.*

Nach Satz I sind die Struktur der Raumzeit und folglich die Eigenschaften der Kontinuität, ihre *Topologie*, durch die Relationen der Ereignisfolge festgelegt; mit anderen Worten, die Umgebungen in der Ereignis-Mannigfaltigkeit müssen durch diese Relationen bestimmt werden, und zwar so, daß sich kraft dessen die Ereignis-Mannigfaltigkeit als vierdimensional erweist. Dementsprechend kann man Satz II interpretieren wie folgt: "Für jedes Ereignis *A* existieren solche ihm folgende Ereignisse *X* und ihm vorhergehende Ereignisse *Y*, daß bei Bestimmung der Umgebung des Ereignisses *A* als Ereignismenge, die irgendeinem *X* vorhergehen und irgendeinem *Y* folgen, kraft dieser Definition von Umgebungen die Mannigfaltigkeit aller Ereignisse eine vierdimensionale ist." In der vierdimensionalen Vorstellung der Relativitätstheorie liegt *A* gleichzeitig innerhalb eines Ereigniskegels vor *X* und eines Ereigniskegels nach *Y*.

In der so definierten Möglichkeit, die Raumzeit-Topologie festzulegen, ist die Begrenzung der Ausbreitungsgeschwindigkeiten jeder Wirkung impliziert. Bei unendlich großer Ausbreitungsgeschwindigkeit wäre die so definierte Umgebung von *A* eine unendliche Schicht, und die Menge der Ereignisse mit einer solchen Topologie wäre überhaupt keine Mannigfaltigkeit. Dies zeigt den grundlegenden Zusammenhang zwischen dem Satz der Relativitätstheorie von der Geschwindigkeitsbegrenzung und jener fundamentalen Eigenschaft der Raumzeit, daß sie eine vierdimensionale Mannigfaltigkeit ist.

Obwohl der Geschwindigkeitsbegriff mit dem Begriff "Bezugssystem" zusammenhängt, so kann man doch leicht das Prinzip der Geschwindigkeitsbegrenzung durch folgenden Satz ohne die Begriffe "Geschwindigkeit" und "Bezugssystem" formulieren: "Es gibt Ereignisgebiete, in welchen Ereignisse verschiedener Gebiete nicht aufeinander wirken und deshalb nicht durch die Relation der Folge verbunden sind." Da dieser Satz ableitbar ist, wurde er nicht als Haupt-Satz aufgestellt.

Im dritten Haupt-Satz wird das Relativitätsprinzip formuliert:

(III) *Die Raumzeit ist maximal homogen, d.h. die Gruppe ihrer Transformationen, welche die Relation der Folge unverändert lassen, ist von allen möglichen Transformationen die maximale.*

Exakter kann Satz III wie folgt ausgedrückt werden:

Zwei beliebige Ereignisse *A* und *B* befinden sich in einer der folgenden fünf Relationen: (a) *A* liegt innerhalb des Gebiets der Ereignisse nach *B*. (b) *A* liegt auf der Grenze dieses Gebiets. (c) und (d) enthalten dasselbe wie (a) und (b) unter Vertauschung von *A* und *B*. (e) Übrige Möglichkeiten.

Dann läßt sich Satz III wie folgt formulieren: "Welche Ereignispaare *A* und *B* bzw. *A'* und *B'* wir auch nehmen, die sich in denselben Relationen befinden, es gibt immer eine eineindeutige Abbildung der Ereignismenge

auf sich selbst, welche die Relation der Folge unverändert läßt und die Ereignisse A und B in die Ereignisse A' und B' überführt."
Der Zusammenhang dieses Satzes mit dem Relativitätsprinzip ist evident; denn das Prinzip spricht von der Möglichkeit, jedes Phänomen in jedem Inertialsystem in gleicher Weise zu reproduzieren, was gerade die Homogenität der Raumzeit bedeutet. Nach obigem Verfahren läßt sich dies so formulieren: "Jede Erscheinung kann so reproduziert werden, daß zwei beliebige Ereignisse A und B in ihr stattfindende zwei beliebigen anderen Ereignissen A' und B' entsprechen, die sich in denselben Relationen (a) bis (e) befinden."
Um zu beweisen, daß die obigen Sätze die Raumzeit der speziellen Relativitätstheorie festlegen, bedarf es eines Hilfssatzes aus der Mathematik:

(IV) *Die Mannigfaltigkeit, welche die Raumzeit darstellt, und die in Satz III genannten Transformationen sind differenzierbar.*

Es läßt sich zeigen, daß die Sätze I bis IV die Raumzeit der speziellen Relativitätstheorie festlegen, d.h. daß die Transformationen, welche die Folgerelation unberührt lassen, gerade die Lorentz-Transformationen sind (einschließlich der Transformation der Ähnlichkeit); man kann Koordinaten einführen, in denen sie linear sind. Dies sind die in den gewöhnlichen Ableitungen der Theorie von Anfang an eingeführten Koordinaten.
Bisher sind die Koordinaten ziemlich formal gekennzeichnet; ihren tieferen Sinn kann man erhellen, wenn man unter Vermeidung des Begriffs "Inertialsystem" als Basis den Grundbegriff des "Vorhergehens", d.h. der Wirkung von Ereignissen, beibehält.
Zunächst soll die Gleichzeitigkeit definiert werden, d.h. eine Menge gleichzeitiger Ereignisse, die in obigen Koordinaten durch die Fläche $t = \text{const}$ dargestellt wird. Eine solche Menge M kann man z.B. durch zwei Postulate definieren: (a) M soll die Mannigfaltigkeit aller Ereignisse in die zwei Teile Vergangenheit und Zukunft zerlegen. (b) M soll homogen sein. Letzteres heißt: Welche Ereignispaare A und B, A' und B' wir aus M nehmen, es muß eine eineindeutige Abbildung der ganzen Mannigfaltigkeit auf sich selbst existieren, welche die Relation der Folge unberührt läßt und M in sich selbst sowie A in A' und B in B' überführt. Es läßt sich zeigen, daß diese Postulate tatsächlich jede der "Ebenen" $t = \text{const}$ bestimmen.

Der Grund für das Homogenitätspostulat liegt darin, daß die Gleichzeitigkeit durch ein Gesetz bestimmt sein muß, das auf beliebige Ereignispaare anwendbar ist. Dies kommt gerade in der genannten Transformation für beliebige Ereignispaare aus M zum Ausdruck.

Insofern das System der Wirkungsrelationen die Struktur der Raumzeit im ganzen und die Gesamtheiten relativ gleichzeitiger Ereignisse festlegt, bestimmt sie auch die Geometrie des Raums. Diese ist natürlich wegen der obigen Sätze Euklidisch. Es ist einfach, den Grund hierfür zu verstehen: Die Ausbreitung der Wirkungen von irgendeinem Punkt mit maximaler Geschwindigkeit bestimmt im Raum ein System von Kugeln, z.B. die sphärischen Fronten der Lichtwellen; dadurch ist bekanntlich die Euklidische Struktur des Raums festgelegt.

Somit bestimmt das allgemeine System der Relationen der Wirkungen die relativen Zeiten t und alle möglichen orthogonalen Koordinaten. Letztere sind folglich nicht bedingt und fiktiv, sondern durch die Struktur der Welt, durch ihre materiellen Wechselwirkungen bestimmt. Bedingt ist nur die Wahl eines bestimmten Systems unter allen möglichen Systemen.

Aus dem Bisherigen folgen die übrigen Sätze der Relativitätstheorie auf die gewöhnliche Weise. Noch klarer tritt hier die wahre Natur der relativistischen Effekte zutage: Da Ausgangspunkt die absolute Struktur der Raumzeit ist, so ist jeder Körper vor allem in seiner raumzeitlichen Ausdehnung zu betrachten. In diesem Sinn hat er absolute Kennzeichnungen. Seine rein räumlichen Ausmaße hingegen drücken nur die Relation des Körpers zu einer hervorgehobenen Menge M gleichzeitiger Ereignisse aus. Da alle möglichen Mengen durch das ganze Relationensystem der Wirkungen festgelegt sind, so werden dadurch letztlich auch die relativistischen Effekte bestimmt. Irgendwelche besonderen Wirkursachen zu suchen, ist völlig grundlos. Ebenso könnte man nach besonderen Ursachen dafür suchen, daß der senkrechte Abstand zwischen einem Punkt und einer Geraden kürzer ist als eine geneigte Gerade. Die "Ursachen" liegen in den Gesetzen der Geometrie; diese haben die allgemeine Struktur der Welt als "Ursache", die ihrerseits durch die Wirkungsrelationen zwischen den Ereignissen festgelegt ist.

Damit lassen sich die Grundlagen der Lehre von Raum und Zeit wie folgt formulieren: "Die Raumzeit ist die Mannigfaltigkeit aller Ereignisse in der Welt, abstrahiert von allen ihren Eigenschaften, ausgenommen jene, die durch die Struktur des Systems der Relationen von Wirkungen der einen Ereignisse auf die anderen bestimmt sind; dabei ist die Raumzeit eine vierdimensionale Mannigfaltigkeit und maximal homogen, soweit es überhaupt das System dieser Relationen erlaubt. Hervorgehoben sind Inertialsysteme oder, wie wir hier vorschlagen zu sagen, die Lorentz-Koordinatensysteme heben sich als durch die Struktur selbst ausgewählt hervor."

Philosophisch gesprochen bestimmt die Materie selbst in ihrer Wechselwirkung und in der Bewegung ihrer Elemente die absolute Raumzeit als ihre Existenzform. Die allgemeine Struktur der Wechselwirkungen teilt in der absoluten Raumzeit eine Menge relativ gleichzeitiger Ereignisse sowie relative Räume und Zeiten ab. Weder die Relativität noch bedingte Definitionen oder besondere Wirkursachen sind die Grundlage und der Inhalt der Theorie, sondern die absolute Struktur der Welt.

Es bleibt nur übrig, von der Kinematik, d.h. von den Grundlagen zur eigentlichen Physik überzugehen. Ihre Gesetze müssen dem Postulat der Lorentz-Invarianz genügen. In der Tat können die Wirkungsrelationen durch mechanische Bewegungen, elektromagnetische Wellen oder sonstwie hergestellt werden. Schon dadurch sind die allgemeinen Gesetze dieser Vorgänge ebenso mit den Eigenschaften der Raumzeit koordiniert wie der Inhalt mit der Form. Logisch gehen wir jetzt von der allgemeinen Struktur der Relationen von Wirkungen zu den konkreten Arten von Wechselwirkungen über. Mathematisch formuliert, ergibt die allgemeine Eigenschaft der Homogenität der Raumzeit unter Benutzung der gewählten Koordinaten das Postulat der Lorentz-Invarianz.

Dabei zeigt sich, daß die etwas abstrakt gewählten Koordinatensysteme gerade der Art sind, daß diese Gesetze das gewöhnliche Aussehen erhalten. Die konkrete Fixierung dieser Systeme mit Hilfe von Meßoperationen usw. erfolgt nicht aus bedingten Konventionen, sondern entsprechend den Naturgesetzen.

In der allgemeinen Relativitätstheorie, besser Gravitationstheorie, entfällt das Homogenitätspostulat; es bleibt indes die allgemeine Definition der Raumzeit als vierdimensionale Mannigfaltigkeit; statt der Homogenität bleibt nur die Homogenität in unendlich kleinen Teilen. Analog wird der Riemannsche Raum nur im unendlich Kleinen Euklidisch. Nicht die Allgemeinheit der Koordinaten, sondern der Annahmen über die Struktur der Raumzeit unterscheidet die allgemeine von der speziellen Relativitätstheorie. Sie ist überhaupt keine allgemeine Relativitätstheorie. Dies wird aus folgendem klar: Unter den obigen Fundamentalsätzen wurde explizit das Postulat maximaler Homogenität der Raumzeit formuliert, das auch das Relativitätsprinzip ausdrückte. Es ist evident, daß es eine größere Homogenität der Raumzeit und folglich eine allgemeinere Relativität überhaupt nicht gibt.

Als philosophische Schlußfolgerungen sind noch hervorzuheben:

(a) Die Theorie bestätigt und vertieft die Konzeption der Untrennbarkeit von Materie und Bewegung: (α) Die Masse, das Trägheitsmaß, ist gleichzeitig das Maß der Energie, d.h. der aktuellen oder realmöglichen Bewegung. (β) Die Bewegungsgesetze der Körper im Schwerefeld werden durch die Gesetze des Feldes selbst bestimmt.

(b) Die Theorie bestätigt und entwickelt die Lehre des Diamat vom Zusammenhang und der Bedingtheit aller Seiten der Wirklichkeit, von der materiellen Einheit der Welt. (Einheit der raumzeitlichen Eigenschaften, von Energie und Impuls, von elektrischem und magnetischem Feld; Zusammenhang zwischen Raumzeit-Struktur und Materie, Struktur und Kausalität, von Masse und Energie usw.)

Der Dialektik sind durch die Theorie in reichem Umfang Fragen gestellt, wie die nach dem Verhältnis von "Inhalt" und "Form", "konkret" und "abstrakt", "absolut" und "relativ", "Eigenschaft" und "Relation" usw. Eine Weiterentwicklung der Relativitätstheorie wird von der hier dargelegten Konzeption ausgehen müssen, denn sie enthüllt den Zusammenhang des Begriffs der Raumzeit mit der Wechselwirkung der Phänomene. Im Bereich der Quantengesetze muß der Raumzeit-Begriff und nicht nur die Vorstellung von der Geometrie der Raumzeit als solche vermutlich neugefaßt werden. Dies wird offenbar nicht zur Diskretheit, d.h. zur Quantisierung von Raum und Zeit, sondern eher zu einer Art Verschwimmen ihrer starren Struktur führen, wobei der Begriff des Lichtkegels und der Begriff des punktförmigen Ereignisses selbst entsprechenden Veränderungen unterliegen.[156]

6. DIE DISKUSSION IN MOSKAU 1958

Um Aleksandrovs Referat entspann sich eine interessante Diskussion. Fock äußerte sich leider nicht, von den übrigen Teilnehmern soweit bekannt Širokov, Ivanenko, Kol'man, Sviderskij, Tjapkin und Ovčinnikov. Das eigentliche Anliegen, die Suche nach dem Absolutum der Physik, blieb praktisch undiskutiert.

Nach Professor M. F. Širokov wird in der Relativitätstheorie der Raum zur Gesamtheit der Ausdehnungen von Körpern, Feldern und Stoffen, zur Gesamtheit von Abständen zwischen Körpern* und die Zeit zur Gesamtheit einer besonderen Art von Dauern. Unter dem Relativitätsprinzip versteht Širokov die Gleichheit der Naturgesetze in inertialen und nicht-inertialen Bezugssystemen, sofern sie durch physikalische Körper realisierbar sind. So ist etwa ein geozentrisches Bezugssystem für die ganze Welt nicht realisierbar. Die Längenkontraktion und Zeitdilatation folgen dann aus der kovarianten Formulierung in Abhängigkeit von der relativen Geschwindigkeit und der Intensität von Schwerefeldern. Širokov spricht in diesem Zusammenhang geradezu von einem "Prinzip der Intensität der Relativität", wie es z.B. bei der Abstandsänderung auf einer rotierenden Scheibe zutagetritt.**

Was nun den vorgeblich materialistischen Zug der Relativitätstheorie anlangt, so vermag Širokov nur die Engelssche Trivialität von den Daseinsformen zu wiederholen.[157]

Aleksandrov gesteht nach Širokov allen Koordinatentransformationen, ausgenommen offenbar die Lorentz-Transformationen, nur formal-mathematische Bedeutung zu. Da auch der Übergang von einem Inertialsystem zu einem nicht-inertialen dazu gehört, so leugnet er damit faktisch die objektive Realität der Felder von Beschleunigungskräften, womit z.B. das Phänomen der Passate und der Einfluß der geographischen Breite auf die Gravitationsbeschleunigung ihrer objektiven Realität beraubt

* Širokov setzt hier implizit Ausdehnung und Abstand gleich, was natürlich nicht der Fall ist: "Ausdehnung" kann nur von einem erfüllten Etwas (einem Substrat, einer Wirkung) ausgesagt werden, "Abstand" sowohl von den Punkten eines solchen Substrats als auch von physisch Seienden, zwischen denen kein Substrat vorliegt.

** Damit werden inertiale Relativbewegung und Schwerefeld zu Ursachen derselben Effekte, womit die logische Symmetrie beider deutlich zutagetritt. Das spezielle Relativitätsprinzip läßt sich dann einfach zum allgemeinen erweitern, indem man zu "relative Geschwindigkeit" noch den Term "Intensität der Schwerefelder" hinzufügt und dabei die physikalische Gleichberechtigung beider Ursachen impliziert. Beim Beispiel mit der Scheibe ist dann die Kontraktion der peripheren Abstände und die Verlangsamung der Uhren ebenso eine Folge der Relativgeschwindigkeit (die freilich nichtinertial ist) wie der Intensität der Felder der Trägheitskräfte; diese werden nach dem Äquivalenzprinzip dann Schwerefeldern der Wirkung nach gleichgesetzt.

werden. Aleksandrov kehrt also zur metaphysischen Deutung der Trägheitskräfte als fiktiver Faktoren zurück. Andererseits erkennt er im Widerspruch zur allgemeinen Logik der Relativitätstheorie das Einsteinsche Gravitationsgesetz an. Dies ist aber mit seiner Leugnung des allgemeinen Relativitätsprinzips unvereinbar: Ein Urteil über die Kontraktion und Zeitdilatation ist in der Tat nur durch eine allgemeine Koordinatentransformation zu einem lokalen ruhenden Inertialsystem möglich. Wer also wie Aleksandrov das allgemeine Relativitätsprinzip leugnet, kann aus den Feldgleichungen keine physikalischen Folgen ableiten.[158]
Ivanenko bemängelte, daß die Referenten (gemeint ist außer Aleksandrov wohl auch Ambarcumjan, der zur Kosmologie sprach) das Problem der Quantengravitation nicht berührten. Er wiederholte seine These, daß sich das "Gravitationsfeld in gewohntere (*bolee obyčnye*) Materieformen umwandeln" könne. Er habe diese Transmutationen berechnet und diese Idee erwerbe auch unter den anderen Physikern Bürgerrecht (Dirac in Leipzig 1958; Wheeler in Paris 1959). "Wenn das Gravitationsfeld sich in ein anderes Feld umwandeln kann, so wird zwischen dem Gravitationsfeld (das aufs engste mit der Raumzeit zusammenhängt) und Raum und Zeit einerseits und der gewohnten Materie andererseits ein engerer Zusammenhang herrschen, als bislang angenommen wurde. Wenngleich die Wahrscheinlichkeit solcher Vorgänge sehr gering ist, so bin ich nicht überzeugt, daß wir sie nicht bereits jetzt bei der Diskussion des Aufbaus eines Weltbilds als ganzen berücksichtigen müssen."[159]
Prof. V. I. Sviderskij unternahm von philosophischer Seite einen Anlauf zur Klärung der einschlägigen Begriffe, womit er zugleich an die Grundthese des Diamat von der Materialität der Welt rührte: Vom Standpunkt der strengen Verwendung philosophischer Begriffe und Beweisführungen steht es, so meinte er, bei uns nicht besonders günstig; so versuchte man die Masse als adäquaten Ausdruck der Materialität darzustellen, was jedoch philosophisch völlig falsch ist. Man sagt ferner richtig, die Einheit der Welt bestehe in ihrer Materialität, diese aber will man in der Einheit des chemischen Bestandes, der Gesetze usw. nachweisen, was jedoch falsch ist. Die Einheit der Welt zeigt sich an den allgemeinen Eigenschaften der bewegten Materie und ihrer Existenzformen.*

* Leider zeigt Sviderskij nicht, wie er sich den Beweis denkt. Er bleibt also ebenso wie seine Kollegen in nichtssagenden Deklarationen stecken. Versteht er aber unter "Existenzform" explizit Raum und Zeit, dann bedeutet der Satz von der Einheit der

Sviderskij war auch der einzige, der sich gegen die Suche nach dem Absolutum in der Raumzeit wandte; wäre I. V. Kuznecov zugegen gewesen, so hätte er noch deutlicher als in Kiev 1954 auf die Parallele zwischen Hylemorphismus und der Konzeption von Fock und Aleksandrov hingewiesen.* Wenn diese Autoren, so meinte Sviderskij, den Eindruck erwecken, als sei die Relativitätstheorie die absolute Theorie von Raum und Zeit, so wird hier nicht genügend zwischen der physikalischen und philosophischen Bedeutung dieser Kategorien unterschieden; es wird nicht die Existenz einer ganzen philosophischen Theorie von Raum und Zeit berücksichtigt, die ihre Objektivität, Absolutheit, Relativität, Wesenhaftigkeit, Widersprüchigkeit, ihren Maßcharakter (*mernost'*), ihre Kontinuität und Diskretheit, Unendlichkeit, Einheit, Verschiedenheit, Interdependenz usw. untersucht.

Diese Haltung Sviderskijs ist typisch nicht nur für die sowjetische, sondern auch für einen Teil der westlichen Raum-Zeit-Ontologie. Wir finden sie selbst bei einem Denker wie N. Hartmann. Sie geht davon aus, daß eine begriffliche Fassung der Elemente und Strukturen raumzeitlichen Verhaltens physisch Seiender spekulativ ohne den permanenten Rückgriff auf die Beobachtung und die physikalische Theorie möglich sei. Ihre Leistungen für die Physik sind daher gering und für die Philosophie fragwürdig. Hier würde der sowjetischen wie der nicht-sowjetischen Philosophie nur eine radikale Hinwendung zu einem methodischen Positivismus helfen. Wohlverstanden, einem methodischen, nicht metaphysischen Positivismus, der seinerseits nach dem semantischen und axiomatisierenden Schritt durch eine hypothetisch-spekulative Raum-Zeit-Theorie überhöht würde. Deren Folgesätze müßten dann ebenso wie die der mathematischen Physik mit gesicherten physikalischen Beobachtungen und Theorien konfrontiert werden. Von einer solchen Haltung ist die Sowjetphilosophie noch weit entfernt. Nur Aleksandrov wagte den ersten Schritt, blieb aber im Niemandsland zwischen Axiomatik und metaphysischer

Welt: "Raumzeitlich lokalisierbare Existenz ist ein Wesensmerkmal alles Realen". Da der Diamat nun entschieden Raum und Zeit die Materialität im Sinne der Substanzialität oder des Substratcharakters versagt, so entsteht damit ein formallogischer Widerspruch zum Satz: "Die Einheit der Welt besteht in ihrer Materialität", sofern der vorhergehende Satz ein Explikat des letzten sein soll.

* Die Tatsache, daß I. V. Kuznecov von der Konferenz verbannt war, obwohl er nach wie vor Redaktionsmitglied der *VF* blieb, ist interessant.

Raum-Zeit-Theorie stehen. Der nächste Schritt wäre nun, aus einer noch zu schaffenden Theorie des physischen Absolutums (etwa aufgefaßt als transenergetische Mannigfaltigkeit möglicher Verhaltensstrukturen von Wirkwesen) die Sätze der Relativitätstheorie abzuleiten. Hier käme man dann zu einer Theorie der Ersten Prinzipien der Realwelt, die in der Tat nicht mehr von der Physik, auch nicht der Mathematik und axiomatisierenden Logik, sondern nur geleistet werden kann einer Protophysik geleistet werden kann, d. h. einer Theorie des ontischen Apriori der Welt.

Daß auch Sviderskij die Aufgabe als solche fühlt, zeigt seine Betonung des Strukturbegriffs in der modernen Physik: Auch er steht auf dem Standpunkt Aleksandrovs von Raum und Zeit als allgemeiner Struktur. Dieselbe Haltung hätten aber bereits Aristoteles, Leibniz, Diderot und Lobačevskij eingenommen. Die Struktur sei auch Forschungsgegenstand der Biologie und der Logik. "Wir in Leningrad bemühen uns um eine Erarbeitung des Strukturbegriffs und verwenden ihn bei der Deutung der Qualität, der Erhellung der Gesetzmäßigkeiten der Sprünge usw., bei der Lösung des Problems der Vieleigenschaftlichkeit.* [160]

Im übrigen griff Sviderskij entschieden die frühere Gleichsetzung von ontologischer und erkenntnistheoretischer Problematik an, insbesondere von "absolut" und "objektiv", "relativ" und "subjektiv" an. Zudem mache etwa M. A. Leonov in seinem Lehrbuch *Očerki dialektičeskogo materializma* (Grundzüge des dialektischen Materialismus) [161] die Unterscheidung zwischen dem philosophischen Begriff einer absoluten und dem physikalischen Begriff einer relativen Bewegung, obwohl natürlich beide Begriffe in Philosophie und Physik auftreten. Die Gleichsetzung alles Objektiven mit dem Absoluten und alles Relativen mit dem Subjektiven nennt Sviderskij geradezu ungeheuerlich. Das Hauptproblem ist gerade der ontologische Sinn von Absolutheit und Relativität. Es entschwand völlig aus dem Gesichtskreis der Philosophen, "einige unserer verehrten Physiker und Philosophen" erörterten es nur vom erkenntnistheoretischen Aspekt aus. Ein absolutes Wissen von einem Gegenstand impliziert nicht seine Absolutheit, anderenfalls wäre auf Grund der absolut wahren

* Sviderskij verwendet den Ausdruck "*Mnogokačestvennost'* ", der in der Monographie seines Schülers Branskij *Problema nagljadnosti v sovremennoj fizike* (Das Problem der Anschaulichkeit in der modernen Physik), Leningrad 1962 eine große Rolle spielt. S. Müller-Markus in *Studies in Soviet Thought* III (1963) 191–201.

Marxschen Lehre vom Kapitalismus auch dessen Existenz absolut gesichert.*

A. A. Tjapkin (Vereinigtes Kernforschungsinstitut, Dubna) meinte, das materialistische Wesen (*načalo*) der allgemeinen Relativitätstheorie sei für alle offenkundig: Es bestehe in der Gravitationswechselwirkung der materiellen Objekte. Da diese Wechselwirkung universal sei, komme es zur Raumkrümmung und zur Änderung von Tempo oder Rhythmus der materiellen Vorgänge.**

Interessant ist seine "materialistische Deutung" der speziellen Relativitätstheorie: In der üblichen Darstellung ist alles auf den Kopf gestellt; zuerst findet man die raumzeitlichen Transformationen und gewinnt dann die Abhängigkeit der Masse von der Geschwindigkeit. In Wirklichkeit ist aber die von uns gesuchte Zunahme der trägen Masse bei der Beschleunigung die materielle Ursache, aus der wir dann die raumzeitlichen Transformationen gewinnen.*** Fliegt im Ausgangssystem K ein Teilchen aus dem Kern mit der Geschwindigkeit U, so emittiert der Kern das Teilchen in einem zu K bewegten System K' mit einer von U verschiedenen Geschwindigkeit. Dies hängt mit der Massenzunahme zusammen, die für alle materiellen Objekte, nicht nur elektrisch geladene, eintritt. Von hier muß eine materialistische Deutung der Theorie ausgehen.

Tjapkin gibt leider nur ein sehr rudimentäres Programm dieser Deutung: Er stimmt jenen Philosophen zu, die den Aufweis einer konkreten Eigen-

* Dieses Problem ist natürlich fundamental, aber Sviderskij selbst ist weit von einer Lösung entfernt, wie seine Monographie *Prostranstvo i vremja* (1958) zeigt. Ich finde auch in der westlichen Philosophie, selbst bei S. Alexander, Whitehead, Weyl und Wenzl keine Lösung. Wahrscheinlich muß man mit einem kategorialen Modell beginnen, dessen Grundpfeiler die Kategorien Eigensein, Kommunikation und Transformation sind, und die Invarianten dem Eigensein, die Transformablen der raumzeitlichen Kommunikation und den Transformationsoperator (die Transformationsgruppen der Relativitätstheorie) der Transformation zuordnen.

** Tjapkin führte diesen Gedanken nicht weiter aus; mit gutem Grund, denn sonst hätte er angeben müssen, worin die Materialität der Gravitationswechselwirkung besteht. Das Folgen gegenüber dem Führungsfeld der $g_{\mu\nu}$ ist ja offenkundig keine Wirkung einer "materiellen Ursache", sondern einer im Geometrischen liegenden Ursache, die man *causa structuralis* nennen könnte. Ausführlich dazu die Diskussion der sowjetischen Thesen am Ende des Kapitels.

*** Damit will Tjapkin offenbar die Aleksandrovsche Ableitung der Theorie aus der formalen Struktur der Raumzeit durch eine Materialursache ersetzen, übersieht aber, daß von einem einzigen Effekt aus kein logisch zwingender Weg zu den Prinzipien einer Theorie führt. In Wahrheit stellt also Tjapkin aus philosophischen Gründen die Ableitung der Relativitätstheorie auf den Kopf.

schaft der Bewegung fordern, in der die Lorentz-Transformationen zum Ausdruck kommen (gemeint ist offenbar I. V. Kuznecov). Wenn einige Physiker dieser Frage nur oberflächlich begegnen, so zeugt dies von einer Oberflächlichkeit gegenüber einer Theorie, die so einfach ist, daß man sie in der Mittelschule darstellen und nicht zum Gegenstand so hoher Konferenzen machen sollte. Zunächst ist zu klären, was unter "Menge der vergangenen Zeit" zu verstehen ist. Stellen wir fest, daß eine Taschenuhr (Feder) in der Nähe der Kursker magnetischen Anomalie rascher geht, so würde niemand sagen, daß dort die Zeit rascher abläuft, es sei denn, die magnetischen Kräfte wirkten in gleicher Weise auf alle Vorgänge. In dem Punkt *A*, in dem z.B. alle Vorgänge doppelt so rasch als in *B* ablaufen, könnte dies nicht festgestellt werden und der Satz "In *A* ändern alle Vorgänge ihre Geschwindigkeit" hat somit nur relative Bedeutung. Sie wird festgelegt, indem wir z.B. den Alpha-Zerfall in *A* und *B* vergleichen. Diese Fragestellung wird gerade in der allgemeinen Relativitätstheorie entschieden.

Nehmen wir statt der Gebiete um *A* und *B* zwei zueinander bewegte Bezugssysteme, so haben wir die Fragestellung der speziellen Relativitätstheorie. Nur müssen wir dann klären, was ein in einem Koordinatensystem ablaufender Prozeß ist. Ein Koordinatensystem ist eine mathematische Abstraktion; zum Vergleich müssen wir mit Mandel'štam ähnliche Vorgänge nehmen, d.h. etwa zwei Elektronenröhren, von denen jede in dem jeweiligen System ruht.*

Was bedeutet nach Tjapkin in diesem Zusammenhang die Konstanz der Lichtgeschwindigkeit? Ist im Ausgangssystem die Geschwindigkeit eines Photons C, so ist es evident, daß sie zu einem dazu bewegten System $C \pm V$ ist. Dieser Schluß ist entgegen den Lehrbüchern der Physik richtig, wenn man in den Zeiteinheiten des Ausgangssystems die Geschwindigkeit des Photons gegenüber dem zweiten System festlegt. Einstein zeigte nur, daß $C \pm V$ sich dabei in die Konstante C umwandeln kann. Die Rhythmik

* Dies ist logisch anfechtbar: Sind Bezugssysteme nur mathematische Abstraktionen, so kann zwischen einem Realgegenstand (der Röhre) und einem Idealgegenstand überhaupt nicht die Relation "ruht zu" hergestellt werden, denn diese Relation gehört wie alle kinematischen Beziehungen in den Realbereich. Ein Körper ruht nur gegenüber einem physischen Bezugsgegenstand; werden beide durch geometrische Punktsysteme oder durch Zahlensymbole dargestellt, so wird in einem auf die Idealwelt transponierten Sinn die Relation "Ruhe" bzw. "Bewegtsein" ausgesagt. Solche Beispiele mögen zeigen, wie not der Physik die Philosophie tut.

in K' ist also gegenüber K verschoben.* Auch wenn wir in K' die Änderung der Geschwindigkeit (gemeint ist wohl der Lichtgeschwindigkeit – *der Verf.*) wegen des Relativitätsprinzips nicht feststellen können, so ist diese doch real vorhanden. Es gibt eine allgemeine Änderung im Tempo der Prozesse in K' gegenüber K. Die Ursache für diese Änderung ist die Massenzunahme.[162]

Wir können in dieser Deutung durch einen Physiker den um vier Jahre retardierten Widerhall der Kuznecov-Štejnmanschen Thesen von den materiellen Ursachen der Effekte der speziellen Relativitätstheorie erblicken. Er ist umso erstaunlicher, als die Physiker in Kiev 1954 einhellig diese Auffassung – und zwar fraglos zu Recht – verteilt hatten. Für uns ist außerdem die von Tjapkin genannte Analogie dieser Effekte mit der allgemein relativistischen Rotverschiebung interessant.

In der Tat läßt sich, wie ja Širokov hervorhebt**, wegen des Äquivalenzprinzips diese Rotverschiebung als kinematischer Effekt der speziellen Relativitätstheorie deuten. Nun ist aber die allgemeine Relativitätstheorie keine kinematische Theorie, sie deutet die Gravitation nicht als Rotationseffekt, sondern als $g_{\mu\nu}$-Feld, deshalb ist eine Zurückführung der Einsteinschen Gravitationstheorie auf die spezielle Relativitätstheorie nicht möglich. Tjapkin geht den umgekehrten Weg und will die Effekte der speziellen Relativitätstheorie in Analogie zu denen der allgemeinen erklären. Er begeht dabei folgenden logischen Fehler: Die Rotverschiebung durch den Wechsel des $g_{\mu\nu}$-Felds stellt nicht denselben Fall wie die "Rotverschiebung" durch den Wechsel des Bezugskörpers dar. Hier sind die $g_{\mu\nu}=$konst, dort aber variabel. Das spezielle Relativitätsprinzip, das ja auch Tjapkin anerkennt, setzt gerade die Konstanz der $g_{\mu\nu}$ voraus, d.h. die Konstanz der Lichtgeschwindigkeit. Diese trifft für Gebiete mit Gravitation nicht mehr zu. Wenn wir dennoch auch hier eine allgemein kovariante Formulierung der Naturgesetze aufstellen können, so deshalb, weil wir die $g_{\mu\nu}$ und ihre Ableitungen in die mathematische Formulierung der Naturgesetze hineinnehmen. Das Beispiel Tjapkins zeigt, daß der "materialistische" Ausweg in die allgemeine Relativitätstheorie zur Auf-

* Dieses Argument ist natürlich falsch: Nicht weil die "Rhythmik in K' gegenüber K verschoben ist, wird c = konst, sondern weil c = konst ist, laufen in K', beurteilt von K aus, alle Vorgänge langsamer ab. Tjapkin leugnet also die Relativität.

** Siehe S. 146 des vorliegenden Bandes.

stellung "materieller" Ursachen für die Effekte der speziellen Relativitätstheorie jedenfalls in dieser Form versperrt ist.
Am eingehendsten befaßte sich Ovčinnikov, der philosophische Fachmann für das Problem von Masse und Energie*, mit dem Referat Aleksandrovs. Ovčinnikov berichtete auch in den *Voprosy filosofii* über die Diskussion.[163] Seine Reaktion ist von Bedeutung für die offizielle Beurteilung des Problems von Materie und Struktur (Ovčinnikov ist Mitglied des Instituts für Philosophie der AN in Moskau). Er war mit dem logischen Weg vom Absoluten zum Relativen einverstanden, sofern man die Terme "relativ" und "absolut" nicht auf die Erkenntnis, sondern auf die objektiven Eigenschaften und Relationen der Phänomene bezieht. Nur die Definition des Absoluten sei bei Aleksandrov nicht befriedigend. Einerseits gehe Aleksandrov von den "materiellen Zusammenhängen" aus, was richtig sei, andererseits verstehe er darunter einmal die Einwirkung eines Ereignisses auf ein anderes, dann aber wieder nur das Vorhergehen des Ereignisses *A* vor *B*.
Faktisch sieht also Aleksandrov nach Ovčinnikov nicht in der Einwirkung, sondern im Vorhergehen das Absolute. Dieses Absolute bezieht sich dabei nicht auf die Ereignisse, sondern auf die Raumzeit, d.h. nicht auf den Inhalt, sondern die Form. Das Absolute ist für Aleksandrov die Struktur der Raumzeit, sind die raumzeitlichen Relationen und nicht die materiellen Zusammenhänge. M.a.W. Aleksandrov verfehlte nach Ovčinnikov das von ihm selbst gestellte Ziel, nämlich die materiellen Zusammenhänge zum Ausgangspunkt seiner Ableitung zu machen. Damit bleibe aber die Logik der Deduktion ebenso wie früher auf den Kopf gestellt. In der Tat seien die Eigenschaften in dieser Ableitung nicht aus den materiellen Zusammenhängen, sondern aus den Eigenschaften von Raum und Zeit abgeleitet**, noch mehr: Geht man von den absoluten Eigenschaften der Raumzeit aus, so werden bestimmte materielle Zusammenhänge wie die Massenzunahme Folgen dieser Eigenschaften.
An sich wäre es nach Ovčinnikov wichtig, von den Einwirkungen auszu-

* Siehe Bd. I der vorliegenden Arbeit.
** Es ist mir nicht klar, ob Ovčinnikov hier tatsächlich eine Tautologie im Auge hat oder nur eine sprachlich unzureichende Formulierung vornimmt. Sachlich kommt darin freilich zum Ausdruck, daß die Sätze über die Eigenschaften der Raumzeit bei Aleksandrov axiomatischer Natur sind, also gar keine Ableitung aus anderen Sätzen zulassen.

gehen, auch der Begriff des Vorhergehens hängt ja damit zusammen. Ferner wäre es eine große Errungenschaft, vom Diamat aus den Zusammenhang zwischen Raumzeit und Kausalität zu erhellen. Die Aufgabe wäre, von der Kausalstruktur zur Raumzeitstruktur zu gelangen. Aleksandrov begründe diesen Übergang durch die Abstraktion. In Wirklichkeit falle Aleksandrovs Weg nicht damit zusammen, da er nicht von materiellen Zusammenhängen, sondern gleich von der Relation des Vorhergehens ausgehe. Der Abstraktionsprozeß bleibe dabei vor der Türe der Aleksandrovschen Ableitung.

Die Frage ist nun nach Ovčinnikov, ob die Abstraktion dennoch richtig vollzogen wurde, insbesondere im Zusammenhang mit der Kausalität: Natürlich ist der Begriff "Kausalität" nicht identisch mit "Vorhergehen". Aleksandrov nimmt aber offenbar die Ursache-Wirkung-Relation als identisch mit der Relation des Vorhergehens; er gibt dazu noch einen eigenen Beweis. Wenn man aber die übliche Ableitung verwirft und neue Ausgangsbegriffe sucht, dann kann man nicht ohne besonderen Beweis die üblichen Ausgangsbegriffe übernehmen; man darf also nicht die übliche Beziehung zwischen Kausalität und Vorhergehen übernehmen, sondern man muß diese Beziehung eigens analysieren. Der Zusammenhang beider Begriffe ist bei Aleksandrov in keiner Weise begründet. Deshalb bleibt auch seine These, er gehe von der Einwirkung aus, unbegründet. Der Begriff der Einwirkung setzt keineswegs automatisch den des Vorhergehens voraus. Wenn nach Aleksandrov ein mathematisches Theorem für den bestimmenden Einfluß der Einwirkung auf die Raumzeit-Geometrie vorliegt, so bezieht sich dies eigentlich nur auf das Vorhergehen, nicht auf die Einwirkung. Aleksandrovs "Versuch, über die Grenzen der raumzeitlichen Relationen hinauszugehen und sie ausgehend von den materiellen Zusammenhängen zu begründen, ist... mißglückt".[164]

Ovčinnikov schlägt nun seinerseits vor – und dies ist für eine materialistische Philosophie höchst bemerkenswert – auf der Suche nach dem Absoluten von der Invarianz gegenüber der Beschreibungsmethode auszugehen. Leider führt er dieses Programm nicht aus. In diesem Zusammenhang verwirft er jedoch entschieden die These Aleksandrovs, die Deutung als Unabhängigkeit der Naturgesetze gegenüber der Beschreibung nehme dem Relativitätsprinzip seinen physikalischen Charakter. Diese Deutung trägt nach Ovčinnikov im Gegenteil einen tiefen physi-

kalischen und philosophischen Sinn. Aleksandrov selbst habe aber bereits eine Seite später das Relativitätsprinzip als Unabhängigkeit der Naturgesetze von der Beschreibungsmethode definiert; in der Tat könne man ohne diese Deutung keine richtige Ableitung der Theorie geben.[165]
Im allgemeinen hebt Ovčinnikov jedoch rühmend hervor, Aleksandrov habe philosophische Fragen der Theorie behandelt und dabei den "aufklärenden Stil" mancher philosophischer Beiträge vermieden; auch habe er die philosophischen Probleme der Theorie nicht mit ihrem physikalischen Inhalt gleichgesetzt; er umgehe die Extreme einer kritiklosen Annahme wie einer Leugnung der Theorie. Zwar lehne er entschieden die früheren Versuche einer Umdeutung der Relativitätstheorie ab, habe aber dann doch eine ähnliche Ausgangsposition bezogen.[166]
Generell gesehen ist nach Ovčinnikov eine besondere philosophische Disziplin der naturwissenschaftlichen Methodologie nötig, wie sie bisher nur sehr gering vertreten werde. Während der Spezialist zur Lösung einer konkreten Aufgabe eine Theorie heranziehe, versuche man hier die spezielle Relativitätstheorie neu abzuleiten, ohne mit einer allgemeinen Theorie der Logik der Wissenschaft auszukommen. "Eine erstaunliche Sache! ... Der Zutritt in die höheren Etagen der Wissenschaft, nämlich in die Aufstellung einer wissenschaftlichen Theorie, ist aus irgendeinem Grunde verschlossen. Oder, was noch betrüblicher ist, zuweilen wird überhaupt die Existenz dieser höheren Etagen geleugnet."[167] Daraus folge eine rein empirische Lösung naturwissenschaftlicher Sonderprobleme. Keine fruchtbare Zusammenarbeit zwischen Philosophen und Naturwissenschaftlern könne ohne diese wirklich philosophischen Fragen zustandekommen.
Hier vollzog ein offizieller Vertreter der Sowjetphilosophie einen entscheidenden Schritt zur analytischen Richtung des modernen Positivismus und dies, ohne überhaupt die materialistische Dialektik als "einzig wahre Methode" zu erwähnen. Leider blieb Ovčinnikov auch hier im Unverbindlichen, ohne ein eigenes Programm vorzuschlagen. Aber der Wegweiser für die künftige Sowjetphilosophie ist aufgestellt.

7. E. KOL'MAN AUF DER WIDERSPRUCHSKONFERENZ 1958

Im selben Jahr, in dem die Allunionskonferenz über philosophische Probleme der modernen Naturwissenschaft stattfand, gab Kol'man (A.

Kolman)* auf der im April 1958 in Moskau abgehaltenen Konferenz über Probleme der Widersprüche einen eigenwilligen Beitrag zur Natur von Raum und Zeit.[168]

Kol'man wurde 1892 in Prag geboren, kam gegen Ende des ersten Weltkriegs in russische Gefangenschaft, aus der er nicht mehr zurückkehrte. Er lehrte seit 1939 an der Moskauer Universität, von 1945 bzw. 1946 an der Universität Prag, von wo er wieder in die UdSSR zurückkehrte, und war nachweislich 1959 und 1961 Professor am Moskauer Institut für Geschichte der Naturwissenschaft und Technik. Er ist Doktor der Philosophie.

Kol'man ist von Haus aus Mathematiker, interessiert sich aber für philosophische Probleme der Physik. Seine Haltung stellt ein eigenartiges Gemisch aus Ideologiegläubigkeit, vor allem gegenüber Lenin, und vorurteilsloser Hinwendung zu den Ergebnissen der Physik dar. Dabei zeichnet ihn ein mutiges Auftreten gegenüber den übrigen sowjetischen Philosophen aus. Auch 1958 kritisierte er offen die Engelssche These von der Widersprüchigkeit der Bewegung, wonach sich ein Körper gleichzeitig zu einem bestimmten Augenblick an einem bestimmten Raumpunkt befindet und nicht befindet. Damit habe Engels das Gesetz vom Widerspruchsverbot verletzt. Kol'man wirft ihm in diesem Zusammenhang "Leugnung der Kategorizität des Denkens" vor. Auch habe Engels durch seine Behauptung, in einigen Fällen lasse die Dialektik zwei gleichzeitige, gegensätzliche Antworten auf eine einzige Frage zu, sich den Weg für ein Verständnis der Beziehung zwischen elementarer und höherer Mathematik verstellt.

1948 veröffentlichte Kol'man in Prag eine kritische Darlegung der mathematischen Logik, was seinerzeit ein Wagnis bedeutete. 1955 verteidigte er die Kybernetik[169], die bis dahin von den sowjetischen Philosophen offiziell verurteilt wurde.** 1957 wurde die tschechische Übersetzung einer Monographie Kol'mans über die Kybernetik veröffentlicht.[170] Eine Arbeit über Bolzano stammt von 1955. 1961[171] veröffentlichte er eine Ge-

* Im folgenden wird die russische Schreibweise des ursprünglich tschechischen Namens Arnošt Kolman benutzt.

** Noch in der Ausgabe des *Kratkij filosofskij slovar'* von 1954 wird auf S. 236 die Kybernetik als reaktionäre Pseudo-Wissenschaft bezeichnet, während die Ausgabe von 1955 den Titel überhaupt nicht enthält. Kapica machte sich denn auch in der *Ekonomičeskaja gazeta* (26.3.1962) darüber lustig, daß die sowjetischen Gelehrten niemals die Eroberung des Weltraums durchgeführt hätten, wären sie den Philosophen gefolgt.

schichte der antiken Mathematik.[172] Im gleichen Jahr erschien die zweite Auflage seines naturphilosophischen Buchs *Lenin und die neueste Physik*[173], worin er eine ziemlich eigenwillige Synthese zwischen Leninismus und modernen physikalischen Einsichten anstrebt, zugleich mit heftigen Ausfällen gegen nicht-materialistische Deutungen, wie etwa gegen den Platonismus Heisenbergs.

Auf der Widerspruchskonferenz nahm er eine zwiespältige Haltung ein. Einerseits verwarf er die zirkelhafte Definition des Widerspruchs in der Großen Sowjet-Enzyklopädie, Bd. 35, S. 135, wo der dialektische Widerspruch als Wesensbezug zwischen gegensätzlichen Seiten eines einheitlichen Ganzen und die Gegensätze ihrerseits als sich widersprechende Seiten eines Ganzen definiert sind. Kol'man erkennt andererseits Lenins Definition als "Zusammentreffen verschiedener Kräfte und Tendenzen" an, die auf einen Körper, in den Grenzen einer Erscheinung oder im Innern der Gesellschaft wirken. Der Widerspruch ist für Kol'man eine Wesensverschiedenheit, ein Mißverhältnis zweier verschiedener, polarer Seiten ein und desselben Gegenstands. Kol'man spricht von objektiver Dialektik, vom Kampf und der Einheit der Gegensätze.

Ausgehend von Lenins These, die Bewegung sei das Wesen von Raum und Zeit, nimmt nun Kol'man einen Widerspruch zwischen Raum und Zeit an, ja er spricht von ihrer dialektischen Einheit und ihrem "Kampf". Er stützt sich dabei zudem auf die Leninsche These, Raum und Zeit seien widersprüchig als Einheit von Diskretheit und Kontinuität. Der Widerspruch zwischen Raum und Zeit ist für Kol'man das Wesen der Materie. "Zeit und Raum sind gegensätzliche, unausschöpfliche, objektiv reale Grundformen des Seins." In diesem Satz sieht Kol'man die einzige Scheidung zwischen Idealismus und Materialismus, zwischen Metaphysik und Dialektik.*

Kol'man spricht in diesem Zusammenhang von einem Grundwiderspruch der Materie, der ihr Wesen ausmache und in ihrer Selbstbewegung unaufhörlich aufgelöst und erneuert werde.

Die anderen Widersprüche der Materie (Kol'man spricht auch von "Gegensätzen") entstammen nach Kol'man diesem Grundwiderspruch; so der Widerspruch zwischen der verstreuten kosmischen Materie und den

* Daß dieser Satz selbst eine und zudem sehr gewagte metaphysische Spekulation darstellt, dürfte einem Kenner der westlichen Philosophie wie Kol'man nicht entgehen. Fraglos befindet sich in seinen Ausführungen ein erheblicher deklarativer Anteil.

kosmischen Strukturen, der Widerspruch zwischen Feldern und Teilchen, zwischen lebendiger und toter Materie.* Diese Widersprüche spiegeln sich für Kol'man in gegensätzlichen Eigenschaften wie Begrenztheit und Unbegrenztheit, Zusammenhang und Isolierung, Anziehung und Abstoßung.

Den eigentlichen Widerspruch zwischen Raum und Zeit sieht nun Kol'man im Zusammentreffen der Umkehrbarkeit des Raums mit der Nicht-Umkehrbarkeit der Zeit. Dieses offenbart sich auf der Ebene verschiedener Ordnungen verschiedenartig und zwar in den gegensätzlichen Eigenschaften von Raum und Zeit, die gewissermaßen ihre diskontinuierliche oder kontinuierliche Seite hervortreten lassen.**

Im weiteren verwahrt sich Kol'man gegen eine Verwischung des Struktur-Widerspruchs, gegen eine Verwechslung von Inhalts-Widerspruch und Form-Widerspruch. Der Sinn dieser Ausdrücke bleibt allerdings dem Leser unklar; offenbar will Kol'man einem Raumzeit-Monismus im Sinne S. Alexanders ausweichen, wenngleich er den Grundwiderspruch der Materie in das Formhafte, die Raumzeit, verlegt. Kol'man weist in diesem Zusammenhang ausdrücklich Heisenbergs Platonismus zurück und meint, die Daseinsform der Raumzeit dürfe nicht als Widerspruch des Inhalts, sondern als Existenzweise, als Bedingung des Seins der Materie aufgefaßt werden. Der Grundwiderspruch der Materie sei ihr struktureller Widerspruch und man dürfe nicht im metaphysischen oder mechanistischen Sinn unter "Materie" eine Substanz im üblen Sinne des Wortes verstehen.

Der Widerspruch zwischen Raum und Zeit tritt nach Kol'man in der Relativitätstheorie als Widerspruch zwischen den reellen Raumkoordinaten und der imaginären Zeitkoordinate zutage.*** Durch die Abhängig-

* Es ist schwer einzusehen, daß ein Denker wie Kol'man hier von "Dialektik" spricht. In Wirklichheit zerfällt das Sein in eine Mannigfaltigkeit von Strukturen nach einer hierarchischen Ordnung. Die "untersten" Bestimmungsstücke lassen sich dabei zuweilen einander dual zuordnen, so Stetigkeit und Diskretheit, Umkehrbarkeit und Nicht-Umkehrbarkeit usw. Diese Bestimmungsstücke können wir als kategoriale Komponenten des als Vektor aufgefaßten concretums, d.h. einer physikalischen Situation bezeichnen. Sie sind aber nicht ein und demselben Seienden zuzuschreiben, enthalten also keinen Widerspruch, sondern sind gewissermaßen die Projektionen einer physikalischen Situation auf kategoriale Achsen.

** Der Sinn dieses Satzes ist dunkel.

*** Hier sieht man besonders deutlich, daß Kol'man eigentlich eine duale Kennzeichnung von Komponenten des concretums meint. Ein Widerspruch läge nur vor, wenn etwa x zugleich reell *und* imaginär wäre. Von einem "Kampf" zwischen den Bestimmungs-

keit der Masse von der relativen Bewegung wird Masse eine Relation, welche durch Raum und Zeit sowie durch den zwischen beiden vorhandenen Widerspruch bestimmt wird. Dieser Widerspruch mache seinerseits die Triebkraft der Materie aus. Die allgemeine Relativitätstheorie vertiefe diese Einsicht, da dort die Bewegung der Materie durch die Geometrie der Raumzeit festgelegt werde. Die Ableitung der Erhaltungssätze für Energie, Impuls und Impulsmoment aus der Homogenität und Isotropie der Raumzeit zeige am deutlichsten, daß der Widerspruch zwischen Raum und Zeit alle Naturgesetzmäßigkeiten begründe.*
Kol'mans ganze Konzeption wird aber wieder in Frage gestellt durch seinen Hinweis auf die mögliche Revision unserer Raum- und Zeitvorstellungen in Bereichen unterhalb der Ausmaße von Elementarteilchen. Dort könne die Zeit ihre Homogenität und Isotropie verlieren, gekrümmt und geschlossen sein und umgekehrt als gewohnt ablaufen.

8. DISKUSSION DES PROBLEMS

(A) *Vorbemerkungen*

Drei Fragen stehen im Brennpunkt der Auseinandersetzungen: Die Natur von Raum und Zeit, ihre Objektivität und ihr Verhältnis zur "Materie". Es handelt sich um die grundlegenden Probleme jeder Philosophie der Naturwissenschaft. Auch hier müssen wir der Sowjetphilosophie dankbar sein, daß sie in aller Offenheit darüber diskutiert. Sie gesteht sich wohl ein, daß ihre Rahmenthese, Raum und Zeit seien die Daseinsformen der Materie, die Relativitätstheorie noch nicht bewältigt. Deshalb auch Aleksandrovs Versuch 1958. Im Streit um die Gravitonentheorie wird die schwierige Situation des Diamat besonders deutlich und genau besehen macht die Sowjetphilosophie – wenn man Uëmov zustimmt – ihr Schicksal

stücken "imaginär" und "reell" kann natürlich keine Rede sein; die Weltlinie als Abbild der Bewegung ist nicht das Ergebnis eines solchen "Kampfes". Damit entfällt auch Lenins These, der Widerspruch sei die Quelle der Selbstbewegung (*FT* Berlin 1961, S. 286).

* Die vierdimensionale Form der Erhaltungssätze $\Delta iv\, T^{\mu\nu} = 0$ setzt indes keinen Widerspruch zwischen Raum und Zeit, sondern den Galileischen Charakter der Raumzeit voraus. Dieser und nicht das Widerspruchsprinzip kann also höchstens die Naturgesetze begründen.

von der Entdeckung oder Nicht-Entdeckung einer neuen Teilchensorte abhängig.
Notwendiger als anderswo ist eine präzise Sinnanalyse der Grundbegriffe. Die Sowjetphilosophie hat dazu nicht einmal einen Anlauf unternommen. Sie jongliert mit der ganzen Vielzahl von Bedeutungen der Worte "Raum", "Zeit", "Materie"; besser gesagt, sie droht ständig im Sumpf unausgesprochener Deutungen zu versinken. Sie befindet sich dabei in der Gesellschaft mancher westlicher Metaphysiker, für welche *die* physikalische Theorie von Raum, Zeit und Materie schlechthin immer noch ungenutzt bleibt.

(B) *Der "Raum"*

Wir definieren die Grundbegriffe ausschließlich aus den Implikationen bzw. den Definitionen und Axiomen der RT. Diese Einschränkung ist notwendig, da wir ja über die Philosophie dieser Theorie diskutieren und daher innerhalb des durch die RT abgegrenzten Gebiets die Begriffe nicht vertauschen dürfen. Schon damit gewinnen wir einen unabhängigen Standpunkt gegenüber dem Diamat, aber auch jeder anderen spekulativen Philosophie. Wir setzen wiederum sechs Reiche und versuchen zunächst den Ausdruck "Raum" in ihnen zu definieren. Aus Kapitel III übernehmen wir für Reich I (nach R. Carnap *Einführung in die symbolische Logik*, 2. Aufl., Wien, 1960, S. 205)

$$\mathrm{Raum}\,(G) \equiv (x)\,(y)\,[Gx \cdot Gy \supset \mathrm{Glz}\,(x, y)] \cdot (F)\,[\mathrm{Wl}\,(F) \supset \exists\,(G \cdot F)$$

Hier ist "Glz" das Zeichen für "gleichzeitig" und "Wl" das Zeichen für "Weltlinie". Carnap definiert in Worten: "Ein Raum ist eine Klasse von untereinander gleichzeitigen Weltpunkten, die mit jeder Weltlinie mindestens einen Weltpunkt gemein hat."
Diese Definition ist jedoch nicht frei von Zeichen, die zunächst in Reich III gedeutet werden. So ist nicht klar, ob "x", "y" und "Wl" nur eine geometrische oder auch eine physikalische Bedeutung besitzen. Wir wollen uns daher von geometrischen Bedeutungen befreien und den Raum in I nur mit Hilfe von Ausdrücken definieren, die der physikalischen, nicht der geometrischen Objektsprache entnommen sind. Ein Ereignis ist durch Signale und Uhren konstatierbar, z.B. in der Protokollaussage "Am 16.12.1963 wurde in der Sternwarte Bonn eine Sonneneruption photo-

graphiert". Die Operation der Wahrnehmung der Aufnahme wollen wir "Sinnesereignis in II", die Operation der Aufnahme selbst als "Bilderereignis in I" und die Eruption als "Orginalereignis in I" bezeichnen. Im folgenden sei unter "Ereignis" nur das Orginalereignis verstanden. Ferner unterscheiden wir zwischen molekularen und atomaren Ereignissen; die ersteren sind die Zusammensetzung der zweiten zu einem kohärenten Ereignissystem, z.B. der Eruption. Atomare Ereignisse seien die nicht weiter zerlegbaren Elementarakte des Geschehens – eine Ausdrucksweise, die wohl problematisch ist, aber für die RT zunächst einmal intuitiv gesetzt wird.*

Nur von orginalen Elementarakten sei im folgenden die Rede. Wir definieren: Der Raum ist die Mannigfaltigkeit aller möglichen gleichzeitigen atomaren Orginalereignisse.

Begründung: Die RT spricht technisch, d.h. als physikalisches Lehrgebäude, nicht vom "Raum". Dies tut nur der Physiker, der über die RT redet. "Raum" ist also ein Ausdruck einer zur Objektsprache der RT aufbaubaren Metasprache. Die RT hat es nur mit räumlichen Größen zu tun, nämlich mit Längen und Abständen. Sie definiert "Länge" operationell als "durch Signale erreichbarer Abstand zwischen zwei gleichzeitigen Ereignissen, gemessen im Bezugssystem *K*".** Die Definition des Abstands setzt also die der Gleichzeitigkeit voraus. Wir müßten demnach einer Definition des Raums die der Zeit voranstellen, wollen aber die Definition der Zeit nachholen.***

Lassen wir den Abstand zweier gleichzeitiger Ereignisse nach Null gehen, so gewinnen wir als Limesbegriff die Koinzidenz. Wir können dann definieren: "Raum im Sinne der RT ist die Vereinigungsmenge aller Koinzidenzen und Nicht-Koinzidenzen von Ereignissen, die im Bezugssystem *K* gleichzeitig sind." Jede Definition des Raums, die nicht auf *K* Bezug nähme, würde die Prinzipien der sRT verletzen, nämlich (1) operationelle Definierbarkeit der Grundbegriffe, (2) endliche Ausbreitungsgeschwindigkeit aller Signale.

Aus der obigen Definition folgt:

* Hier soll nicht die Problematik des Whiteheadschen *event* aufgegriffen werden.

** Z.B. durch Funkortung. Zur Problematik dieser Definition s. S. 317, 321.

*** Eine Axiomatik der RT beginnt daher mit der Zeit-Definition. Hier ist dies nicht gefordert.

(1) "Raum" ist nur definierbar, wenn im Definiens der Term "Bezugssystem K" auftritt, daraus folgt
(2) ein Wechsel des Terms "Bezugssystem *K*" nach "Bezugssystem *K'*" führt zur Definition eines von der ersten Definition verschiedenen Raums,
(3) zu jedem Eigen-Zeitpunkt t_n längs der Weltlinie eines Teilchens wird ein von $R\,(t_{n\pm\varepsilon})$, bei ε beliebig klein, verschiedener Raum definiert.
Wir werden den im Eigen-BS K zur Eigenzeit t_n definierten Raum als "Eigenraum" bezeichnen.
Die Mannigfaltigkeit aller Eigenräume, die in *K* durch ein Abwandern der Eigenzeit t definiert sind, können wir *ex definitione* nicht "Raum" nennen, da die Glieder dieser Mannigfaltigkeit Konfigurationen von nicht gleichzeitigen Ereignissen angehören. Es gibt also nur den instantanen Raum in *K* zur Zeit t_n, nicht den dauernden Raum. Der Raum ist eine Funktion der Eigenzeit, $R=R(t)$.
Hingegen läßt sich die Mannigfaltigkeit aller durch die raumartigen Ereignisse zum Zeitpunkt t_0 in *K* aufgespannten Eigenräume der zu *K* bewegten Bezugssysteme K', K''... zu einem neuen Raumbegriff zusammenfassen. Wir nennen sie "Viel-Eigenraum" und definieren: "Viel-Eigenraum ist die Mannigfaltigkeit aller gleichzeitig zu machenden atomaren Orginalereignisse". Diese Definition ist äquivalent mit "Viel-Eigenraum ist die Mannigfaltigkeit aller atomaren Orginalereignisse, zwischen denen keine Energieübertragung möglich ist". Die von Kant (*Kritik der reinen Vernunft*, dritte Analogie der Erfahrung) postulierte Wechselwirkung zwischen gleichzeitigen Ereignissen ist also physikalisch gerade falsch. Daraus ergibt sich eine entscheidende Konsequenz:
Der Viel-Eigenraum ist kein Raum im physikalischen, sondern nur im formalen Sinn. Formal können wir jede geordnete Mannigfaltigkeit als "Raum" bezeichnen, z.B. sprechen wir vom "Zahlenraum". Wir diskutieren hier jedoch nur den physikalischen Raum. Dann müssen wir von möglichen physikalischen Operationen ausgehen, um den Viel-Eigenraum zu definieren. Der Übergang ist jedoch nur durch eine Beschleunigung möglich, da nach Voraussetzung K' zu *K* bewegt ist. Der Astronaut vollzieht ihn beim Start der Rakete. Da nach der aRT auch sein BS berechtigt ist (freilich nicht ausgezeichnet), so könnte man vermuten, daß er beim Start die Ereignisse in K' gleichzeitig "macht". Aber dies sind nicht mehr dieselben Ereignisse wie in t_0, da der Übergang ja nicht instantan voll-

zogen wird.* Auch eine hypothetische Photonenrakete würde die Operation $K \rightarrow K'$ nicht mit $\Delta t = 0$ vollziehen. Es gibt also keinen operativ herzustellenden Zusammenhang zwischen dem Eigenraum in K und dem Eigenraum in K'. Die LT bilden in Wirklichkeit keine physikalischen Operationen, sondern einen gedanklichen Akt ab; hier ist freilich der Übergang von K nach K' instantan, ja mehr als dies, überhaupt außerzeitlich, weil im Idealen. Der Viel-Eigenraum ist also kein physikalisch-operativ herzustellender, sondern nur ein arithmetisch-operativ zu konstruierender Raum. Wir werden ihn hier nicht mehr berücksichtigen. Die Carnapsche Definition ist daher einzuschränken wie folgt: "Ein Raum ist eine Klasse von untereinander in Bezug auf K gleichzeitigen Weltpunkten, die mit jeder Weltlinie mindestens einen Weltpunkt gemein hat." Wir bezeichnen daher den Eigenraum als "physikalischen Raum schlechthin". Da wir den physikalischen Operationen das Reich I zuordneten, so schreiben wir "RI".

Der so definierte Raumbegriff impliziert in Strenge einen physischen Solipsismus: Ein Teilchen erhält zur Zeit t_n Informationen nur aus dem Bereich des Vorkegels, also von ihm gegenüber vergangenen Ereignissen. Über die zu ihm in t_n gegenwärtigen Ereignisse "weiß" es nichts (es "erlebt" keine Konfiguration von Ereignissen, die ihm in t_n gleichzeitig sind). Aber auch über die vergangenen Ereignisse erhält es Informationen nur im Eigen-BS, d.h. bei Riemannscher Metrik eine bereits durch die Verschiebung der Vektoren verzerrte Information. Diese Verzerrung läßt sich berechnen; nur vom menschlichen Geist kann also der unverzerrte Vektor rekonstruiert werden; das physische, vernunftlose Teilchen erfährt die Welt allein an seiner eigenen Raumzeit-Stelle. Dies ist eine bedeutsame Illustration zu dem Leibnizschen Satz: "Die Monaden haben keine Fenster." Genauer: Die Teilchen haben Öffnungen gegenüber der vergangenen Welt nur, sofern sie Informationen aufnehmen, und diese Öffnungen lassen eine nicht mehr "an sich", d.h. eigenseiende = im Eigen-BS erfahrene Welt durch. Nun bildet aber die Vergangenheit keinen Raum im Sinne von RI, wie wir oben bewiesen. Daraus folgt: Der Raum RI ist physisch unerfahrbar.

Daraus ergibt sich:

* Kein physisches Wesen kann real durch eine der Achsendrehung entsprechende Operation die Menge der raumartigen Ereignisse "überstreichen".

(1) Da nach Voraussetzung zwischen raumartigen Ereignissen keine physikalischen Operationen (Signalaustausch) möglich sind, so gibt es auch keine Operation von Ereignis *A* aus, die das mit *A* gleichzeitige Ereignis *B* aufweist, wenn *B* nicht die gleiche Raumzeit-Stelle besitzt wie *A*. Wir können sagen: Ereignis *A* hat für *B* keine Existenz und *vice versa*. Nur wenn wir die Operation des räumlichen Vergleichs zwischen *A* und *B* vom molekularen Ereignis *C* (einem BS) aus durchführen, das weder mit *A* noch *B* koinzidiert, z.B. durch Signale, die in verschiedenen Richtungen emittiert und absorbiert werden, können wir *A* als von *B* räumlich unterschieden aufweisen. Das Ereignis der Signalemission ist aber mit dem Ereignis der Absorption seinerseits nicht gleichzeitig zu machen, so daß auch über diesen Umweg zwischen raumartigen Ereignissen überhaupt keine reale physikalische Kommunikation* herzustellen ist, die eine Unterscheidung erlaubte.

(2) Da der Raum in Reich I unerfahrbar ist, so kann er auch nicht Gegenstand der Wahrnehmung in II sein. Und dies nicht deshalb, weil er (wie wir zeigen werden) selbst keine Ereignis-Konfiguration darstellt, sondern weil wir Informationen nur aus einer raum-*zeitlich* geordneten, nicht aber rein räumlichen Mannigfaltigkeit erhalten. Bereits durch den physischen Fluß der Information von einer rein räumlichen Schicht gleichzeitiger Ereignisse im Vorkegel wird uns diese Schicht nur verzerrt zugänglich. Die Ursachen dieser Verzerrung können mannigfaltig sein. Hinzu tritt aber überall, wo Gravitationswirkungen auftreten, noch die Verzerrung durch die Verschiebung von Informationen über räumliche Abstände verschiedener Metrik. Unverzerrt erleben wir in Strenge nur uns selbst, d.h. die im Zeitpunkt t_n="Jetzt" und im Raumpunkt ($x=0$, $y=0$, $z=0$)="Hier" vorhandene Ereignismenge.

Daraus folgt erkenntnistheoretisch: Der physikalische Raum ist für die Wahrnehmung unerfahrbar.

In welchem Sinn soll nun dem Raum RI physische Existenz zugeschrieben werden? Wenn schon die Erlebbarkeit entfällt, so wäre immerhin noch eine Objektivität des Raums im Sinne einer bewußtseinstranszendenten Existenz möglich. Der als RI definierte Raum wäre dann etwa ein molekulares Ereignis, z.B. ein Haus, ein Planetensystem, eine Milchstraße im Eigen-Zeitpunkt t_n von *K*. Dann aber wird der Raumbegriff überflüssig.

* Unter "Kommunikation" sei ein realer Signalweg verstanden.

In diesem Fall hätten auch die Ausdrücke "Koinzidenz" und "Abstand" keinen anderen Sinn als "Ereignismenge".

Dies ist aber nicht der Fall. Die Aussagen "Ereignis *A* koinzidiert mit Ereignis *B*" und "*A* und *B* sind voneinander *x* Einheitslängen entfernt" enthalten mehr als die Existenzbehauptung von *A* und *B*. Dieses Mehr ist genau, was wir unter "Raum" verstehen. Der Raum ist also etwas von der Existenz der Ereignisse Verschiedenes und kann folglich nicht als reale Ereignismannigfaltigkeit aufgefaßt werden. In der Tat wird durch die Carnapsche Definition nicht der Raum definiert, sondern nur gesagt: "Wenn die Ereignisse *x* und *y* im Raum *G* liegen, dann sind *x* und *y* gleichzeitig und *G* wird von jeder Weltlinie geschnitten". Damit wird lediglich die Eigenschaft von *G* definiert, nur gleichzeitige Punkte zu enthalten und von jeder Weltlinie geschnitten zu werden. Dies "enthalten" ist aber keine Identität: *G* enthält alle (in *K*) gleichzeitigen *x* und *y*, aber es ist nicht die Menge aller in *K* gleichzeitigen *x* und *y*.

Dafür gibt es drei Gründe:

(1) Es ist nicht notwendig, daß die Menge aller in *K* zur Zeit *t* gleichzeitigen Ereignisse dicht ist. Der Raum RI ist aber ein Kontinuum. Es ist nur gefordert, daß die Ereignismenge dicht zu machen ist, m.a.W. daß eine die Raumdefinition erfüllende Ereignismenge physikalisch herzustellen ist, z.B. durch ein Photonengas im Sinne des Aleksandrovschen Strahlungshintergrunds.

(2) Grund (1) ist ein Sonderfall des allgemeineren Sachverhalts, daß nicht die physikalischen Ereignisse eine topologische Struktur besitzen, sondern der Raum.* Die Ereignisse richten sich vielmehr nach dieser Struktur, z.B. durch das Verbot der Überlichtgeschwindigkeit.

(3) Nicht die Ereignisse, sondern der Raum besitzt eine Metrik. Topologischer Charakter und Metrik sind aber auch dann vorhanden**, wenn in dem betreffenden Raumstück keine Ereignisse vorliegen, sie gehen diesen ja logisch vorher. Gerade im feldfreien Raum haben wir z.B. die Galileische Metrik. Deshalb kann der Raum auch nicht ein Beziehungs-

* Man könnte einwenden: Die Menge der gleichzeitigen Ereignisse weist eine räumliche Struktur auf, diese ist mit dem durch die Ereignisse aufgespannten Relationsgefüge identisch. Es handelt sich hier aber nicht um ein Ganzheitsproblem, auch nicht das der Relationen, sondern darum, ob "Raum" auch ohne die Existenz von Ereignissen sinnvoll aussagbar ist.

** Der Ausdruck "sind vorhanden" wird hier naiv benutzt, er soll im folgenden geklärt werden.

gefüge von Ereignissen sein; in diesem Fall würde er mit diesen selbst verschwinden. Die Ereignisse ordnen sich aber nach der Struktur des Raums, sie folgen dem Führungsfeld, sofern nicht Kräfte auf eine Ereignismannigfaltigkeit wirken. Andererseits könnten wir dies Folgen mitsamt den Koinzidenzen und Abständen von Ereignissen nicht beobachten, wenn nicht Ereignisse existierten. Ohne diese ist also der Raum physikalisch nichts.

Es gibt jedoch einen Ausweg aus dem Dilemma: Carnaps Definition betrifft einen Raum G, der durch mögliche Ereignispaare x und y erfüllt werden kann. Dabei ist es gleichgültig, ob irgendwelche x und y existieren; tun sie dies aber, so wird dadurch ein Raum G aufgespannt, der von jeder möglichen oder wirklichen Weltlinie geschnitten wird; ferner hat dieser Raum eine bestimmte Metrik, festgelegt durch die reale Ereigniskonfiguration.*

Wir können daher definieren: Der physikalische Raum ist die Mannigfaltigkeit von Abständen und Koinzidenzen möglicher Ereignisse, die in K zum Zeitpunkt t_n gleichzeitig sind.

Wie wir oben sahen, gibt es zwischen gleichzeitigen Ereignissen keine Kommunikation. Dennoch bestehen zwischen ihnen Beziehungen, die sich als Nebeneinander, Ort und Abstand durch physikalische Operationen indirekt messen lassen. Die Möglichkeit, durch solche Operationen geordnet zu werden, bezeichnen wir als "Raum", in Zeichen "RIπ". Die räumlich geordnete Ereignismenge selbst nennen wir "Raumfeld", in Zeichen "RIp". So liegen alle Photonen, die gleichzeitig von einer Quelle in allen möglichen Richtungen ausgesandt wurden, im BS der Quelle auf der Oberfläche einer Kugel. Diese Kugel wird in t erzeugt und in $t+\Delta t$ in die Kugel mit dem Radius $c\,(t+\Delta t)$ transformiert. Zwischen der Kugel mit dem Radius ct und der Kugel mit dem Radius $c\,(t+\Delta t)$ besteht ein operativer Zusammenhang, der auf die Relation Früher-Später abbildbar ist. An die Stelle der früheren Kugel tritt dann wieder die nackte Möglichkeit, durch eine neue reale Kugel bei fortdauernder Strahlungsemission ersetzt zu werden.**

Gerade diese Möglichkeit bildet dann einen Raum RIπ, während die reale Kugel das Feld RIp darstellt.

Raum und Raumfeld sind ihrer geometrischen Struktur nach bei richtiger

* Auch die Galileische Metrik wird in diesem Sinn durch gravitierende Massen, freilich im Infinitesimalen oder unendlich Fernen, festgelegt.

** Das Problem wird hier idealisiert und nicht quantenmechanisch diskutiert.

Wahl der Geometrie identisch, modal jedoch verschieden. Aber auch in der Struktur können sich Divergenzen zeigen: Emittiert die Strahlungsquelle nur wenige Photonen, so ist die Kugel mit $r=ct$ nicht dicht mit Photonen besetzt, bleibt also zum Teil reine Möglichkeit, besetzt zu werden. Der RIπ ist immer ein Kontinuum, der RIp nur im Grenzfall. Das Einsetzen darf übrigens nicht im Sinne eines realen Einsetzens von Ereignissen in einen Behälter bestanden werden, sondern als schöpferisches Hervorbringen von Ereignissen an Hand eines vorgegebenen Schemas, einer "Form" im Sinne der Metallurgie. Dies ist der Sinn von "realisieren", er läßt sich durch die Operation $\pi \rightarrow p$ darstellen. Die Operation $p \rightarrow \pi$ ist hingegen verboten, da die durch die Kugel mit $r=c(t+\Delta t)$ vernichtete Kugel mit $r=ct$ nicht in eine Möglichkeit umgewandelt wird, die nicht schon vor der Strahlungsemission bestanden hätte. Die vergangene Kugel wird vielmehr realiter in die neue Kugel transformiert nach

$$r(t) \rightarrow r'(t').$$

Das Aufspannen des Raums durch eine Ereigniskonfiguration ist deshalb nur in dem Sinne zu verstehen, daß dadurch ein RIp gebildet wird; ihm geht aber modal ein RIπ voraus. Man könnte dies ein modales Apriori nennen. Man kann fragen, ob nicht der Sinn des Kantschen Apriori ein Abbild des modalen ist. Ebenso wie modal dem physikalischen Ereignisfeld ein Möglichkeitsfeld vorausgeht, so auch dem Wahrnehmungsfeld modal eine Ordnung möglicher Wahrnehmungen, die jedes reale Wahrnehmungsfeld topologisch und metrisch prägt. Wir könnten aber noch weiter gehen und behaupten: Nur *weil* es ein modales Apriori in I gibt, sind wir imstande, aus diesem selben Apriori schöpfend geometrische Konstruktionen zu entwerfen und sie nachträglich auf die Wahrnehmungen anzuwenden (zu testen). Dann wird angenommen, daß RIπ, RIIπ und RIIIπ identisch sind, bzw. es mindestens einen von der Nullmenge verschiedenen Durchschnitt dieser drei Räume gibt. Damit hätten wir das Kantsche Apriori ontologisch begründet, zugleich aber die Transzendentalphilosophie im Sinne der Realitätshypothese durchbrochen.

Daraus folgt:

(1) Der Raum ist seinem Seinsmodus nach von den Ereignissen unterschieden, er ist kein wirklich Seiendes im Sinne energetischer Wirkungen, sondern ein Vorwirkliches.

(2) Die Ereignisse ordnen sich nach der Struktur des Raums, der Raum

geht also den Ereignissen ontisch vorher: Wenn kein Raum, dann auch keine Ereignisse. Der Raum ist kybernetisch aufgefaßt ein Restriktions-(Auswahl)-Mechanismus für alle möglichen Klassen (Geometrien) von Kommunikationen von Ereignissen. Zugleich ist er ein Lochkarten-(Steuerungs-)System für die Verhaltensweisen innerhalb einer Klasse von Kommunikationen. Wir erhalten als Grundschema ("$\rightarrow$" bedeutet "wirkt auf"): $\mathrm{RI}\pi \rightarrow \mathrm{RI}p$.

(3) Koinzidenzen und Abstände sind nur an realen Ereignissen zu beobachten. Die Ereignisse gehen also erkenntnistheoretisch-operationell dem Raum voraus.

(4) *Per definitionem* sind gleichzeitige, also raumartige Ereignisse kommunikationslos. In Kommunikation, d.h. Signalaustausch, treten nur zeitartige, d.h. raum-zeitliche Ereignisse. Der reine Raum garantiert damit die nackte Existenz von Ereignissen. Nur insofern Ereignisse nicht koinzidieren, sind sie unterscheidbar und zwar gerade dadurch, daß zwischen ihnen keine Kommunikationsmöglichkeit besteht. Ereignisse, die durch Kommunikation verknüpft werden, gehören zu verschiedenen Eigenräumen. "Räumlichkeit" wird damit synonym mit "Kommunikationsfreiheit" = "Eigensein" = "Individualität".

Auf der anderen Seite hat die Aussage "A ist von B x Längen entfernt" einen operationellen Sinn: Ich kann einen starren Körper so bewegen, daß A mit der Markierung x_1 und B mit der Markierung x_2 koinzidiert. Dazu brauche ich keine Signalisierung zwischen A und B. Diese Operation ist aber (a) nur in Galileischen Bereichen und (b) nur für Abstände von der Ordnung starrer Körper möglich. Innerhalb dieser Grenzen hat "Abstand zwischen gleichzeitigen Ereignissen" einen klaren Sinn. Aber hier erfolgt die Kommunikation durch das molekulare Ereignis "Festkörper", das von A und B unterschieden ist; eine direkte Signalübertragung von A nach B oder von B nach A ist *per definitionem* ausgeschlossen. Nennen wir die eben bezeichnete Operation "indirekte Kommunikation", so kann der Raum auch als "Mannigfaltigkeit möglicher indirekter Kommunikationen" bezeichnet werden. Da indirekte Kommunikationen einen durch die Raumstruktur festgelegten topologischen und metrischen Sinn haben, so setzen sie die Topologie und Metrik des Raums bereits voraus – ein neuer Beweis für die protophysische Realität des Raums. Die Existenz gleichzeitiger Ereignisse ist also immer bereits protophysisch kommunikativ.

(5) Der Raum ist kein Idealgegenstand (etwas nur Gedachtes), sondern objektiv: Er ist ein Schema von indirekten Kommunikationsmöglichkeiten, nach denen sich die realen Ereignisse ordnen. Dies ist der Sinn von "Führungsfeld".

(6) Der Raum ist kein Prinzip in dem Sinn wie das RP, er gehört durchaus zu Reich I, also zur Physik. Das Relationsschema RIπ folgt vielmehr selbst Prinzipien (ist nach Prinzipien konstruiert), z.B. macht das sRP die Metrik von RIπ Galileisch. Der Raum enthält also eine Mannigfaltigkeit möglicher Topologien und Metriken, aus der durch das Vorliegen von Prinzipien aus dem Reich VI bestimmte Klassen ausgewählt werden.* Der Raum wird damit zum Kommunikator zwischen den Ereignissen und den Prinzipien, er "vermittelt" die "Wirkung" von Reich VI auf Reich I.

(7) Die RT untersucht primär Koinzidenzen und Abstände von Ereignissen. Indem sie dies tut, untersucht sie den Raum. Daraus gewinnt sie Aussagen über bestimmte Verhaltensklassen von Körpern, Teilchen und Feldern. Soweit diese Verhaltensklassen nur über Aussagen vom Raum beurteilt werden können, ist der Raum I zugleich Kommunikator zwischen dem realen physischen Verhalten und der Erkenntnis.

Es steht uns frei, jede ordenbare Mannigfaltigkeit, die eine Kommunikation ermöglicht, als "Raum" zu bezeichnen. Insbesondere gilt dies für die zu RIπ zuordenbaren Mannigfaltigkeiten in den Reichen II bis VI. Wir definieren:

RIIπ ist die Mannigfaltigkeit aller möglichen Lagerungen von Wahrnehmungen gleichzeitiger oder gleichzeitig zu machender Ereignisse, RIIp ist die Mannigfaltigkeit von Lagerungen der entsprechenden wirklichen Wahrnehmungen. Wahrnehmungen beziehen sich immer auf Ip-Ereignisse, Wahrnehmungen möglicher Ereignisse sind ihrerseits nicht möglich. RIp wirkt** auf RIIp, der Übergang I$\pi \rightarrow$IIπ und I$\pi \rightarrow$IIp ist verboten. Hingegen wirkt RIIπ auf RIIp: Durch die Struktur möglicher Erfahrungen mit räumlich geordneten Ereignissen tritt eine Restriktion des auf die Sinne wirkenden Erfahrungsmaterials ein, RIIπ wirkt also als Restrik-

* Wir können die Prinzipien auch als "Algorithmus" physischen Verhaltens bezeichnen. Unter "möglich" sei im folgenden "zulässig" verstanden.

** Hier und im Folgenden sei unter "wirken" in einem abstrakten Sinn nicht nur eine Energieübertragung verstanden, sondern in Analogie zu physikalischen Wirkungen eine Determinierung. So "wirkt" ein mathematischer Operator auf eine Funktion. Daß hier i.a. gerade kein energetisches Wirken stattfindet, macht die Trennungslinie zwischen π- und p-Welt sowie zwischen p- und K-Welt notwendig.

tionskanal für den Informationsstrom von RIp nach RIIp. Es ist aber auch *a priori* möglich, daß RIIπ nicht nur selektiv, sondern auch transformativ (datenverarbeitend) wirkt: Der dem Geist unbewußte Apparat RIIπ formt dann unterhalb der Bewußtseinsschwelle eine Klasse von Außenweltsdaten so um, daß sie in RIIp als *output* gegenüber den Daten in RIp transformiert erscheinen. Erkenntnistheorie und Psychologie untersuchen dieses Transformations- und Selektionsprinzip und bemühen sich, es nach Möglichkeit auf ein Minimum zu reduzieren. Wir können dann folgendes Teilschema aufstellen:

RIIIπ ist die Mannigfaltigkeit aller Lagerungen möglicher raumartiger Weltpunkte, sofern sie nicht aktuell intentionaler Gegenstand des Denkens sind (also z.B. vor dem Entwurf der Minkowski-Welt). RIIIK ist die Mannigfaltigkeit aller konstruierten* Punkte. Weder RIIIπ noch RIIIK brauchen Elementen eines anderen Reichs zugeordnet zu werden: Die Möglichkeit zur Geometrie liegt in der Geometrie selbst. Wir können "reine", d.h. physikfreie Weltgeometrie betreiben.

RIIIK ist seins-autonom in G ("G" ist hier das Zeichen für "Geist"). Wie weit zu seiner Konstruktion Erfahrungsinhalte verwandt werden, soll hier nicht diskutiert werden. Wir können jedenfalls Klassen von Teilräumen in RIIIK entwerfen, deren isomorphe Zuordnung zu RIπ bzw. zu einem Ereignisfeld noch offen ist. Gilt auch nur für eine Teilklasse in RIIIK, daß keine isomorphe Zuordnung zu RIπ oder einem Ereignisfeld möglich ist, so ist damit bewiesen, daß die Klasse der in RIIIK konstruierten Räume umfangsgrößer ist als die der RIπ oder RIp. Läßt sich beweisen, daß auch nur ein Teilraum aus RIπ oder RIp nicht auf einen Raum in RIIIK abzubilden ist, so wäre umgekehrt bewiesen, daß die Natur mindestens eine Klasse irrationaler räumlicher Verhaltensweisen enthält. Daß es dafür nicht den mindesten Anhalt gibt, macht die Wahrscheinlichkeit groß, eine immer tiefere geometrische Durchsichtigkeit der physischen Natur zu gewinnen.

Wir finden aus der Erfahrung mit der RT folgende Zusammenhänge: RIp wirkt auf RIIp, RIIp wirkt auf einen Faktor "Geist", dieser konstruiert RIIIK. RIIp wirkt also nicht auf RIIIK direkt, sondern über den Geist des Mathematikers. Dies ist aber nur möglich, weil (a) RIπ auf

* Unter "konstruiert" sei verstanden: "in Gedanken entworfen". Das Aufzeichnen von Punkten auf Papier ist hingegen eine Operation in Ip und realisiert nur angenähert ideale Punkte.

RIp wirkt (im Sinne der Geltung); (b) RIIIπ über G auf RIIIK wirkt (im Sinne der logischen Möglichkeit eines Reservoirs denkbarer Räume in RIIIπ, d.h. als Restriktionskanal); (c) der Geist durch RIIIK den Raum RIπ reproduziert, sichtbar macht, als reinen Raum konstruiert. Daraus läßt sich folgendes *feed-back*-System aufstellen:

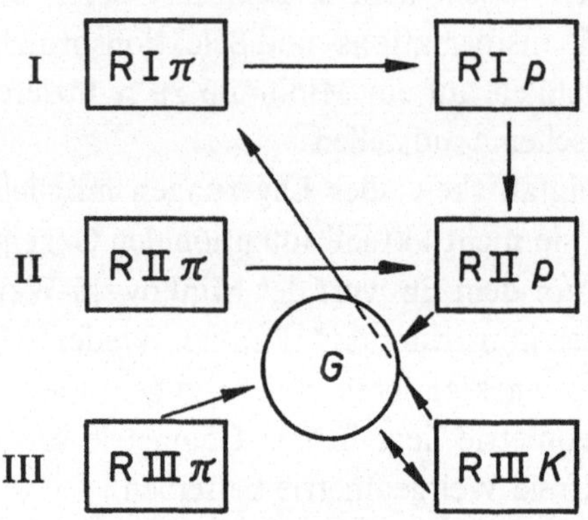

Die gestrichelte Linie in G deutet an, daß RIIIK nicht direkt auf RIπ wirkt, sondern nur über den Apparat "Geist".
Dementsprechend schließen sich die weiteren Zusammenhänge an: RIIp wirkt auf G, G wirkt auf RIIIK, G wirkt auf den Zahlenraum RIVK, G ordnet RIIIK und RIVK eindeutig zu (Punkte werden als Zahlen-n-Tupel aufgefaßt): somit wirkt RIIIK über G auf RIVK und umgekehrt. RIVπ ist wiederum Restriktionskanal für alle Zuordnungen von RIIp nach RIVK, von RIIIK nach RIVK und von RIVK nach RIIIK. Zugleich ist RIVπ Reservoir (Datenspeicher) möglicher Informationen aus RIIp zur Konstruktion von RIVK ("Zwang zur Mathematisierung der Physik") und Steuerungssystem für die Operationen von G in RIVK. Die Erkenntnisbedeutung der von RIIIπ an aufsteigenden π-Reiche ist also ganz außerordentlich. Wir ergänzen unser Schema damit wie folgt:

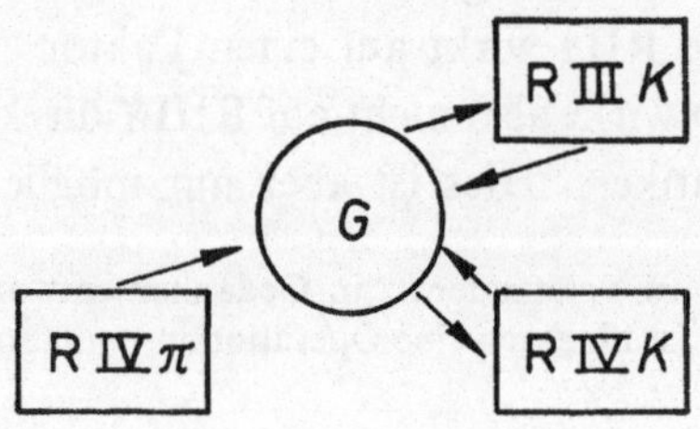

RIVπ wirkt wiederum als Datenspeicher, Steuerung und Restriktion nur über *G*, und von dort aus (a) auf die Konstruktion von RIV*K*; (b) auf die Konstruktion von RIII*K*: Es lassen sich Räume über einem Zahlenkörper in RIV*K* konstruieren; Zahlstrukturen steuern das Verhalten von Punktklassen. (c) *G* kann aber auch direkt Zuordnungen zwischen RIV*K* und RIII*K* herstellen, wobei zwischen beiden wechselseitige Entsprechungen hergestellt (konstruiert) werden, z.B. durch das Postulat der aRT "Koordinaten haben den Sinn von *n*-Tupeln". (d) Alle Wirkungen erfolgen über *G*. Die Reiche von III aufwärts haben nur Seins-Autonomie (Eigenexistenz) in *G*, sind also an Operationen des Geistes gebunden, und zwar die π-Reiche an mögliche, die *K*-Reiche an wirkliche. Ohne das Bezugssystem "Geist" anzugeben, hat es keinen Sinn von einer möglichen Geometrie oder Arithmetik zu sprechen. Hingegen ist es sinnvoll, ohne das BS "Geist" in Bezug auf die physikalischen Ereignisse von möglichen geometrischen und arithmetischen Strukturen zu sprechen, denn diesen folgen ja gerade die Ereignisse. Nur gehören sie dann zur Iπ-Welt. Die mathematische Erkennbarkeit der Natur beruht dann auf der paarweisen Kongruenz von Klassen der Reiche RIπ und RIIIπ, RIπ und RIVπ. Es ist dabei *a priori* nicht entschieden, ob es nicht Klassen in RIIIπ und RIVπ gibt, denen keine Klassen in RIπ entsprechen. Es sind durchaus mathematische Strukturen denkbar, für die im Reich der physischen Möglichkeiten kein Pendent besteht. Das Umgekehrte darf nicht stattfinden, es sei denn die Natur besitzt einen mathematisch irrationalen Rest. Im Rahmen der RT ist jedenfalls die Kongruenz vollkommen und gerade sie macht die RT zu einer physikalischen Theorie.

Ganz ähnlich sind die Verhältnisse für die Logik: Auch hier ist das Axiomensystem der sRT ein Modell des Iπ-Raums. Dieses System können wir als "V *K*-Raum" bezeichnen. RV*K* wäre aber nicht zu konstruieren, wenn nicht in der π-Welt das Axiomensystem der RT antizipiert wäre. Anderenfalls wäre dessen Aufstellung durch den menschlichen Geist, soweit sie mehr als eine reine Reproduktion und Kombination von Sinnesdaten enthält, eine Schöpfung aus dem Nichts. Wohl ist sie eine schöpferische Tätigkeit, insofern ein Noch-nicht-Seiendes historisch als ein Von-jetzt-an-Seiendes dem Denken gegenübergestellt wird; aber dieses Noch-nicht-Sein hat doch in der π-Welt als dem Reservoir aller real- und denkmöglichen Strukturen ein zeitloses Sein. Es ist das Sein "ewiger" Wahrheiten. Dabei müssen RIπ und RVπ inhaltlich zusammenfallen, damit überhaupt RVK zu verifizierbaren Voraussagen über RIp führt. Dennoch ist R$I\pi$ von R$V\pi$ verschieden, denn sonst wären alle Axiomensysteme in V zugleich in I deutbar; dasselbe gilt sinngemäß für R$II\pi$, R$III\pi$ und R$IV\pi$. Damit zeigt sich auch die π-Welt als regional differenziert. So könnten wir ein nicht in I, II, III oder IV deutbares Axiomensystem entwerfen und damit eine in V autonome Theorie aufbauen.* Nur hätte sie dann weder einen mathematischen noch physikalischen Sinn. Daß wir dies können, beruht eben auf der Protoexistenz von R$V\pi$. Andererseits wirken die in R$V\pi$ geltenden Regeln restriktiv auf die Auswahl möglicher widerspruchsfreier Axiomensysteme und von dort aus wieder auf mögliche Systeme in R$III\pi$ und R$IV\pi$: Sie alle müssen, sobald sie sich als Konstruktionen in K realisieren, den Regeln, Grundbehauptungen und Folgesätzen eines einschlägigen logischen Systems entsprechen. Wir können daher die Reiche III, IV und V zur Bildwelt zusammenfassen, unterteilt in eine Bild-π-Welt und eine Bild-K-Welt. Dabei sei unter "Bild" genau verstanden:

(1) Elemente und Systeme in XK sind durch den Geist gebildet (=konstruiert); (2) Sie lassen sich eindeutig auf entsprechende Elemente und Systeme in YK abbilden; (3) Diese Abbildung (Transformation) läßt bestimmte Strukturen invariant. Z.B. geht die Invarianz eines Weltlinienelements in R$IIIK$ beim Übergang zu RIp, RIIp, RIVK und RVK nicht verloren.

Schließlich läßt sich die Mannigfaltigkeit der Naturgesetze als "Prinzip-Raum" auffassen; seine Struktur legt dann den Zusammenhang der Naturgesetze fest. Der $VI\pi$-Raum enthält dic Mannigfaltigkeit aller denkbaren Regeln, denen irgendein Verhalten folgt. Wir bezeichnen als R$VI\pi^{I}$ die Mannigfaltigkeit der Regeln für den R$I\pi$. So legt das zu R$VI\pi^{I}$ gehörige sRP die Metrik in R$I\pi$ fest, die kräftefreie Körper auf Geraden führt. Die in R$I\pi$ enthaltene Steuerung der Ereignisse in RIp wird ihrerseits durch bestimmte Prinzipien analog dem Naturrecht für die Struktur der Einzelgesetze festgelegt. Als R$VI\pi^{II}$ bezeichnen wir die Mannigfaltigkeit der Regeln für menschliche Wahrnehmungen; so legt das sRP fest, daß in R$II\pi$ nur standpunktabhängige Messungen von Masse, Länge und Dauer möglich sind. R$VI\pi^{III}$ ist die Mannigfaltigkeit der Regeln für mögliche geometrische Sätze; so legt das sRP eine pseudo-Euklidische

* Z.B. eine "reine" Metaphysik, die nicht einmal an die mathematische "Erfahrung" appelliert.

Geometrie fest, das aRP eine Riemannsche. In RIVπ wird durch das sRP in RVIπ^{IV} eine LT festgelegt, durch das aRP eine kontinuierliche Koordinatentransformation, welche die $g_{\mu\nu}$ enthält. In RVπ wird durch das sRP ein bestimmtes Axiomensystem festgelegt, durch das aRP ein davon verschiedenes.

Dieselbe Abhängigkeit besteht zwischen den RVIK^X und den RXK (X= III, IV, V): Die konstruierten Regeln für Operationen irgendeines Reichs legen die aktuell konstruierten Operationen fest, ausgenommen die Operationen in I und II. Auf diese sind frei gewählte Prinzipien ohne Einfluß. Im Gegenteil, die Erfahrung über I im Reich II legt eine bestimmte Mannigfaltigkeit von Gesetzen nahe, die dann der Geist bewußt als solche konstruiert.

Damit ergibt sich folgendes Gesamtschema:

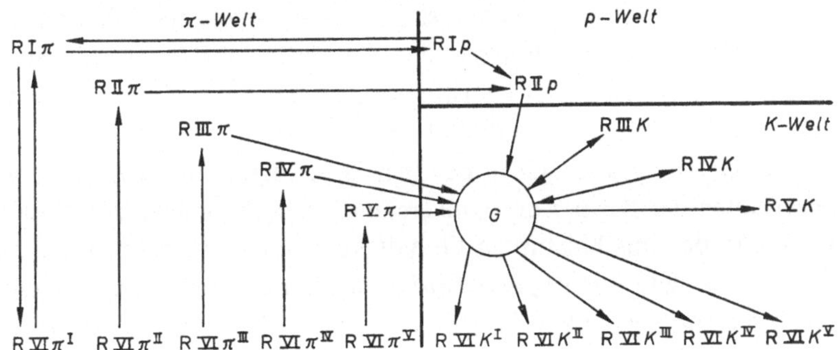

Erläuterungen:

1. Es gibt keine unmittelbare "Wirkung" der Prinzipien auf die Ereignisse, sondern nur über den Raum, wobei wir als "Raum" in dieser Diskussion den protophysischen Realraum RIπ bezeichnen. Alle anderen Räume tragen diesen Namen nur im analogen Sinn. Das sRP und aRP legen eine bestimmte Realgeometrie fest und diese bestimmt die möglichen Bahnen von Massenpunkten. Umgekehrt wird durch die Feldgleichungen eine Wirkung der Massenkonfigurationen in RIp auf die Geometrie in RIπ ausgeübt; damit wird eine von der Galileischen abweichende geometrische Ereignisordnung festgelegt; dies verlangt seinerseits das Wirken des aRP aus RVIπ^{I} auf RIπ. Wir können beide Wirkrichtungen durch

den Ausdruck "Auswahl" zusammenfassen: Durch die Geltung des sRP wird eine pseudo-Euklidische Geometrie aus der Menge aller möglichen Geometrien in RIπ ausgewählt, diese ihrerseits wählt aus der Menge aller möglichen Ereigniskonfigurationen jene aus, die einer Galileischen Metrik folgen. Umgekehrt wird durch die Massenkonfiguration aus der Menge der möglichen Geometrien die Riemannsche ausgewählt, die ihrerseits aus der Menge der Prinzipien das aRP auswählt, und von dort erfolgt wieder über die Geometrie die Steuerung der Massenbahnen. Nennen wir RIπ "Führungsfeld" (Hermann Weyl), so können wir die Relativitätsprinzipien als "Algorithmus" bezeichnen, der die möglichen Operationen, die "Schritte" festlegt, nach denen sich die Bahnen von Massenpunkten entwickeln. Der Algorithmus wirkt hier ebenso wie die Gleichungen eines Steuerungssystems auf einen Flugkörper, nur daß dort die Gleichungen bewußt vom Konstrukteur eingesetzt sind. Das Ziel der Bewegungen von Massenpunkten ist nun freilich nicht die Stabilität der Flugbahn wie bei einem Artefakt des Menschen, auch nicht die Suche nach einem natürlichen Ort (Aristoteles), sondern etwas unvergleichlich Erhabeneres, nämlich die Stabilität des Kosmos selbst. Ohne die geometrische Ordnung, die sich in der Inertialbewegung und dem Gravitationsverhalten der Körper des Universums kundgibt, würde der Kosmos jedenfalls in der uns bekannten Gestalt keine Existenz besitzen.* Jedes räumlich geordnete Sein ist *per definitionem* auf die Geometrie angewiesen. Deshalb scheint uns die Vereinigung von Gravitation und Geometrie eine noch größere Tat zu sein, als es die Entdeckung der Gravitation selbst war, denn nur darin wird sichtbar, daß die physikalische Welt einer geometrischen Verfassung bedarf.

2. Die Prinzipien "wirken" auf die abstrakten Räume möglicher Erfahrungen, Geometrien, Zahlenverbindungen und logischer Operationen. Diese Räume werden durch die ihnen zugeordneten Prinzipien als Mannigfaltigkeit möglicher Operationen aufgespannt. So sichert das sRP die Existenz eindeutiger Messungen von Längen-und-Zeit-Intervallen in RIIπ, die Existenz einer Galileischen Metrik in RIIIπ, die Existenz einer Bewegungsgruppe in RIVπ und die Existenz eindeutiger Definitionen von

* Als Sollwert gilt infolgedessen die Existenz des Kosmos selbst. Die Natur unterscheidet sich von einem Artefakt dadurch, daß zwischen Soll- und Istwert in Reich I keine Divergenz auftritt.

"Länge", "Gleichzeitigkeit" und "Weltlinienelement" in RVπ. Dies ist der Grund für die Zuordnungs-Äquivalenz der genannten Elemente; deshalb können in *K* Beweise zugleich in den Räumen II*p*, III*K*, IV*K* und V*K* geführt werden. Die Existenz eines gemeinsamen Prinzips als Ermöglichungsgrund für isomorphe Klassen der π-Reiche sichert den Abtausch der Beweisebenen in *K*. So folgt in der sRT nach Konstruktion der Definition für "Gleichzeitigkeit" in RV*K* ohne weiteres die Konstruktion von Funkortungen für Längenmessungen in RII*p*, die Konstruktion von Hyperbeln und Achsendrehungen in der Minkowski-Welt in RIII*K*, die LT in RIV*K*.

3. Ebenso wie der physikalische Raum eine Mittlerrolle für das Wirken der Prinzipien auf die Ereignisse übernimmt, vermitteln auch die abstrakten Räume der möglichen geometrischen, arithmetischen und logischen Operationen die Wirkung der ihnen zugeordneten Prinzipien auf den menschlichen Geist. Nur aus der Schaffung einer Geometrie, d.h. aus der Transformation von RIIIπ in RIII*K*, gewinnt der Geist Einsicht in die Axiome, welche ihr zugrundeliegen. Ohne Aufweis möglicher Operationen mit Punkten, Geraden, Körpern usw. wäre etwa das geometrische Invarianzprinzip nicht einmal definierbar, denn es behauptet die Invarianz bei Koordinatentransformationen; der Ausdruck "Koordinate" entstammt aber der Geometrie. Ersetze ich ihn durch "Zahlen-*n*-Tupel", so muß ich die Invarianz durch den Wechsel von Elementen der Zahlenwelt RIV*K* definieren. Ersetze ich diese ihrerseits durch den Ausdruck "Wechsel des BS", so muß ich die logische Operation der Substitution logischer Variabeln in das Definiens für "Invarianzprinzip" einsetzen. Es gibt also keine unmittelbare Wirkung der Prinzipien auf den Geist, sondern nur über Operationen in den nummernmäßig dem Prinzipreich vorhergehenden Reichen.*

4. Analog wie die Massenkonfiguration in RI*p* über RIπ die Gültigkeit bzw. Nicht-Gültigkeit des RP festlegt**, so auch RI*p* über die Erfahrung in RII*p* die schöpferischen Operationen des Geistes, welche zur Konstruktion entsprechender geometrischer, arithmetischer und logischer Sätze über RI*p* führen. Die Gesamtheit dieser Sätze einschließlich der

* Die Wahrheit dieses Satzes ist hier freilich nicht bewiesen, sondern nur an Hand eines Einzelfalls, nämlich der RT, aufgezeigt. Er stellt daher vorläufig eine Hypothese dar.

** In einem rotierenden Karussell gilt das RP ja z.B. nicht.

Protokollsätze in RIIp bildet dann eine Theorie. Obgleich der Geist sich dabei seine eigenen Operationsprinzipien zu geben vermag (z.B. in Form willkürlicher Spielregeln), so gelangt er doch nur dann zum Erfolg, d.h. zu einer faktisch wahren Theorie, wenn er diese Operationsregeln in RVIK über die logisch möglichen Geometrien, Algebren und Logiken aus den objektiven Prinzipien dieser Operationsreiche entnimmt. Die zweite Bedingung ist, daß er gerade jene Prinzipien auswählt, die für den untersuchten Gegenstandsbereich in RIIp objektiv gelten. Nur dann garantiert ihm die Theorie die Nicht-Falsifikation beim entsprechenden Test.

5. Damit hängt die Erkennbarkeit physischen Verhaltens an zwei Grundvoraussetzungen: (a) Einwirkung von RIp auf RIIp; (b) Einwirkung von π über G auf K. Unter letzterem sei verstanden: Wir könnten nichts über die geometrische Struktur der Welt aussagen, wenn wir nicht diese Struktur selbst entwerfen. Ohne Euklidische Geometrie keine Längen- und Zeitvergleiche*, ohne Riemannsche Geometrie keine Bewegungsgleichungen gravitierender Massen. Was wir in RIIp finden, sind Dreiecke aus Material, aber kein Pythagoräischer Lehrsatz, sind Lichtablenkung und Periheldrehung, aber kein Krümmungstensor. Wer behauptet, wir finden die Geometrie in den Dingen, scheitert an den Protokollaussagen, in denen nirgends von der Geometrie die Rede ist. Wer behauptet, wir finden die Geometrie "in uns selbst", scheitert am getesteten Zusammenhang zwischen Geometrie und Gravitation. So bleibt nur als Drittes die Existenz einer π-Welt, die als Steuerungsmechanismus und Reservoir möglicher Operationen sowohl der physischen als geistigen Welt vorgeordnet ist. Dieses Reservoir ist der physikalische Raum. Er garantiert demnach nicht nur das Funktionieren des Kosmos, sondern auch der physikalischen Erkenntnis.

Der physikalische Raum hat damit folgende Funktionen im Kosmos des Seins:

Er ermöglicht (1) die Individualität von Ereignissen, (2) die indirekte Kommunikation von Ereignissen, (3) die geometrische Durchschaubarkeit der Ereigniskonfigurationen, (4) die topologische und metrische Struktur von indirekten Kommunikationen zwischen Ereignissen.

* Genau gesprochen werden damit nicht die Wahrnehmungen, sondern die Fragen nach möglichen Wahrnehmungen selektiert.

(C) *Die Zeit*

Das Zeitproblem soll hier nur analog zum Raumproblem diskutiert werden, um die Frage nach ihrem Seinsmodus, ihrer Objektivität, Erkennbarkeit und Beziehung zur Ereigniswelt zu prüfen. Wir werden also aus der Fülle der Probleme nur die einschlägigen herausgreifen.

Unter "Eigen-Zeitfeld" verstehen wir die Weltlinie des Eigensystems, d.h. die Mannigfaltigkeit aller realen in K gleichortigen Ereignisse. Unter "Zeit" verstehen wir dementsprechend die Möglichkeit der Erzeugung solcher Ereignisse, d.h. von Weltlinien. Die Definition der Zeit geht also auf die Kausalität zurück.* Darunter sei folgendes verstanden: Die Welt ist eine Mannigfaltigkeit schöpferischer Operationen. Unter allen möglichen Operationen läßt sich empirisch eine Klasse finden, deren Elemente folgenden Forderungen genügt:

(1) Die Operation w transformiert das Ereignis A in das Ereignis A'. Wir sagen dann: "A' ist durch A generiert."

(2) Zwischen A und A' besteht eine Relation $R(A, A')$ der Art, daß

(a) A im Eigensystem von A einem anderen zu A räumlich unmittelbar benachbarten Ereignis t eineindeutig zugeordnet werden kann;

(b) A' im Eigensystem von A einem mit A' räumlich unmittelbar benachbarten Ereignis t' eineindeutig zugeordnet werden kann;

(c) $$|x(A) - x'(A')| \geqslant 0\,;$$

(d) $$t' - t > 0\,;$$

(e) $$\frac{x(A) - x'(A')}{t' - t} \leqslant c\,;$$

und daß (f) von A nach A' ein Energietransport stattfindet. Dadurch werden t und t' als "Eigen-Zeitpunkte" und $(t' - t)$ als "Eigen-Dauer" definiert. Zeitpunkte sind also Ereignisse.

Die Mannigfaltigkeit aller realen Eigen-Zeitpunkte (Ereignisse längs einer Weltlinie) nennen wir "Eigen-Zeitfeld", in Zeichen $Z_e Ip$, die Mannigfaltigkeit aller möglichen Eigen-Zeitpunkte "Eigen-Zeit", in Zeichen $Z_e I\pi$.

Zeit ist also keine Relation, daher auch kein Relationsgefüge, sondern wird durch die zwei Relationen (a) A liegt vor A' und (b) A erzeugt A' definiert.

* Siehe Mehlberg, a.a.O. sowie Kant, *Kritik der reinen Vernunft*, zweite Analogie der Erfahrung.

Die Zeit ist auch keine Mannigfaltigkeit wirklicher Ereignisse, also nichts physikalisch Wirkendes. Zeit ist energielos ebenso wie der Raum R$\mathrm{I}\pi$. Wirklich, d.h. energieerfüllt, sind nur reale Zeitfelder.

Die Forderung (1) aber ist zu stark. Eine zeitliche Relation muß auch für Ereignisse herstellbar sein, die nicht genidentisch sind, aber der Genidentität fähig wären, wenn sie durch reale Weltlinien verknüpft würden. Als "Vieleigenzeit", in Zeichen $Z_v\mathrm{I}\pi$, bezeichnen wir analog dem Vieleigenraum die Mannigfaltigkeit aller möglichen Weltlinien, als Vieleigenzeitfeld, in Zeichen $Z_v\mathrm{I}p$, die Mannigfaltigkeit aller realen durch die Weltlinien verknüpften Ereignisse.

Während nun eine direkte Kommunikation zwischen den Eigenraumfeldern *per definitionem spatii* nicht möglich war, ist *per definitionem temporis* vom Ursprung eines Lichtkegels aus jedes Ereignis innerhalb des Nachkegels und auf dem Kegelmantel durch eine direkte Kommunikation (Energietransport = Information) zu erreichen, d.h. jedes Ereignis ist vom Ursprungsereignis erzeugbar. Umgekehrt ist das Ursprungsereignis das mögliche Erzeugnis aller Ereignisse im Vorkegel, bzw. auf dessen Mantel. Hier besteht also eine grundsätzliche Asymmetrie zwischen Raum und Zeit.

Daraus resultiert sofort eine weitere Asymmetrie. Während der Raum nur durch die Relation "Gleichzeitigkeit" definierbar ist, bedarf es zur Definition der Vieleigenzeit nicht der Gleichortigkeit (siehe Forderung 2c). Die Zeit ist vielmehr aus den Basisbegriffen "schöpferische Operation" und "Energietransport" zu definieren. Die Definition des Vorhergehens ist dann definiert durch "Wenn *A* erzeugt *B*, dann *A* vor *B*" (wegen des Verbots der Überlichtgeschwindigkeit), die der möglichen Gleichzeitigkeit durch "Wenn *A* nicht *B* erzeugen kann, dann existiert ein BS, in dem *A* nicht vor *B* und *B* nicht vor *A*".

Die Vereinigung von $Z_v\mathrm{I}\pi$ und R$\mathrm{I}\pi$ nennen wir "Raumzeit", die Vereinigung von $Z_v\mathrm{I}p$ und der Mannigfaltigkeit aller Eigenräume R$\mathrm{I}p$ nennen wir "Welt" = "Raumzeitfeld".

Die Zeit ist ebenso wie der Raum weder ein Ereignissystem in Ip, noch ein System von Ereignis-Relationen. Beide setzen vielmehr bereits die Zeit voraus. Die Zeit ermöglicht erst die Relationen des Vorhergehens zwischen Ereignissen; diese Relationen brauchen nicht realiter vorzukommen, dennoch wären sie immer möglich. Insofern enthält die Zeit die ganze Zukunft und darin erweist sich ihr protophysischer Charakter als Ermöglichungsgrund von Ereignisfolgen. Diese Ermöglichung ist dabei eine metrisch und topologisch definite. Wir können sagen: die Raumzeit spannt das Schema der realen Ereignisse auf, diese erzeugen die Welt.

Auf der anderen Seite ist die Zeit kein Urbegriff, sondern wird durch "schöpferische Operation" definiert: Wenn es schöpferische Operationen gibt, dann auch eine Unterscheidungsmöglichkeit für den Operator und das Opus. Wären beide ununterscheidbar, so wären sie nach Leibniz auch identisch und es gäbe keine Operation. Das Urkriterium ihrer Unterscheidbarkeit ist aber für alle in Reich I stattfindenden Generierungen die Relation des Vorhergehens. Die physikalische Zeit kann daher biomorph bzw. anthropomorph als "Geschichte", als "Schicksal" oder abstrakter als "Generierungsindex" bezeichnet werden. Nur in der Zeit, d.h. nur durch schöpferische Operationen, deren Urheber oder Opfer sie sind, erweisen Realseiende in I ihre Existenz. Nur in RZ ist Existenz kommunikativ und damit generativ. "Existenz" ist in diesem Sinn zugleich "Ek-Sistenz" und "Generierung". Dies ist der protophysische Grund, weshalb die Zeitmessung am Beginn der Raummessung und damit am Anfang der RT steht.

Wir können nun Abbildungen der physikalischen Zeit auf die Wahrnehmungen vornehmen und definieren analog zum Raum als "Wahrnehmungszeit", in Zeichen $Z_e \mathrm{II} \pi$, die Mannigfaltigkeit aller möglichen aufeinanderfolgenden Wahrnehmungen im Bewußtsein des Einzelmenschen. $Z_e \mathrm{II} p$ ist die Mannigfaltigkeit aller entsprechenden wirklichen Wahrnehmungen. $Z_v \mathrm{II} \pi$ und $Z_v \mathrm{II} p$ sind dann die Vereinigung aller möglichen bzw. wirklichen aufeinanderfolgenden Wahrnehmungen aller Menschen. Die intersubjektive Verständigung gibt dieser Vereinigung einen operativ definierbaren Sinn.

Von da an hört aber die Abbildung auf. Wir können von III aufwärts keine geometrische bzw. arithmetische Zeit definieren, da es dort keine schöpferischen Operationen gibt. Vielmehr sind alle Konstruktionen des Geistes selbst das Ergebnis solcher Operationen. Zwischen Punkten, Zahlen, Ausdrücken und Prinzipien untereinander gibt es keine energetischen Wirkungen, sondern allein logische. Wir können nur metaphorisch Operationen zwischen Zahlen setzen, etwa als $x \rightarrow x'$ oder $\mathrm{L}\varphi = L\varphi$. Operatoren der Mathematik oder Logik sind aber nicht Ausdruck schöpferischer Operationen zwischen den Operanda selbst (sonst gehörten diese ja selbst zur Welt), sondern von Operationen, die der Geist an ihnen vollzicht.

Deshalb müssen wir zur Abbildung der Zeit den Raum von III aufwärts benutzen. Daß wir "Zeitraum" sagen, ist nur ein Ausdruck für diese von Reich II an nicht mehr weiter aufzubauende Abbildung der Zeit. Die Zeit endet mit den Operationen, die sich innerhalb des Bewußtseins abspielen, und hat keine Gewalt mehr über die Konstrukta des Geistes. Dies ist der Sinn von der "Ewigkeit", besser "Zeitlosigkeit" der Ideen.

(D) *Die Raum- und Zeitordnung*

Raum und Zeit sind also weder in der protophysischen noch physischen Welt Formen, sondern Mannigfaltigkeiten protorealer Ereignisse, Kommunikationsmechanismen. Der Engelssche Ausdruck "Daseinsform" ist überhaupt nichtssagend. Im Sinne der Aristotelischen gestaltenden Idee, die dem *concretum* selbst anhaftet, wie der Gedanke des Künstlers an der von ihm geschaffenen Figur, hat Engels die Daseinsformen sicher nicht verstanden, anderenfalls er keinen materialistischen Monismus behaupten konnte. Dies machte I. V. Kuznecov konsequent in Kiev klar.

Hingegen sind es gerade Raum und Zeit und zwar sowohl in ihrem protophysischen als physischen modus, die selbst eine *Struktur* besitzen. Von dieser Struktur handelt die RT. Nicht die Ereignisse selbst in ihrer idealisierten unräumlichen und unzeitlichen Besonderung können solche Struktur aufweisen, sondern allein ihre Mannigfaltigkeit. Nur molekulare Ereignismengen sind geordnet. Andererseits steht den Ereignissen nicht eine irreale Form gegenüber, sondern die protoreale Menge aller möglichen Ereignisse. Deren Möglichkeit ist bereits vorgeformt und zwar derart, daß die Ereignisse, wenn sie zur Realität werden, eine strukturelle "Nachbarschaft" aufweisen, nämlich die Fähigkeit, zueinander in metrisch-definiten räumlichen und zeitlichen Abständen zu stehen. Die Möglichkeitsmenge der Ereignisse ist es also, der vor allem ereignishaft Realen eine Struktur zukommt; diese Struktur beherrscht die Ereignisse auch dann, wenn sie in die Realität eintreten. Nicht die Ereignisse haben Struktur, sondern der Ereignisraum. Struktur gehört aber nicht zur Welt der energetisch wirkenden Wesen, also der Ereignisse. Sie hat, wenn wir als "Existenz" nur die Schicksalsfähigkeit im weitesten Sinn definieren, keine Existenz, wohl aber ein Sein von eminenter Wirksamkeit. Nur daß ihre Wirksamkeit nicht die von raumzeitlich wirkenden Wesen ist, denn diese setzt ja bereits Struktur voraus. Sie ist Wirken von Verfassungen, von Ordnungen im weitesten Sinn. Deren Wirken ist im strengen Sinn unvermeidbar, immer und überall gegenwärtig, universal, während die Wirkfähigkeit jeden Ereignisses schon wegen des Wirkungskegels immer nur einen Ausschnitt des Ereignisfelds erreichen kann. Das Wirken der Raum- und Zeitstruktur ist seinerseits raum- und zeitlos. Damit gehört die Raum- und Zeitstruktur selbst nicht zu jenem Reich, das von den Ereignissen gebildet wird oder Ereignisse ermöglicht. Wir müssen ihr ein eigenes Reich, das der *Ordnungen* zubilligen. Nun sind Ordnungsprinzipien wie das RP Teilmengen in VI. Damit gewinnen wir den fundamentalen Satz: Insofern die physikalische Welt das Feld der realen Ereignisse bildet, ist sie die Verwirklichung der protophysischen Raumzeit und wird durch eine unphysische, d.h. im wahrsten Sinn exophysische *Ordnung* in ihrem Verhalten bestimmt. Diese Ordnung kommt den Ereignissen in ihrer Eigenschaft als Mannigfaltigkeit zu. Nennen wir physisch Seiende "endophysisch", so gewinnen wir den Satz: Das Feld des Endophysischen hängt durch die modal von ihm geschiedene protophysische Raumzeit an der exophysischen Ordnung in VI. Die RT ist eine Theorie der exophysischen Ereignis-Ordnung. Bezeichen wir die Ordnung mit Ω, so lautet das Wirk-Schema der sRT

$$\Omega_{\mathrm{sRP}} \rightarrow \mathrm{RZI}\pi_{\mathrm{Gal}} \rightarrow \mathrm{RZI}p_{\mathrm{inert}}$$

Die aRT ergänzt dieses Schema durch die entgegenlaufenden Pfeile wie folgt

$$\Omega_{\mathrm{aRP}} \leftrightarrows \mathrm{RZI}\pi_{\mathrm{Riem}} \leftrightarrows \mathrm{RZI}p_{\mathrm{Grav}}$$

Damit wird die modal unterteilte physikalische Welt plus der Ordnungswelt zum Analogon eines kybernetischen Bassins.

(E) *Vorläufige Ergebnisse*

Somit können wir einen Teil der eingangs gestellten Probleme entscheiden.

(a) Es ist sinnlos, von "Raum schlechthin" zu sprechen; es gibt eine Pluralität von Bedeutungen dieses Wortes und zwar im Objektbereich der RT mindestens sechs. Diese zerfallen ihrerseits in die Räume der Welten π, p und K. Dies allein kann der Sinn der N. Hartmannschen Einteilung in Realraum, Wahrnehmungsraum und Idealraum sein. In der sowjetischen Diskussion ist offenbar der RIπ gemeint (die "Daseinsform" ohne Substanzcharakter); dies kommt in der Leugnung der Gravitonen zum Ausdruck.

(b) Die Diskussion um den Formbegriff in der Absolut-Theorie von A. D. Aleksandrov hat nicht das eigentliche Problem klargelegt. Die RZIπ ist keine Form der Ereignisse (der "Materie"), sondern weist selbst Struktur auf und wirkt als vorgeformte Konfigurations- und Generierungsmöglichkeit auf das Realgeschehen. Die Raumzeit ist *modal* vom Ereignisfeld (der "Materie" als dem Realen schlechthin) geschieden, besitzt aber dieselbe topologische und metrische Struktur. Niemals wird aber die RZIπ in eine Ereignismenge ("Materie") transformiert werden und nie die Ereignismenge in Raumzeit. Die Möglichkeit, von der hier die Rede ist, bedeutet keine Realmöglichkeit im Sinne eines möglichen Ereigniseintritts, sondern im Sinne einer Determination: Wenn die RZ-Struktur galileisch ist, dann *müssen* alle Bahnen kräftefreier Teilchen Gerade sein; ist sie Riemannisch, dann sind sie Geodäten. Die RZ ist ein Ereignisschema, eine "Form" im Sinne eines Modells, das flüssiges Metall aufnimmt.

Dies impliziert einen modalen Dualismus bereits auf der Stufe des physischen Seins. Solange die Sowjetphilosophie diesen Sachverhalt nicht anerkennt, wird ihr Ringen um ein Verständnis der Raumzeit scheitern.

Dieses Schema besitzt nun seinerseits eine Struktur. Dieselbe RZ-Struktur herrscht für die Orginalereignisse in I wie für die Wahrnehmungen in II und eine Klasse von Konstruktionen des Geistes in III bis V. Nur wird sie von Reich zu Reich abgewandelt, aber es lassen sich eineindeutige Zuordnungen zwischen bestimmten Gebieten der verschiedenen Reiche feststellen. Diese Strukturen gehören also nicht nur der Ereigniswelt an, sondern reichen in die K-Welt hinein. Sie bilden das Reich der Seins-Prinzipien. Damit werden die Welten π, p und K geöffnet gegenüber dem Einwirken von Strukturen. Keine dieser Welten ist autonom, sie alle erhalten ihre Gesetze aus einem hohen Reich der Ordnung. Kein Monismus, am wenigsten ein materialistischer, wird diesen Sachverhalt zugeben können, ohne an seiner eigenen Unzulänglichkeit zu scheitern.

(c) Sicher ist die RZIπ bewußtseinstranszendent, also "objektiv". Aber sie ist nur als RZIII*K* objektivierbar. Von einer π-Welt wissen wir *ex definitione* nichts, sie ist ja nur ein Möglichkeitsschema. Sobald wir es operativ herstellen wollen, befinden wir uns bereits diesseits der unüberschreitbaren Schranke zwischen der π-Welt einerseits und der *p*- und *K*-Welt andererseits. Jeder gedachte Raum ist eine Konstruktion des Geistes. Wir können aus der Ausmessung von d*s* immer nur auf die Metrik der RZ schließen, aber nie die RZ selbst zum Gegenstand der Beobachtung machen. Raum und Zeit selbst, d.h. als RZIπ, sind damit gänzlich unanschaulich. Nur die nach einem RZIIIπ konstruierten Ereigniskonfigurationen auf dem Papier sind anschaulich. Dieses RZIIIπ-Schema ist freilich immer präsent (zur Hand), um solche Konstruktionen zu entwerfen und ihnen das Erfahrungsmaterial zur Koordination zuzuordnen (durch KS). Die Anerkennung der transzendentalen Ästhetik schließt also keineswegs die Objektivität der RZ aus. Dazu müssen wir nur die RZIπ als Teilraum von RZIIIπ bzw. als mit diesem umfangsgleich setzen.

Desgleichen impliziert ein logischer Positivismus noch keinen Realitätsverzicht: Sicher ist der RIII*K* eine Konstruktion des Geistes (eine "freie Setzung"); aber damit wird – in den Grenzen der experimentellen Bewährung einer Geometrie – gerade der an sich unerfahrbare RIπ ins Licht des Bewußtseins gehoben, nachgebildet, ja eigentlich erst im Hegelschen Sinn "zu seiner Wahrheit gebracht". Dies kann die Natur selbst nie leisten, denn sie *weiß* ja nicht um ihren Verhaltensschematismus und dessen Prinzipien, sie handelt nur danach. Das einzige Wissen um den Raum ist das Machen des Raums durch den Geist. Gerade die RT zeigte die Echtheit dieses Wissens um bewußtseinstranszendente Schematismen des realen Verhaltens.

(F) *Raumzeit und "Materie"*

Damit bleibt als letztes Problem das Verhältnis von Raum, Zeit und "Materie".

Wir können versuchsweise ein System von Grundbegriffen (Kategorien) aufbauen, um darauf die Ausdrücke und Sätze der RT abzubilden. Der Vorgang ist analog dem Aufbau eines geometrischen oder arithmetischen BS, wo Protokollsätze aus II auf Koordinaten projiziert werden. Wir nennen deshalb die Kategorien ein "KS VII" und bezeichnen die Zuordnung als den Operator der Projektion. In Analogie zur Quantenmechanik nennen wir die Projektion auch "Messung". Die Gesamtheit aller Kategorien "bildet den Kategorial-Raum". Dann bilden die kategorialen Projektionen sämtlicher bisher diskutierten Reiche I bis VI Teilräume in $\mathfrak{S}$. Durch die RT werden in den bisher amorphen Kategorialraum Strukturen eingezogen. Wir finden sie, indem wir zunächst versuchsweise ein kategoriales BS aufstellen und darauf die bisher gewonnenen Sätze aus den früheren Überlegungen beziehen. Wir bezeichnen als "Modalkategorien" die Ausdrücke "protophysisch" = $\mathfrak{S}\mathrm{I}\pi$, "protowahrnehmungsmäßig" = $\mathfrak{S}\mathrm{II}\pi$, "protogeometrisch" = $\mathfrak{S}\mathrm{III}\pi$, "protoarithmetisch" = $\mathfrak{S}\mathrm{IV}\pi$, "protologisch" = $\mathfrak{S}\mathrm{V}\pi$ und "protonormativ" = $\mathfrak{S}\mathrm{VI}\pi$.

Wir behaupten: Vor jedem Teilraum aus aktuell realen oder aktuell idealen Seienden läßt sich ein diesem eineindeutig zuordenbarer Protoraum konstruieren. So bildet der Minkowski-Raum den zum Teilraum aller IS konstruierten Möglichkeitsraum realen physischen Verhaltens.* Der von Kant behauptete Apriorismus ist nichts anderes als die Hypothese der Existenz von Anschauungs- und Denkformen, welche dem aktuell geordneten Erfahrungsmaterial als Protoerfahrung (als Feld möglicher Bewußtseinsinhalte) vorangehen. Dementsprechend könnte man den Teilraum des Protophysischen als "physisches Apriori" bezeichnen. Analog läßt sich vor der Menge aller aktuell gedachten Geometrien ein Teilraum konstruieren, der alle möglichen Geometrien enthält. Ebenso bildet $\mathfrak{S}\mathrm{IV}\pi$ den Teilraum aller möglichen arithmetischen Ausdrücke und Sätze. Der Teilraum $\mathfrak{S}\mathrm{V}\pi$ ist dann die Mannigfaltigkeit aller möglichen sinnvollen Ausdrücke der Umgangssprache und mathematischen Logik.** Der Teilraum $\mathfrak{S}\mathrm{VI}\pi$ ist die Mannigfaltigkeit aller für irgendeinen Teilraum gültigen Normen und Strukturen, soweit sie nicht aktuell gedacht sind. Man sieht sofort, daß $\mathfrak{S}\mathrm{VI}\pi$ mit allen anderen ordenbaren Teilräumen einen von Null abweichenden Durchschnitt besitzt.

Der Raum $\mathfrak{S}\mathrm{VII}\pi$ besteht aus der Mannigfaltigkeit aller nicht aktuell gedachten Kategorien. Es wird angenommen, daß alle bisherigen Teilräume auf $\mathfrak{S}\mathrm{VII}K$ beziehbar sind; mit anderen Worten, alle Räume lassen sich kategorial strukturieren.

Die Mannigfaltigkeit aller Elemente $\mathfrak{s}\pi$ bildet den π-Raum $\mathfrak{S}\pi$. Als "Wirk-

* Das physische Korrelat des Minkowski-Raums bildet einen Teilraum in $\mathfrak{S}\mathrm{I}\pi$.

** Der zu $\mathrm{V}\pi$ komplementäre Raum $\mathrm{V}\varphi$ enthält dann die Mannigfaltigkeit aller sinnleeren Ausdrücke und Aussagen und der falschen Aussagen.

wesen", in Zeichen "$\mathfrak{s}p$", bezeichnen wir ein Element in $\mathfrak{S}$, dem ein hier und jetzt gegenwärtiges Wirken zukommt. Die Mannigfaltigkeit aller $\mathfrak{s}p$ bildet den p-Raum, in Zeichen "$\mathfrak{S}p$". Es sei noch unentschieden, ob es Übergänge zwischen Elementen aus $\mathfrak{S}\pi$ und $\mathfrak{S}p$ gibt.

Als "Konstruktion" bezeichnen wir alle Elemente aus $\mathfrak{S}$, welche vom menschlichen Geist ohne manuelle Hilfsmittel hervorgebracht werden. Wir bezeichnen sie mit "$\mathfrak{s}K$". Die Mannigfaltigkeit aller $\mathfrak{s}K$ bildet den $\mathfrak{S}K$-Raum. Somit zerfällt der Seinsraum in die drei modalen Teilräume $\mathfrak{S}\pi$, $\mathfrak{S}p$ und $\mathfrak{S}K$. Wir nennen sie "Grundräume". Damit gewinnen wir eine erste Strukturierung der RT:

Zu $\mathfrak{S}p$ gehören in $\mathfrak{S}\mathrm{I}p$ Teilchen und Körper; in $\mathfrak{S}\mathrm{II}p$ Beobachter. Damit ist der Teilraum der Wirkwesen abgeschlossen.

Zu $\mathfrak{S}K$ gehören in I und II keine Elemente, in $\mathfrak{S}\mathrm{III}K$ der Minkowski-Raum, Weltlinien, Koordinaten usw.,

in $\mathfrak{S}\mathrm{IV}K$ Zahlen-n-Tupel, LT, Matrizen, in $\mathfrak{S}\mathrm{V}K$ Definitionen von "Galilei-Raum", Riemann-Raum, "Gleichzeitigkeit", "Ort", "elektrisches und magnetisches Feld" usw. und die darin enthaltenen Ausdrücke,

in $\mathfrak{S}\mathrm{VI}K$ (a) RP, Naturgesetze in kovarianter Form; (b) Regeln für die Beobachtung an Weltlinien, Elementen, Abständen, Uhren usw. (c) Regeln für die Konstruktion von $\mathfrak{S}\mathrm{III}K$ und die Zuordnung von Elementen aus $\mathfrak{S}\mathrm{II}p$ zu $\mathfrak{S}\mathrm{III}K$, (d) für die Aufstellung von Transformationen und die kovariante Formulierung von Naturgesetzen, (e) für Definitionen wie unter $\mathfrak{S}\mathrm{V}K$ und die Formalisierung der RT, (f) für die Aufstellung von Prinzipien und Naturgesetzen der RT, (g) für den Entwurf eines Kategorial-Raums und die Zuordnung aller in der RT vorkommenden Elemente zu ihm.

Zwischen den Elementen von $\mathfrak{S}p$ und $\mathfrak{S}K$ paarweise gibt es keinen Übergang, d.h. ein Element in $\mathfrak{S}$ ist entweder ein Wirkwesen oder eine Konstruktion.

Zu $\mathfrak{S}\pi$ gehören: in $\mathfrak{S}\mathrm{I}\pi$: $\mathrm{RI}\pi$, $\mathrm{ZI}\pi$, $\mathrm{RZI}\pi$; in $\mathfrak{S}\mathrm{II}\pi$ mögliche Beobachtungsdaten an kräftefreien Teilchen; in $\mathfrak{S}\mathrm{III}\pi$: $\mathrm{RIII}\pi$, mögliche Weltlinien, Wirkungskegel; in $\mathfrak{S}\mathrm{IV}\pi$: $\mathrm{RIV}\pi$, mögliche Zahlen-Quadrupel, mögliche Transformationen und Formulierungen von Naturgesetzen; in $\mathfrak{S}\mathrm{V}\pi$: $\mathrm{RV}\pi$, mögliche operationelle Definitionen von "Gleichzeitigkeit" usw.; in $\mathfrak{S}\mathrm{VI}\pi$: $\mathrm{RVI}\pi$, mögliche Naturgesetze; in $\mathfrak{S}\mathrm{VII}\pi$: mögliche Zuordnungen von Elementen der RT zu Kategorien. Unter "möglich" sei hier immer verstanden: "Zugelassen in Anbetracht der Grundsätze der RT". So legt z.B. die Lorentz-Kovarianz der Formulierung der Elektrodynamik und Mechanik in $\mathfrak{S}$IVK starke Einschränkungen auf. Durch ähnliche Einschränkungen auf Grund der allgemeinen Kovarianz, der Analogie zur Gleichung von Poisson und des Einfachheits-Postulats gelangte Einstein zu den Feldgleichungen der aRT.

Dadurch wird das Bestehen eines durch die RT in definiter Weise ausgeschnittenen Teilraums $\mathfrak{S}p$ aufgezeigt. $\mathfrak{S}p$(RT) ist eine kategoriale Funktion der RT und somit in bestimmter Weise festgelegt. Sie legt ihrerseits all jene Sätze der RT fest, welche sich auf der Basis der Grundsätze der RT als allein möglich erweisen und zwar noch ehe sie in $\mathfrak{S}K$ formuliert sind.

Der nächste Schritt einer Strukturierung ist das Einziehen von kategorialen Dimensionen (Grundkoordinaten). Sämtliche Elemente der RT müssen dann nacheindeutig den Dimensionen zuordenbar sein. Hingegen ist eine voreindeutige Zuordnung auf dieser Abstraktionsstufe noch nicht erlaubt, da sonst die Zahl der Elemente in RT auf die Zahl der Dimensionen in $\mathfrak{S}$ reduziert würde. Als Dimensionen setzen wir versuchsweise (1) "Eigensein", in Zeichen "α"; (2) "Kommunikation", in Zeichen "β"; (3) "Generierung", in Zeichen "γ".

Unter "Eigensein" sei verstanden: "Isolierung von allen anderen Seienden". Daraus folgt, daß ein auf "Eigensein" abbildbares Seiendes nicht in Kommunikation mit anderen Seienden steht und an keiner Generierung teilhat, die sein Dasein oder So-Sein verändert. In I ist der Sinn von "Eigensein" "dynamische Isolierung plus statischer Zustand".

Unter "Kommunikation" sei verstanden "das wesensstiftende Merkmal eines Seienden, das zu seinem Sein irgendeines anderen Seienden bedarf". In $\mathfrak{S}$Ip bedeutet dies z.B. "Wechselwirkung", "Informationsfluß", "Signalaustausch".

Unter "Generierung" sei verstanden "das wesensstiftende Merkmal eines Seienden, dessen Sein aus dem Sein eines anderen Seienden erzeugt wird oder selbst das Sein eines anderen Seienden hervorbringt". In $\mathfrak{S}$Ip bedeutet dies z.B. "Teilchenerzeugung", "Felderzeugung", "Zustandsveränderung".

Aus den Grunddimensionen lassen sich unter Zuhilfenahme von Ausdrücken aus den Sprachen, die den Reichen I bis VI zugeordnet sind, durch Definitionen Teildimensionen bilden. Formal gewinnen wir sie durch Numerierung der Grunddimensionen nach Reichen, z.B. "αI",

"βIV", "γVI". Weiter ordnen wir die Teildimensionen den Modalkategorien π, p und K zu, z.B. "αIπ" usw.
Wir versuchen nun, den Wesensunterschied zwischen sRT und aRT im Hinblick auf das Verhältnis von Raum, Zeit und "Materie" kategorial zu fassen.
Die sRT ist eine Theorie über den physikalischen Korrelaten der Ausdrücke "IS", "Ereignis", "gerade Weltlinie", "Signal", "Wirkungsausbreitung", "Relativgeschwindigkeit", "Ort", "Abstand", "Zeitintervall", "träge Masse", "elektrisches Feld", "magnetisches Feld", "Energie", "Impuls". (Diese Aufzählung ist nicht vollständig). Ihre Grundbehauptung ist: Die invarianten Stücke der Weltlinie eines inertialen Massenpunkts werden auf relative räumliche und zeitliche Abstände projiziert". Die aRT ist eine Theorie über den physikalischen Korrelaten von "gravitierende Masse", "Raumzeit-Metrik", "geodätische Weltlinie", "Periheldrehung", "Rotverschiebung", "Lichtablenkung" usw.
Der Grundunterschied zwischen sRT und aRT ist folgender: Für Objekte der sRT besteht keine Abhängigkeit der Metrik von der Ereigniskonfiguration und die Metrik ist konstant, für die aRT besteht eine Abhängigkeit und die Metrik ist variabel. Der Unterschied läuft also auf die Konstruktion von ds^2 aus seinen räumlichen und zeitlichen Projektionen hinaus. Eine Beurteilung des Wesensunterschieds beider Theorien knüpft an ds^2 an. Wir projizieren ds^2 kategorial auf die Grunddimensionen und versuchen in Analogie zum Unterschied in den Galileischen und Riemannschen Ausdrücken für ds^2 den Wesensunterschied zwischen den entsprechenden kategorialen Ausdrücken aufzuzeigen. Dazu führen wir als Hilfskategorie den Ausdruck "wirkt auf" ein. Darunter sei ohne Aufweisung der Art des Wirkens (energetischer, normativer, willensmäßiger usw.) ein Teilraum irreflexiver, asymmetrischer und transitiver Kommunikationen in β verstanden. Wir klassifizieren die Wirkungen nach Reich I bis VII und den Grundräumen π, p und K. Die Operation des Wirkens führt immer zu einer Generierung, sie bildet also auch einen Teilraum in γ. Wenn wir "wirkt auf" mit "i" (von "Induktion")* bezeichnen, so läßt sich i als Vektor in $\mathfrak{S}$ mit den Komponenten β und γ darstellen:

$$i = (\beta, \gamma).$$

Das physikalische Korrelat von ds^2 nennen wir "ds^2 Ip"; damit ist nicht

* Im Sinne der Elektrodynamik.

gesagt, daß ein Teilchen eine reale Weltlinie zurücklegt, sondern nur, daß es möglich ist, aus Beobachtungen an Uhren und Maßstäben eindeutig einem Realgeschehen den mathematischen Ausdruck für ds^2 zuzuordnen. Bezeichnen wir den Ausdruck für ds^2 Ip in 𝔖 mit "ds^2 Ip (VII)" und nennen ds^2 Ip (VII) einen "Vektor in 𝔖", so ist ds^2 Ip (VII) auf die Grunddimensionen wie folgt abbildbar: ds^2 Ip (VII) hat

(1) eine Komponente in γ: Durch Energietransport von (x, t) nach (x', t') wird eine lineare Ereignismenge generiert,

(2) eine Komponente in β: Die Ereignisse, deren Menge ds^2 Ip darstellt, stehen in der Kommunikation zeitlicher Relationen. Kein Ereignis ist von irgendeinem anderen isolierbar, ohne daß der Ausdruck "Weltlinie" sinnleer wird,

(3) keine Komponente in α: ds^2 Ip bedarf zu seinem Zustandekommen der RZIπ und der Existenz von Teilchen.

Die sRT spezifiziert diese Projektionen wie folgt: ds Ip ist Weltlinienelement eines IS. Die Summe der Weltlinienelemente bildet eine Gerade. Damit projiziert ds^2 Ip auf einen Teilraum in β, der in RIIIK als "Gerade" definiert ist. Als Ursache dieser besonderen Kommunikation der Ereignisse postulieren wir in 𝔖Ip: Auf die Erzeugung der Ereignisse eines IS wirkt keine äußere Kraft. Erkenntnismäßig können wir ein IS nur unter Berücksichtigung der Kommunikation βIIIK zwischen den Weltpunkten definieren, ontologisch, d.h. ohne Verlassen von Reich I, durch "Kräftefreiheit". Diese äußert sich dann für den Beobachter als gerade Weltlinie. Das instantane IS wird definiert durch "Freiheit von βIp" (Isolierung). Jede Wechselwirkung, einschließlich des Signalaustauschs mit anderen Elementen in 𝔖Ip, hebt diese Freiheit auf. Das IS kann daher in Strenge nicht nur keine Wechselwirkungen, sondern auch keine Informationen von anderen physikalischen Systemen empfangen oder an sie abgeben. Es projiziert auf α. Es ist ein physisches "Selbst" ohne Kommunikation mit Elementen, die ihm nicht selbst angehören. Das dauernde IS projiziert hingegen auf β durch die Genidentität zwischen den ein IS konstituierenden Ereignissen. Diese Kommunikation bezeichnen wir als "Eigen-Kommunikation", die Kommunikation von Ereignissen, die paarweise auf verschiedenen Weltlinien liegen, als "Ich-Du-Kommunikation" und die Koinzidenz als "Wir-Kommunikation". Damit ist eine Feinstruktur der Grunddimension "β" in drei zueinander senkrechten (einander ausschließenden) Teildimensionen definiert. Die Erzeugung von Ereignissen

längs einer Weltlinie bezeichnen wir dementsprechend als "Eigen-Generierung", die Erzeugung von Ereignissen durch Beeinflussung von Weltlinien als "Ich-Du-Generierung", die Erzeugung von Ereignissen durch Koinzidenz von Weltlinien als "Wir-Generierung".
Die Grunddimension "α" zerfällt in keine analogen Teildimensionen, da sie sonst aufgehoben würde. Das Eigensein kennt kein Ich-Du- oder Wir-Sein.
Es ist klar, daß ein so definiertes IS eine Idealisierung darstellt. Es gehört, wie in Kapitel II ausgeführt, zur Protophysik.
Wir können ihm somit eindeutig einen Vektor in $\mathfrak{S}\mathrm{I}\pi$ zuordnen. Er hat die Komponenten $\alpha_{\mathrm{I}\pi}$, $\beta_{\mathrm{I}\pi\,\mathrm{eig}}$, $\gamma_{\mathrm{I}\pi\,\mathrm{eig}}$ und steht auf allen anderen kategorialen Koordinaten senkrecht.
Auf Grund des früher Gesagten können wir nun auch dem physikalischen Raum einen Vektor in $\mathfrak{S}$ zuordnen. Er hat die Komponenten $\alpha=0$, $\beta_{\mathrm{I}\pi\,\mathrm{ich-du}}$, $\beta_{\mathrm{I}\pi\,\mathrm{wir}}$, $\beta_{\mathrm{I}p\,\mathrm{wir}}$*, $\gamma_{\mathrm{I}\pi}=0$ und steht auf den übrigen Koordinaten senkrecht. Der Raum ist also ohne physisches oder protophysisches Eigensein, sondern ganz und gar ein Kommunikationsschema, dessen Sein von den Prinzipien in $\mathfrak{S}\mathrm{VI}\pi$ entlehnt ist. Das Raumschema sieht seinerseits nur idealisierte Kommunikationen geometrischer Art für Ereignisse vor. Gleichzeitige Ereignisse können allein durch Koinzidenz in reale physische Kommunikation treten.
Dementsprechend hat der Zeitvektor die Komponenten $\alpha=0$; $\beta_{\mathrm{I}\pi\,\mathrm{ich-du}}$, $\beta_{\mathrm{I}p\,\mathrm{ich-du}}$, $\gamma_{\mathrm{I}\pi\,\mathrm{eig}}$, $\gamma_{\mathrm{I}p\,\mathrm{eig}}$, $\gamma_{\mathrm{I}\pi\,\mathrm{ich-du}}$, $\gamma_{\mathrm{I}p\,\mathrm{ich-du}}$; $\gamma_{\mathrm{wir}}=0$.
Es mag verwundern, daß sowohl Raum als Zeit π- und p-Komponenten aufweisen, obwohl der Übergang $\pi \leftrightarrows p$ verboten ist. Hier werden aber nicht Raum und Zeit selbst, sondern die Mannigfaltigkeit der von ihnen geregelten physikalischen Beziehungen auf $\mathfrak{S}$ projiziert; diese sind aus $\mathfrak{S}\mathrm{I}\pi$ und $\mathfrak{S}\mathrm{I}p$ entnommen.
Die Raumzeit wird durch die Vereinigung beider Vektoren dargestellt.
Um eine Zuordnung zwischen dem Vektor "IS" und dem Vektor "Raumzeit" aufzustellen, müssen wir dem Ausdruck "Galileische Metrik" einen Vektor in $\mathfrak{S}$ zuordnen. Die bisherigen Definitionen von Raum und Zeit in I behandelten nur die Topologie. Wir definieren als "raumzeit-

* Der Widerspruch zu unserer Definition des Raums als $\mathrm{RI}\pi$ wird dadurch vermieden, daß der physikalische Raum als Ordnungsschema selbst der Protophysik angehört (niemals zu einem Wirkwesen werden kann), aber sowohl Idealisierungen wie reale Ereigniskonfigurationen regelt.

licher Abstand *s*" die Zahl der Reproduktionen einer konstanten Ereigniskonfiguration, die nötig ist, um auf dem räumlich kürzesten Weg von Ereignis *A* nach Ereignis *B* zu gelangen. Ist dieser Abstand durch ein IS oder ein Lichtsignal konstanter Geschwindigkeit operativ herzustellen (in II zu "messen"), so bildet *s* eine Gerade, desgleichen seine Projektionen auf irgendeinen rein räumlichen Schnitt im Weltpunkt *A*.

Die Verwendung eines IS oder Lichtsignals konstanter Geschwindigkeit ist damit die Voraussetzung für (a) die Erzeugung des Abstandes zwischen *A* und *B* als einer geraden Weltlinie, (b) die Projektion des Abstandes auf mögliche Körper und gleichlaufende Uhren, (c) die Reproduktion starrer Körper als des räumlichen Teils einer IS und gleichlaufender Uhren als des zeitlichen Teils eines IS und damit für (d) die Einführung einer Galileischen ("starren") Metrik als Abbild eines IS (starren Körpers).

Der Galileischen Metrik ordnen wir nun einen Vektor in $\mathfrak{S}$ mit folgenden Komponenten zu: $\alpha_{I\pi}$*; $\gamma_{I\pi\,\mathrm{eig}}$**; $\beta_{I\pi\,\mathrm{ich-du}}$***; $\beta_{I\pi\,\mathrm{wir}}$†.

Die Galileische Metrik hat nur Projektionen in $\mathfrak{S}\pi$, da in der Natur weder ideal starre, beliebig ausgedehnte Körper noch beliebig lange gerade Lichtstrahlen vorkommen. Dies wird gerade durch die Äquivalenz von Riemannscher Metrik und Gravitation verhindert. Die Galileische Metrik projiziert daher auf $\alpha_{I\pi}$ (Isolierung von allen anderen Körpern und Feldern), nicht aber auf $\beta_{Ip\,\mathrm{eig}}$ (Wechselwirkung mit sich selbst), $\beta_{Ip\,\mathrm{ich-du}}$ (Wechselwirkung mit anderen Körpern und Feldern), $\beta_{Ip\,\mathrm{wir}}$ (Wechselwirkung mit einem koinzidierenden Teilchen), $\gamma_{Ip\,\mathrm{eig}}$ (Generierung durch sich selbst), $\gamma_{Ip\,\mathrm{ich-du}}$ (Generierung durch andere Körper oder Felder) und $\gamma_{Ip\,\mathrm{wir}}$ (Generierung durch Koinzidenz): In all diesen Fällen würde eine Störung des Inertialzustands eintreten. Da nun alle physikalischen Systeme in Strenge durch andere Systeme gestört werden bzw. an spontanen Zustandsänderungen teilnehmen, so entfällt auch die Komponente α_{Ip}. IS und Galileische Metrik stellen einen Idealfall dar. Die Erreichung dieses Limes-Falls ist das Abbild immer kleinerer Projektionen einer realen physischen Ereignismenge auf die Teildimensionen β_{Ip} und γ_{Ip} bei immer größerer Projektion auf $\alpha_{I\pi}$.

Es ist klar, daß der Realfall immer eine von Null verschiedene Projektion

* Isolierung.
** Genidentität der Punkte auf einer Geraden.
*** Signalabtausch ohne Energietransport.
† Koinzidenz.

einer Ereignismenge auf β_{Ip} und γ_{Ip} enthält, z.B. durch Feldwirkungen und Streuung bzw. Absorption von Signalen. Damit muß es wegen der logischen Äquivalenz von "Weltlinienform" und "Kommunikation" zu Verbiegungen der Weltlinien aller den $\beta_{Ip\ ich-du}$ und $\gamma_{Ip\ ich-du}$ unterliegenden Ereignismengen kommen.

Hier sind zwei Fälle zu unterscheiden: (1) Die Ich-Du-Kommunikation und Generierung wirken auf eine Ereignismenge spezifisch, d.h. je nach Art der Ereignismenge. So wirkt ein elektrisches Feld, d.h. $\beta_{Ip\ ich-du}$, nur auf elektrische Ladungen, nicht auf Dielektrica. Nur die ersteren erfahren eine Weltlinienkrümmung. Dann sind eindeutige Abstandsmessungen mit Hilfe der einwirkungsfreien Ereignismengen durchfürbar, während die anderen deformiert werden. (2) Die Kommunikationen wirken unabhängig von der Art der Ereignismengen auf alle Ereignismengen in gleicher Weise, d.h. führen zur selben Weltlinienkrümmung. Dann sind eindeutige Abstandsmessungen nur unter Berücksichtigung der Metrik durchführbar, da alle Ereignismengen gegenüber ihrem Inertialzustand deformiert werden. Diese Deformation erfolgt aber für alle benachbarten Ereignismengen in gleicher Weise; sie kann also nur eine Wirkung derselben Ursache sein; dies ist eine universale $\beta_{Ip\ ich-du}$. Die einzige Kommunikation dieser Art, die wir kennen, nennen wir "Gravitation".

Die Gravitation ist also jene universale Ich-Du-Kommunikation, welche die Weltlinien aller Ereignismengen in gleicher Weise krümmt (gleich in Bezug auf alle Arten von Ereignismengen am selben Punkt). Eine solche gleiche Krümmung der Weltlinien ist von einer Krümmung der Raumzeit selbst nicht unterscheidbar und kann daher als Raumzeitkrümmung interpretiert werden. Die Raumzeit-Krümmung ist daher eine Wirkung der universalen Ich-Du-Kommunikation in $\mathfrak{S}Ip$.

Da alle Ereignissysteme ihr unterliegen, ist der einem IS zugeschriebene Vektor eine Idealisierung in $\mathfrak{S}I\pi$; die realen Vektoren stehen auf der Grunddimension "Eigensein" senkrecht und haben Komponenten in allen anderen Dimensionen und Teildimensionen von $\mathfrak{S}Ip$.

Dies ist der philosophische Sinn der Einsteinschen Feldgleichungen. Auf der linken Seite steht ein Ausdruck für den Steuerungsmechanismus realer Ereignismengen, auf der rechten die realen Ereignismengen selbst, welche diesen Mechanismus auslösen. Dies ist kein Form-Inhalt-Verhältnis, sondern die Kommunikation von Energie und Steuerung. Beide stehen zueinander in einem *feed-back*-Verhältnis, denn die Feldgleichungen enthalten die Wirkung der Energie auf die Steuerung, die daraus ableitbaren Bewegungsgleichungen die Wirkung der Steuerung auf die Energie. Von "Materie" ist nirgends die Rede.

Die mathematische Gleichheit besagt, daß die in der Energie eines abgeschlossenen Ereignisgebiets enthaltene Generierungsfähigkeit neuer Ereignisse zugleich die Ordnung der universalen Kommunikation dieser Ereignisse erzeugt. Dies Erzeugen ist aber nicht von der Art eines Ereignisses, das andere energetisch hervorbringt, sondern ist die Auslösung eines im Reservoir der Verhaltensmechanismen von RZIπ bereits vor allem physikalischen Wirken vorhandenen Steuerungssystems.

KAPITEL V

KOSMOLOGIE

I. PROBLEMSTELLUNG

Formell müßte die allgemeine Relativitätstheorie mit den Einsteinschen Feldgleichungen ihren Abschluß finden: Der funktionale Zusammenhang zwischen Raumzeit-Metrik, Raumzeit-Krümmung und Gravitationsenergie bildet eine exakte Antwort auf die am Anfang der Theorie stehende Frage nach dem Zusammenhang zwischen Schwerkraft und Trägheit. Dennoch läßt sich leicht einsehen, daß damit das eigentliche Problem noch nicht erschöpfend gelöst ist. Der Raum hörte zwar auf, nur aktive Ursache physikalischer Wirkungen zu sein und wurde auch zum passiven Empfänger von Wirkungen der Energie, dennoch beschränkte sich dieser Zusammenhang nur auf seine metrischen "Eigenschaften". Die Frage lag nahe, welche Schlüsse sich daraus für die anderen Eigenschaften des Raums und der Zeit, insbesondere ihre angebliche Unendlichkeit, ergeben. Das Problem war nicht neu. Schon Olbers wies 1826 nach, daß unter der Annahme einer unendlichen Zahl gleichmäßig im unendlichen Raum verteilter Sterne der nächtliche Himmel taghell sein müßte (Photometrisches Paradoxon). Neumann zeigte 1874, Seeliger 1895, daß die Annahme des Newtonschen Gravitationsgesetzes für ein unendliches All bei endlicher mittlerer Massendichte zu unüberwindbaren Schwierigkeiten führt: Das Gravitationspotential hat keinen bestimmten endlichen Wert, es treten unendlich große Beschleunigungen und folglich Geschwindigkeiten auf. Dieses Paradoxon ist nur zu beseitigen unter der Annahme, daß entweder die Massendichte auf großen Entfernungen schneller als mit $1/r^2$ nach Null strebt oder die Schwerkraft schneller mit dem Abstand abnimmt als nach dem Newtonschen Gesetz der reziproken Quadrate. Für eine solche Modifikation des Newtonschen Gesetzes liegen jedoch weder in der Theorie noch in der Beobachtung Gründe vor.

Die Schwierigkeiten entfallen bei Annahme eines in sich geschlossenen Kosmos. Um die Feldgleichungen diesem Postulat anzupassen, führte Einstein 1917 die kosmologische Konstante ein.

Es wurden nun, teils von Einstein selbst, mehrere Lösungstypen der Einsteinschen Feldgleichungen für den Kosmos als Ganzes vorgeschlagen. Es handelt sich dabei um folgende Modelle:

(1) *Der Einsteinsche Kosmos, 1917.* Da die Weltgeometrie sich als nicht-Euklidisch erwies, lag es nahe, einen der Kugel analogen Kosmos anzunehmen (dessen Geometrie natürlich nicht wie die der Kugel zwei-, sondern vierdimensional ist).

Einstein führte daher 1917 die Konzeption eines geschlossenen, aber grenzenlosen Kosmos ein. Der Krümmungsradius dieser Welt ist endlich, ein Lichtstrahl kehrt im Idealfall wieder zu seinem Ausgangspunkt zurück und beginnt seine Bahn von neuem. Der konstante Krümmungsradius $\mathbf{R}$ hängt mit der kosmologischen Konstanten durch die Relation $\lambda = 1/\mathbf{R}^2$ zusammen. Den Kugelraum erfüllt Masse der konstanten Dichte proportional zu $2\lambda/c^2$. Auch die Lichtgeschwindigkeit ist überall gleich, folglich sind alle Punkte dieses Kosmos geometrisch und physikalisch gleichwertig.

Gegen diese Lösung spricht indes folgende Überlegung: Gerät ein Massenpunkt in die kritische Nähe eines Sterns, so unterliegt er der Maßbestimmung für ein zentralsymmetrisches, statisches Gravitationsfeld: er wird angezogen, ohne in seine Ausgangslage zurückzukehren. Verschiebt er sich indes nach außen, so gerät er umgekehrt in die Maßbestimmung des Einsteinschen Kosmos, aus der ihn keine Kraft wieder zurücktreibt.

(2) *Der De Sittersche Kosmos, 1916.* Die Maßbestimmung eines Kopernikanischen Systems enthält den sogenannten Gravitationsradius M, der mit der Masse m des Zentralkörpers, der Gravitationskonstanten C und der Lichtgeschwindigkeit c durch die Relation

$$M = \frac{Cm}{c^2}$$

zusammenhängt. Setzt man $M = 0$ und $\lambda = 3/\mathbf{R}^2$, so gelangt man zur Maßbestimmung de Sitters.*

* Die Maßbestimmung de Sitters (1916) lautet in Polarkoordinaten r, ϑ, φ und $x^4 = ct$:

$$ds^2 = \frac{dr^2}{1 - (r/\mathbf{R})^2} + r^2 (d\vartheta^2 + \sin^2 \vartheta \, d\varphi^2) - (1 - (r/R)^2) \, dx^{4^2}$$

Zum Unterschied vom Einsteinschen Kosmos wird die Massendichte gleich Null und die Lichtgeschwindigkeit wechselt von Ort zu Ort: Der Kosmos ist frei von aller "Materie". Da die Lichtgeschwindigkeit mit dem Gravitationspotential zusammenhängt, wird dieses als örtlich variabel angenommen. Ein in diesen Kosmos gebrachter Körper würde demnach seine Lage verändern, ohne indes je eine Grenze des Raums zu erreichen; auch die Durchlaufzeit des Lichts wäre unendlich.

Lemaître zeigte indes 1925, Robertson 1927, daß ein solcher Körper seine Lage beibehält, wenn die räumlichen Entfernungen zwischen den Körpern mit der Zeit wachsen, wobei die räumliche Expansion dem Abstand der Körper proportional ist. Von jedem Weltpunkt aus gesehen ist diese Expansionsbewegung dieselbe. Die Konstante λ entfällt.

Weyl und Robertson zeigten, daß sich die Expansion als *Doppler*-Effekt nachweisen läßt und zwar als Rotverschiebung in den Spektrallinien der kosmischen Objekte.

In der Tat vermochte Hubble 1929 nachzuweisen, daß die extragalaktischen Nebel eine allen Spektrallinien gemeinsame *Rotverschiebung* aufweisen, die mit einer universellen Konstanten H dem Abstand vom Sonnensystem proportional ist. Als Doppler-Effekt gedeutet, weist der Effekt auf eine *Fluchtbewegung* der Nebel hin.

(3) *Friedmannsche Lösungen.* Die Schwierigkeiten des de Sitterschen Kosmos liegen darin, daß seine Welt frei von Massen ist. Der sowjetrussische Mathematiker Friedmann (Fridman, Friedman) bewies nun 1922 eine Lösung der Einsteinschen Feldgleichungen mit einer im ganzen All gleichen Massendichte und rein räumlichen Krümmung; letztere wächst jedoch mit der Zeit.* Je nach dem Vorzeichen einer Integrationskonstanten K ist die rein räumliche Krümmung positiv oder negativ.

Von Laue zeigte, daß sich in einem expandierenden All infolge der Wechselwirkung zwischen Licht und Gravitation die Schwingungszahl

Sie ergibt sich durch Gleichsetzung von $M = 0$ und $\lambda = 3/R^2$ aus der Maßbestimmung für ein zentralsymmetrisches statisches Gravitationsfeld im leeren Raum

$$ds^2 = \frac{dr^2}{1 - 2M/r - \frac{1}{3}\lambda r^2} + r^2 (d\vartheta^2 + \sin^2 \vartheta \, d\varphi^2) - c^2 (1 - 2M/r - \tfrac{1}{3}\lambda r^2) \, dt^2$$

(Weyl, 1919; Trefftz, 1922). Siehe von Laue, *Relativitätstheorie*, Bd. 2, S. 134 und 164.

* A. Friedmann, 'Über die Krümmung des Raums', *Z. Phys.* 10 (1922) H. 6. (russisch in *Žurnal russk. fiz.-chim. o-va, čast'* 56 (1924) 59); *Mir kak prostranstvo i vremja*, Leningrad, 1923; 'O krivizne mira', *Žurnal russk. fiz.-chim. o-va, čast'* 56 (1924).

des Lichts verringert. Die Hubblesche Rotverschiebung läßt folglich auf eine *Expansion* des Alls schließen. Dabei kann man allerdings nur bei positiver Krümmung von einem geschlossenen All sprechen.

Die *Folgen* dieser Überlegungen bzw. Beobachtungen für den Bestand des Diamat sind evident. Wohl auf keinem anderen Gebiet werden wesentliche Sätze der kommunistischen Philosophie so unmittelbar in Frage gestellt wie durch die relativistische Kosmologie. Hinter den Aussagen des Diamat von der Ewigkeit und Unendlichkeit des Alls – aufgespalten in die Unendlichkeit der *Materie*, ihrer *Daseinsformen Raum* und *Zeit* und ihrer qualitativen *Entwicklung* – steht als Grundmotiv die *Leugnung des Schöpfers*.

Auf keinem anderen Gebiet der Wissenschaft war denn auch der Zusammenprall so heftig wie hier. Ursprünglich schienen den kommunistischen Philosophen Astronomie und Atheismus fast synonym zu sein. Noch heute wird die Astronomie in den Schriften der jetzigen Gottlosenbewegung, der "Gesellschaft zur Verbreitung wissenschaftlicher und politischer Kenntnisse" als Kronzeuge herangezogen. So mußte denn gerade ein Schlag von dieser Seite als besonders empfindlich registriert werden. Die relativistische Kosmologie rührt an den Lebensnerv der kommunistischen Weltanschauung. Dem entspricht denn auch eine überaus nervöse, ja dramatische Reaktion der sowjetischen Philosophen. So heißt es in der Großen Sowjet-Enzyklopädie, 1953: "Die Kosmogonie besitzt eine riesige Bedeutung für die Entwicklung der wissenschaftlich-materialistischen Weltanschauung". Sie "war stets und ist heute noch die Arena eines scharfen ideologischen Kampfes zwischen der Wissenschaft und den religiösen Vorstellungen, zwischen Materialismus und Idealismus, zwischen den neuen wissenschaftlichen Ideen und den alten, absterbenden Auffassungen. Die Kosmogonie wie viele anderen Zweige der Astronomie gelangte gegenwärtig in den kapitalistischen Ländern in eine Sackgasse, da dort der schöpferische Gedanke der Gelehrten durch die falschen Thesen der idealistischen Philosophie gekettet ist, die das Weltall entweder in einem stationären Zustand betrachtet oder alles auf einen mystischen Schöpfungsakt Gottes zurückführt." Die Gelehrten begnügen sich "mit der Aufstellung gekünstelter idealistischer Schemata, die in den meisten Fällen von der Wirklichkeit losgerissen sind und den Beobachtungstatsachen widersprechen. In einer völlig entgegengesetzten Richtung geht die Entwicklung der Kosmogonie in der UdSSR. Unter der Führung der Methode des dialektischen Materialismus und unter allseitiger Verwendung des reichen Beobachtungsmaterials erzielten die Sowjetgelehrten... erhebliche Erfolge. Auf dem Gebiet der Kosmogonie hat die Sowjetwissenschaft schon jetzt die Wissenschaft der kapitalistischen Länder überflügelt".[1]

Die Enzyklopädie erwähnt dabei die Theorie des expandierenden Weltalls lediglich im Zusammenhang mit anderen, ihrer Meinung nach absurden Theorien: "Bis in die letzte Zeit begnügten sich... die bürgerlichen Gelehrten mit der Konstruktion idealistischer Theorien des expandierenden Alls, aus denen folgt, daß nicht nur alle Sterne, sondern alle Galaxien sich gleichzeitig ungefähr vor zwei Milliarden Jahren bildeten."[2]

2. DIE PERIODE DER LEUGNUNG

Am 13. und 14. Dezember 1948 berief die Leningrader Abteilung der Astronomisch-Geodätischen Gesellschaft der UdSSR (Lovago) eine Konferenz über ideologische Fragen der Astronomie ein.[3]

An der Konferenz nahmen 500 Personen teil; es wurden aber nur drei Referate gehalten, bemerkenswerterweise nicht von Philosophen, sondern von Astronomen. Die Tagung richtete sich äußerlich gegen den sog. Formalismus in der Astronomie, in Wirklichkeit aber gegen die neuen kosmologischen Hypothesen.

Ogorodnikov sagte in seinem Referat "Über den Kampf mit dem Formalismus in der Astronomie": Seit der Augusttagung der Akademie der Landwirtschaft* stellten sich zwei unversöhnliche Richtungen in der Wissenschaft heraus, die idealistische und die materialistische. Die idealistische ist auch formalistisch ausgerichtet. Hier soll die Form den Inhalt verdrängen. Z.B. wird in der Astronomie das mathematische Schema zum Selbstzweck. Zwar ist die Abstraktion nötig, aber nur als Hilfsmittel. Leider geriet auch ein kleiner Teil der sowjetischen Intelligenz unter den Einfluß des Formalismus und damit der reaktionären bürgerlichen Ideologie. In der Astronomie machen sich nun folgende formalistische Richtungen bemerkbar:

(1) Die *relativistische Kosmologie*. Sie will das All als ganzes erforschen;

* Es handelt sich um die Diskussion um die Genetik, die als "Fall Lysenko" im Westen bekannt wurde.

schon deshalb ist sie von vornherein zum Scheitern verurteilt. Sie geht vom methodisch falschen metaphysischen Versuch aus, die Eigenschaften des uns bekannten Alls auf das ganze All zu extrapolieren. Weiter wird die Expansion des Alls aus rein geometrischen Erwägungen gefolgert. Dabei bleiben Ursprung und Energetik dieses Vorgangs unbekannt. Formalismus ist auch die Erforschung der *Struktur* des Alls, losgelöst vom Inhalt; so wurde an der Staatlichen Universität Leningrad eine Dissertation eingereicht über den Einfluß der relativistischen Glieder des Gravitationsfelds im zentralen Körper der Milchstraße auf die Radialgeschwindigkeiten verschieden von ihm entfernter Objekte. Diese Arbeit hat keinen praktischen Wert, denn die Fehlergrenze der Beobachtung liegt weit über den Effekten.

(2) Die *Sowjetische Kosmogonie*. Hier sei der Formalismus besonders gefährlich, denn er trage aktiven Charakter. Wir haben, so meint Ogorodnikov, zur Zeit keine einzige eindeutige kosmogonische Hypothese, die ohne weiteres zur Veröffentlichung empfohlen werden könnte. Am gefährlichsten sei andererseits der kosmogonische Nihilismus; er erzeuge die Illusion von der Machtlosigkeit der Wissenschaft und werde somit zum Wegbereiter des Glaubens. So befaßte sich zwanzig Jahre lang die Schule von Moiseev an der Universität Moskau mit der Entstehung und Evolution der Himmelskörper; die Ergebnisse seien jedoch mehr als mager; sie bestehen nur in der Analyse metaphysisch aufgefaßter leerer Schemata. Der Formalismus äußere sich auch in der These von der Beobachtung um ihrer selbst willen.

Ejgenson sagte in seinem Referat "Der Kampf des Materialismus mit dem Idealismus in der Kosmologie": Es gibt keine einheitliche Weltwissenschaft; der materialistischen Sowjetwissenschaft steht gegenüber die dekadente idealistische Pseudo-Wissenschaft des letzten Ausbeutungssystems der Geschichte, des Monopolkapitalismus. Mit der Physik und Biologie zusammen ist die Astronomie die wichtigste Grundlage der materialistischen Weltanschauung. Deshalb sind die ideologischen Fragen der Astronomie eine lebenswichtige Angelegenheit des Sowjetvolkes und der fortschrittlichen Menschheit.

Die bürgerliche Astronomie befindet sich nach Ejgenson in einer permanenten ideologischen Krise. Ebenso wie die bürgerliche Physik ist auch die bürgerliche Astronomie nicht imstande, die von der fortschrittlichen Wissenschaft entdeckten Tatsachen zu erklären. Das Unvermögen der bürgerlichen Kosmologie kommt zum Ausdruck in der Theorie eines endlichen und expandierenden Alls von Lemaître, Eddington und Milne. Die Sowjetwissenschaft erklärt hingegen die Rotverschiebung als physikalische Prozesse der Photonen oder als eine reale Änderung der Dimensionen unserer endlichen Metagalaxis, die sich ihrerseits in einem unendlichen All befindet. Die Entscheidung über diese Alternative ist eine der wichtigsten Aufgaben der Sowjetastronomie. Auf Grund der Struktur der astronomischen Welt sind idealistische Bestimmungen des "Weltradius" sinnlos. Die Sowjetastronomie hält unerschütterlich an der Unendlichkeit des Alls fest. Die Endlichkeit jedes realen kosmischen Systems, insbesondere der Metagalaxis als des größten uns bekannten Systems, stellen die bürgerlichen Kosmologen fälschlicherweise als die Endlichkeit des Alls dar. In Wirklichkeit ist in jedem Punkt die Zahl der Krümmungsradien unbestimmt groß, da in ihm eine unbestimmte Menge verschiedenartiger makro- und mikroskopischer Strukturen gleichzeitig bestehen. Folglich sind selbst im Rahmen der Relativitätstheorie solche Bemühungen nicht zu rechtfertigen. Praktisch ist die moderne relativistische Kosmologie nur eine sehr komplizierte Methode zur Beschreibung eines vermutlich in der Tat endlichen Systems der Metagalaxis. Leider gibt es auch in der sowjetischen Literatur in letzter Zeit idealistische Deutungen. (Ejgenson verschweigt die Namen – *der Verf.*). Die wissenschaftliche Kosmologie, meint Ejgenson, kann man überhaupt nicht als absolute metaphysische Theorie von der Welt als Ganzes betreiben; wir können nur die Beobachtung der Galaxien zugrundelegen. Auf jeden Fall muß die sowjetische Kosmologie den ersten Platz in der Welt erhalten.

Auch Gurevič und Lebedinskij bemerkten in ihrem Beitrag "Probleme der modernen Kosmologie", daß es bisher keine befriedigenden Hypothesen über die Entstehung der Sterne gibt. Natürlich ist die Hypothese eines zeitlichen Beginns der Welt, wo alle möglichen Wunder geschehen sollen, unannehmbar. Akzeptabel ist hingegen der materialistische Standpunkt, daß die unendliche Welt aus einer Vielzahl von Metagalaxien besteht, in denen ebenso wie in einem Gas sich zerstreuende Schwingungen möglich sind.

In der darauf folgenden Diskussion bezeichnete L'vov die relativistische Kosmologie als Krebsschaden der modernen Wissenschaft und größten ideologischen Feind der materialistischen Astronomie. Auch Landau und Lifšic haben nach L'vov in ihrem Werk *Theoretische Physik* (Bd. IV) die

Grundlagen der relativistischen Kosmologie unkritisch übernommen; sie untersuchten den homogenen und isotropen Raum, obwohl dies evident eine Verzerrung der realen Welt darstellt. Ivanenko nennt nach L'vov die relativistische Kosmologie eine Errungenschaft des Materialismus und hebt die Verdienste Friedmanns um das Modell des expandierenden Alls hervor, das sich später Lemaître zu eigen machte.

Krat wies in der Diskussion darauf hin, daß der Idealismus nicht die Dialektik begreife; sie verbiete eine Extrapolation der Eigenschaften des Endlichen auf das Unendliche. Das Beispiel von Landau und Lifšic zeuge davon, daß ein gewisser Teil der sowjetischen Gelehrten einstweilen vom Marxismus eine gänzlich oberflächliche Vorstellung besitze und seine Methoden nicht für ihre Arbeit verwende.

Kursanov führte 1950 fünf Gründe gegen die Endlichkeit des Alls an:

(1) Die Materie ist unerschaffen; folglich sind Raum und Zeit unendlich. Das allgemeinste Gesetz ist die Erhaltung der Materie. Im unendlichen Raum befindet sich eine unendliche Materiemenge. Es ist indes nicht möglich, aus der Kenntnis der endlichen Teile der Welt die Unendlichkeit der Welt zu erkennen; freilich treten die universalen Gesetze auch in endlichen Gebieten zutage.

(2) Nach Einstein (*Grundzüge der Relativitätstheorie*, russ. 1935, S. 91) ist eine Unendlichkeit des Raums nur mit der Massendichte Null verträglich; er beweist dies an der Vorstellung eines Gravitationszentrums des Alls. Die Astronomie kennt indes kein solches Gravitationszentrum. Ferner widerspricht die ungleiche Massenverteilung im All der Konzeption eines Krümmungsradius.

(3) Nur bei positivem Krümmungsradius ist das All endlich, dies setzt indes eine gleichmäßige Massenverteilung voraus, was aber nicht der Beobachtung entspricht.

(4) Nach Einstein bestehen Schwierigkeiten für die Hypothese der Euklidizität des Raums im Unendlichen. Das heißt aber, auf die Denkökonomie Machs zurückzugreifen und auch dies nur vom Standpunkt eines gewohnten mathematischen Apparats. Dadurch ist nichts bewiesen, denn es ist z.B. "ökonomischer", eine göttliche Schöpfung anzunehmen als komplizierte Hypothesen aufzustellen.

(5) Wenn man der allgemeinen Relativitätstheorie die Geometrie geschlossener Räume zugrundelegt, so macht man den physikalischen Sachverhalt vom geometrischen abhängig. Erwiesenermaßen gibt die Rie-

mannsche Geometrie nur die Eigenschaften eines begrenzten Teils des Alls wieder. Der metrische Tensor gilt nur für gleiche Massenverteilung; die Massen sind indes ungleichmäßig verteilt; es ist deshalb die Annahme berechtigt, daß im unendlichen realen Raum die Geometrie Lobačevskijs gilt.[4]
Kukarkin und Frau Masevič (zwei führende sowjetische Astronomen) bezeichnen 1953 in ihrem Bericht über den VIII. Astronomenkongreß in Rom 1952 kosmogonische Theorien wie die Jordans als vorteilhafte Basis für die Propaganda des Fideismus. Im Welthort der Reaktion, dem Vatikan, werden die Theorien des expandierenden Alls als Beweis für die göttliche Schöpfung verwertet. "Diese Machenschaften der heutigen Römischen Kirche unterstreichen nochmals die Wichtigkeit einer richtigen materialistischen Deutung der astronomischen Beobachtungen, die Notwendigkeit des unbarmherzigen Kampfes mit den zahlreichen Versuchen, den Idealismus in die kosmogonischen Theorien einzuschmuggeln."[5]
Noch 1954 schreibt Kol'man: Es ist zwar zulässig, verfeinerte mathematische Methoden zur Untersuchung eines Weltbildes zu verwenden, aber Einstein, Friedmann, Lemaître, Eddington und Milne deuteten die Abhängigkeit der Raumzeit-Metrik von der Masse und die örtliche Raumkrümmung fälschlicherweise als Krümmung der ganzen Raumzeit im Sinne einer Endlichkeit der Welt. Die Modelle des sphärischen, expandierenden Alls und andere Modelle fanden den Jubel des Pfaffentums. Sie folgen indes nicht aus der Relativitätstheorie, sondern aus willkürlichen Zusatzhypothesen über die Endlichkeit und Homogenität der Welt. "Jeden Wert dieser absurden Weltmodelle lehnen wir ab."[6] Die allgemeine Relativitätstheorie ist nur verwendbar, wenn man die Inhomogenität, die Strukturiertheit und Unendlichkeit des Alls in Raum und Zeit zugrundelegt.
Eine gänzlich andere Haltung zeigte Kol'man allerdings, wie später gezeigt wird, 1957.

3. DIE PERIODE DES ÜBERGANGS

Diese allgemeinen, von apriorischen Thesen getragenen Argumente vermochten indes nicht zu befriedigen. Die Sowjetwissenschaft begann sich ernsthaft mit dem Problem auseinanderzusetzen. Sie hob dabei mit einer

Leugnung der relativistischen Kosmologie an und endete mit ihrer Anerkennung. Bemerkenswert ist, daß diese Entwicklung sich fast ausschließlich innerhalb der Physiker selbst abspielte, während diese ja gegenüber der speziellen Relativitätstheorie ihre Haltung niemals änderten. Dennoch war die Einstellung der Physiker von Anfang an widersprüchig. So schrieb Gurevič bereits 1947, die relativistische Kosmologie werde zu Recht von den Sowjetgelehrten abgelehnt. Andererseits hob er die Leistung Friedmanns hervor, der ja Sowjetrusse war, bemerkte indes, daß die Extrapolation seiner mathematischen Schlüsse auf die Welt als ganze unbegründet und unberechtigt sei. "Nichtsdestoweniger ist die Friedmannsche Idee einer nicht-stationären Welt (oder besser jenes Teils der Welt, auf den sich unsere astronomischen Beobachtungen und die von der Wissenschaft erkannten Naturgesetze beziehen) außerordentlich wertvoll und fruchtbar."[7]

In diesem Zusammenhang zitierte Gurevič eine Arbeit Landaus über die Kontraktion von Sternen mit einer Masse von 1.5 Sonnenmassen (später von 6 Sonnenmassen). Hier liege eine enge Verbindung mit der These der Kosmologie vom unbegrenzten Anwachsen der Materiedichte beim Zurückwandern in die Vergangenheit vor; die Frage sei indes ungelöst.*[8]

Die parteiamtliche Verurteilung endlicher Weltmodelle konnte jedoch nicht die Tatsache auslöschen, daß auch die sowjetischen Physiker entsprechende Möglichkeiten durchdachten und sowjetische Observatorien die Rotverschiebung registrierten. Der orthodoxen Ideologengruppe mochte es ihrerseits wie dem Täter gehen, den es immer wieder zum Tatort zurücktreibt: Das Expansionsproblem steckte ihr – um einen Chreščevschen Ausdruck zu gebrauchen – wie eine Gräte im Hals. Man berief daher seit 1951 jährlich eine sogenannte kosmogonische Konferenz ein. Ferner werden kosmologische Forschungen in der Reihe *Voprosy kosmogonii* veröffentlicht.

Es entbehrt nicht der Ironie, daß der Ausdruck "Kosmogonie" (Weltgeburt) ausgerechnet in einer Gesellschaft benutzt wird, deren herrschende Vertreter schon den Gedanken an eine Weltentstehung leugnen. Unter "Kosmogonie" wird denn auch explizit stets die Entstehung und Evolution von Teilen des Universums, nicht jedoch des Alls als solchen, verstanden.

* Die Arbeit Landaus ist dem Verfasser unbekannt.

1955, also im Jahr der Anerkennung der Relativitätstheorie, gab der französische Astronom Schatzman (den wir in Kapitel II zitierten) in den *Voprosy kosmogonii* IV einen Überblick über die relativistischen kosmologischen Theorien. Es scheint, daß dies der erste ausführliche Bericht über die westlichen diesbezüglichen Standpunkte in der sowjetischen Literatur darstellt. Natürlich urteilt Schatzman als Materialist, dennoch erfuhr der sowjetische Leser aus seinem Beitrag, daß die westlichen Theorien nicht nur baren Unsinn bilden, wie ihm die Große Sowjet-Enzyklopädie noch 1953 einreden wollte.

Schatzman erkannte grundsätzlich die Verwendbarkeit der allgemeinen Relativitätstheorie für "große Materieräume" an und verlangte eine sorgfältige Kritik der entsprechenden Arbeiten. Was die Einzelprobleme anlangt, so stellte Schatzman den Stand der Erkenntnis wie folgt dar:

(1) *Das photometrische Paradoxon.* Die Überlegungen von Olbers sind nicht korrekt genug (Bondi), sie implizieren folgende Hypothesen: (a) Mittlere Dichteverteilung und Leuchtkraft der Sterne sind räumlich und zeitlich konstant; (b) im Großen liegen keine systematischen Bewegungen der Sterne vor; (c) der Raum ist Euklidisch; (d) die Naturgesetze gelten ebenso wie auf der Erde im ganzen All.

Keine dieser Hypothesen läßt sich bestätigen. Sie implizieren die Homogenität und Isotropie des Kosmos der Galaxien und sind folglich rein spekulativ. Die Rotverschiebung löst das Paradoxon ohne jede Extrapolation über den heute beobachteten Teil des Alls hinaus.

Bondi gelangt bei der Erörterung des Paradoxons zum Schluß, daß das vollkommene kosmologische Prinzip (das All hat von jedem Ort und zu jeder Zeit dieselbe Gestalt) unter Deutung der Rotverschiebung als Doppler-Effekt zu zwei Folgen führt: (a) Das All ist jung und (b) es dehnt sich aus. Trotzdem mußte er anerkennen, daß wir heute die Schwierigkeiten des Paradoxons nicht zu lösen vermögen.

(2) *Voraussetzungen relativistischer Modelle.* Einstein, Friedmann, Bondi und Hubble legen ihren Theorien die Homogenität und Isotropie des Alls zugrunde. Shapley zeigte indes, daß es gewaltige Unterschiede in der Verteilung der Galaxien gibt. Die Postulate entsprechen also "keinesfalls der Beobachtung; dies heißt einfach, dem All ideale Eigenschaften zuzuschreiben, die nötig sind, damit es den von den Kosmologen untersuchten Modellen entspricht".[9] Katz und Mulders stellten 1942 fest, daß bis zur Größenklasse $12\overset{m}{.}7$ außerordentlich große Abweichungen von einer zu-

fälligen Verteilung der Galaxien vorliegen, was nur durch physikalische Ursachen hervorgerufen sein kann. Allerdings nimmt die Abweichung bei Einschluß immer entfernterer Galaxien nach Katz und Mulders ab. "Hier kann man die Lieblingsidee der Kosmologen erkennen, wonach das All in genügend großen Maßstäben immer einfacher und folglich homogen werden muß. Das Aussehen des Alls ist in jedem Maßstab ein Produkt der Evolution, natürlich keiner zufälligen, sondern einer gesetzmäßigen. Wir müssen verstehen, die Gesetze dieser Evolution durch eine richtige Analyse der heutigen Struktur der Materie im All zu finden. Eine echt wissenschaftliche Forschung weist metaphysische Konzeptionen zurück; aber es genügt nicht, sie hinter die Größe $12^{m}.7$ zurückzuverlegen, wie dies Katz und Mulders tun: Man muß sie überhaupt ablehnen."[10] Zwicky zeigte, daß die Verteilung der Galaxien im Sternbild des Pegasus und der Hydra gut der Dichteverteilung in einer isothermischen Gaskugel entspricht[11] und im Sternbild der Jungfrau die schwachen Galaxien stärker im Raum verstreut sind als die hellen, die offenbar eine größere Masse besitzen.

Es liegt indes noch in größeren Gebieten, als sie Zwicky untersuchte, eine Ordnung in der Materieverteilung vor; so fand Hubble 1937 in der Metagalaxis einen radialen Dichtegradienten von Schwankungen bis zu 20% in einer Entfernung von $2.5 \cdot 10^8$ Lichtjahren ($5 \cdot 10^8$ Lichtjahre nach der neuen Skala).[12] Shapley untersuchte die Verteilung von 97547 Galaxien in einem Streifen von 30° Breite und 120° Länge bis zu $17^{m}.9$ Sterngröße in der Nähe des Südpols der Milchstraße: dabei zeigte sich eine sehr ungleichförmige Verteilung; dasselbe gilt für die "Kuppel der Galaxien" in der Umgebung des Nordpols. Auch zwischen dem östlichen und westlichen Gebiet des südlichen galaktischen Segments finden wir eine unterschiedliche Häufigkeit. "Folglich können wir auf die Existenz einer Struktur der Metagalaxis schließen; die Hypothese von der Homogenität und Isotropie des Alls widerspricht den Beobachtungsergebnissen in allen uns zugänglichen Maßstäben."[13] Nur die Berechnungen von Mayall und Hubble für 900 über den ganzen Himmel verteilte Gebiete weisen vermutlich auf eine annähernd gleiche Verteilung hin; dabei treten allerdings wesentliche Schwankungen von Gebiet zu Gebiet auf. Aber diese Berechnungen wurden keiner detaillierten statistischen Analyse unterzogen.[14]

Heckmann und Bondi erkennen an, daß die Beobachtung offenbar dem

Homogenitätspostulat nicht genügt; Heckmann weist ferner darauf hin, daß die Schwierigkeiten, die beim Vergleich der relativistischen Modelle mit der Beobachtung auftreten, vielleicht mit diesem Postulat zusammenhängen.[15] Das homogene und isotrope All hat nicht die mindeste Beziehung zur Wirklichkeit.[16] Tolman zeigte als erster, daß in einem solchen All (Modell Einsteins und Friedmanns) eine lokale Störung (Dichteänderung) nicht stabil sein kann, da jede Verdichtung danach strebt, sich weiter zu verdichten.[17] Auch in Modellen mit räumlicher Symmetrie und verschwindendem Druck kann man unter verschiedenen Bedingungen in einem Punkt und fern von ihm zahlreiche verschiedene Modelle mit einer Verdichtung der Zentralgebiete und einer Expansion der peripheren Gebiete oder einer Expansion beider erzielen.[18]

Was nun die *Schätzungen der Masse* der Galaxien anlangt, so beruhen sie auf der Hypothese des stationären Zustands der galaktischen Haufen; Holmberg, Tuberg und Zwicky zeigten jedoch, daß bis zur Herstellung eines stationären Zustandes mindestens 10^{12} Jahre vergehen, was völlig der Zeitskala der Expansion widerspricht. Dabei kann man den Widerspruch nicht dadurch aufheben, daß man einen Austausch der Galaxien zwischen den Haufen und dem allgemeinen galaktischen Feld annimmt.[19]

Zwicky und Ejgenson wiesen ferner die Existenz einer intergalaktischen Materie nach (Sterne, Gasnebel, dunkle Materie). Zwicky zeigte ferner, daß (vorausgesetzt, die Galaxien bildeten sich aus einer ursprünglich homogenen Materieverteilung) die Masse der Galaxien außerhalb der galaktischen Haufen etwa vier Mal größer ist als innerhalb.[20] Folglich kann man "nicht von einer räumlichen Dichte der Materie sprechen, da diese mittlere Dichte (z.B. in einem Würfel mit einer Kante von 10 Millionen Parsec) sich von einem Raumgebiet zum anderen ändert. Selbst in einem zehn Mal größeren Maßstab beraubt der metagalaktische Gradient den Ausdruck 'räumliche Dichte' seines Sinns. Es ist unklar, ob dieser Ausdruck selbst in einem nochmals mehr als zehn mal größeren Maßstab einen Sinn hat".[21] Hubble gibt für die mittlere Dichte der Materie im Raum einen Wert von 10^{-28} bis 10^{-30} $g.cm^{-3}$ an, Zwicky von 10^{-27} bis 10^{-26} $g.cm^{-3}$, Milne auf Grund des "Alters" der Welt und der Gravitationskonstanten einen Wert von 10^{-28} $g.cm^{-3}$.

(3) *Rotverschiebung*. Nach Schatzman sind bisher nur wenig Strahlgeschwindigkeiten gemessen, bekannt sind davon ca. 500, veröffentlicht etwas über 100. Ferner beruht das Gesetz der Proportionalität zwischen

Rotverschiebung und Abstand auf ausgewählten Tatsachen; es ist nur bis zur 18. Sterngröße bestätigt und bei nahen Nebeln treten Abweichungen bis zu −260 km/sec gegenüber dem errechneten Wert auf (Nebel M 33), ferner erscheinen negative Werte, die auf eine Näherung hinweisen. Das Gesetz ist also nicht auf die lokale Gruppe von Nebeln anzuwenden.[22]

(4) *Kritik an kosmologischen Modellen.* Grundsätzlich stellt nach Schatzman die Ableitung der kosmologischen Folgen aus den Grundideen der relativistischen Kosmologie nur eine formale geometrische Übung ohne tiefere Erkenntnis der Eigenschaften der Materie dar. Zudem haben die Grundideen nichts mit den Beobachtungstatsachen gemein. So reduziert das Postulat von Milne, daß alle Beobachter die Welt in gleicher Weise beschreiben, die Erkenntnis des Alls auf die Sinneswahrnehmung; es ist seiner Formulierung nach positivistisch und hebt den objektiven realen Widerspruch zwischen der unendlichen Vielfalt der Daseinsformen der Materie und dem einzigartigen Charakter jeder dieser Formen auf.[23]

Schatzman untersucht nun die verschiedenen relativistischen Weltmodelle:

(a) Einsteinsches Modell mit statischem Charakter, positivem Krümmungsradius, positiver kosmologischer Konstanten;

(b) Kosmos de Sitters: Massendichte Null, λ ist positiv, Null oder negativ, bei $\lambda=0$ liegt die ebene Raumzeit der speziellen Relativitätstheorie vor;

(c) Kosmos Eddingtons und Lemaîtres, expandierend, instabil;

(d) Kosmos Friedmanns mit Gesamtdruck gleich Null und der Erhaltung von Materie und Energie.

Einstein führte das kosmologische Glied nur ein, um eine statische Lösung seiner Feldgleichungen für ein homogenes und isotropes All zu erzielen. Nichts vermag indes *a priori* die Einführung einer solchen Konstanten zu rechtfertigen; nur die Beobachtung kann uns wirklichkeitsnähere Lösungen der Feldgleichungen nahelegen. Die Einführung der kosmologischen Konstanten diente nur zur Erzielung eines Modells, das dem Machschen Postulat genügt und Lösungen für ein leeres All ausschließt.[24]

Die Prüfung der Weltmodelle hat in vier Richtungen zu erfolgen: (1) Homogenität des Alls. (2) Nachweis einer Raumkrümmung aus der Zahl der Galaxien und Verifikation der Konstanten der Theorie. (3) Deutung der Rotverschiebung als Doppler-Effekt; damit zusammenhängend “Altersbestimmung" der Welt. (4) Indirekte Prüfungen durch die Theorie der Entstehung der Galaxien und der Struktur der galaktischen Haufen. Zu (1): Heckmann und Bondi erkennen an, daß die Beobachtung offenbar nicht diesem Postulat genügt.[25] *Zu (2):* Die Bestimmung des Krümmungsradius R gründet sich gänzlich auf die Berechnungen Hubbles für die Zahl der Galaxien; diese verlangen die Hinzuziehung der *bolometrischen Korrektur.** Heckmann findet unter Zugrundelegung der Hubbleschen Ergebnisse für den Krümmungsradius und die Dichte $R \approx 1.5 \cdot 10^8$ parsec und $\varrho = 5.4 \cdot 10^{-26}$ g. cm^{-3}. Dieses Ergebnis ist ähnlich dem von McVittie, der die kosmologische Konstante gleich Null setzte: $R \approx 3.6 \cdot 10^8$ parsec und $\varrho = 1.74 \cdot 10^{-27}$ g. cm^{-3}.

An diesen Ergebnissen ist nach Schatzman nicht nur der hohe Wert für die Dichte, sondern vor allem der niedrige für den Radius auffallend, da er dieselbe Größenordnung wie der heute beobachtbare Teil des Kosmos besitzt.

Zu (3): Grundsätzlich äußert sich Schatzman skeptisch gegenüber der Deutung der Rotverschiebung als Doppler-Effekt. Sie kann völlig als Energieverlust der Photonen durch Gravitationswellen erklärt werden (Bogorodskij, 1941), d.h. als mikrophysikalisches Phänomen, wie es aus der Struktur der Elementarteilchen plus der allgemeinen Relativitätstheorie erklärt werden kann (Vigier, 1951). Unter diesen Bedingungen ist zu erwarten, daß die Energie, die von einem Photon während seiner Bremsbewegung ausgestrahlt wird, von seinen inneren Kennzeichnungen abhängt, die ihrerseits mit den Grundkonstanten der Mikrophysik zusammenhängen. Der Zusammenhang zwischen den Hubble-Konstanten und den Konstanten der Mikrophysik** hätte dann keine kosmologische Bedeutung; es handelte sich dann einfach um eine Relation zwischen mikrophysikalischen Größen. Eine systematische Erforschung der Eigenschaften der Bewegung der Galaxien unter der Annahme, daß die Rotverschiebung kein Doppler-Effekt ist, wäre imstande, eine astronomische Prüfung der Natur der Lichtrötung zu liefern, solange die Erfolge der

* Im Gegensatz zum Auge und zur photographischen Platte offenbart uns das Bolometer das ganze Spektrum der Sterne.

** Zwischen der Gravitationskonstanten G, der mittleren Materiedichte ϱ_0 und dem reziproken Wert T der Hubblekonstanten besteht der grundlegende Zusammenhang $G\varrho_0 T^2 = 1$. Desgleichen liegt ein Zusammenhang zwischen T, Ladung und Masse des Elektrons und Lichtgeschwindigkeit vor.

Theorie der Elementarteilchen uns keine unmittelbare physikalische Untersuchung gestatten.

Trotzdem lehnt Schatzman den Versuch Birkhoffs ab, die Rotverschiebung als Altern der Photonen zu erklären: Diese Hypothese verzichtet auf das Prinzip der allgemeinen Kovarianz und benutzt ein absolutes Koordinatensystem, sie beseitigt damit den Zusammenhang zwischen Metrik und Gravitation, womit die Proportionalität zwischen schwerer und träger Masse ebenso geheimnisvoll wird wie vor Einstein. Der Verzicht auf das Kovarianzprinzip ist ein Verzicht auf die Objektivität der Naturgesetze, denn es macht sie vom Beobachter abhängig; Birkhoff bringt die Erhaltung des Energie-Impulstensors dem Gesetz der Massenerhaltung zum Opfer (Weyl).

Es besteht eine genaue Relation zwischen der Einsteinschen Gravitationskonstanten κ, der Dichte ϱ, der kosmologischen Konstanten λ, dem Krümmungsradius $\mathbf{R}$ und seiner zweiten Ableitung nach der Zeit $\ddot{\mathbf{R}}$

$$\kappa\left(\varrho + \frac{3p}{c^2}\right) = 2\lambda - \frac{6\ddot{\mathbf{R}}}{c^2\mathbf{R}} \qquad \text{(Bondi)}$$

Um nun den zeitlichen Anfang des Kosmos über $3.6 \cdot 10^9$ Jahre hinaus zurückzuverlegen (damit mit dem Alter der Erde und der Meteoriten Übereinstimmung entsteht), muß man $\ddot{\mathbf{R}}$ als positiv, d.h. eine Änderung der Expansionsgeschwindigkeit des Kosmos, und folglich auch λ positiv annehmen. Das Modell Lemaîtres nimmt folglich λ etwas größer als λ_c an, so daß sich eine sehr lange Periode des Kosmos mit einem Zustand, ähnlich dem des Einsteinschen statischen Alls ergibt. Hönl setzt $\lambda = 0$ und zeigt, daß das Alter der Welt bei positivem Krümmungsradius zweifellos kleiner als $2.3 \cdot 10^9$ Jahre anzusetzen ist. Tolman erhielt 1949 unter Einbeziehung der Korrektur der Entfernungsskala* eine Altersbestimmung von $t < 2.5 \cdot 10^9$ Jahren; er unterstreicht, daß die dabei auftretenden Schwierigkeiten mit dem Homogenitätspostulat zusammenhängen können.

Noch größer werden die Schwierigkeiten – wie aus den Arbeiten Bondis hervorgeht – wenn man die Farbtemperaturen für die bolometrischen Korrekturen berücksichtigt.

Zwicky bringt eine Anzahl von Gründen gegen die übliche Deutung des Gesetzes von Hubble-Humason: (1) Die Zeitskala in den galaktischen

* Nach der neuen kosmischen Entfernungsskala (seit 1952) sind die Entfernungen aller außergalaktischen Systeme gegenüber den bis dahin angenommenen zu verdoppeln.

Haufen hat die Größenordnung von 10^{14} Jahren. (2) Die Materieverteilung ist in den galaktischen Haufen analog der Verteilung in einer isothermischen Kugel. (3) In den galaktischen Haufen besteht eine Verteilung der Galaxien entsprechend ihrer Masse. (4) Die Hubbleschen Berechnungen der Zahl der Galaxien werden besser unter der Annahme gedeutet, daß keine Fluchtbewegung vorliegt.[26]

Ferner wird die dem Abstand proportionale Rotverschiebung als isotrop vorausgesetzt; in Wirklichkeit ist die Materieverteilung in unserer Umgebung nicht homogen. Nach McCrea sind deshalb systematische Effekte zu erwarten, die in erster Ordnung von der Strahlrichtung und in zweiter Ordnung von der Dichte abhängen. Solange sich die Zahl der gemessenen Strahlgeschwindigkeiten nicht wesentlich vermehrt, haben wir keine zuverlässigen Ergebnisse.[27]

Gegen die Zeitskala aus der Rotverschiebung spricht ferner: Das Alter der galaktischen Haufen ist viel größer als das "Alter" der Welt. Das Alter der offenen Haufen ist sehr kurz, das der breiten Paare jedoch etwa 10^{10} Jahre. Das Fehlen eines Gleichgewichts ist nicht verwunderlich, wenn man die ständige Entstehung von Sternen in unserer Galaxis annimmt. Die Zeitskala der Sterne auf Grund von Kernreaktionen hat keine Bedeutung, wenn eine ständige Neubildung von Sternen vorliegt. Das Alter der Sonne, Erde und Meteoriten sagt uns nichts über das "Alter" der Welt.[28]

Schatzman vermerkt ausdrücklich, daß es "praktisch unmöglich ist, einen Überblick aller Aufsätze zu geben, in denen das Postulat einer Weltschöpfung vor drei Milliarden Jahren mehr oder weniger offen oder versteckt auftritt. Zweifellos hat dieses kreationistische Postulat auf die kosmogonischen Forschungen in Westeuropa und Amerika Einfluß ausgeübt".[29]

Zu (4): Gamov und Teller stellten die Hypothese auf, daß die Galaxien ihre Entstehung der Expansion des Alls verdanken; bei der Expansion sollten die Galaxien aus Gravitationskondensationen der Gasmaterie entstanden sein. Dagegen wandte bereits Jeans ein, daß hier die Differenzierung der Materieteilchen als Folge der Geschwindigkeit angenommen wird, während es sich in Wirklichkeit um eine Änderung der Materie mit der Zeit handelt. Eine eingehendere Arbeit Gamovs wurde von Severnyj und Zel'manov kritisiert. Später nahm Gamov auf Grund der Bedingung für die Gravitationsstabilität von Jeans an, daß die Kondensation bei 1000 Grad, einer Dichte von 10^{-24} g.cm^{-3} und einem Alter der Welt von 10 Millionen Jahren erfolgte. In Wirklichkeit sind jedoch die von Gamov gefundenen Werte für die Masse der Galaxien um einige Größenordnungen niedriger als die wirklichen Werte.

Eine andere Methode zur Überprüfung der Expansion ist die *Entstehung der Elemente*. Bondi findet ein Argument für die Expansion in der Tatsache, daß die Elemente sich unter außergewöhnlichen Temperatur- und Dichteverhältnissen bilden mußten, wie sie zu Beginn der Expansion geherrscht haben konnten. Nach Gamov bildeten sich alle Elemente eine Stunde nach dem Beginn der Expansion. Nach Lemaître sind die kosmischen Strahlen der Rest jenes Zustands hoher Kondensation, die er *Uratom* nennt. "In diesen Überlegungen herrscht eine unverhüllte kreationistische Konzeption."[30]

Lemaître entwarf eine Theorie, wonach die galaktischen Haufen Spuren des quasi-Einsteinschen Zustands des Kosmos darstellen, der lange Zeit anhielt. Dabei übernimmt er die Hypothese De Sitters, wonach zufolge der kosmischen Abstoßung (wegen des kosmologischen Glieds λ) die vorhandenen galaktischen Haufen offensichtlich keine realen Häufungen sind, die durch Gravitationskräfte zusammengehalten werden, sondern zeitweilige und zufällige Singularitäten in der homogenen räumlichen Verteilung der Galaxien. Nach Lemaître sind die Galaxien keine ständigen Glieder von Haufen, sondern wandern aus dem allgemeinen galaktischen Feld zu und wieder dorthin zurück; dabei kommt es zu zentralen Verdichtungen der Haufen, die nur 5–6 Mal die mittlere Dichte des galaktischen Feldes übersteigt, und der Durchmesser der Haufen beträgt 5–6 Millionen Lichtjahre. In Wirklichkeit ist die Dichte der Häufungszentren viel größer und die Durchmesser sind andere. Auch die zusätzlichen Argumente Lemaîtres (die aus dem angenommenen stationären Zustand der Haufen errechneten Massen der Galaxien sind 100 Mal zu groß, und das Alter der Haufen liegt um einige Größenordnungen über dem der Welt) sind nicht überzeugend.[31]

Einige Autoren suchten infolge der genannten Schwierigkeiten im Rahmen der allgemeinen Relativitätstheorie und der Deutung der Rotverschiebung als Doppler-Effekt inhomogene Weltmodelle. Nach Berechnungen von McCrea, Kermack und Whittaker für ein inhomogenes und anisotropes All beliebiger Metrik zeigt sich, daß sich der Doppler-Effekt als invariant gegenüber der Orientierung der Koordinaten ableiten läßt, wobei er nur durch Glieder zweiter Ordnung mit der Materieverteilung zusammenhängt; die Glieder erster Ordnung liefern einen Effekt analog dem Hubbleschen Gesetz. Dabei ist gleich, ob die Rotverschiebung ganz oder teilweise durch den Doppler-Effekt hervorgerufen ist. "Dieses Ergebnis läßt sich auf den realen Kosmos anwenden, wenn man es nicht auf unendliche raumzeitliche Gebiete ausdehnt."[32] Formt man diese Berechnung für die Bewegung der Materie gegenüber intertialen Achsen um, so kann man damit ein Mittel gewinnen, "um auf wissenschaftlicher Grundlage die Erforschung der Struktur des Raums in der Metagalaxis in Angriff zu nehmen".[33]

Zusammenfassend schreibt Schatzman: "Wir sahen, daß die verschiedenen Weltmodelle offenbar weit davon entfernt sind, befriedigend die Tatsachen darzustellen. Das 'Alter' der Welt, ihr 'Krümmungsradius' spiegeln letztlich nur die Schwierigkeiten, die entstehen, wenn man der Materie idealisierte Eigenschaften zuschreibt."[34] "Die Verzerrungen der Relativitätstheorie in der Kosmologie, die Pseudoprobleme in der Kosmologie werden bestimmt durch jene Art von Beseitigung der Schwierigkeiten mit der Unendlichkeit, die in der Weglassung des Unendlichen besteht. Das kosmologische Prinzip in seiner begrenzten oder vollkommenen Form ist an sich nur eine Folge. Verschiedene Kosmologien lehnen überhaupt eine Objektivität der Naturgesetze ab. Eine wichtige Konsequenz der Forschungstendenz ist der Mangel an theoretischen und experimentellen Arbeiten, welche die Arbeit von McCrea fortsetzen, jene einzige Grundlage einer Gegenüberstellung mit den Beobachtungen zum gegenwärtigen Stand der Gravitationstheorie." Eine Folge dieser Tendenz "ist auch der kreationistische Einfluß, welcher objektiv über alle astronomischen Arbeiten herrscht, die sich auf die Phänomene einer langsamen Evolution beziehen; dieser Einfluß ist durch die Konzeption eines expandierenden Alls bedingt".[35]

4. ANERKENNUNG DER EXPANSION UND SECHSTE KOSMOGONISCHE KONFERENZ

Die grundsätzlich ablehnende Haltung Schatzmans gegenüber der relativistischen Kosmologie stellte indes nur den Übergang zu einer neuen Phase der sowjetischen Diskussion dar. So ist nach Ginzburg (Einstein-

Jubiläumsband 1956)[36] die allgemeine Relativitätstheorie jedenfalls auf den beobachtbaren Ausschnitt des Alls anzuwenden, denn hier wird bei einem Radius von ca 10^9 Lichtjahren und einer mittleren Dichte von 10^{-28} bis 10^{-29} g.cm^{-3} der Gravitationsradius mit dem gewöhnlichen Radius vergleichbar (ca 10^{26} cm gegen ca 10^{27} cm).

Die Rotverschiebung ist nach Ginzburg nicht als "Altern" des Lichts erklärbar; sie läßt sich wahrscheinlich durch keine bekannten physikalischen Effekte bei der Lichtausbreitung deuten. "In hohem Grad wahrscheinlich" ist die Deutung als Doppler-Effekt und Fluchtbewegung der Nebel.[37] Daraus folgt, daß der uns bekannte Teil des Alls sich in einem ausgeprägt nicht-stationären Zustand befindet und vor ca. fünf Milliarden Jahren wesentlich andere Bedingungen herrschten als heute. Dies widerspricht nicht dem Alter des Sonnensystems, das zwei bis fünf Milliarden Jahre nicht übersteigt. Ferner gibt die Hypothese einen Hinweis auf die Entstehung der Elemente einschließlich der Tatsache, daß radioaktive Elemente auch heute existieren, obwohl ihre Lebensdauer gewöhnlich nur einige Milliarden Jahre beträgt.

Die weitere Prüfung der Hypothese ist nach Ginzburg natürlich nötig, "aber es ist völlig unzulässig, sie aus irgendwelchen apriorischen Erwägungen oder deshalb abzulehnen, weil die nicht-stationäre Kosmologie zuweilen für fideistische Schlußfolgerungen benutzt wird, die nichts mit ihrem Wesen zu tun haben. Die Gedanken eines nicht-stationären Weltalls abzulehnen nur deshalb, weil sie für unwissenschaftliche Schlüsse benutzt werden, ist ebenso grundlos wie die Ablehnung der Quantenmechanik, weil man aus ihr, ohne daß dies etwas mit ihr zu tun hätte, auf die 'Freiheit des Willens' usw. '*schloß*' ".[38]

Es sei als "bedeutender Erfolg" der Theorie zu buchen, daß bei einem Raum gleichförmiger Dichte der Materie aus den unveränderten Feldgleichungen der Theorie automatisch der nicht-stationäre Charakter des Raums folge und dies mit der Rotverschiebung im Einklang stehe. Man brauche dabei nicht die Folgen einer unendlichen Energiedichte beim Anfangspunkt der Expansion zu fürchten, denn dies zeige auch nach Einstein nur den begrenzten Anwendungsbereich der Gleichungen der allgemeinen Relativitätstheorie bei außerordentlich hohen Energiedichten; darauf wiesen auch die Quantengesetze hin. Es handle sich in Wahrheit um Gebiete sehr hoher, aber endlicher Energiewerte.

Aus diesen Bemerkungen eines der führenden sowjetischen Astrophysiker tritt uns eine neue Haltung entgegen. Fortan werden die Physiker und Astronomen auch auf diesem ideologieempfindlichsten Sektor der modernen Naturwissenschaft ungeachtet der Beschwörungen der Philosophen konsequent ihren Weg gehen. Nur dadurch gelingt es ihnen überhaupt, den Anschluß an die Weltwissenschaft zu finden.

Die Leugnung der Expansion des Alls stellte die letzte große Bastion der Sowjetphilosophie auf dem Gebiet der Relativitätstheorie dar. Auch sie fiel 1956. Im Bericht über die Sitzung der Kosmogonie-Kommission* vom Dezember 1956 in Moskau wurden die Perspektiven der Arbeit der sowjetischen Astronomie auf dem Gebiet der Kosmologie und extragalaktischen Astronomie erörtert.[39] Dabei bemerkte der führende Astronom der UdSSR, Akademiemitglied Ambarcumjan, daß die "Realität" der Expansion des von uns beobachteten Teils des Kosmos keinen Zweifel mehr hervorruft. Die Beobachtungen zeigen, daß in der Verteilung der Galaxien Ungleichmäßigkeiten sehr großen Maßstabs herrschen. Man muß den kosmologischen Arbeiten in der UdSSR, insbesondere zur Gravitationstheorie, größere Bedeutung schenken.[40]

Zel'manov forderte die Entwicklung einer Theorie des inhomogenen, anisotropen Alls auf Grund verifizierter physikalischer Theorien; man müsse ferner das Problem singulärer Zustände in der allgemeinen Relativitätstheorie sowie die Theorie der Stufenstruktur und der räumlichen Unendlichkeit im Rahmen der allgemeinen Relativitätstheorie erforschen.

Lifsič (Institut für physikalische Probleme der Akad. d. Wiss. UdSSR) sprach über die Perspektiven der Anwendung der allgemeinen Relativitätstheorie auf ein inhomogenes anisotropes All. Martynov, Ginzburg, Masevič und Kol'man forderten die Popularisierung der fundamentalen Arbeiten zur Kosmologie, und zwar sowohl sowjetischer wie auch ausländischer, und wiesen auf die "Notwendigkeit einer wissenschaftlichen und nicht dogmatischen Analyse der kosmologischen Theorien" hin.**[41]

Die Teilnehmer schlugen ferner vor, in der UdSSR eine Station für außergalaktische Beobachtungen zu errichten.

Die 6. Kosmogonische Konferenz vom 5-7.6.1957 war gänzlich der außergalaktischen Kosmologie und Astronomie gewidmet.[42]

Das Hauptreferat hielt Ambarcumjan. Er stellte fest, daß wir bis auf eine Entfernung von über 4 Milliarden Lichtjahren in die Metagalaxis vor-

* Das Datum der Einsetzung der Kommission war nicht festzustellen.

** Für Masevič und Kol'man ist dies eine neue Haltung.

dringen; die Tendenz zur Haufenbildung der Galaxien ist zweifelsfrei. Die Dichte in den galaktischen Haufen übertrifft die des galaktischen "Hintergrunds" um eine Größenordnung. Etwa die Hälfte der galaktischen Haufen bilden trapezförmige Systeme, deren Alter einige Milliarden Jahre nicht übersteigen kann. Der Doppler-Charakter der Rotverschiebung ist nicht zu bezweifeln, ihr Koeffizient ist nahe (180 km/sec)/Million Parsec. Eine Reihe galaktischer Gruppen hat positive Energie und in einigen Fällen erreicht der Unterschied der Strahlgeschwindigkeiten in vielfachen Systemen einige Tausend km/sec (bis zu 7000 km/sec); dies weist auf ein Abweichen von der Proportionalität zwischen Abstand und Strahlgeschwindigkeit hin.

Šklovskij wies darauf hin, daß durch die Ergebnisse der Radioastronomie eine andere Deutung der Rotverschiebung als die Dopplersche fast ausgeschlossen ist. Auf der 21-cm-Welle sind der Rotverschiebung entsprechende Geschwindigkeiten von 8/10 bis 9/10 der Lichtgeschwindigkeit festzustellen.

Die Ergebnisse dieser Konferenz für die Sowjetphilosophie können kaum überschätzt werden. Konnten sich die Philosophen bislang auf eine von der Partei indoktrinierte Ablehnung der relativistischen Kosmologie durch die Naturwissenschaftler stützen, so mußten sie jetzt wohl oder übel der Möglichkeit eines endlichen und expandierenden Weltmodells ins Auge sehen. Wieder war ihr antitheistischer Materialismus um eine Bastion ärmer geworden. Es blieb ihnen nur übrig, sich auf eine Umdeutung der in den kosmologischen Theorien benutzten Sätze und *termini* zurückzuziehen, ein Verfahren, das von jetzt an ausgiebig angewandt werden wird, wie wir in Abschnitt 9 sehen werden.

Es kam dabei zu dramatischen und für die orthodoxe Philosophengruppe geradezu tragischen Konflikten. I. V. Kuznecov mußte auch hier die Rolle der materialistischen Cassandra übernehmen, welche die Astronomen und Physiker vor einer Revision des Diamat warnte. Seine Rufe verhallten aber ungehört – es kam nicht einmal mehr zu einem Machtkampf wie noch in Kiev 1954. Die Naturwissenschaftler hatten mit der Auflösung der Autorität der parteiamtlichen Naturphilosophie 1955 eine Position der Stärke gewonnen, die sie souverän gegenüber ihren früheren Gegnern demonstrierten.

Kol'man wandte sich auf der 6. Kosmogonischen Konferenz mit Nachdruck gegen die Tendenz, das Problem der raum-zeitlichen Endlichkeit außerhalb der Naturwissenschaft durch die Philosophie zu lösen. "Ich möchte mit aller Bestimmtheit erklären, daß ich persönlich das Modell des geschlossenen Weltalls nicht dem des offenen Weltalls vorziehe und im Gegenteil der Ansicht bin, daß bei dem heutigen Erkenntnisstand das letztere möglicherweise eine größere Wahrscheinlichkeit besitzt."[43] Diese Frage kann aber nicht auf Grund von Sympathien und Antipathien entschieden werden und man sollte im Rahmen des Diamat beide Modelle ins Auge fassen. "Für uns Philosophen ist es an der Zeit, auf die schlechte Gewohnheit zu verzichten, mit Beschwörungen zu operieren, auf die Tendenz, schwierige naturwissenschaftliche Probleme durch das Ankleben von Etiketts zu lösen, verzichten auf die Voreiligkeit in Verallgemeinerungen, die nicht auf solides Wissen gegründet sind, verzichten auf die Aktion mit der Keule, wo man das Seziermesser benötigt, um den wissenschaftlichen inhaltsreichen Kern von der erkenntnistheoretischen pseudo-wissenschaftlichen Schale zu lösen."[44]

I. V. Kuznecov und A. I. Korž* erhoben dagegen leidenschaftlich Einspruch. Kuznecov nannte die Unendlichkeit des Raums eine der wichtigsten Thesen des Diamat; sie stehe in organischem Zusammenhang mit der Unendlichkeit der Zeit; die Leugnung der einen führe unweigerlich zur Leugnung der anderen. Kol'man wolle die Philosophen zwingen, gegenüber den großen wissenschaftlichen Problemen abseits zu stehen. Sie könnten sie in Wahrheit nur durch eine schöpferische Zusammenarbeit von Philosophie und Naturwissenschaft gelöst werden.

Korž wies darauf hin, daß Fock, Zel'manov, Bogorodskij, Ogorodnikov und Krat in den dreißiger und vierziger Jahren in der UdSSR gegen die "spekulative Konstruktionen eines endlichen, pulsierenden oder expandierenden Alls" aufgetreten seien und eine nicht geringe Rolle im Kampf gegen Idealismus und Pfaffentum gespielt hätten. "Nach meiner Auffassung wurde Ende der dreißiger und Anfang der vierziger Jahre durch sowjetische Gelehrte bewiesen, daß die Versuche endlicher Weltmodelle falsch sind. Vielleicht machten in letzter Zeit die Astronomen irgendwelche Entdeckungen, die mit unseren Vorstellungen eines zeitlich und räumlich unendlichen Alls unvereinbar sind? Nein, die Wissenschaft brachte keine neuen Tatsachen zugunsten der Endlichkeit des Alls... Deshalb... setzte E. Kol'man völlig ungerechtfertigt solche Fragen auf

* Ein dem Verfasser unbekannter "Philosoph".

die Tagesordnung, auf die schon vor über fünfzehn Jahren von der sowjetischen Astronomie eine ausführliche Antwort gegeben wurde!"[45]
Korž wies Kol'mans Gedanke, die Endlichkeit des Raums schade dem Marxismus nicht und Engels habe sich dazu nicht eindeutig geäußert, kategorisch zurück. Wer die These von der Endlichkeit des Raums und der Zeit vertrete, fördere objektiv den Idealismus. Als Beweis, daß sich die Klassiker eindeutig für die Unendlichkeit von Raum und Zeit aussprachen, vermochte Korž allerdings nur Engels im *Anti-Dühring* zu zitieren, wonach die Unendlichkeit von Raum und Zeit darin bestehe, daß sie in jeder Richtung hin ohne Ende seien und die Unendlichkeit ein Widerspruch sei, da sie aus endlichen Teilen bestehe.*
Anlaß dieser scharfen Repliken war in Wirklichkeit die Diskussion der relativistischen Weltmodelle und der allgemeinen Problematik der Kosmologie auf der Konferenz durch Smorodinskij, Lifšic, Zel'manov, Širokov, Naan und Kaplan. Nach Smorodinskij gibt die Rotverschiebung eine glänzende Bestätigung für den nicht-stationären Charakter der Raumzeit-Metrik; er wies jedoch darauf hin, daß die Annahme eines isotropen, homogenen Alls willkürlich ist, aber durch das vorhandene Beobachtungsmaterial noch nicht darüber entschieden werden kann. Smorodinskij nahm auf Grund der Beobachtungen entgegen Humason, Mayall und Sandage[46] ein offenes All an.
Philosophisch am interessantesten war ein Beitrag Naans über "Allgemeine Probleme der Kosmologie". Darin heißt es:
(1) Zum Problem der Extrapolation: Wir müssen einen Mittelweg finden zwischen der Auffassung von Bewohnern eines Kupferstücks, die Welt bestehe aus Kupfer (Chvol'son) und der Leugnung der Extrapolationsmethode überhaupt. Es gibt jedoch Gesetze, für die wir keine Geltungsgrenzen kennen, wie die Materialität der Welt, die Einheit der kontinuierlichen und diskreten Struktur der Materie, der Zusammenhang von

* Die Stelle heißt bei F. Engels, *Anti-Dühring*, Berlin, 1959, S. 48: "Ewigkeit in der Zeit, Unendlichkeit im Raum, besteht schon von vornherein und dem einfachen Wortsinne nach darin, nach *keiner* Seite hin ein Ende zu haben, weder nach vorne noch nach hinten, nach oben oder nach unten, nach rechts oder nach links" und auf S. 61: "Eben weil die Unendlichkeit ein Widerspruch ist, ist sie unendlicher, in Zeit und Raum ohne Ende sich abwickelnder Prozeß. Die Aufhebung des Widerspruchs wäre das Ende der Unendlichkeit". Um solcher dilettantischer Auffassungen willen wird von einem Teil der Sowjetphilosophen die relativistische Kosmologie verworfen!

Bewegung, Materie, Raum und Zeit, sowie die Erhaltungssätze. Solche Gesetze gestatten eine Extrapolation.

(2) Kosmologisches Postulat: Es beruht auf der Beobachtungstatsache, daß, wie Seeliger zeigte, die Nebel im Mittel gleichmäßig verteilt sind. Darauf beruhen alle isotropen homogenen Modelle, die letztlich klassische Form des Energie-Impulstensors und die Aufspaltung des komplizierten Raumzeit-Kontinuums in den Raum und die universale kosmische Zeit. Es ist kein Zweifel, daß der uns umgebende Teil des Kosmos bestimmte Züge der Homogenität trägt; davon zeugt vor allem die Rotverschiebung. Es liegt also kein Grund vor, das Weltpostulat total abzulehnen. Wenn wir auch in den letzten Jahren (1950–1956) durch Shapley, Sweeney, Shane, Scott, Swanson und Wirtanen erfuhren, daß die Mehrheit der Nebel sich in Haufen gruppieren, so haben wir gerade durch diese Forschungen Grund zur Annahme, daß die Haufen im Mittel gleichmäßig verteilt sind. Vermutlich liegt eine Hierarchie vor, wo noch größere Systeme ebenfalls eine Ordnung aufweisen, d.h. das kosmologische Postulat wird trotz der Inhomogenität der Untersysteme für das je nachfolgende System erfüllt. Es gilt also nicht unbeschränkt, sondern wird durch das ihm entgegengesetzte Hierarchieprinzip ergänzt, so daß wir es mit der Einheit von Kontinuität und Diskontinuität zu tun haben.

(3) Das Hubble'sche Gesetz: Es bleibt offenbar keine andere Aussicht auf Erklärung als die reale Expansion des uns umgebenden Teils des Alls. Wir haben drei Antworten auf die Frage, was eigentlich expandiert: (a) Die Nebel entfernen sich; (b) alle Abstände wachsen mit der Zeit; (c) die Fluchtbewegung der Nebel ist eine Bestätigung des Wachsens der Entfernungen. Ist die Expansion weder lokal noch temporär, so kommen wir zur doppelten Paradoxie einer unendlichen Dichte für die Vergangenheit und eines Dissipationstods für die Zukunft. Die Beobachtung reicht zur Zeit noch nicht aus, um zu entscheiden, was sich eigentlich ausdehnt. Wenn die Theorie eine unendliche Kompression des kosmischen Substrats voraussagt, so haben die Ergebnisse bestenfalls nur so lange einen realen physikalischen Sinn, bis das Volumen des ganzen Substrats mit dem seines kleinsten Elements vergleichbar wird, d.h. bei einem Durchmesser der galaktischen Haufen von 10^6–10^7 parsec bis zu einem Volumen von etwa 10^{20} parsec.[3] Wie groß auch eine damit verbundene Dichtezunahme wäre, sie wäre noch weit von einem unendlichen Wert entfernt. Eine Kompression bis zum Volumen Null ist eine mathematische Abstraktion,

solange das kleinste Element des Substrats nicht selbst ein mathematischer Punkt ist.

Die Ergebnisse von Humason, Mayall, Sandage und Wahlquist 1955 und 1956 lassen als sicher annehmen, daß das lokale System der Nebel nicht expandiert. Dies gilt offenbar für alle galaktischen Haufen. Wenn dies so sein sollte, dann "fliehen" nicht die Nebel, sondern die galaktischen Haufen. Diese stellen also die Teilchen des Substrats dar. Wenn damit aber die Expansion nur für eine bestimmte Stufe der Hierarchie zutrifft, dann ist es mehr als zweifelhaft, ob sie auch für die folgende Stufe gilt. Damit entfällt aber das Expansionsparadoxon. Hinzu tritt, daß die kosmologischen Gleichungen völlig symmetrisch gegenüber der Expansion und Kontraktion sind, so daß wir sowohl mit einem Wechsel beider während der Entwicklung der Metagalaxis als mit einem gleichzeitigen Vorhandensein für räumlich verschiedene Teile des Alls rechnen müssen.

(4) Räumliche Eigenschaften des Modells: Raum und Zeit bilden ein einheitliches Kontinuum, wenngleich beide infolge der bekannten Ungleichungen (siehe Fock, *Theorie von Raum, Zeit und Gravitation*, Par. 35) nicht ihre Selbständigkeit verlieren, d.h. wohl gemeinsam, aber nicht ineinander transformiert werden können. Die Metrik wird durch die Bewegung und Verteilung der Massen festgelegt, wobei die pseudo-Euklidische Metrik eine Art neutralen Hintergrunds darstellt. Die relativistische Kosmologie ignoriert gewissermaßen diese Sachverhalte, indem sie den Begriff einer universalen, vom Raum und der Bewegung der Massen unabhängigen Weltzeit einführt (Weylsches Postulat). Die Raumzeit wird hier beinahe klassisch in den gewöhnlichen dreidimensionalen Raum und die Zeit aufgespalten. Dann wird die kosmologische Evolution allein durch $R(t)$ dargestellt, wo t die Universalzeit und R die zeitliche Änderung der kosmischen Entfernungen kennzeichnet. Vom prinzipiellen Standpunkt aus ist die Situation indes schwieriger: Das raumzeitliche Gerüst der Weltmodelle ist das topologische Produkt zweier metrischer Räume, nämlich einer dreidimensionalen Hyperfläche (des physikalischen Raums) und der Linie, welche die universale Weltzeit darstellt. Insofern die heutige Kosmologie annimmt, daß die Hyperflächen stets geodätisch parallel bleiben, andererseits aber die Eigenschaften der Raumzeit durch die Massenbewegung und -konfiguration bestimmt werden, wird damit eine bestimmte Annahme über die physikalischen Eigenschaften des Substrats gemacht.

Da nach Punkt (3) die Extrapolation weitgehend an der Hierarchie scheitert, so besteht kein Anlaß, auf die Raumkrümmung aus den Werten für Dichte und Hubblekonstante zu schließen, wie sie für den uns bekannten Teil der Metagalaxis festgestellt werden. Wir haben keinen Grund, eine konstante Dichte beim Übergang von der Metagalaxis zum System der Metagalaxien anzunehmen. Noch schlimmer steht es um die Rotverschiebung. Deshalb gilt die Gleichung, welche das Vorzeichen der Raumkrümmung aus der Dichte und dem Expansionsparameter festlegt, nur für jene Stufen der Hierarchie, aus denen die betreffenden Werte für die Grenzbedingungen genommen sind. Sind diese aber für verschiedene Stufen u.U. verschieden, so haben wir verschiedene räumliche Eigenschaften, einschließlich der Endlichkeit oder Unendlichkeit für verschiedene Stufen. Für verschiedene Werte von Dichte und Expansionsparameter erhalten wir verschiedene offene bzw. geschlossene Modelle mit verschiedener Evolution. Was bedeutet dann z.B. ein unendliches System, das in einem endlichen enthalten ist?

Offenbar handelt es sich um eine Homonymie des Wortes "unendlich", das durchaus verschiedene Bedeutungen haben kann. In allen physikalischen Aufgaben bedeutet es einfach "hinreichend fern". Für die Mikrophysik kann dies bereits 1 cm^{-9} sein. Es besteht Grund zur Annahme, daß auch die Astronomie es mit der physikalischen Unendlichkeit zu tun hat; diese unterscheidet sich wesentlich von der Unendlichkeit in der Wortkombination "Unendlichkeit des Alls". "Physikalisch unendlich" heißt "hinreichend entfernt, damit das betreffende System, beobachtet in einer nicht allzu langen Zeit, nicht mit den so entfernten Systemen in Wechselwirkung steht". Ein solches System ist abgeschlossen, z.B. das Sonnensystem. Offenbar tritt in kosmologischen Aufgaben diese Geschlossenheit als räumliche Geschlossenheit auf. Stellt sich heraus, daß der metagalaktische Raum geschlossen ist, so heißt dies, daß die Metagalaxis ein abgeschlossenes System ähnlich dem Sonnensystem ist. Ist das System offen, so steht die Metagalaxis mit anderen Metagalaxien in Wechselwirkung, wie dies z.B. die Nebel untereinander tun.*

Das Weltall als ganzes hat kein umgebendes Medium, mit dem es in Wechselwirkung stünde oder nicht stünde: Es ist absolut einsam. Der Raum des Alls kann daher in diesem physikalischen Sinn weder ge-

* Voroncov-Veljaminov demonstrierte auf der Tagung Photos wechselwirkender Nebel, siehe *Trudy šestogo soveščanaija po voprosam kosmogonii*, str. 19–40.

schlossen noch offen sein, die Fragestellung selbst ist ohne Grundlage. Ferner: Die Riemannsche Metrik ist eine Metrik im Kleinen, so daß die Metrik als solche überhaupt nichts über die Eigenschaften des Raums als ganzen sagt; so haben Ebene und Zylinderfläche genau dieselbe Metrik, obwohl sie als Ganze genommen in ihren Eigenschaften divergieren.[47]

5. DIE NEUE PHASE

Nach der offiziellen Anerkennung der Expansion treten wir in eine Periode der Neubesinnung der Sowjetphilosophie ein. Sie ist gekennzeichnet durch das Bemühen, sich einmal die nüchterne Sicht auf die reale Situation zu eröffnen, die so lange durch den ideologischen Wust versperrt war, und zugleich den Bruch zwischen den Grundsätzen des Diamat und der Kosmologie zu überwinden, der sich vor ihren Augen auftat.

Kennzeichnend für den Stil- und Gesinnungswandel ist gerade Naan. Er war noch 1957 auf der sechsten kosmogonischen Konferenz ziemlich zurückhaltend gegenüber den relativistischen Weltmodellen und man hatte das Gefühl, er vertrete eine fast agnostische Haltung. Naan hatte ja seinerzeit als Prellbock für die Angriffe Maksimovs gegen Einstein gedient, weil er von Anfang an eine den Sachverhalten adäquate Deutung der speziellen Relativitätstheorie zu geben versuchte. Jetzt legte er wieder eine weitgehend unabhängige Sicht der Dinge an den Tag, unabhängig sowohl von der Parteiideologie wie auch von westlichen Auffassungen. Seine Theorie des "erzeugenden Feldes", die der Hoyleschen These nahe kommt, ist ein ideologisches Wagnis, wenn man bedenkt, daß die These einer "Entstehung der Materie aus dem Nichts" von der offiziellen Parteiphilosophie (z.B. von der Großen Sowjet-Enzyklopädie, 1953, siehe S. 351 des vorliegenden Buches) als absurd verworfen wird. Gerade die Diskussion dieses Problems zeigt, daß die relativistische Kosmologie nicht nur die Ewigkeit und Unendlichkeit des Alls als solchen, sondern auch die autarke und autonome Substanzialität der Materie selbst in Frage stellt, ein Problem, das ja bereits beim Verhältnis von Raum, Zeit und Materie diskutiert wurde.

Naan, der inzwischen korrespondierendes Mitglied der Estnischen Akademie der Wissenschaften wurde, kommt zu folgenden Ergebnissen, die zunächst unkommentiert wiedergegeben werden:

Die Kosmologie ist eine sowohl astronomische als philosophische Disziplin. Sie hat es mit so großen Extrapolationen zu tun, daß ihre logischen und gnoseologischen Aspekte wesentlich werden. Folglich wird sie explizit oder implizit von der Philosophie gelenkt. Außerdem muß sie in der einen oder anderen Weise auf philosophische Fragen, wie z.B. auf das Problem der Unendlichkeit, antworten.

Die besondere Problematik der Kosmologie zeigt sich unter anderem an folgendem: Ihr Objekt ist unwiederholbar. "Das All umfaßt *alles* (im allgemeinsten Sinn dieses Wortes), dies ist, so man will, die Allgemeinheit im allgemeinsten Sinn." Das All kam "in einem einzigen Exemplar zur Welt". "Folglich ist das Problem des Einzigen (Individuellen), des Besonderen (des Einzelnen) und des Allumfassenden (des Allgemeinen) in der Kosmologie ungewöhnlich schwierig. So ist die Frage, welche Züge des Alls individuell sind, welche besonders und welche allgemein, offenbar überhaupt sinnlos, denn die besonderen Züge des Alls sind auch seine allgemeinen."[48]

Eine weitere Schwierigkeit liegt in der Extrapolation der Naturgesetze des uns bekannten Teils des Alls auf das ganze, d.h. im philosophischen Problem des Ganzen und seiner Teile. "Wir können *a priori* nicht überzeugt sein, daß die Begriffe und Relationen, die für beliebig große Gebiete des Alls gelten, auch auf den Kosmos als Ganzes anwendbar sind. So ist z.B. auf den ersten Blick keinesfalls klar, ob auf das All die Begriffe des physikalischen Zustandes und seiner Funktionen (Druck, Entropie usw.) anwendbar sind. In diesem Zusammenhang stellen sich in der Kosmologie mit aller Schärfe auch gnoseologische Probleme, insbesondere das Problem der Relation von absoluter und relativer Wahrheit."[49]

Folglich sind die Probleme der Kosmologie nur durch die gemeinsamen Bemühungen von Astronomie, Physik und Philosophie zu lösen; das Verfahren muß eine Synthese der entsprechenden Mittel jeder dieser Disziplinen darstellen. Damit wird die Kosmologie ein *Grenzgebiet* zwischen Astronomie, theoretischer Physik und Philosophie. "Darin liegen ihre Schwierigkeiten, aber auch ihre Stärke. Das Auftreten solcher Grenzgebiete ist ein Kennzeichen der Entwicklung der Wissenschaft."[50] Hier liegen ihre "bevorzugten Wachstumsspitzen" (Nesmejanov).

Folgende *Definition* der Kosmologie von Zel'manov scheint Naan die beste: "Die Kosmologie ist die Lehre vom unendlichen All als einem zusammenhängenden, einheitlichen Ganzen und von dem ganzen durch die Beobachtung umfaßten Weltgebiet als einem Teil des Alls."[51]

Die *kosmologischen Paradoxa* beurteilt Naan wie folgt: Die Paradoxa entstehen grundsätzlich aus dem Versuch der Übertragung der bekannten Naturgesetze auf das ganze All; dabei kommt es zu Widersprüchen logischer und faktischer Art.

Bereits Newton gelangte zum Schluß, daß ein endliches materielles All in einem unendlichen (Euklidischen) Raum sich zu einer großen Masse konzentrieren müßte und folglich die Materie über den ganzen unendlichen Raum verstreut ist. Die statistische Mechanik zeigt allerdings, daß ein System materieller Teilchen, das ein endliches Raumgebiet erfüllt, sich im Gegenteil über den ganzen unendlichen Raum zerstreuen müßte, aber die Konsequenz ist letztlich dieselbe: ein endliches All in einem unendlichen Raum ist mit dem Gravitationsgesetz unverträglich.

Die Einführung der *kosmologischen Konstante* durch Seeliger und Neumann zur Überwindung des Gravitationsparadoxons ist weder theoretisch noch durch die Beobachtung gerechtfertigt. Nimmt man jedoch eine nach Null strebende mittlere Materiedichte an, (was ebenfalls dieses Paradoxon beseitigte), so ist dies mit einer hierarchischen Struktur des Alls (Lambert, Charlier) verträglich. Hier ist das All eine unendliche Gesamtheit einander einschließender Systeme wachsender Kompliziertheit und abnehmender Dichte. Ist N_i die Zahl der Sterne des i-ten Systems, R_i sein Radius und R_{i-1} der Radius des $(i-1)$ten Systems, so entfällt das Gravitationsparadoxon bei

$$\frac{R_i}{R_{i-1}} > \sqrt{N_i}.$$

Diese Relation widerspricht nicht der Beobachtung für die beiden ersten Systeme des Alls, nämlich die Galaxis und Metagalaxis (Parenago).

Auch das photometrische Paradoxon von Olbers wird durch das hierarchische Modell von Charlier beseitigt, ebenso wie durch die Annahme, daß die Helligkeit mit dem Abstand schneller abnimmt als nach dem Gesetz der reziproken Quadrate, z.B. durch eine Absorption im kosmischen Raum oder durch die Rotverschiebung.

Wie jedoch Fesenkov (1937) zeigte, absorbiert die zerstreute kosmische Materie das Licht nicht so sehr, als sie es vielmehr streut, d.h. sie wirkt als eine Art Akkumulator der Strahlungsenergie, wodurch das Paradoxon verstärkt wird; folglich wird das Paradoxon nur in einem hierarchischen

Schema beseitigt, in dem die allgemeine Absorption in jedem System kleiner oder gleich der Absorption im nächst niederen ist, z.B darf die Absorption in der Metagalaxis nicht die der Galaxis übersteigen. Dies trifft offenbar zu.

Šklovskij kam allerdings nach Naan 1953 zum Ergebnis, daß die *Radiohelligkeit* des Himmels nicht durch das Schema Charliers erklärbar ist und eine Rotverschiebung mit Dopplercharakter für die fernen Galaxien vorliegt.

Bei Bondi entfällt das Paradoxon nach Naan auch dann, wenn man annimmt, daß Dichte und Leuchtkraft sich mit der Zeit ändern, d.h. daß die Sterne erst nach der Zeit $t=0$ zu leuchten begannen. Auf Grund der heutigen Gesamthelligkeit des Himmels und der heutigen Strahlungsdichte errechnete Bondi einen Wert von 10^8 bis 10^9 Jahren. Ebenso entfällt das Paradoxon nach Bondi, wenn statt dessen die fernen Galaxien eine genügend große Strahlgeschwindigkeit besitzen, damit ein erheblicher Teil der Strahlung in den unsichtbaren Teil des Spektrums übergeht; daraus folgt nach Bondi, daß das All entweder sehr jung ist oder expandiert bzw. beides der Fall ist.[52]

Die Alltagsfrage: "Weshalb ist es nachts dunkel?" kann man eben nach Naan nur "auf Grund der schwierigsten kosmologischen Theorie beantworten". Aber ein so weitgehender Schluß wie der Bondis "kann natürlich nicht als begründet angesehen werden, denn er beruht auf der Extrapolation des kosmologischen Prinzips auf das ganze All".[53]

Zum '*Expansionsparadoxon*' meint Naan: 1956 wurde von Humason, Mayall und Sandage das Ergebnis für über 800 Galaxien und 26 entfernte galaktische Haufen veröffentlicht. Deutet man die überall auftretende Rotverschiebung als Doppler-Effekt, so liegt eine Fluchtbewegung der Galaxien vor. Die zahlreichen anderen Deutungen der Rotverschiebung brachten bekanntlich kein befriedigendes Ergebnis. Die Fluchtgeschwindigkeit wächst um den konstanten Wert $H=180$ km/sec je Million parsec (H ist die Hubble-Konstante; Hubble, 1953; Humason, 1956); die lineare Abhängigkeit zwischen Geschwindigkeit und Abstand wird innerhalb der Beobachtungsfehler für Fluchtgeschwindigkeiten bis über 60000 km/sec, d.h. bis zu Abständen von 1 Milliarde Lichtjahren gewahrt.

Die Extrapolation in die Vergangenheit würde bedeuten, daß vor einigen Milliarden Jahren die Metagalaxis sich in einem besonderen Zustand unendlich großer Dichte befunden hätte, "was physikalisch sinnlos ist".[54]

Der Beginn der Fluchtbewegung würde sich dabei, vorausgesetzt die Relation "Geschwindigkeit : Abstand" war stets linear, aus dem reziproken Wert der Hubble-Konstante errechnen zu

$$\frac{1}{H} = 1.7 \cdot 10^{17} \text{ sek} = 5.4 \cdot 10^{9} \text{ Jahre}.$$

"Eine so kurze Zeitskala widerspricht anscheinend nicht nur unseren Vorstellungen von der Evolution der Sterne, nach welchen das Alter der Sterne z.B. 10^{11} Jahre ist" (Struve, 1954), "sondern harmoniert auch schlecht mit den Ergebnissen zum Alter der Erdrinde, die ziemlich sicher festliegen".[55]

Naan befaßt sich weiter mit dem '*Entropieparadoxon*' und kommt zum Schluß, daß alle vier Paradoxa ihrer Natur nach physikalisch sind, aber ihre Wurzeln offenbar bis in die Widersprüchigkeit des Gegenstands der Kosmologie selbst hinabreichen. Dies zeigt sich unter anderem an folgendem:

Der Satz von Clausius: "Die Entropie der Welt strebt zum Maximum" impliziert, daß das All als geschlossenes isoliertes System aufgefaßt werden kann. Dies scheint auf den ersten Blick selbstverständlich, denn es existiert kein umgebendes Medium, mit dem es in Wechselwirkung steht. Und doch ist es nicht evident, es sei denn, das All ist endlich: Eben weil es kein umgebendes Medium gibt, kann man die Frage gar nicht in dieser einfachen Form stellen. Wir müssen irgendeinen Grenzübergang finden, so z.B. vom System $S_{\infty-1}$ zum System S_{∞}, d.h. zum All als solchem. Aber wenn $i=\infty$ ist, so ist auch $i-1=\infty$, und wir kommen zum Schluß, daß das All mit sich selbst in Wechselwirkung steht, d.h. nicht isoliert ist; jedes andere Schema führt zum selben Ergebnis, nämlich zum notwendigen Übergang vom Endlichen zum Unendlichen.

Ebenso kann man nach Naan den "Nachweis" der Geschlossenheit des Alls als Beispiel eines weit verbreiteten logischen Irrtums ansehen. Er ist analog dem "Nachweis" des absoluten Raums durch Stern (Štern) in den *Voprosy filosofii* 1952: Der unendliche Raum, so meint Stern, kann nur absolut sein, da er sich nicht gegenüber einem umfassenderen System bewegt. Dieser Schluß ist nur scheinbar zwingend. In Wirklichkeit gilt bei $i \to \infty$ auch $i-1 \to \infty$, d.h. der Weltraum bewegt sich zu sich selbst und ist folglich nicht unbeweglich und nicht absolut.

Alle diese "Beweise" gründen sich nach Naan auf das Axiom "das Ganze ist größer als seine Teile". Aber bekanntlich gilt es nicht für unendliche Mengen: Eine Menge kann äquivalent sein ihrer wahren Untermenge. Auch die Summe einer bedingt konvergenten Reihe hängt bekanntlich nach dem Riemannschen Satz von der Ordnung ihrer Glieder ab, d.h. sie unterliegt nicht dem Kommutationsgesetz. Dies alles sind Beispiele, welche Überraschungen uns beim Übergang vom Endlichen zum Unendlichen erwarten.

Wir können nach Naan folglich sagen, daß die kosmologischen Paradoxa aus der Extrapolation der Gesetze für das Endliche auf das Unendliche entstehen. Für das photometrische Paradoxon, besonders in der Formulierung durch Bondi, ist dies die Anwendung des kosmologischen Prinzips von einem begrenzten Teil der Metagalaxis auf das All. Für das Gravitationsparadoxon ist dies der Versuch, dem unendlichen All eine endliche Massendichte zuzuschreiben. Eine Nulldichte wird dabei mit dem Begriff "Leere" assoziiert, obwohl dies nur für endliche Bereiche gilt. Das thermodynamische Paradoxon beruht auf einer Ausdehnung des Prinzips von Clausius auf das All. Das Expansionsparadoxon schließlich entsteht aus einer unbegründeten Extrapolation der linearen Abhängigkeit zwischen Abstand und Geschwindigkeit. "Somit werden in allgemeinster Weise die kosmologischen Paradoxa durch das Argument der Unendlichkeit des Alls, genauer durch das Argument der qualitativen Eigenart der Unendlichkeit beseitigt. Der Gedanke der Unendlichkeit des Alls selbst gehört nicht zu denen, deren Wahrheit durch eine direkte logische Konstruktion bewiesen oder geleugnet werden kann. Die Unendlichkeit des Alls ebenso wie seine Materialität, wie die Unerschaffenheit und Unzerstörbarkeit der Materie und Bewegung und die übrigen philosophischen Axiome der Naturwissenschaft werden, wenn überhaupt, durch eine 'lange und schwierige Entwicklung der Philosophie und Naturwissenschaft' (Engels) bewiesen."[56]

Diesen für jede Wissenschaft selbstzerstörenden Sätzen fügt Naan jedoch unmittelbar die bezeichnenden Worte hinzu: "Man muß indes unterstreichen, daß diese (philosophische) Lösung des Problems der Paradoxa in keiner Weise für die Kosmologie ausreicht. Die Lösung muß positive, konstruktive Form tragen und wird erreicht durch eine Anwendung der Mittel der Astronomie, Physik und Philosophie."[57]

Grundsätzlich haben die Weltmodelle nach Naan die Aufgabe, die vorhandenen Beobachtungsdaten über Verteilung und Bewegung der Himmelskörper zu einem Ganzen zu vereinen und dabei Paradoxa zu vermeiden; sie stellen folglich eine positive Lösung des Problems dar.

Zur *relativistischen Kosmologie* im besonderen bemerkt Naan: "Die Einsteinsche Gravitationsgleichung verknüpft die Gravitation und die Massen zu einer einheitlichen, wechselseitig bedingten Abhängigkeit."[58] Eigentlich müßte man von "Riemannschen oder Euklidischen Eigenschaften des Raums" und "pseudo-Riemannschen oder pseudo-Euklidischen" Eigenschaften der Raumzeit sprechen, denn für die Raumzeit ist die Form $ds^2 = g_{ik}\, dx_i\, dx_k$* wegen des besonderen Charakters der Zeitkoordinate nicht positiv definit. Man kann jedoch für die Zwecke der Kosmologie diese Form so schreiben, daß die räumlichen Koordinaten von der zeitlichen getrennt werden, so daß wir es nur mit der Metrik des Raums zu tun haben.

Bei der Anwendung der Einsteinschen Feldgleichungen auf den unendlichen Raum entsteht nach Naan wieder das Gravitationsparadoxon. Aber trotz der entsprechenden Einführung von Abstoßungskräften (des kosmologischen Glieds λ) ergeben sich für ein relativistisches Weltmodell folgende spezifische Schwierigkeiten: (1) Die Gleichungen sind kompliziert, und es gibt bisher nur für einige einfachste Fälle exakte Lösungen. Die Modelle müssen daher vereinfachende Annahmen zugrundelegen. (2) Die linke Seite der Feldgleichungen

$$R_{ik} - \tfrac{1}{2} g_{ik} R = - \kappa T_{ik}$$

trägt eigentlich rein geometrischen Charakter, die Physik ist hauptsächlich durch die rechte Seite vertreten, den Massentensor T_{ik}. Die beiden Tensoren R_{ik} und T_{ik} sind ihrer logischen Struktur nach keineswegs äquivalent. Darauf wies bereits Einstein hin. Es handelt sich darum, daß der Energie-Impulstensor T_{ik} die Dichte von Energie, Impuls und Impulsstrom der verschiedensten Herkunft außer der Gravitation zu einem einzigen physikalischen Begriff vereint. Damit treten gleich zwei Schwierigkeiten auf: (a) Es ist unklar, wie man im konkreten Fall diese verschiedenen Dinge vereinigen soll, (b) die Einteilung in Gravitation und "alles übrige" ruft Schwierigkeiten hervor, z.B. muß man in den Erhaltungssätzen Energie und Impuls jeder Herkunft berücksichtigen und folglich

* Hier wird nach der Einsteinschen Schreibweise über die zweimal auftretenden Indices $i = 1, 2, 3, 4$ and $k = 1, 2, 3, 4$ summiert. Naan verwendet lateinische Indices, die heute *i.a.* für rein räumliche Größen benutzt werden.

zu T_{ik} noch eine besondere Nicht-Tensorgröße hinzufügen, die die Gravitation berücksichtigt und sehr formal eingeführt ist. (3) Die Änderung der Metrik ist nur zum Teil von realen Schwerefeldern hervorgerufen, zum Teil durch die Wahl der Koordinaten. Es gibt im allgemeinen Fall keine strenge Methode, um beide Ursachen zu trennen, d.h. das wahre Gravitationsfeld vom fiktiven zu unterscheiden. Infeld, Sheidegger, Papapetrou und andere zeigten, daß man die Koordinaten stets so umformen kann, daß die Differentialgleichungen der Bewegung die Newtonsche Form annehmen, ohne daß die Bewegung deshalb den Newtonschen Gesetzen unterläge, es sei denn, die *Raum*-Metrik ist in der Tat *pseudo*-Euklidisch. (4) Die Riemannsche Geometrie ist eine Geometrie "im Kleinen", das Intervall ds^2 wird nur für unendlich benachbarte Punkte bestimmt; die Kosmologie hat es aber mit dem Raum als ganzem zu tun. Um dessen Eigenschaften festzustellen, genügt nicht eine Kenntnis der Metrik, man muß auch Annahmen über die Zusammenhangsverhältnisse des Raums machen. So kann das Einsteinsche Weltmodell bei derselben Metrik sphärisch oder elliptisch sein.

Trotzdem ist hervorzuheben, daß gegenwärtig die relativistische Kosmologie die vollkommenste Theorie ist, um die kosmologischen Aufgaben zu lösen.[59]

Zum *kosmologischen Prinzip* meint Naan: Die heutigen Modelle sind Schemata der Metagalaxis. Der Schematismus besteht vor allem in der Ersetzung der diskreten Materieverteilung durch die kontinuierliche, d.h. in der Vernachlässigung der Existenz von Sternen und Galaxien. Dem übrigbleibenden kontinuierlichen Medium, dem "kosmologischen Substrat", wird überall gleiche Dichte zugeschrieben. In der Tat wird die Möglichkeit einer solchen Idealisierung in bestimmten Grenzen bestätigt durch die im Mittel konstante beobachtete räumliche Dichte der Galaxien innerhalb einer Kugel von 1 Milliarde Lichtjahren Durchmesser (Shapley, 1947). Nicht nur die Dichte, sondern auch der mittlere Durchmesser der Galaxien, das Verhältnis der kondensierten Materie zur gestreuten usw. muß nach dem kosmologischen Prinzip mit dem Anwachsen der beobachteten Räume statistisch zu einem vom Beobachter unabhängigen einheitlichen Wert streben. In allgemein theoretischer, philosophischer Sicht gilt das Prinzip als Verallgemeinerung der Idee des Kopernikus, daß es keine ausgezeichneten Punkte und Richtungen gibt.

Da die Raumzeit-Metrik durch die Konfiguration und Bewegung der

Massen festgelegt wird und das kosmologische Prinzip eine homogene Verteilung der Massen annimmt, so folgt aus dieser zum mindesten qualitativ die Homogenität und Isotropie des Raums; somit wird das Prinzip zum Bindeglied zwischen der Hypothese von den Eigenschaften des Substrats und dem Maßtensor. In letzter Zeit wurde das "vollkommene kosmologische Prinzip" (Bondi) eingeführt, wonach die Eigenschaften des Modells auch von der Zeit unabhängig sein sollen. Die relativistische Kosmologie genügt jedoch nur dem o.g. speziellen Prinzip. Aus dem kosmologischen Prinzip läßt sich nun die Friedmannsche Maßbestimmung ableiten (Robertson, Walker):

$$\mathrm{d}s^2 = \mathrm{d}x_0^2 - \frac{R^2}{(1 + (k/4)\,r^2)^2} \cdot (\mathrm{d}x_1^2 + \mathrm{d}x_2^2 + \mathrm{d}x_3^2).$$

Hier sind x_1, x_2, x_3 die rein räumlichen Koordinaten, x_0 die Zeitkoordinate, $k = 0, +1, -1$ kennzeichnet die Raumkrümmung ($k = 0$ entspricht einem Euklidischen Raum, $k = +1$ einem Riemannschen Raum, $k = -1$ einem Raum Lobačevskijs), $R = R(t)$ ist ein Maß für die Deformierung des Bezugsraums. Der Bezugsraum charakterisiert das Koordinatensystem jedes Teilchens des Substrats (jeder Galaxis) ("mitbewegte Koordinaten"); trotzdem kann man aus der Krümmung des Bezugsraums auf die des realen, physikalischen Raums schließen.

Unter diesen Voraussetzungen können die Einsteinschen Feldgleichungen in einfacher Form als Differentialgleichungen dargestellt werden. In ihnen ist die ganze moderne relativistische Kosmologie enthalten. Nimmt man obige Bezeichnungen sowie ϱ für die Dichte und κ für die Einsteinschen Gravitationskonstante, so gilt*

$$\frac{k}{R^2} + \frac{1}{R^2}\left(\frac{\mathrm{d}R}{\mathrm{d}t}\right)^2 + \frac{2}{R}\cdot\frac{\mathrm{d}^2R}{\mathrm{d}t^2} - \lambda \quad = 0$$

$$\frac{k}{R^2} + \frac{1}{R^2}\left(\frac{\mathrm{d}R}{\mathrm{d}t}\right)^2 - \frac{1}{3}(\kappa\varrho + \lambda) = 0.$$

Naan untersucht nun die einzelnen daraus ableitbaren Weltmodelle. Es handelt sich dabei um die folgenden Möglichkeiten:

(1) $\lambda > 0$: bei $k = +1$ können folgende Lösungstypen angenommen werden:

* Siehe S. 431 Anm., wo statt R das Zeichen G und statt k das Zeichen z steht.

(a) Monoton expandierendes All 1. Art, das vom Radius Null ausgeht.
(b) Monoton expandierendes All 2. Art, das von einem endlichen Radius ausgeht.
(c) Asymptotisch expandierendes All 1. Art. Die Expansion beginnt mit $R=0$ und nähert sich asymptotisch einem endlichen Wert.
(d) Asymptotisch expandierendes All 2. Art: Die Expansion beginnt asymptotisch mit einem endlichen Wert für R und steigt unbegrenzt an.
(e) Einsteinscher Kosmos.
(f) De Sitterscher Kosmos.
(g) Oszillierender Kosmos 1. Art mit der Singularität $R=0$.
(h) Oszillierender Kosmos 2. Art mit einem minimalen Wert von $R\neq 0$.

Bei $k=0$ und $k=-1$ liegt Fall (1a) vor.

(2) $\lambda=0$: (a) Für $k=+1$ liegt Fall (1g) vor.
(b) Für $k=\ \ 0$ und $k=-1$ liegt Fall (1a) vor.

(3) $\lambda<0$: Für $k=+1$, $k=0$ und $k=-1$ liegt Fall (1g) vor.

Dazu bemerkt Naan: Die statischen Modelle können nur als Grenzfälle, d.h. als Anfangs- oder Endzustände nicht-statischer Modelle gelten. Modell (1h) mit oszillierendem, aber immer endlichem Radius ist dadurch bevorzugt, daß die Dichte stets endlich bleibt; es entspricht am besten dem von uns beobachteten Teil des Alls. Dagegen sind seine physikalischen Voraussetzungen kaum zu erwarten: Der Druck wächst bei der Expansion und nimmt ab bei der Kontraktion. Dies ist zwar wegen der möglichen Zerstrahlung von Stoff bei der Expansion und dem umgekehrten Prozeß bei der Kondensation denkbar, aber thermodynamisch wenig wahrscheinlich (Tolman).

Bei der Einführung von λ nahm Einstein an, daß von den beiden Lösungen des Gravitationsparadoxons (Dichte gleich Null oder endlicher Radius) die Endlichkeit des Alls wahrscheinlicher ist als die verschwindende Dichte; auch spielte das Machsche Postulat eine Rolle, welches die Endlichkeit des Alls verlangt. Nachdem aber Friedmann die Möglichkeit eines nicht-statischen Alls gezeigt hatte, entfiel die Notwendigkeit für die Einführung von λ. Heute ist es völlig natürlich anzunehmen, daß $\lambda=0$ ist. Damit bleiben nur zwei Typen übrig: Monotone Expansion, begin-

nend mit $R=0$ für offene Modelle und oszillierender Radius mit $R=0$ als Singularität für geschlossene Modelle.[60]
Aus den so vereinfachten kosmologischen Grundgleichungen läßt sich ein Kriterium für die Raumkrümmung finden. Grundlegend ist die Gleichung

$$\frac{k}{R^2} = \tfrac{1}{3}\kappa\varrho - H^2,$$

wo H die Hubble-Konstante ist. Ist die rechte Seite gleich Null, so ist der Raum Euklidisch; ist sie positiv, so haben wir einen geschlossenen Riemannschen Raum, ist sie negativ, einen unendlichen Raum Lobačevskijs. "Leider sind die Beobachtungsdaten zu unbestimmt, um diese Frage nach dem realen metagalaktischen Raum zu lösen."[61] Bei $H=(180$ km/sec)/ Mill. parsec mit einer wahrscheinlichen Fehlergrenze von 20% erhält man für das Verschwinden der rechten Seite der obigen Gleichung den kritischen Wert

$$\varrho = (6{,}2 \pm 0{,}3)\cdot 10^{-29}\, g/\mathrm{cm}^3 .$$

Bei diesem Wert ist der Raum Euklidisch, ist er kleiner, so ist er gekrümmt, aber ebenfalls unendlich; ist er größer, so ist der Raum geschlossen. "Insofern selbst für Untersuchungen von Teilen der Metagalaxis die Massendichte ziemlich ungenau gemessen wird und offenbar diesem kritischen Wert nahe kommt, bleibt die Frage über die Metrik des metagalaktischen Raums offen. Da von der Metrik auch das Verhalten des Modells nach der Zeit abhängt, können wir ebenfalls keinerlei irgendwie bestimmte Urteile fällen, ob von den beiden theoretisch wahrscheinlichsten Verhaltenstypen die monotone Expansion (erster Art) oder das Oszillieren (ebenfalls erster Art) besser die Wirklichkeit wiedergibt."[62] In beiden Fällen beträgt die Zeitspanne seit Beginn der Expansion $1/H$, d.h. einige Milliarden Jahre und die Expansion verläuft zu Beginn explosiv.[63]
Es gibt aber nach Naan noch andere Überprüfungsmethoden. Davon ist die meistversprechende offensichtlich die Berücksichtigung nicht-linearer Glieder im Gesetz der Rotverschiebung. Humason, Mayall und Sandage zeigten 1956, daß auf Grund einer genauen Analyse von achtzehn galaktischen Haufen nicht-lineare Glieder vorhanden sind, wobei das entsprechende Glied zweiter Ordnung negativ ist. Daraus ergibt sich ein äußerst wichtiges Ergebnis: Die Geschwindigkeit der Fluchtbewegung nimmt mit der Zeit ab. Dieses Resultat war von der relativistischen Kos-

mologie für alle Modelle mit $\lambda = 0$ und endlicher Dichte vorausgesagt worden. "Die Beobachtungsdaten sprechen also gewissermaßen für ein oszillierendes Modell mit geschlossenem Raum."[64]
Dennoch darf man nach Naan diesem Schluß keine übertriebene Bedeutung beimessen: Zwar entspricht dieses Modell am besten der Beobachtung, aber es liegt eine erhebliche Streuung der Beobachtungsdaten gegenüber dem theoretischen Wert vor. "Nichtsdestoweniger können wir ohne Furcht vor Übertreibungen sagen, daß wir in eine neue Periode eintraten, wo man mit vollem Ernst von der Prüfung der Ergebnisse der Kosmologie durch die Beobachtung sprechen kann."[65] Bei Beobachtungen (zum mindesten durch die Radioastronomie) von Werten für die Rotverschiebung bis zu $z = \Delta\lambda/\lambda_0 = 0.5$, wo λ_0 die normale Wellenlänge der Spektrallinie und $\Delta\lambda$ die Rotverschiebung ist, wird der Unterschied zwischen den Weltmodellen so deutlich hervortreten, "daß man völlig bestimmte Schlüße auf die Metrik des metagalaktischen Raums und den Charakter seiner Deformation mit der Zeit machen kann".[66]
Ferner lassen die neuesten Entdeckungen der außergalaktischen Astronomie nach Naan einen Schluß auf die Richtigkeit des kosmologischen Prinzips zu. In der Tat sind die Galaxien im Mittel gleichmäßig über den Raum verteilt. Dies sagt aber noch nichts über das einzelne Verteilungsbild. Es ist kein Zweifel, daß die überwiegende Mehrheit der Galaxien, wenn nicht die Gesamtheit, in galaktischen Haufen vorkommt. Ferner ist eine große Zahl noch umfassenderer Systeme bekannt: vielfache Haufen und Wolken von Haufen. "Andererseits kann man die Verteilung der Haufen selbst offenbar mit genügender Genauigkeit als im Durchschnitt gleichmäßig ansehen. Aus diesen Daten können wir den Schluß ziehen, daß wir keinen Grund haben, das kosmologische Prinzip abzulehnen, aber auch keinen Grund, darin ein überragendes Naturgesetz zu sehen".[67] Lediglich in dem von uns erforschten Teil des Alls herrscht in großen Maßstäben Isotropie und Homogenität der Dichte. "Dies zeigt, daß dieses Gebiet klein ist im Vergleich mit den Ausmaßen der ganzen Metagalaxis."[68] Bei noch größeren Gebieten sind Abweichungen von dem Prinzip zu erwarten, sowohl wegen des Dichteabfalls an der Grenze als auch wegen der Anisotropie in der Verteilung, es sei denn, die Metagalaxis ist in Strenge sphärisch. Das kosmologische Prinzip gilt also für Gebiete, die groß genug sind gegenüber lokalen Inhomogenitäten und noch klein genug im Vergleich zur Metagalaxis. Noch von einer anderen

Seite ist das Prinzip begrenzt: Es berücksichtigt nur die Kontinuität in der Verteilung des Stoffs, nicht aber die Diskretheit und den Stufencharakter. "Das All stellt die dialektische Einheit dieser entgegengesetzten, sich ausschließenden Grundprinzipien dar, des Kontinuierlichen und Diskreten."[69]

Zu den *Entwicklungstendenzen und Perspektiven* der relativistischen Kosmologie meint Naan: Eine der wichtigsten Aufgaben ist die Erzielung inhomogener und anisotroper Lösungen der Feldgleichungen. Außerdem wurden bisher keine Lösungen ohne Singularitäten gefunden* (womit Naan die Werte $R=0$ und $\varrho=\infty$ meint) falls man nicht den uninteressanten Fall Euklidischer Metrik nimmt. Die Berücksichtigung der Anisotropie verstärkt übrigens noch die Schwierigkeiten, da sich bei $\lambda=0$ die Zeitskala verkürzt. Auch die Einführung negativer kosmischer Drücke beseitigt nicht die Singularitäten. Bogorodskij wies jedoch auf die Möglichkeit hin, daß kompliziertere Feldgleichungen als die Einsteinschen die Singularitäten aufheben könnten.[70]

Das Expansionsparadoxon ist aufzuheben bzw. zu mildern, wenn man darauf verzichtet, einigen mathematischen Abstraktionen ohne physikalischen Sinn einen allzu buchstäblichen Sinn beizulegen. So ist der Schluß auf eine unendliche Dichte zu Beginn der Expansion oder am Ende der Kontraktion nur das abstrakte Abbild einer relativ hohen, aber endlichen Dichte. In Wirklichkeit kann man keine Kontraktion bis zum Volumen Null aus den Feldgleichungen ableiten. Dies wäre nur möglich, wenn "unendlich klein" für das materielle Substrat dasselbe bedeutete wie für die Mathematik. In Wirklichkeit haben die "unendlich kleinen" Elemente des Substrats in allen kosmologischen Modellen das enorme Volumen von etwa 10^{20} parsec^3. Nimmt man ferner an, daß wir heute nur ein Tausendstel des Radius der Metagalaxis erforschen, so stellte eine Kontraktion der Metagalaxis auf einen "unendlich kleinen" Umfang nur eine Dichtezunahme um 10^{16} mal, also auf 10^{-13} g/cm^3 dar. Es ist also möglich, daß ein Pulsieren mit einem Minimalradius und einer maximalen Dichte in der erwähnten Größenordnung vorliegt.

Dieser Schluß wird nach Naan durch die Tatsache bekräftigt, daß unsere lokale Gruppe von Galaxien nicht expandiert; dies gilt vermutlich für alle galaktischen Haufen, da auch die entferntesten nach Zwicky sich morphologisch nicht von den nahen galaktischen Haufen unterscheiden.

* Siehe aber Abschnitt 10(B) dieses Kapitels.

Das bedeutet, daß während einer Milliarde Jahren die galaktischen Haufen keine merklichen Veränderungen erlitten, während der Radius der Metagalaxis unterdessen um etwa 20% zunehmen mußte.
Folglich ist der Ausdruck "Flucht der Galaxien" offenbar falsch. Nicht die Galaxien, sondern die galaktischen Haufen expandieren gegeneinander, wobei jeder Haufen als Ganzes relativ konstant bleibt. Die Expansion ist demnach kein universaler kosmischer Effekt, sondern sie hat ihre untere Grenze. Damit entfallen alle Gründe für eine Extrapolation "auf Null".[71]
Das einzige in Frage kommende nicht-statische Modell ist nach Naan das pulsierende zweiter Ordnung, in dem die Dichte stets endlich bleibt. Fügt man die Hypothese hinzu, daß es keine metagalaktischen Katastrophen gibt, d.h. die ganze Metagalaxis umfassende Explosionen, so gelangt man zum Gedanken einer ausgeglichenen Oszillation zweiter Ordnung, wobei die Kurve des Weltradius als Funktion der Zeit keine Singularität in Null aufweist und der Übergang von der Kontraktion zur Expansion kontinuierlich erfolgt. Dieses Modell enthält keine besonderen Zustände, und "die kurze Zeitskala stört und verhindert nichts".[72]
Das Modell verlangt indes nach Naan (zur Erklärung der Kontraktion – *der Verf.*) eine positive kosmologische Konstante λ, d.h. bisher unbekannte kosmische Kräfte. Obwohl heute λ gleich Null anzunehmen ist*, ist das Problem noch nicht endgültig gelöst. Möglicherweise spielen in sehr großen Maßstäben neben den Schwerefeldern noch andere Felder

* Ivanenko hält das Problem ebenfalls noch nicht für endgültig gelöst: λ muß aus Gründen der allgemeinen Kovarianz in die Feldgleichungen eingeführt werden. Um λ auszuschließen, bedarf es zusätzlicher Überlegungen analog der Ausschließung von Termen mit der Masse eines Photons oder Neutrinos. Insbesondere ist die Invarianz der Gravitationspotentiale gegenüber Eichtransformationen vom Typ Hilbert-Lorentz zu berücksichtigen (Beim Übergang zu einem schwachen Feld mit

$$g_{\mu\nu} = \delta_{\mu\nu} + h_{\mu\nu}$$

tritt neben dem Neumannschen Term $\lambda h_{\mu\nu}$ noch ein inhomogener Term auf.) Ferner ist ein Friedmannscher Typus des Alls auch bei nichtverschwindendem λ möglich. Setzt man den Wert für die Hubble-Konstante und den heute angenommenen Wert für die mittlere Dichte ($3.1 \cdot 10^{-31}$ g/cm^3 nach J. Oort, *Solvay Conf.* 1958, Brussels, 1959) in die Friedmannsche Metrik bei $\lambda \neq 0$ ein, so kommt man nach McVittie zu einem Raum vom Typ Lobačevskijs und zu einem negativen, vermutlich endlichen Wert von λ. Offenbar können weitere Präzisierungen des Dichtewerts nicht den Schluß auf den hyperbolischen Charakter des räumlichen Hintergrunds unseres Teils des Alls aufheben. Andererseits ist der empirische Wert für ϱ noch viel ungewisser, wobei noch die Neutrinos und die Gravitationsstrahlung zu berücksichtigen sind. D. D. Ivanenko, *Vstupitel'naja stat'ja'*, in *Novejšie problemy gravitacii*, Moskva 1961, str. 40–41.

eine wesentliche Rolle, etwa metagalaktische Magnetfelder, ein "erzeugendes Feld" oder sonst etwas. Der Übergang zu so großen Maßstäben kann qualitativ neue Phänomene ähnlich dem Übergang zur Mikrowelt bringen.

Die Konzeption des "erzeugenden Felds" und der dauernden Schaffung von Stoff* hat für Naan anziehende Seiten: "Dies ist die einzige moderne Theorie, die automatisch das Expansions- und Entropieparadoxon beseitigt. Auf jeden Fall scheint uns, daß man diese Theorie nicht einfach mit dem Argument abtun kann, daß sie mit dem dialektischen Materialismus unvereinbar ist. Die Theorie widerspricht keineswegs den physikalischen Erhaltungsgesetzen oder den Grundsätzen des dialektischen Materialismus, wenn man annimmt, daß ein 'erzeugendes Feld' als neue Materieform existiert, als bisher unbekanntes physikalisches Feld, das sich nur auf sehr großen Entfernungen bemerkbar macht, ähnlich wie das Mesonenfeld nur auf sehr kurzen Abständen."[73] Möglicherweise kann man die Entstehung von Masse auch aus der Umwandlung von Gravitationswellen (Gravitonen) in Stoff erklären. Stimmt die Theorie, dann müßten ältere, d.h. weiter entfernte galaktische Haufen reicher an Galaxien sein als jüngere. "Dies wird bisher nicht bestätigt", im Gegenteil, nach Zwicky liegt eher der umgekehrte Effekt vor.[74]

Grundsätzlich machen sich nach Naan im Westen negative Tendenzen bemerkbar: Trennung von den Beobachtungsdaten, Extrapolation auf das All als ganzes usw. Man hat also nach den Anwendungsgrenzen kosmologischer Überlegungen zu fragen. Dabei ist zunächst das Prinzip der *kosmischen Autonomie* (Ejgenson) anzuwenden: Die Phänomene eines kosmischen Systems werden primär von den Bedingungen beeinflußt, die das System selbst hervorbringt, vor allem von den Schwerefeldern. Diese Bedingungen, wie die beobachtete mittlere Massendichte und die Hubble-Konstante, treten als Randbedingungen in den Lösungen der Einsteinschen Feldgleichungen auf. "Es ist völlig evident, daß es nicht den geringsten Sinn hat, diese Bedingungen z.B. dem System der Metagalaxien zuzuschreiben."[75] Dort ist die mittlere Dichte auf jeden Fall um einige Größenordnungen niedriger als in der Metagalaxis, deren Dichte ja auch

* Es handelt sich um die Hypothese (Bondi, Gold, Hoyle), daß zur Erhaltung einer ständigen Dichte im All dauernd Stoff neu entsteht (1 Atom Wasserstoff in 1 Liter pro 1 Milliarde Jahre). Dabei wird in die Feldgleichung das "erzeugende Feld" C_{ik} eingeführt.

um fünf Größenordnungen unter der der einzelnen Galaxien liegt. Über die Hubble-Konstante kann man überhaupt nichts sagen, wir wissen nicht einmal, ob sie für die Metagalaxien gilt; es liegt dafür keinerlei Grund vor. Wir wissen heute "völlig sicher", daß die Expansion kein universales Phänomen ist. "Diese Bedingungen auf das All als ganzes zu extrapolieren, ist noch viel schlimmer als z.B. die Eigenschaften der Metagalaxis auf die des Atoms zurückzuführen."[76]
Ebenso falsch ist nach Naan die Annahme, die metrischen Eigenschaften der kosmologischen Modelle gäben die Eigenschaften des physikalischen Raums als ganzen wieder und könnten seine Endlichkeit beweisen. Einmal ist die Frage nach der Metrik schon für unseren Teil des Kosmos noch gänzlich offen, und zum anderen kann man aus den metrischen Eigenschaften überhaupt nicht auf die Eigenschaften des Raums als ganzen schließen: Man kann eine Fläche beliebig ohne Risse und Zerrungen krümmen, ohne daß sich dadurch die Metrik änderte: die Metrik einer Zylinderfläche und einer Ebene sind beide Euklidisch. Dasselbe gilt für den Raum. Er kann die phantastischsten Deformationen erleiden, ohne daß sich dadurch die Metrik ändert. "Folglich kann man daraus, daß die Raumkrümmung in dem einen oder anderen kosmologischen Modell positiv oder konstant ist, gar nicht auf die Eigenschaften des Raums als ganzen schließen, selbst für jenes kosmologische System, für welches das Modell aufgestellt wurde." Die modernen Modelle sind folglich "nur systematische Beschreibungen einiger wichtiger allgemeiner Kennzeichen der Metagalaxis."[77] Für das All als ganzes können nur die allgemeinsten Sätze der Kosmologie benutzt werden, wie sie stets durch neue Erkenntnisse bestätigt wurden: So die Grenzenlosigkeit des Alls im Sinne Giordano Brunos und der gesetzmäßige Charakter der Stoffverteilung im Sinne von Lambert.[78]

6. DAS LETZTE AUFBÄUMEN: P. A. FEDČENKO 1958

Der vorige Abschnitt zeigte das schrittweise Zurückweichen der sowjetischen Astronomen und Physiker vor den neuen Erkenntnissen. Mit der offiziellen Anerkennung der Rotverschiebung als Doppler-Effekt ist die zweite Phase vorläufig abgeschlossen. Es bleibt nun den Philosophen überlassen, das neue Weltbild in ihr System einzubauen.

Dabei scheiden sich deutlich zwei Lager: Das offen retrograde ist nach wie vor bemüht, die Rotverschiebung als problematisch darzustellen; mit anderen Worten, es ist die bekannte Reaktion der *Leugnung*. Bemerkenswerterweise sind keine prominenten Namen hier vertreten; Maksimov und I. V. Kuznecov schweigen seit 1955 über die Relativitätstheorie.* Die Richtung kam im 1. Jahrgang der 1958 gegründeten philosophischen Zeitschrift *Filosofskie nauki* ('Philosophische Wissenschaften') zum Ausdruck: die Zeitschrift wurde ausdrücklich zum Kampf gegen revisionistische Tendenzen und die bürgerliche Ideologie ins Leben gerufen; sie stellt das Konkurrenz-Organ zu den bereits höher kultivierten *Voprosy filosofii* dar.

Das andere Lager der Philosophen folgt der Tendenz, den Unendlichkeitsbegriff umzudenken. In gewagten Spekulationen über die "schlechte" und "reale=gute" Unendlichkeit will Sviderskij wenigstens irgendeinen Unendlichkeitsbegriff für den Materialismus retten. Meljuchin führt den Leser bis zur Alternative "Schöpfungsakt oder Unlösbarkeit des Problems". Gerade an dieser Philosophengruppe wird daher das Dilemma des Diamat besonders deutlich.

Kennzeichnend für die reaktionäre Richtung ist ein Aufsatz von Professor Fedčenko, Universität Sverdlovsk, in den *Filosofskie nauki* 1958, 4.[79] Danach verteidigt auch heute die Sowjetwissenschaft die materialistische Idee von der Unendlichkeit des Raums gegen die relativistische Kosmologie des Westens. "Die Konstruktionen Lemaîtres beruhen vielfach auf der einseitigen Deutung der sogenannten Rotverschiebung."[80] Die Natur der Rotverschiebung ist bis heute noch nicht endgültig geklärt. Der Zustand singulärer Dichte zu Beginn der Expansion im Modell von Lemaître erinnert an die Konzeption Dührings von dem sich selbst gleichen Zustand der absoluten Ruhe; solange sich das All in diesem Zustand befand, gab es dann überhaupt keine Zeit.

Idealistisch ist nach Fedčenko die Auffassung Lemaîtres, wonach die Expansion durch eine "negative Dichte", eine "fiktive Dichte des Vakuums" bewirkt werde, die bei dem Zustand extremer Materieverdünnung, wie sie heute vorliege, als kosmische Abstoßungskraft über die Gravitation dominiere und "völlig logisch" als kosmologische Konstante

* I. V. Kuznecov verteidigte sie sogar energisch gegen die *Angriffe Maneevs vor dem IF* 1960. Siehe Müller-Markus in *Studies in Soviet Thought* II (1962) 52–53.

λ in die Einsteinschen Feldgleichungen eingeführt werde. Dieses Verfahren bezeichnet Fedčenko als idealistisch, weil λ zuerst "rein logisch" in die Gleichungen eingeführt und dann die Lösung als mathematische Bedingung der Expansion angenommen werde; anschließend schreibe man λ die Eigenschaft zu, eine mythische Abstoßungskraft im All zu erzeugen; diese "willkürliche Erklärung" gebe man als physikalischen Nachweis der Expansion aus. De Sitter habe dies lakonisch mit "Die Expansion hängt allein von λ ab" formuliert; dadurch erhalte man den reinsten subjektiven Idealismus: "Der Verstand schöpft die Gesetze nicht aus der Natur, sondern schreibt sie ihr vor".[81] Die Theorie Lemaîtres ist nach Fedčenko "antiwissenschaftlich"; Lemaître und andere Idealisten (gemeint sind Jeans und Eddington) gehen von "willkürlichen, subjektivistischen", besonders ausgewählten Hypothesen aus, die "vielen wissenschaftlichen Daten widersprechen".[82] So nehme Lemaître eine gleichmäßige Dichteverteilung an, während in Wirklichkeit die Materie extrem ungleichmäßig verteilt ist. Von einem Weltradius könne keine Rede sein, denn nach Fock sei die Welt inselartig gebaut, wobei in genügender Ferne von der Materie der Raum "eben" werde und es deshalb keine konstante Krümmung des ganzen kosmischen Raums gebe. "Folglich sind die Redensarten von einer Endlichkeit des Weltraums Phantasie."[83]

Ferner habe Hubble 1942 festgestellt, daß für einen uns benachbarten galaktischen Haufen statt des theoretischen Werts von 250–350 km/sec nur höchstens 100 km/sec Fluchtgeschwindigkeit vorliegen. "Infolgedessen verwarf Hubble die Theorie des expandierenden Weltalls als wissenschaftlich unhaltbar. Es ist sehr kennzeichnend, daß der Astronom, der durch seine Entdeckungen die Theorie des expandierenden Weltalls begründete, auf Grund experimenteller Forschungen selbst zu ihrer Ablehnung kam."[84] Seine Ergebnisse zeigten folglich, daß die Relation von Abstand und Fluchtgeschwindigkeit nicht auf das ganze All und auf alle Zeiten auszudehnen sei.

Die Theorie des expandierenden Alls beruht nach Fedčenko völlig auf der willkürlichen Verallgemeinerung von Fakten und Gesetzen des uns bekannten Teils des Alls. Aus dieser Theorie leiten dann, heißt es weiter, die Idealisten die antiwissenschaftliche Frage nach der *Herkunft des Alls* ab, nach dem Schöpfungsakt *Gottes*. Der Schluß auf den Schöpfungsakt wird in den dreißiger Jahren "verstärkt" gepredigt durch De Sitter, Lemaître, die Vertreter der alten Cambridger Schule (Jeans, Milne, Eddington) und eine Reihe anderer Astronomen. Daß die kosmogonische Seite der Theorie des expandierenden Alls sich mit der Religion trifft, ist nach Fedčenko nicht weiter verwunderlich, denn "diese Theorie wurde von vornherein mit dem Ziel aufgestellt, die Endlichkeit des Alls in Raum und Zeit zu beweisen".[85] So benutzt die katholische Kirche besonders die Theorie des expandierenden Alls; Papst Pius XII. rief 1952 die Mitglieder der Päpstlichen Akademie der Wissenschaften auf, diese Theorie zu propagieren, was sie jetzt auch tun. "Erstmalig in der ganzen Geschichte der christlichen Religion haben die Kleriker die biblischen Legenden in eine 'wissenschaftliche' Theorie vertauscht."[86] Paradoxerweise ging der Papst darin über Thomas von Aquin hinaus, der den Beginn der Welt weder für beweisbar noch durch Vernunft erkennbar hielt. Daran sind die idealistischen Astronomen schuld, die gemeinsam mit den Klerikern die Daten der Wissenschaft verfälschen.

Ambarcumjans Erklärung 1957 der Rotverschiebung als Doppler-Effekt ist für Fedčenko nur eine Arbeitshypothese; möglicherweise liege (mit Ogorodnikov, 1952) ein Rotationseffekt der Metagalaxis vor. Aber unabhängig von der naturwissenschaftlichen Lösung der Frage "ist schon jetzt klar, daß die idealistischen Spekulationen mit ihrer willkürlichen Deutung in Form der Theorie des expandierenden Alls Bankerott erlitten und objektiv der Theologie dienen. Es ist die Aufgabe aller progressiven Gelehrten, sowohl der Naturwissenschaftler wie der Philosophen, der idealistischen Theorie des expandierenden Alls und ihren religiösen Schlußfolgerungen eine erbarmungslose Kritik entgegenzustellen".[87]

7. DIE ALLUNIONSKONFERENZ 1958

Angriffe wie die Fedčenkos waren nur Rückzugsgefechte gegenüber einer unabweisbaren Tatsache. Die Allunionskonferenz 1958 brachte denn mit der offiziellen Anerkennung der relativistischen Kosmologie auch einen neuen Denkstil der sowjetischen Wissenschaftsphilosophie. Von nun an wird jedenfalls auf gemeinsamen Tagungen mit den Naturwissenschaftlern nicht mehr polemisiert und "etikettisiert" (Ankleben von Etiketts wie "Pseudowissenschaft", "Idealist" usw.), sondern mit wissenschaftlichen Argumenten gefochten.

Das bedeutet nicht, daß man den westlichen Ideen freien Einlaß gewährt. Positionen wie die der Unerschaffenheit der Materie werden nach wie vor verteidigt. Aber die konservativen Kräfte im sowjetischen Lager werden offen attackiert und somit die Voraussetzung für ein sachliches Gespräch geschaffen.

Ambarcumjan, der so oft von den Philosophen als Kronzeuge für die permanente Entstehung neuer kosmischer Objekte herangezogen wurde, gab auf der Allunionskonferenz einen Überblick über die methodischen Aspekte der Kosmologie. Das Referat hatte ähnlich wie die oben dargestellten Beiträge Naans einen mehr klärenden als affirmativen Charakter, befand sich also mental durchaus noch in der Übergangsphase.

Die neue Situation sieht man deutlich an der Erörterung des Referats von Ambarcumjan. I. V. Kuznecov, der sich noch 1957 so leidenschaftlich gegen Kol'mans Aufruf zu einer offenen Philosophie zur Wehr gesetzt hatte, durfte nicht mehr auftreten. Das Feld beherrschten die Naturwissenschaftler. Am erstaunlichsten ist die neue Haltung des Philosophen Sviderskij.

Nach Ambarcumjan ergibt sich aus der These des Diamat von der notwendigen Berücksichtigung der Veränderungen in der Natur, daß das kosmogonische Problem die Grundfrage von Astronomie und Astrophysik darstellt. Man kann wohl annehmen, daß hinter dieser Aussage das Motiv der Sorge um die wissenschaftliche Vertretbarkeit der Behauptung von der Anfangslosigkeit der Welt steht. Jede tiefe astronomische Forschung ist nach Ambarcumjan von kosmogonischer Relevanz. Er wendet sich dabei in gleicher Weise gegen das Eindringen idealistischer Spekulationen in die von der Erfahrung noch unausgefüllten Lücken wie gegen einen "Mechanizismus", der eine Revision unserer traditionellen Vorstellungen auf Grund neuer Entdeckungen zurückweist. Als Beispiel führt er die "neue und unzweifelhaft festgestellte Tatsache" der Rotverschiebung an. Hier habe eine Reihe von Physikern und Astronomen in Simplifizierung der Phänomene die Metagalaxis als ideal homogen und das ganze All ausfüllend angenommen, wodurch man an Hand der allgemeinen Relativitätstheorie zu einem endlichen expandierenden All und zu einer für den Schöpfungsbeginn verantwortlichen Kraft gelangte. Andere versuchten wieder die Bedeutung dieser prinzipiell neuen Naturerscheinung zu verwischen. Man wollte ohne experimentelle Begründung den Zusammenhang von Rotverschiebung und Doppler-Effekt leugnen.

In Wirklichkeit befand sich nach Ambarcumjan die Deutung als Doppler-Effekt in voller Übereinstimmung mit den übrigen Beobachtungen. Hinzu trat die Entdeckung der 21-cm-Linie der Radiogalaxis Schwan A. “Folglich kann man sagen, daß die Auffassungen der Mechanisten und Konservativen, welche hartnäckig sich weigerten, das Phänomen der Expansion der Metagalaxis anzuerkennen, kompletten Bankerott erlitten.”[88]

Nicht besser ging es aber nach Ambarcumjan den Anhängern eines homogenen expandierenden Alls. Die Beobachtungen zeigen eine “extreme Inhomogenität”. Gerade der Umgebung unserer Galaxis ist die Tendenz zur Häufung besonders charakteristisch.

Aber auch die Isotropie und Gleichförmigkeit der Expansion ist nach Ambarcumjan problematisch, wenn man bedenkt, daß innerhalb der galaktischen Haufen eine erhebliche Streuung der Geschwindigkeiten vorliegt und die Geschwindigkeits-Distanz-Beziehung selbst für die Schwerpunkte der galaktischen Haufen nur “in der allergröbsten Näherung” gilt. Hinzu tritt, daß wir die Entfernungen der Nebel nur sehr ungenau kennen: Irrtümer in der Bestimmung des Logarithmus des Abstands können bis zu 0.3 gehen. Dennoch wird das Gesetz der Rotverschiebung für die reichen Nebel-Haufen genau bis auf 10–15% erfüllt. Die Gesamtheit der reichen galaktischen Haufen in einem bestimmten Volumen um uns expandiert angenähert homogen und isotrop, wenngleich die Verteilung dieser Haufen keineswegs homogen ist.

Wie immer man auch nach Ambarcumjan die mittlere Dichte der expandierenden Gesamtheit von Nebeln beurteilt, jedenfalls ist ihr Gravitationsradius mit ihrem Durchmesser zu vergleichen. Die Effekte der allgemeinen Relativitätstheorie werden damit wesentlich. Ein konkreteres Bild der Expansion läßt sich jedoch erst durch Einsetzung der Anfangsbedingungen in die Feldgleichungen erzielen – diese schwierige Arbeit steht noch bevor. Die Einsetzung von idealisierten Anfangsbedingungen liefert keine richtige Beschreibung der Phänomene in der Metagalaxis.*

Ivanenko bemängelte in der Diskussion das Fehlen einer Stellungnahme

* In diesem Zusammenhang entsteht die Frage, ob die Zahl der notwendigen Lösungen der Feldgleichungen zur Bestimmung des Zustands beim Beginn des Alls, wie sie Lifšic, Chalatnikov und Sudakov bei der Diskussion der zeitlichen Singularität annehmen, überhaupt retrospektiv festgelegt werden kann. Siehe Abschnitt 10(B) des vorliegenden Kapitels.

zur Gravitationstheorie und zum Problem der Entstehung der Elementarteilchen. "Wir alle zweifeln nach dem Bewußtwerden der tiefen Bedeutung der Leninschen These von der Unerschöpflichkeit des Elektrons und folglich aller Teilchen nicht daran, daß hinter den Elementarteilchen noch etwas steht. Es handelt sich um eine mögliche Urmaterie... und überhaupt um die Entstehungsbedingungen unseres Teils des Alls".[89] Vor allem gehe es um das Problem der Antiwelten (Dirac) und der Welten mit einem anderen Vorzugs-Spiralcharakter der Teilchen. Es wäre zu prüfen, ob die jetzige vorzugsweise Konzentration der einen Teilchen gegenüber anderen auf einer zufälligen Fluktuation oder auf grundlegenden Eigenschaften des Alls wie der Expansion "unseres kleinen Teils des Alls" beruht; Friedmann wies ja als erster auf eine mögliche Pulsation des Alls hin. Es könnte sein, daß Expansion und Kontraktion mit verschiedenen Vorzugskonzentrationen der Teilchen nach Ladung und Spiralcharakter zusammenhängen und das Universum (*Bolšaja Vselennaja*) sich als spiralsymmetrisch und neutral erweist.

Sviderskij, der sich ausführlich mit dem Unendlichkeitsproblem auseinandersetzt, unterschied zwischen schlechter und guter Unendlichkeit. Viele Autoren stünden auf dem primitiven Standpunkt der schlechten Unendlichkeit. Aber auch der Hegelsche Begriff der wahren Unendlichkeit enthalte viele Irrtümer und könne nicht befriedigen. So impliziere sein Beispiel mit der Kreisbewegung die Absolutheit des Massenpunkts, der mechanischen Bewegung, der Raummetrik, welche die Geschlossenheit der Kurve sichert usw.* Auf Grund der entsprechenden Aussagen von Engels** müsse man den Begriff der realen Unendlichkeit so präzisieren, daß er keineswegs den Begriff der Bewegung, der Evolution, einschränke und automatisch das Gesetz des Maßes befriedige, daß er mit den fundamentaleren Begriffen des Absoluten und Relativen usw. zusammenhänge. "Dann würden wir eine mehr oder minder richtige Auffassung erzielen".[90]

Diese leicht hingeworfenen Andeutungen Sviderskijs zeugen davon, wie unbewältigt jedenfalls noch 1958 der Unendlichkeitsbegriff für die Sowjetphilosophie war.

* Bei Hegel handelt es sich wohl um ein gedankliches Modell. Realiter rotieren auch Kepler-Ellipsen in Schwerefeldern bzw. im Bohrschen Atommodell (Sommerfeld). Dennoch sind natürlich im Makroskopischen mechanische Kreisbewegungen real, wie jedes Rad zeigt.

** Nicht genannt, gemeint ist wohl *Anti-Dühring*, S. 55–62 und *Dialektik der Natur*, S. 217, 250, 252, 253.

Naan äußerte sich nach einer ätzenden Kritik an der Rückständigkeit der Philosophen zur relativistischen Kosmologie, die er als großen Erfolg der Wissenschaft bezeichnete. Andererseits wandte er sich gegen die "fideistischen Spekulationen" westlicher Autoren im Zusammenhang mit der Idee der "Katastrophenentstehung" des Alls. Heute kann man nach Naan mit dem explosiven Beginn der Welt nur sehr gezwungen einen Schöpfungsakt in Zusammenhang bringen, da die Atome, Sterne und Galaxien nicht aus dem Nichts, sondern aus einer Materie mit zwar ungewohntem, aber doch durchaus möglichem Zustand entstehen. Möglich sei auch eine Explosion mit einer nuklearen Synthese der Elemente. Hier entstünden indes eine Reihe ernster Fragen, die noch ungelöst bzw. nicht einmal gestellt sind, da die Theorie merklich hinter dem Beobachtungsmaterial zurückbleibe. So habe der prästellare Materiezustand, sofern er überhaupt in der von uns angenommenen Form irgendwann existierte, nicht ewig dauern können und es erhebe sich das Problem seiner Entstehung. Vielleicht helfe uns die Hypothese des Zusammenstoßes von Materie und Antimaterie mit extrem konzentrierter Strahlung, obgleich er, Naan, keine diesbezüglichen Berechnungen durchführte. Andererseits frage sich, ob überhaupt die Annahme eines Katastrophenbeginns zur Erklärung der Tatsachen nötig ist. Es gehe uns gegenwärtig wie der Paläontologie vor Darwin, als wir zur Erklärung des Formenwechsels eine Katastrophentheorie zu Hilfe nahmen. Die ganze Geschichte der Katastrophenhypothesen zwinge uns zur Vorsicht.* Das heutige Material sei für ein befriedigendes Modell der Metagalaxis völlig unzureichend; es genüge aber, um die Explosionshypothese als unnötig zu erweisen. Z.B. werde in letzter Zeit immer deutlicher, daß die Nukleogenese auf realen Sternen verschiedenen Typs ablaufen kann, nicht nur in der ersten halben Stunde nach dem Weltbeginn. Ferner müßten wir beim Problem der inhomogenen Materieverteilung nicht einmal soweit gehen wie Ambarcumjan. Die Struktur der Metagalaxis könne sich als Einheit von Diskontinuität und Kontinuität, von Inhomogenität und Homogenität erweisen. Dazu genüge die Tatsache der Haufenbildung der Nebel. Selbst wenn deren Zentren im Mittel gleichmäßig verteilt wären, so könnten wir doch keine

* Die Analogie ist nicht korrekt: Die Artentstehung ist tatsächlich an wiederholte "Mutationskatastrophen" geknüpft, während ein explosionsartiger Weltbeginn ein einmaliges Ereignis darstellt.

mittlere Materiedichte für die Metagalaxis, geschweige für das ganze Universum, behaupten.
Zudem könnten wir als beinahe gesichert annehmen, daß die Rotverschiebung kein universaler Effekt ist, der als Expansion des ganzen Weltraums gedeutet werden könnte.
Wir dürfen also nach Naan alle unsere Folgesätze aus Modellen nur auf eine bestimmte Stufe der hierarchischen Leiter beziehen, für welche die entsprechenden Anfangsbedingungen vorliegen, d.h. nur auf unsere Metagalaxis, und keinesfalls auf das All als ganzes extrapolieren. "Philosophisch war dies natürlich schon vorher klar, aber jetzt wird es wohl zu einem physikalischen Faktum. Folglich entfallen alle Gründe, davon zu sprechen, als hätte die moderne Kosmologie die Endlichkeit des Alls usw. bewiesen".[91]
Auch das Vorzeichen der Raumkrümmung ist nach Naan noch offen: Humason, Mayall und Sandage nehmen auf Grund einer zwanzigjährigen Arbeit eine positive Krümmung an, Baum verlangt auf Grund von elektronenoptischen Beobachtungen, die freilich weniger, aber dafür weiter entfernte Objekte erfassen, offenbar einen Euklidischen Raum; auf Grund neuester radioastronomischer Beobachtungen sehr ferner Objekte kommen wir zu einer negativen Krümmung.
Aber selbst wenn die Metagalaxis nach Naan positiv gekrümmt ist, so ist damit die räumliche Endlichkeit des Alls noch nicht erwiesen. Wir können aus der Metrik eben nicht auf die Eigenschaften des Raums als ganzen schließen; dazu müssen wir den Charakter des Zusammenhangs des Raums kennen, wofür wir bisher überhaupt keine Beobachtungsdaten besitzen.
Schließlich wies Naan auf ein Problem "phantastischer Natur" hin: Wir kennen offenbar nicht die ganze Liste der fundamentalen Naturgesetze. Die Erhaltungssätze sind verantwortlich für die Stabilität und die Kontinuität (*preemstvennost'*) der Weltordnung, der Entropiesatz für die Demobilisierung der Energie. Für die tatsächlich beobachteten ektropischen Vorgänge wie Kernsynthese, Entstehung der Sterne, Planeten und Nebel besitzen wir kein allgemeines Gesetz, deshalb sind diese Vorgänge so schwierig zu erforschen. Wir befinden uns im Bann der eingewurzelten Vorstellung, als stellten diese Prozesse nur seltene Ausnahmen dar. Umgekehrt kann es natürlich auch sein, daß wir nur deshalb das allgemeine Gesetz nicht finden, weil die Prozesse so schwierig zu durchschauen sind.[92]

Der Astronom A. L. Zel'manov (Šternberg-Institut für Astronomie) gab einige interessante Bemerkungen zum Endlichkeitsproblem: In der Newtonschen Mechanik und Gravitationstheorie war die Endlichkeit des Raums eindeutig ausgeschlossen, gleich, ob eine Euklidische oder nicht-Euklidische Metrik angenommen wurde. In der allgemeinen Relativitätstheorie – und zwar von Anbeginn bis heute – wird das Endlichkeitsproblem fast ebenso gestellt wie in der vorrelativistischen Physik. Auch hier wird von der Alternative "endlich oder unendlich" ausgegangen und die Theorie soll darauf eine eindeutige Antwort geben. Freilich leistet sie dies nicht, da sie sowohl endliche als unendliche Modelle zuläßt. Diese einfache Fragestellung ist aber nur für einfache Modelle (mit Homogenität und Isotropie) möglich, nicht aber für anisotrope, inhomogene Modelle.

Eigentlich ist nach Zel'manov die Frage beinahe trivial: Die Eigenschaften der Raumzeit sind invariant, nicht aber sind es alle Eigenschaften des dreidimensionalen Raums selbst, da ja die Aufspaltung in Raum und Zeit vom Bezugssystem, physikalisch gesprochen von der Bewegung des Bezugssystems, abhängt. Nehmen wir an, in einem Bezugssystem wirkt ein Coriolisfeld, so bleibt selbst bei gegebener Bewegung des Bezugssystems die Aufspaltung in Raum und Zeit unbestimmt.* Eine Eigenschaft des Raums wie die Krümmung hängt von dieser Aufspaltung ab und ist folglich nicht invariant.** Folglich ist die Unendlichkeit der Raumzeit eine Invariante, nicht aber *a priori* die des Raums selbst.***

* Nicht aber ist unbestimmt die Trennung in kausal verknüpfbare und kausal nicht verknüpfbare Ereignisse der Minkowski-Welt. Die Trennung in zeit- und raumartige Weltlinien läßt sich auch für beschleunigte Bezugssysteme eindeutig durchführen, anderenfalls wäre die kausale (durch Energietransport hergestellte) Relation zweier Ereignisse von der Wahl des Bezugssystems abhängig. Daß zwei beliebig herausgegriffene Ereignisse einen physikalisch möglichen Kausalnexus besitzen oder nicht, gehört zu den Invarianten der Relativitätstheorie, einschließlich der allgemeinen. Etwas anderes ist natürlich, daß die räumliche Inhomogenität des Felds der Corioliskräfte die Verwendung desselben Raum- und Zeitmaßes im gleichen Bezugssystem ausschließt, d.h. zu einer örtlich veränderlichen Metrik führt.

** Ausgenommen natürlich den zweifach verjüngten Krümmungstensor R.

*** Diese These berührt sich mit der später vorgetragenen von Lifšic, Chalatnikov und Sudakov, siehe Abschnitt 10(B) des vorliegenden Kapitels. Ob sich logisch der Satz von der Endlichkeit der Raumzeit mit der Hypothese eines unendlichen Raums vereinbaren läßt, ist fraglich. Zel'manov formuliert denn auch vorsichtiger das Problem in Bezug auf die Unendlichkeit der Raumzeit und die Unendlichkeit bzw. Endlichkeit des Raums; natürlich können wir ein endliches rein räumliches Volumen mit unendlicher Zeitachse konstruieren, dazu brauchen wir nur an eine ewig dauernde Kugel zu denken, deren Radius zudem noch innerhalb endlicher Werte pulsieren kann.

Bei homogenen isotropen Modellen wird nach Zel'manov das Problem schweigend übergangen, da man hier ausgezeichnete Bezugssysteme wie z.B. mitbewegte Bezugssysteme benutzt, denen gegenüber das Coriolisfeld verschwindet. Hier kann man dann ohne Berücksichtigung anderer Bezugssysteme eine eindeutige Antwort geben. Anders bei inhomogenen anisotropen Modellen. Hier existiert nicht immer ein ausgezeichnetes Bezugssystem, so gibt es z.B. kein mitbewegtes Bezugssystem für den ganzen Raum. Selbst wenn es existiert, dann besteht ihm gegenüber ein Coriolisfeld. Es kann also sein, daß im allgemeinen Fall keine eindeutig bestimmte, physikalisch ausgezeichnete Aufspaltung in Raum und Zeit vorliegt.

Damit wird aber die Invarianz der Endlichkeit bzw. Unendlichkeit des dreidimensionalen Raums problematisch. Für den allgemeinen Fall ist die Frage aus technischen und prinzipiellen Gründen ungeklärt. Für leere Modelle wird sie jedoch negativ entschieden, da hier keine begleitenden Koordinatensysteme festgelegt sind und es folglich keine eindeutige physikalisch festlegbare ausgezeichnete Aufspaltung der Raumzeit gibt. Eine unendliche Raumzeit irgendeines Systems von vier Koordinaten kann in diesem System einen unendlichen Raum, in einem anderen Koordinatensystem einen endlichen Raum besitzen. Dabei kann eine unendliche Raumzeit des zweiten Koordinatensystems in ihm einen endlichen oder unendlichen Raum aufweisen; dann ist die ganze unendliche Raumzeit des ersten Koordinatensystems ein Teil der Raumzeit des zweiten. Die Endlichkeit des Raums in dem einen Bezugssystem schließt also die Unendlichkeit des Raums in einem anderen nicht aus; es gibt also kein wechselseitiges Ausschließungsverhältnis von Endlichkeit und Unendlichkeit des Raums.* Zel'manov weist jedoch ausdrücklich darauf hin, daß dieses

* Wohl aber bezogen auf dasselbe Koordinatensystem. Ein Analogon zu diesem Satz ist der Satz, daß die Länge eines Stabs in K einen endlichen Wert haben kann, in K' aber den Wert Null, nämlich dann, wenn K' zu K mit $v = c$ bewegt ist; dann besteht kein logisches Ausschließungsverhältnis zwischen den Sätzen A "Der Stab S ist ausgedehnt" und B "Der Stab S ist unausgedehnt", da beide Sätze nur bezogen auf K bzw. K' sinnvoll formuliert werden können. Ebenso wird die Masse des Stabs in K einen endlichen, in K' einen unendlichen Wert annehmen. Das kosmologische Problem kann aber dahin eingeschränkt werden, daß wir die Entscheidung für ein ausgezeichnetes Koordinatensystem, z.B. das mitbewegte unserer Galaxis, verlangen. Nach dem kosmologischen Weltpostulat müßte dann diese Entscheidung für alle Nebel gleich ausfallen. Die Frage ist freilich, ob wegen der Rotation der Galaxis das Auftreten von Coriolis-Effekten Raum- und Zeitmessungen in beliebiger Entfernung vom galaktischen

Ergebnis nur für fiktive leere Modelle gilt, "was im allgemeinen Fall gilt, weiß ich nicht".[93]

Zur Frage der Homogenität des Alls teilte Zel'manov den Standpunkt Ambarcumjans; er nannte die Homogenitätshypothese eine zügellose Extrapolation, die zu den sattsam bekannten idealistischen Schlüssen führe. Unter "Homogenität" und "Isotropie" versteht er die Gleichheit des Verhaltens und der Eigenschaften der Materie und des Raums einschließlich ihrer quantitativen Kennzeichnungen in allen Raumgebieten und -Richtungen, während Ambarcumjan offenbar weniger weit nur die gleiche Massendichte meint. Da die $g_{\mu\nu}$ von Ort zu Ort wechseln, wäre demnach nach Zel'manov bereits implizit das Homogenitätspostulat durch die Gravitation verletzt, was die Diskussion eines homogenen Alls durch die allgemeine Relativitätstheorie überhaupt ausschlösse – eine Konsequenz, zu der sich Zel'manov kaum bereit erklären würde.

Alle Abweichungen von der Isotropie kann man nach Zel'manov auf sechs Faktoren zurückführen; dazu gehört die Deformationsanisotropie, d.h. Anisotropie der Expansion und das Coriolisfeld. Vier dieser Faktoren wurden untersucht und dabei festgestellt, daß sie mit der Expansion die Tendenz zum raschen Abklingen besitzen.*

Das bedeute, daß, selbst wenn heute keine merkliche Anisotropie vorliegt, dies früher anders gewesen sein könne. Die Anisotropiefaktoren beeinflußten ferner merklich das Verhalten der Metagalaxis. Die Theorie eines homogenen isotropen Alls garantiere also in Bezug auf die Vergangenheit der Metagalaxis keinerlei Schlußfolgerungen. Gerade diese Theorie gebe aber zu den idealistischen Thesen Anlaß; es sei indes in der Astronomie und Physik um sie nicht zum Besten bestellt.[94]

8. B. G. KUZNECOV, A. I. ŽUKOV, G. A. KURSANOV, M. V. MOSTEPANENKO

Auch nach der Allunionskonferenz 1958 gären die alten Affekte gegen

Zentrum im Eigensystem der Galaxis erlaubt. Ist also die Frage der Auszeichnung von Koordinatensystemen, die für den ganzen Kosmos zu sinnvollen Raum- und Zeit-Messungen führen sollen, negativ entschieden, so wird die Frage der Endlichkeit des Raums u.U. unentscheidbar. Dies stellt dann zwar eine grundsätzliche Erkenntnisgrenze dar, läßt aber die Möglichkeit eines endlichen Raums offen.

* Zel'manov zitiert keine Arbeit.

die Diskussion der Endlichkeit von Raum und Zeit weiter. Neu ist jedoch ein kosmologisches Problembewußtsein. Es kommt besonders stark in der Evolution der Ansichten B. G. Kuznecovs und bei Žukov zum Ausdruck. Für Kursanov und Mostepanenko hingegen ist eine ausgesprochen dogmatische Einstellung kennzeichnend, die zuweilen an die finsteren Tage Stalins erinnert.

Eine innerlich widersprüchige Haltung zeigt B. G. Kuznecov zunächst in seinen *Grundlagen der Relativitätstheorie und Quantenmechanik* (1957) unter dem bezeichnenden Abschnitt "Die Welt als Ganzes": Grundsätzlich nimmt Kuznecov die Welt als unendlich an. So definiert er den Begriff des physikalischen Weltbilds durch die beiden Forderungen: (1) Widerspruchsfreie Darstellung des unendlichen Alls, (2) einheitliche Erklärung für Makro- und Mikrowelt. Dabei bedeute (2) nicht Identität der Naturgesetze, sondern widerspruchsfreier Übergang der Makro-Gesetze zur Mikrowelt. "Das einheitliche Weltbild ist eine Theorie, die bei einer extensiven (Grenzbedingungen) und intensiven Infinisation zu keinen Widersprüchen führt".[95] Die relativistische Kosmologie läßt dabei die einzelnen positiven Modelle (*postroenii*) unbestimmt und "liefert den grundsätzlichen Beweis der Widerspruchsfreiheit einer extensiven Infinisation der Relativitätstheorie."[96]

Die Unendlichkeit läßt sich nach Kuznecov nicht durch eine anschauliche Zeichnung darstellen, sie geht aber in das Weltbild in dem Sinn ein, daß die physikalische Erklärung widerspruchsfreie Grenzbedingungen im Unendlichen einschließt.[97] Die Galileische und Kartesianische Physik, die klassische Mechanik und die Atomistik des 17. und 18. Jahrhunderts stellen Bilder einer *unendlichen* Welt dar, freilich nicht im Sinne kosmogonischer oder kosmologischer Hypothesen, sondern von deren physikalischen Grundlagen. Aber läßt sich, fragt Kuznecov, der Ausdruck "Weltbild" überhaupt hier benutzen, wäre es nicht besser, ihn nur für anschauliche kosmologische und kosmogonische Modelle zu verwenden? Das System des Kopernikus war keine Theorie der unendlichen Welt, es implizierte jedoch gewisse physikalische Sätze, indem es den traditionellen Gegensatz von Himmel und Erde aufhob; aber bereits Giordano Bruno, Kepler und Galilei sprachen von universalen Naturgesetzen, und in diesem Sinn läßt sich von einem einheitlichen physikalischen Bild der unendlichen Welt sprechen. Die anschauliche Kinematik des Heliozentrismus zeichnet das Sonnensystem, ihre physikalischen Voraussetzungen gelten aber für das unendliche All.[98] Auch das Newtonsche Weltbild überschritt nach Kuznecov in seinen physikalischen Grundlagen den Rahmen eines endlichen Alls, stieß dabei jedoch auf Widersprüche, da im Unendlichen die Newtonschen Gravitationspotentiale selbst unendlich werden; damit wurde das ganze klassische Weltbild widersprüchig. Ferner enthielt das Newtonsche Weltbild keine Antwort darauf, weshalb die Planetenbahnen gerade diese und keine anderen sind; diese wurde erst durch die Theorie der molekularen Wechselwirkung eines Gasnebels geklärt. Damit trat an die Stelle des phänomenologischen Weltbildes das kausale, physikalische. In der kausalen Deutung für eben dieses Weltsystem kommt es zum einheitlichen physikalischen Weltbild.[99]

Es läge nun nahe, die Expansionstheorie kritisch zu würdigen, aber dem weicht Kuznecov aus. Statt dessen untersucht er lediglich – und dies ziemlich oberflächlich – den Zusammenhang zwischen Metrik und Unendlichkeit: Die vorliegenden Beobachtungen verlangen keineswegs einen homogenen und isotropen Raum (im Sinne einer einheitlichen Weltzeit und überall und in allen Richtungen gleichen Metrik des Raums in jedem Moment). Die Konsequenzen eines homogenen und isotropen Modells sind nur Illustrationen für das Problem der Welt als Ganzes. Heute ist dieses Problem nach Kuznecov nicht nur weit von seiner Lösung, sondern auch von zweifelsfreien Voraussetzungen entfernt. Zwar "brauchen wir nicht mehr an der Nähe des neuen Ufers zu zweifeln, zwar können wir seine Umrisse und die rationellsten Zufahrtswege erraten, aber das Ufer selbst ist nicht zu sehen. Wir haben noch keine Möglichkeit, auf Grund der Beobachtungen und Experimente zwischen den verschiedenen Hypothesen über die Struktur der Welt zu wählen".[100]

Für den positiv gekrümmten Raum (Riemannscher Raum im engeren Sinn) liegt – führt Kuznecov weiter aus – eine Analogie zwischen der zweidimensionalen endlichen sphärischen Oberfläche und dem endlichen dreidimensionalen Raum vor; so ist das endliche Volumen der Riemannschen Kugel dem endlichen Inhalt einer gewöhnlichen zweidimensionalen Kugelfläche analog. Letztere läßt sich jedoch in einen dreidimensionalen Raum mit zweifelsfrei physikalischem Sinn einbetten, nicht aber erstere: Deren Einbettung verlangt einen vierdimensionalen Raum, der evident fiktiv ist, d.h. keinen physikalischen Sinn besitzt und bei der physikalischen Deutung der geometrischen Relationen eliminiert werden muß. Die Raumzeit der speziellen und allgemeinen Relativitätstheorie ist nämlich nicht mit dem genannten vierdimensionalen Einbettungsraum identisch, da die Raumzeit die Welt der Ereignisse darstellt, jener aber sich nur auf rein räumliche Relationen bezieht. Ihr kann nur eine dreidimensionale Riemannsche Geometrie im weiteren Sinn genügen und folglich einen physikalischen Sinn haben. Dies führte nach Kuznecov zu Mißverständnissen über die Unendlichkeit: Bei der Illustrierung des positiven Krümmungsradius der Welt als Kugel in einem fiktiven vierdimensionalen Raum kann der Gedanke an ein real endliches Weltvolumen und die endliche Länge einer Geraden in dieser Welt entstehen. Friedmann zeigte jedoch*, daß aus der allgemeinen Relativitätstheorie nicht die reale Endlichkeit der Welt folgt; die Riemannsche Metrik bedeutet nur die Abweichung von der Euklidizität des Raums, kann aber nicht die Frage nach seiner Endlichkeit entscheiden; so haben Ebene und Zylinder dieselbe Metrik; dabei läßt die Ebene keine geschlossenen Geraden zu, wohl aber der Zylinder. Die Oberfläche einer Pseudosphäre Lobačevskijs wächst unbegrenzt; analog hat auch der drei-dimensionale Raum negativer Krümmung ein unendliches Volumen.[101]

Man vermutet wohl zu Recht, daß Kuznecov das Problem der Unendlichkeit nicht ebenso unvoreingenommen behandelt wie die Grundlagen der allgemeinen Relativitätstheorie. Sonst wäre ihm nicht der Fehler unterlaufen, zuzugeben, daß ein Raum konstanter positiver Krümmung ein endliches Volumen besitzt, zugleich aber zu behaupten, daß von der Metrik überhaupt nicht auf die Endlichkeit des Weltraums geschlossen werden kann. Gerade das Beispiel mit dem Zylinder zeigt den Unterschied zwischen der Geometrie des Zylinders und der Sphäre: Die Operation des Rollens eines ebenen Blatts Papier mit vorher eingezeichneten Geraden läßt die Metrik unverändert, weil im Grenzfall eines unendlich dünnen Papiers keine Dehnungen oder Stauungen eintreten, die Winkelsumme von Dreiecken aus Geraden also unverändert bleibt. Um ein ebenes Blatt Papier jedoch zur Kugel umzuformen, müssen auch im Idealfall einer unendlich dünnen Schicht Zerrungen und Risse eintreten, welche die Winkelsumme von Dreiecken verändern. Auch der Einsteinsche Zylinder-Kosmos mit nicht gekrümmter Zeitachse und in sich zurücklaufenden, rein räumlichen geodätischen Linien läßt sich operativ aus einem ebenen Kosmos nur durch solche Zerrungen kon-

* Kuznecov zitiert nach A. A. Friedmann, *Mir kak prostranstvo i vremja*, Petrograd, 1923, str. 122–124. Das Original dieser Arbeit war leider nicht erhältlich.

struieren; sein rein räumlicher Anteil bildet eben gerade keinen Zylinder, sondern ein dreidimensionales sphärische Gebilde, in dem es überhaupt keine nicht in sich zurücklaufenden geodätischen Linien gibt, das also ein endliches Volumen aufweist. Unendlich ist in diesem Kosmos nur die zeitliche Erstreckung. Durch die Hypothese einer linearen Expansion würde nur die zeitliche Erstreckung in die Vergangenheit endlich, ohne daß deshalb in sich zurücklaufende, rein zeitliche Weltlinien aufträten. 1960 vermeidet B. G. Kuznecov in seinem Buch *Gespräche über die Relativitätstheorie* den früheren Fehler: Er vergleicht in einer mehr populären Darstellung den Weltraum mit der Krümmung der Erdoberfläche als ganzer: Auch für die "Welt als Ganzes" gibt es eine rein räumliche Krümmung, die einen Weltraumfahrer zum rein räumlichen Ausgangspunkt zurückkehren läßt. In diesem Fall ist die Welt einem Zylinder vergleichbar; in den Ebenen X_1X_4, X_2X_4 und X_3X_4 ist der Kosmos nicht gekrümmt. In einer solchen Rückkehr "liegt nichts Unwahrscheinliches".[102] Hingegen ist der hyperbolisch gekrümmte Raum unendlich in dem Sinn, daß der Raumfahrer nicht zum Ausgangspunkt zurückkehrt. In diesem Fall kann man nicht von einem endlichen Weltradius sprechen, der die gekrümmte Fläche begrenzte und die Existenz geodätischer Linien verböte, die länger sind als $2R$ (wo R der Krümmungsradius ist). Natürlich hat auch der erste Fall nichts mit einer Kugel im Weltraum zu tun, die das All durch ihre Oberfläche begrenzte, sondern impliziert nur metrische Eigenschaften des Raums, die einer Kugelfläche analog sind; es gibt keine das All enthaltende Kugel. Der Ausdruck "Welt als Ganzes, für die eine Krümmung angenommen wird", bedeutet dann nur, daß wir die Abweichung von der Euklidischen Metrik für ein bestimmtes Raumgebiet auf Gebiete ausdehnen, denen gegenüber die Abstände zwischen den Nebeln zu vernachlässigen sind. Auch die Expansion impliziert keine Erweiterung der sphärischen Grenzen des Raums, sondern eines dreidimensionalen Volumens, das gegenüber den intergalaktischen Räumen unvergleichbar groß ist, wobei die räumlichen Bahnen gewissermaßen entkrümmt werden; dies bedeutet eine reale Abstandszunahme zwischen den Nebeln. "Offenbar läuft das All auseinander".[103] Allerdings sind wir noch weit von einer experimentellen Entscheidung über das Vorzeichen des Krümmungsradius entfernt. Überhaupt seien die Probleme der relativistischen Kosmologie heute noch äußerst unklar. Die zur Zeit vorliegenden Theorien könnten keinen eindeutigen Charakter beanspruchen.

Sie zeichneten weniger einzig mögliche Bilder der Natur, als daß sie bedingte Schemata von Schlüssen liefern, die man aus den einen oder anderen hypothetischen Relationen ziehen könne.[104]

Ähnlich versteht auch Žukov 1961 (*Einführung in die Relativitätstheorie*) unter "unendlichen Raumgebieten" nur sehr große Gebiete. Dieser Unendlichkeitsbegriff ist nach Žukov höchst relativ: In der Atomphysik sind Bruchteile eines Millimeters unendlich groß in dem Sinn, daß man in den entsprechenden Gleichungen zum Limes übergehen kann. Das Gleiche gilt für kosmologische Modelle. Ein solcher Grenzübergang ist dort nicht immer sinnvoll und legal und kann zu Paradoxien und Irrtümern führen, wie z.B. zur Theorie des Wärmetods. Die astronomische Beobachtung zeigt nach Žukov eine im Mittel gleichmäßige Materieverteilung; dies führt zum Gravitationsparadoxon. Das Modell einer im absolut leeren, unendlichen Raum schwimmenden Inselwelt, das zu seiner Beseitigung eingeführt wurde, mußte aufgegeben werden.* Aber auch das Stufenmodell konnte nicht befriedigen, da es zu einer im Mittel verschwindenden Materiedichte führt, was sicher wenig wahrscheinlich ist. Auch Einsteins geschlossenes Modell vermochte das Gravitationsparadoxon nur durch Einführung des kosmologischen Glieds zu überwinden; es ist aber durch keine physikalischen Überlegungen gerechtfertigt und führt zu neuen Schwierigkeiten. Erst Friedmann brachte den durch die Rotverschiebung unerwartet bestätigten Ausweg. Friedmanns Annahme einer im Mittel gleichen Materiedichte gilt aber nur angenähert, während in früheren Stadien der Expansion infolge der größeren Dichte die Inhomogenitäten der Materieverteilung schärfer hervortraten und deshalb die Friedmannsche Lösung nicht mehr gilt. "Das Äußerste, was wir sagen können, ist, daß früher, vor ungefähr 3–5 Milliarden Jahren, die physikalischen Bedingungen in dem uns bekannten Teil des Alls sich stark von den jetzigen unterschieden; insbesondere war damals die mittlere Materiedichte bedeutend größer als heute".[105] Da sich nun nach Žukov alle Modelle immer nur auf endliche Gebiete erstrecken, so impliziert auch eine eventuelle sphärische Krümmung noch keine Geschlossenheit der Welt als ganzer, sondern nur eine Wölbung im Raum, jenseits derer der Raum ganz anders "gekrümmt" sein kann. Ferner handelt es sich nur um die mittlere Krümmung, der eine zusätzliche lokale Krümmung überlagert

* Siehe aber dazu die Voraussetzungen für Focks harmonische Koordinaten.

ist, so daß die Friedmannsche Lösung eine Art "Hintergrund", eine Geometrie des Raums "im allgemeinen" liefert.

Alle diese großartigen Erkenntnisse dienten nach Žukov im Ausland offen idealistischen "Theorien" über die Genesis des Alls. Das Fehlen zuverlässiger Beobachtungen über die Verteilung und Bewegung der Materie in großen Gebieten des Alls wird bei den entsprechenden "Gelehrten" durch völlig willkürliche Hypothesen ersetzt, die jeden nur wünschenswerten Schluß zulassen. So gibt es eine Theorie, wonach Gott auch heute aus dem Nichts Materie erschafft. Zur wirklichen Wissenschaft besitzen diese Theorien keine Beziehung. "Der auf diesem Gebiet entbrannte Kampf kann auch heute noch nicht als abgeschlossen gelten. Er stellt nichts dar als eine Etappe im jahrtausendalten Kampf zwischen der materialistischen und idealistischen Weltanschauung. Einige Varianten des philosophischen Idealismus sind im Ausland noch ziemlich verbreitet und unseren Gelehrten steht noch manches Scharmützel auf diesem Feld bevor."[106]

Leider führte die Kritik an Friedmann und Hubble nach Žukov in manchen Fällen zur nackten Leugnung der Relativitätstheorie. "Einige Autoren gaben sich nicht die Mühe, sich in dieser Frage sachlich zurechtzufinden und die realen wissenschaftlichen Ergebnisse von willkürlichen Phantasien zu trennen, sondern gingen auf der Linie des geringsten Widerstandes vor – sie tauften die allgemeine Relativitätstheorie 'reaktionäres Einsteinianertum'*, womit sie mit einem Federstrich alle ihre Errungenschaften auslöschten, in der Annahme, daß somit alle antiwissenschaftlichen Phantasien von der 'Schöpfung' am radikalsten ausgemerzt werden."[107]

Wir haben nach Žukov als die beiden Grundtatsachen die ungefähr gleichmäßige Materieverteilung und die Rotverschiebung, wobei allein die Relativitätstheorie die letztere aus der ersten ableitet.

Die meisten Gegner der Expansion wenden sich nach Žukov gegen die Deutung als Doppler-Effekt. Wir kennen jedoch keine Vorgänge, bei denen eine Rötung des Lichtquants, d.h. eine Energieänderung, nicht von einer Streuung begleitet wäre. Dem widerspricht aber das scharfe Bild der Nebel im Teleskop. Andererseits können Lichtquanten auf ihrem Weg, der ja in keinem Laboratorium nachgeahmt werden kann, aus noch un-

* Gemeint ist offenbar I. V. Kuznecov, s. Bd. I der vorliegenden Arbeit.

bekannten Gründen streuungsfrei Energie verlieren. "Immerhin muß man anerkennen, daß die 'Fluchtbewegung' der Nebel heute die wahrscheinlichste Erklärung der Rotverschiebung darstellt".[108]

Diesen von Polemik nur wenig getrübten Bemerkungen B. G. Kuznecovs und Žukovs steht eine für die breiten Massen bestimmte Haltung des offiziellen Philosophenflügels gegenüber, der nach wie vor die Unendlichkeit des Alls apodiktisch behauptet. So schreibt Kursanov noch 1961 in seiner Monographie *Unendlichkeit und Endlichkeit des Alls*, erschienen im Verlag "Moskauer Arbeiter" *(Moškovskij rabočij):*

"Die Wissenschaft bestätigt immer mehr und mehr die Richtigkeit der These der marxistischen Philosophie von der Unendlichkeit der Welt in Raum und Zeit".[109] Diese Philosophie habe als wichtigstes Argument dafür das Gesetz der Erhaltung und Verwandlung der Materie und Bewegung. Zwischen der Ewigkeit der Materie und ihrer Unendlichkeit im Raum besteht nach Kursanov ein organischer Zusammenhang; es "kann keinerlei reale Welt geben, wenn eine ihrer Daseinsformen (die Zeit) unendlich und die andere (der Raum) endlich ist. Dies ist nur in Gedanken, nur abstrakt möglich".[110] Lemaître habe aus der Rotverschiebung "extrem idealistische und theologische Schlüsse" gezogen, sie seien nur darauf gerichtet, die religiösen Auffassungen von Anfang und Ende der Welt zu begründen. Die Annahme einer Urexplosion aus einem Zustand hochkomprimierter Neutronen verletze die Erhaltungssätze und appelliere an jenseitige Kräfte.

Kursanov erkennt die Expansion zwar als "reale Tatsache" an, aber daraus könne kein Schluß auf das Weltmodell als ganzes gezogen werden. Zwar wissen wir nichts von entgegengesetzten Vorgängen in anderen Teilen des Alls, wir können aber darauf aus dem Grundsatz der Widersprüchigkeit der Bewegungsgesetze schließen.* Auch eine Weltentstehung aus Strahlungsenergie lehnt Kursanov ab, da sich nach dem Diamat die Energie nicht in Materie umwandeln lasse. "Tausendmal recht hatte V. I. Lenin, als er sagte, daß die Religion immer listiger und raffinierter die Errungenschaften der Wissenschaften auszunutzen bestrebt ist. Die

* Ein Appell an die Realdialektik der Naturgesetze stellt doch wohl ein mindestens ebenso spekulatives Argument dar wie der von Kursanov verworfene Appell an die übernatürliche Schöpferkraft Gottes, nur mit dem Unterschied, daß Gott für die Gläubigen aus der Offenbarung gewiß ist, während die These von der Widersprüchigkeit der Naturgesetze falsch ist.

Religion klammert sich an alles, um den Schein der Wahrheit ihrer Ansichten zu wahren. Aber ihr hilft nichts. Die Wissenschaft nimmt ihr den Boden unter allen ihren Thesen weg".[111]

Man könnte denken, solche Auslassungen seien nur *ad usum delphini* bestimmt. Daß es Kursanov aber damit ernst ist, zeigt ein Beitrag in den *Voprosy filosofii* 1960, 3 über die weltanschauliche Bedeutung der Errungenschaften der Astronomie[112]: "Die Astronomie... hat eine riesige weltanschauliche Bedeutung. Sie war immer die Arena eines scharfen ideologischen Kampfes zwischen der wissenschaftlichen, materialistischen und der religiös-idealistischen Weltanschauung. Deshalb ist es kein Zufall, daß die Religion und die Kirche sich immer feindlich gegen die Astronomie und ihre hervorragenden Vertreter verhielten. Früher im Mittelalter endete dies für die großen Denker häufig mit Foltern, dem Martyrium und dem Tod. Heute muß der römische Papst höchstselber mit der Astronomie rechnen, indem er ihre wissenschaftlichen Ideen und Ergebnisse in mystischer Weise deutet, um eine scheinbare "Begründung" religiöser Dogmen und Vorstellungen zu schaffen. Aber die wahrhaft wissenschaftlichen Ergebnisse und Errungenschaften der modernen Astronomie geben neue und neue Beweise der tiefen Wahrheit der materialistischen Weltanschauung, sie zeigen die innere materielle Einheit der unendlichen Welt und fügen gewaltige Schläge allen pseudo-wissenschaftlichen, religiösen Vorstellungen zu. Die heutigen Errungenschaften der Astronomie, der Beginn der experimentellen Erforschungen des Universums, das Eindringen des Menschen in den kosmischen Raum, das alles spricht deutlich und überzeugend von dem völligen Bankerott aller religiösen Behauptungen von der Widersprüchlichkeit 'der irdischen' und 'der himmlischen' Welt, von der Endlichkeit und 'der Schöpfung' der Welt, von ihrer geistigen, 'göttlichen' Wesenheit usw. Alle Resultate und Errungenschaften der Astronomie enthüllen die realen, objektiven, tief dialektischen Gesetzmäßigkeiten der Entwicklung der kosmischen Materie, indem sie überzeugende Beweise von der Wahrheit der marxistisch-leninistischen Philosophie geben".[113]

Im einzelnen führt Kursanov folgende Argumente an: Das erste, was wir bemerken, ist eine unendliche qualitative Vielfalt und eine extreme Inhomogenität der Verteilung der Himmelskörper. Die erstere tritt in der Verschiedenheit der physikalischen Zustände zutage (physisch-chemische Umwandlungen, morphologische Kennzeichnungen, Evolutionswege, die riesige Skala des kosmischen Alters, Zusammenhänge und Kombinationen verschiedener Himmelskörper). Diese Idee wurde offenbar zum erstenmal klar und allgemein von Kukarkin 1943 ausgesprochen und in seiner *Untersuchung der Struktur und Entwicklung von Sternsystemen aufgrund der Strahlung der Wechselsterne* (Moskau-Leningrad, 1949) formuliert. Seine These ist: Verschiedenen strukturellen und Alters-Gebilden der Materie entsprechen verschiedene Sterntypen, vor allem verschiedene Typen von Wechselsternen. Der Gedanke verschiedener struktureller und Alters-Gebilde der kosmischen Materie ist tief und umfaßt in seiner Grundlage die gesamte Vielfalt qualitativ verschiedener Elemente des Alls. Diese Idee fand ihren Ausdruck in der Entschließung der zweiten kosmogonischen Konferenz 1952, wo zu den bedeutenden Errungenschaften der Stern-Kosmogonie auch die Feststellung von Sub-Systemen verschiedener physikalischer Typen in unserer Milchstraße gerechnet wird, bei denen die Sterne eine verschiedene Herkunft, verschiedenes Alter und verschiedene Entwicklungswege besitzen. Auch das Referat Ambarcumjans auf der Konferenz war ganz in diesem Geiste gehalten, auch Baades Einteilung aller Sterne in zwei Typen, die entsprechend für sphärische und flache Sub-Systeme charakteristisch sind (1944), muß man unter diesem Aspekt verstehen. Die qualitative Vielfalt der Sterne und Sterngruppen tritt vor allem im Hertzsprung-Russell-Diagramm zutage, in Population I und II. Diese Einteilung genügt jedoch nicht; zum Diagramm gehören auch die Assoziationen (Ambarcumjan, 1947). Das junge Alter der letzteren zeigt, daß in unserer Milchstraße auch heute noch eine intensive Entstehung von Sternen vorliegt. Diese erfolgt in Gruppen. Zum Bestand der Assoziationen gehören nicht-stabile kompakte Gruppen mit einer Lebensdauer von nur 2–3 Millionen Jahren. "Diese neuen Erscheinungen, welche von der sowjetischen Wissenschaft entdeckt wurden, fügen den theologischen Behauptungen von der gleichzeitigen Entstehung aller Sterne der Milchstraße als Ergebnis eines einzigen 'schöpferischen' Aktes einen vernichtenden Schlag zu. Mit solchen Behauptungen traten und treten bekanntlich die eingefleischten theologischen Reaktionäre hervor, ebenso einige Physiker und Astronomen in den bürgerlichen Ländern, welche sich unter dem zersetzenden Einfluß der pseudowissenschaftlichen religiösen Weltanschauung befinden. Dies alles ist absolut unzureichend und widerspricht völlig der modernen Astronomie".[114] Großes philosophisches Interesse besitzt die kürzlich von Voroncov-Vel'jaminov entdeckte Häufung von Galaxien, ein galaktisches Nest, wo sich die Galaxien in Kontakt und wechselseitiger Durchdringung befinden und durch einen gemeinsamen Stern-Nebel eingehüllt sind. Das Nest besteht aus zwei normalen Galaxien und fünf bis sechs Spiralsystemen, deren Leuchtkraft offenbar durch ionisiertes Gas hervorgerufen wird. Es besteht die Vermutung, daß hier neue Galaxien aus den Resten einer alten geboren werden und das ionisierte Gas Vorläufer von Galaxien ist. Die große Mannigfaltigkeit verschiedenartiger Himmelskörper und ihrer verschiedenen Kombinationen macht die vereinfachten, mechanischen Vorstellungen von einer Homogenität des Universums illusorisch und zeigt die tiefe Wahrheit der dialektischen Auffassung von der Natur, von ihrer Einheit und Vielfalt.[115]

Ebenso existiert eine reiche Mannigfaltigkeit interstellarer Materie (Staub, Atome) nach Helligkeit, Ausmaßen, Dichte und Masse. Diese Materie hat eine riesige kosmogonische Bedeutung, da sie das hauptsächliche Ausgangsmaterial für die Stern-Bildung darstellt. Es ist sehr wahrscheinlich, daß die Sterne unserer Milchstraße durch eine ständige Kompression und Verdichtung des Gases und Staubs in der galaktischen Ebene entstanden sind. Kukarkin zeigte 1949 den genetischen Zusammenhang zwischen jungen Sternen und diffusen Nebeln; Fesenkov zeigte 1952 die Entstehung von Sternketten aus Zwergsternen, aus feinen Fasern von diffusem Stoff. Šajn und Gaze zeigten gleichzeitig den tiefen Zusammenhang von diffusen Gasnebeln und heißen Sternen. Große philosophische Bedeutung hat der Vorgang der Bildung des diffusen Stoffs selbst. Dazu gehören: (1) Intensive Emission von enormen Materiemassen durch die Sterne in ihrer Anfangsperiode als nicht-stationäre Sterne. (2) Explosion von Novae, die häufig periodisch vor sich geht, insbesondere von Supernovae, wobei gigantische Sterne völlig zerstört werden und faktisch ihre ganze Materie sich in interstellare Materie umwandelt. Nach Ambarcumjan kommt es während einer Milliarde Jahre zur Explosion von etwa 500 Millionen Novae. Die Explosion von Supernovae vollzieht sich in einigen Nebeln im Durchschnitt ungefähr einmal in zwei- bis dreihundert Jahren. (3) Es wird in bestimmten Stadien nach den roten Riesen aus den Sternen Stoff in Gestalt von stabilen Strömen emittiert, welche den umgebenden Raum ständig mit Materie erfüllen. (4) Nach Ambarcumjan entstehen Staub- und Gasnebel ebenso wie Sterne durch die Explosion einer über-dichten Materie. Diese Hypothese ändert keineswegs die Möglichkeit der Sternbildung aus kosmischem Staub, und wir sehen ihren rationalen Sinn in dem Hinweis auf neue vielfältige Entwicklungswege und in der Annahme von neuen noch unbekannten Materiezuständen in Gestalt einer prästellaren überdichten Materie. "Dieses ganze komplexe und reiche Bild der sich bewegenden kosmischen Materie widerlegt völlig die anti-wissenschaftlichen und zum Idealismus führenden Behauptungen von einer 'Homogenität' des Alls und von einer 'gleichzeitigen' Entstehung aller Himmelkörper in der Welt. *Eo ipso* verlieren jeden Sinn die Spekulationen der Idealisten und Theologen mit der modernen Wissenschaft, um 'Anfang' und 'Ende' zu 'beweisen'. Heute ist dies alles ein schädlicher, schwerer Anachronismus, unendlich ferne von der wahren Wissenschaft und den von ihr errungenen Gipfeln der Erkenntnis des Kosmos".[116] In diesem Zusammenhang haben auch die Anhänger des stationären Alls die Konzeption der ständigen Schaffung von Wasserstoff aufgestellt, so Hoyle auf dem Moskauer-Kongreß und in *The Universe*, wo er zugibt, daß das All weder Anfang noch Ende hat und die Materie unaufhörlich neu geschaffen wird, und zwar in Form von Wasserstoff als Ausgangsmaterial der Bildung von Himmelskörpern (*The Universe*, A Scientific American book, New York 1958, p. 77–86). "Es ist vollkommen evident, daß wir nur eine restaurierte Variante der alten Schöpfungsideen vor uns haben, welche völlig von den Ergebnissen der modernen Wissenschaft und Praxis widerlegt sind".[117]

Im Anfangszustand eines Sterns (Verdichtung, Anwachsen der effektiven Temperatur, Rotations-Stabilität, Beginn der Kernbrennung durch Aufbau von Helium aus Wasserstoff) zeigt sich eine charakteristische, tief dialektische Gesetzmäßigkeit der Entwicklung. Dieser Vorgang stellt die genetische Einheit von ruhigen Entwicklungsstadien (bestimmter Gleichgewichtszustand) und Gleichgewichtsstörungen dar, wo ein sprunghafter Übergang in einen neuen qualitativen Zustand erfolgt. Schließlich kommt es zu einer Umstrukturierung des ganzen oder beinahe ganzen Sterns. Diesem Thema war eine Reihe von Vorträgen auf dem 10. Internationalen Astronomischen Kongreß gewidmet, vor allem von Masevič, Schwarzschild und Krat. Wahrscheinlich ist, daß der Übergang von einem Stadium zum anderen eine qualitative Zustandsänderung mit sich bringt und ohne wesentliche Zwischenstadien erfolgt: Heißer Gigant, schneller Übergang zum roten Giganten, der Masse verliert, und schneller Übergang zum weißen Zwerg.[118] Je größer die Masse des heißen Giganten, desto kürzer sein Stadium. Durch die Verbrennung von Wasserstoff beginnt das Stadium der roten Giganten, dabei dehnt sich die Sternhülle stark aus, der Kern zieht sich zusammen und erhitzt sich. Die massiven Sterne weisen eine sehr rasche Erhitzung des Kerns auf, was zu einer raschen Ausdehnung der Strahlungshülle führt. Die roten Giganten bestehen aus kalten, sehr verdünnten Sternen gewaltiger Ausmaße; durch die intensive Stoff-Emission kommt es schließlich zum Stadium der weißen Zwerge, wobei etwa 9/10 der Ausgangsmasse ausgeworfen wird. Einige ausländische Gelehrte sehen in den weißen Zwergen degenerierte, bankerotte Sterne, bei denen der Stoff sich beinahe in totem Zustand befindet. Dies ist grundsätzlich falsch, da wir nur eine qualitativ bestimmte Entwicklungsetappe mit einem entsprechenden Zustand des Stoffes vor uns haben, wobei auch dieser Zustand durch bestimmte qualitative Indizes gekennzeichnet ist, welche die weitere Entwicklung festlegen, den Übergang in einen neuen Zustand, was keineswegs eine Entartung oder den weißen Tod des Alls bedeutet.[119] Fesenkov und Idlis (UdSSR) zeigten auf dem 10. Astronomenkongreß, daß nicht alle Entwicklungsstadien die Bildung von Helium aufweisen, sondern daß vor allem der zweite Ast des Diagramms, zu dem auch die Sonne gehört, nur eine unbedeutende Korpuskular-Strahlung besitzt, so daß keine radikale Änderung des physikalisch-chemischen Bestandes auftritt. Fesenkov zeigte auch, daß durch Anziehung und Einfangen (Akkretion) von diffuser Materie sich Zwerge in Giganten verwandeln können. Dies geschieht nicht durch zufälliges Zusammentreffen eines Zwerges mit einem fremden Nebelgebilde, sondern im Innern eines Mutter-Nebels, wobei die Geschwindigkeit des Sterns zum Nebel von Anfang an nur gering sein darf. Ferner können nur Sterne mit einer Masse von 1.5 Sonnenmassen zu weißen Sternen übergehen. Es ist wahrscheinlich, daß viele schwere Sterne ihre Entwicklung durch die Explosion einer Supernova beenden (eine Art von Selbstmord), wobei natürlich keine Katastrophe vor sich geht, sondern nur eine Umwandlung in einen neuen qualitativen Zustand. Da Sterne durch verschiedene Weise in das Stadium der weißen Zwerge eintreten, so auch zu verschiedenen Zeiten; es gibt folglich keine Epoche der weißen Sterne im ganzen Universum, wo ohnehin eine ständige Neubildung von Sternen und neuen Bewegungsformen der kosmischen Materie vor sich geht. Folglich ist das Stadium der weißen Zwerge nicht ein fatales Lebensende der Sternwelt, sondern nur ein bestimmtes Moment in der ewigen und unendlichen Bewegung des Universums. Also gibt es keine religiösen Spekulationen von einem Weltende. Wenn wir schließlich auch die Möglichkeit der Sternbildung und der Bildung von anderen Materieformen durch Explosion eines überdichten Stoffs im Auge haben, dann müssen wir uns das grandiose Bild gigantischer Explosionen vorstellen, vor welchen sogar die Supernovae verblassen, und wir müssen alle heute vor sich gehenden Prozesse als Resterscheinungen ansehen, als die Folgen der ursprünglichen kosmischen Explosionen. Dabei würde sich auch das Problem des Aufbaus der schweren Elemente lösen. Wir können dies heute schon für die Supernovae annehmen (Cf^{254} Kalifornium). Bei diesen gigantischen Explosionen bilden sich starke Magnetfelder, in denen die Teilchen bis zu Hunderten von Milliarden eV beschleunigt werden, wobei ebenfalls die Synthese einer ganzen Reihe von schweren Elementen vor sich geht. Die phantastisch riesigen Explosionen in der Hypothese von Ambarcumjan würden dann die verschiedenartigsten Synthesen erklären. Besonders wichtig für die Bildung der Nebel ist der Beitrag Ambarcumjans auf dem Solvey-Kongreß 1958 (Izv. AN. ARMJ. SSR. XI (1958) 5). Die wichtigsten Punkte sind dabei: Gruppenbildung der Nebel, Bildung verschiedener Haufen und Neben-Gruppen, keine isolierte und zufällige Entstehung. Dabei kann das Alter der einzelnen Komponenten in verschiedenen Haufen verschieden sein. Die Haufen sind nach Struktur, Ausdehnung und Leuchtkraft vielfältig, dies ist eine glänzende Bestätigung der Idee Kukarkins von der Zuordnung verschiedener struktureller und Alters-Bindungen im All zu verschiedenen Typen der Bestandteile des Kosmos. Wegen der Tendenz zur Gruppenbildung ist der extrem inhomogene Verteilungscharakter im All natürlich. "Diese Inhomogenität verstärkt sich noch durch die Inhomogenität der Verteilung und der Struktur und der anderen kosmischen Objekte und ebenso der verschiedenen Zustände der kosmischen Materie. Folglich sprechen die Erkenntnisse der Astronomie von den galaktischen Systemen, von ihrer Verteilung im Weltraum, von ihren Entwicklungstendenzen, und damit von der völligen Unzulänglichkeit der Thesen einer homogenen (isotropen) und gleichmäßigen Verteilung der Nebel im All und entziehen damit allen möglichen spekulativen Theorien von einem 'auseinanderfliegenden' All den Boden unter den Füßen. Es versteht sich, daß die Extrapolation der Tatsache der wechselseitigen Fluchtbewegung der Nebel und der lokalen Expansion, d.h. des sichtbaren Teils der uns umgebenden Welt auf das ganze unendliche All mit seiner außerordentlich komplizierten und widerspruchsreichen Kinematik der grenzenlosen Menge und der unerschöpflichen Vielfalt der Nebel und Nebelsysteme jeder Grundlage entbehrt.[120] Die Entwicklung der Nebel beginnt mit einer Wirbelbewegung von verdünntem Gas, der Verlagerung von interstellaren Staub- und Nebelwolken, Bildung von Haufen und Sterngruppen, dann unregelmäßige Nebel, reich an interstellarer Materie und jungen Verschwender-Sternen, schließlich Spiralnebel mit dynamischen und effektiven Armen, welche rasch die interstellare Materie zu ihrer unaufhörlichen Neubildung benutzen. Dabei verschwinden interstellare Materie und Spiralarme und die Nebel verwandeln sich in elliptische und sphärische Systeme als Endphase. Die Nebel besitzen nach Ambarcumjan einen sehr dichten Kern. In ihm kann eine prästellare Materie als dichte Protosterne enthalten sein. Daraus ergibt sich logisch, daß die Nebel nicht aus Staub und Gas entstanden, (die schon sekundäre Gebilde sind), sondern aus einem extrem dichten kosmischen Stoff, vermutlich durch eine gigantische Explosion, wobei sich die Nebelsysteme um die neugebildeten dichten Kerne herum bilden. Da wir bei den elliptischen Nebeln eine starke blaue Stoff-Emission aus den Kernen beobachten, ist es möglich, daß es sich dabei nicht um alte, sondern um junge Gebilde handelt. Wir können also nicht von einer einzigen Entwicklungslinie der Nebel sprechen, was wiederum den Gedanken von der Vielfalt der Entwicklungswege bestätigt. Die universale Allgemeinheit der Entwicklung der Himmelsobjekte ist ein überzeugender Beweis für die Einheit der kosmischen Materie. "Die heutige Astronomie enthüllt außerordentlich tief und allseitig die objektive Dialektik kosmischer Prozesse, zeigt den dialektischen Charakter der Gesetzmäßigkeit der Bewegung der kosmischen Materie, zeigt die innere organische Einheit der materiellen Welt in ihrer ganzen unendlichen Vielfalt. Dies alles spricht noch einmal von den neuen Triumphen des dialektischen Materialismus, der großen wahrhaft wissenschaftlichen Philosophie des Marxismus-Leninismus. Dies alles fordert gleichzeitig den unabdingbaren Kampf von Seiten der marxistischen Philosophen und aller fortschrittlichen Gelehrten gegen alle und jede Form und Äußerung der pseudowissenschaftlichen, idealistisch-religiösen Weltanschauung".[121]

Auch Mostepanenko erörtert 1962 das Problem der räumlichen Endlichkeit des Alls in einem durchaus dogmatischen Sinn. Die zeitliche End-

lichkeit tut er zunächst mit dem Satz ab: "Vom Standpunkt des Materialismus ist es zweifelsfrei, daß das All zeitlich unendlich ist. Alle Erörterungen einer Weltschöpfung sind unwissenschaftlich".[122]
In dieser Hinsicht hat sich also am alten Stil sowjetischen Philosophierens nichts geändert. Was die räumliche Endlichkeit anlangt, so sieht Mostepanenko offenbar keine unüberwindlichen Barrieren von Seiten der Ideologie: Das Problem, ob die geodätischen Linien der realen Welt Euklidische Gerade sind oder nicht, (d.h. ob sie geschlossene Kurven des Riemannschen Raums sind), ist bis heute noch nicht gelöst. Bei seiner Lösung muß man von den Tatsachen der Wirklichkeit ausgehen und sich nicht auf die Meinung des einen oder anderen Mathematikers, Astronomen oder Philosophen berufen. Mostepanenko erkennt im weiteren zwar die Fluchtbewegung der Galaxien an, weist jedoch zugleich die "neothomistischen" Versuche zurück, daraus eine Bestätigung der "biblischen Legende der Weltschöpfung durch Gott" zu folgern. Dabei legt er den "Fideisten" die Behauptung in den Mund, die Fluchtbewegung beweise, daß unsere Milchstraße das Zentrum des Alls sei.*
In Wirklichkeit läßt sich die Fluchtbewegung nach Mostepanenko im Rahmen der allgemeinen Relativitätstheorie gut ohne "fideistische Spekulationen von der Weltschöpfung" erklären. "Jede vernünftige Lösung der Gleichungen der allgemeinen Relativitätstheorie (d.h. ohne die unverständlichen Hypothesen von einer Null-Dichte der Massen usw.) führt zur Unendlichkeit der Existenz der Welt nach der Zeit".[123] Zugleich bemerkt er aber, daß das erste und letzte Wort der Erfahrung gehört und die Philosophie nur Leitsätze liefert, die jedoch keine konkrete Antwort auf die Frage nach der Struktur des Alls geben können.
Mostepanenko sieht den Vorzug des Einsteinschen Modells gegenüber dem "absurden" De Sitterschen, darin, daß es eine endliche Massendichte annimmt und damit ein materielles, zeitlich unendliches All anbietet. Heute ist die inhomogene Verteilung der Nebel erwiesen und sowjetische Gelehrte schlagen auf Grund der allgemeinen Relativitätstheorie ein anisotropes inhomogenes All vor.**

* Er zitiert keinen Autor. Offenbar kennt er die einschlägige westliche Literatur nicht, sonst würde er nicht solche Absurditäten behaupten. Natürlich erscheint dem Beobachter in jedem Nebel die Fluchtbewegung nach dem kosmologischen Prinzip so stattzufinden, daß er seinen Nebel als Weltzentrum annimmt.

** Mostepanenko zitiert Zel'manov, *Trudy šestogo soveščanija po voprosam kosmogonii*, Moskva 1959, str. 144–174.

9. DIE UMDEUTUNG: V.I. SVIDERSKIJ UND S.T. MELJUCHIN

Es gibt in der heutigen Sowjetphilosophie indes einen Flügel, der ernsthaft um Klärung der einschlägigen Problematik bemüht ist. Dazu zählen vor allem die Leningrader Philosophen Sviderskij und Meljuchin. Natürlich versuchen auch sie, vom Diamat aus den Zugang zur Sachlage zu finden, dennoch sind ihre Auffassungen weit differenzierter als die des retrograden Philosophenflügels: Wo dieser im wesentlichen polemisiert, sehen sie ein echtes Problem. Freilich versuchen sie, dieses im mehr oder minder Hegelschen Sinn umzudeuten.

So schreibt Sviderskij 1958: Alle Idealisten behaupteten stets die Endlichkeit der Welt, von Plato angefangen bis zu den heutigen "physikalischen" Idealisten; gegenüber diesen antiwissenschaftlichen und reaktionären Tendenzen verteidigten die Materialisten stets die Unendlichkeit der Welt. Da vor Erscheinen des Diamat niemand den Unendlichkeitsbegriff analysierte, waren die Lösungen häufig unzureichend und widerspruchsvoll. Unzulänglich sind aber auch gewisse Lösungen sowjetischer Autoren; so stellt der Beweis der Unendlichkeit von Raum und Zeit aus der Unendlichkeit der Materie (Kursanov, 1940) einen logischen Zirkel dar. Ferner ist es eine "schlechte Unendlichkeit" (Hegel), die Zeit- und Raumeinheiten *ad infinitum* abzuzählen (Archites, Alexander von Aphrodysia, Lukretius), auch Engels nenne die Zeit nur die Gesamtheit der Stunden und den Raum die Gesamtheit der Kubikmeter, spreche aber an anderer Stelle (*Dialektik der Natur*, russ. 1955, S. 188) im Gegensatz zu dieser schlechten Unendlichkeit davon, daß die wahre Unendlichkeit in den erfüllten Raum und die erfüllte Zeit in den Naturprozeß und die Geschichte gelegt werden müsse, während die schlechte Unendlichkeit nur ein aufgehobenes Moment der wahren darstelle. Auf die schlechte Unendlichkeit müsse man verzichten*; die Begriffe "Endlichkeit" und "Unendlichkeit" kennzeichneten eine qualitative Veränderung von Phänomenen; die dialektische Bewegung hänge mit einer Veränderung endlicher, konkreter Phänomene, mit ihrer Zustandsänderung zusammen; es sei falsch, irgend einer Quantität eine grenzenlose Vergrößerung zuzuschreiben. Schon Hegel habe gezeigt, daß hier kein *Fortschreiten*, sondern

* 1958 sprach Sviderskij auf der Allunionskonferenz über Philosophische Probleme der modernen Naturwissenschaft von der "primitiven Haltung der alten 'schlechten' Unendlichkeit".

nur eine *Wiederholung* vorliege; Hegel habe zu Recht nicht die unermeßlichen Räume und Zeiten der Astronomie für bewunderungswürdig erklärt, sondern die intellegiblen Verhältnisse von Maß und Gesetz, die ein vernünftiges Unendliches im Gegensatz zum unvernünftigen seien.
Hegel vermochte nach Sviderskij indes das Problem infolge seiner idealistischen Dialektik nicht zu lösen. Das Schlechte an der einen Unendlichkeit liege bei ihm nur in ihrer Unerreichbarkeit, in ihrer Jenseitigkeit zum Endlichen, in der absoluten Trennung vom Endlichen, während das Wahre an der anderen Unendlichkeit in ihrer Intelligibilität liege, in einer Synthese, wo die Momente des Endlichen wie des Unendlichen aufgehoben seien; so seien im *Kreis* die Endlichkeit des Punktes und die Unendlichkeit der Linie aufgehoben.
Hegel zeigt nach Sviderskij indes nicht konkret, worin die Unzulänglichkeit der schlechten Unendlichkeit und der konkrete Sinn der Beispiele für die wahre Unendlichkeit liegt. Seine Beispiele enthalten latent die schlechte Unendlichkeit: Auch längs einer geschlossenen Kurve ist die unendliche Bewegung eines Punktes schlechte Unendlichkeit.
Hier muß man nach Sviderskij die Lehre des Diamat vom Zusammenhang zwischen quantitativer und qualitativer Veränderung, von Maß und Evolution zugrundelegen: Jede quantitative Veränderung betrifft konkrete Qualitäten wie die Zahlen einer Reihe, die Enden einer Geraden, die raumzeitlichen Maßstäbe, Elementarteilchen, Massen usw. Immer liegt ein Zusammenhang zwischen quantitativer Veränderung und konkreter Qualität im Rahmen des ihr eigenen Maßes vor. Nur die leere Abstraktion sieht von dem Maß als der Grenze der Veränderung einer bestimmten Quantität ab. Die Unendlichkeit, abstrahiert von der qualitativen Natur der Quantität und damit vom Maß, "kann man metaphysische, abstrakte Unendlichkeit nennen".[124]
In jedem konkreten Prozeß treten nach Sviderskij folglich auf einer bestimmten Stufe Änderungen der Qualität ein, damit aber auch Änderungen im Charakter der quantitativen Veränderungen selbst. "In der realen Wirklichkeit gibt es keine Vorgänge, die nach den Prinzipien der erwähnten metaphysischen, abstrakten Unendlichkeit verlaufen. Die Vorstellungen einer unendlichen Veränderung irgendeiner realen Quantität wäre nur auf absolute Qualitäten und isolierte Prozesse anzuwenden, was grundsätzlich absurd ist. Die absolute Fähigkeit der Materie zur Veränderung ihrer Zustände stellt sich stets in konkreten, qualitativ bestimm-

ten, relativen Formen dar. Diese qualitativ bestimmten Formen der Veränderung sind in ihren qualitativen Grenzen stets durch ein konkretes Maß begrenzt. Folglich kann man für die materielle Welt nur im Sinne des absoluten Charakters der Bewegung und Entwicklung der Materie von einer Unendlichkeit sprechen, im Sinne des Fehlens irgendwelcher endlicher, erstarrter Zustände im Sein der Materie, im Sinne der Unerschöpflichkeit qualitativer Verwandlungen der Materie. Alle konkreten Zustände der Materie hingegen sind sowohl in quantitativer wie qualitativer Hinsicht übergangsmäßig und treten in diesem Sinn nur als relativer Ausdruck der absoluten Natur der bewegten Materie zutage."[125]

Sviderskij meint daher mit Engels (*Dialektik der Natur*, russ. 1955, S. 185–186): Eigentlich erkennen wir nur das Unendliche, denn jedes erschöpfende Wissen schließt vom *Einzelnen* auf das *Allgemeine*, wir stellen also im Endlichen das Unendliche fest und im Veränderlichen das Ewige. Die Form der Allgemeinheit ist für die Natur das Naturgesetz, damit ist jede Naturerkenntnis eine Erkenntnis des Ewigen, des Unendlichen und ist deshalb eigentlich absolut.[126]

"Die bewegte Materie ist in ihren Zuständen und Verwandlungen durch nichts begrenzt, durch nichts in ihrer Existenz in Raum und Zeit, denn sie besitzt absoluten Charakter. Aber alle konkreten Zustände der Materie und alle konkreten raumzeitlichen Strukturen sind begrenzt, sind übergangsartig schon kraft des Prinzips der allgemeinen Bewegung und Entwicklung der Materie selbst. Die Kategorien Qualität, Quantität und Maß konkretisieren uns dieses Bild des Wechsels der konkreten Zustände der Materie".[127]

Es widerspricht nun nach Sviderskij dem Sinn des Absoluten, wenn die Unendlichkeit sein quantitativer Ausdruck sein soll, der Art, daß das Absolute als eine bestimmte Qualität genommen wird. "In der Tat ist es prinzipiell unmöglich, das Absolute quantitativ auszudrücken, ohne es auf eine bestimmte Qualität (d.h. das Relative) zurückzuführen; denn die Quantität ist stets qualitativ und folglich stets nur dem Relativen zu eigen."[128]

Der Unendlichkeitsbegriff impliziert nach Sviderskij die Erhebung des Endlichen zum Absoluten: So verlangt nach Marx (mit Hobbes) das Wort "unendlich", sofern es nicht sinnlos sein soll, die Fähigkeit unseres Geistes, zu einer bestimmten Größe etwas hinzuzufügen; deshalb ist nach Engels das Unendliche ein Widerspruch, denn es setzt sich aus endlichen

Größen zusammen. Die Begrenztheit der materiellen Welt führe mit Engels zu nicht geringeren Schwierigkeiten als die Unbegrenztheit; die Unendlichkeit sei daher ein unendlicher, sich in Raum und Zeit entfaltender Prozeß; die Aufhebung dieses Widerspruchs wäre das Ende der Unendlichkeit, was bereits Hegel begriffen habe.[129]

Nach Sviderskij wird der Charakter dieses Widerspruchs davon bestimmt, von welchem Argument das Prädikat "unendlich" ausgesagt wird. Jede Unendlichkeit ist danach die Negation eines vorhandenen Endlichen, damit wird aber das Unendliche selbst begrenzt, denn es ist eben nur eine gegebene Unendlichkeit. Dies ist die schlechte, abstrakte, metaphysische Unendlichkeit, denn sie übernimmt die qualitative Natur des Endlichen; sie ist die von uns willkürlich in Gedanken aufgehobene Begrenzung des Endlichen. "Ein solcher willkürlicher Akt unsererseits kann keine Bestätigung in der objektiven Wirklichkeit finden."[130] "Die reale Unendlichkeit hängt im Gegenteil mit der Begrenzung des auf den ersten Blick äußerlich Grenzenlosen zusammen. Sie hängt ständig zusammen mit der Überschreitung der Grenze des Endlichen, aber diese selbst besitzt eine streng bestimmte qualitative Form. Deshalb muß man in dem äußerlich, in dem gedanklich Grenzenlosen qualitative Grenzen suchen und auf diese Weise zu dem wirklichen Unendlichen gelangen."[131]

Der reale Widerspruch zwischen dem Endlichen und Unendlichen ist für Sviderskij der *Prozeß*; der Widerspruch bedeutet indes nicht die Unlösbarkeit eines aktuell Unendlichen von einem aktuell Endlichen; er tritt vielmehr real zutage als Widerspruch zwischen dem Allgemeinen und Besonderen, dem Absoluten und Relativen, dem Ewigen und Vergänglichen. Nur diese Deutung gestattet, die Begriffe "Unendlichkeit" und "Entwicklung" zu verknüpfen. Die Unlöslichkeit des Endlichen vom Unendlichen hingegen ist nur die Wiederholung von ein und demselben, ein Treten auf der Stelle; das heißt der Natur einen Kreislauf aufoktroyieren. Solche Bemühungen scheitern an der Naturwissenschaft. Schon die alten Griechen wollten die Unendlichkeit des Raums durch die Möglichkeit des grenzenlosen Fortschreitens in jeder Richtung nachweisen, aber dies "wird von den Überlegungen der modernen Wissenschaft widerlegt. Stellt man sich z.B. die Welt als einer total geschlossenen Krümmung unterworfen vor, die keinem Signal erlaubt, ihre Grenzen zu verlassen, dann kann man sich in dieser Welt 'unendlich' lang fortbewegen, ohne dabei die Grenzen der vorhandenen endlichen Welt zu verlassen (ähnlich der

Mücke, die auf der Oberfläche eines Balls kriecht). Die Entwicklung der Naturwissenschaft in unseren Tagen und besonders die Schlußfolgerungen der allgemeinen Relativitätstheorie und der Quantentheorie führen zum Schluß, daß jede Art Vorstellungen von den Gesetzmäßigkeiten der physikalischen Welt mit den konkreten physikalischen Prozessen zusammenhängen müssen. Wenn dem aber so ist, dann sind die Behauptungen von der Unendlichkeit von Raum und Zeit im üblichen Sinne einer 'schlechten' Unendlichkeit, wie dies häufig in der Philosophie geschieht, in der Physik, Astronomie usw., sinnlos. In der Tat wird hier gefordert, bestimmte konkrete Seinsformen der Materie zum Absolutum zu erheben, bestimmte physikalische Prozesse, ob dies nun gewöhnliche Uhren und Meterstäbe oder die Frequenz und Wellenlänge elektromagnetischer Strahlung ist, oder überhaupt solche Bewegungsformen der Materie wie Gravitation, elektromagnetisches Feld usw. Eine solche Erhebung zum Absoluten ist indes mit den Sätzen der materialistischen Dialektik von der Relativität und dem Übergangscharakter aller konkreten Seinsformen der Materie nicht zu vereinen."[132]

Weder die nicht-marxistische Philosophie noch die Mathematik gibt nach Sviderskij eine Lösung dieses Problems. Für Hobbes verliere das Wort "Welt" seinen Sinn, sobald wir nach ihrer Endlichkeit oder Unendlichkeit fragen; denn alles Vorgestellte sei in sich begrenzt und der Sinn der Fragestellung könne nur heißen: Hat Gott so viele Körper aufeinandergetürmt, daß ihre Anzahl unserer Fähigkeit entspricht, Raum zu Raum zufügen; dennoch behaupte Hobbes die unendliche Teilbarkeit von Raum und Zeit. Locke habe die Idee der Unendlichkeit von Raum und Zeit für unbefriedigend gehalten; man könne nicht in die Idee der Dauer die unendliche Ausdehnung einer unendlichen Dauer einschließen; jener Teil der Idee, der jenseits einer großen Dauer liegt, sei stets dumpf und unbestimmt; auch bei der unendlichen Teilung seien uns nur die Zahlen klar, nicht aber die Ideen der Ausdehnung. Hegel habe das Problem vereinfacht: als Idealist schließe er die Grundlage einer richtigen Konzeption aus, indem er die absolute Existenz der materiellen Welt leugnet, diese sei für ihn nur ein Außer-sich-Sein der Idee. Die unendliche Zeit sei bei Hegel nur eine Vorstellung, eine Grenzüberschreitung, die dennoch im Bereich der Verneinung bleibe; Raum und Zeit seien für ihn reine Quantitäten, die durch Vermehrung nichts qualitativ Neues erzeugten. Dabei gelange Hegel wieder zu der von ihm verworfenen schlechten Unendlichkeit: Im Satz "Die Welt ist nirgends mit Brettern vernagelt" bestehe die völlige Äußerlichkeit des Raums; andererseits gebe es für Hegel keine empirisch wahrnehmbaren unendlichen Räume und Zeiten, alle seien mit begrenzten, aktuellen Seienden und Veränderungen erfüllt; damit gehörten aber die Grenzen und Veränderungen unlösbar der Räumlichkeit und Zeitlichkeit selbst. Hegel führe deshalb Raum und Zeit auf den Rang niederer, empirischer Vorstellungen zurück. Er habe nicht den richtigen Weg gefunden, "die Unendlichkeit von Raum und Zeit im Sinne ihrer Absolutheit aufzufassen".[133]

Auch die modernen idealistischen Philosophen geben nach Sviderskij keine Lösung; viele schließen sich dem angeblich von der Relativitätstheorie erbrachten Nachweis der Endlichkeit des Alls an. Andere wiederholten die Argumente der antiken Philosophie: So sei nach Reiser ('On Quality, Space and Time', *The Philosophical Review*, 1946) der Unendlichkeitsbegriff in sich widersprüchig, denn der Raum als Form eines Körpers sei stets die Form eines endlichen Körpers und der unendliche Raum müßte mittels endlicher Größen gemessen werden, d.h. das Unermeßliche werde durch das Meßbare ausgedrückt. Nach Sviderskij liegt hier jedoch die alte formallogische Beweisführung ohne Lösung vor, mit dem Ziel, die Idee der Endlichkeit einzuschmuggeln.

Auch unter den Mathematikern herrscht nach Sviderskij keine Einmütigkeit: Gauss und Cauchy ersetzen den Unendlichkeitsbegriff durch den Begriff "Grenze". Poincaré leugne eine aktuelle Unendlichkeit; Hilbert spreche von der imaginären Idee der Unendlichkeit, hinter der weder in der Außenwelt noch in der Psychik etwas Reales stehe. Hingegen nehme Cantor eine aktuelle Unendlichkeit an.

Dieses schwierige Problem kann nach Sviderskij nur der Diamat lösen. Die richtige Vorstellung von der "Unendlichkeit von Raum und Zeit muß ausgehen vom absoluten Vorhandensein raumzeitlicher Seinsformen der bewegten Materie und von der begrenzten Veränderlichkeit ihrer konkreten raumzeitlichen Maßstäbe, aber der unbegrenzten Veränderlichkeit der konkreten raumzeitlichen Strukturen selbst".*[134] Wenn wir von der Unendlichkeit der Materie und der Welt sprechen, so heißt dies, daß "es keine Grenze der Materie gibt, nichts außerhalb der Materie, sondern nur eine einzige Grundlage aller Erscheinungen, nämlich die

* Es ist mir nicht gelungen, den Sinn dieses Satzes zu verstehen.

Materie, deren Verwandlungsformen unerschöpflich sind usw. Mit anderen Worten, der Begriff der Unendlichkeit der Materie ist in diesem Fall identisch mit dem Begriff der Absolutheit ihrer Existenz, ihrer Verwandlungen, ihrer Objektivität".[135]

Dabei muß man nach Sviderskij im Auge haben, daß der Zusammenhang zwischen "unendlich" und "absolut" nur für die reale Unendlichkeit gilt, nicht für die schlechte; diese erhebt die einzelnen Formen, Eigenschaften und Relationen der bewegten Materie zum Absolutum. Keine konkrete raumzeitliche Struktur weist folglich einen unbegrenzten realen Wert auf und kann ihn gar nicht aufweisen. "Was die Anwendung des Begriffs der realen Unendlichkeit auf den Raum und die Zeit überhaupt anlangt, so scheint es, daß dieser Begriff vor allem die Absolutheit der genannten Formen bedeutet im Sinne ihrer Unabänderlichkeit und Unbedingtheit als grundlegende Existenzbedingungen beliebiger Formen der bewegten Materie, wobei dieser absolute Charakter mittels einzelner, relativer Arten raumzeitlicher Strukturen zutage tritt".[136]

Zwar seien Raum und Zeit absolute Existenzbedingungen der Materie, aber wegen der Veränderlichkeit ihres Inhalts, der Materie, seien sie selbst relativ und qualitativ veränderlich; damit seien auch ihre quantitativen Maße relativ und begrenzt. "Folglich kann man nicht sagen, daß die vorliegende, unserem Teil des Alls (ihren makroskopischen Maßstäben) gehörende raumzeitliche Struktur allen Materiezuständen ausnahmslos zugeschrieben werden, d.h. zum Absoluten erhoben werden kann. Mit anderen Worten, man muß die Begrenztheit der konkreten Eigenschaften von Raum und Zeit anerkennen, ebenso wie der konkreten Eigenschaften der bewegten Materie."*[137]

Dies schränkt jedoch nach Sviderskij keineswegs die Vorstellung einer Materie als absoluter Basis aller Erscheinungen und die Grenzenlosigkeit ihrer Zustände ein.

Die Frage nach der Unendlichkeit von Raum und Zeit muß also nach Sviderskij neu gestellt werden; die schlechte Unendlichkeit ist zu verwerfen. Zweifelsfrei wissenschaftlich ist nur die Absolutheit von Raum und Zeit im geschilderten Sinne. Raum und Zeit sind ferner unendlich im Sinne einer *realen Unendlichkeit:* Dies ist die "Überschreitung jedes

* Es scheint also, daß Sviderskij sogar prinzipiell eine Unendlichkeit von Raum und Zeit im gewohnten Sinn ausschließt. Dies würde noch weit über die relativistische Kosmologie hinausgehen.

konkreten Endlichen als dessen Veränderung der Art, daß sie stets eine bestimmte qualitative und quantitative Natur besitzt... Alle raumzeitlichen Maßstäbe und quantitativen Merkmale sind veränderlich, aber ihre Veränderlichkeit divergiert qualitativ in den Grenzen verschiedener Maße und ist durch diese Maße begrenzt".[138] Die reale Unendlichkeit stellt sich nur in engem Zusammenhang mit der Relation "absolut: relativ" dar; sie drückt nur aus, daß die absolute Natur der bewegten Materie in relativen Zuständen sich äußert. Der Widerspruch der Unendlichkeit besteht also nicht in der Einheit einer gegebenen absoluten Qualität und der ihr entsprechenden dimensionslosen Quantität, sondern in der Einheit der relativen Materiezustände und der absoluten Natur der Entwicklung und Veränderung der Materie.[139]

Der Begriff des Absoluten ist aber nach Sviderskij fundamentaler als der des real Unendlichen. "Die Absolutheit von Raum und Zeit weist auf ihre Unabänderlichkeit hin, die sich vermittels von relativen, qualitativen Formen äußert; die reale Unendlichkeit hingegen enthüllt jenen Weg, auf dem die quantitative Veränderung innerhalb einzelner raumzeitlicher Strukturen erfolgt, welche schließlich zur Veränderung der raumzeitlichen Strukturen selbst führen".[140] Die reale Unendlichkeit von Raum und Zeit ist die ständige Möglichkeit der Änderung quantitativer Maße innerhalb jeder konkreten, raumzeitlichen, relativen Struktur; sie ist aber die qualitative Veränderung dieser Strukturen selbst. "Die reale Unendlichkeit soll die Veränderung der qualitativen und quantitativen Seiten der relativen raumzeitlichen Formen kennzeichnen, die den absoluten Charakter von Raum und Zeit verwirklichen".[141]

So zeigt die relativistische Kosmologie die Begrenztheit der raumzeitlichen Struktur unseres Teils des Kosmos; in der Mikrophysik treten wiederum neue raumzeitliche Eigenschaften und Relationen zutage, wie z.B. in der Frage der kleinsten Länge und Dauer.

Im Rahmen dieser Konzeption kritisiert Sviderskij nun die moderne Kosmologie. Die Theorie des expandierenden Alls beruht auf einer "formalen, ungerechtfertigten Übertragung raumzeitlicher Vorstellungen von einem Materiegebiet zu einem anderen, qualitativ verschiedenen, nämlich auf das All".[142] Andere Weltmodelle wie das De Sittersche ergeben sich zwar streng formal aus den Einsteinschen Feldgleichungen, haben aber nichts mit der realen unendlichen Welt zu tun. "Noch mehr kommt ein metaphysischer und offen pfaffenhafter Zug dem kosmologischen Schema des sogenannten nicht-statischen Alls zu" (Friedmann, Lemaître)[143], wenngleich sie astronomisch eine "völlig befriedigende Erklärung der Rotverschiebung gibt".[144]

Die Konzeption des endlichen und expandierenden Alls von Einstein, "eines der größten modernen Physiker", kann "offenbar nicht ohne Gott auskommen", und es ist kein Zufall, daß sie vom Vatikan offiziell gebilligt wird. "Folglich ist es für den Materialismus und die Wissenschaft im ganzen außerordentlich wichtig, jenes Rationale, Wissenschaftliche aufzuhellen, das in der relativistischen Kosmologie liegt, und alles Überlagernde, Metaphysische und Idealistische hinauszufegen".[145] Jedoch ist es nicht möglich, auf die Schlußfolgerungen aus der relativistischen Kosmologie zu verzichten, da sie die "einzig befriedigende Erklärung der vielfach beobachteten Tatsache der Rotverschiebung gibt".[146]

In diesen Worten Sviderskijs liegt wohl eines der folgenschwersten Eingeständnisse der Sowjetphilosophie.

Man muß indes nach Sviderskij alle Verzerrungen dieser Theorie beseitigen. "Als erstes ist die philosophische und naturwissenschaftliche Unwahrheit in den Schlüssen Einsteins, Lemaîtres, De Sitters, Milnes und anderer zu entlarven, die beanspruchen, in ihren Theorien die Gesetzmäßigkeiten des Alls als ganzen darzustellen".[147] Weder mit der Physik noch mit der wissenschaftlichen Philosophie haben die willkürlichen Spekulationen und unzulässigen Annahmen von einer mittleren Dichte im Kosmos, von der Verabsolutierung der positiven Raumkrümmung, der Gesetzmäßigkeit der Fluchtbewegung usw. etwas zu tun. Damit bricht die bürgerliche Kosmologie mit den realen Forschungen. "Sie postuliert willkürlich Sätze über die Eigenschaften von Raum und Zeit im ganzen All, die in der realen Welt überhaupt nicht vorkommen oder der bewegten Materie nur in konkreten und besonderen Fällen zu eigen sind".[148] Äußerst metaphysisch ist die These, die von der allgemeinen Relativitätstheorie für einen begrenzten Teil des Alls festgestellten Eigenschaften von Raum und Zeit gälten für das ganze All. Damit wird ein Grundprinzip des Diamat verletzt und Raum und Zeit von der Materie losgerissen, es wird das Besondere auf das Allgemeine extrapoliert. Diese Taktik wird von den sowjetischen Kosmologen entlarvt, aber zuweilen nicht genügend konsequent. Eine Reihe von sowjetischen Gelehrten wie Fock, Krat, Bogorodskij und Ejgenson versuchen nämlich die Unendlichkeit des Alls durch ein hierarchisches Weltmodell im Sinne Lamberts zu beweisen.

Damit soll mit physikalischen Methoden die Unendlichkeit der Welt bewiesen werden. "Es ist nicht schwer zu zeigen, daß mit naturwissenschaftlichen Methoden prinzipiell weder die Endlichkeit noch die Unendlichkeit der materiellen Welt in Raum und Zeit zu beweisen ist".[149] Dazu müßte man eine konkrete Materieform zum Absoluten erheben, z.B. das Schwerefeld als allgemeine Eigenschaft der physikalischen Formen der Materie ansehen; ohne solche qualitative Verabsolutierung kann man von einer quantitativen Unendlichkeit gar nicht sprechen; dies widerspricht aber der materialistischen Dialektik. Auch die Gravitationsform ist nicht ewig, absolut und universal, ebensowenig wie die übrigen Formen der Materie; gerade die Relativitätstheorie zeigte, daß sie nur auf eine endliche Menge von schweren Massen anzuwenden ist. Es sind neue Tatsachen über die Begrenztheit der Gravitation und der mit ihr zusammenhängenden Struktur der Raumzeit zu erwarten. Redensarten von der Welt als Ganzes sind deshalb sinnleer.*

Damit entfallen nach Sviderskij auch die bekannten Paradoxa: "Die materielle Welt kann nicht aus einer *grenzenlosen* Zahl schwerer Massen bestehen und aus einer unendlichen Zahl leuchtender Sterne. Ihre Zahl muß endlich sein, was indes nicht der Unendlichkeit der materiellen Welt widerspricht; denn diese kann sich nicht in einer unendlichen Zahl homogener materieller Objekte äußern, sondern besteht in der absoluten Existenz der bewegten Materie, welche eine unendliche Mannigfaltigkeit konkreter Seinsformen an den Tag treten läßt".[150] Die Welt besteht mit Vavilov nicht aus "einer farblosen Häufung derselben Wesenheiten in einer großen Menge von Exemplaren", "eine solche Welt ist in ihrer Eintönigkeit unerträglich".[151]

Verschiedene qualitative Zustände der kosmischen Materie sind nach Sviderskij durch spezifische Eigenschaften ihrer raumzeitlichen Existenz gekennzeichnet. Selbst wenn die kurze Zeitskala die realen Eigenschaften der Raumzeit wiedergibt, dann nur für einen bestimmten Teil der Welt mit bestimmter Natur und für eine bestimmte Etappe. Jenseits davon müssen neue Raumzeit-Eigenschaften auftreten; falsch sind daher in diesem Fall nicht die Schlüsse der Kosmologie, sondern nur ihre Verabsolutierung.[152]

Die physikalische Zeit habe ihren Beginn; vorher habe es eine qualitativ

* Dieser Satz kann wohl kaum anders wie als Agnostizismus in Bezug auf einen fundamentalen Erkenntnisgegenstand aufgefaßt werden.

andere Zeit gegeben. Die Frage nach dem Wann des Beginns der gegenwärtigen physikalischen Zeitordnung sei durchaus sinnvoll. Dies verlange indes keinen Schöpfungsakt und keine Zweckursache, denn dem ersten Ereignis unserer Zeitordnung könnten Ereignisse eines anderen Typus vorangegangen sein.[153] Ebenso könne es noch andere Raumzeit-Formen geben als die uns bekannten.

Angesichts dieser Spekulationen Sviderskijs mutet sein Programm einer sowjetischen Kosmologie seltsam an: Im Gegensatz zu den Spekulationen der Idealisten schaffen die sowjetischen Gelehrten "eine wirklich wissenschaftliche kosmologische Theorie, die auf den konkreten Erfahrungstatsachen beruht, welche von der geschichtlich-gesellschaftlichen Praxis verifiziert sind, auf strengen physikalischen und mathematischen Sätzen, die allen Thesen der dialektisch-materialistischen Lehre von Raum und Zeit genügen".[154]

In ähnlicher Richtung liegen auch die Argumente Meljuchins für den Nachweis der Vereinbarkeit von Diamat und moderner Kosmologie. Auch er hält streng an der Substanzialität der Materie und ihrer Unendlichkeit in Raum und Zeit fest, fügt jedoch noch explizit die Unendlichkeit der Eigenschaften hinzu.[155]

Dem Unendlichen wohnt nach Meljuchin ein ausgesprochen irrationales Element inne: Es kann nur für den Grenzfall unendlicher Näherung erkannt werden und wird immer die menschliche Vorstellung übersteigen.[156] Das Problem ist primär ein philosophisches, denn das Unendliche kann nicht unmittelbar Gegenstand der Erfahrung sein.* [157]

Wegen der Relativität der Zeit dürfe man die Unendlichkeit der Zeit nicht so auffassen, als fließe im ganzen All ein und dieselbe Zeit und als sei davon unendlich viel bereits verflossen. Die Relativitätstheorie zeige, daß eine solche einheitliche Zeit für den Kosmos nicht besteht. Die Unendlichkeit der Zeit bedeute, daß die Materie eine unendliche Existenz hatte und haben wird, unabhängig vom zeitlichen Rhythmus ihrer Veränderungen.[158]

Auch der Raum sei nicht im metaphysischen Sinn unendlich, als gäbe es im ganzen All homogene räumliche Relationen; eine solche Homogenität der Struktur sei keineswegs evident; die Einheit der Welt impliziere nicht

* Auch hier wird also die restlose Erkennbarkeit der Welt der These von der Unendlichkeit geopfert. Damit manövrieren Sviderskij und Meljuchin den Diamat in schwere Widersprüche.

die Einheitlichkeit ihrer Struktur, sondern im Gegenteil die Unerschöpflichkeit ihrer raumzeitlichen Formen und Bewegungsgesetze.[159]

Die Schlüsse der modernen Kosmologie seien für eine Lösung des Problems sehr bedeutsam; aber zwingend seien nur die allgemeinen Sätze des Diamat, da man die konkreten Erkenntnisse nur begrenzt anwenden könne. Auch außerhalb der Metagalaxis gebe es eine unendliche Menge anderer kosmischer Systeme verschiedener Struktur.[160] Alle idealistischen Phantasien von einer Endlichkeit der Welt beruhten darauf, daß die metaphysisch eingestellten Gelehrten nicht einmal daran dächten, es könne auch noch andere Weltgebiete geben und die Materie der Galaxien eine vorhergehende unendliche Existenz haben.[161]

Auch ist nach Meljuchin zu bedenken, daß die Dialektik die Einheit der Welt in ihrer Gegensätzlichkeit verlangt; deshalb "kann man kaum dagegen etwas einwenden", wenn man die entgegengesetzten Vorgänge der Expansion und Kontraktion der Materie annimmt. Möglicherweise sei die heutige Expansion das Ergebnis einer vorgängigen Kontraktion. "Es liegt deshalb etwas Anziehendes in der Hypothese, daß in verschiedenen Gebieten des unendlichen Alls nach bestimmten Zeitabschnitten... eine kolossale Konzentration von Materie und Energie erfolgt, wonach die Natur ähnlich dem Märchenphönix jedesmal erneut aus ihrer Asche sich erhebt".[162]

Überhaupt ist nach Meljuchin der Gedanke einer Expansion des ganzen Alls widersprüchig: Wohin soll das All expandieren, wenn es außer ihm nichts gibt? Implizit nehmen die Anhänger der Theorie an, daß die Expansion ins Leere erfolgt*; dies soll zu einer Abnahme der Dichte in dem uns bekannten Teil des Alls und zu ständiger Neuentstehung von Materie führen. (Bondi, Gold, Jordan, Hoyle). Aber eine materielose Leere widerspricht den Grundsätzen des Diamat und der Relativitätstheorie, die keinen Raum ohne Materie kennen. Nimmt man aber, wie es die Expansion impliziert, einen Außenraum als real an, so muß dort Materie sein; damit entfällt die Abnahme der Dichte und die Neuschöpfung der Materie.[163]

Andererseits bestehe Grund zur Annahme, daß unser Gebiet des Kosmos expandiert. Freilich erfuhren die verschiedenen idealistischen Theorien

* Dies ist natürlich ein Mißverständnis Meljuchins: Die Raumzeit ist in keine Über-Raumzeit eingebettet, in die sie expandieren könnte. Was expandiert, sind die Entfernungen zwischen bestimmten kosmischen Objekten.

einer Expansion des ganzen Alls von Seiten der materialistischen Gelehrten eine scharfe Kritik; einige gingen in der Hitze des Gefechtes so weit, auch für unser Gebiet des Alls die Expansion zu leugnen.[164] Mittelbar spreche für die Expansion das Alter der Erde und der Meteoriten (5 Milliarden Jahre) und die große Zahl der Doppelsterne; letztere konnten bei der jetzigen Stoffverteilung nicht zufällig, sondern nur aus einem dichteren Zustand des umgebenden Weltgebiets in früherer Zeit entstehen. Der Einwand, daß einzelne Sternhaufen 10^{12}–10^{14} Jahre alt seien, sei nicht überzeugend, da die Theorie der Sternevolution nach Einstein auf einem weniger festen Fundament als die Feldgleichungen beruhen.[165] Möglicherweise rufe die jetzt beobachtete Expansion in den Nachbargebieten unserer Metagalaxis eine Kontraktion (mit Blauverschiebung) hervor. Auch eine Explosion als Ursache der Expansion wird von Meljuchin nicht abgelehnt, wenngleich er den Namen Lemaîtres dabei verschweigt.[166]

Ein solches dynamisches All würde aber nach Meljuchin einer räumlichen Geschlossenheit und Begrenztheit widersprechen. Jedenfalls gebe es jenseits der Metagalaxis kosmische Systeme anderer Struktur.[167] Die hierarchische Stufenfolge des Alls lasse sich nicht über die uns bekannten Grenzen von 10^{-13} cm (Elektronenradius) und 10^{27} cm hinaus fortsetzen; sie breche an beiden Seiten ab und weiche neuen Formen der strukturellen Organisation der Materie. Wir sähen dies daran, daß man auf ein Teilchen nicht den Begriff eines mechanischen Systems anwenden kann; selbst bei äußeren Einwirkungen mit einer die Eigenenergie des Teilchens um das 1000-fache übersteigenden Energie komme es nur zu einer Umwandlung, nicht aber zu einem Zerfall in Elemente. Dies gelte vermutlich auch für die kosmischen Maßstäbe: Wahrscheinlich sei die Metagalaxis noch nicht die obere Grenze, aber es liege kein Grund zur Annahme vor, daß die Materie sich stets nach denselben Formen vereinigt; so gelte für kosmische Systeme jenseits der galaktischen Haufen ebenso wie für ein Gas im Vakuum ein Überwiegen der kinetischen Energie über die Bindeenergie; die kinetische Energie erreiche nach der Rotverschiebung zu urteilen bis zu 120000 km/sec; auch die Metagalaxis weise zu anderen Systemen eine riesige kinetische Energie auf. Da nun die Bindeenergie (Schwerkraft) mit aufsteigender Ordnung zugleich mit der mittleren Dichte abnehme, so trete ein kritischer Punkt ein, wo die Vereinigung zu einem System unmöglich werde und die weitere strukturelle Organisation

einem neuen Gesetz unterliege. Das All als physikalisches System betrachtet, müßte folglich eine unendliche innere Bindeenergie (Schwerkraft) aufweisen; dies müßte sich an jedem Körper bemerkbar machen, was evident nicht der Fall sei. Folglich beseitige die Theorie des Lambertschen Stufen-Alls nicht das Gravitationsparadoxon, sondern verstärke es.
Ferner sei die Frage zu stellen, wie es zu einem solchen stufenförmigen Bau kam. Kein begrenztes System könne ewig währen, es müsse bestimmte organisierende Kräfte geben; für das unendliche All müßten sie selbst unendlich werden; wir gelangten also zu unendlichen Gravitationspotentialen, welche das hierarchische Modell gerade vermeiden wolle.[168]
Die Expansion beseitigt nach Meljuchin das photometrische Paradoxon ihrerseits nur, wenn man eine Expansion im ganzen unendlichen All annimmt, da sonst das Licht ferner Objekte einfach in den infraroten Teil verschoben wird (und deshalb nicht mehr sichtbar ist) und hier wiederum dasselbe Paradoxon auftreten muß; dies wird aber nicht beobachtet. Um den Sachverhalt zu erklären, muß man eine Expansion für das ganze All annehmen. "Dies ist jedoch völlig unwahrscheinlich, da die Annahme einer solchen Expansion für die Welt als Ganzes zur Anerkennung der Erschaffung der Welt führt".[169]
Nichts könnte deutlicher als diese Worte Meljuchins die Grenze erkennen lassen, an die der Diamat gelangt ist. Wie mit einem grellen Scheinwerferlicht treten plötzlich die Schlagbäume unabweisbarer Fragen aus dem Dunkel. Wie lange wird es dauern, bis sie die mutigsten Denker der Sowjetwissenschaft aufheben, um sich den Weg für eine freie Wahrheitserkenntnis zu öffnen?

10. NEUESTE AUFFASSUNGEN

(A) *Ja. A. Smorodinskij*

Ja. A. Smorodinskij (Moskau) zeigt 1962 im Sammelband *Ejnštejn i razvitie fiziko-mathematičeskoj mysli* (Einstein und die Entwicklung des physikalisch-mathematischen Denkens) den Stand des Problems 1961. Seine Bewertung der ersten kosmologischen Arbeit Einsteins* ist dithyram-

* Kosmologische Betrachtungen zur allgemeinen Relativitätstheorie, *Preuß. Akad. d. Wiss., Sitz.-Berichte* 1917, 1. Teil, 142–152.

bisch. "Es ist schwer und vielleicht unmöglich, in der modernen Naturwissenschaft eine kühnere Idee zu nennen..."[170] Die Einführung des kosmologischen Gliedes nennt er "traurig berühmt", in der Tat zeigte Friedmann, daß eine nicht-stationäre Lösung auch bei $\lambda=0$ möglich ist, da das Newtonsche Potential kein Skalar ist und sich die Gravitationswechselwirkung daher mit der Geschwindigkeit ändert, ebenso wie zwei parallele elektrische Ströme sich abstoßen, aber ruhende Ladungen sich anziehen.* Bei dieser Deutung wird die Entdeckung von λ noch schwieriger. Seine Rolle besteht einfach in der Verringerung der Abstoßung (im statischen All kompensierte es diese völlig) und in der heutigen Entwicklung der Metagalaxis führt es zu keinen qualitativ neuen Effekten.** Smorodinskij geht vom isotropen Modell aus. Kompliziertere Modelle enthalten zu viele Parameter, um sie unterscheiden zu können. Dies hängt mit folgenden Schwierigkeiten zusammen: Im All sind keine Experimente wie Winkelmessung und Synchronisierung der Uhren möglich, die ganze Beobachtung gründet sich auf die Spektralanalyse, die einzige daraus gewonnene Größe ist die Hubble-Konstante; dazu kommt eine mehr als grobe Berechnung der mittleren Dichte der Metagalaxis. Die Größenordnung der Welt-Krümmung auf Grund der Beobachtung ist jedenfalls kleiner als $10^{-11}/1$ Lichtjahr; d.h. die Winkelsumme eines Dreiecks wird erst bei einem Dreieck mit einer Seite von mehreren Milliarden Lichtjahren um 1 Bogenminute von 2π abweichen. Die Änderung der raumzeitlichen Maßstäbe mit der Zeit in einem isotropen expandierenden Modell betrifft nur die Abstände ferner Objekte (der Nebel). Für kleinere Objekte bis zur Milchstraße abwärts müßte man anderenfalls eine solche Maßstabänderung bemerken. In Wirklichkeit werden die Abstände aller Körper durch Kräfte zwischen den Atomen bestimmt; diese sind aber um ein Vielfaches größer als die Gravitationskräfte. Wir können also nur die Abstandsänderung zu einem Nebel im Vergleich zum Lineal des Laboratoriums feststellen. Diese Eigenschaft gestattet es uns, auch von der Konstanz der Wellenlänge eines Licht-

* Smorodinskij weist darauf hin, daß Sudakov mit Erfolg eine Beschreibung der Weltgeometrie mit Hilfe von Bündeln der Teilchenbahnen gegeben habe, siehe E. M. Lifšic, V. V. Sudakov, I. M. Chalatnikov, *ŽETF* 4 (1961) 1847–1855. Siehe S. 436 der vorliegenden Arbeit.

** Damit entfallen aber zunächst alle Varianten der Weltmodelle, die von $\lambda \neq 0$ ausgehen, und der Kreis möglicher Modelle wird sehr eng.

quants im Ruhsystem des strahlenden Atoms zu sprechen.* Es gibt also kein Mittel, um die kosmologische Veränderung des Maßstabs an innergalaktischen Objekten zu entdecken.**

Da wir ein isotropes Modell annehmen, so müssen wir über ein gewaltiges Gebiet mitteln; immerhin ist dies nur etwa 10^{-13} des Volumens der sichtbaren Metagalaxis.*** Smorodinskij untersucht zwei Fälle: (1) Der Stoff besteht aus Teilchen großer Ruhmasse und gleicher Geschwindigkeit; hier kann der Druck als verschwindend angesehen werden; (2) Der Stoff besteht aus Photonen und Neutrinos (relativistisches Gas) mit einem maximalen Druck von $p = \varrho/3$.

Für Fall (1) läßt sich zeigen, daß bei allen drei möglichen Werten von z $G = (9/2)\tau^{2/3}$ wird, wo τ die als Weltzeit genommene Zeigerstellung im Koordinatenursprung (Zeit des Beobachters) ist. In allen drei Weltmodellen kann also die Lösung physikalisch nicht in das Gebiet von negativen τ fortgesetzt werden, da bei $\tau = 0$ die Dichte, die Hubble-Konstante und andere Größen unendlich werden.

* Die Bemerkung Smorodinskijs, daß die Quanteneigenschaften des Atoms in dessen Eigensystem dieselben wie auf der Erde sind, d.h. daß die Plancksche Konstante nicht vom Schwerefeld abhängt, weist auf eine besondere und sehr starke Homogenität der Raumzeit hin. Davon ist natürlich die speziell und allgemein relativistische Rotverschiebung zu unterscheiden, die ja gerade auf der kinematischen und "metrischen" Relativität beruht.

** Dies ist eine Art von Galileischem Relativitätsprinzip, bezogen nicht auf die Konstanz der Lichtgeschwindigkeit, sondern auf die Lichtfrequenz, formulierbar als "Innerhalb eines Nebels sind räumliche Maßstäbe und die Frequenz atomarer periodischer Vorgänge im Ruhsystem zeitlich konstant". Smorodinskijs Begründung zeigt jedoch, daß im Gegensatz zum Relativitätsprinzip dies keine Folge der Raumzeitstruktur ist, sondern eines demgegenüber kontingenten Sachverhalts, nämlich der Kleinheit der Schwerkraft im Mikrobereich gegenüber anderen Kräften.

*** S. A. Einstein, *Grundzüge der Relativitätstheorie*, 1. Aufl., Braunschweig 1956, S. 76–82, sowie L. D. Landau, E. M. Lifschiz, *Lehrbuch der theoretischen Physik*, Bd. II: Feldtheorie, deutsch: Berlin, 1963, S. 351–362. Der Leser wird für das Folgende auf diese Darstellungen verwiesen: Dabei ist die rein räumliche Krümmungskonstante $z = +1$ bei positiver Krümmung, $z = -1$ bei negativer, $z = 0$ bei verschwindender Krümmung, G ist der in die rein räumlichen $g_{\mu\nu}$ eingehende rein zeitabhängige Anteil, A der rein raumabhängige Anteil der Krümmung. Im isotropen Modell nimmt dann die Metrik die Form an $ds^2 = dx_4^2 - G^2A^2\,(dx_1^2 + dx_2^2 + dx_3^2)$ (s. Einstein, a.a.O., 76, Gl. 2). G ist ein Maß für die rein zeitliche Änderung des metrischen Abstands zweier materieller Punkte auf einem räumlichen Schnitt. Im sphärischen Fall ist G der Radius des Raums im Zeitpunkt x_4.

Die Lösungen der kosmogonischen Gleichungen (z.B. von

$$\frac{z}{G^2}+\frac{\dot{G}^2}{G^2}=\tfrac{1}{3}\kappa\varrho$$

für den Fall nicht verschwindender Massendichte) sind offenbar gegenüber einer Verlegung des Ursprungs der Zeit und der Koordinaten nicht invariant. In den kosmologischen Modellen hat nicht nur der absolute Wert der Zeit, sondern auch das Zeit-Intervall einen physikalischen Sinn.*

Bei Fall (2) liegt eine kürzere Zeitskala vor: Während in Fall (1) bei kleinen τ $\tau=2/3\,h$ (h=Hubblekonstante), haben wir bei (2) $\tau=1/2\,h$, m.a.W. ein Modell mit relativistischem Gas führt bei gleichem h und

$$q=\frac{\text{Dichte}}{2\cdot\text{kritische Dichte}}\left(\text{kritische Dichte}=\frac{3h^2}{\kappa}\right)$$

zu einer kleineren Zeitskala als ein Modell mit schwerem Stoff.

Während seiner Bewegung nimmt die Frequenz eines Photons oder Neutrinos proportional zum Krümmungsradius $G(\eta-\chi)$ ab, wobei das im Moment η registrierte Photon zum Moment $\eta-\chi$ emittiert wurde; die Größe der Frequenzänderung kennzeichnet das "Alter" des Teilchens. Dieser Effekt ist die Ursache, daß die Energiedichte des relativistischen Gases proportional zur 4. Potenz der Krümmung ist.[171]

Die Prüfung des Modells erfolgt durch die beiden einzigen verfügbaren Beobachtungsdaten, nämlich die scheinbare Helligkeit des Objekts und die Rotverschiebung. Im allgemeinen können wir weder den Abstand zum Objekt noch dessen Geschwindigkeit messen. Der Zusammenhang zwischen scheinbarer Helligkeit und Rotverschiebung gestattet bei Annahme gleicher absoluter Helligkeit h und q zu finden.**

Das Hoylesche Modell bezeichnet Smorodinskij als "physikalisch unwahrscheinlich" und zudem nicht einmal konstant; es wurde aus einer unkritischen Einstellung gegenüber Theorie und Erfahrung eingeführt.

* Man könnte jedoch unter "Zeitintervall" auch das "Intervall" zwischen dem Weltbeginn und dem jetzigen Augenblick (das Weltalter), verstehen, wie es etwa durch eine Uhr gemessen würde, die im Weltbeginn zu gehen beginnt und an einem beliebigen der Expansion unterliegenden kosmischen Teilchen befestigt ist (die also keinen anderen Beschleunigungen als der Expansion unterworfen bleibt).

** Nach $I = \text{const}\ h^2/z^2\ [1-(1-q)\,z+\tfrac{1}{4}(3-2q-q^2)\,z^2+\ldots]$. z ist natürlich nicht mit der rein räumlichen Krümmungskonstante aus Anm. S. 431 zu verwechseln.

"In diesem Sinne ist es noch schlechter als das Modell mit dem kosmologischen Glied".[172]

Die Beobachtungsdaten beurteilt Smorodinskij wie folgt: Heute scheint es, daß die theoretischen Folgen aus den kosmologischen Gleichungen glaubwürdiger sind als die Beobachtungsdaten: Das wichtigste Material für die Geometrie der Metagalaxis liefert die Rotverschiebung, die bei kleinen z (bis zu $z=0.15$) mit der Formel für die bolometrische Helligkeit als Funktion von z und q übereinstimmt. Die Hauptschwierigkeit besteht in der Wahl der entsprechenden Objekte für die Rotverschiebung; die Abstände zu den fernen galaktischen Haufen sind äußerst schlecht bekannt, verschiedene Bestimmungsmethoden führten immer wieder zu Fehlern. Am sichersten gilt die Methode, die absolute Helligkeit des hellsten Nebels in den Haufen desselben Typus als konstant anzunehmen. Diese Hypothese läßt sich jedoch nicht unabhängig beweisen, sondern nur, wenn sie zusammen mit einfachen kosmologischen Modellen und der Beobachtung zu einem widerspruchsfreien Bild führt. "Die Aufgabe besteht vorläufig eher in der Ermittlung befriedigender Methoden, die theoretischen und empirischen Schlußfolgerungen aufeinander abzustimmen als in der realen Prüfung der Theorie."[173]

Die Messung der Rotverschiebung an nicht allzu fernen Objekten zeigt die Existenz des Friedmannschen Effekts. Der wahrscheinlichste Wert von h ist 75 km/sec. megaparsec. ($1/h=13.10^9$ Jahre). Früher hat man auf Grund eines Irrtums in der Abstandsbestimmung den doppelten Wert von h angenommen.* In dieser Lage läßt sich schwer etwas über Fehler in der Bestimmung von h sagen; vermutlich werden weitere Präzisierungen nicht zu einer Vergrößerung von h führen. Auf jeden Fall muß der gegenwärtige Wert von τ größer als das radiochemisch bestimmte Alter der Erde ($\sim 6.10^9$ Jahre) und als das geschätzte Alter der Nebel (bis zu 20.10^9 Jahre). Selbst bei dem jetzigen Wert von h stimmt die Altersbestimmung der Welt nicht völlig mit diesen Werten überein. Blei-

* Kennt man von einem Stern seine Periode, so läßt sich auf Grund der Perioden-Leuchtkraft-Beziehung seine Leuchtkraft und aus dem Vergleich mit der scheinbaren Helligkeit seine Entfernung bestimmen. Besonders geeignet sind dafür die δ Cep-Veränderlichen der Kleinen Magellan-Wolke. Die Baadeschen Untersuchungen ergaben, daß es jedoch zwei Typen von δ Cep-Sternen gibt, mit einem Nullpunktsunterschied für die Eichung der Perioden-Leuchtkraft-Beziehung von 1^m5, was einem Faktor 2 in der Entfernungsbestimmung entspricht.

ben wir bei isotropen homogenen Modellen, so ist sowohl eine Zunahme des Werts von h als eine Revision des Alters der Nebel zu erwarten. Ein Teil der falschen Schätzung von h geht dabei vermutlich auf die grobe Beschreibung des Verhaltens des Modells bei Expansionsbeginn zurück. Während Einstein 1945 angesichts des Widerspruchs zwischen dem geschätzten Wert von h und dem Alter der Erde keinen vernünftigen Ausweg sah*, sind die Widersprüche heute praktisch verschwunden und "die geringen Abweichungen berechtigen noch weniger als auf Grund der Daten von 1945, an der Richtigkeit der Kosmologie von Einstein-Friedmann zu zweifeln."[174] Folglich haben wir keinen Grund, das homogene Modell zu verlassen und unnatürliche Modelle mit dem kosmologischen Glied oder das ihm verwandte stationäre Modell zu verteidigen, die mit der Erfahrung nicht zu vergleichen sind.

Auf Grund der Berechnungen von Baum** beträgt der Wert von $q=1 \pm 0.5$. Stimmt dieser Wert (was angesichts der großen Streuung der Punkte fraglich ist), so ist die Geometrie der Metagalaxis ähnlich einem ebenen Modell oder besitzt eine geringe positive oder negative Krümmung. Wir können aus dem Wert für q auch die mittlere Dichte mit $(1 \text{ bis } 3)\cdot 10^{-29}$ gr/cm^3 berechnen. Oort gibt 1958 für die Dichte des sichtbaren Stoffs 10^{-31} gr/cm^3. Es muß jedoch noch eine beträchtliche Menge dunkler Materie existieren. Allen gibt 1960 eine mittlere Stoffdichte von 10^{-29} gr/cm^3. Die Strahlungsdichte beträgt kaum mehr als 0.01% dieses Wertes. Auch die Dichte der Neutrinos wird wenig an dem gefundenen Wert ändern.***

Da die Dichte nahe der kritischen Dichte $\varrho=3h^2/\kappa$ ist, so kann man vielleicht $\varrho=\varrho_{\text{krit}}$ setzen, was bei einem geringen Weltalter unabhängig vom Modell gilt.†

Die Rolle der Neutrinos führt nach Smorodinskij zu interessanten Überlegungen: Läge die Dichte der Neutrinos bei der oberen Grenze,

* Noch in der Auflage von 1956 seiner *Grundzüge* sprach er von "Zweifeln an dem Zutreffen der Theorie". S. A. Einstein, *Grundzüge*, S. 79.

** Smorodinskij zitiert nach W. A. Baum, *Astrophys. J.* 62 (1957) 6.

*** Smorodinskij gibt für die Dichte der Neutrinos einen Wert zwischen 10^{-7} und 10^{-2} MeV/cm^3 an; jedenfalls kann die Dichte der Neutrinos und Antineutrinos den Wert der übrigen Dichte 10^{-29} g/cm^3 nicht übersteigen. *(Ejnštejn i razvitie*, str. 113. Siehe auch Ja. B. Zeldovič und Ja. A. Smorodinskij, *ŽETF* 41 (1961) 907.

† Hier wird in einer Fußnote (S. 111) die Möglichkeit eines zeitlichen Beginns berücksichtigt. So versteckt man in der Sowjetwissenschaft das fundamentalste Problem der Astronomie!

so würde die Weltgeometrie durch die Neutrinos festgelegt. Aber auch wenn ihre Dichte nur gering ist, so stellen sie einen wesentlichen Faktor für die Evolution des Alls dar. Da die Dichte der Neutrinos in die Vergangenheit wie G^{-4}, die des schweren Stoffs nur wie G^{-3} zunimmt, so wächst die relative Dichte der Neutrinos so lange, bis der gesamte Stoff relativistische Geschwindigkeiten annimmt, was ungefähr bei Abnahme des Radius auf ein Millionstel von 10^{-6} R_e eintritt. Damit läßt sich die heutige Ladungsasymmetrie der Welt erklären: Verschiedentlich wurde die Hypothese ausgesprochen, daß diese auf eine Fluktuation zurückgeht, die unsere Protonen-Elektronenwelt von der Antiprotonen-Positronen-Welt abtrennte. War die Dichte der Neutrinos und Antineutrinos in der Vergangenheit tatsächlich groß, so vollzog sich die Fluktuation in einer ladungssymmetrischen Welt, die aus Neutrinos und Antineutrinos bestand. Dieser symmetrische "Hintergrund" degenerierte mit der weiteren Entwicklung, seine Energiedichte nahm um ein Vielfaches ab und nur der schwere Stoff blieb der Beobachtung zugänglich.* "Obwohl dieses Bild den Charakter der Phantasie trägt, so scheint doch das Vorhandensein einer großen Dichte der Neutrinos und Antineutrinos in früheren Entwicklungsetappen des Universums glaubwürdig. Die Rolle dieser Teilchen in der Kosmologie ist evident ungenügend erforscht".[175]

Alle beschriebenen Modelle haben nach Smorodinskij Besonderheiten bei $\tau=0$: Die Metrik wird singulär, Stoffdichte und Raumkrümmung werden unendlich. Das Modell positiver Krümmung trägt zudem noch eine Singularität bei $\tau=2\pi G_0$.** Es ist wichtig zu klären, ob die Existenz eines Anfangs aus der Zeitrechnung der Relativitätstheorie folgt oder eine Eigenschaft homogener Modelle ist. Lifšic, Chalatnikov und Sudakov zeigten***, daß die Besonderheiten nicht immer eine notwendige Eigenschaft der Lösung darstellen, sondern im Gegenteil eine große Klasse von Lösungen der Feldgleichungen existiert, für welche die Dichte niemals unendlich wird. Ein Modell positiver Krümmung geht bei seiner weiteren Entwicklung niemals durch einen Zustand unendlicher Dichte. Die neue

* Siehe auch B. M. Pontecorvo und Ja. A. Smorodinskij, *ŽETF* 41 (1961) 239.

** In vierdimensionalen sphärischen Koordinaten wächst die Kugelfläche einer isotropen Hypersphäre (des Analogons zum Raum konstanter Krümmung) bis zu einem Maximum, um dann am entgegengesetzten Pol auf Null zusammenzuschrumpfen.

*** Siehe S. 436f.

Expansion kann dabei einsetzen, lange bevor die Dichte vom Erd-Standpunkt aus groß wird. Es ist keineswegs obligatorisch, daß die Dichte nuklear wird und Kernreaktionen die Anwendung der kosmologischen Gleichungen verhindern. Das Modell kann vielmehr bereits bei Erreichung eines Abstands zwischen den Nebeln von der Größenordnung der Nebel selbst instabil werden und aus der Kontraktion in die Expansion übergehen. "Obwohl diese Frage noch weiter untersucht werden muß, ist schon jetzt klar, daß kein Grund zur Annahme vorliegt, daß ein isotropes Modell das Verhalten der Metrik der Metagalaxis in der Nähe der Besonderheiten richtig beschreibt".[176]

Auf Grund von allgemeinen Überlegungen können wir nach Smorodinskij überhaupt keine Schlüsse auf die Geschichte des Modells ziehen. Seine Anfangsgeschichte wurde offenbar durch konkrete Anfangsbedingungen bestimmt, insbesondere den Mechanismus der Bildung der Nebel und Sterne, und läßt sich nicht aus allgemeinen Überlegungen rekonstruieren. Folglich können wir z.Zt. nichts darüber sagen, ob die Metrik bei Beginn des Zustands durch ein sehr dichtes Plasma mit Kernreaktionen und Elementbildung bestimmt wurde oder ob es überhaupt keine so großen Dichten gab und die Elemente nur im Sterninnern entstanden.*[177]

(B) *Die Gruppe Landau*

Das ganze Problem des zeitlichen Beginns wurde durch die Arbeiten von Lifšic, Chalatnikov und Sudakov 1960 und 1961 in ein neues Licht gerückt.[178] Lifšic ist engster Mitarbeiter Landaus und hat gemeinsam mit ihm das grundlegende sowjetische Lehrbuch über theoretische Physik geschrieben. Auch die o.g. Arbeit wurde von Landau gefördert.

Die Verfasser diskutierten das Problem, ob mit der mathematisch weitgehenden Annahme eines isotropen und homogenen Modells – das zudem in der Wirklichkeit höchstens Näherungscharakter trägt – wesentliche Eigenschaften der kosmologischen Lösung der Feldgleichungen zusammenhängen, darunter vor allem die Existenz eines besonderen Punktes nach der Zeit. Das Grundproblem ist, ob die Existenz einer Singularität

* Hier scheint Smorodinskij aber doch wieder einen Beginn ("Beginn des Zustands") des Universums anzunehmen und zwar gerade, um jene konkreten Phänomene zu diskutieren, die durch die abstrakten Überlegungen von Lifšic, Chalatnikov und Sudakov nicht erklärt werden können.

unabhängig von den besonderen Annahmen über Materieverteilung und Gravitationsfeld eine allgemeine Lösung der Feldgleichungen darstellt. Wenn ja, dann existiert eine allgemeine Lösung der Feldgleichungen, welche eine Singularität besitzt und ebensoviele willkürliche Funktionen der Koordinaten enthält, als zur Vorgabe willkürlicher Anfangsbedingungen zu einem bestimmten Zeitpunkt nötig sind. Gibt es hingegen keine Lösung mit dieser Zahl der Funktionen, dann führt eine willkürliche Materie- und Feldverteilung i.a. nicht zu einer Singularität. Dabei handelt es sich nicht um die Wahl des Bezugssystem, sondern um die rein "physikalisch verschiedenen" willkürlichen Funktionen, deren Zahl durch keine Koordinatenwahl zu vermindern ist. Es muß acht solcher Funktionen geben: Eine für die Materiedichte, drei für die Geschwindigkeitskomponenten und vier für das freie Gravitationsfeld.

Die Verfasser treten zunächst eine Art von Beweis und antiparallelem Gegenbeweis an: Sie zeigen nämlich die Unvermeidbarkeit der Singularität bei den Lösungsklassen aufsteigender Allgemeinheit, weisen aber zugleich nach, daß die Lösungen nicht genügend willkürliche Funktionen besitzen, um der nötigen Zahl physikalisch möglicher Bedingungen zu genügen. M.a.W. die Lösungen enthalten zusätzliche Annahmen, welche nicht der physikalischen Situation bei $t=0$, sondern rein mathematischen Erwägungen entspringen.

Für ein isotropes und homogenes Raummodell läßt sich eine allgemeine Lösung finden, wo in der Nähe des besonderen Punktes $t \to 0$ die Metrik $g_{\alpha\beta} = ta_{\alpha\beta} + t^2 b_{\alpha\beta}$* wird. Die Größen $a_{\alpha\beta}$ sind Funktionen der Koordinaten und entsprechen einer konstanten räumlichen Krümmung. Es läßt sich zeigen, daß die $a_{\alpha\beta}$ willkürlich gewählt werden können. Durch Transformation der drei räumlichen Koordinaten läßt sich der Tensor $a_{\alpha\beta}$ diagonal machen; damit enthält die Lösung nur drei "physikalisch verschiedene" willkürliche Funktionen der Koordinaten, welche durch die Anfangsbedingungen (nach der Zeit) gegeben sind. Die Energieverteilung wird bei $t \to 0$ homogen, Druck und Energiedichte der Materie werden unendlich. Die Lösung existiert nur bei einem von Materie erfüllten Raum. Der Gravitationskollaps setzt auf einer Hyperfläche $t = \varphi(x^\alpha)$ ein, die eine besondere Fläche für die Lösung der Feldgleichungen darstellt. Es läßt sich zeigen, daß die Fläche $t = \varphi$ in eine Hyperebene $t=0$ transformiert

* Die griechischen Indices kennzeichnen hier rein räumliche Werte.

werden kann, ohne daß die angenommenen Bedingungen der vollständigen Homogenität und Isotropie der Materieverteilung im Raum verletzt werden.*

Im Fall einer zentral-symmetrischen Materieverteilung muß die allgemeine Lösung zwei physikalisch verschiedene willkürliche Funktionen der Radialkoordinate enthalten, nämlich für die Anfangsverteilung der Materiedichte und die Radialgeschwindigkeit. Freiheitsgrade, die einem freien Gravitationsfeld (Gravitationswellen) entsprechen, liegen nicht vor, da ein freies Gravitationsfeld nicht zentral-symmetrisch sein kann.

Die Lösung der Feldgleichungen in einem mitbewegten Koordinatensystem enthält zwei physikalisch verschiedene, willkürliche Funktionen. Die Lösung führt dabei zu einer eigenartigen Form des Gravitationskollapses: Mit $t \to \Phi(r)$** wachsen alle radialen Längen unbegrenzt an, während die peripheren Abstände nach Null gehen. Dem Einsetzen des Kollapses entspricht die Hyperfläche $t = \Phi(r)$. Alle Volumina streben ebenfalls nach Null und die Materiedichte wird dementsprechend unendlich. Ist hingegen $\Phi = \text{const}$ bzw. $\Phi = 0$, so gehen alle Abstände mit der gleichen Potenz von t nach Null.

Unter Annahme der Zustandsgleichung beim Zeitbeginn $p = \varepsilon/3$, wo p der Druck, ε die Energiedichte der Materie ist, erhalten wir drei willkürliche Funktionen von r; davon sind zwei Funktionen physikalisch verschieden. Diese Lösung läßt sich als Sonderfall einer allgemeineren Lösungsklasse zeigen, wo die Koordinaten einen beliebigen geometrischen Charakter annehmen; die Lösung kann z.B. "zylindrisch" oder "eben" sein. Diese Lösung enthält vier willkürliche Funktionen der Koordinaten. Sie kann auch für den materiefreien Raum gewonnen werden: In diesem Fall bleiben nur zwei willkürliche Funktionen.

Eine noch allgemeinere Lösungsklasse findet man, wenn man die $g_{\alpha\beta}$ in der Nähe der Singularität in der Gestalt

$$g_{\alpha\beta} = t^{2p_1} l_\alpha l_\beta + t^{2p_2} m_\alpha m_\beta + t^{2p_3} n_\alpha n_\beta \tag{1}$$

darstellt. Die Vektoren $\hat{l}, \hat{m}, \hat{n}$ sind Funktionen der Koordinaten, auch die Exponenten p_1, p_2, p_3 können Funktionen der Koordinaten sein. Auch

* Diese für die Beweisführung entscheidende Behauptung widerspricht aber der Tatsache, daß in endlichen, mit Massen erfüllten Raumgebieten R_{iklm} nicht wegtransformiert werden kann; hier kann man also keine Hyperebene konstruieren.

** Φ ist eine willkürliche Funktion von r.

hier tritt eine Singularität auf, deren physikalischer (nicht-fiktiver) Charakter durch das Unendlichwerden von Skalaren bewiesen wird, z.B. von

$$R_{iklm}R^{iklm}$$

In den Ausdruck für $g_{\alpha\beta}$ gehen insgesamt zehn verschiedene Funktionen der Koordinaten ein: Je drei für die Vektoren $\hat{l}$, $\hat{m}$, $\hat{n}$ und eine der Funktionen p_1, p_2, p_3.*

Zwischen diesen zehn Funktionen bestehen indes vier Gleichungen, um den Feldgleichungen zu genügen. Ferner können noch die drei räumlichen Koordinaten transformiert werden, so daß wir nur drei physikalisch verschiedene willkürliche Funktionen der Koordinaten haben. Dies ist aber um eine Funktion weniger, als für die Vorgabe willkürlicher Anfangsbedingungen in einem materiefreien Raum verlangt wird. Dieser Fall verlangt vier Größen, welche das freie, (d.h. nicht an Materie gebundene) Gravitationsfeld ausdrücken: Da die Gravitationswellen Transversalwellen sind, so wird ihr Feld durch zwei Komponenten g_{ik} bestimmt, die der Wellengleichung genügen.

Für den materieerfüllten Raum kommen noch vier weitere willkürliche Anfangsbedingungen hinzu, nämlich die räumliche Anfangsverteilung der Materiedichte und ihre drei Geschwindigkeitskomponenten. Die den Feldgleichungen genügenden Gleichungen enthalten ebenfalls die Singularität: Bei $t \to 0$ nehmen die linearen Abstande in zwei Richtungen ab und wachsen in der dritten, dabei nehmen die Volumina mit t ab. Die Materiedichte wird in jedem Raumpunkt nach $\varepsilon \sim t^{-2\,(1-p_3)}$ unendlich, was ein Beweis für den physikalischen (nicht-fiktiven) Charakter der Singularität in diesem Fall ist. Die Geschwindigkeit der Materie nähert sich der Lichtgeschwindigkeit.

Aber auch diese Lösung ist noch nicht allgemein, da sie statt acht nur sieben willkürliche Funktionen enthält (die drei Funktionen der Lösung für den materiefreien Raum plus Energiedichte und drei Geschwindigkeitskomponenten). Die Unvollständigkeit äußert sich u.a. an der Instabilität dieser Lösung: Die allgemeine Lösung muß definitionsgemäß völlig stabil sein; keinerlei kleine Störungen dürfen ihren Charakter verändern, da sie ja willkürliche Anfangsbedingungen zuläßt. Das Problem der Existenz einer allgemeinen Lösung mit einer Singularität hängt eng

* Von diesen Funktionen ist nur eine unabhängig, da sie zur Erfüllung der Feldgleichungen durch $p_1 + p_2 + p_3 = p_1^2 + p_2^2 + p_3^2 = 1$ verknüpft sind.

mit dem Charakter der Instabilität zusammen und verlangt eine besondere Untersuchung.*

Ohne das somit aufgestellte Programm nun weiter auszuführen, gehen die Verfasser zu einem unmittelbaren Beweis für den fiktiven Charakter der Singularität über. Dieser Beweis ist jedoch nicht mehr rein mathematischer, sondern gemischt logisch-geometrischer Natur. Außerdem enthält er keine Antwort auf das Problem, weshalb – wie die Verfasser ja oben ausdrücklich feststellen – die Singularität in der allgemeinsten gefundenen Lösung nicht fiktiv ist, nun aber dennoch als fiktiv nachgewiesen werden soll. Wir haben daher besonders sorgfältig jeden Schritt der Beweisführung zu verfolgen. Sie gliedert sich in folgende Argumente:

1. Wir nahmen die Existenz einer Singularität an und suchten die allgemeinsten Lösungen. Deren Zahl ist geringer, als zur Vorgabe einer willkürlichen Verteilung von Materie und Feldern in der Nähe der Singularität erforderlich ist. Die Vorgabe willkürlicher Verteilungen führt also nicht zu einer Singularität.** Diesem Punkt widmen die Verfasser (Lifšic, Sudakov, Chalatnikov) einen besonderen Aufsatz (*ŽETF*, Juni 1961). Hier begründen sie den letzten Satz des vorigen Abschnitts wie folgt:

Es gibt eine geometrische Ursache für das Auftreten der Singularität

* Diese fehlt in der angeführten Arbeit, womit die Beweisführung lückenhaft wird.

** Dieser Schluß ist nicht zwingend: Zunächst muß nachgewiesen werden, daß die gefundenen Lösungen wirklich die allgemeinsten sind – eine Hypothese, die immer von der Falsifikation bedroht bleibt, solange nicht der Beweis geführt wird, daß die Reihe aufsteigender Allgemeinheit gerade bei dieser Lösungsklasse abbricht. Ist dieser Beweis aber erbracht, so fehlt noch der physikalische Beweis, daß der Anfangszustand der Welt durch acht beliebige Funktionen darstellbar ist; es könnte ja sein, daß Gott nur sieben unabhängige Parameter zuließ. Aber selbst dies zugegeben, beweist der "Passivsaldo" der Lösungen noch nicht, daß die Vorgabe willkürlicher Verteilungen eine Singularität ausschließt, ja noch nicht einmal, daß sie dadurch nicht erzwungen wird. Dazu bedarf es eines besonderen Beweises, will man sich nicht einer *petitio principii* schuldig machen. Der positive Nachweis für den fiktiven Charakter der Singularität wäre erst erbracht, wenn bei einer gleichen Zahl von Lösungen und notwendigen Zustandsgleichungen bei $t = 0$ die Singularitäten wegtransformiert werden könnten. Aber selbst gesetzt den Fall, dies könnte man, so wäre dies kein Einwand gegen die Weltschöpfung, denn Gott hätte eben dann nur eine einzige Singularität, nämlich $t = 0$, zugelassen, während alle anderen Parameter schon bei Weltbeginn singularitätsfrei waren. Außerdem sind die Singularitäten nur fiktiv im Sinne der Wegtransformierbarkeit für eine bestimmte Klasse von Bezugssystemen. Verlangen die realen physikalischen Anfangsbedingungen eine Klasse hervorgehobener Bezugssysteme, so könnte es sein, daß diesen gegenüber die Singularitäten nicht verschwinden. Möglicherweise besteht eine Analogie zum Problem der "Realität" von Gravitationsfeldern, die allein der Koordinatenwahl entspringen.

$g=0$ bei $t=0$, nämlich die speziellen Eigenschaften eines synchronisierten Bezugssystems. Diese Ursache besitzt deshalb evident keinen physikalischen Charakter. Eine willkürliche Metrik gestattet auch sich nichtschneidende Scharen zeitartiger Geodäten.

Der nun folgende Satz schränkt aber sofort den vorhergehenden ein: Die Krümmung der realen Raumzeit, wie sie in der Gleichung $R_0^0 \leqslant 0$ zum Ausdruck kommt, führt indes zu einer Metrik, welche solche Scharen ausschließt, so daß sich die zeitartigen Linien in jedem synchronisierten Bezugssystem unbedingt schneiden.* Selbst in einem ebenen Viererraum schneiden sich die zu einer willkürlich gewählten Ausgangshyperfläche normalen Geodäten. Dies legt besonders deutlich den fiktiven Charakter der Singularität zutage.**

Die Singularität ist demnach keine allgemeine Eigenschaft kosmologischer Lösungen, sondern hängt mit speziellen Annahmen über den Charakter der Verteilung der Materie und des Gravitationsfelds zusammen.

2. Die Zahl der physikalisch verschiedenen willkürlichen Funktionen kann durch keine Koordinatenwahl verringert werden. Sie ist im allgemeinen Fall acht.

3. Landau wies zwar schon längst darauf hin, daß unter den Bedingungen $g_{0\alpha}=0$, $g_{00}=-1$*** die Determinante g in einer endlichen Zeit Null wird.

* Die Verfasser sagen "in jedem synchronisierten Bezugssystem"; würden sie sagen "in jedem Bezugssystem, das mit der realen physischen Situation verträglich ist", so entfiele ihre ganze, auf die Geometrie gestützte Beweisführung. In der Tat kommen wir zu parallelen zeitartigen Geodäten nur in einem ebenen Viererraum mit einer ebenen Ausgangshyperfläche.

** Der Schluß ist unkorrekt: Wohl können wir eine Singularität der Metrik auch im ebenen Raum durch die Wahl der Ausgangshyperfläche erzwingen und damit auch wieder aufheben. Aber wegtransformieren könnten wir sie für einen real gekrümmten Kosmos nur, wenn wir in endlichen Raumzeitgebieten immer zur ebenen Geometrie übergehen könnten. Dies wird aber gerade durch die allgemeine Relativitätstheorie ausgeschlossen. Das Argument der Verfasser führt also zu einem logischen Widerspruch: Lösungen der Feldgleichungen können nicht den Voraussetzungen der Feldgleichungen widersprechen. Die Lage ist analog dem Problem der Kovarianz: Auch die spezielle Relativitätstheorie *kann* allgemein kovariant formuliert werden, die allgemeine Relativitätstheorie *muß* es. Ebenso wie dort ein invariantes Kriterium für die reale Raumzeitmetrik das Verschwinden oder Nichtverschwinden von R_{iklm} ist, so hier das Verhalten eines Skalars wie $R_{iklm}R^{iklm}$ bei $t=0$, worauf auch die Verfasser selbst hinweisen (er wird nämlich unendlich).

*** Dies ist die Bedingung für die Synchronisierung von Uhren in verschiedenen Raumpunkten. Ein solches Bezugssystem nennen Landau und Lifšic daher "synchronisiert". Die Koordinatenlinien der Zeit sind hier geodätische Linien im vierdimensionalen Raum. Die Konstruktion eines synchronisierten Bezugssystems ist im Prinzip immer

Dennoch folgt daraus noch nicht die Notwendigkeit einer wahren physikalischen Singularität, da das Verschwinden von $-g$ bei $t=0$ beim Übergang zu anderen Bezugssystemen möglicherweise vermieden werden kann. Das Verschwinden von $-g$ ergibt sich vielmehr aus dem Charakter des Bezugssystems: In dem synchronisierten Bezugssystem stellen die Zeitlinien eine Schar von Geodäten dar; sofern ihnen nicht die besondere Bedingung der Parallelität auferlegt wird, schneiden sie sich auf dem vierdimensionalen Analogon zur Kaustik der geometrischen Optik. Dies führt zum Verschwinden der entsprechenden Komponenten des metrischen Tensors, so daß auch die Determinante g verschwindet. Folglich ist die Singularität der Metrik hier nicht physikalischer Natur.*

Vom analytischen Standpunkt heißt dies, daß in einem synchronisierten Bezugssystem eine allgemeine Lösung mit einer fiktiven Singularität vorliegt. Diese Lösung muß für den leeren Raum acht willkürliche Funktionen der Koordinaten enthalten: Vier für das Gravitationsfeld im Anfangspunkt, dabei bleiben noch drei willkürliche Transformationen der rein räumlichen Koordinaten offen, sowie ferner eine Funktion für die Festlegung der Ausgangs-Hyperfläche. Die kaustische Hyperfläche muß dabei zeitartig sein. Einer der Hauptwerte des metrischen Tensors wird entsprechend dem nach Null gehenden Abstand zwischen den geodätischen Zeitlinien auf der Kaustik Null. Die Willkür in der Wahl der räumlichen Koordinaten kann man benutzen, um die ersten Glieder der Zerlegung der Metrik in der Nähe der Singularität auf eine Gestalt zu bringen, wo das räumliche Element der Länge $\mathrm{d}l$ durch die Gleichung

$$\mathrm{d}l^2 = g_{\alpha\beta}\,\mathrm{d}x_\alpha\,\mathrm{d}x_\beta = a_{ab}\,\mathrm{d}x^a\,\mathrm{d}x^b + (t-\varphi)^2\,a_{33}\,\mathrm{d}x_3^2 + 2(t-\varphi)^2\,a_{a3}\,\mathrm{d}x^a\,\mathrm{d}x^3 \tag{2}$$

dargestellt wird; die Indices a, b durchlaufen die Werte 1, 2. φ gibt die Form der Kaustik. Durch eine Transformation kann $\varphi=x^3$ gemacht

möglich. Landau-Lifšic, *Feldtheorie*, S. 369–371. Es läßt sich zeigen, daß die Feldgleichungen in diesem System zum Verschwinden der Determinante $-g$ bei $t=0$ führen, wobei $-g$ nicht schneller als t^6 gegen Null strebt (a.a.O., S. 379).

* Dieser Schluß scheint mindestens voreilig: Dazu müßte man nachweisen, daß für das Verhalten des kosmologischen Modells in der Nähe von $t=0$ die Isomorphie zwischen Weltmodell und Geometrie verletzt wird. Insbesondere ist zu zeigen, daß auch ein metrisches System, in dem die Zeitkoordinaten parallel sind, das Verhalten der Welt in der Nähe von $t=0$ richtig beschreibt. Dies würde zu weitgehenden Folgerungen führen, z.B. im Hinblick auf die Tatsache, daß der Begriff der Parallelität in der Riemannschen Metrik sinnlos ist.

werden, so daß in dieser Metrik nur noch fünf willkürliche Funktionen der drei Koordinaten übrig bleiben.

Die in der Metrik (2) auftretende Singularität ist indes nicht gleichzeitig, sondern wird durch verschiedene Raumpunkte zu verschiedenen Zeiten erreicht. Es läßt sich jedoch ein synchronisiertes Bezugssystem einführen, in dem die Singularität gleichzeitig im ganzen Raum eintritt. Sie kann aber nicht auf einer Hyperfläche liegen, welche die Zeitlinien in deren Schnittpunkten tangiert, da die in ihr liegenden zeitartigen Intervalle die Gleichzeitigkeit der Singularität ausschließen. Die Zeitlinien müssen sich also auf einer Punktmannigfaltigkeit schneiden, die eine geringere Dimensionszahl als die Hyperfläche besitzt, d.h. auf einer zweidimensionalen "Brennfläche" der Geodäten im Viererraum. Wir wählen eine willkürliche Brennfläche, konstruieren in jedem ihrer Punkte alle möglichen Richtungen der Normalen und ziehen Geodäten in Richtung der Normalen. Damit gewinnen wir ein synchronisiertes Bezugssystem, das die gewünschte Eigenschaft besitzt. In dieser Gestalt enthält die allgemeine Lösung natürlich dieselben vier physikalisch verschiedenen willkürlichen Funktionen zur Vorgabe einer willkürlichen Verteilung des Gravitationsfelds. Sie besitzt jedoch eine Funktion weniger als Lösung (2), da die Hyperfläche, welche zur Fokussierung der zu ihr normalen Geodäten führt, keineswegs willkürlich gewählt werden kann. Wir können also durch eine Koordinatentransformation die Singularität beseitigen, aber nur durch Verzicht auf das synchronisierte Bezugssystem. Man kann sich z.B. unmittelbar davon überzeugen, daß der Skalar $R_{iklm}\, R^{iklm}$ keine Singularität besitzt. Der fiktive Charakter der Singularität in den diskutierten Lösungen ergibt sich also bereits aus der Konstruktion der Lösungen.* Die

* Das Problem spitzt sich also auf die Frage zu: Können wir auf ein synchronisiertes Bezugssystem verzichten, ohne die physikalischen Voraussetzungen zu verletzen? M.a.W. impliziert die Annahme eines Weltbeginns nicht die Benutzung synchronisierter Bezugssysteme, da der Ausdruck "Weltbeginn" durch "gleichzeitiges Eintreten der Singularität für alle Raumpunkte" definierbar ist. Die logische Situation ist dann wie folgt: Die Annahme eines Weltbeginns verlangt die Verwendung synchronisierter Bezugssysteme; nicht aber impliziert die Verwendung synchronisierter Bezugssysteme die Annahme eines Weltbeginns, sondern dieser ergibt sich erst aus den Lösungen der Feldgleichungen in synchronisierten Bezugssystemen. Zudem muß man zwischen Weltbeginn und Singularität unterscheiden. Daß $t = 0$ gesetzt wird, gehört zu den Voraussetzungen dieser Untersuchung und wird auch durch den vorgeblich fiktiven Charakter der Singularitäten nicht aufgehoben, auch nicht dadurch, daß die Singularitäten verschiedene Raumpunkte zu verschiedenen Zeiten erreichen. Im Gegenteil, ein Vermeiden der Singularitäten macht die Annahme eines absoluten Nullpunkts von t

Einführung von Materie ändert daran qualitativ nichts, die Materiedichte bleibt endlich. Dies wird besonders deutlich, wenn man bedenkt, daß die Materie in einem synchronisierten Bezugssystem sich auf Weltlinien bewegt, die nicht mit den Zeitkoordinaten zusammenfallen und im allgemeinen nicht einmal geodätisch sind. Eine Ausnahme ist nur eine staubartige Materie mit verschwindendem Druck; hier bewegt sich die Materie auf Geodäten. In diesem Fall widerspricht die Synchronisierungsbedingung nicht der Bedingung, daß das Bezugssystem mitbewegt ist (die Materie bewegt sich längs der Zeitkoordinaten).

Für eine willkürliche Zustandsgleichung ist dies natürlich unmöglich. Bei $p=0$ wird also die Materiedichte einfach als Folge des Sich-Schneidens der Teilchenbahnen auf der Kaustik unendlich. Es ist klar, daß diese Singularität der Dichte keinen physikalischen Charakter hat und durch einen von Null verschiedenen, sonst beliebig kleinen Druck beseitigt wird.

Damit entfällt nach Meinung der Verfasser auch ein Grund, neben der Lösung mit einer fiktiven Singularität eine zweite Lösung anzunehmen, die ebenfalls allgemein wäre und eine echte Singularität aufwiese. Die allgemeinste Lösung mit einer echten Singularität ist die o.g. Gleichung (1)

$$g_{\alpha\beta} \cong t^{2p_1} l_\alpha l_\beta + t^{2p_2} m_\alpha m_\beta + t^{2p_3} n_\alpha n_\beta$$

mit

$$p_1 + p_2 + p_3 = p_1^2 + p_2^2 + p_3^2 = 1\,.$$

Auch diese Lösung enthält indes um eine willkürliche Funktion weniger als verlangt. Diese Lösung ist instabil, es existiert ein Typus kleiner Störungen, die das durch die Gleichung (1) beschriebene Regime stören. Da in einem synchronisierten Bezugssystem die Singularität nicht völlig verschwinden kann, so geht sie damit in eine fiktive über.

Angesichts der Symmetrie der Gravitationsgleichungen gegenüber dem Vorzeichen der Zeit könnte auch das Problem einer Singularität in der Zukunft diskutiert werden. Die physikalische Nicht-Gleichwertigkeit von Vergangenheit und Zukunft führt indes hier zu einer völlig veränderten Fragestellung: Physikalisch sinnvoll ist eine Singularität in der Zukunft nur, wenn beliebige Ausgangsbedingungen in jedem Zeitpunkt zu einer wahren Singularität führten, wofür keinerlei Anlaß vorliegt. Selbst wenn

nicht weniger wahrscheinlich als das Auftreten von Singularitäten. Singularitäten und Weltbeginn sind eben nicht äquivalent, ausgenommen wir verstehen unter beiden $t = 0$.

zu irgendeinem Zeitpunkt solche Bedingungen vorlägen, würden sie doch im weiteren durch thermodynamische und Quantenfluktuationen zerstört. Folglich muß eine Kontraktion des Alls, sofern sie überhaupt eintritt, wieder zu einer Expansion führen. Was die Vergangenheit betrifft, so kann eine von den Gravitationsgleichungen ausgehende Untersuchung der zulässigen Gestalt der Anfangsbedingungen nur bestimmte Einschränkungen auferlegen; eine volle Klärung dieser Einschränkungen ist indes auf Grund der heutigen Theorie unmöglich.*

(C) *Das Friedmann-Heft der UFN*

Nichts könnte den Umschwung der sowjetischen Haltung mehr verdeutlichen, als die neue Einstellung zu *Friedmanns* Theorie. Im Juliheft der *UFN* (1963)[179] wurden ihr anläßlich des 75-igsten Geburtstages Aleksander A. Friedmanns 108 Seiten gewidmet. In den Darstellungen fehlt jede Spur einer Zurückweisung der von ihm begründeten Theorie des nicht-stationären Alls: Nach Fock "...bahnten die Arbeiten Friedmanns den Weg für die weitere Entwicklung der Kosmologie nicht nur als theoretischer, sondern auch als Beobachtungswissenschaft und darin liegt ihre unvergängliche Bedeutung".[180] Nach Zel'dovič war Friedmanns Arbeit die erste und einzig richtige Anwendung der allgemeinen Relativitätstheorie auf die Kosmologie. Sie sagte ein grandioses Phänomen voraus, dessen Größenordnung die des Sonnensystems um Milliarden übertrifft. Es handelt sich um eine große wissenschaftliche Tat und die Grundlage der ganzen modernen Kosmologie. Ihre Schlüsse auf die Vergangenheit des Alls sind eindeutig: Heute liegt eine Expansion vor, die Dichte war also früher größer. Bei einer Inertialbewegung ist der reziproke Wert der Hubble-Konstante H gerade die Zeit, die seit dem Augenblick einer unendlichen Dichte vergangen ist. In der Friedmannschen Theorie ist der

* Einstein meint, daß die Feldgleichungen überhaupt nicht in den Fall sehr hoher Feld- und Materiedichte fortsetzbar seien. Zugleich zeigt sich hier die ganze Selbstbeschränkung des Autors der aRT: "Die gegenwärtige Relativitätstheorie beruht auf der Spaltung der physischen Realität in metrisches Feld (Gravitation) einerseits und elektromagnetisches Feld und Materie andererseits. In Wahrheit dürfte das Raumerfüllende von einheitlichem Charakter sein und die gegenwärtige Theorie nur als Grenzfall gelten. Bei großen Feld- und Materiedichten wird den Feldgleichungen und den in dieselben eingehenden Feldvariabeln keine reale Bedeutung beizumessen sein ... man darf nicht schließen, daß der 'Anfang der Expansion' in mathematischem Sinne ein Singularität bedeuten müsse." (A. Einstein, *Grundzüge*, a.a.O., S. 85.)

Schluß auf die Existenz dieses Augenblicks unvermeidlich. Es ist bequem (*udobno*), ihn als Anfang der Zeitskala anzunehmen. Die Gültigkeit dieses Schlusses ist von dem Gesetz des wachsenden Drucks bei großer Dichte unabhängig: In einem homogenen All hängt der Druck nicht von den Koordinaten ab und auf die Bewegung wirkt nur die Kraft, die gleich dem Druckgradienten ist.[181] Besonders bemerkenswert ist die Schlußbemerkung von Zel'dovič:

"Die Zeit liefert die stärkste und unfehlbare Prüfung einer wissenschaftlichen Theorie. Die kosmologische Theorie des expandierenden Alls, die von A. A. Friedmann aufgestellt wurde, unterliegt dieser Prüfung nun schon vierzig Jahre: Im zwanzigsten Jahrhundert, wo die Entwicklung der Wissenschaft sich gigantisch beschleunigte, sind vierzig Jahre einige Jahrhunderte in der Vergangenheit wert. Aus dieser Prüfung ging die Friedmannsche Theorie gestärkt hervor. Die Beobachtungen bestätigen die Tatsache des nicht-stationären Zustands des Alls als solche. Ruhmlos versanken die wiederholten Versuche in der Versenkung, die Rotverschiebung der Spektrallinien durch irgendeine andere Weise zu erklären. Es liegen die Theorien in Agonie, welche die Fluchtbewegung der Nebel mit der voreingenommenen Idee der Stationärität kombinieren wollen unter Verzicht auf alle Gesetze der Physik.* Die Schwierigkeiten der Übereinstimmung der kurzen Zeitskala mit den Daten über das Alter der Erde und anderen Himmelskörper entfielen nach der Korrektur der Abstände, die zu einer Verringerung der Hubble-Konstante führten. In der Kosmologie gibt es viele ungelöste Probleme, ihre Lösung ist jedoch auf der Grundlage der Friedmannschen Theorie zu suchen, im Rahmen der von ihm entwickelten allgemeinen Vorstellungen. Wheeler beschreibt in seiner Übersicht auf dem Solvey-Kongreß 1958 gut das wissenschaftliche Drama der Kosmologie: 'Die Geschichte der Vergangenheit warnt uns vor der Gefahr, die Einsteinsche Theorie zu mißachten, wo sie mit voreingenommenen Ideen zusammenstößt. Er selbst (Einstein) erzählt uns, wie unglücklich er sich fühlte, als die allgemeine Relativitätstheorie voraussagte, daß eine Welt endlicher Dichte einen veränderlichen Radius haben muß; wie er ein künstliches neues Glied mit der 'kosmologischen' Konstante erfand, um die 'unvernünftige' Änderung des Radius zu kompensieren;

* Zel'dovič weist auf seine Arbeit in *Voprosy Kosmogonii*, Moskau, 9 (1963) und *UFN* 78 (1962) 549 hin, wo die Theorie der spontanen Entstehung von Stoff eingehend kritisiert wird.

wie später entdeckt wurde, daß das All tatsächlich expandiert; wie er daraus schloß, daß man das kosmologische Glied von Anfang an nicht hätte einführen müssen; wie man die Folgen einer einfachen, geradlinig und konsequent entwickelten Theorie ernst nehmen muß'. Hier fehlt nur eines: Daß die richtige Lösung aus der Sowjetunion kam und A. A. Friedmann gehört. Ein Lieblingsausspruch A. A. Friedmanns war: "Noch keiner hat durchquert die Wasser, in die ich stieg".* In seinen kurzen Bemerkungen über die kosmologischen Lösungen betrat Friedmann nicht nur selbst Neuland, sondern wies uns auch fruchtbare Wege, weiter, voran, in das Unbekannte".[182]

Auch Lifšic und Chalatnikov bemerken, daß die Idee des expandierenden Alls "bekanntlich eine glänzende Bestätigung in ... der Rotverschiebung fand und man heute annehmen muß, daß das isotrope Modell in allgemeinen Zügen eine adäquate Beschreibung des heutigen Zustands des Alls liefert".[183]

Interessant sind einige Bemerkungen historischer Art: Friedmann war eigentlich theoretischer Meteorologe. Kurz vor seinem Tod im Juli 1925 (er starb am 15.9.1925 an Bauchtyphus) unternahm er einen Rekordflug im Ballon von 7400 m. Seine kosmologischen Arbeiten nehmen weniger als ein Zehntel seiner Veröffentlichungen ein. Sein letztes, nicht vollendetes Werk trägt den bezeichnenden Titel: "Die Schöpfung" (*mirozdanie*). Friedmann und V.K. Frederiks waren nach Fock die ersten, welche seinerzeit an der Universität Petrograd die russischen Physiker, darunter auch Fock selbst, mit der allgemeinen Relativitätstheorie bekannt machten. Es war dies in den ersten zwanziger Jahren, als gerade die Blockade Rußlands abgebrochen war und die erste ausländische Literatur hereinkam. In der gleichen Nummer der *Zeitschrift für Physik* 1922,[184] in der Friedmanns 'Über die Krümmung des Raums' erschien**, stand ein Appell an die deutschen Wissenschaftler, ihre russischen Kollegen mit Literatur zu versorgen. "Unter diesen Bedingungen war die Aufstellung einer Theorie von gewaltiger Bedeutung nicht nur eine wissenschaftliche Leistung, sondern eine Tat von Menschheitswert'[185] (*Zel'dovič*).

Einstein selbst lehnte Friedmanns Theorie zunächst ab (er glaubte, einen

* Nach Dante "L'acqua ch' io prendo giammi non si corse", nach E. P. Friedmanns Erinnerungen in *Geofizičeskij sbornik* 5 (1927), vyp. 1.

** Von Fock vermutlich übersetzt; bezeichnenderweise erschien Friedmanns erste Arbeit zur aRT in Deutschland.

mathematischen Fehler zu finden).[186] Friedmann schrieb ihm darauf und Krutkov vermochte Einstein 1923 in Berlin nach langer Mühe von seinem Irrtum zu überzeugen.[187] Einstein erkannte daraufhin das Ergebnis Friedmanns öffentlich als richtig an.

Interessant sind folgende Überlegungen von Zel'dovič zu den Einzelproblemen:

1. Zur *Struktur des Alls* als ganzen: Die Dichte ϱ und die Hubble-Konstante H ändern sich mit der Zeit, jedoch so, daß das Vorzeichen der Differenz zwischen ϱ und der kritischen Dichte ϱ_c* konstant bleibt, d.h. ist gegenwärtig $\varrho > \varrho_c$, so bleibt die Welt auch künftig geschlossen. Im Grunde folgt dies bereits aus der "Erhaltung der mechanischen Energie" (der Summe der kinetischen und potentiellen Energie einer Masseneinheit) eines kosmischen Teilchens

$$\tfrac{1}{2}H^2R^2 - \tfrac{4}{3}\pi\kappa\varrho R^2 = \text{const}$$

wo H die Hubble-Konstante und R der Radius einer Kugel ist.

2. Zur *Dichte*: Nach den letzten Daten beträgt die Hubble-Konstante

$$H = 2.5 \cdot 10^{-18}\,\text{sec}^{-1}$$
$$H^{-1} = 4 \cdot 10^{17}\,\text{sec} = 1.3 \cdot 10^{10}\ \text{Jahre}.$$

Die entsprechende kritische Dichte ist dann

$$\varrho_c = 10^{-29}\,\text{g} \cdot \text{cm}^{-3}$$

Oort gibt aus der Zahl der Nebel als wahrscheinlichen Wert der mittleren Dichte einen um 30-fach geringeren Wert

$$\varrho \sim 3.10^{-31}\,\text{g} \cdot \text{cm}^{-3}$$

an. Danach würde das All unendlich (offen) sein und die heutige Expansion niemals aufhören. Aber solche Schätzungen sind immer vorläufig, deshalb ist Oorts Annahme nicht endgültig. Baum erhielt 1957 aus optischen Beobachtungen $\varrho = (2 \pm 1)\,\varrho_c$; nimmt man an, daß die gewöhnliche Materie nur einen geringen Anteil leistet und der Großteil durch Photonen und Neutrinos bestritten wird, so erhält man aus den gleichen Beobachtungen $\varrho = (1 \pm 0.5)\,\varrho_c$. Dies spricht eher für eine geschlossene Welt, auf jeden Fall ist die Gesamtdichte größer als die aus der Zahl der

* ϱ_c ergibt sich aus der Annahme, daß die Integrationskonstante $k = 0$ ist (Euklidischer Raum), damit wird $\varrho = \varrho_c = 3H^2/8\pi\kappa$.

Nebel berechnete, wir haben also eine beträchtliche intergalaktische Stoffdichte. Auf Grund des Evolutionseffekts kommt jedoch Sandage in letzter Zeit zur Tendenz, die Dichte herabzusetzen [bis auf (0.2–0.1) ϱ_c]. Die radioastronomische Beobachtung zeigt, daß die Zahl der Nebel mit der sichtbaren Helligkeit I d. h. die Funktion $N(I)$, nicht proportional $I^{-3/2}$ ist, wie die Berechnung für ein Euklidisches, stationäres All ergibt, sondern bei $I \to 0$ schnell anwächst. In einem nicht-stationären All ist nicht anzunehmen, daß die Eigenschaften und die Zahl der Radio-Nebel im Mittel unverändert bleiben. Zur Struktur des Alls müssen wir vor allem ferne Objekte, also solche in einem frühen Stadium, annehmen. Die Beobachtung ergibt demnach, daß früher die Bedingungen für die Radiostrahlung günstiger waren, die Radionebel stellten früher einen größeren Anteil als heute und strahlten im Mittel heller. Ohne eine konkrete Theorie der Radiostrahlung kann $N(I)$ nicht für die Untersuchung der Raumkrümmung herangezogen werden*, da der Evolutionseffekt groß ist.

Durch die Neutrino-Astronomie können wir die Existenz von Anti-Materie im All prüfen; Anti-Materie emittiert dieselben Photonen wie Materie, während die Neutrinos und Anti-Neutrinos im Erdlaboratorium verschiedene Reaktionen hervorrufen. Die Neutrino-Strahlung bei Kernreaktionen ist i.a. von derselben Größenordnung wie die allgemeine Energie-Emission, folglich auch von derselben Größenordnung wie die Licht-Emission der Sterne. Die mittlere intergalaktische Photonendichte ist nun mindestens tausendmal geringer als die mittlere Stoffdichte. Zu einer anderen Neutrinodichte kommen wir allerdings für "weiche" (energiearme) Neutrinos. War die Welt heiß und die Dichte der Neutrinos und Anti-Neutrinos im Wärmegleichgewicht groß, so nahmen während der Expansion Energie und Temperatur nach dem Gesetz der adiabatischen Ausdehnung ab. Es ist anzunehmen, daß heute Neutrinos und Anti-Neutrinos mit einer effektiven Temperatur von nur 20° K existieren. Dies würde genügen, damit deren Dichte die wahrscheinliche Stoffdichte von 10^{-31} g·cm^{-3} um das Zehnfache übertrifft. Sie würden also die Struktur

* Aus bestimmten Annahmen über die Nebel, ihre Ausdehnung und Leuchtkraft hängt deren beobachtete Verteilung davon ab, wie im Raum des Alls Oberfläche und Volumen einer Kugel von deren Radius abhängen. Dabei besitzt auch ein offenes All einen "Horizont", der durch das Weltalter von höchstens 10^{10} Jahren und die Lichtgeschwindigkeit festgelegt ist. Bei Annäherung an den Horizont verstärkt sich die Rotverschiebung und die wahrgenommene Frequenz strebt nach Null. Damit löst sich auch das photometrische Paradoxon (Zel'dovič).

des Alls durch ihre Gravitationswirkung merklich beeinflussen. Durch Kern- oder atomphysikalische Methoden läßt sich ihre Existenz aber nicht prüfen. Nicht einmal die elektromagnetische Energiedichte ist völlig geklärt.

3. Zur *Rotverschiebung*. Es gibt mindestens drei Einwände gegen die von Zeit zu Zeit behaupteten "nebelhaften Ideen eines 'Alterns' der Quanten, eines angeblichen Mechanismus des Energieverlustes der Quanten" proportional zu ihrem Weg:

(a) Tritt der Energieverlust durch Wechselwirkung mit dem intergalaktischen Stoff ein, so auch eine Impulsabgabe, also eine Änderung der Bewegungsrichtung und damit ein Verschwimmen der fernen Objekte zu Scheiben. In Wirklichkeit werden sie als Punkte beobachtet.

(b) Nehmen wir an, das Quant zerfällt nach $\gamma = \gamma' + k$, wobei es einen kleinen Teil seiner Energie einem Teilchen k abgibt. Dann muß k nach den Erhaltungsgesetzen in der Richtung des Photons fliegen und eine Ruhmasse Null haben. Bei dem statistischen Charakter des Vorgangs würde die Energieabgabe der Photonen unregelmäßig ausfallen und eine Verbreiterung der Spektrallinien eintreten. Dies wird nicht beobachtet.

(c) Der Leningrader Physiker M. P. Bronštejn zeigte*, daß bei einer von der Frequenz abhängigen Zerfallswahrscheinlichkeit w der Photonen ein Widerspruch in den Dimensionen auftritt: Auf den ersten Blick hat w die gleiche Dimension wie die Frequenz ω, nämlich $\sec^{-1}$ (bestimmte Zerfallswahrscheinlichkeit pro Schwingung). In Wirklichkeit ist $w = B/\omega$ mit einer Dimensionskonstanten B [$\sec^{-2}$], da die Schwingungen in der Lichtwelle nur von einem Beobachter wahrgenommen werden, an dem diese vorbeigeht. Für einen bewegten Beobachter ändert sich die Frequenz.** Ist T die Lebensdauer eines bewegten Mesons, das von einem ruhenden Beobachter beobachtet wird, T_0 die des ruhenden Mesons, v die Geschwindigkeit des Mesons zum Beobachter, so ist

$$T = \frac{T_0}{\sqrt{1 - v^2/c^2}}$$

und die Energie des Mesons

$$E = \frac{m_0 c^2}{\sqrt{1 - v^2/c^2}} .$$

* Quelle nicht angegeben.

** Wegen der Zeitdilatation.

Damit wird die Zerfallswahrscheinlichkeit

$$w=\frac{1}{T}=\frac{\sqrt{1-v^2/c^2}}{T_0}=\frac{m_0c^2}{T_0E}=\frac{A}{E}.$$

Dieser Zusammenhang ist universal, er folgt aus den Lorentz-Transformationen. Für das Photon geht $m_0\to 0$ und $T_0\to 0$, so daß der Ausdruck

$$m_0c^2/T_0$$

einen bestimmten Wert annimmt. Mit $E=\hbar\omega$ wird $w=A/(\hbar\omega)=B/\omega$. Ist also ein Photonenzerfall überhaupt möglich, so müßten die Quanten der Radiowellen besonders rasch zerfallen! Damit müßten die Maxwellschen Gleichungen für Radiowellen mit einer nach Null gehenden Frequenz, d.h. für das elektrostatische Feld, abgeändert werden. In Wirklichkeit fehlt für einen solchen Effekt jede Spur: Die Radiostrahlung ferner Objekte gelangt genau so gut wie das sichtbare Licht zu uns und die Rotverschiebung ist für das ganze Spektrum dieselbe. $\Delta\omega/\omega$ ist konstant und entspricht der gleichen Geschwindigkeit.

4. Die *Masse* einer geschlossenen Welt: Dieser Begriff ist in einem gewissen Sinn mystisch, da es keinen Außenraum zur Welt gibt, keinen äußeren Beobachter, der das von einer geschlossenen Welt erzeugte Schwerefeld messen könnte. Ebenso wie den Massendefekt der Kerne gibt es auch für Doppelsterne einen Gravitationsdefekt

$$\frac{\kappa m_1 m_2}{r_{12}c^2}.$$

Für eine geschlossene Welt wird der Gravitationsdefekt genau gleich der Summe aller Massen der Sterne, Teilchen usw. nach

$$M=\sum m_i-\frac{\kappa}{2c^2}\sum_i\sum_k\frac{m_i m_k}{r_{ik}}=0.$$

Dieser Ausdruck gilt nur grob, da der Ausdruck für die Wechselwirkungsenergie zweier Einheitsmassen $-\kappa/r_{12}$ nur für $r_{12}\ll a$ (=Weltradius) zutrifft.

Andererseits läßt sich zeigen, daß mit wachsender Zahl der Teilchen (z.B. der Barionen oder der Sterne) M anfänglich wächst, um dann nach Durchschreiten eines Maximums bei Erreichen einer Grenze abzunehmen, so daß die Hinzufügung einer neuen Materieschicht die Gesamtmasse vermindert.

5. Zur Frage nach dem *Anfangszustand*: Die Auffassung von Lifšic und Chalatnikov, daß im allgemeinsten Fall die Lösung der Feldgleichungen keine Singularität, insbesondere keine unendliche Dichte, enthält, schließt die Existenz einer Singularität in der Vergangenheit des Alls nicht aus. Dabei ist noch unklar, ob nicht auch die Zukunft eines geschlossenen Alls eine Singularität mit sich bringt. Die Friedmannsche Theorie gibt unabhängig von dem geschlossenen oder offenen Charakter des Alls für das frühere Entwicklungsstadium

$$\varrho = \frac{A}{t^2}; \quad A \approx \frac{1}{6\,\pi\kappa}$$

Bei $t=0$ wird die Dichte unendlich. 15 Minuten später nimmt der Stoff die normale Dichte des Wassers an. Damit ergibt sich eine Reihe von Fragen:

(1) Woraus bestand der Stoff, als seine Dichte (bei $t \leqslant 10^{-5}$ sec) größer als die der Atomkerne war?
(2) Welches war sein Zustand?
(3) Was war vor dem Augenblick $t=0$ bei $t<0$?
(4) War die Dichte streng räumlich homogen?
(5) Wie konnte daraus die heutige inhogomene Materieverteilung entstehen?

Die Antworten von Zel'dovič auf diese Fragen sprechen – soweit sie philosophisch relevant sind – für sich selbst: Während die Dichte von der nuklearen (10^{14} g·cm^{-3}) bis zur heutigen sank ($3 \cdot 10^{-31}$ g·cm^{-3}), nahm der Radius a um 10^{15} mal zu. Schon die geringste Inhomogenität der Dichte zu einem Zeitpunkt, als sie 0.1 g·cm^{-3} betrug, reichte aus, damit die Gravitations-Instabilität zur heutigen starken Inhomogenität der Dichte führte. Dank der Gravitations-Inhomogenität ist eine exakte Erfüllung der Friedmannschen Gleichungen durchaus denkbar, d.h. eine genaue Homogenität der Dichte im Anfangsstadium der Evolution.

"Auf Frage (3) gibt es heute nicht nur keine konkrete Antwort, sondern nicht einmal eine wissenschaftliche Methode für eine Antwort. Vielleicht gestattet eine Verschmelzung von allgemeiner Relativitätstheorie und Quantentheorie, an diese Frage heranzutreten. Möglich ist auch der

Standpunkt, daß die Frage selbst illegitim ist, ebenso wie in der Relativitätstheorie für raumartige Ereignisse die Frage 'welches Ereignis war vorher?', nicht existiert."[188]

II. DISKUSSION DER SOWJETISCHEN THESEN

(A) *Vorbemerkungen*

Die Peripathien der Sowjetphilosophie im Drama um die Anerkennung der Expansion sprechen für sich selbst. Seit dem Diskussionsergebnis zur sRT 1955 kam es zu wenigen Umwälzungen, die so folgenreich für den Bestand der Ideologie waren. Daß nun selbst die räumliche und zeitliche Endlichkeit des Universums ernsthaft diskutiert werden, zeigt das Verschwinden von ideologischen Verbotstafeln für wissenschaftliche Tabus. Hier tritt die Sowjetphilosophie in einen Bereich, wo sie unmittelbar mit der Möglichkeit einer Weltschöpfung konfrontiert wird.
Desto wichtiger ist eine gewissenhafte Prüfung dessen, was überhaupt mit bestimmten Weltmodellen gemeint sein kann. Angesichts des mangelnden Erfahrungsstands für eine Entscheidung über das Vorzeichen des Krümmungsradius und den Beginn einer Expansion wollen wir das Problem nur vom philosophischen Gesichtspunkt aus beurteilen.

(B) *Der Sinn von "Kosmos"*

Die sowjetische Kosmologie gibt keine präzise Bedeutung ihres Gegenstands. Sie befindet sich i.a. durchaus auf dem Niveau der naiven Alltagssprache. Unausgesprochen meint man etwa folgendes: (a) "Weltraum" im Newtonschen Sinn; (b) "Gesamtheit aller Teilchen und Felder"; (c) "System aller Nebel"; und (d) "Inbegriff aller Realwesen".
Sicher ist der Ausdruck "Kosmos" weniger umfangreich wie etwa "Sein", "Menge aller wirkenden und gedachten Gegenstände", "Gesamtheit aller Schicksale von wirklichen Wesen". Auch dürfte nicht ohne weiteres "Kosmos" mit "Materie" synonym sein. Andererseits meint die Sowjetphilosophie eine materielle und zwar zunächst eine physikalisch-chemische Gesamtheit von im Raum und nach der Zeit ausgebreiteten Substanzen.

Auf Grund des in Kapitel IV Gesagten definieren wir den Kosmos als "Raumzeit-Feld in seiner Erstreckung auf alle physikalischen Ereignisse der Vergangenheit, Gegenwart und Zukunft".

Der Kosmos ist also die Abfolge aller raumartigen Ereignisse in allen zueinander bewegten IS oder STS während des Erzeugens aller Eigenzeit-Linien in diesen Systemen. Er ist damit (a) eine Mannigfaltigkeit schöpferischer Operationen der Energie, deren Opera die Ereignisse sind, und (b) für jede Eigenzeit aller IS und STS und (c) für jedes IS und STS verschieden.* Dabei ist nicht gefragt, ob sich überhaupt das physische BS eines IS oder STS für die ganze raumzeitliche Erstreckung des Kosmos fortsetzen läßt: Dies ist wegen der Inhomogenität der Metrik über den "lokalen" Bereich hinaus sogar vermutlich unmöglich. Trotzdem ist eine Kommunikation zwischen beliebig raumzeitlich entfernten Objekten *a priori* nicht ausgeschlossen, nur daß alle Signale längs ihrer im Idealfall geodätischen Weltlinien durch die Metrik transformiert werden.

Der Kosmos zerfällt daher für jedes IS und STS in eine im Grenzfall unendliche Menge räumlicher und zeitlicher Schnitte (Perspektiven), ist aber *per definitionem* als Gesamtheit dieser Schnitte invariant. Es ist also sinnvoll, vom "Kosmos" schlechthin ohne Angabe des BS zu sprechen, nur ist er nie als solcher erlebbar. Daran ändert auch das Kosmologische Weltpostulat nichts: Danach sind beim Übergang von einem mitbewegten KS_{STS} zu $KS'_{STS'}$ alle $v_i'(x_j', t) = v_i(x_j', t)$, d.h. für das Geschwindigkeitsfeld gilt $v_i = a_{ik}(t)x_k$. Der Kosmos besitzt also kein Zentrum. Schon daraus folgt übrigens, daß der Kosmos kein anschauliches System darstellt, obwohl zunächst dem Auge nichts eindrucksvoller erscheint als der gestirnte Himmel. Der Kosmos ist ferner eine abgeschlossene Menge aller Ereignisse, da keine physikalisch-chemische Operation über ihn hinausführt. Andererseits ist er nicht konvex, da nicht alle Verbindungen (Kommunikationen) zwischen paarweise geordneten Ereignissen zum Kosmos gehören; z.B. nicht die spezifisch biologischen, psychologischen oder rein geistigen Kommunikationen: Diese bauen ihre eigene Mannigfaltigkeit

* Es gibt ∞^{10} verschiedene "frei fallende" KS, wobei die den STS zugeordneten KS nicht durch eine Galilei-Transformation verknüpft sind. In jedem der ∞^4 Weltpunkte gibt es ∞^6 STS, die mit Hilfe einer drei-parametrigen Drehung und einer ebenfalls dreiparametrigen Translation konstanter Geschwindigkeit ineinander transformiert werden können. Siehe O. Heckmann und E. Schücking, *Newtonsche und Einsteinsche Kosmologie*, I, *Handbuch der Physik* 53, Astro-Physik IV: Sternsysteme, Berlin-Göttingen-Heidelberg, 1959.

von Welten auf. Er stellt daher nur eine Teilmenge in der Mannigfaltigkeit aller Seienden dar. So sind z.B. die mathematischen Gleichungen für den Zusammenhang (Kommunikation) von Ereignissen, die Axiome über diesen Zusammenhang, ja ihre Wahrnehmung selbst, ebenso wie die Prinzipien und Wesenheiten Elemente außerhalb des Kosmos. Für sie ist der Kosmos gar nicht physikalisch definierbar, da weder die Transformation eines nervösen Reizes in den Bewußtseinsinhalt noch die geistigen Operationen raumzeitlich lokalisierbare Ereignisse darstellen.*

Auf der anderen Seite wäre es physikalisch falsch, nur eine Ereigniswelt ohne jene Ursachen anzunehmen, welche Ereignisse erzeugen. Ein rein aktualistisch definierter Kosmos wäre zwar ein relationsgetreues Modell des Universums, aber er enthielte nicht die invarianten Ursachen der Ereignis-Fasern, nämlich die Teilchen und Körper. Wir wollen sie "physische Operatoren" nennen. Dies hat nichts mit der Forderung nach "Dauer" für die "Objekte" im Sinne Whiteheads zu tun, es genügt, daß im Sinne Marchs relativ stabile Strukturen von Ereigniskonfigurationen bzw. deren Kennzeichnungen über bestimmte Weltlinienstücke hinweg bewahrt bleiben. Trotzdem könnte die Existenz eines mit sich selbst gleichen Individuums nur momentan sein; die Genidentität wäre eben dann keine echte Identität der Existenz, sondern nur der Struktur. Aber für den je aktuellen Moment längs einer Weltlinie oder eines Weltliniennetzes gäbe es konkrete Träger der Ereignisse, nämlich als Absorptions-Operator aller in $(x, y, z, t)_{\text{eigen}}$ ankommenden Informationen aus dem Vorkegel und als Emissions-Operator aller von dort ausgehenden Signale. Wir können daher bereits auf der Seinsstufe der Physik, also des Kosmos, den Ereignissen Erlebniszentren zuordnen, welche das Ereignis überhaupt zu dem machen, was es ist, nämlich eine schöpferische Begegnung von Wirkungen bzw. Informationen (dies ist nur ein anderes Wort). Wir sagen absichtlich nicht "Wirkungszentrum", um sofort die Sinnhaftigkeit des physischen Geschehens zu behaupten: Dieses stellt kein wertloses Abrollen der Ereignisräume in den Eigenzeiten der STS dar, sondern besitzt einen autonomen *Wert*, der jedem Ereignis als dem Ereignis eines Zen-

* Sie sind höchstens zeitlich lokalisierbar. Eine räumliche Lokalisierung etwa wie "Aufstellung der sRT in Bern, Straße Nr. so und so" betrifft lediglich die physikalisch-chemischen Akte, die mit dem Nachdenken, Sprechen und Niederschreiben der sRT durch Einstein zusammenhängen, nicht aber die sRT selbst. Eine Theorie hat keinen geographischen Ort. Hingegen läßt sich eine Topologie der Bewußtseins-Eigenzeit aufstellen.

trums zukommt. Die Mannigfaltigkeit dieser Zentren (geometrisch der Anfangspunkte der Doppelkegel) tritt somit in der Kosmologie der RT an die Stelle eines universalen materiellen Substrats.

(C) *Kategoriale Zuordnung des Kosmos*

Der Kosmos läßt sich auf die in Kapitel IV entworfenen kategorialen BS abbilden. Hier wird erst eigentlich das kosmologische Problem sichtbar. Dabei bezeichnen wir im folgenden die Eigen-Kommunikation (Ich-Ich-Kommunikation) mit β_{I}, die Ich-Du-Kommunikation mit β_{II}, die Wir-Kommunikation mit β_{III} und analog für γ. Um ein Maximum an Abstraktion zu erzielen, lassen wir die Indices zur Bezeichnung der Seinsreiche und der Welten π, p, K weg. Ist der Kosmos überhaupt auf die Grunddimension α abzubilden? M.a.W. ist er ein eigenseiendes, autonomes, allein sich selbst erzeugendes, nur mit sich in Kommunikation stehendes Etwas? Damit wird die Frage nach dem zeitlichen Beginn zu einer Teilfrage. Es wäre ein zeitlicher Beginn ohne weitere Transzendenz denkbar, ein sich selbst abwickelnder, zur Zeit Null entstandener Kosmos. Desgleichen ist eine Transzendenz sehr wohl mit einer Ewigkeit des Kosmos verträglich. Neben dem Schöpfungsproblem der Generierung γ_{II} steht also das Kommunikationsproblem des Kosmos in Bezug auf die Reiche I aufwärts. Nur wenn eine reine Ich-Ich-Kommunikation β_{I} und reine Ich-Ich-Generierung γ_{I} vorliegt, läßt sich die physische Weltimmanenz behaupten, wie dies der Diamat tut. Nur wenn die Werte für γ_{II}, γ_{III}, β_{II} und β_{III} Null werden, hat der Kosmos eine Komponente in α. Nur dann ist überhaupt ein Materialismus im Sinne einer totalen Weltimmanenz möglich, sofern zum Kosmos noch die Welten des Psychologischen und Biologischen hinzugerechnet werden. Läßt sich andererseits zeigen, daß der Kosmos Komponenten in β_{II} und β_{III} aufweist, so ist das Schöpfungsproblem, d.h. die Projektion auf γ_{II} nicht mehr das einzige, das die Möglichkeit eines Materialismus ausschließt.

Der Kosmos ist nur dann ein Eigenwesen, wenn die Gesamtheit aller Ereignisse in Reich I keinen welttranszendenten (außerhalb der Menge der Ereignisse liegenden) Ursprung besitzt, also keine Komponente in γ_{II} und γ_{III}. Die Ereignismenge hat dann vielmehr nur eine Komponente in γ_{I}: Sie ist eine Ich-Ich-Generierung. Der Kosmos ist grenzenlos genidentisch, alle Weltlinienscharen kommen entweder aus der unendlichen Zeitkoor-

dinate in jedem Eigensystem oder laufen nach einer endlichen bzw. unendlichen Zeit wieder in sich zurück. Diese Eigenschaft ist invariant gegenüber einer Koordinatentransformation von KS_{STS} nach $KS'_{STS'}$. Sollte die Beweisführung von Lifšic, Sudakov und Chalatnikov wirklich dazu führen, daß das Bestehen einer Singularität bei $t=0$ von der Koordinatenwahl abhängt, so muß der Sinn von "Singularität" ein anderer sein als "Beginn des Kosmos". Der Begriff "Kosmos" ist invariant definiert. Keine Koordinatenwahl kann die Existenz oder Nicht-Existenz eines Weltbeginns wegtransformieren, sofern wir unter "Weltbeginn" verstehen: "Es gibt mindestens ein Ereignis, das nicht zur Menge aller Ereignisse des Kosmos gehört und seinerseits den Kosmos erzeugt".
Hat der Kosmos aber die Komponente γ_{II}, so heißt dies folgendes:
(a) Die Menge der Ereignisse des Kosmos muß durch mindestens ein Ereignis ergänzt werden, um eine vollständige konvexe Menge zu sein, es gibt also mindestens eine den Kosmos betreffende Operation, die über die Menge aller kosmischen Ereignisse hinausführt. Dieses Ereignis kann in Analogie zu den schöpferischen Operationen innerhalb des Kosmos nur die *Ursache* des Kosmos selbst sein. Wir nennen es daher "Ur-Ereignis *U*".
(b) Da *U per definitionem* nicht zur Menge der kosmischen Ereignisse gehört, so ist es auch nicht Element des Raumzeitfelds, es ist in keinem BS raumzeitlich lokalisierbar. Sein Wirken auf die Ereignismenge "Kosmos" ist daher nicht energetischer Natur; die Erhaltungssätze gelten also nicht für die Erzeugung des Kosmos selbst. Vielleicht ist dies der kategoriale Sinn für die Behauptung der Gruppe Landau. Gibt es *U*, so wurde durch *U* das Raumzeitfeld selbst erzeugt, daher müßte man Augustin beipflichten, daß Gott die Welt außerhalb der Zeit schuf. Die thomistische Auffassung wäre nicht haltbar.
(c) Hingegen setzt das Raumzeitfeld bereits ein Raumzeit-Schema voraus, nach dem es sich durch reale Ereignisse aufbauen läßt. Dieses Schema ist wie jede mathematisch-logische Möglichkeit selbst nicht zeitlich lokalisierbar. Es steuert vielmehr mögliche Lokalisierungen. *U* wäre also das notwendige logische Bindeglied zwischen der protophysischen Raumzeit und dem kosmischen Raumzeitfeld.
(d) *U* kann folglich nicht durch eine kosmische Zeitskala als "Ereignis in $t=0$" definiert werden. *U* liegt logisch und mathematisch außerhalb jeder Zeitskala, bei $t=0$ tritt daher nicht nur eine mathematische, sondern

auch logische Singularität ein*: t läßt sich über Null nicht weiter verfolgen. Analoges gilt für (x, y, z) jedes Eigensystems, sofern der Raum geschlossen ist: Keine Raumkoordinate kann über ein Maximum hinaus weiter konstruiert werden; der Ausdruck "außerhalb" verliert hier seinen geometrischen Sinn.

(e) Es ist deshalb zu prüfen, ob der Satz "Gott schuf die Welt vor t Jahren" einen Sinn hat. U liegt außerhalb der Zeit und läßt sich nicht durch einen Zeitpunkt $0-t_{-}$ festlegen, wenn unter "t_{-}" eine Nicht-Zeit als Komplement aller zeitartigen Ereignisse verstanden sein soll. Das Komplement der zeitartigen Ereignisse ist in I die Menge der raumartigen, das Komplement der raum- und zeitartigen Ereignisse ist die Mannigfaltigkeit aller geistigen Operationen und ihrer Werke. Deshalb ist es möglich, daß die Sätze "Gott erschuf die Welt" und "Gott erschafft die Welt" äquivalent sind, weil hier das Verbum "erschaffen" überhaupt nicht der Zeit zugeordnet werden kann. Auch der Ausdruck "ewige Gegenwart des Schaffens" würde nur metaphorisch als Abbild der Tatsache sinnvoll sein, daß U nicht auf einer Zeitachse liegt.

Alles bisher dazu Gesagte trägt aber hypothetischen Charakter. Die Komponente des kosmischen Vektors in γ_{II} zu beweisen, ist Sache der Astronomie. Aber kann sie dies je? Das Äußerste, wozu sie nach dem heutigen Stand des Problems fähig scheint, ist eine Entscheidung, ob die Hypothese einer zeitlichen Singularität hinreichend und notwendig für die Erklärung bestimmter Beobachtungen ist. Davon sind wir aber noch ein gutes Stück entfernt. Aber selbst wenn der entsprechende Nachweis erbracht ist, kann die Naturwissenschaft *per definitionem* ihres Gegenstandsbereichs keine Aussagen über U machen, denn U liegt außerhalb des Kosmos.

Auf der anderen Seite wäre es eine methodische Einschränkung ohne Grund, zu behaupten, die Frage nach U sei wissenschaftlich sinnleer. Sie ist nur naturwissenschaftlich unentscheidbar. Es muß aber anderen Wissenschaften und zwar gerade der Philosophie unbenommen bleiben, die Fragestellung über den Gegenstandsbereich der Astronomie hinaus weiterzutreiben. Sie wird ihrerseits jedoch nur dann glaubwürdig bleiben, wenn sie dies in einem logischen Kontakt mit dem "Ende" des astronomischen Objektbereichs tut, so daß ihre Aussagen logisch mit denen der

* U ist nicht mehr in Ausdrücken aus den bisher genannten Seinsreichen I bis VI definierbar.

Astronomie harmonieren. Einen Teil dieses Programms stellt die vorliegende Untersuchung dar.
Aber nicht nur das γ_{II}-Problem stellt die Frage nach einer Singularität des Kosmos. Kategorial bedeutet "Singularität" "Bruchstelle zwischen Seienden, die nicht auf die gleichen Kategorien projiziert werden können, aber dennoch in einem beide umfassenden Zusammenhang stehen". So ist – einen Schöpfungsbeginn vorausgesetzt – das Ereignis U mit keinem Ereignis des Kosmos zu vergleichen, da wir es nicht raumzeitlich lokalisieren können; es hat nicht an einem Energiefluß teil. Theologisch gesprochen: Der Schöpfer der Welt ist in keiner Hinsicht mit der Schöpfung kommensurabel. Selbst eine Analogie der Prädizierungen (etwa als Isomorphie) würde den grundlegenden Wesensunterschied zwischen Schöpfer und Geschöpf nicht aufheben, daß nämlich Gott nur eine Komponente in α besitzt und durch kein Seiendes erzeugt oder beeinflußt ist, während die Schöpfung gerade als Schöpfung gegenüber Gott Komponenten in β_{II} und γ_{II} besitzt. Diese Bedeutung von "Singularität" stellt eine Fortsetzung der mathematischen und physikalischen Bedeutung in den Kategorialraum 𝔖I/IV dar.
Lassen wir diese Frage aber astronomisch noch unentschieden. Berücksichtigen wir nur die RT ohne Entscheidung über ein mögliches Weltmodell. Dann stellt sich dennoch das Problem, ob nicht andere, rein kategoriale Singularitäten des Kosmos existieren, die eine Autonomie des Kosmos im Sinne der Projektion ($\alpha \neq 0$; $\beta_{\mathrm{II}}=0$; $\gamma_{\mathrm{II}}=0$) ausschließen. Dies ist in der Tat auf Grund des in Kapitel IV Gesagten der Fall. Auch der Kosmos als Ganzes bedarf zum Zustandekommen der Ereignisse einer raumzeitlichen Ordnung, die überhaupt die Existenz von Weltlinien und ihren Geflechten ermöglicht. Die Raumzeit Iπ als Ermöglichungsgrund gehört ebensowenig zum Kosmos wie das gedankliche Modell zum Drama: Der Entwurf geht diesem zeitlich, psychologisch und logisch vorher. Gott, der die Raumzeit denkt, bedarf keines zeitlichen oder psychologischen Vorhergehens von RZπ zu RZp, wohl aber eines logischen, andernfalls er die Welt nicht als geordnet entworfen hätte. Diese logische Präexistenz des Kosmos als rein denkbare Raumzeit-Mannigfaltigkeit möglicher Ereignisse nimmt in einem gewissen Sinn alle eintretenden Ereignisse vorweg, indem sie nur kraft der Raumzeit-Ordnung bestimmte Ereignisklassen erlaubt, nämlich solche, zwischen denen keine Überlichtsignale bestehen. Damit ist nichts über eine Determinierung der einzelnen

Weltlinien gesagt, sondern nur über die Auswahlprinzipien (RP, ÄP, c_{Gal} = inv.), denen die Weltlinien folgen. Denselben Prinzipien muß auch eine physikalische Theorie gehorchen. Dies ist das fundamentale Auswahlprinzip der RT, ein Pendent zum Pauli-Prinzip der Quantenmechanik. Zugleich besteht aber in dem rein logischen, nicht zeitlichen Charakter der Präexistenz von RZπ gegen RZp die ständige Gegenwart der Raumzeit-Ordnung gegenüber dem Kosmos. M.a.W. wir können das schöpferische Zustandekommen immer neuer kosmischer Ereignisse nur als permanentes Erzeugen aus einem Ermöglichungsgrund denken; ihn nennen wir "Raumzeit". Nun ist die Nahtstelle zwischen RZπ und RZp gerade jene kategoriale Singularität, wo der Kosmos in den Vor-Kosmos, in die geometrische Form der Ereignisse, übergeht. Das Drama läßt den Entwurf wohl erkennen, nur daß ein unüberbrückbarer logischer Abgrund zwischen beiden besteht: Der Entwurf im Genius des Schöpfers läßt sich nicht auf der Bühne spielen, sondern nur das sprachlich gestaltete Drama selbst. Ebensowenig wirkt der Entwurf einer politischen Konzeption, sondern nur der Wille der Beteiligten. An deren Willenskundgebungen läßt sich wohl die politische Konzeption ablesen, aber erst Wille plus Entwurf geben das *Konkretum* der Geschichte. Im Bewußtsein der Geschichtsträger ist der Entwurf nur sehr beschränkt gegenwärtig; die kosmischen Ereignisse besitzen überhaupt kein Bewußtsein. Wie soll ihnen dann die große Konzeption der Raumzeit, das wahrhafte "Genie der Welt" eingeprägt, gewissermaßen eingeschweißt sein? Wie kann der Kosmos seine raumzeitliche Ordnung, jene durch das Genie Euklids, Riemanns und Einsteins nachgezeichnete abstrakte Schöpfungskonzeption in sich selbst tragen?

(D) *Immanenz oder Transzendenz?*

Hier erhebt sich das metaphysische Urproblem nach dem Verhältnis des Konkretums zu seinen Prinzipien. Wir können es auf den Kosmos angewandt auch so formulieren: Hat die Projektion des Zusammenhangs zwischen RZπ und RZ*p* auf β eine Teilkomponente in β_I β_{II} oder β_{III}? Die Projektionen auf die Teilkomponenten schließen sich aus: Entweder ist der Kosmos mit der Raumzeit genidentisch oder seiner Existenz nach von ihr unterschieden oder permanent koinzidierend. Sicher ist jedenfalls, daß in allen drei Fällen Isomorphie vorliegt. β_I ist Null, da RZπ *per* *definitionem* energielos ist, RZπ und RZp sind nicht genidentisch. Es gibt keine Raumzeit als Ur-Sache der Welt. Spekulationen wie die Samuel Alexanders scheitern an der Definition der Raumzeit als Ereignis-*Schema*. Nur *qua* Schema läßt sich die Raumzeit zum Gegenstand der Geometrie machen und damit eine Isomorphie von RZπ mit RIIIK herstellen. Damit erhält der Kosmos eine β_{II}-Kommunikation mit dem menschlichen Geist. β_{III} wird Null, da RZπ von der Existenz des Kosmos, d.h. von RZp, unabhängig ist: Zwar bleibt nach Wegnahme aller "Materie", d.h. aller Ereignisse, aus dem Universum nichts übrig, woran wir ein Nacheinander oder Nebeneinander messen könnten, aber die Möglichkeitsschemata des Nach- und Nebeneinander werden davon überhaupt nicht berührt. Die Modalrelation "RZπ ist Ermöglichungsgrund von RZp" impliziert nicht die Existenz von RZp, ebensowenig wie der Satz vom zureichenden Grund die Existenz der Welt. Sie impliziert nur den Satz: "Wenn der Kosmos existiert, dann 'wirkt' RZπ auf alle Ereignisse". RZπ ist der Steuerungsmechanismus des Kosmos, der aber selbst keinen Anteil an der Existenz den Ereignisse trägt; im Gegensatz zu allen vom Menschen erzeugten Steuerungsmechanismen.

Somit bleibt nur die Ich-Du-Kommunikation β_{II}: Raumzeit und Kosmos sind ihrer Existenz nach geschieden, sie gehören keiner gleichen Stufe des Wirkens an; die Raumzeit wirkt steuernd, regulativ, kontrollierend, ermöglichend, die Wirkwesen des Kosmos energetisch-generativ. Das Wirken der Raumzeit kann daher nur als β_{II}-Kommunikation verstanden werden. Hier müssen wir eine weitere Unterteilung der Projektionen vornehmen. Wir definieren als "$\beta_{\mathrm{II,I}}$" die "Geltung", als "$\beta_{\mathrm{II,2}}$" die "energetische Wirkung". Dann ist das Verhältnis von Kosmos und RZπ eine Projektion auf $\beta_{\mathrm{II,1}}$, nicht aber auf $\beta_{\mathrm{II,2}}$. Diese Kommunikation überbrückt einen modalen Abgrund: Nur das Drama der Welt ist Wirklichkeit und hat Geschichte, nicht der Entwurf der Welt, er ermöglicht sie.

Eine rationale Kosmologie steht daher vor einem modalen Dualismus: Kosmos-Raumzeit als der Grundtatsache der physikalischen Welt. Wie immer auch die Frage nach einem substanziellen Dualismus: Gott-Welt durch die Astronomie beantwortet wird, der modale ist durch die RT erwiesen. Schon von hier aus ist ein materialistischer Monismus nicht haltbar, für den Raum und Zeit nur der Materie inhärente Formen sind. Die ganze Entwicklung bei Fock und A. D. Aleksandrov läuft darauf hinaus, diesen modalen Dualismus in die Physik einzuführen. "Modaler

Dualismus" darf dabei nicht so verstanden werden, als seien RZπ und RZp dieselbe Gegenstandsmenge, nur von verschiedenen Stufen ihrer zeitlichen Entwicklung aus gesehen. Die Raumzeit ist nicht die werdende Welt, nicht die Welt als Keim oder Anlage, sie ist kein embryonaler Kosmos, sondern der Entwurf des ganzen Kosmos in seiner ganzen Geschichte. Darin liegt die protophysische Voraussetzung der relativistischen Kosmologie.

Wie sollen aber die realen Ereignisse ihr "Stück" lesen? Erst der menschliche Geist schreibt es in den Lettern der Geometrie. Wie soll eine Mannigfaltigkeit vernunftloser, aber von enormer Energie begabter Milchstraßen "wissen", daß die Bahnen gravitierender Körper den Einsteinschen Feld- und Bewegungsgleichen gehorchen? Wie kann geometrische Vernunft das Ungeometrische, Vernunftlose, die Gewalten des Universums lenken? Wie kann ein Führungsfeld, das Energielose, auf Energie wirken? Seit das All nicht mehr als Maschine oder Uhrwerk gedacht wird, stellt sich diese Frage aktueller denn je. Hier stoßen wir auf die Hypothese, daß dies durch Vermittlung eines geometrisch ordnenden Geistes geschieht, der nicht nur den Kosmos als solchen hervorbrachte, sondern auch jede Ereignis-Konfiguration raumzeitlich geordnet entwirft. Gott ist also – jenseits von Kosmos und geometrischem Entwurf – der einzig denkbare Mittler zwischen beiden. Die Vernunft der Welt ist nichts als die Vernunft Gottes. Dem großen Drama, das wir den Kosmos nennen, geht logisch und ontologisch ein schöpferischer Entwurf voraus: Die Geometrie des Alls. "Gott treibt überall Geometrie" und der Genius des Menschen ist es, der sie in Buchstaben, Figuren und Gleichungen niederschreibt.

ANMERKUNGEN

Abkürzungen

AD	*(Anti-Dühring)*
AN	*Akademija Nauk.*
BSE	*Bolšaja sovetskaja enciklopedija.*
EjSF	*Ejnštejn i sovremennaja fizika,* Moskva, 1956.
FN	*Filosofskie nauki.*
FPSE	*Filosofskie problemy sovremennoj estestvoznanija,* Moskva, 1959.
FT	*Filosofskie Tetrady* (deutsche Übersetzung: Lenin, V. I.: *Aus dem Philosophischen Nachlaß,* Berlin, 1949).
FVSF 1952	*Filosofskie voprosy sovremennoj fiziki,* Moskva 1952.
FVSF 1956	*Filosofskie voprosy sovremennoj fiziki,* Kiev, 1956.
FVSF 1959	*Filosofskie voprosy sovremennoj fiziki,* Moskva, 1959.
NB	*Sowjetwissenschaft. Naturwissenschaftliche Beiträge.* Berlin.
PZM	*Pod znamenem Marksizma*
Schilpp	Schilpp, P. A. (hrsg.): *Albert Einstein als Philosoph und Naturforscher,* Stuttgart, 1955.
VF	*Voprosy filosofii*
UFN	*Uspechi fizičeskich nauk*
UMN	*Uspechi matematičeskich nauk*
ŽETF	*Žurnal' eksperimental'noj i teoretičeskoj fiziki*

EINSTEIN UND DIE SOWJETPHILOSOPHIE

EINLEITUNG
(SS. 3–8)

1. Baženov, L. B., Sačkov, Ju. B., 'Plan-konsul'tacija po teme 'filosofskie voprosy teorii otnositel'nosti'', *VF* 1961, 2, 133–137.
2. Der Herausgeber des genannten Werkes, Herr Professor A. T. Grigorian, Direktor des Instituts für Geschichte der Naturwissenschaft und Technik, Moskau, teilte mir liebenswürdigerweise mit, daß der Aufsatz 1926 von Einstein an Professor Kagan gesandt wurde. Nach einer freundlichen Information von Herrn Otto Nathan, New York, dem Nachlaßverwalter Einsteins, wurde der Aufsatz in Neue Rundschau (1925, 1, 16–20) veröffentlicht.
3. Ajer, A. Dž., 'Filosofija i nauka', *VF* 1962, 1, 96–105. Daß ein extremer Positivist wie Ayer in den *VF* zu Wort kam, ist ein Zeichen für den neuen Stil des sowjetischen Philosophierens.

KAPITEL I
(SS. 9–37)

1. *Novejšie problemy gravitacii*, Moskva, 1961, 474–483.
2. *Trudy šestogo soveščanija po voprosam kosmogonii*, Moskva 1959, str. 114.
3. Fok, V. A., 'O roli principov otnositel'nosti i ekvivalentnosti v teorii tjagotenija Ejnštejna', *VF* 1961, 12, 45–52.
4. *EjSF*, str. 93.
5. *UFN* 1957, 63, vyp. 1a, 119.
6. *EjSF*, str. 122.
7. A.a.O., str. 137.
8. A.a.O., str. 91.
9. Kursanov, G. A. (Sverdlovsk), 'Dialektičeskij materializm o prostranstve i vremeni', *VF* 1950, 3, 173–191.
10. Sviderskij, V. J., *Prostranstvo i vremja*, Moskva, 1958, str. 35.
11. Sviderskij, V. J., *Filosofskoe značenie prostranstvenno-vremennych predstavlenij v fizike*. Leningrad, 1956, str. 224.
12. Širokov, M. F., 'O materialističeskoj suščnosti teorii otnositel'nosti, *FVSF 1959*, str. 366.
13. S. Anm. 4. Ferner *UFN* 1956, 59, vyp. 11 (deutsche Übersetzung in *Fortschritte der Physik* 1957, H.5, 16–50).
14. *EjSF*, str. 99; *Ejnštejn i razvitie fizikomatematičeskoj mysli*, Moskva, 1962, str. 120.
15. *EjSF*, str. 99.
16. *Ejnštejn i razvitie fiziko-matematičeskoj mysli*, str. 120.
17. *UFN* 1956, 59, vyp. 11.
18. *UFN* 1957, 63, vyp. 1a, 121.
19. *Ejnštejn i razvitie fiziko-matematičeskoj mysli*, str. 121.
20. *EjSF*, str. 105.
21. *UFN* 1957, 63, 1a, 121.
22. *EjSF*, str. 108.
23. Dto.
24. A.a.O. 110, 111.
25. A.a.O. 112.
26. *UFN* 1957, 63 1a, 122.
27. *EjSF*, str. 118.
28. A.a.O., str. 122.
29. *Ejnštejn i razvitie fiziko-matematičeskoj mysli*, str. 130.
30. A.a.O., str. 132.
31. A.a.O., str. 134.
32. *EjSF*, str. 136.
33. *Trudy šestogo soveščanija po voprosam kosmogonii*, Moskva, 1959, str. 114, 115.

34. *Novejšie problemy gravitacii*, str. 30–38.
35. *Filosofskie problemy sovremennogo estestvoznanija*, Moskva, 1959.
36. S. LAUE, M. von, *Die Relativitätstheorie*, 2. Bd.: *Die allgemeine Relativitätstheorie*, 3. Aufl., Braunschweig, 1953, SS. 186–196.
37. ŠIROKOV, M. F. in *FVSF 1959*, str. 362–368.
38. SMORODINSKIJ, Ja. A., 'Effekt Messbauera i teorija otnositel'nosti', *UFN* 1963, 79, vyp. 4, 589–594.
39. A.a.O., str. 594.
40. GINZBURG, V. L., 'Čto podverždajut izmerenija gravitacionnogo smeščenija častotij? *UFN* 81 (1963) 739–743.

KAPITEL II
(SS. 38–186)

1. EINSTEIN, A., *Grundzüge der Relativitätstheorie*, 1. Aufl., Braunschweig, 1956, S. 37.
2. *FVSF 1952*, str. 61.
3. A.a.O., str. 313.
4. A.a.O., str. 314.
5. A.a.O., str. 314, 315.
6. A.a.O., str. 315.
7. A.a.O., str. 62.
8. *FVSF* 1956, str. 201.
9. KURSANOV, G. A., 'K kritičeskoj ocenke teorii otnositel'nosti', *VF* 1952, 1, 169–174.
10. SVIDERSKIJ, V. I., *Filosofskoe značenie prostranstvenno-vremennych predstavlenij v fizike*, Leningrad, 1956, str. 222, 223.
11. A.a.O., str. 222, 223.
12. A.a.O., str. 221.
13. A.a.O., str. 222.
14. A.a.O., str. 207.
15. A.a.O., str. 209.
16. Dto.
17. Schilpp, SS. 502f.
18. Sviderskij zitiert nach FOCK V. A., 'Sistema Kopernika i sistema Ptolemea v svete obščej teorii otnositel'nosti', sbornik *Nikolaj Kopernik*, Moskva, 1955, str. 67.
19. SVIDERSKIJ, a.a.O., str. 214.
20. A.a.O., str. 214, 215.
21. WEYL, H., *Raum, Zeit, Materie*, 4. erw. Aufl., Berlin, 1921, S. 91.
22. LAUE, M. von, *Die Relativitätstheorie*, 2. Bd.: Die allgemeine Relativitätstheorie, 3. Aufl., Braunschweig, 1953, S. 55.
23. FOCK, V. A., *Theorie von Raum, Zeit und Gravitation*, Berlin, 1960, S. 254.
24. SVIDERSKIJ, a.a.O., str. 215, 216.
25. FOCK, V. A., 'Sovremennaja teorija prostranstva i vremeni', *Priroda* 1953, 12, 13–26.
26. Dto. Nach Lenin V. I., *Soč.*, tom 14, str. 327, 328.
27. FOCK, V. A., *Teorija prostranstva, vremeni i gravitacii*, 2-oe izd., Moskva, 1961, str. 18.
28. A.a.O., str. 85.
29. *EjSF*, str. 77, 84, 85.
30. FOCK, V. A., *VF* 1961, 12, 45–52.
31. *EjSF*, str. 78.
32. Dto.
33. FOCK, V. A., *VF* 1961, 12, 49.
34. FOCK, *Theorie*, S. 259.
35. *EjSF*, str. 78.
36. A.a.O., str. 79.
37. FOCK, *Theorie*, SS. 262, 263, 222.
38. A.a.O., S. 263.
39. A.a.O., S. 262, Anm. 1.
40. FOCK, V. A., *VF* 1961, 12, 51.
41. *EjSF*, str. 78.
42. FOCK, *Theorie*, S. 260.
43. A.a.O., 258, 259.
44. *EjSF*, str. 78.
45. FOCK, *Theorie*, S. 260.

46. Zitiert nach Sviderskij, *Filosofskoe značenie prostranstvenno vremennych predstavlenij v fizike*, aus Fock, V. A., 'Problema dviženij mass v teorii gravitacii Ejnštejna'. *Sbornik posvjaščennyj semidesjatiletiju akademika A. F. Ioffe*, AN SSSR, Moskva, 1950, str. 32 (dem Verfasser nicht zugänglich).
47. FOCK, V. A., *VF* 1961, 12, 45–52.
48. *EjSF*, str. 78.
49. FOCK, *Theorie*, SS. XV, XVI, 219.
50. FOCK, V. A., *VF* 1961, 12, 46.
51. FOCK, *Theorie*, S. 434.
52. A.a.O., SS. XIII–XV.
53. A.a.O., S. 453.
54. FOCK, V. A., *VF* 1961, 12, 49.
55. A.a.O., 50.
56. FOCK, V. A., 'Ponjatija odnorodnosti, kovariantnosti i otnositel'nosti v teorii prostranstva i vremeni', *VF* 1955, 4, 131–135, 134.
57. Dto.
58. *EjSF*, str. 79.
59. Dto., Anm. 3.
60. A.a.O., str. 59 zitiert nach der russischen Übersetzung von A. Einstein, *Autobiographisches*, in Schilpp.
61. A.a.O., str. 60.
62. A.a.O., str. 80, 81.
63. Schilpp, SS. 26, 27.
64. *EjSF*, str. 81.
65. FOCK, V. A., *Problema dviženij mass*, str. 32, zitiert nach Sviderskij, a.a.O., str. 217.
66. Dto.
67. FOCK, V. A., *Nikolaj Kopernik*, str. 65, zitiert nach Sviderskij, a.a.O. 217, 218.
68. FOCK, *Theorie*, S. XVII.
69. FOCK, V. A., *VF* 1961, 12, 49–50.
70. FOCK, *Theorie*, S. 453.
71. FOCK, V. A., *Teorija prostranstva, vremeni i tjagotenija*, izd. 2-oe, Moskva, 1961, str. 241–246.
72. FOCK, V. A., *VF* 1961, 12, 48.
73. A.a.O., 49.
74. A.a.O., 52.
75. A.a.O., 52.
76. FOCK, V. A., 'Sovremennaja teorija prostranstva i vremeni', *Priroda* 1953, 12, 13–26.
77. Dto. Nach STALIN, *Voprosy leninizma*, izd. 11-oe, 1952, str. 575.
78. FOCK, V. A., *VF* 1955, 4, 132, Anm. 1.
79. Dto.
80. A.a.o., 132.
81. FOCK, *Theorie*, SS. 167, 168, 219, 254, 263, 421, 422.
82. A.a.o., SS. 421–424.
83. A.a.O., S. 429.
84. A.a.O., S. 430.
85. A.a.O., S. 431.
86. A.a.O., SS. 431–433.
87. ŽETF 38 (1960) 108–115.
88. A.a.O., 114.
89. FOCK, *Theorie*, S. 2.
90. FOCK in *Priroda* 1953, 12, 15.
91. A.a.O., 18.
92. FOCK, *Theorie*, §§ 3–6.
93. A.a.O., S. 12.
94. Dto.
95. Dto.
96. A.a.O., § 35.
97. A.a.O., S. 136.
98. Dto.
99. A.a.O., S. 137.
100. A.a.O., SS. 185f.
101. A.a.O., S. 185.
102. A.a.O., S. 186.
103. A.a.O., S. 186–187.
104. A.a.O., S. 210.
105. A.a.O., SS. 212–213.
106. A.a.O., SS. 215–218.
107. SVIDERSKIJ, *Filosofskoe značenie...*, str. 220.
108. ALEKSANDROV, A. D., 'Po povodu nekotorych vzgljadov na teoriju otnositel'nosti', *VF* 1953, 5, 229–231.
109. ALEKSANDROV, A. D., *Filosofskoe soderžanie i značenie teorii otnositel'nosti. Materialy k vsezojuznomu soveščaniju po filosofskim voprosam estestvoznanija*, Moskva, 1957, str. 14.

110. A.a.O., str. 14, 15.
111. BLOCHINCEV, D. I., 'Za leninskoe učenie o dviženii', *VF* 1952, 1, 181–183.
112. *Voprosy kosmogonii* 1955, IV, 222, zitiert nach Sbornik *Nikolaj Kopernik*.
113. A.a.O., 247, 248.
114. A.a.O., 223–224.
115. A.a.O., 225.
116. A.a.O., 226.
117. A.a.O., 226, 227.
118. LANDAU, L. D., LIFŠIC, E. M., *Teorija polja*, 4-oe izd. ispr. i dopoln., Moskva, 1962 (deutsche Übersetzung: LANDAU, L. D., LIFSCHIZ, E. M., *Lehrbuch der theoretischen Physik, Feldtheorie*, Berlin, 1963).
119. *FVSF* 1952.
120. LANDAU, LIFSCHIZ, *Feldtheorie*, S. 252.
121. IVANENKO, D., 'Vstupitel'naja stat'ja' in *Novejšie problemy gravitacii*, Moskva, 1961, str. 31.
122. *EjSF*, str. 90.
123. *EjSF*, str. 136, Anm. 1.
124. MOSTEPANENKO, M. V., *Materialističeskaja suščnost' teorii otnositel'nosti Ejnštejna*, Moskva, 1962.
125. A.a.O., str. 15.
126. A.a.O., str. 14.
127. A.a.O., str. 197.
128. EINSTEIN in *Ann. Phys.* 1918, Nr. 55, 241.
129. MOSTEPANENKO, a.a.O., str. 173–178.
130. KUZNECOV, B. G., *Osnovy teorii otnositel'nosti i kvantovoj mechaniki*, Moskva, 1957.
131. A.a.O., str. 63.
132. A.a.O., str. 65.
133. A.a.O., str. 66.
134. A.a.O., str. 71.
135. A.a.O., str. 78.
136. Kuznecov verweist auf A. EDDINGTON, *Teorija otnositel'nosti*, Moskva–Leningrad, 1934, str. 123–129.
137. A.a.O., str. 87, 88.
138. A.a.O., str. 89, 90.
139. A.a.O., str. 90.
140. A.a.O., str. 90–96.
141. A.a.O., str. 96, 97.
142. A.a.O., str. 90, 91.
143. A.a.O., str. 100.
144. A.a.O., str. 101.
145. A.a.O., str. 107.
146. A.a.O., str. 108.
147. A.a.O., str. 115–117.
148. KUZNECOV, B. G., *Princip otnositel'nosti v antičnoj, klassičeskoj i kvantovoj fizike*, Moskva, 1959.
149. A.a.O., str. 84, 85.
150. A.a.O., str. 102, 103.
151. A.a.O., str. 102–115.
152. KUZNECOV, B. G., *Besedy o teorii otnositel'nosti*, Moskva, 1960.
153. A.a.O., str. 24–25.
154. A.a.O., str. 25–27.
155. A.a.O., str. 191.
156. A.a.O., str. 194.
157. A.a.O., str. 191–197.
158. A.a.O., str. 197–198.
159. A.a.O., str. 198–199.
160. *Ejnštejn i razvitie fiziko-matematičeskoj mysli*, Moskva, 1962, str. 137f. Der Band enthält Beiträge von Einstein, Heisenberg, Born und Infeld.
161. A.a.O., str. 183.
162. A.a.O., str. 139.
163. A.a.O., str. 183.
164. ŽUKOV, A. I., *Vvedenie v teoriju otnositel'nosti*, Moskva, 1961.
165. A.a.O., str. 8.
166. A.a.O., str. 121.
167. A.a.O., str. 141.
168. A.a.O., str. 142.
169. A.a.O., str. 143.
170. A.a.O., str. 146–148.
171. A.a.O., str. 146–154.
172. BOGORODSKIJ, A. F., *Uravnenija polja Ejnštejna i ich primenenie v astronomii*, Kiev, 1962.
173. Bogorodskij zitiert E. CARTAN, *Leçon géométrie d'espace de Riemann*, Paris, 1946.

174. BOGORODSKIJ, A.a.O., str. 25–28.
175. A.a.O., str. 29.
176. EINSTEIN in *Annalen der Physik* 1918, Nr. 55, 241.
177. BOGORODSKIJ, A.a.O., str. 30.
178. A.a.O., str. 187–190.
179. ŠIROKOV, M. F., 'O materialističeskoj suščnosti teorii otnositel'nosti', *FVSF 1959*, str. 324f.
180. A.a.O., str. 324.
181. A.a.O., str. 344.
182. A.a.O., str. 345.
183. ŠIROKOV, M. F., 'O roli gravitacii v postroenii elementarnych častic', *Vestnik, MGU* 1947, 4, 67.
184. *ŽETF* 24 (1953) 375.
185. ŠIROKOV in *ŽETF* 18 (1948) 236.
186. *ŽETF* 27 (1954) 6, 756 und *ŽETF* 31 (1956) 6, 1098.
187. *Phys. Rev.* 48 (1935) 73.
188. *FVSF 1959*, str. 362.
189. FOCK, V. A., *VF* 1961, 12, 46. Dort heißt es: "Das Relativitätsprinzip Galileis... behauptet die Existenz entsprechender physikalischer Vorgänge in verschiedenen inertialen Bezugssystemen." Darunter sei verstanden, daß "*jedem* physikalischen Vorgang in dem einen System man einen entsprechenden Vorgang im anderen zuordnen (*sopostavit'*) kann". Entsprechend sind Vorgänge, wenn "der erste von beiden im ersten Bezugssystem ebenso abläuft wie der zweite in dem seinen", genauer, wenn "der erste Vorgang im ersten Bezugssystem durch dieselben Funktionen beschrieben wird wie der zweite Vorgang im zweiten System".
190. EINSTEIN, A., *Grundzüge der Relativitätstheorie*, Braunschweig, 1956, S. 16.
191. EINSTEIN, A., *Über die spezielle und die allgemeine Relativitätstheorie*, 17. erw. Aufl., Braunschweig, 1956, SS. 7–8.
192. A.a.O., S. 59.
193. A.a.O., S. 60.
194. Schilpp, S. 502.
195. Schilpp, S. 192.
196. HUSSERL, E., *Gesammelte Werke* (hrsg. v. Walter Biemel), Bd. VI: *Die Krisis der europäischen Wissenschaften und die transzendentale Phänomenologie*, Den Haag, 1954, S. 23.
197. FOCK, V. A., 'O roli principov otnositel'nosti i ekvivalentnosti v teorii tjagotenija Ejnštejna'. *Extrait des Actes du Symposium International R. J. Bosković*, 1961, Beograd, Zagreb, Ljubljana, 1962, p. 33.
198. Dto.

KAPITEL III
(SS. 187–231)

1. *FVSF 1952*, str. 300.
2. A.a.O., str. 310.
3. A.a.O., str. 322.
4. A.a.O., str. 324.
5. A.a.O., str. 325.
6. KURSANOV, V. A., *VF* 1950, 3, 173–191.
7. *FVSF 1952*, str. 59.
8. SVIDERSKIJ, *Filosofskoe značenie*, str. 219–220.
9. ŽUKOV, *Vvedenie*, str. 132–135.
10. MOSTEPANENKO, a.a.O., str. 194–200.
11. Mostepanenko beruft sich auf INFELD, *VF* 1954, 5, 176–177.
12. ENGELS, F., *Dialektika prirody*, Moskva, 1955, str. 54.
13. MOSTEPANENKO, a.a.O., str. 200.
14. BLOCHINCEV, D. I., 'Leninskoe učenie o dviženii', *VF* 1952, 1, 181–183.

15. KOL'MAN, E., 'K sporam o teorii otnositel'nosti', *VF* 1954, 5, 178–189.
16. FOCK, V. A., 'Sovremennaja teorija prostranstva i vremeni', *Priroda*, 1953, 12, 13–26.
17. Dto.
18. Dto.
19. "V. A. Fock", 1956, 14.
20. A.a.O., 15.
21. ALEKSANDROV, A. D., 'Po povodu nekotorych vzgljadov na teoriju otnositel'nosti', *VF* 1953, 5, 231.
22. *NB* 1958, 1, 2.
23. ALEKSANDROV, A. D., *Filosofskoe soderžanie*, str. 12, 13, 21.
24. *Dialektičeskij materializm i sovremennoe estestvoznanie*, M. 1957, str. 62.
25. A.a.O., str. 71.
26. A.a.O., str. 74.
27. A.a.O., str. 76.
28. A.a.O., str. 77.
29. A.a.O., str. 70, s. auch ŠIROKOV, M. F. in *ŽETF* 21 (1951) 748, 27 (1954) 251.
30. *Dialektičeskij materializm*, str. 77.
31. A.a.O., str. 78, s. FOCK, V. A. in *ŽETF* 9 (1939) vyp. 4.
32. *ŽETF* 27 (1954) 2, 251.
33. *Dialektičeskij materializm*, str. 79.
34. A.a.O., str. 80.
35. A.a.O., str. 81.
36. *FVSF 1959*, str. 348, 352–356.
37. *FPSE* 1959, str. 434–441.
38. *FVSF 1952*, str. 321.
39. INFEL'D, L., 'Neskol'ko zamečanij o teorii otnositel'nosti', *VF* 1954, 5, 173–178.
40. INFEL'D, L., 'Ot Kopernika do Ejnštejna', *VF* 1955, 4, 122–130.
41. Dto.
42. Dto.
43. A.a.O., 130.
44. FOCK, V. A., INFEL'D, L., 'O garmoničeskich sistemach v teorii otnositel'nosti', *VF* 1955, 3, 155–156.
45. A.a.O., 156–157.

KAPITEL IV
(SS. 232–346)

1. KURSANOV, G. A., (Sverdlovsk), *VF* 1950, 3, 173; s. auch Lenin, *Soč.* t. 14, str. 164–165.
2. A.a.O., str. 181.
3. SVIDERSKIJ, Ja. P., *Prostranstvo i vremja*, Moskva, 1958, str. 67, zitiert nach Lobačevskij, N. J., *Poln. sobr. soč.*, t. II, Moskva–Leningrad, 1949, str. 58–59.
4. FRANKFURT, U. I., *Očerki po istorii special'noj teorii otnositel'nosti*, Moskva, 1961, str. 53. Dort findet sich die betreffende Stelle aus Lobačevskij zitiert.
5. Dto.
6. KURSANOV, G. A., *VF* 1950, 3, 185.
7. *FVSF 1952*, str. 220.
8. A.a.O., str. 222.
9. A.a.O., str. 61.
10. SVIDERSKIJ, a.a.O., str. 54.
11. A.a.O., str. 26.
12. A.a.O., str. 53.
13. A.a.O., str. 70.
14. SPIRKIN, A. G., 'Proischoždenie kategorii prostranstva', *VF* 1956, 2, 91–104.
15. A.a.O., 93, Anm. 1.
16. A.a.O., 93.
17. A.a.O., 99.
18. Dto.
19. A.a.O., 100.
20. MELJUCHIN, S. Š., *Problema konečnogo i beskonečnogo*, Moskva, 1958, str. 155.
21. A.a.O., str. 155–156.
22. KURSANOV, G. A., *VF* 1950, 3, 177.
23. *FVSF 1952*, str. 191.
24. A.a.O., str. 192.

25. A.a.O., str. 198–199.
26. A.a.O., str. 200.
27. A.a.O., str. 206.
28. A.a.O., str. 209-211.
29. KURSANOV, G. A., *VF* 1950, 3, 173–191.
30. SVIDERSKIJ, *Prostranstvo i vremja*, str. 35.
31. *FVSF 1952*, str. 211. Nach Kagan, V. F., Lobačevskij 1948, str. 463 und Sbornik *Voprosy istorii obščestvennoj nauki, obščee sobranie, AN SSSR 5.–11.1.1949*, Moskva–Leningrad, 1949, str. 141.
32. A.a.O., str. 212.
33. Dto.
34. A.a.O., str. 215.
35. *FVSF 1956*, str. 211.
36. SVIDERSKIJ, *Prostranstvo i vremja*, str. 27.
37. KURSANOV, G. A., *VF* 1950, 3, 175–176.
38. *FVSF 1952*, str. 66.
39. FRANKFURT, A.a.O., str. 55, 59.
40. UËMOV, A. I., 'Možet li prostranstvenno-vremennyj kontinuum vzaimodejstvovat' s materiej?' *VF* 1954, 3, 172–180. Uëmov bezieht sich auf *Princip otnositel'nosti*, sbornik rabot, Moskva–Leningrad, 1935, str. 233–234.
41. A.a.O., 173.
42. Dto. UËMOV zitiert Eddington, A. S., *Matematičeskaja teorija otnositel'nosti*, Moskva, 1933, str. 14.
43. Dto.
44. Dto.
45. A.a.O., str. 174.
46. Dto.
47. Dto.
48. Dto. Nach Einstein, A., *The Origin of the General Theory of Relativity*, Glasgow, 1933, p. 6.
49. A.a.O., 174–175. Nach EINSTEIN, A., *Äther und Relativitätsprinzip*, 1921, S. 21.
50. A.a.O., 175. Nach ENGELS, *AD*, M. 1952, str. 22.
51. A.a.O., 176. Nach EINSTEIN-INFELD, *Die Evolution der Physik*.
52. A.a.O., 176.
53. Dto. Nach *UFN* 1947, 32, 180, sowie *Uspechi chimii* 1948, 17, 545 und SOKOLOV, A. A., IVANENKO, D., *Kvantovaja teorija polja*, Moskva–Leningrad, 1952, str. 526–527.
54. A.a.O., 176–177.
55. A.a.O., 177. Nach KUZNECOV, I. V., *Izv. AN SSSR, serija istorii i filosofii* 1952, 3, 270.
56. A.a.O., 177.
57. Dto.
58. Dto.
59. A.a.O., 178.
60. A.a.O., 177. Nach SOKOLOV, IVANENKO, a.a.O., str. 654–655.
61. A.a.O., 178.
62. *FVSF 1952*, str. 389–395. S. auch BLOCHINCEV, *UFN* 1950, 42, 1, 66 und 76, *UFN* 1951, 44, 1, 104. FRENKEL', *UFN* 1950, 42, 1, 69.
63. UËMOV, a.a.O., 178. Nach *FT* 1947, str. 119.
64. Dto.
65. A.a.O., 179.
66. Dto.
67. A.a.O., 180.
68. Dto.
69. NOVIK, I. B., 'O sootnošenii prostranstva, vremeni i materii', *VF* 1955, 3, 140–146.
70. A.a.O., 142.
71. Dto.
72. Dto.
73. Dto. Nach *FT* 1947, str. 48.
74. A.a.O., 143.
75. A.a.O., 144.
76. Dto.
77. A.a.O., 145.
78. Dto.
79. A.a.O., 146.
80. Dto.
81. *FVSF 1956*, str. 173.
82. Dto.
83. A.a.O., str. 176.
84. A.a.O., str. 179, 180.

85. A.a.O., str. 177.
86. Dto.
87. A.a.O., str. 177, 178.
88. A.a.O., str. 178.
89. Dto.
90. A.a.O., str. 202.
91. A.a.O., str. 203.
92. A.a.O., str. 204.
93. SVIDERSKIJ, *Prostranstvo i vremja*, str. 69.
94. A.a.O., str. 32.
95. A.a.O., str. 34.
96. Dto.
97. A.a.O., str. 71.
98. A.a.O., str. 104.
99. A.a.O., str. 103.
100. A.a.O., str. 104.
101. Dto.
102. A.a.O., str. 105.
103. A.a.O., str. 105, 106.
104. A.a.O., str. 106.
105. A.a.O., str. 107.
106. Dto.
107. A.a.O., str. 108.
108. A.a.O., str. 109.
109. A.a.O., str. 96. Nach LEIBNIZ, *Hauptschriften zur Grundlegung der Philosophie*, Bd. 1, 206.
110. A.a.O., str. 111.
111. A.a.O., str. 112. Nach EJNŠTEJN, A., 'Problema prostranstva-poljaefira v fizike', *Russko-Germanskij Vestnik Nauki i Techniki*, Moskva–Berlin, 1930, Nr. 1, 3.
112. A.a.O., str. 113.
113. A.a.O., str. 114, 115.
114. SVIDERSKIJ, *Filosofskoe značenie*, str., 215, 216.
115. A.a.O., str. 223.
116. A.a.O., str. 224.
117. Sviderskij bezieht sich offenbar auf die russische Ausgabe, Petrograd, 1922, str. 24–25.
118. SVIDERSKIJ, *Filosofskoe značenie*, str. 231. Sviderskij bezieht sich offenbar auf die Versuche, die Grundkonstanten der Physik kosmologisch zu deuten, s. BAVINCK, B., *Ergebnisse und Probleme der Naturwissenschaften*, 10. Aufl., Zürich, 1954, SS. 99ff., wo auf die entsprechenden Arbeiten von Eddington, Ertel, Haas, Jordan und Dirac verwiesen wird.
119. A.a.O., str. 233.
120. A.a.O., str. 234.
121. A.a.O., str. 235. Sviderskij bezieht sich auf EDDINGTON, A. S., *Otnositel'nost' i kvanty*, Moskva–Leningrad, 1933, str. 99.
122. Sviderskij bezieht sich auf BARNETT, L., *Einstein und das Universum*, Frankfurt, 1957.
123. Sviderskij bezieht sich auf ALEKSANDER, S., *Space, Time and Deity*, London, 1927, P. 50.
124. Sviderskij zitiert nach KASSIRER (Cassirer), E., *Teorija otnositel'nosti Ejnštejna*, Petrograd, 1922, 89.
125. Sviderskij zitiert nach NATORP, P., *Die logischen Grundlagen der exakten Wissenschaften*, 1923, SS. 399–404.
126. Sviderskij zitiert nach MÜLLER, D., 'Metaphysics in Physics', *Philosophy of Science* 13 (1946) 283.
127. SVIDERSKIJ, *Filosofskoe značenie*, str. 241–248.
128. MELJUCHIN, S. Š., *Problema konečnogo i beskonečnogo*, Moskva, 1958, 186–187.
129. *EjSF*, str. 124.
130. *Voprosy kosmogonii* 4 (1955) 228.
131. Dto.
132. *EjSF*, str. 91.
133. A.a.O., str. 92.
134. KUZNECOV, B. G., *Osnovy*, str. 108.
135. ALEKSANDROV, A. D., *Filosofskoe soderžanie*, str. 15.
136. A.a.O., str. 16.
137. A.a.O., str. 16, 17.
138. A.a.O., str. 17.
139. Dto.
140. Dto.
141. A.a.O., str. 18.

142. A.a.O., str. 3–6.
143. A.a.O., str. 18–20.
144. A.a.O., str. 20.
145. A.a.O., str. 20–23.
146. A.a.O., str. 23–26.
147. A.a.O., str. 23.
148. A.a.O., str. 24.
149. Dto.
150. A.a.O., str. 24, 25.
151. A.a.O., str. 25.
152. Dto.
153. Dto.
154. Dto.
155. A.a.O., str. 26.
156. A.a.O., str. 33.
157. *FPSE*, str. 365–369.
158. A.a.O., str. 368, 369.
159. A.a.O., str. 374.
160. A.a.O., str. 410, 411.
161. LEONOV, V. P., *Očerk dialektičeskogo materializma*, Moskva, 1948.
162. *FPSE*, str. 446–449.
163. OVČINNIKOV, N. F., 'Obsuždenie filosofskich voprosov teorii otnositel'nosti', *VF* 1959, 2, 77–82.
164. *FPSE*, str. 453.
165. A.a.O., str. 449–554.
166. OVČINNIKOV, *VF* 1959, 2, 79–80.
167. *FPSE*, str. 455.
168. s. LOBKOWICZ, N., *Das Widerspruchsprinzip in der neueren sowjetischen Philosophie*, Dordrecht, 1959, 45–64. Nach *Filosofický časopis*, Praha, 1959, 3, 381–391.
169. KOL'MAN, E., 'Čto takoe kibernetika?', *VF* 1955, 4, 148–159.
170. KOLMAN, A., *Kibernetika*, Praha, 1957.
171. KOL'MAN, E., *Bernard Bolzano*, Moskva, 1955.
172. KOL'MAN, E., *Istorija matematiki v drevnosti*, Moskva, 1961.
173. KOL'MAN, E., *Lenin i novesjšaja fizika*, 2. Aufl., Moskva, 1961.

KAPITEL V
(SS. 347–462)

1. *BSE*, t. 23, 103–104.
2. *BSE*, t. 23, 103–104.
3. *Sowjetwissenschaft* 1949, 3, 291–297. Das Original war dem Verfasser nur in einer von Herrn Professor Meurers, Wien freundlicherweise überlassenen Abschrift zugänglich. Die betreffenden Stellen werden unter diesem Vorbehalt zitiert.
4. KURSANOV, G. A., *VF* 1950, 3, 173–191.
5. KUKARKIN, B. V., MASEVIČ, A. G., 'Sovetskie astronomy na VIII s'ezde Meždunarodnogo astronomičeskogo sojuza v Rime, *VF* 1953, 1, 222–230.
6. KOL'MAN, E., 'K sporam o teorii otnositel'nosti', *VF* 1954, 5, 178–190.
7. *Vestnik LGU* 1947, 11, 170.
8. A.a.O., 171.
9. *Voprosy kosmogonii* 4 (1955) 206.
10. A.a.O., 208.
11. A.a.O., 209.
12. A.a.O., 210.
13. A.a.O., 211.
14. Dto.
15. A.a.O., 233.
16. A.a.O., 239.
17. Dto.
18. A.a.O., 240.
19. A.a.O., 215.
20. A.a.O., 216.
21. A.a.O., 217.
22. A.a.O., 220–221.
23. A.a.O., 229.
24. A.a.O., 232.
25. A.a.O., 233.
26. A.a.O., 235.
27. A.a.O., 235–236.
28. A.a.O., 236.
29. A.a.O., 236–237.
30. A.a.O., 237.

31. A.a.O., 238.
32. A.a.O., 239.
33. Dto.
34. A.a.O., 240.
35. A.a.O., 250–251.
36. *EjSF*, str. 129–137.
37. A.a.O., str. 131.
38. A.a.O., str. 132.
39. *Voprosy kosmogonii* 6 (1958) 359, 360.
40. A.a.O., 359.
41. A.a.O., 360.
42. *Trudy šestogo soveščanija po voprosam kosmogonii*, Moskva, 1959.
43. A.a.O., str. 264.
44. Dto.
45. A.a.O., str. 267.
46. SMORODINSKIJ verweist auf *Astron. J.* 61 (1956) 97.
47. Trudy, str. 243–259.
48. *Voprosy kosmogonii* 6 (1958) 280.
49. Dto.
50. Dto.
51. A.a.O. 281. Naan zitiert Zel'manov in *BSE*, t. 23, 109 ('Kosmologija').
52. A.a.O., 284–285.
53. A.a.O., 285.
54. A.a.O., 288.
55. A.a.O., 289.
56. A.a.O., 290–291.
57. A.a.O., 291.
58. A.a.O., 292.
59. A.a.O., 295.
60. A.a.O., 306–307.
61. A.a.O., 307.
62. A.a.O., 308.
63. Dto.
64. A.a.O., 317.
65. A.a.O., 318.
66. A.a.O., 319.
67. A.a.O., 320.
68. Dto.
69. A.a.O., 320.
70. A.a.O., 321.
71. A.a.O., 323.
72. Dto.
73. A.a.O., 325.
74. Dto.
75. A.a.O., 326.
76. Dto.
77. A.a.O., 326–327.
78. A.a.O., 327.
79. *FN* 1958, 4, 157–167.
80. A.a.O., 158.
81. A.a.O., 160.
82. A.a.O., 162.
83. Dto.
84. A.a.O., 163.
85. A.a.O., 165.
86. A.a.O., 166.
87. A.a.O., 167.
88. *FPSE*, str. 271.
89. A.a.O., str. 374–375.
90. A.a.O., str. 408–412.
91. A.a.O., a.a.O., str. 419.
92. A.a.O., str. 416–420.
93. A.a.O., str. 437.
94. A.a.O., str. 434–439.
95. KUZNECOV, B. G., *Osnovy*, str. 136.
96. Dto.
97. Dto.
98. A.a.O., str. 135.
99. A.a.O., str. 135–136.
100. A.a.O., str. 129.
101. A.a.O., str. 131–134.
102. KUZNECOV, B. G., *Besedy*, str. 217.
103. A.a.O., str. 220.
104. A.a.O., str. 221.
105. ŽUKOV, *Vvedenie*, a.a.O., str. 169.
106. A.a.O., str. 170.
107. A.a.O., str. 171.
108. A.a.O., str. 172.
109. KURSANOV, G., *Beskonečnost' i večnost' vselennoj*, Moskva, 1961, str. 17.
110. A.a.O., str. 121.
111. A.a.O., str. 38–42.
112. KURSANOV, G. A., 'O mirovozzreničeskom značenii dostiženij sovremennoj astronomii', *VF* 1960, 3, 61–74.
113. A.a.O., 62.
114. A.a.O., 64.
115. A.a.O., 66.
116. A.a.O., 67.

117. A.a.O., 68.
118. A.a.O., 69.
119. A.a.O., 70.
120. A.a.O., 73.
121. A.a.O., 74.
122. MOSTEPANENKO, *Materialističeskaja suščnost'*, str. 211.
123. A.a.O., str. 215.
124. SVIDERSKIJ, *Prostranstvo i vremja*, str. 133.
125. A.a.O., str. 133–134.
126. A.a.O., str. 134.
127. A.a.O., str. 135.
128. Dto.
129. A.a.O., str. 136. Sviderskij zitiert nach *AD* 1957, russ. Ausg., str. 49.
130. A.a.O., str. 136.
131. Dto.
132. A.a.O., str. 137–138.
133. A.a.O., str. 141.
134. A.a.O., str. 170.
135. A.a.O., str. 167.
136. A.a.O., str. 168.
137. Dto.
138. A.a.O., str. 169.
139. A.a.O., str. 160.
140. A.a.O., str. 169–170.
141. A.a.O., str. 170.
142. A.a.O., str. 149.
143. A.a.O., str. 150.
144. A.a.O., str. 151.
145. A.a.O., str. 155.
146. Dto.
147. A.a.O., str. 157.
148. A.a.O., str. 158.
149. A.a.O., str. 159.
150. A.a.O., str. 161–162.
151. A.a.O., str. 162. Sviderskij zitiert VAVILOV, S., *PZM* 1941, 2, 111–112.
152. A.a.O., str. 163.
153. Dto.
154. A.a.O., str. 166.
155. MELJUCHIN, *Problema*, str. 4.
156. A.a.O., str. 5, 6.
157. A.a.O., str. 147.
158. A.a.O., str. 167.
159. Dto.
160. A.a.O., str. 172.
161. A.a.O., str. 188.
162. A.a.O., str. 198.
163. A.a.O., str. 194.
164. A.a.O., str. 195–196.
165. A.a.O., str. 197.
166. Dto.
167. A.a.O., str. 172.
168. A.a.O., str. 178.
169. A.a.O., str. 179.
170. *Ejnštejn i razvitie fiziko-matematičeskoj mysli.* Moskva, 1961, str. 94.
171. A.a.O., str. 105.
172. A.a.O., str. 106.
173. A.a.O., str. 107.
174. A.a.O., str. 108.
175. A.a.O., str. 114.
176. Dto.
177. A.a.O., 115.
178. *ŽETF* 39 (1960) 149–157, 800–808; 40 (1961) 1847–1855. Die ersten beiden Beiträge wurden von Lifšic und Chalatnikov, der letzte Beitrag von Lifšic, Chalatnikov und Sudakov verfaßt. Eine Zusammenfassung findet sich in LANDAU, L. D., LIFŠIC, E. M., *Teoretičeskaja fizika, teorija polja*, 1962, 408–412, deutsch als LANDAU, LIFSCHIZ, *Feldtheorie*, a.a.O., SS. 378–382. Eine spätere Fassung bringen LIFŠIC und CHALATNIKOV in 'Problemy reljativistskoj kosmologii', *UFN* 1963, 80, 3, 391–438.
179. ZEL'DOVIČ, Ja. B., 'Teorija rasširjajuščejsja vselennoj, sozdannaja A. A. Fridmanom', *UFN* 1963, 80, 3, 353–390.
180. A.a.O., 356.
181. A.a.O., 358, 360.
182. A.a.O., 389–390.
183. A.a.O., 391–392.
184. FRIDMANN, A. A., 'Über die Krümmung des Raums, *Z. Phys.* 10 (1922) H. 6.
185. *UFN*, a.a.O. 359.
186. A.a.O., 453.
187. Dto.
188. A.a.O., 383.

QUELLEN*

Im Prinzip wurden nur Veröffentlichungen in der UdSSR berücksichtigt.

AFANAS'EV, V. G.: *Osnovy marksistskoj filosofii*, Moskva, 1960.

AGEKJAN, T. A., VORONCOV-VEL'JAMINOV, B. A., GORBACKIJ, V. G., DEJČ, A. N., KRAT, V. A., MEL'NIKOV, O. A., SOBOLEV, V. V.: *Kurs astrofiziki i zvëzdnoj astronomii*, otvetstvennyj redaktor MICHAILOV, A. A., redakcionnaja kollegija Dejč, A. N., Krat, V. A., Mel'nikov, A. O., Sobolev, V. V., tom II, Moskva, 1962 (vor allem Kapitel XXII).

AJTIKEEVA, Z. A.: 'Sistema vraščajuščich tel proisvol'noj formy v obščej teorii tonositel'nosti', *Trudy inst. jad. fiziki AN Kaz.SSR* 1962, 5, 167–173.

AJTIKEEVA, Z. A., PETROVA, N. M.: 'O sisteme sferičeski simmetričeskich tel v obščej teorii otnositel'nosti', *Tematičeskij sbornik 'Issledovanija processov perenosa. Voprosy teorii otnositel'nosti'*, Alma-Ata, Kzachsk. univ., 1959, str. 209–228.

AJTMURZAEV, T.: 'Metod rešenija uravnenij neustanovivšegosja tečenija gaza s učetom dissipativnych processov v obščej teorii otnositel'nosti', *Doklady AN SSSR* 113 (1957), No. 4.

ALEKSANDROV, A. D.:

(1) *Vypuklye mnogogranniki*, Moskva–Leningrad, 1950

(2) 'Leninskaja dialektika i matematika', *Priroda* 1951, No. 1.

(3) 'O suščnosti teorii otnositel'nosti', *Vestn. LGU, ser. mat. fiz. chim.* 1953, 8 103.

(4) 'Po povodu nekotorych vzgljadov na teoriju otnositel'nosti', *VF* 1953, 5, 225.

(5) 'Teorija otnositel'nosti kak teorija absoljutnogo prostranstvavremeni', in *Filosofskie voprosy sovremennoj fiziki*, Moskva, 1959.

(6) *Bol'šaja sovetskaja enciklopedija*, 2-oe izd. t. 31 'Teorija otnositel'nosti' (teoretiko-poznavatel'noe značenie).

(7) 'Filosofskoe soderžanie i značenie teorii otnositel'nosti', *VF* 1959, 1 und *Filosofskie problemy sovremennogo estestvoznanija*, Moskva, 1959.

(8) 'Rol' Lenina v razvitii nauki', *VF* 1960, 8, 35.

ALEKSANDROV, A. D., OVČINNIKOV, V. V.: 'Zamečanija k osnovam teorii otnositel'nosti', *Vestn. LGU*, 1963, 11, 95.

ALEKSANDROV, Ju. A., ANDREEV, V. N., BONDARENKO, I. I.: *ŽETF* 35 (1958) 1305.

ALEKSEEV, M. N.,

(1) Obsuždenie knigi A. K. Maneeva *'K kritike obosnovanija teorii otnositel'nosti'*, *VF* 1961, 6, 139.

(2) 'Soderžanie i struktura kursa 'Dialektičeskaja logika'' *VF* 1964, 1, 76–85.

AL'FORS, L. (Ahlfors L.), BERS, L.: *Prostranstva Rimanovych poverchnostej i kvazikonformnye otobraženija* (russ. Übersetzung von Ahlfors, L. V. und Bers, L., *Riemann Spaces of Surfaces and Quasiconformal Mappings*), Moskva, 1961.

* Wo weitere Angaben fehlen, wurde nach sowjetischen Quellen zitiert.

AMBARCUMJAN, V. A.:
(1) *Nekotorye metodologičeskie voprosy kosmogonii. Materialy k vsesojuznomu soveščaniju po filosofskim voprosam estestvoznanija, na pravach rukopisi*, Moskva, 1957.
(2) 'X. Meždunarodnyj astronomičeskij s'ezd', *Izvestija* 12. VIII. 1958.
(3) *Astr. Ž.* 1960, 1.
(4) 'My vidim novye gorizonty', *Priroda* 1962, 9, 16.
(5) 'Raskryvaja zakonomernosti Vselennoj', *Priroda* 1963, 12, 21–23.
(6) 'Problemy sovremennoj astronomii i fiziki mikromira', *VF* 1963, 6, 45–52.

AMBARCUMJAN, V. A., SAAKJAN, G. S.: 'Sovremennoe sostojanie teorii sverchplotnych nebesnych tel' v. sbornike *Voprosy kosmogonii* 9 (1963) 91–131.

ANČIKOV, A. M.:
(1) 'Ob odnom tipe konformno-provodimych prostranstv Ejnštejna', *Sbornik aspirantskich rabot Kazansk.un-ta*, 1962, A, No. 194, 33–41.
(2) 'Točnye rešenija uravnenij obščej teorii otnositel'nosti dlja metriki konformnoprovodimogo vida'. *Uč. zap. Kazansk. univ.*, 123 (1963), No. 12, 44–51.

ANDREEV, I. D.:
(1) *Dialektičeskij materializm*, Moskva, 1960.
(2) 'Naučnaja chronika', *VF* 1961, 7, 159.

ANDREEV, I. D., IENOV, I. I.: 'Zasedanie b'juro naučnogo soveta po filosofskim voprosam estestvoznanija', *VF* 1960, 10, 144.

'Antiveščestvo i kosmologija', *Atomnaja Energija* 15 (1963) 174.

ARCHIPCEV, F. T.:
(1) *Lenin o naučnom ponjatii materii*, Moskva, 1957.
(2) *Materija kak filosofskaja kategorija*, Moskva, 1961.

ARCIMOVIČ, L. A.: 'XXII s'ezd KPSS i zadači sovetskoj fiziki, matematiki, astronomii', *UFN* 76 (1962) 3.

ARSEN'EV, A. S.:
(1) 'Nekotorye metodologičeskie voprosy kosmogonii', *VF* 1955, 3, 32–44.
(2) 'Protiv agnosticizma v kosmogonii', in *Nekotorye filosofskie voprosy estestvoznanija*, Moskva, 1957.
(3) 'O gipoteze rasširenija metagalaktiki i 'krasnom smeščenii'', *VF* 1958, 8, 187.

ARTANOVSKIJ, S. N. (Leningrad): 'K kritike koncepcij 'Funkcionalizma' i 'Akkul'turacii'', *VF* 1964, 6, 115–123.

ASKIN, Ja. F. (Saratov): 'Vremja i večnost'', *VF* 1963, 6, 53–62.

ASKINADZE, Ja. F. (Saratov): 'K voprosu o suščnosti vremeni', *VF* 1961, 3, 50.

ASKINADZE, Ja. F., SVIDERSKIJ, V. I.: 'Filosofskoe značenie prostranstvennovremennych predstavlenij v fizike', *VF* 1959, 3, 137.

AUERBACH, *Prostranstvo i vremja*, Moskva, 1922.

BABOSOV, E. M.: *Dialektika analiza i sinteza v naučnom poznanii*, Minsk, 1963.

BALABUSEVIČ, I. A.: *Vysšie proizvodnye potenciala sily tjažesti*, Kiev, 1963.

BASOV, N. G., KROCHIN, D. N., ORAEVSKIJ, A. N., STRACHOVSKIJ, G. M., ČICHAČEV, B. M.: *UFN* 75 (1961), No. 3.

BAŽENOV, L. B.: *Osnovnye voprosy teorii gipotezy*, Moskva, 1961.

BAŽENOV, L. B., NOVIK, I. V., SLUCKIJ, M. S.: 'Na vsesojuznom soveščanii po voprosam estestvoznanija', *FN* 1958, 4, 218.

BAŽENOV, L. B., SACKOV, Ju. B., 'Plan-konsul'tacija po teme 'Filosofskie voprosy teorii otnositel'nosti'', *VF* 1961, 2, 133–137.

QUELLEN

BERGMAN, G. P. (Bergmann, G. P.): *Vvedenie v teoriju otnositel'nosti*, Moskva, 1947 (*Introduction to the Theory of Relativity*, New York, 1948).

BLOCHINCEV, D. I.:
- (1) *UFN* 42 (1950) 66.
- (2) *UFN* 44 (1951) 104.
- (3) 'Za leninskoe učenie o dviženie', *VF* 1952, 1, 181–183.
- (4) *ŽETF* 24 (1953) 384.

BLOCHINCEV, D. I., DRABKINA, S. I., *Teorija otnositel'nosti Ejnštejna*, Moskva–Leningrad, 1940.

BOCHER, M.: *Vvedenie v vysšuju algebru*, Moskva–Leningrad, 1933.

BOGORODSKIJ, A. T.:
- (1) 'Doppler-effekt v statističeskom gravitacionnom pole', *AN SSSR Cirkuljar Pulkovskoj observatorii*, No. 28, 1939, 52.
- (2) 'K voprosu o prirode krasnogo smeščenija v spektrach vnegalaktičeskich tumannostej', *Cirk. Glavn. astron. obs.* 1940, No. 29.
- (3) 'Zadača Keplera v obščej teorii otnositel'nosti', *Cirk. Glavn. Astron. obs.* 1940, No. 30.
- (4) *Izv. instituta Lesgafta* 23 (1940) 21.
- (5) *Cirk. Glavn. astron. obs.* 1941, No. 32, 16.
- (6) *Publ. Kievsk. astron. obs.* 1946, No. 1.
- (7) *Publ. Kievsk. astron. obs.* 1948, No. 11, 23.
- (8) *Publ. Kievsk. astron. obs.* 1948, No. 2, 31.
- (9) *Publ. Kievsk. astron. obs.* 1948, No. 2, 23.
- (10) *Astron. Ž.* 36 (1959) 883; *Publ. Kievsk. astron. obs.*, No. 11.
- (11) 'O principe ekvivalentnosti v obščej teorii teorii otnositel'nosti', *Publ. Kievsk. astron. obs.* 1961.
- (12) *Uravnenija polja Ejnštejna i ich primenenie v astronomii*, Kiev, 1962.
- (13) *Publ. Kievsk. astron. obs.*, No. 9.
- (14) *Cirk. Glavn. astron. obs.*, No. 28.
- (15) *Cirk. Glavn. astron. obs.*, No. 30.

Bol'šaja sovetskaja enciklopedija, 2.-izd., 1953.

BONČ-BRUEVIČ, A. A., KARISS, Ja. E., *Tezisy 1-oj Sov. grav. konf.* 1961, str. 141.

Bor'ba V. I. Lenina za vojnstvujuščij materializm i revoljucionnuju dialektiku, Moskva, 1960.

BORN, M.:
- (1) *Teorija otnositel'nosti Ejnštejna i eë fizičeskie osnovy*, Moskva–Leningrad, 1938.
- (2) 'Fizika i teorija otnositel'nosti' in *Ejnštejn i razvitie fiziko-matematičeskoj mysli*, sb. statej, Moskva, 1962.

BRAGINSKIJ, V. B., RUDENKO, V. N.: *Uč. zap. Kazansk. univ.* 123 (1963) No. 12, 96–108.

BRAGINSKIJ, V. B., RUKMAN, G. I.:
- (1) *ŽETF* 41 (1961) 34; *Vestnik-MGU* 1961, No. 3.
- (2) *Tezisy 1-oj Sov. grav. konf.* 1961, str. 133.

BRAGINSKIJ, V. B., RUKMAN, G. I., IVANENKO, D.: *ŽETF* 38 (1960) 1005.

BRANSKIJ, V. P.: *Filosofskoe značenie problemy nagljadnosti v sovremennoj fizike*, Leningrad, 1962.

BREKOVSKIJ, L. M.: 'Izlučenie gravitacionnych voln elektromagnitnymi volnami', *Doklady AN SSSR* 49 (1945) 482.

BREŽNEV, V. S.: *Tezisy 1-oj Sov. grav. konf. 1961*, str. 43.

BRITAN, B. U. (Doneck): 'Ponjatie mnogomernogo prostranstva v geometrii i ego filosofskoe soderžanie', *VF* 1963, 1, 115–125.

BRODSKIJ, A. M., IVANENKO, D.: *Doklady AN SSSR* 120 (1958) 995.

BRODSKIJ, A. M., IVANENKO, D., SOKOLIK, G. A.:
(1) *Tezisy 1-oj Sov. grav. konf. 1961*, str. 57; *Tezisy Užgorodskoj konferencii 1961*, str. 82.
(2) 'Novaja traktovka gravitacionnogo polja', *ŽETF* 41 (1961) 1307–1309.

BRONŠTEJN, M. P.: 'Kvantovanie gravitacionnych voln', *ŽETF* 6 (1936) 195.

BRUMBERG, V. A.: 'Uravnenija dviženija i koordinatnye uslovija v reljativistskoj zadače N tel', *Astron. Z.* 35 (1958) 839–903.

BULJAROV, R. F.: 'Transitivnye konformnye gruppy preobrazovanij', *Uč. zap. Kazansk. univ.* 123 (1963), No. 13, 3–20.

BUNIN, V. A.: 'Novejšie problemy gravitacii v svete klassičeskoj fiziki', v. sbornike *IV. soveščanie po problemam astrogeologii 1962.*

BURLANKOV, D. E.: 'Kovariantnye zakony sochranenija v obščej teorii otnositel'nosti', *ŽETF* 44 (1963) 1941–1949.

CHALATNIKOV, I. M., 'Nekotorye voprosy reljativistskoj gidrodinamiki', *ŽETF* 27 (1954) 529.

CHALATNIKOV, I. M., LIFŠIC, E. M., Problemy reljativistskoj kosmologii', *UFN* 80 (1963) 391–438.

CHARITONOV, V. M.: *Tezisy 1-oj Sov. grav.konf. 1961*, str. 72.

CHAONG FONG: *Tezisy 1-oj Sov. grav. konf. 1961*, str. 114.

CHRAPKO, G. I., *Tezisy 1-oj Sov. grav.konf. 1961*, str. 144.

CHVOL'SON, O. D.: *Kurs fiziki*, tom 1, 1933, str. 582.

ČEBOTAREV, N. G.:
(1) *Teorija grupp Li*, Moskva–Leningrad, 1940.
(2) *Uč. zap. LGU, ser. mat. astron.* 1941.

ČESNOKOV, E. N., TROŠIN, D. M.: 'Filosofskie problemy sovremennogo estestvoznanija', *Priroda* 1959, 4, 53.

ČERNIKOV, N. A.: 'Vektor potoka i tenzor massy reljativistskogo ideal'nogo gaza', *Doklady AN SSSR* 144 (1962) 314–317.

ČERNOV, Ju. P.: 'O simmetričeskoj zadače stationarnogo vraščenija kosmičeskich gazovych mass v obščej teorii otnositel'nosti', *Kirg. SSR, Ilimder Akad. Kabarlarly; Tbilisy žana techn. ilimderdim ser. izv. AN Kirg. SSR, serija estestvennych i techničeskich nauk* 5 (1963), No. 6, 61–87.

DANIN, D. D.: *Neizbežnost' strannogo mira,* Moskva, 1962.

DELONE, B. N.:
(1) *Kratkoe izloženie dokazatel'stva neprotivorečivosti planimetrii Lobačevskogo,* Moskva, Izd. AN SSSR, 1953.
(2) 'Bojai i Lobačevskij', *Priroda* 1960, 7, 70.
(3) 'O pravil'nych razbuždenijach prostranstva', *Priroda* 1963, 2, 60–63.

Dialektičeskij materializm i sovremennoe estestvoznanie, Moskva, 1964.

DIKE (Dicke), R.: *Eksperiment Etveša, UFN* 79 (1963) 333–345.

DMITRIEV, N. A., CHOLIN, S. A.: 'Osobennosti statističeskich rešenij uravnenij tjagotenija', *Voprosy kosmogonii* 9 (1963).

DOLGICH, F. I.: *Marksistsko-leninskaja filosofia o material'nom edinstve mira i sovremennoe estestvoznanie,* Moskva, 1959.

DOROŠKEVIČ, A. G., NOVIKOV, I. D., 'Srednjaja plotnost' izlučenija v metagalaktike i nekotorye voprosy reljativistskoj kosmologii', *Doklady AN SSSR* 154 (1964) 809–811.

DUAN I-ŠI:

(1) 'Obobščenija reguljarnych rešenij uravnenij Ejnštejna dlja gravitacii i uravnenij Maksvella dlja elektromagnetizma dlja zarjažennoj točečnoj časticy', *ŽETF* 27 (1954) 756.

(2) 'Obobščennye reguljarnye rešenija dlja skalarnogo mezonnogo polja točečnogo zarjada o obščej teorii otnositel'nosti', *ŽETF* 31 (1956) 1098.

DUBNOV, Ja. S.: *O simmetrično-sdvoennych ortogonal'nych matricach*, Moskva, Izd. un-ta matem. mechan. pri MGU, 1927.

DUBOŠIN, G. N.: *Teorija pritjaženija*, Moskva, 1961.

DYŠLEVYJ, P. I. (Kiev): 'Problema prostranstva i vremeni i sovremennaja kartina mira', *VF* 1963, 6, 173–176.

EDDINGTON, A. S.:

(1) *Prostranstvo, vremja, tjagotenie* (russ. Übersetzung von Eddington, A. S.: *Space, Time and Gravitation. An Outline of the General Relativity Theory*, Cambridge, 1921), Odessa, 1923.

(2) *Matematičeskaja teorija otnositel'nosti* (russ. Übersetzung von Eddington, A. S.: *The Mathematical Theory of Relativity*, second edition, Cambridge, 1923), 1933.

(3) *Otnositel'nost' i kvanty*, Moskva–Leningrad, 1933.

(4) *Teorija otnositel'nosti*, Moskva–Leningrad, 1934.

Effekt Messbauera, sbornik statej, Moskva, 1962.

EFREMOV, Ju. N.: 'Interesnaja gipoteza v razvitii metagalaktiki', *Priroda* 1963, 4 103–104.

EGOROV, I. P.:

(1) 'K usileniju teoremy Fubini o porjadke grupp dviženij rimanovych prostranstvo', *Doklady AN SSSR* 66 (1949) No. 5.

(2) *O dviženijach v prostranstvach affinoj svjaznosti*, Doktorskaja dissertacija, MGU, 1955.

(3) 'Maksimal'nye podvižnye rimanovy prostranstva V_4 nepostojannoj krivizny', *Doklady AN SSSR* 103 (195) No. 1.

EJGENSON, M. S.: *Vnegalaktičeskaja astronomija*, Moskva, 1960.

EJNŠTEJN, A. (Einstein, A.):

(1) 'Zum gegenwärtigen Stande des Strahlungsproblems', *Physik. Z.* 10 (1909), No. 6, 185.

(2) 'Kosmologische Betrachtungen zur allgemeinen Relativitätstheorie', *Sitz.-Ber. Preuß. Akad.*, 1917, 141–152.

(3) *Geometrija i opyt* (russ. Übersetzung von *Geometrie und Erfahrung*, erweiterte Fassung des Festvortrages gehalten an der Preußischen Akademie, Berlin, 1921), Petrograd, Naučnoe knigoizd, 1921.

(4) *Efir i prinzip otnositel'nosti* (russ. Übersetzung von *Äther und Relativitätstheorie*, Reden gehalten am 5. Mai 1920 an der Reichsuniversität zu Leiden, Berlin, 1920), Petrograd, Naučnoe knigoizd., 1922.

(5) *O special'noj i obščej teorii otnositel'nosti. Obščedostupnoe izloženie* (russ. Übersetzung von *Über die spezielle und allgemeine Relativitätstheorie, gemeinverstandlich*, Braunschweig, 10. Aufl., 1920), Petrograd, Naučnoe knigoizd., 1923.

(6) 'N'juton (k 200-letiju so dnja smerti)', (Russ. Übersetzung von 'Zu Newtons 200. Todestag', *Nord und Sud* 50 (1927) 36–40), *Priroda* 1927, 6.

(7) 'Edinaja teorija polja' (russ. Übersetzung v. 'Einheitliche Feldtheorie', *Sitz.-Ber. Preuß. Akad.*, 1929, 2–7)

(8) *Berliner Berichte* 1931, 541; 1932, 130.

(9) *O metode teoretičeskoj fiziki*, Gerbert-Spenserovskaja lekcija 10 ijunja 1933, pročitannaja vo Oksforde (russ. Übersetzung v. *On the Method of Theoretical Physics*, Oxford, Clarendon Press, 1933).

(10) *Brounovskoe dviženie*, sb. statej, pod red. Davydova, B.I., (russ. Übersetzung von *Untersuchungen über die Theorie der Brownschen Bewegungen*, hrsg. v. R. Fürth, Leipzig, Akademische Verlagsgesellschaft (Oswalds Klassiker der exakten Wissenschaften 199), 1922), ONTI 1934.

(11) *Mir, kakim ja ego vižu* (russ. Übersetzung v. Einstein, A.: *Mein Weltbild*, Amsterdam, Querido, 1934).

(12) 'Voprosy kosmologii i obščaja teorija otnositel'nosti' (russ. Übersetzung von 'Kosmologische Betrachtungen zur allgemeinen Relativitätstheorie', *Sitz.-Ber. Preuß. Akad. Wiss.* 1917) in (15).

(13) *Osnovy teorii otnositel'nosti, 4 lekcii, čitannye v Prinstonskom universitete*, (russ. Übersetzung v. Einstein, A.: *Vier Vorlesungen über Relativitätstheorie, gehalten im Mai 1921 an der Universität Princeton*, 1. Aufl., 1922, 2. Aufl., 1923), Moskva, Leningrad, 1935.

(14) 'Možet li kvantovo-mechaničeskoe opisanie fizičeskoj real'nosti sčitat'sja polnym?' (sovmestno s B. Podol'skim, i N. Rozenom), (russ. Übersetzung v. Einstein, A.: 'Can Quantum-Mechanical Description of Physical Reality be Considered Complete?', *Phys. Rev.* 80 (1935) 777–780).

(15) *Prinzip otnositel'nosti, sbornik rabot klassikov reljativizma*, pod red. Frederiksa, V. K. i Ivanenko, D. (russ. Übersetzung von Lorentz, H. A., Einstein, A., Minkowski, H., and Weyl, H.: *The Principle of Relativity, a Collection of Original Memoirs on the Special and General Theory of Relativity*, Dover Publications, 1923), ONTI, 1935.

(16) 'Fizika i real'nost'', (russ. Übersetzung v. Einstein, A.: 'Physik und Realität', *J. Franklin Inst.* (1936)), *PZM* 1937, 11–12.

(17) 'Soobraženija k obosnovaniju teoretičeskoj fiziki' (russ. Übersetzung von 'Considerations Concerning the Fundamentals of Theoretical Physics', *Science (N.S.)* 91 (1940) 487–492), *PZM* 1940, 12.

(18) *Ann. Math.* 46 (1945), No. 4.

(19) *Albert Einstein, Philosopher-Scientist* (ed. by P. A. Schilpp), Harper Torchbooks Science Library, Vol. I and II, 1959.

(20) *Albert Einstein als Philosoph und Naturforscher* (hrsg. v. Dr. P. A. Schilpp), Stuttgart, 1965.

(21) *Phys. Rev.* 89 (1953).

(22) 'Remarques preliminaires sur les concepts fondamentaux', in *Louis de Broglie – physicien et penseur*, Paris, Albin Michel, 1953).

(23) *Suščnost' teorii otnositel'nosti* (russ. Übersetzung v. Einstein, A., *Meaning of Relativity*), Moskva, 1955.

(24) *Raboty po teorii otnositel'nosti*, AN SSSR klassiki estestvoznanija, pod red. I. E. Tamma, Ja. A. Smorodinskogo, B. G. Kuznecova, Moskva.

(25) 'Tvorčeskaja avtobiografija', (russ. Übersetzung v. Einstein, A., 'Autobiographisches' in *Albert Einstein. Philosopher – Scientist*, New York, 1949), UFN 59 (1956), vyp 1.

(26) 'O ponjatii prostranstva' (Vorwort zu Jammer, M., *Concepts of Space. The Theories of Space*), *VF* 1957, 3, 124–126.
(27) 'Kvantovaja mechanika i dejstvitel'nost'' (russ. Übersetzung von 'Quantenmechanik und Wirklichkeit', *Dialectica* 2 (1948) 320–323), *VF* 1957, 3.
(28) 'Neevklidova geometrija i fizika' in *Ejnštejn i razvitie fiziko-matematičeskoj mysli*, Moskva, 1962.
(29) 'Zamečanie k rabote A. Fridmana *O krivizne prostranstva*' (russ. Übersetzung von 'Bemerkungen zu der Arbeit von A. Friedmann, *Über die Krümmung des Raums*', *Z. Phys.* 2, 326), *UFN* 80 (1963) 452.

EINSTEIN, A., GROMMER, J.: 'Allgemeine Relativitätstheorie und Bewegungsgesetz', *Sitz.-Ber. Preuß. Akad. Wiss.*, S. 2–3, 1927, 235–245.

EINSTEIN, A., INFELD, L.: 'Motion of Particles in General Relativity Theory', *Can. J. Math.* 1 (1949) 209.

EINSTEIN, A., INFELD, L., HOFFMANN, B.: 'Gravitational Equations and the Problems of Motion', *Ann. Math.* 41 (1940) 455.

EINSTEIN, A., RITZ, W.: *Phys. Z.* 10 (1909) 323.

EJNŠTEJN, A., INFEL'D, L.: *Evoljucija fiziki* (russ. Übersetzung von Einstein, A., Infeld, L.: *Die Evolution der Physik*, Wien), Moskva–Leningrad, 1948.

Ejnštejn i sovremennaja fizika, Moskva, 1956.

Ejnštejn i razvitie fiziko-matematičeskoj mysli, sbornik statej, Moskva, 1962.

'Einštejn ne oprovergnut' (*Sci. Am.* 1963, No. 5), *Priroda* 1963, 8, 19.

EJZENCHART, L. P. (Eisenhart, L. P.):
(1) *Rimanova geometrija* (russ. Übersetzung v. Eisenhart, L. P., *Riemannian Geometry*, Princeton University Press, 1926), Moskva, 1948.
(2) *Nepreryvnye gruppy preobrazovanij*, Moskva, 1947.

ENGEL'S, F. (Engels F.):
(1) *Herrn Eugen Dührings Umwälzung der Wissenschaft (Anti-Dühring)*, 12. Aufl., Berlin, 1959.
(2) *Dialektik der Natur*, 5. Aufl., Berlin, 1961.

FATALIEV, Ch. M.:
(1) 'Filosofskij smysl četyrechmernogo kontinuuma v teorii otnositel'nosti', in *FVSF 1959*.
(2) *Marksistsko-leninskaja filosofija i estestvoznanie*, Moskva, 1960.
(3) *Marksizm-Leninizm i estestvoznanie*, Moskva, 1962.

FEDČENKO, P. A.: 'Protiv idealističeskich spekuljacij na javlenie 'krasnogo smeščenija'', *FN* 1958, 4, 157.

FESENKOV, V. G.:
(1) *Astron. Ž.* 1937, No. 5–6.
(2) 'Principial'nye dostiženija sovremennoj fiziki', *VF* 1959, 5, 115.

FICHTENGOL'C, I. G.:
(1) Ob integralach dviženija centra inercii dlja sistemy konečnych mass v obščej teorii otnositel'nosti', *Doklady AN SSSR* 64 (1949) 325.
(2) 'Zadača dvuch konečnych mass vo vtorom približenii teorii tjagotenija Ejnštejna', *ŽETF* 20 (1950), 824.
(3) 'Lagranževa forma uravnenij dviženija vo vtorom približenii teorii tjagotenija Ejnštejna', *ŽETF* 20 (1950) 233.
(4) 'Ob antisimmetričeskom tenzore momenta količestva dviženija', *ŽETF* 21 (1951) 648.

(5) *ŽETF* 39 (1960) 809.
(6) 'O tenzore Ejnštejna četvertogo ranga', *Doklady AN SSSR* 149 (1963), No. 2, 308–311.
Filosofija marksizma i neopozitivizm. Voprosy kritiki sovremennogo pozitivizma, sbornik statej, Moskva, 1963.
Filosofskaja enciklopedija, t. I ('Vselennaja'), Moskva, 1960; t. II (Dialektičeskij materializm'), Moskva, 1962.
Filosofskie problemy sovremennogo estestvoznanija (FVSE), Moskva, 1959.
Filosofskie problemy teorii tjagotenija Ejnštejna i reljativistskaja kosmologija, Kiev, 1964.
Filosofskie voprosy estestvoznanija, Moskva, 1959.
Filosofskie voprosy sovremennoj fiziki (FVSF), Moskva, 1952.
Filosofskie voprosy sovremennoj fiziki (FVSF), Kiev, 1956.
Filosofskie voprosy sovremennoj fiziki (FVSF), Moskva, 1959.
Filosofskie voprosy sovremennogo učenija o dviženii v prirode, Leningrad, 1962.
Filosofskij slovar', pod red. Rozentalja, M. M. i Judina, P. F., Moskva, 1963.
FINIKOV, S. P.:
(1) *Metod vnešnich form Kartana*, Moskva–Leningrad, 1948.
(2) *Differencial'naja geometrija*, Moskva, 1961.
FIŠER, I. Z.: *ŽETF* 18 (1948) 636; 19 (1949) 272.
Fizičeskij enciklopedičeskij slovar', t. I, Moskva, 1960; t. II, Moskva, 1962; t. III, Moskva, 1963.
FOK, V. A. (Fock V. A.):
(1) 'O dviženii konečnych mass v obščej teorii otnositel'nosti', *ŽETF* 9 (1939) 375; *Fiz. Ž. AN SSSR* 1939, 81.
(2) 'Ob integralach dviženija centra inercii dvuch konečnych mass v obščej teorii otnositel'nosti', *AN SSR*, 32 (1941) 28.
(3) 'Ob integralach centra tjažesti v reljativistskoj zadače dvuch konečnych mass', *Doklady AN SSSR* 32 (1941) 25.
(4) 'Sistema Kopernika i sistema Ptolemeja v svete obščej teorii otnositel'nosti', Sbornik *Nikolaj Kopernik*, Moskva, Izd. AN SSSR, 1947.
(5) 'Nekotorye primenenija idej neevklidovoj geometrii Lobačevskogo k fizike'. Sbornik, A. T. Kotel'nikov i V. A. Fok, *Nekotorye primenenija idej Lobačevskogo v mechanike i fizike*, Moskva, 1960.
(6) 'Problema dviženija mass v teorii gravitacii Ejnštejna, *Sbornik posvjaščennyj semidesjatiletiju akademika A. F. Ioffe*, 1950, str. 31.
(7) 'Sovremennaja teorija prostranstva i vremeni', *Priroda*, 1953, 12, 13–26.
(8) 'O rabote F. I. Franklja i nekotorye principial'nye zamečanija k obščej teorii otnositel'nosti', *UFN* 62 (1954), vyp. 4.
(9) Po povodu stat'ji F. I. Franklja *'Nekotorye zamečanija o principach v obščej teorii otnositel'nosti'*, *UFN* 62 (1954) 229.
(10) *Teorija prostranstvo, vremeni i tjagotenija*, Moskva, 1955; deutsche Übersetzung: *Theorie von Raum, Zeit und Gravitation*, Berlin, 1960.
(11) 'Ponjatija odnorodnosti, kovariantnosti i otnositel'nosti v teorii prostranstva i vremeni', *VF* 1955, 4, 131–135.
(12) *O dviženii vraščajuščichsja tel, soglasno teorii gravitacii Ejnštejna*, IRT 1955, str. 204.
(13) 'Zamečanie k rabote F. I. Franklja *O korrektnosti postanovki zadači Koši i o svojstve garmoničeskich koordinat v obščej teorii otnositel'nosti'*, *UFN* 69 (1956), vyp. 3.

(14) 'Zamečanija po povodu stat'ji F. I. Franklja '*O korrektnoj postanovke problemy Koši i svojstvach garmoničeskich koordinat v obščej teorii otnositel'nosti*', UFN 69 (1956), vyp 3, 197.
(15) 'O privilegirovannych sistemach koordinat v teorii tjagotenija Ejnštejna, k 50-letiju teorii otnositel'nosti', *Helv. Phys. Acta, Suppl.* IV, 1956 (1), 171.
(16) 'Tri lekcii po teorii otnositel'nosti', *Rev. Mod. Phys.* 29 (1957) 325. *Czech. J. Phys.* 7 (1957) 255.
(17) 'Ejnštejnova statistika v konformnom prostranstve', *ŽETF* 38 (1960) 1476.
(18) 'Sravnenie različnych koordinatnych uslovij v teorii tjagotenija Ejnštejna' *ŽETF* 38 (1960) 108.
(19) 'Zamečanija k tvorčeskoj avtobiografii Al'berta Ejnštejna', in *Ejnštejn i sovremennaja fizika,* Moskva, 1960.
(20) 'Uravnenija dviženija sistemy tjaželych mass s učetom ich vnutrennoj struktury i vraščenija', in *Ejnštejn i sovremennaja fizika,* Moskva, 1960.
(21) 'O roli principov otnositel'nosti i ekvivalentnosti v teorii tjagotenija Ejnštejna'. *Extrait des Actes du Symposium International* éd. par R. Boškovič, 1961, Beograd, Zagreb, Ljubljana, 1962.
(22) 'O roli principov otnositel'nosti i ekvivalentnosti v teorii tjagotenija Ejnštejna', *VF* 1961, 12, 45.
(23) 'Teorija prostranstvo, vremeni i tjagotenija', 2-oe izd., Moskva. 1961
(24) 'Raboty A. A. Fridmana po teorii tjagotenija Ejnštejna', *UFN* 80 (1963) 353–356.
(25) 'Prostranstvo, vremja, tjagotenija' in *Glazami učeneogo,* Moskva, 1963.
(26) 'Principy mechaniki Galileja i teorija Ejnštejna', *UFN* 83 (1964) 577.

Fock, V. A., Ivanenko, D.: *Compt. Rend.* 188 (1929) 1470; *Z. Physik* 59 (1929) 718.

Fokker, A. D.: 'Ein invarianter Variationssatz für die Bewegung mehrerer elektrischer Massenteilchen', *Z. Physik* 58 (1929) 386.

Frajman, Ch. P., Britan, B. U.: 'Ponjatie mnogomernogo prostranstva v geo metrii i ego filosofskoe soderžanie', *VF* 1963, 1, 115–125.

Frank-Kameneckij, D. A.:
(1) 'Fizika zvezd i tumannostej', *Priroda* 1959, 12, 60.
(2) 'Opytnaja proverka teorii otnositel'nosti', *Priroda* 1960, 8, 686.
(3) 'Fizika prostranstva i vremeni', *Priroda* 1961, 1, 17.
(4) 'Umen'šenie častoty sveta v pole sily tjažesti', *Priroda* 1962, 11, 117.

Frankfurt, U. I.: *Očerki po istorii special'noj teorii otnositel'nosti,* Moskva, 1961.

Frankfurt, U. I., Frenk, A. M.: 'Teorija otnositel'nosti i nekotorye voprosy optiki dvižuščichsja tel' in *Ejnštejn i razvitie fiziko-matematičeskoj mysli,* Sbornik statej, Moskva, 1962.

Frankl', F. I.:
(1) 'O gravitacionnych volnach i dviženii gazov v sil'nych peremennych gravitacionnych poljach', *Doklady AN SSSR* 84 (1952) 51; *Trudy fiz. matem. fakul'teta Kirg. Gos. un-ta,* 1953, 2, 47.
(2) 'Nekotorye principial'nye zamečanija k obščej teorii otnositel'nosti', *UMN* 8 (1953), vyp 3, 55.
(3) 'O korrektnosti postanovki zadači koši i svojstvach garmoničeskich koordinat v obščej teorii otnositel'nosti', *Trudy fiz.-matem. fakul'teta Kirg. un-ta,* 1955, 3. *UMN* 11 (1956), vyp. 3, 69.

Frenkl', Ja. I.: *Teorija otnositel'nosti,* Petrograd, 1923.

Fridman, A. (Friedmann, A.):
(1) 'Über die Krümmung des Raums', *Z. Physik* 10 (1922) 377.

(2) 'O krivizne prostranstva', *UFN* 80 (1963), vyp. 3, 439–446.
(3) 'O vozmožnosti mira s postojannoj otričatel'noj kriviznoj prostranstva', *UFN* 80 (1963), vyp. 3, 447 (Abdruck).
(4) *Mir kak prostranstvo i vremja*, Petrograd, 1923.

FROLOV, B. N.: 'Ob istinnom tenzore energii-impul'sa gravitacionnogo polja', *Vestn. MGU, fiz. astron.* 1964, No. 2, 56–63.

Fünfzig Jahre Relativitätstheorie, Helv. Phys. Acta Suppl. IV, Basel, 1956 (mit Beiträgen von Aleksandrov, A. D. und Fock, V. A.).

GALKIN, S. L.: Dviženie častic v central'no-simmetričnom statičeskom pole v obščej teorii otnositel'nosti', Izv. VUZ, fiz. 1963, No. 3, 54–62.

GANTMACHER, F. P., KREJN, M. G.: *Oscilljacionnye matricy i malye kolebanija mechaničeskich sistem,* Moskva–Leningrad, 1940.

GARBELL, M. A.: *Theses of the First Soviet Gravitational Conference,* Held in Moscow in the Summer of 1961, Garbell Aerospace Series, San Francisco, 1963, No. 9.

GEJZENBERG, V. (Heisenberg, W.):
(1) *Rev. Mod. Phys.* 29 (1957) 269 (russ. Übersetzung in *Nelinejnaja kvantovaja teorija polja,* Moskva, 1959.
(2) 'O vozmožnosti edinoj teorii polja materii', *VF* 1959, 12, 158.
(3) 'Zamečanija k Ejnštejnovskomu nabrosku edinoj teorii polja', in *Ejnštejn i razvitie fiziko-matematičeskoj mysli,* sbornik statej, Moskva, 1962.

GELMAN, E. E., 'Veščestvennve spinory v obščej teorii otnositel'nosti', *Uč. zap. LGU* 120 (1949), *Ser. fiz. nauk* 7, 49.

GERCENŠTEJN, M. E., PUSTOVOJT, V. I.: *ŽETF* 22 (1962) 222.

GINZBURG, V. L.:
(1) *UFN* 59 (1956) 11; 63 (1957) 119.
(2) *UFN* 58 (1956) 4; sbornik *Ejnštejn i sovremennaja fizika,* Moskva, 1956.
(3) 'Ob ispol'zovanii iskusstvennych sputnikov zemli dlja proverki obščej teorii otnositel'nosti', *ŽETF* 30 (1956) 213.
(4) 'Eksperimental'naja proverka obščej teorii otnositel'nosti', in *Ejnštejn i sovremennaja fizika,* Moskva, 1956.
(5) 'Ispol'zovanie iskusstvennych sputnikov zemli dlja proverki obščej teorii otnositel'nosti', *ŽETF* 63 (1957).
(6) 'Nekotorye voprosy teorii izlučenija pri sverchsvetovoj dviženii v srede', *UFN* 69 (1959), vyp. 4.
(7) *Tezisy 1-oj Sov. grav. konf.* 1961, str. 122.
(8) *Sbornik Ejnštejn i razvitie fiziko-matematičeskoj mysli,* Moskva, 1962.
(9) 'Čto podtverždajut izmerenija gravitacionnogo zamečanija častoty', *UFN* 81 (1963) 749–753.
(10) *Experimental Verification of General Relativity Theory,* Paris–Warsaw, 1964.

GINZBURG, V. L., FRADKIN, M. I.: 'Proischoždenie kosmičeskich lučej', *Priroda* 1958, 8, 3–12.

GINZBURG, V. L., OZERNOJ, L. M.: *O gravitacionnom kollapse magnitnoj zvezdy,* Moskva, 1964.

GLUCHOVA, A. A., DŽIGAEV, A. M.: Značenie Leninskogo analiza revoljucii v fizike dlja bor'by protiv 'fizičeskogo' idealizma i mechanicizma', Moskva, 1962.

GOL'DBERG, J.:
(1) 'Sil'nye zakony sochranenija i uravnenija dviženija v kovariantnych teorijach polja', *Phys. Rev.* 89 (1953) 263.

(2) 'Gravitacionnoe izlučenie', *Phys. Rev.* 99 (1955) 1873.
GOL'FAND, JU. A.: *ŽETF* 97 (1959) 504.
GOLIKOV, V. I.:
(1) *O geodezičeskom otobraženii polej tjagotenija obščego vida,* Kazansk. univ., 1960.
(2) *Tezisy 1-oj Sov. grav. konf.* 1961, str. 16.
(3) 'O projektivnych preobrazovanijach prostranstv Ejnštejna', *Sbornik aspirantskich rabot,* Kazansk. univ., Točnye nauki, Kazan', 1962, str. 15–22.
(4) 'Klassifikacija polej tjagotenija s obščimi geodezičeskimi po tipam Petrova', *Uč. zap. Kazansk. univ.* 1963, 12, 26–43.
GONČARUK, S. I.: *Materija i formy ee suščestvovanija,* Moskva, 1962.
GORNŠTEJN, T. N.: 'Sovremennyj pozitivizm i filosofskie voprosy fiziki', in Sbornik *Sovremennyj sub'jektivnyj idealizm,* Moskva, 1957.
GRANOVSKIJ, JA. I.:
(1) *ŽETF* 37 (1959) 442.
(2) *Tezisy 1-oj Sov. grav. konf.* 1961, str. 100.
Gravitacija i teorija otnositel'nosti, temat. sbornik. (*Uč. zap. Kazansk. univ.* No. 12, 123), Kazan', 1963.
Gravitacionnyj pojas i magnitnoe pole Jupitera (in *Science News Letters,* 1960, No. 22) *Priroda* 1961, 1, 116.
GRIGORJAN, A. T.: 'Ocenka n'jutonovoj mechaniki v *Avtobiografii* Ejnštejna', in *Ejnštejn i razvitie fiziko-matematičeskoj mysli,* sbornik statej, Moskva, 1962.
GU-ČAO-CHAO: 'O nekotorych tipach odnorodnych rimanovych prostranstv', *Doklady AN SSSR* 122 (1958), No. 2.
GUREVIČ, G. B.: 'O nekotorych linejnych preobrazovanijach simmetričeskich tenzorov i polivektorov', *Mat. sbornik* 1950, No. 3, 26.
GUREVIČ, L. E.: *Teorija otnositel'nosti,* Moskva, 1957.
GUTMAN, I. I.:
(1) *ŽETF* 37 (1959) 1639; *Izv. AN Uzb. SSR* 1961, 4, 35; *Tezisy 1-oj Sov. grav. konf.* 1961, Moskva, 1961, str. 40.
(2) Vtoraja vsezojuznaja meždunarodnaja konferencija po fizike kvantovannych polej i elementarnych častic v Užgorode, Mai 1960.
(3) Izlučenie gravitacionnych voln, Uzb. SSR (Fanlar Akad. achboroti), *Izv. AN Uzb. SSR, serija fiz.-mat. nauk,* 1961, No. 5, 90–91.

INFEL'D, L. (Infeld L.):
(1) *Al'bert Ejnštejn, ego trudy i ich vlijanie na naš mir.* (russ. Übersetzung v. Infeld, L.: *Albert Einstein, His Work and Influence on our World,* New York, 1950).
(2) 'Neskol'ko zamečanija o teorii otnositel'nosti', *VF* 1954, 5, 173.
(3) 'Ot Kopernika do Ejnštejna', *VF* 1955, 4.
(4) 'Istorija razvitija teorii otnositel'nosti' in *Ejnštejn i sovremennaja fizika,* Moskva, 1956.
(5) 'Moi vospominanija ob Ejnštejna', in *Ejnštejn i sovremennaja fizika,* Moskva, 1956.
(6) 'Ejnštejn i sovremennaja fizika' in *Ejnštejn i razvitie fiziko-matematičeskoj mysli,* sbornik statej, Moskva, 1962.
INFEL'D, L., PLEBAN'SKIJ, E.: *Dviženie i reljativizm. Dviženie tel v obščej teorii otnositel'nosti* (russ. Übersetzung v. Infeld, L. und Plebanski, J.: *Motion and Relativity,* New York Warsaw, 1960), Moskva, 1962.

IOSIF'JAN, A. G.: *Voprosy edinoj teorii elektromagnitnogo i gravitacionno-inercial'nogo polej*, Erevan. Izd. AN ArmSSR 1959.

Istorija i metodologija estestvennych nauk, vyp. II, *Fizika*, Moskva, 1963.

IVANENKO, D.:
(1) *Izv. AN SSSR* 1929
(2) 'Ob edinoj fizičeskoj kartine mira, neisčerpaemosti materii i nekotorych problemach teorii elementarnych častic', *VF* 1959, 6, 74.
(3) 'Osnovnye idei obščej teorii otnositel'nosti', in *Očerki razvitija osnovnych fizičeskich idej*, Moskva, 1959.
(4) 'Vstupitel'naja stat'ja' k sborniku *Novejšie problemy gravitacii*, Moskva, 1961.
(5) Bjull. *Novye knigi za rubežom*, ser. A, IL, Moskva, 1961.
(6) 'Vstupitel'naja stat'ja' k sborniku *Nejtrino, Gravitacija, Vselennaja*, (russ. Übersetzung v. Wheeler, J.: *Neutrinos, Gravitation and Geometry*, Bologna, 1960), Moskva, 1962.
(7) *Novejšie problemy gravitacii*, sbornik statej pod. red. Ivanenko, D., Moskva, 1961, str. 56–64.
(8) 'Vstupitel'naja stat'ja' v Veber, Dž., *Obščaja teorija otnositel'nosti i gravitacionnye volny* (russ. Übersetzung v. Weber, J.: *General Relativity and Gravitational Waves*, New York, 1961) pod red. Ivanenko, D., Moskva, 1962, str. 5–21.
(9) *Predislovie in Dviženie i reljativizm*, Moskva, 1962.

IVANENKO, D., BRODSKIJ, A. M.:
(1) 'Zatuchanie gravitacionnogo izlučenija', *Doklady AN SSSR* 75 (1950) 519.
(2) *Doklady AN SSR* 92 (1953) 731.

IVANENKO, D., BRODSKIJ, A. M., GINZBURG, V. L.: *Doklady AN SSSR* 80 (1951) 565.

IVANENKO, D., KURGELAIDZE, D. F.:
(1) *ŽETF* 38 (1960) 2.
(2) *ŽETF* 1961, 4.

IVANENKO, D., KUZNECOV, B. G.: 'Pamjati A. Ejnštejna'. *Trudy Inst. istorii estestvoznanija i techniki*, t. 5, Moskva, 1955.

IVANENKO, D., MICKEVIČ, N. V., *ŽETF* 37 (1959) 868.

IVANENKO, D., MIRIANAŠVILI, M.: *Doklady AN SSSR* 106 (1956) 413.

IVANENKO, D., SAGITOV, M.: *Vestn. MGU* 1961, 5.

IVANENKO, D., SOKOLOV, A.: *Vestn. MGU* 1947, 8.

IVANICKAJA, O. S., LEVAŠEV, A. E.:
(1) *Tezisy Užgorodskoj Konferencii*, 1961, str. 63.
(2) *Tezisy 1-oj Sov. grav. konf. 1961*, str. 74.

JAROŠEVSKIJ, T. M.: (Pol'ša): 'O tomistskom 'gnoseologičeskom realizme'', *VF* 1962, 11, 115.

JANKEVIČ, Č.: 'Stacionarnoe pole tjagotenija v konformnom prostranstve', *Acta Phys. Polon.* 24 (1963) 13–22.

JANO, K., BOCHNER, S.: *Krivizna i čisla Betti*, Moskva, 1957.

KADYŠEVSKIJ, V. G.: *Tezisy 1-oj Sov. grav. konf. 1961*, str. 88; *ŽETF* 41 (1961) No. 6.

KAGALNIKOVA, I. I.: 'Istorija razvitija nereljativistskich predstavlenij o prirode gravitacii', *Uč. zap. Jaroslavsk. ped. inst*, 1963, vyp. 56, 87–188.

KAGAN, V. F.:
(1) *O nekotorych sistemach čisel, k kotorym privodjat lorencevy preobrazovanija*, časti 1–2, Izd. inst. mat. i techn. pri MGU, Moskva, 1926.
(2) *Osnovy teorii poverchnostej*, č. 1, Moskva–Leningrad, 1947.
(3) *Osnovanija geometrii*, č. 1, Moskva, 1949.
KAJGORODOV, V. R.:
(1) *Tezisy 1-oj Sov. grav. konf. 1961*, str. 17.
(2) 'Prostranstva Ejnštejna maksimal'noj podvižnosti', *Doklady AN SSSR* 146 (1962) 793–796.
(3) *Lobačevskij*, Moskva–Leningrad, 1948.
(4) 'O maksimal'no-podvižnych prostranstvach Ejnštejna', *Sbornik aspirantskich rabot Kazansk. univ. točnych nauk*, Kazan', 1962, str. 3–14.
KALICYN, N.: *Wiss. Z. Humboldt-Univ. Berlin, Math.-Naturw. Reihe* 7 (1957) No. 2.
KARD, P. G.: *'Teorija Ejnštejna i Lorenca'*, *VF* 1963, 1, 79–89.
KARPOV, M. M.:
(1) 'Kritika filosofskich vzgljadov A. Ejnštejna' in *FVSF* 1952.
(2) *Dialektičeskij materializm i estestvoznanie*, Moskva, 1961.
KARTAN, E.:
(1) *Geometrija rimanovych prostranstv*, Moskva–Leningrad, 1936.
(2) *Doklad na zasedanii švejcarskogo matematičeskogo obščestva v Berne 7-maja 1927*, Serija monografij i issledovanij po neevklidovoj geometrii, Kazan', 1939, No. 1.
(3) *Teorija grupp i geometrii*, Kazan', 1939, str. 141, 113.
(4) *Teorija spinorov*, Moskva, 1947.
(5) *Geometrija grupp i simmetričeskie prostranstva*, Moskva, 1949.
(6) Sbornik *Osnovanija geometrii*, Moskva, 1956.
(7) *Geometrija Rimana v ortogonal'nom repere*, Moskva, Izd. MGU, 1960.
KASSIRER (Cassirer), E.: *Teorija otnositel'nosti Ejnštejna*, Petrograd, 1922.
KAŠKAROV, V. P.: Ob uravnenijach dviženija sistemy konečnych mass v teorii gravitacii Ejnštejna, *ŽETF* 27 (1954) 563.
KAZJUTINSKIJ, V. V.: 'O napravlenii razvitija kosmičeskich ob"ektov', *FN* 1961, 14, 87.
KEDROV, B. M.: 'O sootnošenii form dviženija materii v prirode', *VF* 1959, 4, 44.
KERES, Ch.:
(1) O ponjatii inercial'noj sistemy v obščej teorii otnositel'nosti', sbornik *Issledovanija po teoretičeskoj fizike*, Tartu, 1957.
(2) Nekotorye voprosy obščej teorii otnositel'nosti, sbornik *Issledovanija po teoretičeskoj fizike*, Tartu, 1957.
(3) *Trudy inst. fiz. astron. AN Est. SSR* 5 (1957) 3–11, 12–25.
(4) *Trudy inst. fiz. astron. AN Est. SSR* 9 (1959) 3–41.
(5) 'Princip sootvestvija v obščej teorii otnositel'nosti', *ŽETF* 46 (1964) 1741–1754.
KIRIJA, V. S.: 'O približennom rešenii, zadači dvuch tel v obščej teorii otnositel'nosti', *Soobšč. AN Gruz. SSR* 32 (1963) 1307–1310.
KLEJN, O. (Klein, O.):
(1) *Vysšaja geometrija*, Moskva–Leningrad, 1939.
(2) *Ark. Math. Astr. Fys.* 34 A. (1948) No. 19.
(3) Sbornik *Nil's Bor i razvitie fiziki*, Moskva, 1958.
KOBUŠKIN, P. K.:
(1) 'K voprosu o normirovke energii v obščej teorii otnositel'nosti', *Trudy obščeteoret. kafedr. ukrainsk. sel'skochozjajstv. akad.*, Kiev, 1963, str. 118–128.

(2) Točnoe rešenie gravitacionnych uravnenij Ejnštejna dlja slučaja stacionarnoj aksial'noj simmetrii polja', *Trudy obščeteoret. kafedr. ukrainsk. sel'sko-chozjajstv. akad.*, Kiev, 1963, str. 97–117.
(3) 'Obobščennoe rešenie Fridmana-Lemetra dlja slučaja nestacionarnoj aksial'noj simmetrii polja', *Trudy obščeteoret. kafedr. ukrainsk. sel'sko-chozjajstv. akad.* Kiev, 1963, str. 129–138.

KOGNER, M. A.: 'Nekotorye filosofskie problemy sovremennoj fiziki' in *Nekotorye filosofskie voprosy sovremennogo estestvoznanija*, Saratov, 1959.

KOL'MAN, E.:
(1) 'K sporam o teorii otnositel'nosti', *VF* 1954, 5, 178–189.
(2) *Lenin i novejšaja fizika*, 2-oe izd., Moskva, 1961.
(3) 'K kritike sovremennogo 'matematičeskogo' idealizma', in *Dialektičeskij materializm i sovremennoe estestvoznanie*, Moskva, 1964.

KOMAROV, V.: *Budet li konec mira?* Moskva, 1961.

KOMPANEEC, A. S.:
(1) *Bor'ba N.A. Uemova za materializm v fizike*, Moskva, 1954.
(2) 'Sil'nye gravitacionnye volny v svobodnom prostranstve', *ŽETF* 34 (1958) 659, 953.
(3) *Prostranstvo i vremja v teorii otnositel'nosti*, Moskva, 1961.
(4) 'Čto takoe graviton?', *Priroda* 1961, 8, 123.
(5) 'Tjagotenie, prostranstvo, vremja', *Priroda* 1961, 5, 17.

KONYK, G. K. (Kazan'): 'Logika ponjatija 'sila' v fizike', *VF* 1962, 8, 108.

KOPF, A.: *Osnovy teorii otnositel'nosti Ejnštejna*, Leningrad–Moskva, 1933.

KOPNIN, P., *Gipoteza i poznanie dejstvitel'nosti*, Kiev, 1962.

KOPP, V. G.: 'Klassifikacija bivektorov i ich pučkov v četyrechmernom prostranstve Lorenca', *Uč. zap. Kazansk. un-ta* 123 (1963), No. 12, 112–118.

KOPPEL', A.:
(1) 'O točnych aksial'no-simmetričnych statičeskich rešenijach uravnenij Ejnštejna, zavisjaščich ot odnoj koordinaty', *Trudy inst. fiz. astron. AN Est. SSR* 1963, No. 22, 74–77.
(2) 'K voprosu o sootnošenii meždu massoj i zarjadom šaroobraznogo tela', *Trudy inst. fiz. astron. AN Est. SSR* 1963, No. 22, 74–77.

KORŽ, L. I.: 'O roli trudov sovetskich astronomov v bor'be za materializm v zvezdnoj kosmogonii', v. sb. rab. prepodavatelej filosofii vuzov Char'kova, 1959, 1, *O kollektivnom trude Char'kovskich filosofov' FN* 1961, 3, 176.

KOZYREV, N. A.: Pričinnaja mechanika i vozmožnost' eksperimental'nogo issledovanija svojstv vremeni' in *Istorija i metodologija estestvennych nauk*, vyp. II, 'Fizika', Moskva, 1963.

KRAT, V. A.: *Cirk. Glavn. Astron. Obs.* 1941, No. 32.

Kratkij filosofskij slovar', Moskva, 1955.

KRUČKOVIČ, G. I.: 'Klassifikacija trechmernych rimanovych prostranstv po gruppam dviženij', *UMN* 59 (1954) 9.
'O dviženijach v rimanovych prostranstvach', *Mat. sbornik* 41 (1957) vyp. 83, 2.
'Odnorodnye prostranstva obščej teorii otnositel'nosti', *Trudy seminara po vektornomu i tenzornomu analizu i ich priloženie k geometrii, mechanike i fizike*, MGU 1963, 12, 71–95.

KRUSKAL, M. D.: *Phys. Rev.* 119 (1960) 1743.

KRUTKOV, Ju. A.,: *Tenzor funkcij naprjaženij i obščie rešenija v statike teorii uprugosti*, Moskva, Izd. AN SSSR, 1949.

KRYLOV, A. N.: *Lekcii o približennych vyčislenijach*, Moskva, Izd. AN SSSR, 1944.
KUKARKIN, B. V.: 'Nekotorye metodologičeskie problemy sovremennoj astronomii', *VF* 1962, 2, 37.
KUKARKIN, B. V., MASEVIČ, A. G.: 'Sovetskie astronomy na VII s'ezde Meždunarodnogo astronomičeskogo sojuza v Rime', *VF* 1953, 1, 222–230.
KULIKOV, K. A.: *Izmenjaemost' širot i dolgot.*
KULIKOVSKIJ, P. G.: Krupnoe sobytie v naučnoj žizni, *Priroda* 1958, 7, 3–6.
KURDGELAIDZE, D. F.:
(1) *ŽETF* 32 (1957) 1156, 34 (1958) 1587, 36 (1959) 842.
(2) *Izv. Vuz. Tomsk* 1961, No. 1.
(3) *Cahiers Phys.* 1961.
KUROŠ, A. G.: *Teorija grupp*, Moskva–Leningrad, 1944.
KURSANOV, G. A.:
(1) 'Dialektičeskij materializm o prostranstve i vremeni', *VF* 1950, 3, 173–191.
(2) 'K kritičeskoj ocenke teorii otnositel'nosti', *VF* 1952, 1, 169–174.
(3) 'K ocenke filosofskich vzgljadov A. Ejnštejna na prirodu geometričeskich ponjatii', *FVSF* 1959.
(4) 'O mirovozreničeskom značenii dostiženii sovremennoj astronomii', *VF* 1960, 3, 61–74.
KUZNECOV, I. V.:
(1) *Dialektika, estestvennye nauki i techničeskaja rekonstrukcija,* Moskva, 1931.
(2) 'Sovetskaja fizika i dialektičeskij materializm', *FVSF 1952.*
(3) 'Ob osnovnych voprosach teorii otnositel'nosti', *FVSF 1956.*
(4) 'Toržestvo leninskich idej v sovremennoj fizike', *Politechničeskoe samoobrazovanie*, 1961, No. 4.
KUZNECOV, B. G.:
(1) *Osnovy teorii otnositel'nosti i kvantovoj mechaniki v ich istoričeskom razvitii*, Moskva, 1958.
(2) *Princip otnositel'nosti v antičnoj, klassičeskoj i kvantovoj fizike*, Moskva, 1959.
(3) *Besedy o teorii otnositel'nosti,* Moskva, 1960.
(4) *Ejnštejn*, 2-oe izd., Moskva, 1960.
(5) 'Beskonečnost' i otnositel'nost'' in *Ejnštejn i razvitie fiziko-matematičeskoj mysli*, sbornik statej, Moskva, 1962.
(6) 'Velikij myslitel' (Ejnštejn)', *Priroda* 1963, 3, 121–122.
(7) 'Ot Galileja do Ejnštejna', *Priroda* 1963, 9.
(8) 'Mirovozzrenie Ejnštejna i teorija otnositel'nosti', *Novoe v žizni, nauke i technike* ser. 9, *fiz., mat., astron.* 1964.

LANDAU, L. D.: 'Perevod' v sbornike *Nil's Bor i razvitie fiziki* (engl. Titel: *Niels Bohr and the Development of Physics,* ed. by Wolfgang Pauli, 1955), Moskva, 1958.
LANDAU, L. D., LIFŠIČ, E. M.:
(1) *Teoretičeskaja fizika*, t. II: *Teorija polja*, 2-oe izd., Moskva, 1948; 3-oe izd., Moskva, 1960; 4-oe izd., Moskva, 1962.
(2) *Mechanika splošnych tel*, 1953.
LANDAU, L. D., LIFSCHITZ. E. M.: *Feldtheorie*, Berlin, 1963.
LANDAU, L. D., RUMER, G. B.: *Čto takoe otnositel'nost?* Moskva, 1959.
LAVRENT'EV, M. A., LJUSTERIK, L. L.: *Osnovy variacionnogo isčislenija*, t. I, *č.* 2, Moskva–Leningrad, 1935.
Lenin i nauka, Moskva, 1960.

LEVASEV, A.:
(1) *Doklady AN SSSR* 4 (1934) 124; *Bjul. Sredneaz. GU.* 23 (1945) 47.
(2) *Tezisy 1-oj Sov. grav. konf. 1961*, str. 69, 72.
LIFŠIČ, E. M.: 'O gravitacionnoj stabil'nosti rasširjajuščejsja Vselennoj', *ŽETF* 10 (1946) 116.
LIFŠIC, E. M., CHALATNIKOV, I. M.:
(1) *ŽETF* 39 (1960) 149–157, 800–808.
(2) *ŽETF* 40 (1961) 1847–1855.
(3) *Phys. Rev. Lett.* 6 (1961), No. 6.
(4) 'Problemy reljativistskoj kosmogonii', *UFN* 80 (1963) 391–438.
LIFŠIC, E. M., SUDAKOV, V. V., CHALATNIKOV, I. M.:
(1) *ŽETF* 40 (1961) 156.
(2) *Tezisy 1-oj Sov. grav. konf.* 1961, str. 142.
LJAPUNOV, A.:
(1) 'Issledovanija v teorii figury nebesnych tel', *Zapiski Imperatorskoj Akademii Nauk*, serija VIII, 14 (1903), No. 7. Perevod *Izbrannye trudy*, Izd. *AN SSSR* 1948, franz. Übersetzung: *Recherches dans la théorie de la figure des corps célestes.*
(2) *Sur certaines séries de figures d'équilibre d'un liquide hétérogène en rotation*, Leningrad, 1925 und 1927.
LOBKOWICZ, N.: *Das Widerspruchsprinzip in der neueren sowjetischen Philosophie*, Dordrecht, 1959.
LUBANSKIJ, J.: 'Novye uravnenija dviženija material'nych sistem v mire Minkovskogo', *Acta Phys. Polon.* 6 (1937) 356.
L'VOV, V.: *Žizn' A'lberta Ejnštejna*, Moskva, 1959.

MAJER, M. E.: Preprint OIJaI 1958.
MAJSTROV, L. E.: 'Ob abstrakcijach i aksiomatičeskom metode v matematike' in *Nekotorye filosofskie voprosy estestvoznanija*, Moskva, 1957.
MAKSIMOV, A. A.: 'O značenii abstrakcii v mechanike i fizike' in *FVSF 1952.*
MAK VITTI, G. (MacVittie, G.):
(1) *Obščaja teorija otnositel'nosti*, (russ. Übersetzung v. MacVittie, G.: *General Relativity and Cosmology*, London, 1956), Moskva, 1961.
(2) *Doklad na konferencii 1959.*
MANDEL', G. (Mandel, H.): *Uč. zap. LGU, serija fiz.* 1 (1936), vyp. 2; *Trudy semin. po tenzornomu analizu*, 1937, vyp. IV, 62.
MANDEL'ŠTAM, L. I.: *Polnoe sobranie trudov*, tom V: *Lekcii po osnovam teorii otnositel'nosti*, Moskva, Izd. AN SSSR, 1950.
MANEEV, A. K.: *K kritike obosnovanija teorii otnositel'nosti*, Minsk, 1960.
MARKOV, N. V.:
(1) 'Značenie geometrii N. I. Lobačevskogo dlja razvitija fiziki' in *FVSF 1952.*
(2) 'Filosofskoe značenie teoretičeskogo nasledija N. I. Lobačevskogo', *VF* 1956, 2, 132.
(3) O vozmožnosti suščestvovanija nejtrinnych sverchzvezd, (engl. Übersetzung: 'On Possible Existence of Neutrino Superstars', *Phys. Lett.* 10 (1964) 122–123.
MARTYNOV, D. Ja.: 'Problema razvitija v sovremennoj astrofizike', *FN* 1963, 2, 56–64.
MASEVIČ, A. G.:
(1) 'Nestacionarnye zvezdy i ich rol' v kosmogonii, K itogam 4-ogo kosmogoničeskogo soveščanija', *Priroda* 1955, 4, 68–71.
(2) 'Raskryvajutsja tajny Vselennoj', *Priroda* 1962, 9, 17.

Matematika, ee soderžanie, metody i značenie, t. I, Moskva, 1956.

MEJSTER, G. I., PAPAPETRU, A. (Meister, H. I., Papapetrou, A.): 'O roli koordinatnogo uslovija v vyvode uravnenij dviženija obščej teorii otnositel'nosti', *Bjull. Pol'sk. Akad. Nauk*, otdel. III, 3 (1955) No. 3.

MELJUCHIN, S. T.:
(1) *Problema konečnogo i beskonečnogo*, Moskva, 1958.
(2) *O dialektike razvitija neorganičeskoj prirody*, Moskva, 1960.
(3) 'K filosofskoj ocenke sovremennych predstavlenij o vzaimosvjazi polja i veščestva' in *Dialektičeskij materializm i sovremennoe estestvoznanie*, Moskva, 1964.

MESSBAUER, P. (Mössbauer, P.): 'Rezonansnoe jadernoe pogloščenie gammakvantov v tverdych telach bez otdači', *UFN* 72 (1960) 658.

MEZON, U. (Mason, W. P.): *P'ezoelektričeskie kristally i ich primenenie v ul'traakustike* (russ. Übersetzung v. Mason, W. P.: *Piezoelektric Crystals and their Applications to Ultrasonic,* New York, Van Nostrand, 1950) Moskva, 1952.

MICHAILOV, A. A.:
(1) *Doklady AN SSSR*, 9 (1940); *Astron. Ž.* 33 (1956) 912.
(2) 'Nabljudenie effekta Ejnštejna vo vremja solnečnych zatmenij', *Ejnštejn i sovremennaja fizika*, Moskva, 1956.

MICKEVIČ, N. V.:
(1) *Doklady Bolgarskoj AN* 14 (1961) 439, 5 (1956) 11.
(2) *Ann. Physik* 1 (1958) 319.
(3) *ŽETF* 34 (1958) 6.
(4) 'Vakuumnyj nelinejnyj effekt v teorii gravitacii', *ZETF* 36 (1959) 1324–1326.
(5) 'Teorija kvantovannych polej i elementarnye časticy', *Užgorod USSR*, Mai 1960.
(6) *Tezisy 1-oj Sov. grav. konf. 1961*, str. 37.
(7) 'Približenie slabogo gravitacionnogo polja i nekotorye obščereljativistskie uravnenija polej', *Trudy Samarkandsk. univ.* 1962, vyp. 117, 33–40.

MILLER, V. V. (Miller, W. W.):
(1) 'S točnost'ju do odnoj million milliardnoj laboratornaja proverka obščej teorii otnositel'nosti', *Priroda* 1960, 7, 7.
(2) 'Effekt Messbauera', *Priroda* 1962, 3, 99.

MINKOVSKIJ (Minkowski), H.: 'Obraščenie k 80-omu s'ezdu nemeckich estestvoispytatel'ej i vračej, Köln 1908', perepečatano v knige *Princip otnositel'nosti, sbornik rabot klassikov reljativizma*, Moskva–Leningrad, 1935.

MIRIANAŠVILI, M.: *Trudy inst. fiz. AN Gruz. SSR* 4 (1956) 97.

MIRIANAŠVILI, M., GOBEDŽIŠVILI, L. L.: 'Rešenie uravnenij gravitacionnogo polja metodom 'padajuščego jaščika'', *Soobšč. AN Gruz. SSR* 33 (1964) 543–548.

MOLČANOV, JU. V. (Moskau): 'O filosofskich voprosach teorii otnositel'nosti' (*Kritik und Fortbildung der Relativitätstheorie,* Herausgeber Karl Sapper, Graz (nähere Angaben nicht erhältlich)).

MOLČANOV, JU. B., ŠPLOJANSKIJ, P. I. (Kiev): 'Obsuždenie filosofskich problem fiziki elementarnych častic', *VF* 1963, 7, 145–149.

MOŠKOVSKIJ, A.: *Al'bert Ejnštejn. Besedy s Ejnštejnom o teorii otnositel'nosti i obščej sisteme mira* (russ. Übersetzung von Moszkowski, A.: *Einstein, Einblicke in seiner Gedankenwelt*, Berlin, 1922), Moskva, 1922.

MOSTEPANENKO, M. V.: *Materialističeskaja suščnost' teorii otnositel'nosti,* Moskva, 1962.

MURZAGALIEV, G.: 'Tenzory momenta impul'sa (kinetičeskogo momenta) i momenty sily v reljativistskoj mechanike', Temat. sbornik *Issledovanija processov perenosa. Voprosyteorii otnositel'nosti*, Alma-Ata, Kazachsk. univ., 1959, str. 229–236.

NAAN, G. I. (Tallin):
(1) 'O beskonečnosti Vselennoj', *VF* 1961, 6, 93.
(2) 'O sovremennom sostojanii kosmologičeskoj nauki', *Voprosy kosmogonii*, t. VI, Moskva, 1958.
(3) 'Obščie voprosy kosmologii', *Trudy šestogo soveščanija po voprosam kosmogonii*, Moskva, 1959.

Naturwissenschaft und Philosophie. Beiträge zum internationalen Symposium über Naturwissenschaft und Philosophie, anläßlich der 550-Jahr-Feier der Karl-Marx-Universität Leipzig, Berlin, 1960 (mit Beiträgen von Fataliev und Archipcev).

Nejtrinnaja kvantovaja teorija polja, sbornik, Moskva, 1960.

Nekotorye filosofskie voprosy estestvoznanija, Moskva, 1957.

Nekotorye filosofskie voprosy sovremennogo estestvoznanija, Saratov, 1959.

Nelinejnaja kvantovaja teorija polja sbornik statej, Moskva, 1959.

NORDEN, A. P.:
(1) *Differencial'naja geometrija*, Moskva, 1948.
(2) *Prostranstva affinnoj svjaznosti*, Moskva–Leningrad, 1950.
(3) 'O kompleksnom predstavlenii tenzorov biplarnogo prostranstva', *Uč. zap. Kazansk. un-ta* 8 (1954) 114.
(4) 'O kompleksnom predstavlenii tenzorov prostranstva Lorenca', *Izv. Vuz. Mat.* 1959, 1, 8.

NORDEN, P. A., VIŠNEVSKIJ, V. V.: 'O kompleksnom predstavlenii invariantov četyrechmernogo rimanova prostranstva', *Izv. Vuz. Mat.* 1959, 2, 9.

Novejšie problemy gravitacii, sbornik, Moskva, 1961.

NOVIK, I. B.: 'O sootnošenii prostranstva, vremeni i materii', *VF* 1955, 3, 140–146.

NOVIKOV, I. D.:
(1) *Vestn. MGU* 1960, 2.
(2) *Vestn. MGU* 1961, 2.
(3) *Astron. Ž.* 38 (1961) vyp. 3 und 4.
(4) *Soobšč. Gos. Astron. Inst.* (1961).
(5) 'O povedenii sferičeski-simmetričnych raspredelenij mass v obščej teorii otnositel'nosti, II', *Vestn. MGU* (1962), *fiz., astron.* 6, 66–72.
(6) 'O nekotorych svojstvach rešenij uravnenij Ejnštejna dlja sferičeski simmetričnych polej tjagotenija', *Vestn. MGU fiz.* 1962, 5, 90–95.
(7) 'O vozmožnosti vozniknovenija krupnomasštabnych neodnorodnostej v rasširjajuščejsja mire', *ŽETF* 46 (1964) 686, 689.

NOVIKOV, I. D., OZERNOJ, L. M.: 'Rasprostranenie sveta vne i vnutri singuljarnoj sfery Švarcšil'da', *Doklady AN SSSR* 150 (1963) 1019–1021.

OBRUČEV, V. A.: *Geologie von Sibirien*, Berlin, 1926.

Očerki razvitija osnovnych fizičeskich idej, Moskva, 1959.

OGIEVECKIJ, V. I., POLUBARINOV, I. V.: Preprint OIJaI 1961.

OKONOV, E. O., PODGORECKIJ, M. I., CHRUSTAL'EV, O. A.: Joint Nucl. Res. Inst. Preprint D1961, 674.

OMEL'JANOVSKIJ, M. E.: 'Po povodu fal'sifikacii professora V. Bjuchelja' (Büchel, W.), *VF* 1963, 11, 143.

Osnovy marksistskoj filosofii, Moskva, 1962.
Osnovy marksizma-leninizma, Moskva, 1962.
OVČINNIKOV, N. F.: 'Obsuždenie filosofskich voprosov teorii otnositel'nosti', *VF* 1962, 2, 77–82.

PARENAGO, P. P.: *Kurs zvezdnoj astronomii.*
PARIJSKIJ, N. N.: *Neravnomernost' vraščenija zemli*, 1954.
PAULI, V. (Pauli, W.): *Teorija otnositel'nosti* (russ. Übersetzung v. Pauli, W.: 'Relativitätstheorie', in *Enzyklopädie der mathematischen Wissenschaften*, Teil II, Leipzig, 1921, S. 539), Moskva–Leningrad, 1947.
PAVLOVSKIJ, Je. V.: *Izv. AN SSSR, ser. geol.* 1953, 2.
PETROV, A. Z.:
(1) 'Odin tip prostranstv Ejnštejna', *Uč. zap. Kazansk. gos. univ.* (1947) kn. 4, 109 (1947) kn. 3, 5, 110, (1950); *Trudy Kazansk. aviac. univ.* (1946) 7.
(2) 'O krivizne rimanovych prostranstv', *Doklady AN SSSR* 16 (1948) 2, 211.
(3) 'O geodezičeskom otobraženii rimanovych prostranstv neopredelennoj metriki', *Izv. Kazansk. gos. univ.*, 1949, 14, ser. 3, *Uč. zap Kazansk. gos. univ.*, 109 (1949) kn. 4.
(4) 'K teoreme o glavnych osjach tenzora', *Izv. Kazansk. fiz. mat. ob-va*, ser. 3 (1949) 14.
(5) 'Ob odnovremennom privedenii tenzora i bivektora k kanničeskomu vidu', *Uč. zap. Kazansk. gos. univ.* 110 (1950) kn. 3, 5.
(6) 'O prostranstvach, opredeljaemych poljami tjagotenija', *Doklady AN SSSR* 81 (1951) 149.
(7) 'O suščestvovanii v pole tjagotenija garmoničeskoj funkcii, zavisjaščej tol'ko ot rastojanija', *Uč. zap. Kazansk. gos. univ.*, 111 (1951) 87.
(8) 'O prostranstvach, opredeljajuščich polja tjagotenija', *Doklady AN SSSR* 81 (1951), No. 2.
(9) *'O poljach gravitacii, Jubilejnyj sbornik '125 let neevklidovoj geometrii Lobačevskogo 1826–1951''*, Moskva–Leningrad, 1952, str. 179.
(10) 'Reguljarnye prostranstva Ejnštejna, dopuskajuščie transitivnuju gruppu dviženij, *Uč. zap. Kazansk. gos. univ.* 112 (1952) 27.
(11) 'Polja tjagotenija s kompleksnymi stacionarnymi kriviznami', *Uč. zap. Kazansk. gos. univ.* 112 (1952) 35.
(12) 'Klassifikacija prostranstv, opredeljajuščich polja tjagotenija', *Uč. zap. Kazansk. univ.* 114 (1954), kn. 8, 55.
(13) 'O prostranstvach maksimal'noj podvižnosti, opredeljaemych poljami tjagotenija', *Doklady AN SSSR* 105 (1955), No. 5.
(14) 'O poljach tjagotenija prostogo tipa s veščestvennymi stacionarnymi kriviznami', *Uč. zap. Kazansk. gos. univ.* 115 (1955) kn. 14, 41.
(15) 'Dviženija v poljach tjagotenija', *Trudy III. Vsezojuznogo matem. s'ezda*, tom II, 1956.
(16) 'Klassifikacija prostranstv opredeljaemych poljami tjagotenija po gruppam dviženij', *UFN* 70 (1956) 11 und 4.
(17) *Prostranstva, opredeljaemye poljami tjagotenija*, Doktorskaja dissertacija, MGU, 1957.
(18) 'Invarianty vtorogo porjadka', *Doklady AN SSSR* 113 (1957) 1217.
(19) 'O dviženii v neprivodimych rimanovych simmetričeskich prostranstvach pervogo klassa', *Uč. zap. Kazansk. gos. univ.*, 117 (1957), kn. 9, 35.

(20) 'O rešenii uravnenij polja tjagotenija', *Uč. zap. Kazansk. gos. univ.* 118 (1958), kn. 6, 3.
(21) 'O simmetričeskich poljach tjagotenija', *Izv. VUZ. mat.* 1958, 2, 9.
(22) 'Klassifikacija polej obščego tipa, *Izv. VUZ. mat.* 1958, 6, 45.
(23) *Izv. Vuz. mat.* 1960, 5, 4; 1961, 1, 5.
(24) 'On the Geodetic Mapping of Einstein Spaces', *Izv. VUZ. mat.* 1961, 2.
(25) *Tezisy 1-oj Sov. grav. konf.* 1961, str. 3.
(26) *Prostranstva Ejnštejna*, Moskva, 1961.
(27) 'Predislovie redaktora' in Sing, Dž. L., *Obščaja teorija otnositel'nosti* (russ. Übersetzung v. SYNGE, J. L.: *Relativity: The General Theory*, Amsterdam, 1960), Moskva, 1963.
(28) *Prostranstvo, vremja i materija, Elementarnyj očerk sovremennoj teorii otnositel'nosti*, 2-oe izd., Kazan', 1963.
(29) 'Ponjatie energii v obščej teorii otnositel'nosti, *Doklad na* letnej škole v gorode Tartu 26 ijulja 1963', *Uč zap. Kazansk. gos. univ.* 123 (1963) kn. 12, 119–147.
(30) 'Osnovnye etapy razvitija teorii polja gravitacii', *VF* 1964, 11, 85–93.

PETROV, A. Z., GUSEVA, A. V.: 'O skorosti izmenenija polja gravitacii', *Uč. zap. Kazansk. gos. univ.* 123 (1963) 12, 77–91.

PETROV, A. Z., KAJGORODOV, V. R., ABDULLIN, V. N.: 'Klassifikacija polej tjagotenija obščego vida po gruppam dviženij', I, *Izv. VUZ. mat.* 1959, No. 6, 118–130; II, *Izv. VUZ. mat.* 1959, No. 1 und 2; III, *Izv. VUZ. mat.* 1959, No. 4.

PETROV, A. Z., ZATVORNIKOV, S. V.: *Uč. zap. Kazansk. gos. univ.* 117 (1957) 9, 35.

PETROV, P. I.:
(1) 'Invarianty vtorogo porjadga kvaternarnoj differencial'noj kvadratičnoj formy', *Doklady AN SSSR* 113 (1957) vyp. 6.
(2) 'Popravka k stat'je 'Invarianty vtorogo porjadka kvaternarnoj differencial'noj kvadratičnoj formy'', *Doklady AN SSSR* 119 (1958) vyp. 5.

PETROVA, N. M.:
(1) 'Ob uravnenijach dviženija i tenzora massy dlja sistemy konečnoj massy v obščej teorii otnositel'nosti', *ŽETF* 19 (1949) 989.
(2) 'O zakonach sochranenija dlja sistemy vraščajuščichsja tel v obščej teorii otnositel'nosti', Temat. sbornik *Issledovanija processov perenosa. Voprosy teorii otnositel' nosti*, Alma-Ata *Kazansk. univ.*, 1959, str. 192–208.
(3) 'Ob uravnenijach dviženijach tel obščej teorii otnositel'nosti', *Ref. Ž. Fiz.*, 1959, 5, 9803.
(4) 'O dviženii sistemy tel v obščej teorii otnositel'nosti', v sbornike '*Kazachskij universitet k 40-letiju respubliki*', Alma-Ata, 1961, str. 201–204.

PETROVSKIJ, I. G.:
(1) 'O probleme Koši dlja sistemy uravnenij s častnymi proizvodnymi', *Mat. sbornik* 1937, 2 (44), 5.
(2) *Lekcii ob uravnenijach s častnymi proizvodnymi*, Moskva–Leningrad, 1953.

PIJR, I.:
(1) *Trudy Instituta Fiziki, AN USSR* 1957.
(2) *Teoretičeskie trudy instituta fiziki i astronomii Estonskoj AN*, Tartu, 1957.

'Plavajuščij kosmonavt' (in *Science News Letters* 1960, 24), *Priroda* 1961, 1, 116.

PLEBANSKIJ, E., BAZANSKIJ, S., "Obščij princip dejstvija Fokkera i ego primenenie v obščej teorii otnositel'nosti', *Acta Phys. Polon.* 18 (1959) (IV) 307.

PODGORECKIJ, M. I., OKONOV, E. O., CHRUSTALEV, O. A.: *Tezisy 1-oj Sov. grav. konf. 1961*, str. 134.

PODUREC, M. A.:
(1) 'Ob odnoj forme uravnenij Ejnštejna dlja sferičeski simmetričnogo dviženija splošnoj sredy', *Astron. Ž.* 15 (1964) 28–32.
(2) Kollaps zvezdy s učetom protivodavlenija, *Doklady AN SSSR* 154 (1964) No. 2.
POGORELYJ, A. I.: 'O filosofskom smysle kosmogoličeskoj problemy', *FN* 1962, 1, 88.
POLIKAROV, A. P.: 'Iz istorii ideologičeskoj bor'by vokrug teorii otnositel'nosti' in *FVSF 1959.*
PONTEKORVO (Pontecorvo), B., SMORODINSKIJ, Ja.: *ŽETF* 41 (1961) 1.
PONTRJAGIN, L. S.: *Nepreryvnyje gruppy*, 2-oe izd., Moskva, 1954.
PREDVODITELEV, A. S.: 'Učenie o prostranstve i vremeni v sovremennoj nauke' in *Istorija i metodologija estestvennych nauk*, vyp. II, 'Fizika', Moskva, 1963.
Princip otnositel'nosti, Sbornik rabot klassikov reljativizma (russ. Übersetzung von *The Principle of Relativity*, Dover Publ., New York, 1923), Moskva–Leningrad, 1935.
Problemy gravitacii. Tezisy dokladov Vtoroj sovetskoj gravitacionnoj konferencii (Tbilisi, 20–28 aprelja, 1965 g), Tbilisi, 1965.
Problemy vosprijatija prostranstva i prostranstvennych predstavlenij, Moskva, 1961.
Proceedings of the International Conference on Relativistic Theories of Gravitation, Warsaw, 1963.
PSOVSKIJ, Ju. P.:
(1) 'Peresmotr škaly vnegalaktičeskich rasstojanij', *Priroda* 1959, 9, 91.
(2) 'Stroenie metagalaktiki', *Priroda* 1962, 3, 81.
PUGAČEV, Ja. I.:
(1) 'Differencial'nye toždestva i razrešimost' uravnenij Ejlera–Lagranža', *Trudy Krasnodarsk. inst. piščevoiprom.*, 1958, vyp. 20, 55–57.
(2) *Izv. VUZ. Fiz.* 1959, 6, 152.
(3) *Izv. VUZ. Fiz.* 1960, 1, 46.
(4) *Izv. VUZ. Fiz.* 1961, 1, 31.
(5) 'Obobščenie uslovija Lorenca dlja sferičeski simmetričnogo gravitacionnogo polja', *Izv. VUZ. Fiz.* 1964, 1, 76–80.
PUGAČEV, Ja. I., ŠIROKOV, M. F.: 'O značenii gravitacionnogo polja v obrazovanii massy elektrona', *ŽETF* 24 (1953) 375.
PUSTOVOJT, V. I.: 'Važnaja problema sovremennoj fiziki. Novye vozmožnosti eksperimental'nogo podtverždenija obščej teorii otnositel'nosti', *Priroda* 1964, 2, 18–25.
PUSTOVOJT, V. I., BAUTIN, A. V.: 'Dviženie giroskopa v teorijach gravitacii', *ŽETF* 46 (1964) 1386–1391.

Radioastronomija. Parijžskij simpozium 1958, Moskva, 1961.
RAŠEVSKIJ, P. K.:
(1) *Geometričeskaja teorija uravnenijs častnymi proizvodnymi*, Moskva–Leningrad, 1947.
(2) *Rimanova geometrija i tnezornyj analiz*, Moskva–Leningrad, 1953.
(3) *Teorija spinorov* 1955, vyp. 2.
Rezension über: Džemmer, M. (Jammer M.): 'Koncepcia prostranstva' (*Concepts of Space. The History of Space in Physics*, Cambridge, Harvard University Press, 1957), *VF* 1958, 3, 79.
RJABUŠKO, A. P.:
(1) 'Uravnenija dviženija vraščajuščichsja mass v obščej teorii otnositel'nosti', *ŽETF* 33 (1957) 1387; 34 (1958) 1067.

(2) 'Central'no-simmetričeskie prostranstva Ejnštejna i teorem Birkofa', *ŽETF* 46 (1964) 2046–2048.
(3) 'Nekotorye central'no-simmetričeskie prostranstva Ejnštejna' *Izv. VUZ. Fiz.* 1964, 1, 88–92.

RJABUŠKO, A. P., FISNER, I. Z.: 'Dviženie vraščajuščichsja mass v obščej teorii otnositel'nosti', *ŽETF* 34 (1958) 822, 1189.

RODICEV, V. I.:
(1) 'Prostranstvo s kručeniem i nelinejnye uravnenija polja', *ŽETF* 40 (1961) 1469.
(2) *Tezisy 1-oj Sov. grav. konf. 1961*, str. 89.
(3) *ŽETF* 1961, 5.

ROZENFEL'D, B. A.:
(1) *Neevklidovy geometrii*, Moskva, 1955.
(2) 'Teorija otnositel'nosti i geometria', in *Ejnštejn i razvitie fiziko-matematičeskoj mysli*, sbornik statej, Moskva, 1962.
(3) 'Epistemologičeskij konflikt meždu Ejnštejnom i Borom', in *Ejnštejn i razvitie matematičeskoj mysli*, Moskva, 1962.

ROZENFEL'D, B. A., ABRAMOV, A. A.: 'Prostranstva affinnoj svjaznosti i simmetričeskie prostranstva', *UMN* 1950, 5, vyp. 2.

RUMER, Ju. B.:
(1) 'Dejstvie kak prostranstvennaja koordinata', *ŽETF* 19 (1949) 86, 207, 868; 21 (1951) 454, 1043; 22 (1952) 742; 23 (1952) 35.
(2) *Prostranstvo, vremja i dejstvie, UMN* 1955, 10, 1, 210.
(3) *Issledovanija po 5-optike*, Moskva, 1956.
(4) *Tezisy Užgorodskoj konferencii 1961*, str. 104.
(5) 'Invariantnaja formulirovka gravitacionnogo volnovogo polja', *Uč. zap. Novosibirsk. gos. ped. un-ta* 1963, vyp. 18, 3–8.

RUMER, Ju. B., RYVKIN, M. S., *Teorija otnositel'nosti*, Moskva, 1960.

RUTKEVIČ, M. N.: *Dialektičeskij materializm*, Moskva, 1960.

RUZAVIN, G. I.: 'Konečnoe i beskonečnoe' in *Voprosy dialektičeskogo materializma (elementy dialektiki)*, Moskva, 1960.

RYLOV, Ju. A.:
(1) *ŽETF* 1961, 6.
(2) 'Ob otnositel'noj lokalizacii gravitacionnogo polja', *Vestn. MGU, Fiz.-astron.* 1962, No. 5, 70–80.
(3) 'Ob otnositel'noj energii statičeskogo central'no simmetričnogo gravitacionnogo polja', *Vestn. MGU, Fiz.-astron.* 1962, No. 6, 45–55.
(4) 'Normal'nye koordinaty i obščij princip otnositel'nosti', *Vestn. MGU, fiz.-astron.* 1963, No. 3, 55–65.
(5) 'Otnositel'noe gravitacionnoe pole i zakony sochranenija v obščej teorii otnositel'nosti' (engl. Titel: Relative Gravitational Field and Conservation Laws in General Relativity Theory), *Ann. Physik (DDR)* 12 (1964) No. 7–8.

SAAKJAN, G. S., VARTANJAN, Ju. L.:
(1) 'O rešenijach uravnenij Ejnštejna dlja aksial'no-simmetričeskich polej', *AN Arm. SSR, ser. fiz.-matem. nauk* 15 (1962) No. 6, 83–87.
(2) Osnovnye parametry barionnych konfiguracij, *Astron. Ž.* 41 (1964) No. 2, 193–200.

SACHS, R.: *Tezisy Varšavkoj grav. konf. 1962.*

ŠAČMAN, E. (Schatzmann, E.): 'Kritičeskij obzor kosmogoničeskich teorii, raspostranennych v zapadnoj Evrope i Amerike (čast' II)', *Voprosy kosmogonii*, t. IV, Moskva, 1955.

SAGITOV, M. U., IVANENKO, D.: *Vestn. MGU* 1961, No. 6.

SALIJA, R. N.: 'Ob odnom svojstve tenzora energii-impul'sa gravitacionnogo polja', *Soobšč. AN Gruz. SSR* 32 (1963) 555–558.

'Samaja dalekaja galaktika' (in *Sc. Am.* 203 (1960), No. 2) *Priroda* 1961, 1, 60.

SAPAR, A.: publ. Tartu, 1960, 33, 221.

SBYTOV, Ju. G.: 'Dvuchmetričeskij formalizm v obščej teorii otnositel'nosti i zakony sochranenija', *Izv. VUZ. Fiz.*, 1963, No. 4, 48–55.

SCHOUTEN, I. A., STROJK, D. Dž.: *Vvedenie v novye metody differencial'noj geometrii*, (russ. Übersetzung von Schouten, J. A., Struik, D. J., *Einführung in die neueren Methoden der Differentialgeometrie*, Groningen–Batavia, 1935, 1938), t. I, Moskva–Leningrad, 1939.

ŠECHTER, V. M.: *Vestn. LGU* 1954, No. 11, 99; 1956, No. 4, 23.

SEDOV, L. I.: *Metody podobija i razmernosti v mechanike*, Moskva–Leningrad, 1957.

SENGUPTA, P.: 'Povedenie sveta v pul'sirujuščej Vselennoj', *Astron. Ž* 40 (1963) 277–279.

SIL'DE, O. M.: 'K voprosu teorii fizičeskogo polja', *Trudy Tallinsk. politechn. instituta* 1962, A, No 194, 21–32.

SIMODE KOITI: 'Opytnaja proverka teorii otnositel'nosti s pomošč'ju gamma-lučej', *Kagaku* 30 (1960) 238–239.

SING, Dž. (Synge, J.): *Obščaja teorija otnositel'nosti* (Perevod s. angl.), Moskva, 1963.

SINJUKOV, N. S.:

(1) 'O geodezičeskom otobraženii rimanovych prostranstv na simmetričeskie rimanovy prostranstva', *Doklady AN SSSR* 98 (1954) No. 1.

(2) Normal'nye geodezičeskie otobraženija rimanovych prostranstv *Doklady AN SSSR* 111 (1956) 766–767.

(3) 'Ekvidistantnye rimanovy prostranstva', *Naučn. Ežegodnik, Odessk. univ.*, 1957.

ŠIROKOV, Ju. M.: 'Reljativistskaja teorija spina', *ŽETF* 21 (1951) vyp. 6.

ŠIROKOV, M. F.:

(1) 'O roli gravitacii v strukture elementarnych častic', *Vestn. MGU* 1947, No. 4, 67.

(2) 'O rešenijach tipa Švarcšil'da – Nordstrema dlja točečnogo, zarjada bez osobennostej (Klassičeskaja teorija elektrona), *ŽETF* 18 (1948) 236.

(3) 'O preimuščestvennych sistemach otčeta v n'jutonovskoj mechanike i teorii otnositel'nosti', *VF* 1952, 3, 128–139.

(4) 'O centre inercii v obščej teorii otnositel'nosti', *ŽETF* 27 (1954) 251.

(5) 'Obščaja teorija otnositel'nosti ili teorija tjagotenija', *ŽETF* 30 (1956) 180.

(6) 'Protiv vul'garizacii teorii otnositel'nosti', *VF* 1959, 10, 115.

(7) 'Nekotorye problemy prostranstva i vremeni v svete leninskogo ponimanija suščnosti fizičeskoj teorii', *VF* 1959, 5, 95.

(8) 'O materialističeskoj suščnosti teorii otnositel'nosti', in *FVSF 1959.*

(9) 'O pravil'nom ponimanii teorii otnositel'nosti', *VF* 1961, 5, 133.

(10) 'O preimuščestevennych sistemach otčeta v n'jutonovskoj mechanike' in *Dialektičeskij materializm i sovremennoe estestvoznanie*, Moskva, 1964.

ŠIROKOV, M. F., BRODOVSKIJ, N. M.: 'Ob uravnenijach dviženija konečnych mass v obščej teorii otnositel'nosti', *ŽETF* 1957, 4, 904.

ŠIROKOV, M. F., FIŠER, I. Z.: *Tezisy 1-oj Sov. grav. konf. 1961*, str. 143.

ŠIROKOV, P. A.:
(1) 'Ob otličitel'nych sfer v prostranstvach postojannoj krivizny', *Izv. Kazansk. fiz.-mat. obšč.*, ser. 2, 1925, 25.
(2) 'Postojannye polja vektorov i tenzorov 2-go porjadka v rimanovych prostranstvach', *Izv. Kazansk. fiz.-mat. obšč.*, ser. 2, 1925, 25.
(3) 'O funkcijach udovletvorjajuščich uravnenij Laplasa v rimanovych trechmernych prostranstvach i zavisimych tol'ko ot rasstojanija', *Uč. zap. Kazansk. gos. univ.* 85 (1925), kn. 1.
(4) *Tenzornoe isčislenie*, č. 1, Moskva–Leningrad, 1934.
(5) 'K voprosu o transljacijach v rimanovych prostranstvach', *Izv. Kazansk. fiz.-mat. obšč.*, ser. 3, 1937, 9.
(6) 'Simmetričeskie konformno-evklidovye prostranstva, *Izv. Kazansk. fiz.-mat. obšč.*, ser. 3, 1938, 11.
(7) 'K voprosu ob A-prostranstvach', *Jubilejnyj sbornik '125 let neevklidovoj geometrii Lobačevskogo'*, Moskva–Leningrad, 1952.
(8) 'Simmetričeskie prostranstva 1-go klassa', *Uč. zap. Kazansk. gos. univ.* 114 (1954), kn. 8.
(9) 'Ob odnom svojstve kovariantno postojannych affinorov', *Doklady AN SSSR* 102 (1955), No. 3.

SKROCKIJ, G. V.: 'Gravitacionnoe pole odnorodnoj ravnomerno dvižuščejsja sfery', *Trudy Ural'sk. politechn. inst.* 123 (1962) 85–88.

ŠLIK, M., BAZAROV, V. A.: *Obščaja teorija otnositel'nosti i ee filosofskoe istolkovanie*, Moskva, 1923.

SMIRNOV, V. I.:
(1) *Kurs vysšej matematiki*, t. II, Moskva, 1953 (deutsche Übersetzung. Smirnov, W. I.: *Lehrgang der höheren Mathematik*, Teil II, Berlin, 1955).
(2) Dto., t. IV, Moskva, 1957.

SMORODINSKIJ, Ja. A.:
(1) *Tezisy 1-oj Sov. grav. konf.* 1961, str. 170.
(2) 'Geometrija Vselennoj', in *Ejnštejn i razvitie fiziko-matematičeskoj mysli*, Moskva, 1962.
(3) 'Effekt Messbauera i teorija otnositel'nosti', *UFN* 79 (1963) 589.

SMORODINSKIJ, Ja. A., PONTEKORVO, B. M.: *ŽETF* 41 (1961) 239.

SOKOLIK, G. A.:
(1) 'K teorii kompensirujuščich polej', *Doklady AN SSSR* 148 (1963), No. 3.
(2) 'Spinornaja teorija gravitacionnogo polja', *Doklady AN SSSR* 154 (1964), No. 3.

SOKOLOV, A. A.: 'Zamečanija k kvantovoj teorii gravitacionnogo polja', *Vestn. MGU* 1952, No. 9, 9–19.

SOKOLOV, A. A., IVANENKO, D.: *Kvantovaja teorija polja*, č. II, Moskva–Leningrad, 1952.

SPIRKIN, A. G.: 'Proischoždenie kategorii prostranstva', *VF* 1956, 2, 91–104.

STANJUKOVIČ, K. P.:
(1) *Doklady AN SSSR* 1958, No. 2 und 4, 119; *ŽETF* 36 (1959) No. 6; *Bjull. AN SSSR* 1958, No. 4.
(2) 'K voprosu o tak nazyvaemoj teplovoj smerti Vselennoj', *VF* 1962, 3, 137.
(3) 'K voprosu o vozmožnom izmenenii gravitacionnoj postojannoj', *Doklady AN SSSR* 147 (1962) 1348–1351.
(4) 'Odno obobščenie uravnenij gravitacii Ejnštejna', *Doklady AN SSSR* 148 (1963) 321–324.

(5) 'Obobščenie modelej Vselennoj Fridmana', *Doklady AN SSSR* 151 (1963) 546–549.
(6) 'Strogij variacionnyj princip v obščej teorii otnositel'nosti', *Vestn. MGU*, 1963, No. 3, 562–565.
(7) 'Obobščennyj variacionnyj formalizm v obščej teorii otnositel'nosti', *Vestn. MGU, fiz.-astron.* 1964, 1, 62–70.

ŠTEJNMAN, Ja. P.: *Prostranstvo i vremja*, Moskva, 1962.

STEPANOV, V. V.: *Kurs differencial'nych uravnenij*, Moskva–Leningrad, 1937.

STORČAK, L. I.: 'Fizika Ejnštejna i materializm', *FN* 1959, 3, 108.

Stroenie zvezdnych sistem (russ. Übersetzung v. *Handbuch der Physik*, Bd. LIII, *Astrophysik* IV: 'Sternsysteme', Berlin–Göttingen–Heidelberg, 1959), Moskva, 1962.

SUVOROV, S. G.: 'Kritika V. I. Leninym machizma i bor'ba protiv sovremennogo 'fizičeskogo' idealizma' in *FVSF 1952.*

SVIDERSKIJ, V. I.:
(1) *Filosofskoe značenie prostranstvenno-vremennych predstavlenij v fizike*, Leningrad, Izd. LGU, 1956; s. *VF* 1959, 3, 137).
(2) *Prostranstvo i vremja*, Moskva, 1958, (s. *VF* 1959, 3, 141).
(3) *Protivorečivost' dviženija i ee projavlenija*, Leningrad, 1959.
(4) *O dialektike elementov i struktury v ob"ektivnom mire i v poznanii*, Moskva, 1962 (vor allem Kapitel IV, § 2).
(5) 'O filosofskom ponimanii konečnogo i beskonečnogo', *VF* 1964, 6, 37–46.

TAGIROV, E. A.: 'Ob ideal'noj židkosti, gravitacionnoe pole, kotoroe dopuskaet gruppu dviženij', *Izv. VUZ. Fiz.* 1964, No. 2, 3–7.

TAMM, I. E.: 'Ejnštejn i sovremennaja fizika' in *Ejnštejn i sovremennaja fizika*, Moskva, 1956.

Teoretičeskaja fizika 20-go veka, pamjati Vol'fganga Pauli (russ. Übersetzung v. *Theoretical Physics in the Twentieth Century, A Memorial Volume to Wolfgang Pauli*, edited by M. Fierz and V. F. Weisskopf, Cambridge, Mass., 1960), Moskva, 1962.

TERLECKIJ, Ja. P.:
(1) 'O soderžanii sovremennoj fizičeskoj teorii prostranstva i vremeni', *VF* 1952, 3, 191–197, s. auch in *Dialektičeskij materializm i sovremennoe estestvoznanie*, Moskva, 1964.
(2) 'Kosmogoličeskaja koncepcija Bol'cmana i metodologija estestvennych nauk', *Vestn.* MGU 1963, vyp. 2, 114–120.

Tezisy i programma dokladov 3-j Vsesijuznoj mežvuzovskoj konferencii po teorii kvantovych polej i elementarnych častic, 2-8 oktjabrja 1961.

Tezisy 1-oj Sov. grav. konf. 27–30 junja 1961, Moskva, 1961.

Tezisy teoretičeskoj konferencii, Užgorod, 1961.

TICHOV, T. A.:
(1) 'Ob otklonenii svetovych lučej v pole tjagotenija zvezd', *Doklady AN SSSR* 16 (1937), No. 4.
(2) *Doklady AN SSSR* 16 (1938) No. 4; *Izv. Glav. astron. obs.* 16 (1937) 1. *Priroda* 1938, No. 6.
(3) *Osnovnye trudy*, t. III, Alma-Ata, 1957, str. 193–234.

TIJKMA, B. A.: 'Odno svojstvo tenzora krivizny', *Trudy Tallinsk. politechn. inst.*, 1962 A, No. 194, 33–41.

TODOROV, I. T.: 'Ob odnoj teoreme edinstvennosti dlja volnovogo uravnenija', *UMN* 1958, 13, 211.

TONNELA, M. A.: *Osnovy elektromagnetizma i teorii otnositel'nosti* (russ. Übersetzung v. Tonnnelat, Marie-Antoinette; *Les Principes de la Théorie Electromagnétique et de la Relativité*, Paris, 1959) Moskva, 1962.

TRAUTMAN, A.: 'Uravnenija Killinga i zakony sochranenija', *Bjull. Pol'sk. Akad. nauk*, otdel. III, 4 (1956) 671–674.

Trudy četvertogo soveščanija po voprosam kosmogonii, 26–29 oktjabrja 1954, *Nestacionarnye zvezdy*, Moskva, 1955.

Trudy šestogo soveščanija po voprosam kosmogonii, 5–7 junja 1957, *Vnegalaktičeskaja astronomiuja i kosmologija*, Moskva, 1959.

UËMOV, A. I.:
(1) 'Geliocentričeskaja sistema Kopernika i teorija otnositel'nosti' in *FVSF* 1952.
(2) 'Možet li prostranstvenno-vremmnyj kontinuum vzajmodejstvovat' s materiej?' *VF* 1954, 3, 172–180.

UILER, Dž. (Wheeler, J.): *Gravitacija, nejtrino i Vselennaja*, pod. red. D. IVANENKO (russ. Übersetzung v. Wheeler, J.: *Neutrinos, Gravitation and Geometry* New Jersey, 1960), Moskva, 1962.

UMOV, N. A.:
(1) *Uravnenija dviženija energii v telach*, Odessa, 1874.
(2) *Izbrannye sočinenija*, Moskva, Gostechizdat, 1950.

UNT, V.: 'O vlijanii rasščirjajuščejsja Vselennoj na gravitacionnoe pole vnutri polosti', *Trudy univ. fiz. astron. AN Estn. SSR* 1963, No. 22, 32–35.

URMANCEV, Ju. A., TRUSOV, Ju. P.: 'O svojstvach vremeni', *VF* 1961, 5, 58.

VAVILOV, S. I.:
(1) *Eksperimental'nye osnovy teorii otnositel'nosti*, Moskva, 1928.
(2) 'Filosofskie problemy sovremennoj fiziki i zadači sovetskich fizikov v bor'be za peredovuju nauku' in *FVSF 1952*.
(3) Izv. VUZ. 1959, 2, 73.
(4) *Lenin i fizika*, Moskva, 1960.

VEBER, Dž. (Weber, J.): *Obščaja teorija otnositel'nosti i gravitacionnye volny* (russ. Übersetzung v. Weber, J.: *General Relativity and Gravitational Waves*, New York, 1961), Moskva, 1962.

VEJL', G. (Weyl, H.): *Klassičeskie gruppy, ich invarianty i predstavlenija*, Moskva, 1947.

VIL'NICKIJ, M. B.: 'K voprosu ob absoljutnosti i otnositel'nosti prostranstva i vremeni', *VF* 1959, 12, 139.

VISLOBOKOV, A. D.: *O nerazryvnosti materii i dviženija*, Moskva, 1955.

VISLOBOKOV, A. D., PERFIL'EV, V. V.: *Kniga V. I. Lenina 'Materializm i empiriokriticizm' i sovremennaja fizika*, Irkutsk, 1960.

VLADIMIROV, Ju. S.: *Tezisy Užgorodskoj teoretičeskoj konferencii* 1961, str. 89.

VONSOVSKIJ, S. V., KURSANOV, G. A.: 'O roli matematiki v razvitii sovremennoj fiziki, *VF* 1958, 9, 73.

Voprosy kosmogonii, 1 (1952), 2 (1954), 3 (1954), 4 (1955), 5 (1957), 6 (1958), 7 (1960), 8 (1962), 9 (1963), 10 (1964).

Voprosy dialektičeskogo materializma, Elementy dialektiki, Moskva, 1960 (vor allem Ruzavin, G. I., 'Konečnoe i beskonečnoe').

VORONCOV, V. I., LEVAŠEV, A. E.: *Tezisy Užgorodskoj konf.* 1961, str. 64.

VORONCOV, V. I., VEL'JAMINOV, B. A.: *Atlas vzaimodejstvujuščich galaktik*, č. 1, 'Vozrast' galaktiki' (in *Science News Letters* 1960, No. 24), *Priroda* 1961, 1, 116.

ZACHAROV, V. D.: 'K voprosu ob invariantnom opisanii gravitacionnych voln', *Soobšč. gos. astron.* inst. 1964, No. 131, 42–58.

ŽARKOV, G. F.: 'Meždunarodnaja konferencija po reljativistskim teorijam gravitacii, 25–31 julja 1962', *Vestn. AN SSSR* 1962, 11, 118–119.

ŽDANOV, Ju.: *Lenin i estestvoznanie*, Moskva, 1959.

ZEL'DOVIČ, Ja. B.:

(1) 'Zvezdoobrazovanie v rasširjajuščejsja Vselennoj', *ŽETF* 43 (1962) 1982–1984.

(2) 'Dozvezdnoe sostojanie veščestva', *ŽETF* 43 (1962) 1561–1562.

(3) 'Načal'nye stadii evoljucii Vselennoj', *Atomnaja energija* 14 (1963) 92–99.

(4) 'Teorija rasširjajuščejsja Vselennoj, sozdannaja A. A. Fridmanom', *UFN* 80 (1963) 357–390.

(5) 'Gidrodinamičeskaja ustojčivost' zvezdy', in *Voprosy kosmogonii* 9 (1963) 157–170.

(6) 'Obrazovanie zvezd i galaktik v rasširjajuščejsja Vselennoj', in *Voprosy kosmogonii* 9 (1963) 240–253.

(7) 'Dozvezdnaja evoljucija veščestva', in *Voprosy kosmogonii* 9 (1963) 232–239.

(8) 'Nabljudenija vo Vselennoj, odnorodnoj v srednem', *Astron. Ž.* 41 (1964) 19–24.

ZEL'DOVIČ, Ja. B., NOVIKOV, I. D.: 'Izlučenie gravitacionnych voln telami, dvižuščimisja v pole kollapsirujuščej zvezdy', *Doklady AN SSSR* 155 (1964) 1033–1036.

ZEL'DOVIČ, Ja. B., PODUREC, M. A.: 'Nejtrinnaja svetimost' zvezdy pri gravitacionnom kollapse v obščej teorii otnositel'nosti', *Doklady AN SSSR* 156 (1964) 57.

ZELIG, K. (Seelig, Carl): *Al'bert Ejnštejn. Dokumental'naja biografija,* (russ. Übersetzung v. Seelig, C.: *Albert Einstein. Eine dokumentarische Biographie*, Zürich–Stuttggart–Wien, Europa Verlag, 1954).

ZOMMERFEL'D, A. (Sommerfeld, A.): *Elektrodinamika*, Moskva, 1958.

ZOTOV, A. F.: 'Ob'jektivnaja logika naučnogo issledovanija i gruz pozitivistskoj filosofii', *VF* 1963, 10, 169–174.

ŽUKOV, A. I.: *Vvedenie v teoriju otnositel'nosti*, Moskva, 1961.

PERSONENVERZEICHNIS

SACHVERZEICHNIS